中 国 国 家 标 准 汇 编

2018 年修订-29

中国标准出版社　编

中国标准出版社

北　京

图书在版编目(CIP)数据

中国国家标准汇编:2018年修订.29/中国标准出版社编.—北京:中国标准出版社,2020.6

ISBN 978-7-5066-9652-4

Ⅰ.①中… Ⅱ.①中… Ⅲ.①国家标准-汇编-中国-2018 Ⅳ.①T-652.1

中国版本图书馆CIP数据核字(2020)第069770号

中国标准出版社出版发行
北京市朝阳区和平里西街甲2号(100029)
北京市西城区三里河北街16号(100045)

网址 www.spc.net.cn
总编室:(010)68533533 发行中心:(010)51780238
读者服务部:(010)68523946
中国标准出版社秦皇岛印刷厂印刷
各地新华书店经销

*

开本 880×1230 1/16 印张 34.25 字数 1 029 千字
2020年6月第一版 2020年6月第一次印刷

*

定价 220.00 元

出 版 说 明

《中国国家标准汇编》是一部大型综合性国家标准全集。自1983年起,每年按国家标准顺序号分册汇编出版,分为“制定”卷和“修订”卷两种形式。

“制定”卷收入上一年度我国发布的、新制定的国家标准,视篇幅分成若干分册,封面和书脊上注明“20××年制定”字样及分册号,分册号一直连续。各分册中的标准是按照标准编号顺序连续排列的,如有标准顺序号缺号的,除特殊情况注明外,暂为空号。

“修订”卷收入上一年度我国发布的、被修订的国家标准,视篇幅分设若干分册,但与“制定”卷分册号无关联,仅在封面和书脊上注明“20××年修订-1,-2,-3,……”字样。“修订”卷各分册中的标准,仍按标准编号顺序排列(但不连续);如有遗漏的,均在当年最后一分册中补齐。需提请读者注意的是,个别非顺延前年度标准编号的新制定国家标准没有收入在“制定”卷中,而是收入在“修订”卷中。

读者购买每年出版的《中国国家标准汇编》“制定”卷和“修订”卷则可收齐由我社出版的上一年度制定和修订的全部国家标准。

2018年我国制修订国家标准共2 684项。本分册为《中国国家标准汇编》“2018年修订-29”,收入新制修订的国家标准24项。

中国标准出版社

2020年3月

目　　录

ICS 29.280
S 35

中华人民共和国国家标准

GB/T 21561.1—2018
代替 GB/T 21561.1—2008

轨道交通 机车车辆受电弓特性和试验 第1部分:干线机车车辆受电弓

Railway applications—Rolling stock pantographs characteristics and tests—Part 1: Pantographs for mainline vehicles

(IEC 60494-1:2013,Railway applications—Rolling stock—Pantographs—Characteristics and tests—Part 1: Pantographs for main line vehicles,MOD)

2018-12-28 发布 2019-07-01 实施

国家市场监督管理总局
中国国家标准化管理委员会 发布

前　　言

GB/T 21561《轨道交通　机车车辆受电弓特性和试验》分为四个部分：

——第 1 部分：干线机车车辆受电弓；

——第 2 部分：地铁和轻轨车辆受电弓；

——第 3 部分：受电弓与干线机车车辆的接口；

——第 4 部分：受电弓与地铁、轻轨车辆接口。

本部分为 GB/T 21561 的第 1 部分。

本部分按照 GB/T 1.1—2009 给出的规则起草。

本部分代替 GB/T 21561.1—2008《轨道交通　机车车辆受电弓特性和试验　第 1 部分：干线机车车辆受电弓》，与 GB/T 21561.1—2008 相比主要技术变化如下：

——修改了规范性引用文件(见第 2 章，2008 年版的第 2 章)；

——修改了受电弓的定义，将 2008 年版标准附录 A 中图 A.1 纳入正文，将“弓头宽度”改为“弓头最大宽度”，增加了“自动降弓装置”“平均静态接触力”(见第 3 章，2008 年版的第 3 章)；

——增加了符号和缩略语(见第 4 章)；

——修改了接触力要求(见 5.4，2008 年版的 4.4、4.5)；

——修改了滑板的技术要求(见 5.6.4，2008 年版的 4.7.4)；

修改了自动降弓装置(ADD)要求和标识要求(见 5.8、5.11，2008 年版的 4.9、第 5 章)；

——增加了“使用环境”一章(见第 6 章)；

——修改了检验分类 (见 7.1，2008 年版的 6.1)；

——修改了目检、尺寸和标识的检验要求(见 7.2.1、7.2.3、7.2.4，2008 年版的 6.2.1、6.2.3、6.2.4)；

——修改了工作性能试验，常温下的静态接触力测量将附录 B“图 B.1”纳入正文“图 2”，图中要求有改变，增加受电弓标称静态接触力的要求，修改“升降系统的检查”增加下降时间的要求，增加“常温平均静态接触力测量”(见 7.3，2008 年版的 6.3)；

——修改了升降弓气候试验，将“补充型式试验”改为“型式检验”，将试验温度“－25 ℃”和“＋40 ℃”改为“－40 ℃”和“＋70 ℃”(见 7.3.3，2008 年版的 6.3.3)；

——修改了落弓位置与最高工作高度之间升降操作试验(见 7.4.1.1，2008 年版的 6.4.4.1)；

——增加了升降操作次数要求可由供需双方协商确定和检验验收判据(见 7.4.1.1，2008 年版的 6.4.1.1)；

——修改了振动试验的内容，增加了“冲击和振动试验”的内容并规定为型式检验，增加了验收判据(见 7.4.3.1，2008 年版的 6.4.3)；

——修改了“横向振动试验”的验收判据(见 7.4.3.3，2008 年版的 6.4.3.2)；

——将耐冲击试验由“补充型式试验”改为“型式检验”(见 7.5，2008 年版的 6.5)；

——修改了升降弓气密性能气候试验，试验温度由“－25 ℃”和“＋40 ℃”改为“－40 ℃”和“＋70 ℃”(见 7.7，2008 年版的 6.7)；

——修改了总平均抬升力(见 7.10，2008 年版的 6.10)；

——修改了受流试验(见 7.11，2008 年版的 6.11)；

——修改了“电流温升试验”的试验内容，增加了“试验时接触线与滑板的要求”，统一试验条件，将“补充型式试验”改为“型式检验”(见 7.12 .1、7.12.2，2008 年版的 6.13.1、6.13.2)；

——增加了最高速度时升降系统的检查(见 7.13)；

——修改了“可靠性”为“可靠性和故障种类”，将可靠性与故障种类分开编写（见第9章，2008年版的第8章）；

——修改了“维修”为“设计寿命和维修”（见第10章，2008年版的第9章）；

——删除了电磁兼容(EMC)内容（见2008年版的第10章）。

本部分使用重新起草法修改采用IEC 60494-1:2013《轨道交通　机车车辆　受电弓　特性和试验　第1部分：干线机车车辆受电弓》。

本部分与IEC 60494-1:2013相比，结构上存在差异，3.2由图表格式改为条文格式，删除了3.3.8，增加了6.1、6.3，调整了3.4为第4章，4.1为6.2，4.2～4.11为5.1～5.10，第5章为5.11，第6章～第9章为第7章～第10章，附录A的图A.1为7.3.1的图2，后续图编号依次增加；调整了附录B为附录A，附录C为附录B，删除了附录D。

本部分与IEC 60494-1:2013相比存在技术性差异，这些差异涉及的条款已通过在其外侧页边空白位置的垂直单线(|)进行了标示，具体技术性差异及其原因如下：

——关于规范性引用文件，本部分做了具有技术性差异的调整，以适应我国的技术条件，调整的情况集中反映在第2章“规范性引用文件”中，具体调整如下：

- 增加了GB/T 19001、TB/T 1842.1、TB/T 1842.2、TB/T 1842.3、GB/T 21562.2、GB/T 32592，删除了EN 50317、IEC 60913:2013、IEC 62499、IEC 60077-3、IEC 60077-4、IEC 60077-5（见5.6.4、7.4.1.1、7.11、第8章、9.1、9.3）；
- 用修改采用国际标准的TB/T 3271—2011代替IEC 62486（见5.1、5.4、5.6.1、5.6.3、7.3.1、7.10、7.11）；
- 用修改采用国际标准的GB/T 1402代替IEC 60850（见5.3）；
- 用修改采用国际标准的GB/T 32347.1代替IEC 62498-1（见6.2）；
- 用修改采用国际标准的GB/T 21413.1代替IEC 60077-1（见7.4.1.1）；
- 用等同采用国际标准的GB/T 21413.2代替IEC 60077-2（见7.4.1.1）；
- 用修改采用国际标准的GB/T 21563代替IEC 61373（见7.4.3.1）；
- 用等同采用国际标准的GB/T 21562代替IEC 62278（见9.1、9.3）；
- 用修改采用国际标准的GB/T 21562.3代替IEC 62278-3（见9.1、9.3）；

——删除了3.3.8目标静态接触力，因为我国不适用；

——修改了弓头外形的要求，技术要求更加具体明确（见5.6.3）；

——修改了滑板的技术要求，进一步明确碳滑板破坏时，自动降弓传感装置应能正常启动，进一步明确碳滑板结构、材料或工艺的改进，不应降低受电弓自动降弓性能，碳滑板托架不能与接触线接触，否则会造成接触线损伤，正常工作只能是碳滑板碳条与接触线接触（见5.6.4）；

——增加了“使用环境”一章，使内容更明确（见第6章）；

——修改了检验分类，以符合我国现状，增加“型式检验”中“连续生产的定型产品每5年时”情况（见7.1.1、7.1.2）；

——删除了现场试验的适用范围，以符合我国现状（见7.1.5）；

——修改了目检、尺寸的检验要求，以符合我国现状（见7.2.1、7.2.3）；

——补充了“常温静态接触力测量”内容，增加受电弓标称静态接触力的要求，便于实施检验（见7.3.1）；

——修改了升降弓气候试验，试验温度由“−25 ℃”及“+40 ℃”改为“−40 ℃”及“+70 ℃”，适合我国国情（见7.3.3）；

——修改了振动试验的内容，增加了“冲击和振动试验”的内容并规定为型式检验，增加了验收判据，使试验要求更加具体明确可操作（见7.4.3.1）；

——修改了气密性能气候试验，试验温度由“−25 ℃”及“+40 ℃”改为“−40 ℃”及“+70 ℃”，适

合我国国情(见 7.7.3);

——修改了总平均抬升力,与 TB/T 3271—2011 相互对接(见 7.10);

——修改了"电流温升试验"的试验内容,"机车车辆静止时的额定和最大电流"试验增加了"接触线与滑板的要求",统一试验条件,将"补充型式试验"改为"型式检验"(见 7.12.1、7.12.2);

——修改了"最高速度时升降系统的检查"的要求,使试验要求更加具体明确(见 7.13);

——修改"可靠性"为"可靠性和故障种类",将可靠性与故障种类分开编写,内容更加明确(见第 9 章);

——修改了"维修"为"设计寿命和维修",内容更加明确(见第 10 章);

——修改了"耐冲击试验",由"补充型式试验"改为"型式检验",以符合我国现状(见附录 A)。

本部分还做了下列编辑性修改:

——修改了标准名称;

——删除了注(见 7.4.1、7.4.2、7.4.3.3);

——修改了订货合同规定的项目(见附录 B);

——删除了资料性附录 D;

——删除了参考文献。

请注意本文件的某些内容可能涉及专利。本文件的发布机构不承担识别这些专利的责任。

本部分由国家铁路局提出。

本部分由全国牵引电气设备与系统标准化技术委员会(SAC/TC 278)归口。

本部分起草单位:中国铁道科学研究院机车车辆研究所、中车株洲电力机车研究所有限公司、中车株洲电力机车有限公司、中车大同电力机车有限公司、北京中车赛德铁道电气科技有限公司。

本部分主要起草人:于正平、韩通新、刘贵、陈明国、郭彦伟、高文斌。

本部分所代替标准的历次版本发布情况为:

——GB/T 21561.1—2008。

引　言

牵引供电是通过安装在牵引单元或机车车辆上的一个或多个受电弓从一个或多个接触线集取电流而实现的。

受电弓滑板沿着接触线滑动而传送电能。

受电弓和接触网系统形成两个相对移动的振动子系统。它们之间受电弓单向滑动并保证持续接触。受电弓和接触网的设计使两个子系统在使用中磨耗达到最小。

轨道交通　机车车辆受电弓特性和试验
第1部分:干线机车车辆受电弓

1　范围

GB/T 21561的本部分规定了干线机车车辆受电弓从接触网系统集取电流的通用特性,也规定了受电弓(除绝缘子外)应进行的试验。

本部分适用于干线机车车辆受电弓。

本部分不适用于对安装在车顶上受电弓所进行的绝缘配合试验。

本部分不适用于地铁和轻轨车辆受电弓。

2　规范性引用文件

下列文件对于本文件的应用是必不可少的。凡是注日期的引用文件,仅注日期的版本适用于本文件。凡是不注日期的引用文件,其最新版本(包括所有的修改单)适用于本文件。

GB/T 1402　轨道交通　牵引供电系统电压(GB/T 1402—2010,IEC 60850:2007,MOD)

GB/T 19001　质量管理体系　要求(GB/T 19001—2016,ISO 9001:2015,IDT)

GB/T 21413.1　轨道交通　机车车辆电气设备　第1部分:一般使用条件和通用规则(GB/T 21413.1—2018, IEC 60077-1:2017,MOD)

GB/T 21413.2　铁路应用　机车车辆电气设备　第2部分:电工器件　通用规则(GB/T 21413.2—2008,IEC 60077-2:1999,IDT)

GB/T 21562　轨道交通　可靠性、可用性、可维修性和安全性规范及示例(GB/T 21562—2008,IEC 62278:2002,IDT)

GB/T 21562.2　轨道交通　可靠性、可用性、可维护性和安全性规范及示例　第2部分:安全性的应用指南

GB/T 21562.3　轨道交通　可靠性、可用性、可维护性和安全性规范及示例　第3部分:机车车辆RAM的应用指南(GB/T 21562.3—2015,IEC/TR 62278-3:2010,MOD)

GB/T 21563　轨道交通　机车车辆设备　冲击和振动试验(GB/T 21563—2018,IEC 61373:2010,MOD)

GB/T 32347.1　轨道交通　设备环境条件　第1部分:机车车辆设备(GB/T 32347.1—2015,IEC 62498-1:2010,MOD)

GB/T 32592　轨道交通　受流系统　受电弓与接触网动态相互作用测量的要求和验证

TB/T 1842.1　电力机车受电弓滑板　粉末冶金滑板

TB/T 1842.2　受电弓滑板　第2部分:碳基复合材料滑板

TB/T 1842.3　受电弓滑板　第3部分:碳滑板

TB/T 3271—2011　轨道交通　受流系统　受电弓与接触网相互作用准则(IEC 62486:2010,MOD)

3 术语和定义

下列术语和定义适用于本文件。

3.1 总则

3.1.1

供应商 supplier

受电弓的制造商。

3.1.2

用户 customer

使用行业或车辆制造商。

3.1.3

受电弓 pantograph

从单根或多根接触线上取得电流的装置，上有铰链机构允许滑板作垂直运动。

单臂受电弓的结构见图1。

3.2 受电弓设计

3.2.1

框架 frame

能使弓头相对于受电弓的底架在垂直方向运动的铰接结构。

3.2.2

底架 base frame

受电弓中支承框架的固定部件，安装在固定于车顶的绝缘子上。

3.2.3

弓头 collector head

受电弓中由框架支承的部件。

注：包括滑板、弓角、悬挂装置等。

3.2.4

滑板 contact strip

弓头中可以更换的磨耗部件，表面直接与接触网系统接触。

3.2.5

弓角 horns

弓头的端部，用以保证与接触线平滑接触与过渡。

3.2.6

弓头的长度 collector head length

沿机车车辆横向水平面所测得的弓头尺寸。

3.2.7

弓头最大宽度 collector head maximum width

沿着轨道纵向测量的滑板两外边缘间的最大距离。

3.2.8

弓头的高度　collector head height

弓角的最低点到滑板的最高点的垂直距离。

3.2.9

弓头转轴　collector head pivot

弓头的俯仰轴。

3.2.10

滑板长度　length of contact strip

沿机车车辆横向所测得用于相互作用的磨损材料总长度。

3.2.11

最低工作高度　height at "lower operating position"

受电弓升至设计受流的最低平面时，绝缘子顶上的受电弓安装平面到滑板顶面之间的垂直距离。

3.2.12

最高工作高度　height at "upper operating position"

受电弓升至设计受流的最高平面时，绝缘子顶上的受电弓安装平面到滑板顶面之间的垂直距离。

3.2.13

工作范围　working range

"最高工作高度"与"最低工作高度"之差。

3.2.14

落弓高度　housed height

受电弓在落弓位置时，从绝缘子顶上的受电弓安装平面到滑板的最高表面或更高的受电弓的其他部件的垂直距离。

3.2.15

受电弓电气区域　pantograph"electric thickness"

在落弓位置时，受电弓最高带电部位与最低带电部位之间的垂直距离。

3.2.16

升降系统　operating system

提供升弓和降弓动力的装置。

3.2.17

最大升弓高度　maximum extension

升到机械停止的最大高度。

3.2.18

限定的最大升弓高度　limited maximum extension

受中间的机械止块限制的升高值(绝缘子顶上的受电弓安装平面到滑板顶面之间的垂直距离)。

3.2.19

自动降弓装置　automatic dropping device

受电弓弓头失效或者损坏时，自动降下受电弓的装置。

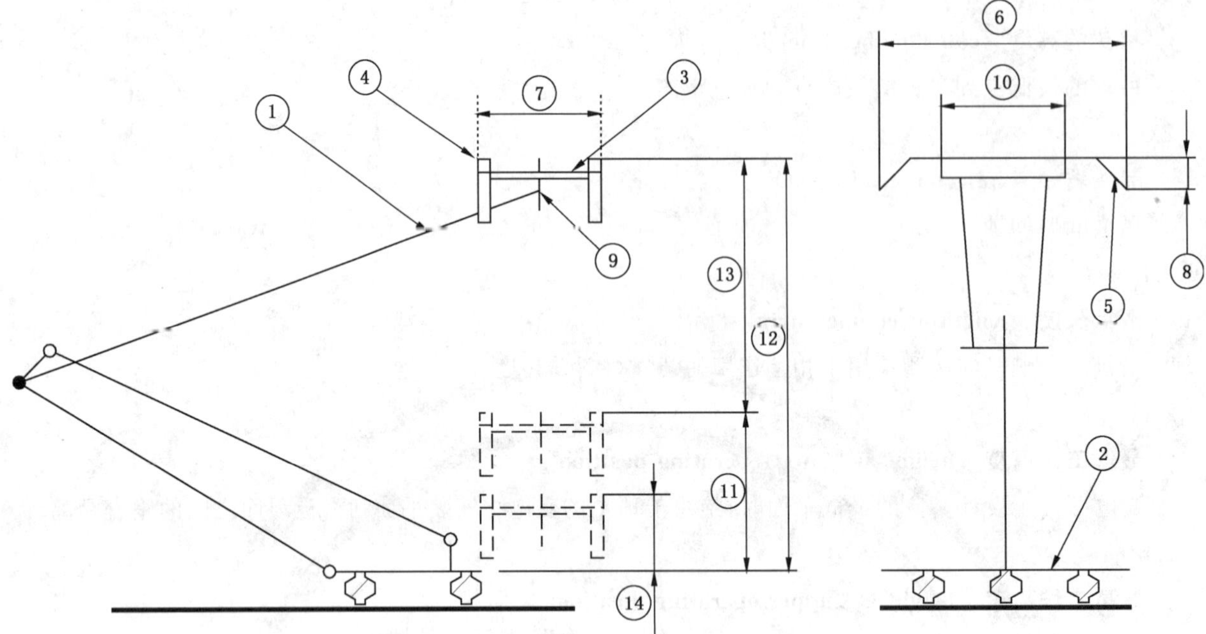

说明：

①——框架；
②——底架；
③——弓头；
④——滑板；
⑤——弓角；
⑥——弓头长度；
⑦——弓头最大宽度；
⑧——弓头高度；
⑨——弓头转轴；
⑩——滑板长度；
⑪——最低工作高度；
⑫——最高工作高度；
⑬——工作范围；
⑭——落弓高度。

注：本图仅是受电弓的一个例子，并不排除其他类型受电弓(例如菱形)。

图 1　受电弓结构示意图

3.3　一般特性

3.3.1

额定电压　rated voltage

受电弓设计的工作电压。

3.3.2

机车车辆静止时的额定电流　rated current，vehicle at standstill

静止时，受电弓在 30 min 内承受的电流平均值。

3.3.3

机车车辆静止时的最大电流　maximum current，vehicle at standstill

在静止状态，受电弓在规定时间内所能承受电流的最大值。

3.3.4

机车车辆运行时的额定电流　rated current，vehicle running

受电弓持续传输电流的容量。

3.3.5

静态接触力　static contact force

机车车辆处于静止状态时，在受电弓升弓装置作用下，受电弓弓头向上施加在接触线上的平均垂直力。

3.3.6

标称静态接触力　nominal static contact force

静态接触力的规定值。

3.3.7

平均静态接触力　mean static contact force

静态接触力实际数值的平均值。

注：在工作范围内持续测量静态接触力上升(F_r)和下降(F_l)过程。通常任何点的平均静态接触力等于$\frac{F_r+F_l}{2}$。

3.3.8

总平均抬升力　total mean uplift force

弓头不与接触线接触时所测得的垂向力。

注：该力的大小等于静态接触力与在给定弓头高度考虑速度情况下由空气产生的空气动力之和，其值是按照环境风速为零条件下得到的。

3.3.9

总接触力　total contact force

机车车辆运行时弓头和接触线之间的总作用力。

3.3.10

落弓保持力　housing force

保持整个受电弓在落弓位置时弓头所受的垂直方向的力。

4　符号和缩略语

下列符号和缩略语适用于本文件。

ADD：自动降弓装置(Automatic Dropping Device)

f_0：固有横向频率

F_r：受电弓上升接触力

F_l：受电弓下降接触力

MDBF：平均无故障距离(Mean Distance Between Failures)

Γ：弓头转轴加速度

5　技术要求

5.1　限界

受电弓在落弓位置和工作位置时应符合订货合同规定的限界或TB/T 3271—2011的要求。

5.2　受电弓升降轨迹

应根据订货合同中规定的滑板长度、最低工作高度、最高工作高度、工作范围的相关值测量升降轨迹。当订货合同中缺少说明时，受电弓升弓或降弓，弓头轨迹在工作范围的上端相对于垂线的偏差应在纵向±50 mm内和横向±10 mm内。

5.3 电气值

牵引系统供电电压应符合 GB/T 1402 的规定。

订货合同应规定受电弓工作时与落弓位异常的过电压值和持续时间。

订货合同中应给出机车车辆静止时的额定电流、机车车辆静止时的最大电流、机车车辆运行时的额定电流的规定值。

5.4 接触力要求

除供需双方另有协议外，升弓或降弓所测得的静态接触力应在图 2 所示的范围之内。

如订货合同中没有规定，静态接触力、总平均抬升力和总接触力的工作要求应按照 TB/T 3271—2011 的要求。

5.5 横向刚度

在最高工作高度时，当横向力施加于支承弓头的框架部件时，其侧向位移不应超过 7.6 中所规定的值，且不发生永久变形。

5.6 弓头

5.6.1 长度

如订货合同中没有特殊规定，可按照 TB/T 3271—2011 中附录 A 规定的长度。

5.6.2 宽度

应根据悬挂类型、滑板数目和接触网的特性决定。

5.6.3 弓头外形

如订货合同中没有特殊规定，可按照 TB/T 3271—2011 中附录 A 规定的弓头外形轮廓尺寸和 5.3.4 规定的最大允许偏斜量。

5.6.4 滑板

滑板特性和技术要求应符合 TB/T 1842.1、TB/T 1842.2、TB/T 1842.3 的规定，滑板的磨损条宜使用碳基材料。

采用碳滑板的受电弓还应满足以下要求：

a) 当碳滑板破坏时，自动降弓装置应能立即启动，确保受电弓安全降弓；

b) 如对碳滑板的结构、材料或工艺进行了任何改变，应按照 TB/T 1842.3 重新型式检验，并且提供试验数据证明，所做的改变没有降低受电弓的自动降弓性能；

c) 在正常工作状态下，碳滑板托架不应与接触线发生接触。

5.7 升降系统

供应商应提供升降系统的安装与说明。

如用户未做明确规定，牵引单元从静止到最高速度，升降系统设计应确保受电弓从接触线处断开在 3 s 内降至最小绝缘距离外。

机车车辆在小于或等于最高速度的任何速度下，落弓保持力应防止受电弓从落弓位自行升起。

落弓保持力可以由用户和制造商协商确定。也可使用落弓位保持装置。

5.8 自动降弓装置(ADD)

根据用户需求受电弓安装自动降弓装置。

ADD应能检测到滑板的撞击或损坏,这种损坏可能引起接触网的损坏。

若用户指定,ADD应能探测到弓头的其他部分(如弓角)引起的撞击或损坏。

设计时应考虑如下特性:

——ADD反应时间;

——ADD失效导向安全状态;

——ADD在工厂的自检;

——ADD可靠;

——ADD工作后受电弓完好。

ADD系统的设计应保证在日常使用中滑板可能出现的较小损伤不引起ADD系统动作。

ADD不应引起受电弓的额外损害。

5.9 受电弓对车顶的力

受电弓的供应商应给出有和无绝缘子情况下受电弓的重量或在每个固定点的最大力。还应给出受电弓每个固定点动态附加力相关参数,用于计算在每个固定点的最大作用力。

5.10 防腐蚀

订货合同中应规定防腐蚀类型和关于使用要求的规范。

5.11 标识

受电弓上应至少有下列标识:

——制造商的商标;

——受电弓的序列号;

——受电弓的类型;

——产品的生产日期。

6 使用环境

6.1 正常工作环境条件

受电弓在下列环境条件下应能正常工作:

——海拔不超过2 500 m;

——环境温度为-25 ℃～$+40$ ℃;

——相对湿度应与不同海拔的要求一致;

——风、沙、雨、雪等的侵袭。

6.2 设备环境条件

受电弓设备环境条件应符合GB/T 32347.1的规定。环境的类别由用户规定。

6.3 特殊用途和特殊使用条件

特殊用途和特殊使用条件的受电弓可根据供需双方签订的技术条件或协议执行。

7 检验

7.1 检验分类

7.1.1 综述

检验分为四类：

——型式检验；

——出厂检验；

——研究试验；

——现场试验。

上述检验见 7.1.2～7.1.5。

应进行的检验项目见附录 A。

7.1.2 型式检验

型式检验应在指定设计的单个产品上进行。

凡是具有下列情况之一者，应进行型式检验：

——新产品试制完成时；

——产品的结构、工艺或材料的变更影响到产品的某些特性或参数变化时，应部分或全部检验；

——出厂检验结果与上次型式检验结果发生不允许的偏差时；

——连续生产的定型产品每 5 年时；

——转厂生产或停产 2 年及以上重新生产时。

本部分区分了受电弓的基本型式和相同受电弓的派生型式。派生型式可以看作是对基本设计的修改，若通过计算或者至少 2 年的现场运行经验，证实受电弓的这些改变至少等于基本设计，且技术要求至少与基本型式等同，则可认为已有的相关型式检验已覆盖了派生型式。

7.1.3 出厂检验

出厂检验用于验证产品的特性是否与型式检验中的测量结果相一致。供应商应对每一产品进行出厂检验。

7.1.4 研究试验

研究试验是为了获得补充信息而在某个单项上进行的特定补充性试验。仅当订货合同明确指定时才进行该试验。

7.3.4 和 7.4.3.4 研究试验的结果不作为产品验收的依据。

7.1.5 现场试验

现场试验是只在运行环境下才进行的特定和补充的试验。该试验应考虑机车车辆的类型、速度和运行方向。该试验应在订货合同规定使用的轨道和/或接触网系统下进行。

7.2 一般试验

7.2.1 目检

受电弓的组装应完整。

检验验收判据：受电弓包含的所有电气的和机械的部件应没有任何物理缺陷并已进行了表面处理

(见 5.10),紧固件应做防松标记。

7.2.2 称重试验

受电弓的组装应完整。

检验验收判据:受电弓的重量应满足 5.9 的规定重量。

7.2.3 尺寸

按照图样规定的受电弓尺寸(包括允差),应采用适当的测量装置来检验。

至少应测量如下项目:

——弓头长度;

——弓头高度;

——弓头最大宽度;

——弓头外形;

——滑板长度;

——落弓高度;

——最大升弓高度;

——限定最大升弓高度;

——电气区域;

——安装孔之间的距离。

检验验收判据:尺寸应在图样规定的允差范围内。

7.2.4 标识

检验验收判据:标识应符合 5.11 的规定。

7.2.5 ADD 的功能检测(型式检验)

ADD 试验应在受电弓的如下两个升弓高度上进行:

——最高工作高度;

——落弓位置以上工作范围的 20%处。

当受电弓升到考核高度时,ADD 因模拟故障而起动。模拟故障使用与实际运行相同的物理信号。应测量从信号产生至降到考核高度下 20 cm 处的反应时间。

检验验收判据:受电弓反应时间应小于或等于 1 s,受电弓的结构无损害。

7.2.6 ADD 的功能检测(出厂检验)

受电弓升到 7.2.5 描述的高度时,ADD 应由模拟故障而启动。

检验验收判据:ADD 应能动作且对受电弓无损害。

7.3 工作性能试验

7.3.1 常温下的静态接触力测量

如装有阻尼器,应将其分开。

在工作位置持续的升降周期内,受电弓速度为(0.05±0.005)m/s,应在弓头悬挂下直接测量静态接触力。

测量装置包括载荷测量、信号处理和数据记录系统,准确度优于 3%。

受电弓标称静态接触力的值应符合 TB/T 3271—2011 规定的要求。

检验验收判据：所测接触力应符合图 2 的要求（在灰色区域范围内）。

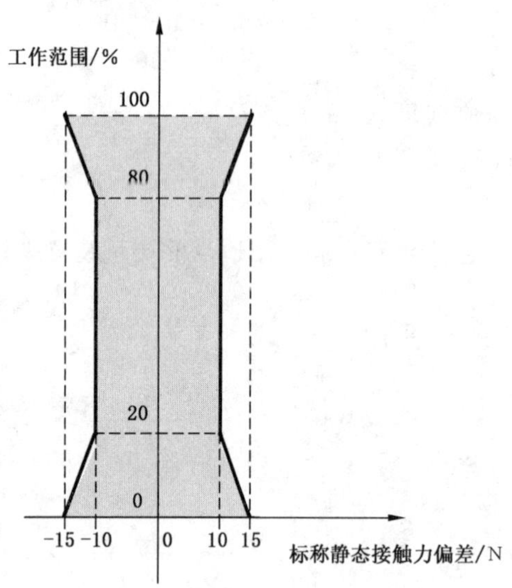

图 2　静态接触力允差（灰色区域）

注：参考 3.2.13、图 1 对工作范围的定义和 3.3.6 标称静态接触力的定义。

7.3.2　升降系统的检查

受电弓应连接到整个升降系统中，试验应在常温和额定气压或额定电压（如果是电气操作系统）下进行。

检验验收判据如下：

a）平稳升到最高工作高度，无引起损坏的冲击；

b）受电弓开始上升时刻算起，从落弓高度升至最高工作高度的上升时间不超过 10 s；

c）在工作范围的任何高度降弓时，开始降弓时应快速动作；

d）降弓动作应无引起损坏的冲击；

e）受电弓从最高工作高度降到落弓位，从开始时刻到降下时间不超过 10 s。

7.3.3　升降弓气候试验

在 7.3.2 中描述的试验应在订货合同规定的极限温度和湿度下进行。如无规定，试验应在温度 −40 ℃ 和＋70 ℃、环境湿度条件下进行。

极限温度下进行的上述试验，应在订货合同规定的最大、最小空气压力或供电电压下进行。

检验验收判据：在试验中和试验后，依照 7.3.2 的验收判据，受电弓应能良好地工作。

7.3.4　常温平均静态接触力测量

如装有阻尼器，带阻尼器重复进行 7.3.1 的试验。

7.4　耐久性试验

7.4.1　升降操作

7.4.1.1　落弓位置与最高工作高度之间升降操作

装有最大设计重量弓头的受电弓，应进行 10 000 次从落弓位置到最高工作高度的升降循环操作。

对最初的 500 次和最后的 500 次操作，升降系统的能源供应（空气或电）为 GB/T 21413.1 和 GB/T 21413.2 规定的最小值，受电弓应升到最大升弓高度。

若订货合同要求不同的升降次数，可由供需双方协商确定。

检验验收判据：

a) 试验后，所有参数应调整到标称值；

b) 受电弓没有异常磨损且应满足 7.3.1 和 7.3.2 的要求；

c) 升降系统没有变形或断裂。

7.4.1.2 工作范围内升降操作

装有与 7.4.1.1 相同弓头的受电弓，应在工作范围内以 0.1 m/s 的速度进行 75 000 次升降循环操作（如果装有阻尼器，则应将其分开）。

检验验收判据：

a) 试验后，所有参数应调整到标称值；

b) 没有异常磨损且受电弓应满足 7.3.1 和 7.3.2 的要求；

c) 升降系统没有变形或断裂。

7.4.2 弓头悬挂

弓头悬挂应在所设计的整个工作行程范围承受 1.2×10^{6} 次连续工作循环，试验的最小频率应不小于 0.5 Hz。

检验验收判据：

a) 没有异常的磨损且受电弓应满足 7.3.1 和 7.3.2 的要求；

b) 没有变形或断裂。

7.4.3 冲击和振动试验

7.4.3.1 概述

受电弓和任何附加部件（电的和/或气动的）应能承受 GB/T 21563 规定的冲击和振动要求。

受电弓高度升到最高工作高度的 75%，受电弓试验量级的安装类别应按用户和供应商协议的要求进行试验。

检验验收判据：

a) 试验后，所有参数应调整到标称值；

b) 受电弓仍满足 7.3.1 和 7.3.2 的要求；

c) 受电弓没有变形或断裂破坏。

7.4.3.2 受电弓固有横向频率的测量（f_0）

受电弓升至最高工作位置的 75%处，在弓头转轴处施加 300 N 的横向力，使之偏离原来所处的位置，从此位置释放后受电弓进入固有的摆动。

7.4.3.3 横向振动试验

装有最大设计重量弓头的受电弓，带绝缘子安装在产生正弦振动的振动台上，横向调节振幅和频率。试验时，振动台的振动频率比受电弓横向摆动的固有频率低 10%。

当升弓高度为最高工作位置的 75%时，调整振动台振动的振幅，使弓头转轴处产生 7 m/s^2 的加速度（Γ）。

该值由式(1)得出。

$$\Gamma = 0.7 \times g \times f_0^2 / (f_0^2 - 1) \quad \cdots\cdots(1)$$

式中：

f_0——横向摆动的固有频率，单位为赫兹(Hz)，$f_0 > 3$ Hz。

振动进行 10^7 次循环。

检验验收判据：

a) 试验后，所有参数应调整到标称值；

b) 受电弓仍满足 7.3.1 和 7.3.2 的要求；

c) 受电弓没有变形或断裂破坏。

7.4.3.4 垂向振动试验

受电弓应装备有正常的升降装置，带有与接触网系统使用相一致的弓头，垂直方向安装在产生正弦振动的系统下。该系统刚度应不小于弓头悬挂总刚度的 10 倍。由受电弓系统施加接触力，受电弓升弓高度应与用户协商一致。

从 0.5 Hz 到 10 Hz，频率的最大增幅为 0.02 Hz/s；从 10 Hz 到 50 Hz，频率的最大增幅为 0.1 Hz/s。正弦振动的振幅应由供应商与用户协商或者接近接触力脱离值。

试验首先在滑板中间进行，然后在最大拉出值处进行。

应记录接触力的变化，它是系统频率和振幅的函数。

7.5 耐冲击试验

除制造商与用户另外达成协议外应完成如下试验：

受电弓以标称接触力升高到最高工作高度的 75%，并在弓头转轴与底架之间用绳子系住。纵向施加 300 N 的力于弓头转轴上后突然断开，见图 3。

本试验应沿前后两纵向各做 3 次。

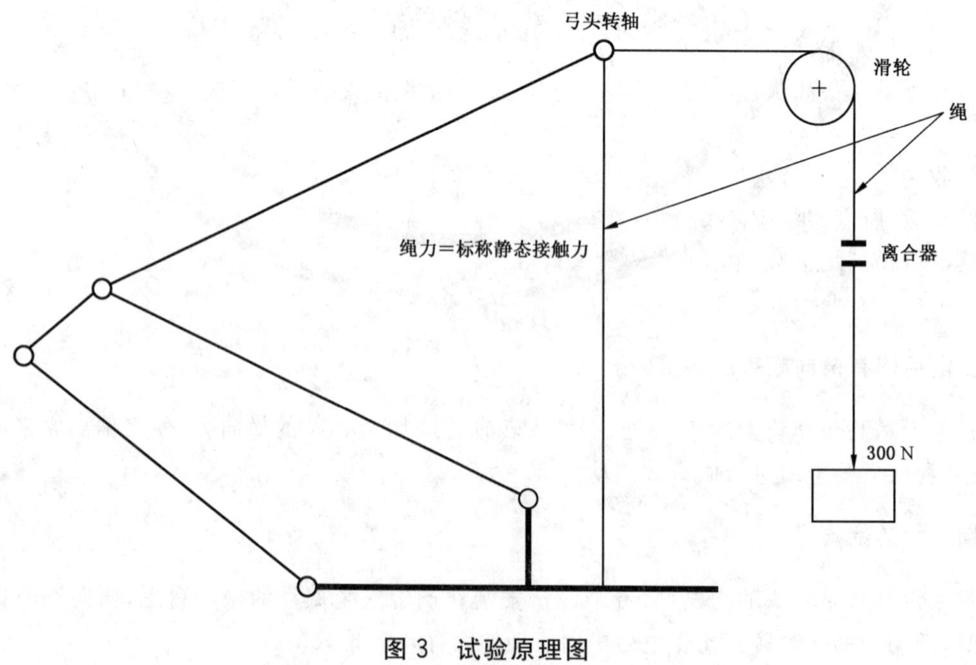

图 3 试验原理图

检验验收判据：受电弓应没有损坏。

7.6 横向刚度试验

受电弓应升至最高工作位置，在支撑弓头的框架上的每侧水平方向持续施加 300 N 的力。

检验验收判据：

a) 每侧位移均不应超过 30 mm；

b) 每次施加力后，受电弓应没有永久变形。

7.7 气密性能试验

7.7.1 概述

下面试验是适用于气动类型的升降系统。

7.7.2 常温气密性能试验

应在常温下进行该试验，检查受电弓空气装置的密封性能。

受电弓空气装置应与其体积相同的储风缸相连，如装有耗气元件（如精密调压阀）应将其隔离，整个气路系统充以订货合同规定的气压。

检验验收判据：10 min 后，储风缸内压力下降不应超过初始压力的 5%。

7.7.3 气密性能气候试验

7.7.2 描述的储风缸将应用于此试验中。

试验应在订货合同所规定的最高温度和最低温度下进行。如无特殊规定，低温试验应在－40 ℃进行，高温试验应在＋70 ℃下进行。

检验验收判据：10 min 后，储风缸内压力下降不应超过初始压力的 5%。

7.8 弓头自由度的测量

弓头自由度应由供应商与用户协商确定。在工作范围内测量行程和转角。

检验验收判据：自由度的幅值应满足协议值，且无明显的机械干涉。

7.9 落弓保持力的测量

无锁闭系统受电弓，在弓头转轴处缓慢上升时测量落弓保持力。

向弓头转轴上施加垂直向上的力，用固定在弓头转轴处的仪器测量该力的值。

检验验收判据：落弓保持力的测量见 5.7 的要求。

7.10 总平均抬升力

受电弓的弓头处于水平位置，且不与接触网系统接触。

总平均抬升力为每块滑板上所测值的总和。

总平均抬升力试验应在不受气候条件干扰的情况下（如风洞环境）模拟机车车辆运行工况下进行测量。

当用户要求做线路试验时，应选择在良好的气候条件进行，不应在大雨、风速超过 8 m/s 等恶劣气候条件下进行试验。弓头的高度应是有代表性的标称高度和运行线路的最小高度。如果线路没有可用的标称高度,试验应限定在用户与供应商之间协商的一段距离进行。

试验的同时还应测量受电弓每个固定点动态力,记录每个固定点作用力的变化。

检验验收判据:在指定的工作高度范围,对于规定的最大速度和两个运行方向上,总平均抬升力应满足 TB/T 3271—2011 的要求。

7.11 受流试验

在接触网系统具有代表性的线路区段,以给定速度在两个运行方向上,测量评价受电弓与接触网系统之间的动态相互作用性能。

测量系统可按照 GB/T 32592。

检验验收判据:受电弓与接触网动态相互作用性能应符合 TB/T 3271—2011 限定值或者满足定货合同中规定的要求。

7.12 电流温升试验

7.12.1 机车车辆静止时的额定和最大电流(型式检验)

受电弓应连接到电路中,此电路供给受电弓等于机车车辆静止时的额定电流 30 min,然后立即供给等于机车车辆静止时的最大电流 30 s。

试验时接触线与滑板的要求如下:

——如使用新接触线,其摩擦表面应经过磨合后再使用,或使用摩擦表面的磨损已达到 1/2 寿命的接触线;

——滑板为新滑板,其表面应与接触线进行初始磨合使二者相互密切接触;

——滑板与接触线之间的力为标称静态接触力。

试验期间,测量接触线和滑板上温度的测点应尽可能接近接触点。

检验验收判据:

a) 受电弓的任何部位(包括滑板在内)都不应有变形和过热痕迹;

b) 电流流过轴承、转轴和导流线应无损害;

c) 滑板和接触线的温度不应超过订货合同规定的温度。

7.12.2 机车车辆运行模拟

受电弓结构能够传送机车车辆运行时的额定电流而不受损害。

无滑板的受电弓应连接到电路中,此电路先供给受电弓的电流为机车车辆运行时 50% 的额定电流 1 h,接着立即供给等于机车车辆运行时额定电流 5 min。

应将连接滑板和弓头/框架的所有导流线相连。

应记录温升严重区域随时间变化的温度和电流。

检验验收判据:

a) 受电弓的任何部位上无变形或者过热痕迹;

b) 电流流过轴承、转轴和导流线应无损害;

c) 受电弓上各温升严重区域指定测点处的温度不应超过订货合同规定值。

7.12.3 现场试验

受电弓能传送机车车辆运行时的额定电流而不受损害。

此试验在安装在机车车辆车顶的受电弓上进行，施加订货合同规定的电力负载。

在试验期间，应记录滑板和弓头在温升严重区域随时间的变化温度和电流。

检验验收判据：受电弓的任何部位应没有过热痕迹。

7.13 最高速度时升降系统的检查

受电弓在最高速度时降弓。测量从命令发出到滑板从接触线降到最小绝缘距离时的时间。

试验在运行的两个方向下进行。

最小绝缘距离为 300 mm 或可按照定货合同。

检验验收判据：如订货合同没有规定，时间不大于 3 s。

8 检查计划

检查计划应按照 GB/T 19001 的要求。

9 可靠性和故障种类

9.1 可靠性规范

可靠性应符合 GB/T 21562、GB/T 21562.2、GB/T 21562.3 的要求或者由供需双方协商确定。

9.2 故障种类

受电弓典型的故障种类如下：

——A 类：受电弓的故障导致接触网系统损坏；

——B 类：引起受电弓不能工作的故障；

——C 类：不妨碍机车车辆完成行程的其他故障。

可靠性用平均无故障距离(MDBF)来表示，分别对 A、B、C 三类故障进行量化。

9.3 运行可靠性的证实

应由用户按照 GB/T 21562、GB/T 21562.2、GB/T 21562.3 的要求来监控。

10 设计寿命和维修

10.1 结构

若供应商与用户之间没有另行规定，受电弓结构(框架、底架)及升降系统的设计寿命应是 12×10^6 km 或 30 年，以先达到者为准。

结构或升降系统包括有较低设计寿命的易耗件。如果订货合同中没有规定，这些易耗部件的设计寿命最小应是 2×10^6 km 或 5 年，以先达到者为准。

10.2 弓头结构

弓头结构包括弓头、弓头转轴及导流线。设计寿命在订货合同中规定。

10.3 可维修性能

所有轴承应容易更换，其外圈不能作为主部件结构的一部分。

弓头应易于从受电弓框架上拆装。

滑板应易于从弓头上拆装。

维修文件应在订货合同中规定。

设计寿命和可维修性能应通过计算或至少 5 年的现场运行经验证实。

订货合同规定的项目参见附录 B。

附 录 A
（规范性附录）
检 验 项 目

检验项目见表 A.1。

表 A.1 检验项目

序号	检验项目		检验分类				对应章条
			型式检验	出厂检验	研究试验	现场试验	
1	一般试验	目检	√	√	—	—	7.2.1
		称重试验	√	—	—	—	7.2.2
		弓头长度	√	√	—	—	7.2.3
		弓头高度	√	√	—	—	7.2.3
		弓头最大宽度	√	—	—	—	7.2.3
		弓头外形	√	—	—	—	7.2.3
		滑板长度	√	—	—	—	7.2.3
		落弓高度	√	√	—	—	7.2.3
		最人升弓高度	√	√		—	7.2.3
		限定最大升弓高度	—	√	—	—	7.2.3
		电气区域	√	√	—	—	7.2.3
		安装孔之间的距离	√	√	—	—	7.2.3
		标识	√	√	—	—	7.2.4
		自动降弓装置（ADD）功能检测	√	—	—	—	7.2.5
			—	√	—	—	7.2.6
2	工作性能试验	常温静态接触力测量	√	√	—	—	7.3.1
		升降系统检查	√	√	—	—	7.3.2
		升降弓气候试验	√	—	—	—	7.3.3
		常温平均静态接触力测量	—	—	√	—	7.3.4
3	耐久性试验	落弓位置与最高工作高度之间升降操作	√	—	—	—	7.4.1.1
		工作范围内升降操作	√	—	—	—	7.4.1.2
		弓头悬挂	√	—	—	—	7.4.2
		冲击和振动试验	√	—	—	—	7.4.3.1
		横向振动试验	√	—	—	—	7.4.3.3
		垂向振动试验	—	—	√	—	7.4.3.4
4	耐冲击试验		√	—	—	—	7.5

表 A.1（续）

序号	检验项目		检验分类				对应章条
			型式检验	出厂检验	研究试验	现场试验	
5	横向刚度试验		√	—	—	—	7.6
6	气密性能试验	常温气密性能试验	√	√	—	—	7.7.2
		气密性能气候试验	√	—	—	—	7.7.3
7	弓头自由度测量		√	√	—	—	7.8
8	落弓保持力的测量		√	—	—	—	7.9
9	总平均抬升力		—	—	—	√	7.10
10	受流试验		—	—	—	√	7.11
11	电流温升试验	机车车辆静止时的额定和最大电流	√	—	—	—	7.12.1
		机车车辆运行模拟	√	—	—	—	7.12.2
		现场试验	—	—	—	√	7.12.3
12	最高速度时升降系统的检查		—	—	—	√	7.13
注：“√”表示必做该项检验；“—”表示不做该项检验。							

附　录　B
（资料性附录）
订货合同规定的项目

订货合同规定的项目见表B.1。

表B.1　订货合同规定的项目

订货合同规定的项目	对应章条
受电弓设备	3.1.3
额定电压	3.3.1
机车车辆静止时的额定电流	3.3.2
机车车辆静止时的最大电流	3.3.3
机车车辆运行时的额定电流	3.3.4
标称静态接触力	3.3.6
总平均抬升力	3.3.8
总接触力	3.3.9
受电弓升降轨迹	5.2
电气值	5.3
弓头长度	5.6.1
弓头外形	5.6.3
滑板	5.6.4
自动降弓装置(ADD)	5.8
防腐蚀	5.10
使用环境	第6章
型式检验	7.1.2
研究试验	7.1.4
现场试验	7.1.5
升降弓气候试验	7.3.3
振动试验	7.4.3
气密性能气候试验	7.7.3
现场试验	7.12.3
最高速度时升降系统的检查	7.13
检查计划	第8章
可靠性和故障种类	第9章
设计寿命和维修	第10章

ICS 29.280
S 35

中华人民共和国国家标准

GB/T 21561.2—2018
代替 GB/T 21561.2—2008

轨道交通　机车车辆受电弓特性和试验
第 2 部分:地铁和轻轨车辆受电弓

Railway applications—Rolling stock pantographs characteristics and tests—Part 2: Pantographs for metros and light rail vehicles

(IEC 60494-2:2013, Railway applications—Rolling stock—Pantographs—Characteristics and tests—Part 2: Pantographs for metros and light rail vehicles, MOD)

2018-12-28 发布　　2019-07-01 实施

国家市场监督管理总局
中国国家标准化管理委员会　发布

前　言

GB/T 21561《轨道交通　机车车辆受电弓特性和试验》分为四个部分：

——第1部分：干线机车车辆受电弓；

——第2部分：地铁和轻轨车辆受电弓；

——第3部分：受电弓与干线机车车辆的接口；

——第4部分：受电弓与地铁、轻轨车辆接口。

本部分为GB/T 21561的第2部分。

本部分按照GB/T 1.1—2009给出的规则起草。

本部分代替GB/T 21561.2—2008《轨道交通　机车车辆受电弓特性和试验　第2部分：地铁和轻轨车辆受电弓》，与GB/T 21561.2—2008相比主要技术变化如下：

——修改了规范性引用文件（见第2章，2008年版的第2章）；

——修改了受电弓的定义，将2008版标准附录A中图A.1纳入正文，将“弓头宽度”改为“弓头最大宽度”，增加了“自动降弓装置”“平均静态接触力”（见第3章，2008年版的第3章）；

——增加了符号和缩略语（见第4章）；

——修改了接触力要求（见5.4，2008年版的4.4）；

——修改了弓头技术要求（见5.6，2008年版的4.6）；

——修改了滑板的技术要求（见5.6.4，2008年版的4.6.2）；

——增加了电动机环境条件要求，修改了自动降弓装置（ADD）要求、受电弓对车顶的力和标识要求（见5.7.2、5.8、5.9、5.11，2008年版的4.7、4.8、4.9、第5章）；

——增加了使用环境（见第6章）；

——修改了检验分类（见7.1，2008年版的6.1）；

——修改了目检、尺寸和标识的检验要求（见7.2.1、7.2.3、7.2.4，2008年版的6.2.1、6.2.3、6.2.4）；

——修改了ADD功能检测的出厂检验要求，增加了ADD功能检测的型式检验（见7.2.5、7.2.6）；

——修改了工作性能试验，常温下的静态接触力测量将附录B“图B.1”纳入正文“图2”，图中要求有改变，增加受电弓标称静态接触力的要求，修改“升降系统的检查”增加下降时间的要求，升降弓气候试验将“补充型式试验”改为“型式检验”，增加“常温平均静态接触力测量”（见7.3，2008年版的6.3）；

——修改了升降弓气候试验，将“补充型式试验”改为“型式检验”，将试验温度“+40 ℃”改为“+70 ℃”（见7.3.3、7.7.3，2008年版的6.3.3、6.7.2）；

——修改了“升降操作”试验，在落弓位置与最高工作高度之间升降操作试验基础上，增加了“工作范围内升降操作”试验（见7.4.1，2008年版的6.4.1）；

——增加了弓头悬挂试验（见7.4.2）；

——修改了振动试验内容，增加了“冲击和振动试验”的内容并规定为型式检验，增加了验收判据（见7.4.3.1，2008年版的6.4.2）；

——增加了“横向振动试验”的验收判据（见7.4.3.3）；

——修改了耐冲击试验，由“补充型式试验”改为“型式检验”（见7.5，2008年版的6.5）；

——修改了升降弓气密性能气候试验，试验温度由“+40 ℃”改为“+70 ℃”（见7.7，2008年版的6.7）；

——修改了受流试验（见7.10.2，2008年版的6.9）；

——修改了“电流温升试验”的试验内容，“地铁和轻轨车辆静止时的额定和最大电流”试验增加了“接触线与滑板的要求”，统一试验条件，增加了“机车车辆运行模拟”试验，将“补充型式试验”改为“型式检验”(见7.9,2008年版的6.10.1)；

——修改了“可靠性”为“可靠性和故障种类”，将可靠性与故障种类分开编写(见第9章,2008年版的第8章)；

——修改了“维修”为“设计寿命和维修”(见第10章,2008年版的第9章)；

——删除了电磁兼容(EMC)内容(见2008年版的第10章)。

本部分使用重新起草法修改采用IEC 60494-2:2013《轨道交通　机车车辆　受电弓　特性和试验　第2部分:地铁和轻轨车辆受电弓》。

本部分与IEC 60494-2:2013相比，在结构上有较多调整，附录A列出了本部分与IEC 60494-2:2013章条编号变化对照一览表。

本部分与IEC 60494-2:2013相比存在技术性差异，这些差异涉及的条款已通过在其外侧页边空白位置的垂直单线(|)进行了标示，具体技术性差异及其原因如下：

——关于规范性引用文件，本部分做了具有技术性差异的调整，以适应我国的技术条件，调整的情况集中反映在第2章“规范性引用文件”中，具体调整如下：

- 增加了GB/T 19001、TB/T 1842.1、TB/T 1842.2、TB/T 1842.3、GB/T 21562.2、GB/T 32592，删除了EN 50317(见5.6.4、7.10.2、第8章、9.1、9.3)；
- 用修改采用国际标准的TB/T 3271—2011代替IEC 62486(见5.1、5.4、5.6.1、5.6.3、7.3.1、7.10.2)；
- 用修改采用国际标准的GB/T 1402代替IEC 60850(见5.3)；
- 用等同采用国际标准的GB/T 4208—2017代替IEC 60529:1989(见5.7.2)；
- 用修改采用国际标准的GB/T 32347.1代替IEC 62498-1(见5.7.2、6.2)；
- 用修改采用国际标准的GB/T 21413.1代替IEC 60077-1(见5.7.2、7.4.1.1)；
- 用等同采用国际标准的GB/T 21413.2代替IEC 60077-2(见5.7.2、7.4.1.1)；
- 用修改采用国际标准的GB/T 21563代替IEC 61373(见7.4.3.1)；
- 用修改采用国际标准的GB/T 21562代替IEC 62278(见9.1、9.3)；
- 用修改采用国际标准的GB/T 21562.3代替IEC 62278-3(见9.1、9.3)；

——删除了3.3.8目标静态接触力，因为我国不适用；

——修改了弓头的内容，技术要求更加具体明确(见5.6.1、5.6.2、5.6.3)；

——修改了滑板的技术要求，进一步明确碳滑板破坏时，自动降弓传感装置应能正常启动，进一步明确碳滑板结构、材料或工艺的改进，不应降低受电弓自动降弓性能，碳滑板托架不能与接触线接触，否则会造成接触线损伤，正常工作只能是碳滑板碳条与接触线接触(见5.6.4)；

——修改了自动降弓装置(ADD)、受电弓对车顶的力，使内容更明确(见5.8、5.9)；

——增加了“使用环境”，使内容更明确(见第6章)；

——修改了检验分类，以符合我国现状，增加“型式检验”中“连续生产的定型产品每5年时”情况(见7.1.1、7.1.2)；

——修改了目检、尺寸的检验要求，以符合我国现状(见7.2.1、7.2.3)；

——增加了ADD功能检测的出厂检验要求，以符合我国现状(见7.2.6)；

——补充了“常温静态接触力测量”内容，增加了受电弓标称静态接触力的要求，便于实施检验(见7.3.1)；

——修改了升降弓气候试验内容，使试验可操作，将“补充型式试验”改为“型式检验”，试验温度“+40 ℃”改为“+70 ℃”，适合我国国情(见7.3.3)；

——修改了“升降操作”试验，在落弓位置与最高工作高度之间升降操作试验基础上，增加了“工作范围内升降操作试验”，进一步考核升降寿命(见 7.4.1)；

——增加了弓头悬挂试验，以符合我国现状(见 7.4.2)；

——修改了振动试验内容，增加了“冲击和振动试验”的内容并规定为型式检验，增加了验收判据，使试验要求更加具体明确可操作(见 7.4.3.1)；

——修改了横向振动试验，由“补充型式试验”改为“型式检验”，增加了“横向振动试验”的验收判据，使试验要求更加具体明确可操作(见 7.4.3.3)；

——修改了升降弓气密性能气候试验，试验温度由“+40 ℃”改为“+70 ℃”，以符合我国国情(见 7.7.3)；

——修改了“电流温升试验”的试验内容，“地铁和轻轨车辆静止时的额定和最大电流”试验增加了“试验时接触线与滑板的要求”，统一试验条件要求，将“补充型式试验”改为“型式检验”(见 7.9)；

——修改了“受流试验”内容，以符合我国现状(见 7.10.2)；

——修改了“可靠性”为“可靠性和故障种类”，将可靠性与故障种类分开编写，内容更加明确(见第 9 章)；

——修改了“维修”为“设计寿命和维修”，将“结构”改为“结构设计寿命”，将“弓头结构”改为“弓头结构设计寿命”，内容更加明确(见第 10 章)；

——修改了耐冲击试验，由“补充型式试验”改为“型式检验”，以符合我国实际情况(见附录 B)。

本部分还做了下列编辑性修改：

——修改了标准名称；

——删除了注(见 7.4.1)；

——修改了订货合同规定的项目(见附录 C)；

——删除了资料性附录 D；

——删除了参考文献。

请注意本文件的某些内容可能涉及专利。本文件的发布机构不承担识别这些专利的责任。

本部分由国家铁路局提出。

本部分由全国牵引电气设备与系统标准化技术委员会(SAC/TC 278)归口。

本部分起草单位：中国铁道科学研究院机车车辆研究所、株洲中车时代电气股份有限公司、中车株洲电力机车有限公司、北京中车赛德铁道电气科技有限公司、中铁电气化勘测设计研究院有限公司、中车青岛四方机车车辆股份有限公司。

本部分起草人：于正平、韩通新、王秋华、李军、姚念良、苏光辉、单保强。

本部分所代替标准的历次版本发布情况为：

——GB/T 21561.2—2008。

引　言

牵引供电是通过安装在牵引单元或地铁和轻轨车辆上的一个或多个受电弓从一个或多个接触线集取电流而实现的。

受电弓滑板沿着接触线滑动而传送电能。

受电弓和接触网系统形成两个相对移动的振动子系统。它们之间受电弓单向滑动并保证持续接触。受电弓和接触网的设计使两个子系统在使用中磨耗达到最小。

轨道交通　机车车辆受电弓特性和试验
第2部分：地铁和轻轨车辆受电弓

1 范围

GB/T 21561 的本部分规定了地铁和轻轨车辆受电弓从接触网系统集取电流的通用特性，也规定了受电弓(除绝缘子外)应进行的试验。

本部分适用于地铁和轻轨车辆受电弓。

本部分不适用于对安装在车顶上受电弓所进行的绝缘配合试验。

本部分不适用于干线机车车辆受电弓。

本部分适用于柔性悬挂接触网系统。对于刚性悬挂系统需要用户和供应商进行特殊考虑。

2 规范性引用文件

下列文件对于本文件的应用是必不可少的。凡是注日期的引用文件，仅注日期的版本适用于本文件。凡是不注日期的引用文件，其最新版本(包括所有的修改单)适用于本文件。

GB/T 1402　轨道交通　牵引供电系统电压(GB/T 1402—2010，IEC 60850:2007，MOD)

GB/T 4208—2017　外壳防护等级(IP 代码)(IEC 60529:2013，IDT)

GB/T 19001　质量管理体系　要求(GB/T 19001—2016，ISO 9001:2015，IDT)

GB/T 21413.1　轨道交通　机车车辆电气设备　第1部分：一般使用条件和通用规则(GB/T 21413.1—2018，IEC 60077-1:2017，MOD)

GB/T 21413.2　铁路应用　机车车辆电气设备　第2部分：电工器件　通用规则(GB/T 21413.2—2008，IEC 60077-2:1999，IDT)

GB/T 21562　轨道交通　可靠性、可用性、可维修性和安全性规范及示例(GB/T 21562—2008，IEC 62278:2002，IDT)

GB/T 21562.2　轨道交通　可靠性、可用性、可维护性和安全性规范及示例　第2部分：安全性的应用指南

GB/T 21562.3　轨道交通　可靠性、可用性、可维护性和安全性规范及示例　第3部分：机车车辆RAM 的应用指南(GB/T 21562.3—2015，IEC/TR 62278-3:2010，MOD)

GB/T 21563　轨道交通　机车车辆设备　冲击和振动试验(GB/T 21563—2018，IEC 61373:2010，MOD)

GB/T 32347.1　轨道交通　设备环境条件　第1部分：机车车辆设备(GB/T 32347.1—2015，IEC 62498-1:2010，MOD)

GB/T 32592　轨道交通　受流系统　受电弓与接触网动态相互作用测量的要求和验证

TB/T 1842.1　电力机车受电弓滑板　粉末冶金滑板

TB/T 1842.2　受电弓滑板　第2部分：碳基复合材料滑板

TB/T 1842.3　受电弓滑板　第3部分：碳滑板

TB/T 3271—2011　轨道交通　受流系统　受电弓与接触网相互作用准则(IEC 62486:2010，MOD)

3 术语和定义

下列术语和定义适用于本文件。

3.1 总则

3.1.1

供应商 supplier

受电弓的制造商。

3.1.2

用户 customer

使用行业或车辆制造商。

3.1.3

受电弓 pantograph

从单根或多根接触线上取得电流的装置,上有铰链机构允许滑板作垂直运动。

单臂受电弓结构见图1。

3.2 设计

3.2.1

框架 frame

能使弓头相对于受电弓的底架在垂直方向运动的铰接结构。

3.2.2

底架 base frame

受电弓中支承框架的固定部件,安装在固定于车顶的绝缘子上。

3.2.3

弓头 collector head

受电弓中由框架支承的部件。

注:包括滑板、弓角、悬挂装置等。

3.2.4

滑板 contact strip

弓头中可以更换的磨耗部件,表面直接与接触网系统接触。

3.2.5

弓角 horns

弓头的端部,用以保证与接触线平滑接触与过渡。

3.2.6

弓头的长度 collector head length

沿车辆横向水平面所测得的弓头尺寸。

3.2.7

弓头最大宽度 collector head maximum width

沿着轨道纵向测量的滑板两外边缘间的最大距离。

3.2.8

弓头的高度 collector head height

弓角的最低点到滑板的最高点的垂直距离。

3.2.9

弓头转轴　collector head pivot

弓头的俯仰轴。

3.2.10

滑板长度　length of contact strip

沿车辆横向所测得用于相互作用的磨损材料总长度。

3.2.11

最低工作高度　height at "lower operating position"

受电弓升至设计受流的最低平面时,绝缘子顶上的受电弓安装平面到滑板顶面之间的垂直距离。

3.2.12

最高工作高度　height at "upper operating position"

受电弓升至设计受流的最高平面时,绝缘子顶上的受电弓安装平面到滑板顶面之间的垂直距离。

3.2.13

工作范围　working range

"最高工作高度"与"最低工作高度"之差。

3.2.14

落弓高度　housed height

受电弓在落弓位置时,从绝缘子顶上的受电弓安装平面到滑板的最高表面或更高的受电弓的其他部件的垂直距离。

3.2.15

受电弓电气区域　pantograph"electric thickness"

在落弓位置时,受电弓最高带电部位与最低带电部位之间的垂直距离。

3.2.16

升降系统　operating system

提供升弓和降弓动力的装置。

3.2.17

最大升弓高度　maximum extension

升到机械停止的最大高度。

3.2.18

升弓范围　extension range

E

最高工作高度与落弓高度之差(绝缘子顶上的受电弓安装平面到滑板顶面之间的垂直距离)。

3.2.19

自动降弓装置　automatic dropping device

受电弓弓头失效或者损坏时,自动降下受电弓的装置。

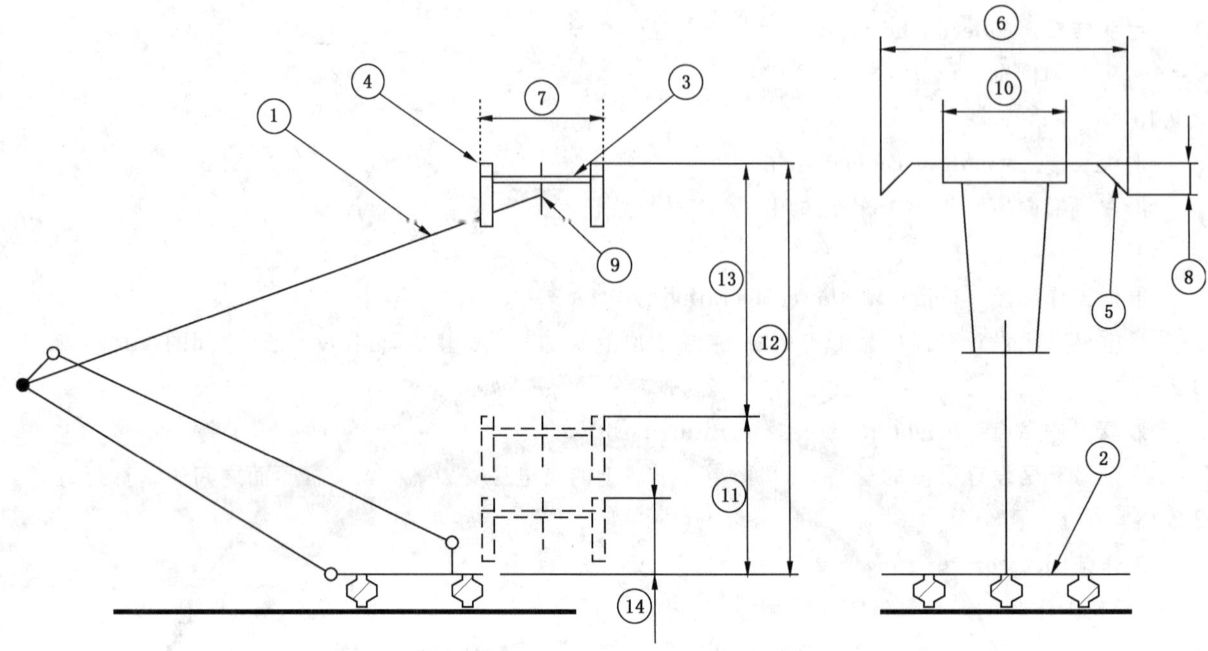

说明：

①——框架；
②——底架；
③——弓头；
④——滑板；
⑤——弓角；
⑥——弓头长度；
⑦——弓头最大宽度；
⑧——弓头高度；
⑨——弓头转轴；
⑩——滑板长度；
⑪——最低工作高度；
⑫——最高工作高度；
⑬——工作范围；
⑭——落弓高度。

注：本图仅是受电弓的一个例子，并不排除其他类型受电弓(例如菱形)。

图1 受电弓结构示意图

3.3 一般特性

3.3.1

额定电压 rated voltage

受电弓设计的工作电压。

3.3.2

地铁和轻轨车辆静止时的额定电流 rated current, metros and light rail vehicles at standstill

静止时，受电弓在 30 min 内承受的电流平均值。

3.3.3

地铁和轻轨车辆静止时的最大电流 maximum current, metros and light rail vehicles at standstill

在静止状态，受电弓在规定时间内所能承受电流的最大值。

3.3.4

地铁和轻轨车辆运行时的额定电流 rated current, metros and light rail vehicles running

受电弓持续传输电流的容量。

3.3.5

静态接触力　static contact force

地铁和轻轨车辆处于静止状态时，在受电弓升弓装置作用下，弓头向上施加在接触网系统的平均垂直力。

3.3.6

标称静态接触力　nominal static contact force

静态接触力的规定值。

3.3.7

平均静态接触力　mean static contact force

静态接触力实际数值的平均值。

注：计算如下：在工作范围内持续测量静态接触力上升(F_r)和下降(F_l)过程。按惯例，任何点的平均静态接触力等于$\frac{F_r+F_l}{2}$。

4　符号和缩略语

下列符号和缩略语适用于本文件。

ADD：自动降弓装置(Automatic Dropping Device)

E：升弓范围

f_0：横向固有频率

F_r：受电弓上升接触力

F_l：受电弓下降接触力

MDBF：平均无故障距离(Mean Distance Between Failures)

Γ：弓头转轴加速度

5　技术要求

5.1　限界

受电弓在落弓位置和工作位置时应符合订货合同规定的限界，或者按照TB/T 3271—2011的要求。

5.2　受电弓升降轨迹

根据订货合同中规定的滑板长度、最低工作高度、最高工作高度、工作范围的相关值测量升降轨迹。当订货合同中缺少说明时，受电弓升弓或降弓，弓头轨迹在工作范围的上端相对垂线的侧向偏差应符合表1的要求。

表1　弓头轨迹偏差

升弓范围 E m	相对垂线的最大偏差 mm
$E<1$	10
$1\leqslant E<2$	20
$E\geqslant 2$	30

5.3 电气值

牵引系统供电电压应符合 GB/T 1402 的规定。

订货合同应规定受电弓工作时与落弓位要求的电压值和持续时间。

订货合同中应给出地铁和轻轨车辆静止时的额定电流、地铁和轻轨车辆静止时的最大电流、地铁和轻轨车辆运行时的额定电流的规定值。

5.4 接触力要求

静态接触允差:除供需双方另有协议外,升弓或降弓所测得的静态接触力应在图 2 所示的范围之内。

如订货合同中没有规定,接触力应按照 TB/T 3271—2011 的要求。

5.5 横向刚度

在最高工作高度时,当横向力施加于支承弓头的框架部件时,其侧向位移不应超过 7.6 中所规定的值,且不发生永久变形。

5.6 弓头

5.6.1 长度

如在订货合同中没有特殊规定,可按照 TB/T 3271—2011 中附录 A 规定的长度。

5.6.2 宽度

应根据悬挂类型、滑板数目和接触网的特性决定。

5.6.3 弓头外形

如订货合同中没有特殊规定,可按照 TB/T 3271—2011 中附录 A 规定的弓头外形轮廓尺寸和最大允许倾斜。

5.6.4 滑板

滑板特性和技术要求应符合 TB/T 1842.1、TB/T 1842.2、TB/T 1842.3 的规定。滑板的磨损条宜使用碳基材料。

5.7 升降系统

5.7.1 升降系统的要求

在正常工作条件下,升降系统的设计应确保牵引单元从静止到最大速度,受电弓的任何离线不应造成接触线或滑板的永久损坏。

升降系统的设计准许提供一个在能量不足时进行操作的附加手动装置。

5.7.2 电动机

环境条件应符合 GB/T 32347.1 的要求,电动机应满足 GB/T 21413 .1 和 GB/T 21413.2 的要求。

如订货合同没有特殊规定,电动机和电气部件应按照 GB/T 4208—2017 中 IP55 的要求进行防护。

5.8 自动降弓装置(ADD)

根据用户需求受电弓安装自动降弓装置。

ADD应能检测到滑板的撞击或损坏，这种损坏可能引起接触网的损坏。

若用户指定，ADD应能探测到弓头的其他部分(如弓角)引起的撞击或损坏。

设计时，应考虑如下特性：

——ADD反应时间；

——ADD失效导向安全状态；

——ADD在工厂的自检；

——ADD可靠；

——ADD工作后受电弓完好。

ADD系统的设计应保证在日常使用中滑板可能出现的较小损伤不引起ADD系统动作。

ADD不应引起受电弓的额外损害。

5.9 受电弓对车顶的力

受电弓的供应商应给出有和无绝缘子情况下受电弓的重量或在每个固定点的最大力，还应提供每个固定点的所有附加外部力。

5.10 防腐蚀

订货合同中应规定防腐蚀类型和关于使用要求的规范。

5.11 标识

受电弓上应至少有下列标识：

——供应商的商标；

——受电弓的序列号；

——受电弓的类型；

——产品的生产日期。

6 使用环境

6.1 正常工作环境条件

受电弓在下列环境条件下应能正常工作：

a) 海拔不超过2 500 m；

b) 环境温度为－25 ℃～＋40 ℃；

c) 月平均最大相对湿度为95％；

d) 风、沙、雨、雪、盐雾等的侵袭。

6.2 设备环境条件

受电弓设备环境条件由GB/T 32347.1规定。环境的类别由用户规定。

6.3 特殊用途和特殊使用条件

特殊用途和特殊使用条件受电弓可根据供需双方签订的技术条件或协议执行。

7 检验

7.1 检验分类

7.1.1 综述

检验分为四类：

——型式检验；

——出厂检验；

——研究试验；

——现场试验。

上述检验见7.1.2～7.1.5。

附录B列出应进行的检验项目。

7.1.2 型式检验

型式检验应在指定设计的单个产品上进行。

具有下列情况之一者，应做型式检验：

——新产品试制完成时；

——产品的结构、工艺或材料的变更影响到产品的某些特性或参数变化时，应部分或全部检验；

——出厂检验结果与上次型式检验结果发生不允许的偏差时；

——连续生产的定型产品每5年时；

——转厂生产或停产2年及以上重新生产时。

本部分区分了受电弓的基本型式和相同受电弓的派生型式。派生型式可以看作是对基本设计的修改，若通过计算或者至少2年的现场运行经验，证实受电弓的这些改变至少等于基本设计，且技术要求至少与基本型式等同，则可认为已有的相关型式检验已覆盖了派生型式。

7.1.3 出厂检验

出厂检验用于验证产品的特性是否与型式检验中的测量结果相一致。供应商应对每一产品进行出厂检验。

7.1.4 研究试验

研究试验是为了获得补充信息在某个单项上进行的特定补充试验，仅当订货合同明确指定时才进行该试验。

7.3.4研究试验的结果不作为产品验收的依据。

7.1.5 现场试验

现场试验是只有在运行环境下才能进行的特定和补充的试验。该试验应考虑地铁和轻轨车辆的类型、速度和运行方向。该试验应在订货合同规定使用的轨道和/或接触网系统下进行。

7.2 一般试验

7.2.1 目检

受电弓的组装应完整。

检验验收判据：受电弓包含的所有电气的和机械的部件应没有任何物理缺陷并已进行了表面处理（见5.10），紧固件应做防松标记。

7.2.2 称重试验

受电弓的组装应完整。

检验验收判据：受电弓的重量应满足5.9的规定重量。

7.2.3 尺寸

按照图样规定的受电弓尺寸(包括允差)，应采用适当的测量装置来检验。

应至少测量如下项目：

——弓头长度；

——弓头高度；

——弓头最大宽度；

——弓头外形；

——滑板长度；

——落弓高度；

——最大升弓高度；

——电气区域；

——安装孔之间的距离。

检验验收判据：尺寸应在图样规定的允差范围内。

7.2.4 标识

检验验收判据：标识应符合5.11的规定。

7.2.5 ADD的功能检测(型式检验)

检验应在受电弓的以下两个升弓高度上进行：

——最高工作高度；

——落弓位置以上工作范围的20%处。

当受电弓升到考核高度时，ADD因模拟故障而起动。模拟故障使用与实际运行相同的物理信号。应测量从信号产生至降到考核高度下20 cm处的反应时间。

检验验收判据：受电弓反应时间应小于或等于1 s，受电弓的结构无损害。

7.2.6 ADD的功能检测(出厂检验)

受电弓升到7.2.5规定的高度时，ADD应由模拟故障而起动。

检验验收判据：ADD应能动作且对受电弓无损害。

7.3 工作性能试验

7.3.1 常温下的静态接触力测量

如装有阻尼器，应将其分开。

在一个持续的升降周期内，受电弓速度为(0.05±0.005)m/s，应在弓头悬挂下工作位置的上升和下降之间直接测量静态接触力。

测量装置包括载荷测量、信号处理和数据记录，系统准确度应优于3%。

受电弓标称静态接触力的值应符合TB/T 3271—2011规定的要求。

检验验收判据：所测接触力应符合图2的要求(在灰色区域范围内)。

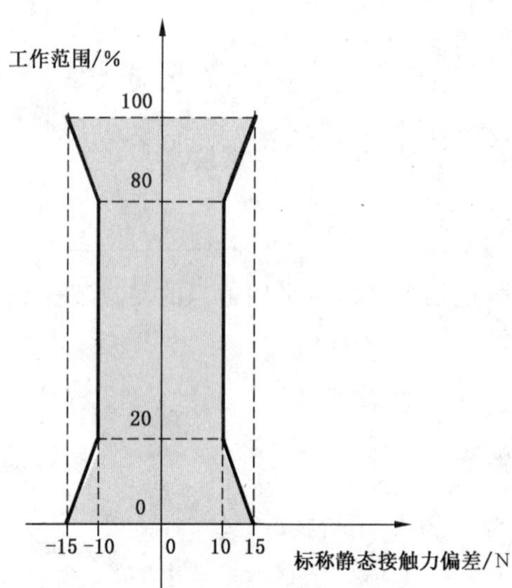

图 2 静态接触力允差(灰色区域)

注:参考 3.2.13、图 1 对工作范围的定义和 3.3.6 标称静态接触力的定义。

7.3.2 升降系统的检查

受电弓应连接到整个升降系统中,试验应在常温和额定气压或额定电压(如果是电气操作系统)下进行。

检验验收判据如下:

a) 平稳升到最高工作高度,无引起损坏的冲击;
b) 受电弓开始上升时刻算起,从落弓高度升至最高工作高度的上升时间不超过 10 s;
c) 在工作范围的任何高度降弓时,开始降弓时应快速动作;
d) 降弓动作应无引起损坏的冲击;
e) 受电弓从最高工作高度降到落弓位,从开始时刻到降下时间不超过 10 s。

7.3.3 升降弓气候试验

在 7.3.2 中描述的试验应在订货合同规定的极限温度和湿度下进行。如无规定,试验应在温度 −25 ℃ 和+70 ℃环境湿度条件下进行。

极限温度下进行的上述试验,应在订货合同规定的最大、最小空气压力或供电电压下进行。

检验验收判据:在试验中和试验后,依照 7.3.2 的验收判据,受电弓应能良好地工作。

7.3.4 常温下的平均静态接触力测量

如装有阻尼器,带阻尼器重复进行 7.3.1 的试验。

7.4 耐久性试验

7.4.1 升降操作

7.4.1.1 落弓位置与最高工作高度之间升降操作试验

装有最大设计重量弓头的受电弓,应进行 10 000 次从落弓位置到最高工作高度的升降循环操作。对最初的 500 次和最后的 500 次操作,升降系统的能源供应(空气或电)为 GB/T 21413.1 和 GB/T 21413.2 规定的最小值,受电弓应升到最大升弓高度。

如订货合同要求不同的升降次数，可由供需双方协商确定。

检验验收判据：

a) 试验后，所有参数应调整到标称值；

b) 受电弓没有异常磨损且应满足 7.3.1 和 7.3.2 的要求；

c) 升降系统没有变形或断裂。

7.4.1.2 工作范围内升降操作试验

若用户指定做工作范围内升降操作试验，装有弓头的受电弓，应在工作范围内以 0.1 m/s 的速度进行 75 000 次升降循环操作(如装有阻尼器，则应将其分开)。

检验验收判据：

a) 试验后，所有参数应调整到标称值；

b) 没有异常磨损且受电弓应满足 7.3.1 和 7.3.2 的要求；

c) 升降系统没有变形或断裂。

7.4.2 弓头悬挂

若用户指定做弓头悬挂试验，弓头悬挂在设计的工作范围内承受 1.2×10^6 次连续工作循环，试验的最小频率不应小于 0.5 Hz。

检验验收判据：

a) 没有异常的磨损且受电弓应满足 7.3.1 和 7.3.2 的要求；

b) 没有变形或断裂。

7.4.3 冲击和振动试验

7.4.3.1 概述

受电弓和任何附加部件(电的和/或气动的)应能承受 GB/T 21563 规定的冲击和振动要求。

受电弓高度升到最高工作高度的 75%，受电弓试验量级的安装类别应按用户和供应商协议的要求进行试验。

检验验收判据：

a) 试验后，所有参数应调整到标称值；

b) 受电弓仍满足 7.3.1 和 7.3.2 的要求；

c) 受电弓没有变形或断裂破坏。

7.4.3.2 受电弓固有横向频率的测量(f_0)

受电弓升至最高工作位置的 75%处，在弓头转轴处施加 300 N 的横向力，使之偏离原来所处的位置，从此位置释放后受电弓进入固有的摆动。

7.4.3.3 横向振动试验

装有最大设计重量弓头的受电弓，带绝缘子安装在产生正弦振动的振动台上，横向调节振幅和频率。试验时，振动台的振动频率比受电弓横向摆动的固有频率低 10%。

受电弓高度升到最高工作高度的 75%，调整振动台的振幅，使弓头转轴处产生 7 m/s^2 的加速度(Γ)或与用户的要求一致。

振动进行 10^7 次循环。

检验验收判据：

a) 试验后,所有参数应调整到标称值;

b) 受电弓仍满足 7.3.1 和 7.3.2 的要求;

c) 受电弓没有变形或断裂破坏。

7.5 耐冲击试验

除供应商与用户另有协议外,应完成如下试验。

受电弓以标称接触力升高到最高工作高度的 75%,并在弓头转轴与底架之间用绳子系住。纵向施加 300 N 的力于弓头转轴上后突然断开,见图 3。

本试验应沿前后两纵向各做 3 次。

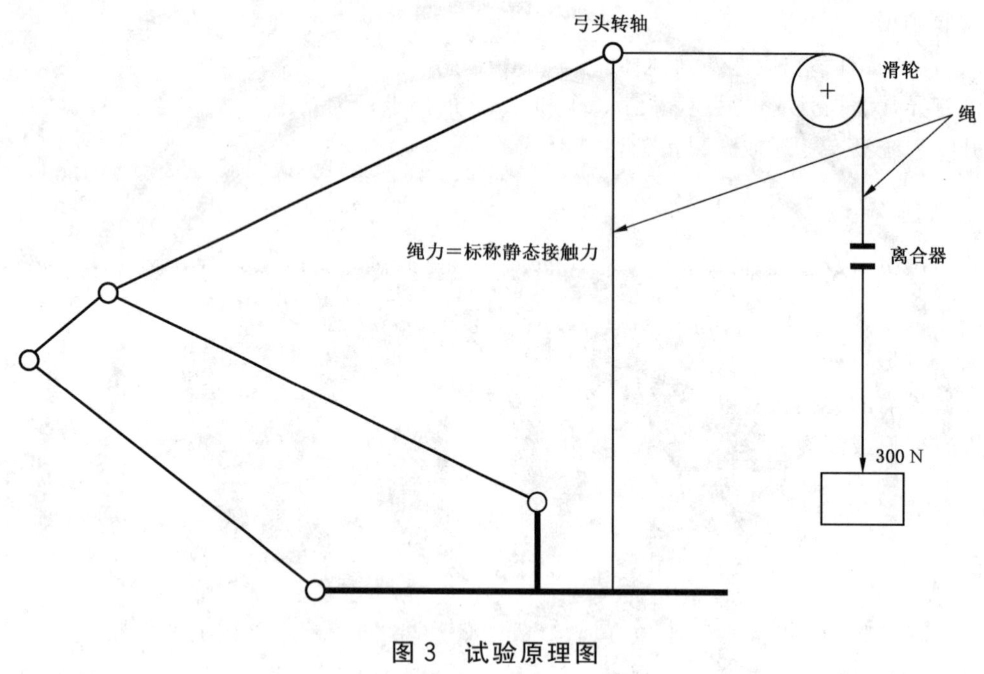

图 3 试验原理图

检验验收判据:受电弓应没有损坏。

7.6 横向刚度试验

受电弓应升至最高工作位置,在支承弓头的框架件上每侧水平方向持续施加 300 N 的力。

表 2 横向刚度

升弓高度 E m	偏离中心线的最大位移 mm
$E<2$	20
$2\leqslant E<3$	30
$E\geqslant 3$	40

检验验收判据:

a) 每侧位移均不应超过表 2 的值;

b) 每次施加力后,受电弓应没有永久变形。

7.7 气密性能试验

7.7.1 概述

下面试验适用于气动类型的升降系统。

7.7.2 常温气密性能试验

应在常温下进行该试验,检查受电弓空气装置的密封性能。

受电弓空气装置应与其体积相同的储风缸相连,如装有耗气元件(如精密调压阀)应将其隔离,整个气路系统充以订货合同规定的气压。

检验验收判据:10 min 后,储风缸内压力下降不应超过初始压力的 5%。

7.7.3 气密性能气候试验

7.7.2 描述的储风缸将应用于此试验中。

试验应在订货合同所规定的最高温度和最低温度下进行。若无特殊规定,低温试验应在 -25 ℃进行,高温试验应在 +70 ℃下进行。

检验验收判据:10 min 后,储风缸内压力下降不应超过初始压力的 5%。

7.8 弓头自由度的测量

弓头自由度应由供应商与用户协商决定。在工作范围内测量行程和转角。

检验验收判据:自由度的幅值应满足协议值,无明显的机械干涉。

7.9 电流温升试验

7.9.1 地铁和轻轨车辆静止时的额定和最大电流

受电弓连接到电路中,此电路供给受电弓等于地铁和轻轨车辆静止时的额定电流 30 min,然后立即按订货合同规定的时间供给等于车辆静止时的最大电流。

试验时接触线与滑板的要求如下:

——如使用新接触线,其磨擦表面应经过磨合后再使用,或使用磨擦表面的磨损已达到 1/2 寿命的接触线;

——滑板为新滑板,其表面应与接触线进行初始磨合使二者相互密切接触;

——滑板与接触线之间的力为标称静态接触力。

试验期间,测量接触线和滑板上温度的测点应尽可能接近接触点。

检验验收判据:

a) 受电弓的任何部位(包括滑板在内)都不应有变形和过热痕迹;

b) 电流流过轴承、转轴和导流线应无损害;

c) 滑板和接触线的温度不应超过订货合同规定的温度。

7.9.2 地铁和轻轨车辆运行模拟

受电弓结构能够传送地铁和轻轨车辆运行时的额定电流而不受损害。

无滑板的受电弓应连接到电路中,此电路先供给受电弓的电流为地铁和轻轨车辆运行时 50% 的额定电流 1 h,接着立即供给等于地铁和轻轨车辆运行时额定电流 5 min。

应将连接滑板和弓头/框架的所有导流线相连。

应记录温升严重区域随时间变化的温度和电流。

检验验收判据：

a) 受电弓的任何部位上无变形或者过热痕迹；

b) 电流流过轴承、转轴和导流线应无损害；

c) 受电弓上各温升严重区域指定测点处的温度不应超过订货合同规定值。

7.10 现场试验

7.10.1 电流温升试验

在地铁和轻轨车辆运行的条件下，受电弓应能传送额定电流而不受损害。

此试验在安装在地铁和轻轨车辆车顶的受电弓上进行，施加订货合同规定的电力负载。

在试验期间，应记录滑板和弓头在温升严重区域随时间的变化温度和电流。

检验验收判据：受电弓的任何部位应没有过热痕迹。

7.10.2 受流试验

在接触网系统具有代表性的线路区段，以给定速度在两个运行方向上，测量评价受电弓与接触网系统之间的动态相互作用性能。

测量系统可按照 GB/T 32592 执行。

检验验收判据：受电弓与接触网动态相互作用性能应符合 TB/T 3271—2011 限定值或者满足定货合同中规定的要求。

8 检查计划

检查计划应按照 GB/T 19001 的要求。

9 可靠性和故障种类

9.1 可靠性规范

可靠性应符合 GB/T 21562、GB/T 21562.2、GB/T 21562.3 的要求或者由供需双方协商确定。

9.2 故障种类

受电弓典型的故障种类如下：

——A 类：受电弓的故障导致接触网系统损坏；

——B 类：引起受电弓不能工作的故障；

——C 类：不妨碍地铁和轻轨车辆完成行程的其他故障。

可靠性用平均无故障距离(MDBF)来表示，分别对 A、B、C 三类故障进行量化。

9.3 运行可靠性的证实

应由用户按照 GB/T 21562、GB/T 21562.2、GB/T 21562.3 的要求来监控。

10 设计寿命和维修

10.1 结构

供需双方有约定，按双方约定执行，若供应商与用户之间没有另行规定，受电弓结构(框架、底架)及升降系统的设计寿命应是 1.5×10^6 km 或 30 年，以先达到者为准。

结构或升降系统包括有较低设计寿命的易损件。如果订货合同中没有规定，这些易损件的设计寿命最小应是 0.25×10^6 km 或 5 年，以先达到者为准。

10.2 弓头结构

弓头结构包括弓头、弓头转轴及导流线。设计寿命在订货合同中规定。

10.3 可维修性能

所有轴承应容易更换，其外圈不能作为主部件结构的一部分。

弓头应易于从受电弓框架上拆装。

滑板应易于从弓头上拆装。

维修文件应在订货合同中规定。

设计寿命和可维修性能应通过计算或至少 5 年的现场运行经验证实。

订货合同规定的项目参见附录 C。

附 录 A
（资料性附录）
本部分与 IEC 60494-2:2013 相比的结构变化情况

本部分与 IEC 60494-2:2013 相比，章条号发生了变化，具体对照情况见表 A.1。

表 A.1 本部分与 IEC 60494-2:2013 的章条号对照情况

本部分章条编号	对应 IEC 标准的章条编号
引言	引言
第 1 章	第 1 章
第 2 章	第 2 章
3.1、3.2、3.3.1～3.3.7	3.1、3.2、3.3.1～3.3.7
—	3.3.8
第 4 章	3.4
5.1～5.5	4.1～4.5
5.6.1	—
5.6.2	—
5.6.3	4.6.1
5.6.4	4.6.2
5.7～5.10	4.7～4.10
5.11	第 5 章
第 6 章	—
第 7 章	第 6 章
7.1～7.3	6.1～6.3
7.3.1 图 2	附录 A
—	6.4
7.4.1.1	6.4.1
7.4.1.2、7.4.2	—
7.4.3	6.4.2
7.5～7.8	6.5～6.8
7.9	6.10.1、6.10.2
7.10.1	6.10.3
7.10.2	6.9
第 8 章～第 10 章	第 7 章～第 9 章
附录 A	—
附录 B	附录 B
附录 C	附录 C
—	附录 D

附　录　B
（规范性附录）
检 验 项 目

检验项目见表 B.1。

表 B.1　检验项目

序号	检验项目		检验分类				对应章条
			型式检验	出厂检验	研究试验	现场试验[a]	
1	一般试验	目检	√	√	—	—	7.2.1
		称重	√	—	—	—	7.2.2
		弓头长度	√	√	—	—	7.2.3
		弓头高度	√	√	—	—	7.2.3
		弓头最大宽度	√	—	—	—	7.2.3
		弓头外形	√	—	—	—	7.2.3
		滑板长度	√	—	—	—	7.2.3
		落弓高度	√	√	—	—	7.2.3
		最大升弓高度	√	√			7.2.3
		电气区域	√	√	—	—	7.2.3
		安装孔之间的距离	√	√	—	—	7.2.3
		标识	√	√	—	—	7.2.4
		自动降弓装置（ADD）功能检测	√	—	—	—	7.2.5
			—	√	—	—	7.2.6
2	工作性能试验	常温下的静态接触力测量	√	√	—	—	7.3.1
		升降系统检查	√	√	—	—	7.3.2
		升降弓气候试验	√	—	—	—	7.3.3
		常温下的平均静态接触力测量	—	—	√	—	7.3.4
3	耐久性试验	落弓位置与最高工作高度之间升降操作试验	√	—	—	—	7.4.1.1
		工作范围内升降操作试验	√	—	—	—	7.4.1.2
		弓头悬挂	√	—	—	—	7.4.2
		冲击和振动试验	√	—	—	—	7.4.3.1
		横向振动试验	√	—	—	—	7.4.3.3
4	耐冲击试验		√	—	—	—	7.5

表 B.1（续）

<table>
<tr><th rowspan="2">序号</th><th rowspan="2" colspan="2">检验项目</th><th colspan="4">检验分类</th><th rowspan="2">对应章条</th></tr>
<tr><th>型式检验</th><th>出厂检验</th><th>研究试验</th><th>现场试验[a]</th></tr>
<tr><td>5</td><td colspan="2">横向刚度试验</td><td>√</td><td>—</td><td>—</td><td>—</td><td>7.6</td></tr>
<tr><td rowspan="2">6</td><td rowspan="2">气密性能试验</td><td>常温气密性能试验</td><td>√</td><td>√</td><td>—</td><td>—</td><td>7.7.2</td></tr>
<tr><td>气密性能气候试验</td><td>√</td><td>—</td><td>—</td><td>—</td><td>7.7.3</td></tr>
<tr><td>7</td><td colspan="2">弓头自由度测量</td><td>√</td><td>√</td><td>—</td><td>—</td><td>7.8</td></tr>
<tr><td rowspan="2">8</td><td rowspan="2">电流温升试验</td><td>地铁和轻轨车辆静止时的额定和最大电流</td><td>√</td><td>—</td><td>—</td><td>—</td><td>7.9.1</td></tr>
<tr><td>地铁和轻轨车辆运行模拟</td><td>√</td><td>—</td><td>—</td><td>—</td><td>7.9.2</td></tr>
<tr><td>9</td><td colspan="2">电流温升试验(现场试验)</td><td>—</td><td>—</td><td>—</td><td>√</td><td>7.10.1</td></tr>
<tr><td>10</td><td colspan="2">受流试验</td><td>—</td><td>—</td><td>—</td><td>√</td><td>7.10.2</td></tr>
<tr><td colspan="8">注：“√”表示必做该项检验；“—”表示不做该项检验。</td></tr>
<tr><td colspan="8">[a] 现场试验由供需双方协商确定。</td></tr>
</table>

附 录 C
（资料性附录）
订货合同规定的项目

订货合同规定的项目见表 C.1。

表 C.1 订货合同规定的项目

订货合同规定的项目	对应章条
受电弓设备	3.1.3
额定电压	3.3.1
地铁和轻轨车辆静止时的额定电流	3.3.2
地铁和轻轨车辆静止时的最大电流	3.3.3
地铁和轻轨车辆运行时的额定电流	3.3.4
标称静态接触力	3.3.6
受电弓升降轨迹	5.2
电气值	5.3
弓头长度	5.6.1
弓头外形	5.6.3
滑板	5.6.4
电动机	5.7.2
自动降弓装置(ADD)	5.8
防腐蚀	5.10
使用环境	第 6 章
型式检验	7.1.2
研究试验	7.1.4
现场试验	7.1.5
升降弓气候试验	7.3.3
振动试验	7.4.3
气密性能气候试验	7.7.3
电流温升试验(现场试验)	7.10.1
检查计划	第 8 章
可靠性和故障种类	第 9 章
设计寿命和维修	第 10 章

ICS 29.280
S 35

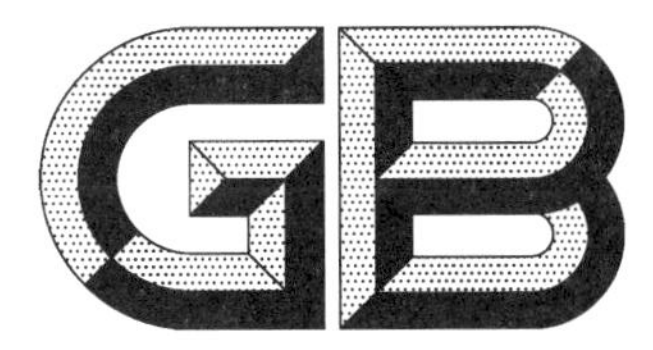

中华人民共和国国家标准

GB/T 21561.4—2018

轨道交通　机车车辆受电弓特性和试验 第4部分：受电弓与地铁、轻轨车辆接口

Railway applications—Rolling stock pantograph characteristics and tests—Part 4: Interface between pantograph and rolling stock for metros and light rail vehicles

2018-12-28 发布　　2019-07-01 实施

国家市场监督管理总局
中国国家标准化管理委员会
发布

前　言

GB/T 21561《轨道交通　机车车辆受电弓特性和试验》分为四个部分：

——第1部分：干线机车车辆受电弓；

——第2部分：地铁和轻轨车辆受电弓；

——第3部分：受电弓与干线机车车辆的接口；

——第4部分：受电弓与地铁、轻轨车辆接口。

本部分为GB/T 21561的第4部分。

本部分按照GB/T 1.1—2009给出的规则起草。

请注意本文件的某些内容可能涉及专利。本文件的发布机构不承担识别这些专利的责任。

本部分由国家铁路局提出。

本部分由全国牵引电气设备与系统标准化技术委员会(SAC/TC 278)归口。

本部分负责起草单位：中车株洲电力机车有限公司。

本部分参加起草单位：中车青岛四方机车车辆股份有限公司、中车南京浦镇车辆有限公司、中车长春轨道客车股份有限公司。

本部分主要起草人：李军、郭建祥、韩庆军、卢庆、张国芹。

轨道交通　机车车辆受电弓特性和试验
第4部分：受电弓与地铁、轻轨车辆接口

1　范围

GB/T 21561的本部分规定了受电弓与地铁、轻轨车辆的接口布置、机械接口、气路接口、电气接口和气阀板。

本部分适用于地铁、轻轨车辆。

2　规范性引用文件

下列文件对于本文件的应用是必不可少的。凡是注日期的引用文件，仅注日期的版本适用于本文件。凡是不注日期的引用文件，其最新版本(包括所有的修改单)适用于本文件。

ISO 8573-1：2010　压缩空气　第1部分：污染物净化等级(Compressed air—Part 1：Contaminants and purity classes)

3　术语和定义

下列术语和定义适用于本文件。

3.1

目标区　target area

在 xy 平面用于定位机械、气路及电气接口位置的区域。

4　坐标系统

x 轴以受电弓纵向中心线为基准，负方向指向受电弓的肘接部分，y 轴以受电弓弓头枢轴的中心线为基准，x 轴和 y 轴的交点为坐标原点。

5　接口

5.1　接口布置

接口及相互位置的布置见图1。

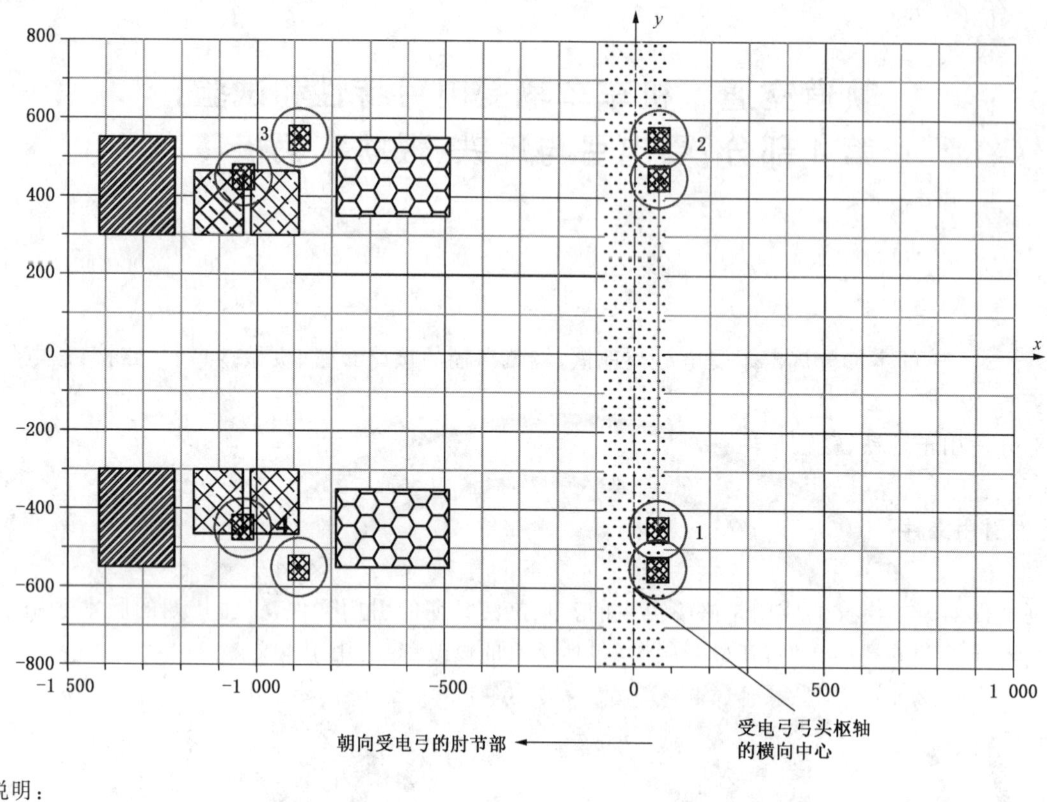

说明：

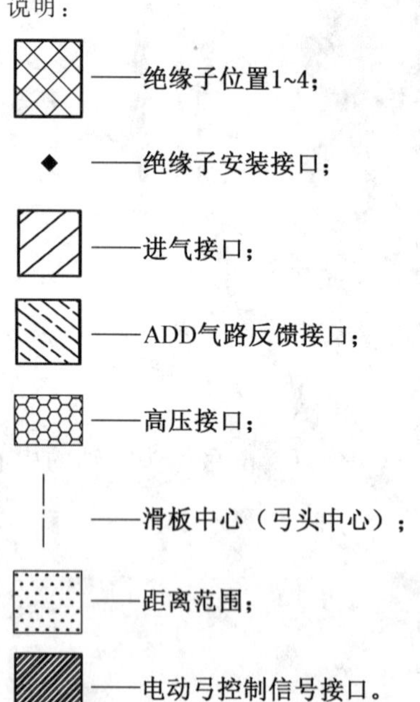

注：图中气路接口与ADD气路反馈接口的标示区域重叠。

图1　地铁、轻轨车辆受电弓各接口相互位置布置示意图

5.2　机械接口

5.2.1　受电弓支撑绝缘子机械接口

5.2.1.1　受电弓绝缘子应按表1规定位置安装，其 xy 平面上的安装位置见图1。

表 1　受电弓支撑绝缘子间相对位置

项点	x 轴 mm	y 轴 mm
绝缘子 1 位置	100	—
四个绝缘子相对位置布置方案 1	1 100	900
四个绝缘子相对位置布置方案 2	950	1 100
公差	±1	±1
四个绝缘子在横向沿 x 轴对称布置，其他特殊的接口尺寸可由供需双方确定。		

5.2.1.2　车辆制造商应根据表 1 规定安装位置，单架受电弓上应安装 4 件绝缘子，单个绝缘子与车辆的接口见表 2。

表 2　绝缘子与车顶接口要求

项点	要求
接口数量/个	1
绝缘子螺纹类型	母螺纹
规格	M20
母螺纹深度/mm	≥20
受电弓上绝缘子安装面平面度公差/mm	0.5
车顶绝缘子安装台平面度公差/mm	1
其他特殊的接口尺寸可由供需双方确定。	

5.2.1.3　如图 1 所示，绝缘子 1 和绝缘子 2 的中心连线与 y 轴的距离不大于 80 mm。

5.2.2　降弓位置指示器机械接口

降弓位置指示器机械接口见表 3。

表 3　降弓位置指示器机械接口要求

项点	要求
接口数量/个	4
规格/mm	ϕ4.5
接口尺寸/mm	41×39.5
公差/mm	±0.5
机械接口在车顶的位置及安装方向需视车提供信号线位置确定，特殊的接口尺寸由供需双方确定。	

5.2.3　电动弓升降弓软轴密封盖板机械接口

电动弓升降弓软轴密封盖板机械接口见表 4。

表 4　电动弓升降弓软轴密封盖板机械接口要求

项点	要求
接口数量/个	4
规格/mm	ϕ4.5
接口尺寸/mm	ϕ70 圆上均布
机械接口在车顶的位置及特殊的接口尺寸可由供需双方确定。	

5.3　气路接口

气路连接应安装在气路目标区域内，其中心及尺寸要求见表 5，安装位置布置见图 1。

表 5　气路接口要求

接口	项点	要求
进气接口	接口数量/个	1
	目标区域中心/mm	$(x,y)=(-1\ 065,385)$或$(x,y)=(-1\ 065,-385)$ $(x,y)=(-915,385)$或$(x,y)=(-915,-385)$
	目标区域尺寸范围/mm	$x=130$，$y=165$
	方向	进气口朝向 x 轴负方向
ADD 气路反馈接口	接口数量/个	0 或 1
	目标区域中心/mm	$(x,y)=(-1\ 065,385)$或$(x,y)=(-1\ 065,-385)$ $(x,y)=(-915,385)$或$(x,y)=(-915,-385)$
	目标区域尺寸范围/mm	$x=130$，$y=165$
	方向	ADD 气路反馈接口朝向 x 轴负方向
螺纹类型及尺寸		母螺纹，G3/8″
最大空气压力/MPa		1.0
气体质量		满足 ISO 8573-1:2010 的下列要求： ——固体颗粒等级:4 级； ——湿度等级:2 级； ——含油量等级:4 级
气路接口在受电弓上，特殊的气路接口由供需双方协商确定。		

5.4　电气接口

5.4.1　高压接口

高压连接应安装在电气目标区域内，受电弓高压接口尺寸及位置要求见表 6，布置见图 1。

表 6　高压接口要求

接口	项点	要求
高压接口	高压接口数量/个	1
	目标区域中心/mm	$(x,y)=(-600,450)$或$(x,y)=(-600,-450)$
	目标区域尺寸范围/mm	$x=300,y=200$
	安装孔尺寸/mm	$\phi13$
	安装孔数量/个	4
	安装孔间距/mm	≥45
在高压接口区域内，也可布置辅助高压接口，特殊的高压接口位置由供需双方协商确定。		

5.4.2　低压接口

5.4.2.1　降弓位置指示器信号接口

降弓位置指示器信号连接应布置于车顶，其接口要求见表 7。

表 7　降弓位置指示器信号线接口要求

项点		要求
信号线接口	接口点数/个	4
	接线电极	两组(+1；−2 或+3；−4)
	信号线截面积/mm^2	1～1.5
信号线保护套管接头		M20×1.5，若采用下部出线无需保护套管
降弓位置指示器信号安装座接口在车辆车顶上，特殊的降弓位置指示器信号接口由供需双方协商确定。		

5.4.2.2　电动弓控制信号接口

电动弓控制信号接口集中在一个连接器中，具体接口要求见表 8。

表 8　电动弓控制信号接口要求

接口	项点	要求
控制信号接口	接口数量/个	1
	目标区域中心/mm	$(x,y)=(-1\,280,425)$或$(x,y)=(-1\,280,-425)$
	目标区域尺寸范围/mm	$x=250,y=200$
电动弓控制接口至少包含控制升降弓电信号接口点位及升降弓到位信号接口点位，其他点位可由供需双方协商确定。		

5.5　气阀板

气囊式受电弓控制气压值及升、降弓时间的气动元件集成于一个整体，其安装于受电弓上或车体内，安装于车体内时，其安装位置及进出气口尺寸，需由供需双方协商确定，气阀板接口要求见表 9。

表 9　气阀板接口要求

接口	项点	要求
机械接口	接口数量/个	4
	规格/mm	$\phi 9$
	接口尺寸/mm	210×320
进出气接口	进出气接口数量/个	各 1
进出气接口	螺纹类型及尺寸	母螺纹,G1/4″
气阀板在车内安装位置及其他特殊接口,需由供需双方协商确定。		

ICS 29.280
S 35

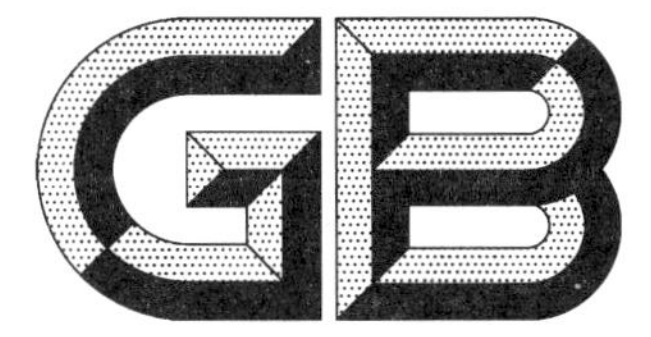

中华人民共和国国家标准

GB/T 21563—2018
代替 GB/T 21563—2008

轨道交通　机车车辆设备
冲击和振动试验

Railway applications—Rolling stock equipment—Shock and vibration tests

(IEC 61373:2010,MOD)

2018-06-07 发布　　2019-01-01 实施

国家市场监督管理总局
中国国家标准化管理委员会　发布

前　言

本标准按照 GB/T 1.1—2009 给出的规则起草。

本标准代替 GB/T 21563—2008《轨道交通　机车车辆设备　冲击和振动试验》，与 GB/T 21563—2008 相比，主要技术变化如下：

——修改了常用的 3 种模拟长寿命振动试验方法的释义，删除了现场信息内容，适用范围增加了多轴试验、主结构的释义等(见第 1 章，2008 年版的第 1 章)；

——增加了引用标准 GB/T 2423.57—2008 (见第 2 章)；

——增加了术语，如随机振动、正态分布、加速度谱密度、组件和柜体等(见第 3 章)；

——修改了在功能振动试验前制造商和用户的协议内容(见第 4 章，2008 年版的第 4 章)；

——修改了试验顺序的相关内容，使其更加明确(见第 5 章，2008 年版的第 5 章)；

——增加了夹具测试要求的内容，使试验方法更为合理(见 6.2)；

——修改了被试设备固定点的相关内容(见 6.3.1，2008 年版的 6.2.1)；

——修改了“固定点”的定义(见 6.3.2，2008 年版的 6.2.1)；

——修改了控制点的定义，将“控制点”改为“检测点”，以便符合通用术语(见 6.3.3、6.3.4，2008 年版 6.2.2、6.2.3)；

——修改了“1 类 B 级车体安装功能振动试验的 r.m.s.值”(见表 1、表 A.3，2008 年版的表 1、表 A.3)；

——修改了被试设备的安装轴向未知时的试验处理方法，以便试验更加合理(见 8.1、9.1、10.1，2008 年版的 8.1、9.1、10.1)；

——修改了“模拟长寿命振动试验条件”，制造商和用户可根据实际情况对本标准进行裁剪使用(见第 9 章，2008 年版的第 9 章)；

——增加了采用冲击响应谱方法完成冲击试验的内容，以便制造商和用户可根据实际情况对本标准进行裁剪使用(见 10.1)；

——增加了在试验台能力不足的情况下重型设备冲击试验处理方法的内容(见 10.5 中表 3，注 2)；

——修改了 1、2、3 类模拟长寿命振动试验频谱，因标准中引入了两种不同的加速度比例系数计算方法，从而得到两种不同的振动试验频谱(见图 2～图 5，2008 年版的图 1～图 4)；

——修正了 1 类 B 级模拟长寿命振动试验的 r.m.s.值，因 ASD 谱的频率范围由 5 Hz～150 Hz 变更为 2 Hz～150 Hz 且 1 类 B 级功能振动试验的 r.m.s.值发生了变化(见 9.1 中表 2、图 3、A.6 中表 A.3，2008 年版的 9.1 中表 2、图 2、A.5 中表 A.3)；

——增加了加速度比例系数计算方法，使制造商和用户可根据实际情况对本标准进行裁剪使用(见 A.5.1)；

——增加了典型疲劳强度曲线，以便明晰加速度比例系数计算方法Ⅱ的推导过程(见图 A.3)。

本标准使用重新起草法修改采用 IEC 61373:2010《轨道交通　机车车辆设备　冲击和振动试验》。

本标准与 IEC 61373:2010 相比存在技术性差异，这些差异涉及的条款已通过在其外侧页边空白位置的垂直单线(|)进行了标示，具体技术性差异及其原因如下：

——关于规范性引用文件，本标准做了具有技术性差异的调整，以适应我国的技术条件，调整的情况集中反映在第 2 章“规范性引用文件”中，具体调整如下：

- 用等同采用国际标准的 GB/T 2423.43—2008 代替了 IEC 60068-2-47:2005；
- 用等同采用国际标准的 GB/T 3358.1—2009 代替了 ISO 3534-1:2006；

- 增加引用了 GB/T 2423.57—2008(IEC 60068-2-81:2003,IDT)。

——增加了机械设备或部件的适用范围;

——修改了第 6 章的条结构,避免悬置段,后续章条号依次修改;

——修改了文中注为正文;

——增加了夹具测试要求的内容,使试验方法更为合理;

——修改了“模拟长寿命振动试验条件”,使制造商和用户可根据实际情况对本标准进行裁剪使用;

——修改了图 2~图 5 的内容,增加了按 A.5.2 中的加速度比例系数取 7.83 计算得出的试验量级,使制造商和用户可根据实际情况对本标准进行裁剪使用;

——增加了采用冲击响应谱方法完成冲击试验的内容,以便制造商和用户可根据实际情况对本标准进行裁剪使用。

本标准做了下列编辑性修改:

——修改了“振动和冲击”“冲击和振动”的文字描述,将其统称为“冲击和振动”;

——增加了所有公式的编号;

——修改了 3.2 中正态分布概率密度函数表达式的符号,用我国常用的符号代替;

——修改了公式中的文字描述,将公式中“参考点总方均根值”“损伤”“加速度比例系数”“时间因子”的文字描述分别用符号代替;

——修改了图 2~图 5 中表格的格式;

——修改了附录 C 中 RMS 的表述,将 RMS 和 r.m.s.统一为“r.m.s.”;

——修改了式(C.6)中的符号,用我国常用的符号代替;

——增加了参考文献。

请注意本文件的某些内容可能涉及专利。本文件的发布机构不承担识别这些专利的责任。

本标准由国家铁路局提出。

本标准由全国牵引电气设备与系统标准化技术委员会(SAC/TC 278)归口。

本标准起草单位:中车株洲电力机车研究所有限公司、中国铁道科学研究院标准计量研究所、中车青岛四方车辆研究所有限公司、中车青岛四方机车车辆股份有限公司。

本标准起草人:王鹏、刘国涛、高福来、邓爱建、何丹炉、宋瑞、王秋华。

本标准所代替标准的历次版本发布情况为:

——GB/T 21563—2008。

引　言

本标准包括了安装在轨道机车车辆上的机械、气动、电气和电子设备(以下均简称为设备)或部件的冲击和随机振动试验要求。随机振动是验证设备(或部件)的唯一方法。

本标准中的试验主要用于验证被试设备在轨道机车车辆正常运行环境条件下承受振动的能力。为了使之具有代表性,本标准采用了全世界各个机构提供的现场实测数据。

本标准不适用于特殊应用场合下因自感应产生的振动。

在执行和解释本标准时,需要有工程技术方面的判断能力和经验。

本标准用于设计和验证,但不排除采用其他方式(如正弦振动)来确保机械和工作上的置信度满足预期要求。被试设备的试验量级仅取决于其在车上的安装位置(即车轴、转向架或车体安装)。

为获取随机振动激励下与设备性能有关的设计信息,可采用样机进行试验;但为验证设备,应从正常设备中抽取样品进行试验。

轨道交通 机车车辆设备
冲击和振动试验

1 范围

本标准规定了对安装在轨道机车车辆上的设备进行冲击和随机振动试验的要求。由于轨道运行环境的影响,车上的设备将承受冲击和振动。为确保设备的运行质量,在装车前应模拟设备使用环境条件对其进行一定时间的试验。

可采用多种方法进行模拟长寿命振动试验,这些方法各有利弊,其中最常用的有:

a) 振幅增强法:增大振幅,减少试验时间;

b) 时间压缩法:保留原始振幅,减少试验时间(提高试验频率);

c) 振幅抽取法:当振幅低于特定值时,剔除其在原始数据中所占的时间段。

本标准采用上述a)所述的"振幅增强法",与第2章中的引用文件一起,规定了用于轨道机车车辆上的设备进行振动试验时的默认试验步骤。但是,制造商和用户也可根据事先达成的协议采用其他标准进行试验,在此情况下,可不按本标准进行验证。若能获取有效的现场信息,则可按附录A的方法进行试验。若所采用的其他标准的试验量级低于本标准要求,则该设备被部分证明适合于本标准(仅当在现场条件下获取的功能振动试验量级小于或等于试验报告中的规定值时)。

本标准主要用于轨道系统上的机车车辆,也可用于其他场合。对于采用充气轮胎或无轨电车之类的其他运输系统,因冲击振动水平明显不同于轨道系统,制造商和用户应在招标时就试验量级达成协议。宜按附录A中的指南来确定冲击时间/幅值和振动频谱。当试验量级低于本标准时,则无法充分证明被试设备符合本标准要求。

如无轨电车,其车体安装的设备可按本标准1类要求进行试验。

本标准适用于单轴试验。如在事先征得制造商和用户同意后,也可进行多轴试验。

本标准仅根据设备在车上的安装位置将试验等级分为以下3类(参见附录B):

——1类车体安装:

- A级车体上(或下部)直接安装的柜体、组件、设备和部件;
- B级车体上(或下部)直接安装的柜体内部的组件、设备和部件。

注1:当设备安装位置不明时,采用B级。

——2类转向架安装:

- 安装在轨道机车车辆转向架上的柜体、组件、设备和部件。

——3类车轴安装:

- 安装在轨道机车车辆轮对装置上的组件、设备和部件或总成。

注2:对于安装在只有一系悬挂的机车车辆(如棚车和敞车)上的设备,除招标时另有协议,车轴安装设备按3类严酷等级进行试验,所有其他设备按2类严酷等级进行试验。

试验费用取决于被试设备的重量、形状和复杂程度,故在招标时制造商可提出符合本标准要求且更为经济有效的试验方法。采用商定的替代方法后,制造商有责任向用户或其代表证明该替代方法符合本标准的要求。一旦采用替代方法,则不应按本标准要求出具证书。

本标准适用于评估安装在机车车辆主结构上的设备(和/或安装在其上的部件),不适用于对主结构

的组成设备进行试验。本标准所述的主结构是指车体、转向架和车轴。在某些情况下,用户可能会要求完成一些附加或特殊试验,如:

a) 安装或连接在已知的可能产生固定振动频率的振源上的设备。

b) 对牵引电动机、受电弓、受电靴及设计用于传递力和(或)力矩的悬挂部件和机械零件等设备,可能要按其特殊要求进行试验以确定其能应用于轨道机车车辆上。在此情况下,所有需要进行的试验都应在招标时一一协定。

c) 在用户指定的特殊环境下使用的设备。

2 规范性引用文件

下列文件对于本文件的应用是必不可少的。凡是注日期的引用文件,仅注日期的版本适用于本文件。凡是不注日期的引用文件,其最新版本(包括所有的修改单)适用于本文件。

GB/T 2423.43—2008 电工电子产品环境试验 第2部分:试验方法 振动、冲击和类似动力学试验样品的安装(IEC 60068-2-47:2005,IDT)

GB/T 2423.57—2008 电工电子产品环境试验 第2-81部分:试验方法 试验Ei:冲击 冲击响应谱合成(IEC 60068-2-81:2003,IDT)

GB/T 3358.1—2009 统计学词汇及符号 第1部分:一般统计术语与用于概率的术语(ISO 3534-1:2006,IDT)

IEC 60068-2-27:2008 环境试验 第2-27部分:试验方法 试验Ea和导则:冲击(Environmental testing—Part 2-27: Tests—Test Ea and guidance: Shock)

IEC 60068-2-64:2008 环境试验 第2-64部分:试验方法 试验Fh:振动、宽带随机振动和导则(Environmental testing—Part 2-64:Tests—Test Fh:Vibration,broadband random and guidance)

3 术语和定义

GB/T 3358.1—2009和IEC 60068-2-64:2008界定的以及下列术语和定义适用于本文件。

3.1

随机振动 random vibration

在未来任一给定时刻,其瞬时值不能精确预知的振动。

3.2

正态分布 gaussian distribution ; normal distribution

具有式(1)概率密度函数的连续分布,其中$-\infty<x<\infty$,参数满足$-\infty<\mu<\infty$,$\sigma>0$,(见图1)。

$$f(x)=\frac{1}{\sigma\sqrt{2\pi}}e^{-\frac{(x-\mu)^2}{2\sigma^2}} \qquad \cdots\cdots(1)$$

式中:

σ——标准差;

x——随机变量;

μ——均值。

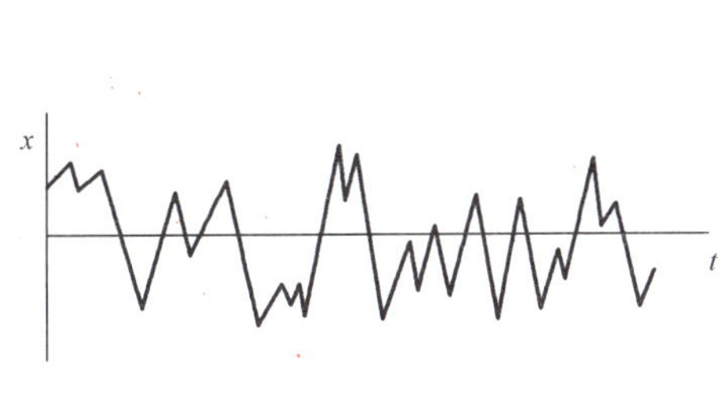

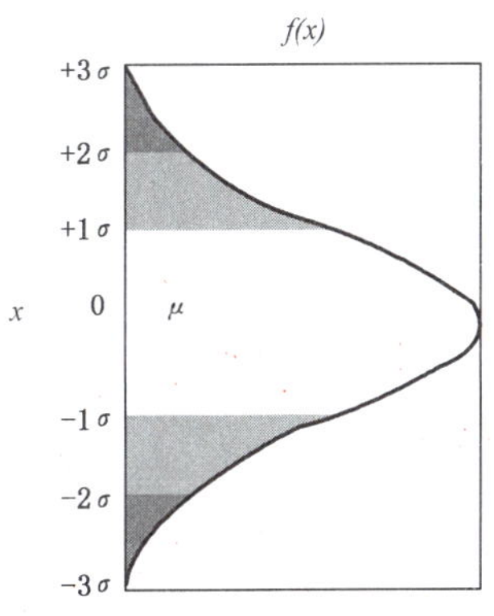

注：根据图 1，瞬时加速度值处于±σ之间的概率等于概率密度曲线 $f(x)$ 所围绕的面积。瞬时加速度绝对值处于：

1）0σ～1σ 之间占 68.26%的时间；

2）1σ～2σ 之间占 27.18%的时间；

3）2σ～3σ 之间占 4.30%的时间。

图 1　正态分布示例

3.3

加速度谱密度　acceleration spectral density；ASD

当在带宽趋于零和平均时间趋于无穷的极限状态下，各单位带宽上通过中心频率窄带滤波器的加速度信号方均值。

3.4

组件　components

位于柜体内部的气动、电气、电子等部件。

3.5

柜体　cubicle

一个由组件装配成的完整设备，包含机械部分和特殊结构（如变流器、逆变器等）。

4　总则

本标准目的在于揭示产品的潜在缺陷（或错误）。在轨道机车车辆上已知的冲击和振动环境下工作时，这些缺陷（或错误）可能导致故障。本标准的试验不能代替全寿命试验，但在合理的置信度水平上，本试验条件可以证明设备在现场使用时具有规定的寿命。

如设备在试验后能满足第 13 章的要求，则可认为其符合本标准。

本标准中的试验量级是参照附录 A 中的方法，通过环境试验数据推导得出。该数据由负责收集运行环境振动量级的机构提供。

根据本标准，应进行以下试验：

——功能振动试验：施加最小的试验量级，验证被试设备在轨道机车车辆上可能的环境条件下使用时能否正常工作。在试验进行前，制造商和最终用户应就功能测试的要求达成协议（见 6.4.2）。功能振动试验的要求见第 8 章。功能振动试验并非要对模拟运行条件下的全部性能进行评估。

——模拟长寿命振动试验：证实在加速运行振动量级条件下设备机械结构的完好性。在试验时不必检查设备的功能。模拟长寿命振动试验要求见第 9 章。

——冲击试验：模拟运行过程中的偶然事件。在试验时不必检查设备的功能，但有必要证明其工作状态和机械结构完好性没有改变,也未出现外观变形。这些情况应在最终试验报告中明确说明。冲击试验要求见第10章。

5 试验顺序

可按以下顺序进行试验:

首先进行垂向、横向和纵向模拟长寿命振动试验;其次进行垂向、横向和纵向冲击试验;然后(仅当指明或协定时)进行运输和装卸试验;最后进行垂向、横向和纵向功能振动试验。

注:本标准不要求也不包括运输和装卸试验。

为提高试验效率,可调整试验顺序,以避免重复安装被试设备。调整后的试验顺序应记录在试验报告中。在模拟长寿命振动试验之前和之后,应按6.4.3进行性能测试。为确认被试设备在经受模拟长寿命振动试验后是否发生变化,应对其在试验过程中的传递函数进行比较。

试验大纲中应规定被试设备的取向(即参照图A.1的要求定义被试设备的垂向、横向和纵向)和激励方向,并记录在试验报告中。

6 试验机构需要的其他信息

6.1 概述

试验机构需要的其他一般信息见IEC 60068-2-64:2008。

被试设备安装的一般要求见GB/T 2423.43—2008。

6.2 被试设备的安装和取向

应按实际安装状态(包括弹性安装),直接或通过夹具将被试设备安装在试验台上。

宜在试验前对夹具进行测试,夹具测试的主要内容为:

a) 参数设置:宜采用正弦扫频方法进行夹具测试,但也可采用随机激励或其他方法。采用正弦扫频方法和随机激励方法进行夹具测试时,其参数设置应满足以下要求:
   1) 正弦扫频方法参数设置:扫频速率≤1 oct/min,定加速度2 m/s^2～5 m/s^2,扫频范围:被试设备模拟长寿命振动试验ASD谱的下限频率～上限频率;
   2) 随机激励方法参数设置:平直谱型,ASD=0.480 9 $(m/s^2)^2/Hz$,谱线数≥4～6倍模拟长寿命振动试验的谱线数,统计自由度≥120。

b) 合格判定:在整个频率范围内,其检测点上测得的容差范围应满足以下要求:
   1) 对于正弦扫频方法,保持在规定振幅的±10%以内;
   2) 对于随机激励方法,应用以下准则:
      ——检测点信号的ASD偏离规定要求不应超出:
      - 500 Hz以下:−1.5 dB,+3 dB;
      - 500 Hz～1 000 Hz之间:±3 dB。

      ——500 Hz～1 000 Hz之间在最大为100 Hz的累计带宽上允许偏离可达到±6 dB。

夹具在试验频率范围内应尽量避免共振,若无法避免时,应分析试验时夹具共振对被试设备性能的影响,并在试验报告中予以说明。

由于安装方式对试验结果有较大的影响,试验报告中应准确记录试验安装方式。

除非另有协议,应按被试设备的实际工作取向进行试验,试验时不应采取特殊防护措施来抵消电磁干扰、发热或其他因素对被试设备的使用和性能产生的影响。

6.3 参考点和检测点

6.3.1 概述

应在参考点和/或检测点(相对于设备的固定点而言)进行测量,以确定是否满足试验要求。

当设备的很多小零部件安装在同一夹具上时,若所安装夹具的最低共振频率高于试验的上限频率,则试验时所选用的参考点和/或检测点可能与夹具有关,而与被试设备的固定点无关。

6.3.2 固定点

固定点是被试设备以正常工作状态安装时,其与夹具或振动台面相接触的部分。

6.3.3 检测点

位于夹具、振动台或被试设备上用于信号测试的点,应尽可能靠近某个固定点并与之刚性连接。如固定点不超过4个,则全部作为检测点。这些点的振动量级不应低于规定的下限值。试验报告中应指明所有检测点。若设备的零部件较少、重量较轻、机械结构不太复杂,则不必采用多个检测点,但应在试验报告中明确检测点的数目和位置。

6.3.4 参考点

参考点是为证实是否满足试验要求,从采集的参考信号中选取的某个点,用以表征设备在试验中的运动情况。参考点可以是检测点或是对各检测点信号进行人工或自动处理后得出的虚拟点(即虚拟参考点)。

若随机振动试验中采用虚拟点控制,其参考信号的频谱定义为所有检测点信号的加速度功率谱密度(ASD)值在每一频率上的算术平均值。此时,参考信号的总方均根值($\mathrm{r.m.s.}_{tr}$)等于各检测点信号方均根值($\mathrm{r.m.s.}_{i}$)的方均根,见式(2)。

$$\mathrm{r.m.s.}_{tr}=\sqrt{\frac{\sum_{i=1}^{i=n_c}(\mathrm{r.m.s.}_{i})^2}{n_c}} \quad \cdots\cdots(2)$$

式中:

$\mathrm{r.m.s.}_{tr}$——参考点总方均根值;

n_c ——检测点的数目。

参考点的选用情况和原因应在试验报告中予以说明。对于大型、复杂设备,在试验时宜采用虚拟点进行控制。

注:确认总方均根加速度时,可采用扫描技术对检测点信号进行自动处理构成虚拟点,但未修正分析仪器的带宽、采样时间等误差时,不能用于确认ASD的量级。

6.3.5 测量点

测量点位于被试设备的指定位置上,用于试验时采集数据以检测被试设备的振动响应特性。测量点应在本标准规定的试验开始前选定(见第7章)。

6.4 试验中的机械状态和功能测试

6.4.1 机械状态

若安装在机车车辆上的被试设备长期保持的机械状态不止一种,则需选取两种机械状态进行试验,其中至少选取一种最恶劣的状态(如接触器紧固力最小的机械状态)。

当被试设备的机械状态多于一种时,其每种状态下的冲击和振动试验时间应相等,其试验量级分别在第 8 章、第 9 章和第 10 章中予以规定。

6.4.2 功能测试

制造商应在试验开始前制定功能测试大纲并与用户达成协议。

功能测试应在功能振动试验时(见第 8 章)进行。

功能测试旨在验证设备的工作能力,仅用于表明被试设备在实际使用时能正常工作,不应与性能测试混淆。

如果功能测试有所更改,应在试验报告中详细说明。

注:除制造商和用户协商一致外,冲击试验时不进行功能测试。

6.4.3 性能测试

在试验开始前及所有试验完成后,均应进行性能测试。制造商应制定性能测试大纲,应给出允许的容差范围。

6.5 随机振动试验的可再现性

6.5.1 概述

随机振动信号在时域内不具备可重复性,在同样长的时间内,随机信号发生器无法产生两个完全相同的样本。尽管如此,仍可阐明两个随机信号的相似性,并在它们的特性曲线上给出其容差范围。应对一个随机信号进行定义,以便将来能在不同试验机构或不同被试设备上按相似的试验条件进行复现。应注意:

a) 以下容差范围包括仪器误差,但不包括如随机(统计)误差、系统误差等其他误差;

b) 测量数据应取自检测点或参考点。

6.5.2 加速度谱密度(ASD)

ASD 容差应小于规定 ASD 量级的±3 dB(范围从 1/2×ASD～2×ASD),见图 2～图 5 所示。起止斜率不应小于图 2～图 5 中的数值。

6.5.3 方均根值(r.m.s.)

在给定频率范围内,参考点的加速度 r.m.s.值应在图 2～图 5 中规定值的±10%以内。

注:因试验时 ASD 谱的低频段难以控制在±3 dB 范围内,此时只需将试验值记录在试验报告中。

6.5.4 概率密度函数(PDF)

除非另有说明,每个测量点处所测加速度的时间序列 PDF 应呈近似高斯分布,且波峰因数(即峰值与 r.m.s.值之比)不应小于 2.5。

注:图 6 给出了累积 PDF 的容差范围。

6.5.5 持续时间

在每个轴向上进行上述随机振动的总时间不应少于规定值(见 8.2 和 9.2)。

6.6 测量容差

振动容差应符合 IEC 60068-2-64:2008 中 4.3 的规定。

6.7 恢复

应在同等条件下(如温度)对被试设备进行初始检测和最终检测。在试验后和最终检测前应对被试设备进行一定时间的恢复，以确保其能达到与初始检测时相同的条件。

7 初始检测和预处理

试验开始前应按6.4.3进行性能测试，若此类测试超出了试验机构的实际能力范围，则应由制造商完成，并提供书面证明，即证明在按本标准进行冲击和振动试验之前，被试设备符合性能测试要求。测量点的位置应由制造商确定，并清楚地注明在试验报告中。

应按制造商给出的参考点和测量点上获取的随机信号来计算传递函数。为进行检查或安装仪器而取下的盖板，在试验中应复原。

对于1类设备，应在第9章的试验条件下测得其传递函数；对于2类、3类设备，应在第8章的试验条件下测得其传递函数。

测量的相干系数不应小于0.9，如果无法达到，则取不少于120个互不重叠频谱的平均值(或240个统计自由度的线性平均值)。

8 功能振动试验条件

8.1 试验严酷等级和频率范围

应按表1中相应的r.m.s.值和频率范围对被试设备进行试验。当被试设备2个或3个轴向的实际安装方向未知时，则均应按所未知轴向中最严酷的等级完成试验。

表1 功能振动试验的严酷等级和频率范围

类别	取向	r.m.s.值 m/s²	频率范围
1类 A级 车体安装	垂向 横向 纵向	0.75 0.37 0.50	见图2
1类 B级 车体安装	垂向 横向 纵向	1.01 0.45 0.70	见图3
2类 转向架安装	垂向 横向 纵向	5.40 4.70 2.50	见图4
3类 车轴安装	垂向 横向 纵向	38.0 34.0 17.0	见图5

注1：这些试验数据是附录A中的典型运行数据，是试验时施加在被试设备上的最小试验量级。当实测数据中包含上述功能振动试验条件时，可参照附录A和附录C中的方法和公式进行加速试验。

注2：实测数据通过应用附录A和附录C中的方法和公式获得的功能振动试验量级可能低于表1中的最小试验量级，但在事先征得制造商和用户的同意后，被试设备可按实测的较低功能振动试验量级进行试验。此时，被试设备的试验仅部分被验证符合本标准要求(仅验证其运行条件)，且低于或等于标准规定的实测功能振动试验数据在试验报告中予以详细说明。

8.2 功能振动试验持续时间

功能振动试验的持续时间应足够长，以确保能完成所有的功能测试(见 6.4.2)项目。

注 1：本试验旨在验证被试设备不受所施加的、表征实际运行情况的试验量级的影响。

注 2：本试验持续时间不少于 10 min。

8.3 试验中的功能测试

在功能振动试验过程中，应进行与用户商定的功能测试(见 6.4.2)。

9 模拟长寿命振动试验条件

9.1 试验严酷等级和频率范围

本标准在确定模拟长寿命振动试验量级时，采用了两种加速度比例系数计算方法：

a) 参照 A.5.1 的方法求得 1 类、2 类试验的加速度比例系数为 5.66，3 类试验的加速度比例系数为 3.78；

b) 参照 A.5.2 的方法求得 1 类、2 类和 3 类试验的加速度比例系数均为 7.83。

试验前制造商和用户应协商确定采用 A.5.1 或 A.5.2 中的加速度比例系数求得的模拟长寿命振动试验量级进行试验。

当被试设备 2 个或 3 个轴向的实际安装方向未知时，则未知轴向均应按所未知轴向中最严酷的等级完成试验。

表 2 模拟长寿命振动试验严酷等级和频率范围

类别	取向	试验 5 h，r.m.s.值 m/s^2		频率范围
		加速度比例系数取 5.66(1、2 类)或 3.78(3 类)	加速度比例系数取 7.83(1、2、3 类)	
1 类 A 级 车体安装	垂向 横向 纵向	4.25 2.09 2.83	5.90 2.90 3.90	见图 2
1 类 B 级 车体安装	垂向 横向 纵向	5.72 2.55 3.96	7.91 3.51 5.51	见图 3
2 类 转向架安装	垂向 横向 纵向	30.6 26.6 14.2	42.5 37.0 20.0	见图 4
3 类 车轴安装	垂向 横向 纵向	144 129 64.3	300 270 135	见图 5
注：若功能振动试验量级源于实测数据，则模拟长寿命振动试验量级也由实测功能振动试验量级参照附录 A 中的加速度比例系数计算得出。				

9.2 模拟长寿命振动试验持续时间

被试设备一般应在垂向、横向、纵向3个轴向各自完成5 h的试验，其总试验时间应达到15 h。若试验期间出现因被试设备过热（如橡胶件振动过热等）而可能对其造成影响时，则可将试验暂停一段时间，以便被试设备恢复至正常状态，但应确保该轴向的累积试验时间达到5 h。试验暂停情况应记录在试验报告中。

注1：本试验过程中不必运行被试设备。

注2：若事先达成协议，本试验可参照附录A中的方法增加试验时间而减小振幅（降低试验量级），但该方法并非优先选用项，且仅限于3类车轴安装的设备采用。

10 冲击试验条件

10.1 脉冲波形和容差

被试设备应按IEC 60068-2-27:2008施加一系列持续时间为D、峰值为A的单个半正弦脉冲（D和A的值见图7）。

横向加速度不应超过IEC 60068-2-27:2008规定方向的标称脉冲峰值加速度的30%，且前后冲击波形补偿系数不超过20%。

图7给出了脉冲波形和容差范围。

当被试设备2个或3个轴向的实际安装方向未知时，则未知轴向均应按所未知轴向中最严酷的等级完成试验。

若制造商和用户事前达成协议，被试设备也可按现场采集的冲击信号采用GB/T 2423.57—2008中规定的方法所合成的冲击响应谱进行试验。试验时应明确冲击响应谱谱型、试验时域波形、单次脉冲时间及试验次数。

10.2 速度变化量

实际速度变化量不应超过图7所示标称脉冲相应值的±15%。

当速度变化量取决于实际脉冲的积分时，应按图7的积分时间计算。

10.3 安装

被试设备应按6.2的要求安装到试验台上。

10.4 脉冲重复频率

为使被试设备从共振效应中恢复，两次冲击之间应相隔足够长的时间。

10.5 试验严酷等级、脉冲波形和方向

数值见表3。

表 3 试验严酷等级、脉冲波形和方向

类别	取向	峰值加速度 A m/s^2	标称持续时间 D ms
1 类 A 级和 B 级 车体安装	垂向 横向 纵向	30 30 50	30 30 30
2 类 转向架安装	全部	300	18
3 类 车轴安装	全部	1 000	6

注 1：脉冲波形详见图 7。

注 2：对于重型设备，若无合适的试验台来进行冲击试验，则可在事先征得制造商和用户同意的情况下，采用降低冲击峰值加速度或采用冲击响应谱来完成试验。

10.6 冲击次数

按 IEC 60068-2-27:2008 的规定，应对被试设备施加 18 次冲击（应在垂向、横向、纵向 3 个轴向分别进行正向、反向各 3 次冲击）。应对 6.4.1 中规定的每种机械状态均重复进行试验。

10.7 试验过程中的功能测试

在试验中不必运行被试设备。但某些设备应保持其功能的完整性，除在相关产品标准中另有规定，应按制造商和用户在试验大纲中的要求进行验证。

11 运输和装卸

应符合 IEC 60068-2-27 的规定。

12 最终检测

试验完成之后，应按 6.4.3 对被试设备进行性能测试。由于测试性质的原因，此类测试可能超出了试验机构的能力范围，在此情况下，应由制造商完成，并提供书面证明，即证明在按本标准进行冲击和振动试验后，被试设备符合性能测试的要求。

应按制造商给出的参考点和测量点上获取的随机信号来计算传递函数。为进行检查或安装仪器而取下的盖板，在试验中应复原。

对于 1 类设备，应在第 9 章的试验条件下测得其传递函数；对于 2 类、3 类设备，应在第 8 章的试验条件下测得其传递函数。

测量的相干系数不应小于 0.9，若无法达到，则取不少于 120 个互不重叠频谱的平均值（或 240 个统计自由度的线性平均值）。

当传递函数或其他测量数据发生变化时，应进行分析并在试验报告中说明。

13 验收标准

所有试验完成之后，如果达到了以下要求，可为被试设备出具试验合格证书：

a) 6.4.2 的功能在规定范围以内；

b) 6.4.3 的性能在规定范围以内；

c) 外观和机械结构没有发生变化。

应对试验结果进行工程判别。

14 试验报告

在试验、最终检测和功能测试全部或部分完成后，试验机构应向用户出具完整的试验报告。报告中应说明试验过程、被试设备所受的影响，以及下列内容：

a) 试验过程中发生的变化，并标明序列号或识别号。

b) 应提供试验仪器和试验过程的详细记录。这些内容可列入试验报告中。

c) 应按 6.2 的规定将被试设备的安装方式记录在试验报告中。

d) 采用的试验方法和试验顺序，试验报告中应图示说明所有的检测点和测量点的位置。

e) 所进行的功能测试以及试验前、后测得的数据。

f) 检测点、参考点的试验数据和按预期要求、验收标准得出的观察结果。试验报告中应包括按图 2～图 7 格式的所有检测点的图示。试验报告中还应包含容差范围，以证明该试验在本标准容差范围之内。

g) 应提供振动试验的功能测试数据和/或冲击试验的功能验证结果。

注：可将已实施但超出本标准要求的特殊试验列入试验报告中。

15 试验证书

试验证书应包含以下全部信息：

——关于被试设备的说明；

——制造商名称；

——设备型号和出厂/更改情况；

——设备的序列号；

——试验报告编号；

——报告日期；

——产品试验大纲。

试验证书应由试验机构和制造商授权的代表签署。

注：附录 D 列出了一个典型的试验证书。

16 试品处置

按本标准通过试验的所有设备，制造商应给出明确的标识。

满足试验要求和验收标准的设备，可按制造商和最终用户之间的协议确定是否投入使用。

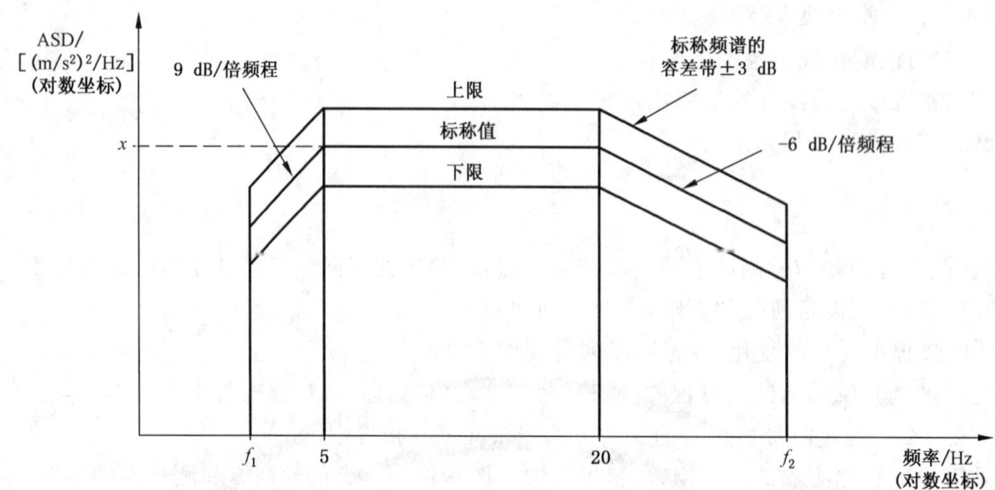

说明:

M——质量,单位为千克(kg);

当 $M \leqslant 500$ kg 时,$f_1 = 5$ Hz,$f_2 = 150$ Hz;

当 500 kg$<M\leqslant$1 250 kg 时,$f_1 = (1\ 250/M)\times 2$ Hz,$f_2 = (1\ 250/M)\times 60$ Hz;

当 $M>$1 250 kg 时,$f_1 = 2$ Hz,$f_2 = 60$ Hz。

功能振动试验	垂向		横向		纵向	
ASD 量级 $(m/s^2)^2/Hz$	0.016 6		0.004 1		0.007 3	
r.m.s.值[a] m/s^2 2 Hz～150 Hz	0.75		0.37		0.50	
模拟长寿命振动试验	加速度比例系数取 5.66	加速度比例系数取 7.83	加速度比例系数取 5.66	加速度比例系数取 7.83	加速度比例系数取 5.66	加速度比例系数取 7.83
ASD 量级 $(m/s^2)^2/Hz$	0.532	1.034	0.131	0.250	0.234	0.452
r.m.s.值[a] m/s^2 2 Hz～150 Hz	4.25	5.90	2.09	2.90	2.83	3.90

注 1:对于试验频率高于 2 Hz 的设备,其 r.m.s.值需低于上述值。

注 2:对于试验频率低于 150 Hz 的设备,其 r.m.s.值需低于上述值。

注 3:如果 f_2 以上的频率存在,则需包括在内,通过延长−6 dB/倍频程衰减线与要求的最大频率相交可得到其幅值。此时,其 r.m.s.值将增加。

注 4:行李架、水箱等在轨道机车车辆运行过程中具有附加载荷的产品,在试验时需考虑产品与附加载荷的总质量(按总质量计算 f_1、f_2)。试验时附加载荷的质量宜参照产品规范或实际使用情况的统计数据给出。

[a] 表示参考值。

图 2　1 类 A 级车体安装 ASD 频谱

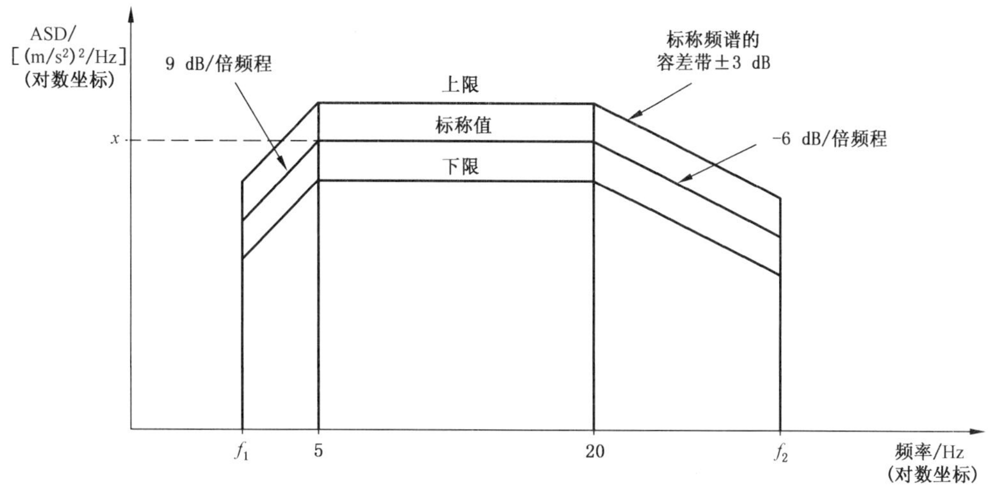

说明：

M——质量，单位为千克(kg)；

当 $M \leqslant 500$ kg 时，$f_1 = 5$ Hz，$f_2 = 150$ Hz；

当 500 kg$<M \leqslant 1\ 250$ kg 时，$f_1 = (1\ 250/M) \times 2$ Hz，$f_2 = (1\ 250/M) \times 60$ Hz；

当 $M > 1\ 250$ kg 时，$f_1 = 2$ Hz，$f_2 = 60$ Hz。

<table>
<tr><td>功能振动试验</td><td colspan="2">垂向</td><td colspan="2">横向</td><td colspan="2">纵向</td></tr>
<tr><td>ASD 量级
(m/s²)²/Hz</td><td colspan="2">0.030 1</td><td colspan="2">0.006 0</td><td colspan="2">0.014 4</td></tr>
<tr><td>r.m.s.值[a]
m/s²
2 Hz～150 Hz</td><td colspan="2">1.01</td><td colspan="2">0.45</td><td colspan="2">0.70</td></tr>
<tr><td colspan="7"></td></tr>
<tr><td>模拟长寿命
振动试验</td><td>加速度比例
系数取 5.66</td><td>加速度比例
系数取 7.83</td><td>加速度比例
系数取 5.66</td><td>加速度比例
系数取 7.83</td><td>加速度比例
系数取 5.66</td><td>加速度比例
系数取 7.83</td></tr>
<tr><td>ASD 量级
(m/s²)²/Hz</td><td>0.964</td><td>1.857</td><td>0.192</td><td>0.366</td><td>0.461</td><td>0.901</td></tr>
<tr><td>r.m.s.值[a]
m/s²
2 Hz～150 Hz</td><td>5.72</td><td>7.91</td><td>2.55</td><td>3.51</td><td>3.96</td><td>5.51</td></tr>
<tr><td colspan="7">注 1：对于试验频率高于 2 Hz 的设备，其 r.m.s.值需低于上述值。
注 2：对于试验频率低于 150 Hz 的设备，其 r.m.s.值需低于上述值。
注 3：如果 f_2 以上的频率存在，则需包括在内，通过延长－6 dB/倍频程衰减线与要求的最大频率相交可得到其幅值。此时，其 r.m.s.值将增加。
注 4：行李架、水箱等在轨道机车车辆运行过程中具有附加载荷的产品，在试验时需考虑产品与附加载荷的总质量(按总质量计算 f_1、f_2)。试验时附加载荷的质量宜参照产品规范或实际使用情况的统计数据给出。</td></tr>
<tr><td colspan="7">[a] 表示参考值。</td></tr>
</table>

图 3　1 类 B 级车体安装 ASD 频谱

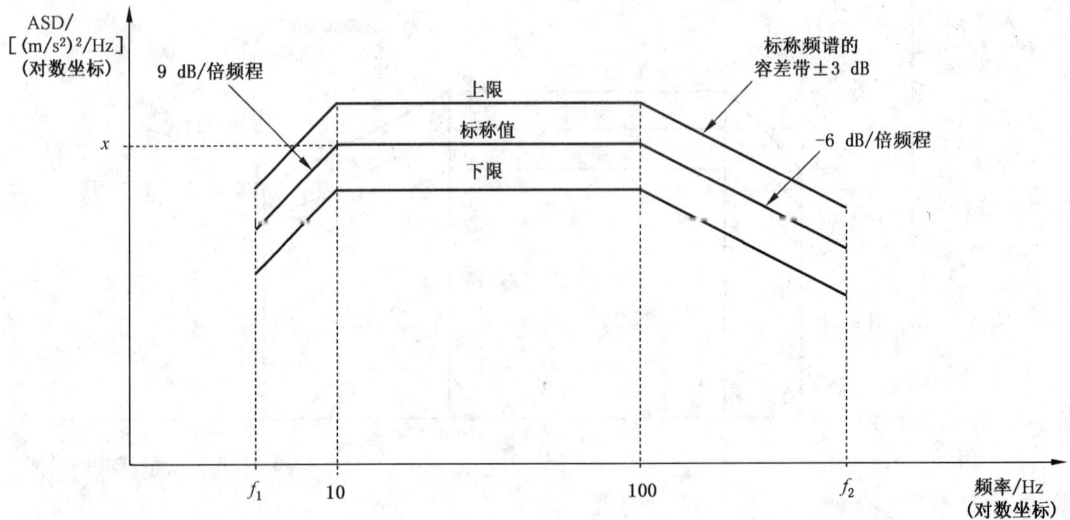

说明：

M——质量，单位为千克(kg)；

当 $M \leqslant 100$ kg 时，$f_1=5$ Hz，$f_2=250$ Hz；

当 100 kg $<M \leqslant 250$ kg 时，$f_1=(250/M)\times 2$ Hz，$f_2=(250/M)\times 100$ Hz；

当 $M>250$ kg 时，$f_1=2$ Hz，$f_2=100$ Hz。

功能振动试验	垂向		横向		纵向	
ASD 量级 $(m/s^2)^2/Hz$	0.190		0.144		0.041 4	
r.m.s.值[a] m/s^2 2 Hz～250 Hz	5.4		4.7		2.5	
模拟长寿命振动试验	加速度比例系数取 5.66	加速度比例系数取 7.83	加速度比例系数取 5.66	加速度比例系数取 7.83	加速度比例系数取 5.66	加速度比例系数取 7.83
ASD 量级 $(m/s^2)^2/Hz$	6.12	11.83	4.62	8.96	1.32	2.62
r.m.s.值[a] m/s^2 2 Hz～250 Hz	30.6	42.5	26.6	37.0	14.2	20.0

注 1：对于试验频率高于 2 Hz 的设备，其 r.m.s.值需低于上述值。

注 2：对于试验频率低于 150 Hz 的设备，其 r.m.s.值需低于上述值。

注 3：如果 f_2 以上的频率存在，则需包括在内，通过延长－6 dB/倍频程衰减线与要求的最大频率相交可得到其幅值。此时，其 r.m.s.值将增加。

[a] 表示参考值。

图 4　2 类转向架安装 ASD 频谱

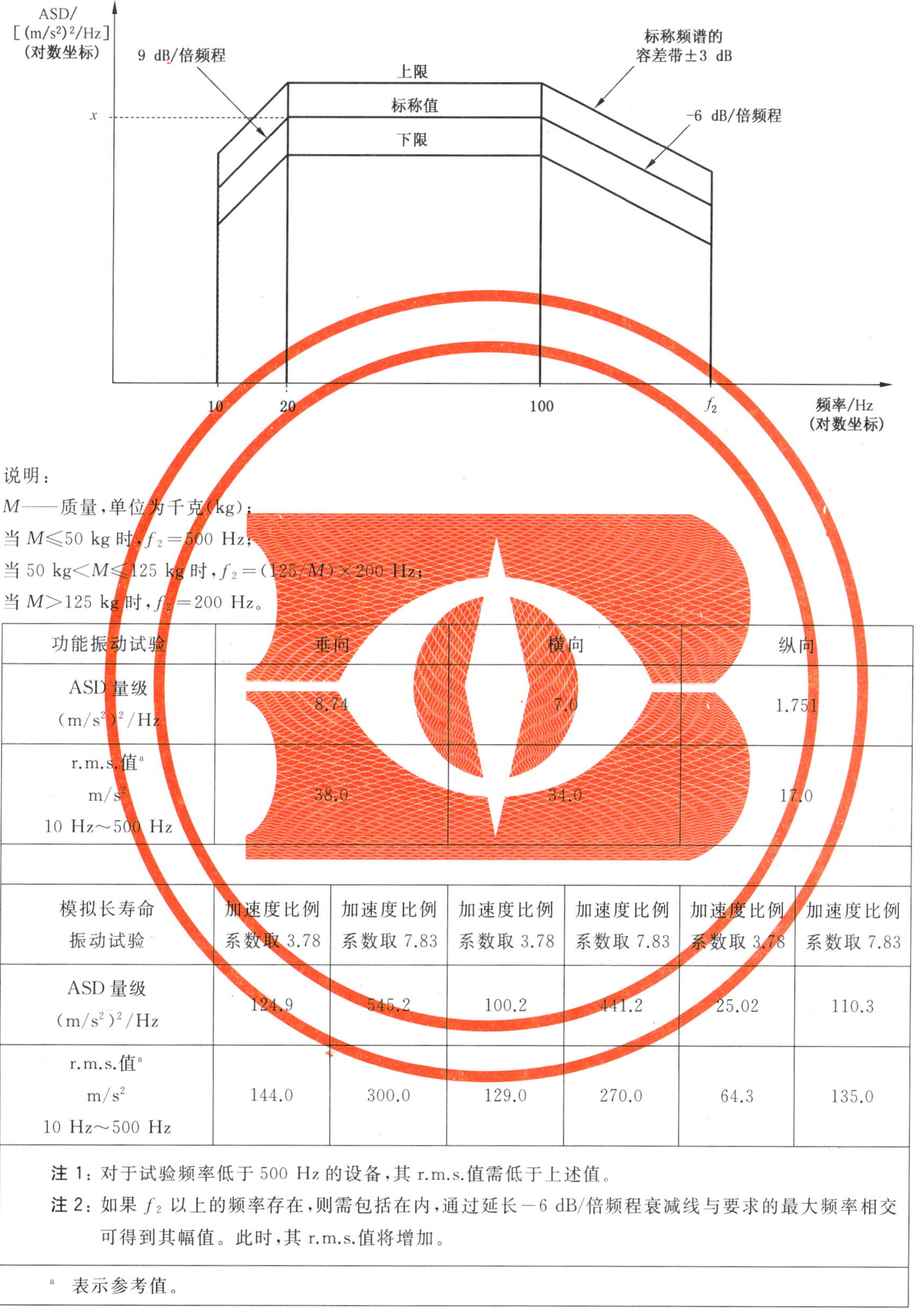

说明：

M——质量，单位为千克(kg)；

当 $M \leqslant 50$ kg 时，$f_2 = 500$ Hz；

当 50 kg$<M\leqslant$125 kg 时，$f_2=(125/M)\times 200$ Hz；

当 $M>125$ kg 时，$f_2=200$ Hz。

功能振动试验	垂向		横向		纵向	
ASD 量级 $(m/s^2)^2/Hz$	8.74		7.0		1.751	
r.m.s.值[a] m/s^2 10 Hz～500 Hz	38.0		34.0		17.0	
模拟长寿命 振动试验	加速度比例系数取 3.78	加速度比例系数取 7.83	加速度比例系数取 3.78	加速度比例系数取 7.83	加速度比例系数取 3.78	加速度比例系数取 7.83
ASD 量级 $(m/s^2)^2/Hz$	124.9	545.2	100.2	441.2	25.02	110.3
r.m.s.值[a] m/s^2 10 Hz～500 Hz	144.0	300.0	129.0	270.0	64.3	135.0
注 1：对于试验频率低于 500 Hz 的设备，其 r.m.s.值需低于上述值。 注 2：如果 f_2 以上的频率存在，则需包括在内，通过延长－6 dB/倍频程衰减线与要求的最大频率相交可得到其幅值。此时，其 r.m.s.值将增加。						
[a] 表示参考值。						

图 5　3 类车轴安装 ASD 频谱

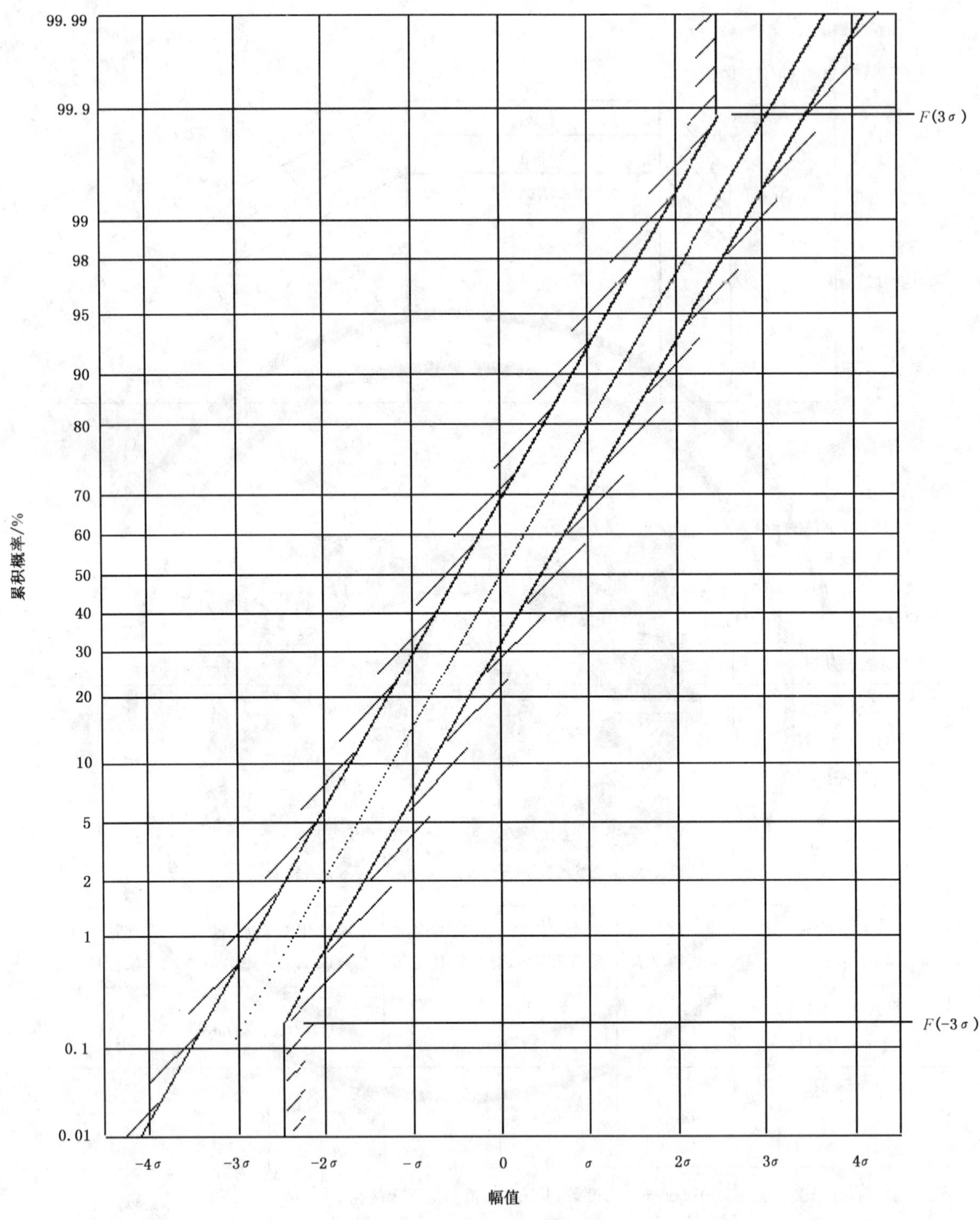

图 6 累积 PDF 容差范围

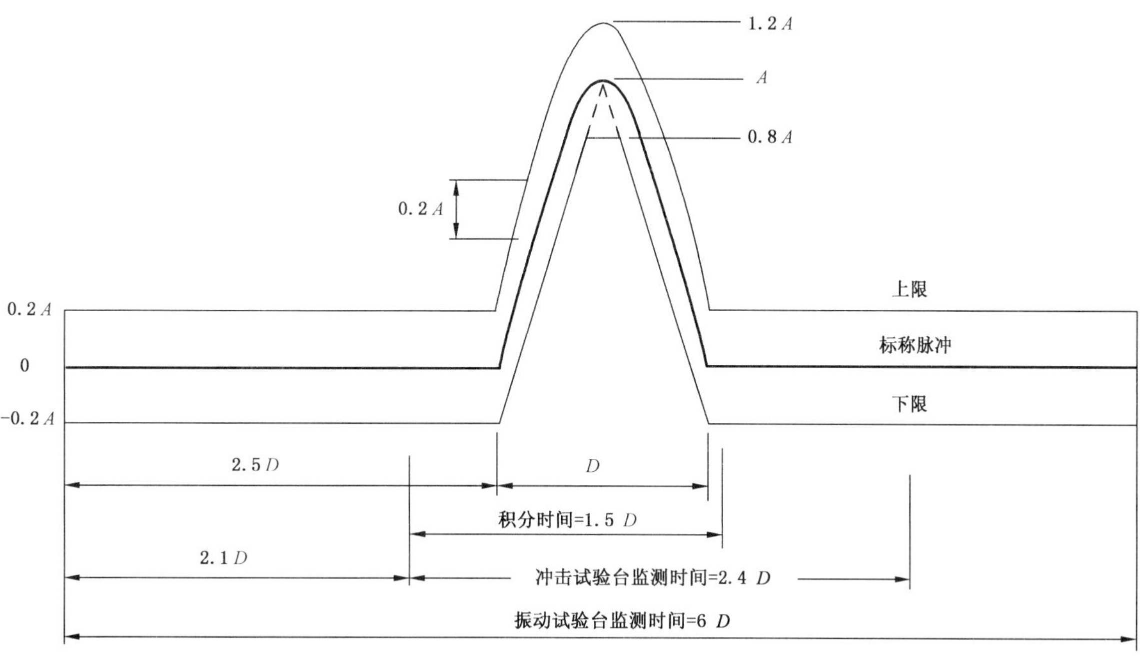

类 别	取 向	峰值加速度 A m/s²	标称持续时间 D ms
1类 A级和B级 车体安装	垂向 横向 纵向	30 30 50	30 30 30
2类 转向架安装	全部	300	18
3类 车轴安装	全部	1 000	6

注1：某些特殊用途的1类设备可能需要额外增加峰值加速度为30 m/s² 和标称持续时间为100 ms的冲击试验。在此情况下，制造商和用户需在试验前就试验量级达成一致意见。

注2：行李架、水箱等在轨道机车车辆运行过程中具有附加载荷的产品，在试验时需考虑产品和附加载荷的总质量。试验时附加载荷的质量宜参照产品规范或实际使用情况的统计数据给出。

图7　冲击试验容差范围-半正弦脉冲

附 录 A
（资料性附录）
关于运行测量、测量位置、记录运行数据方法、运行数据汇总以及从所得运行数据推导随机试验量级方法的解释

A.1 总则

轨道机车车辆的冲击和振动与车辆速度、轨道条件及其他环境因素有关。为评估轨道机车车辆上安装的设备能否正常地无故障工作一定的年限，需要有设计/试验规范。

为建立符合实际的试验规范，有必要获得实测的运行数据，并根据这些数据，得到试验量级。可使用以下数据和方法：

——对3种安装类别：车轴、转向架及车体，采用的标准测量位置（见A.2）；

——通过问卷调查方法向轨道交通运营商及设备制造商获得的运行数据（见A.3）；

——所得运行数据的汇总（见A.4）；

——从所得运行数据推导随机试验量级的方法（见A.5）；

——采用A.5的方法从运行数据计算得出的试验量级（见A.6）。

注：当运行数据是从实际轨道机车车辆/线路上获得时，其试验量级可采用A.5的方法计算得出。

A.2 对3种安装类别：车轴、转向架及车体采用的标准测量位置

车轴、转向架及车体3种安装类别所采用的标准测量位置见图A.1。

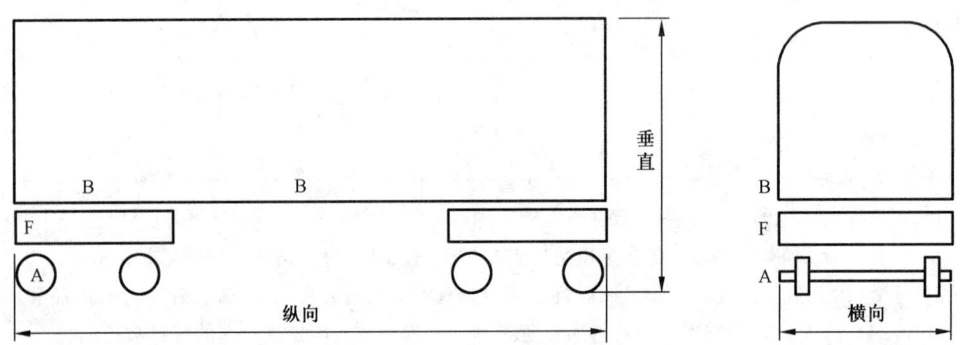

说明：

A——车轴的垂向、横向和纵向测量位置；

F——转向架（构架）的垂向、横向和纵向测量位置；

B——车体的垂向、横向和纵向测量位置。

图A.1 车轴、转向架（构架）及车体采用的标准测量位置

A.3 通过问卷调查从轨道交通运营商和设备制造商处获得运行数据

参照表A.1对每个测量位置的运行数据进行问卷调查。

表 A.1 试验参数/条件的环境数据采集问卷表

测量位置　测量方向 试验参数/条件(问题)	结果(回答)
总则 1　测量振动级别的理由 2　轨道交通系统所处的地点 3　被测车辆的类型 4　特定试验或正常运行 5　车辆速度	
主要条件 6　天气状况[温度(℃)、相对湿度(%)、雨、雪] 7　被测车辆的轴重 8　钢轨型号(UIC 分级) 9　铁道基础(轨枕、道碴) 10　钢轨接口类型(焊接、铰接)	
附加条件 11　车轮条件、断面、圆锥度 12　轨道条件(垂向 r.m.s.振幅) 13　用于测量的轨道长度 14　弯曲半径和数量 15　过道叉数和位置 16　其他独有事件(桥梁、隧道) 17　列车配置和总质量 18　牵引力(仅动车)	
记录 19　记录仪类型(FM、DR、PCM、DAT) 20　频率范围(下限及上限) 21　振幅范围(最大和最小)	
时域分析 22　时域分析的带宽 23　采样频率 24　样本总数或所有记录的总时间 25　最大加速度(m/s^2,正) 26　最小加速度(m/s^2,负) 27　方均根值 28　振幅分辨率 29　基于谱密度函数的 r.m.s.值(m/s^2)	
频谱分析(车体、转向架和车轴宜采用的分析带宽分别为 150 Hz、250 Hz、500 Hz) 30　频谱分析带宽/抗混滤波器的截止频率 31　相应时间记录的采样频率 32　频率分辨率(Δf)或频率线数 33　数据采集时的样本数量(块长度) 34　低频极限 35　采集/分析时的时间窗类型及记录长度	

表 A.1（续）

<table>
<tr><td>测量位置　测量方向</td><td rowspan="2">结果(回答)</td></tr>
<tr><td>试验参数/条件(问题)</td></tr>
<tr><td>36　平均次数(时间记录)
37　样本总数和重叠(0≤O_r<1)
38　ADC 分辨率(动态范围)
39　仪器固有的噪声级别
40　基于 ASD 的总 r.m.s.值 (m/s^2)</td><td></td></tr>
<tr><td>需要的图形
41　基于频域分析的功率谱密度
42　基于时域分析的概率密度分布</td><td></td></tr>
</table>

A.4 运行数据汇总

经问卷调查得到的 r.m.s.加速度量级汇总见表 A.2。

表 A.2　经问卷调查得到的 r.m.s.加速度量级汇总

类别	最大量级 m/s^2 r.m.s.	平均量级 m/s^2 r.m.s.	标准偏差 STD	该值的次数
1 类				
车体垂向	1.24	0.49	0.26	19
车体横向	0.43	0.29	0.08	15
车体纵向	0.82	0.30	0.20	8
2 类				
转向架垂向	7.0	3.1	2.3	14
转向架横向	7.0	3.0	1.7	10
转向架纵向	4.1	1.2	1.3	9
3 类				
车轴垂向	43	24	14	19
车轴横向	39	20	14	17
车轴纵向	20	11	6	9

A.5 根据所得运行数据推导随机试验量级的方法

A.5.1 加速度比例系数计算方法Ⅰ

本标准采用增加振幅而缩短试验时间的方法(即“振幅增强法”)，为进行模拟长寿命振动试验，加速度比例系数计算方法Ⅰ中采用图 A.2 所示典型疲劳强度曲线Ⅰ，并进行以下假设：

a)　作用于设备上的加速度与所产生的应力幅度(最大应力与最小应力之差)成正比，见式(A.1)。

$$\sigma = M \cdot A / S \qquad \text{(A.1)}$$

式中：

σ ——应力，单位为帕（Pa）；

M ——质量，单位为千克（kg）；

A ——加速度，单位为米每二次方秒（m/s^2）；

S ——截面积，单位为平方米（m^2）。

b) 损伤与应力的 m 次幂和循环次数的乘积成正比。

由假设 a)可知：基于损伤与应力幅度的正比关系可求得模拟长寿命振动试验量级，即模拟长寿命振动试验量级等于功能振动试验量级乘以加速度比例系数。

由假设 b)可知式（A.2）。

$$D = a \cdot \Delta\sigma^m \cdot N \qquad \text{(A.2)}$$

式中：

D ——损伤；

N ——循环次数；

$\Delta\sigma$——应力幅度；

m ——指数（典型值为 3～9）；

a ——常数。

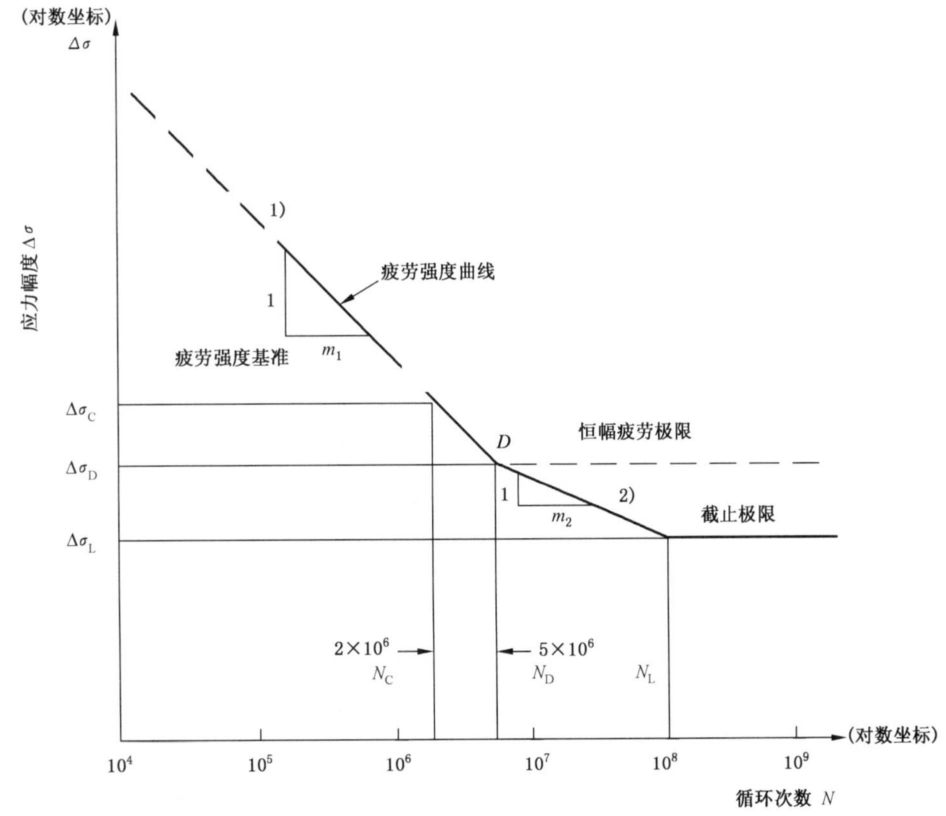

图 A.2 典型疲劳强度曲线Ⅰ

基于疲劳强度理论，由图 A.2 可知式（A.3）、式（A.4）。

当 $N \leqslant 5\times10^6$ 时：

$$\lg(N) = \lg(a) - m_1 \lg(\Delta\sigma) \qquad \text{(A.3)}$$

当 $5\times10^6 \leqslant N \leqslant 100\times10^6$ 时：

$$\lg(N)=\lg(b)-m_2\lg(\Delta\sigma) \qquad \cdots\cdots(A.4)$$

式中：

$m_2=m_1+2$。

由式(A.3)、式(A.4)可知式(A.5)、式(A.6)、式(A.7)、式(A.8)。

当 $N\leqslant 5\times10^6$ 时：

$$N-\frac{10^{\lg(a)}}{\Delta\sigma^{m_1}} \qquad \cdots\cdots(A.5)$$

当 $5\times10^6\leqslant N\leqslant 100\times10^6$ 时：

$$N=\frac{10^{\lg(b)}}{\Delta\sigma^{m_2}} \qquad \cdots\cdots(A.6)$$

当 $N\leqslant 5\times10^6$ 时：

$$a_1N\Delta\sigma^{m_1}=1 \qquad \cdots\cdots(A.7)$$

当 $5\times10^6\leqslant N\leqslant 100\times10^6$ 时：

$$a_2N\Delta\sigma^{m_2}=1 \qquad \cdots\cdots(A.8)$$

图 A.2 中，当应力幅度低于截止极限 $\Delta\sigma_L$(循环次数 100×10^6)时，所对应的循环次数 N 趋于无穷大。即作用于设备上的应力幅度低于截止极限时将不会对其造成任何疲劳损伤。

为使设备在 5 h 的模拟长寿命振动试验时间内达到与其使用寿命周期同等的疲劳损伤等级，应增强其功能振动试验的 ASD 值。

若轨道机车车辆的使用寿命为 25 年，按 300 d/a、10 h/d 计算，则其使用寿命为 75×10^3 h 或 270×10^6 s。因功能振动试验 ASD 谱中规定的最小频率为 2 Hz(1、2 类)或 10 Hz(3 类)，则在其使用寿命周期内的最少循环次数 N_S(1 类、2 类为 540×10^6 次，3 类为 2 700×10^6 次)已超过循环截止极限 100×10^6 次。

因此可令：

a) 使用寿命周期内的应力幅度($\Delta\sigma_s$)：$\Delta\sigma_s=\Delta\sigma_L$；

b) 使用寿命周期内的循环次数(N_S)：$N_S=100\times10^6$。

因每个轴向的模拟长寿命振动试验时间为 18 000 s，且功能振动试验 ASD 谱规定的最小频率为 2 Hz(1 类、2 类)或 10 Hz(3 类)，则在 5 h 的模拟长寿命振动试验内的最少循环次数 N_t 为 0.036×10^6 次(1 类、2 类)或 0.18×10^6 次(3 类)。模拟长寿命振动试验时的应力幅度 $\Delta\sigma_t$ 位于图 A.2 所示疲劳强度曲线的第 1)部分。

根据式(A.7)、式(A.8)，通过功能振动试验 ASD 量级可求得模拟长寿命振动试验 ASD 量级，见式(A.9)。

$$\beta=\frac{\Delta\sigma_t}{\Delta\sigma_s}=\frac{(a_2N_S)^{(1/m_2)}}{(a_1N_t)^{(1/m_1)}} \qquad \cdots\cdots(A.9)$$

式中：

β——加速度比例系数。

因恒幅疲劳极限 $\Delta\sigma_D$ 对应的循环次数为 5×10^6 次，则 a_1 和 a_2 可用式(A.10)表示。

$$a_1=\frac{1}{N_D\Delta\sigma_D^{m_1}}=\frac{1}{5\times10^6\Delta\sigma_D^{m_1}} \qquad \cdots\cdots(A.10)$$

$$a_2=\frac{1}{N_D\Delta\sigma_D^{m_2}}=\frac{1}{5\times10^6\Delta\sigma_D^{m_2}}$$

将式(A.10)代入式(A.9)可得式(A.11)。

$$\beta=\frac{\left(\dfrac{N_S}{5\times10^6\Delta\sigma_D^{m_2}}\right)^{(1/m_2)}}{\left(\dfrac{N_t}{5\times10^6\Delta\sigma_D^{m_1}}\right)^{(1/m_1)}}=\frac{(5\times10^6)^{(1/m_1)}N_S^{(1/m_2)}}{(5\times10^6)^{(1/m_2)}N_t^{(1/m_1)}} \qquad \text{(A.11)}$$

式中：

$m_1=4$(典型金属材料)。

由式(A.11)可知：

a) 1类、2类试验的加速度比例系数为:5.66;

b) 3类试验的加速度比例系数为:3.78。

A.5.2 加速度比例系数计算方法Ⅱ

本标准采用增加振幅而缩短试验时间的方法(即“振幅增强法”),为进行模拟长寿命振动试验,IEC 61373:1999中给出的加速度比例系数计算方法Ⅱ中采用图A.3所示典型疲劳强度曲线Ⅱ,并进行以下假设:

假设损伤正比于应力幅度的 m 次幂乘以循环次数,可得出式(A.12)。

$$D\propto\Delta\sigma^m N \qquad \text{(A.12)}$$

式中：

D ——损伤;

N ——循环次数;

$\Delta\sigma$ ——应力幅度;

m ——指数(典型值为3~9)。

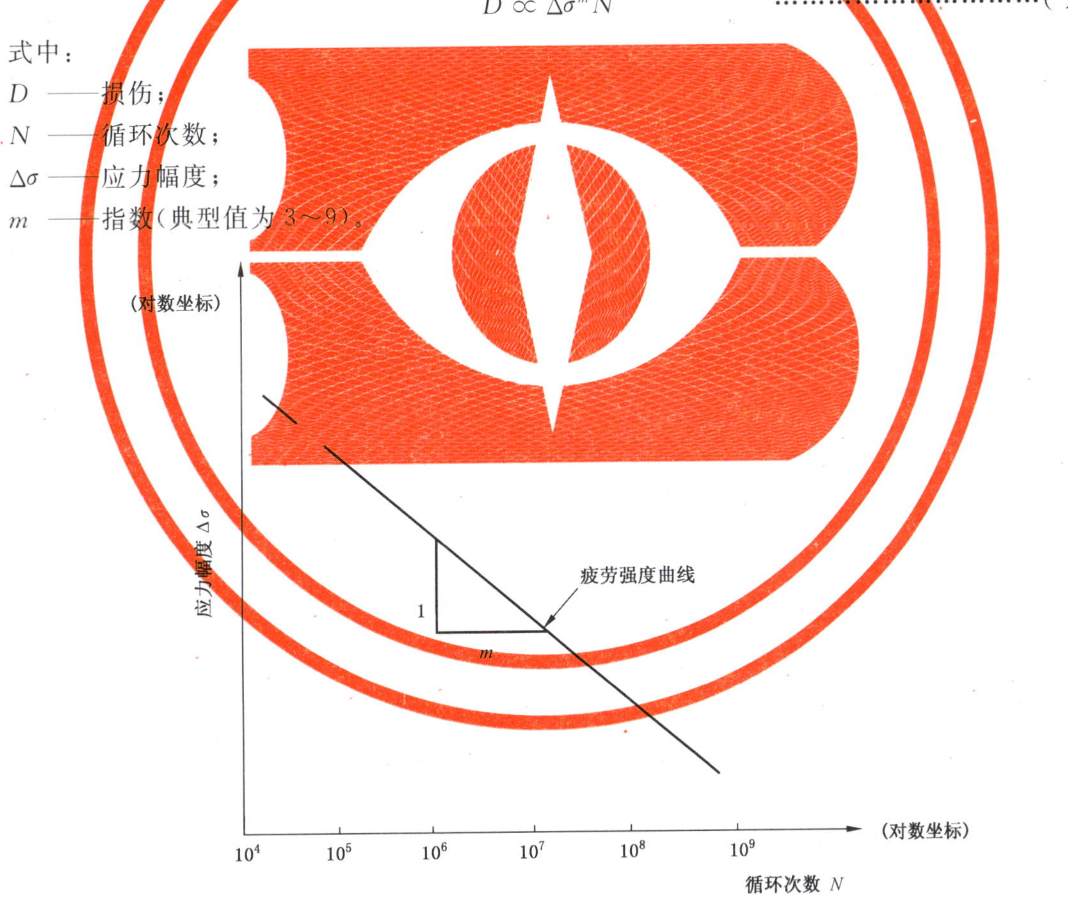

图A.3 典型疲劳强度曲线Ⅱ

这个关系与加速度量级有关、且与运行寿命和试验时间有相同常数的假设有关,见式(A.13)。

$$T_s A_s^m=T_t A_t^m \qquad \text{(A.13)}$$

式中：

T_s ——运行寿命,单位为时(h);

T_t ——试验时间，单位为时(h)；

A_s ——运行加速度，单位为米每二次方秒(m/s^2)；

A_t ——试验加速度，单位为米每二次方秒(m/s^2)。

将式(A.13)转换成加速度的比例关系，得到式(A.14)。

$$\frac{A_t}{A_s}=\left(\frac{T_s}{T_t}\right)^{1/m} \qquad \text{(A.14)}$$

设加速度比例系数(β)等于时间因子(η)，得到式(A.15)。

$$\eta=\left(\frac{T_s}{T_t}\right)^{1/m} \qquad \text{(A.15)}$$

式中：

T_s ——25%正常寿命(正常寿命按 25 年，每年工作 300 d，每天工作 10 h 计算，从而求得运行寿命 T_s=18 750 h)；

T_t ——5 h 试验时间；

m ——4(典型金属材料)。

则可求得 1 类、2 类和 3 类模拟长寿命振动试验的加速度比例系数 β 见式(A.16)。

$$\beta=\left(\frac{18\ 750}{5}\right)^{1/4}=7.83 \qquad \text{(A.16)}$$

A.5.3 采用 A.5.1 或 A.5.2 中的加速度比例系数和运行数据计算试验量级的方法

本标准依据轨道机车车辆运行环境调查数据制定，所得数据按照 r.m.s.量级和不同类别标准偏差等级编辑汇总，见表 A.2。

功能振动试验量级可由式(A.17)、式(A.18)计算。

1 类 B 级见式(A.17)。

$$\text{FRTL}=\text{AS}+2\text{STD} \qquad \text{(A.17)}$$

式中：

AS ——平均运行量级；

STD ——标准偏差。

所有其他类别见式(A.18)。

$$\text{FRTL}=\text{AS}+\text{STD} \qquad \text{(A.18)}$$

模拟长寿命振动试验量级可由式(A.19)计算。

$$\text{SLLRTL}=\text{FRTL}\times\beta \qquad \text{(A.19)}$$

式中：

FRTL ——功能振动试验量级；

SLLRTL——模拟长寿命振动试验量级；

β ——加速度比例系数，见表 A.3 所计算的试验量级。

A.6 采用 A.5 的方法从运行数据得到试验量级

采用 A.5 的方法从运行数据得到的试验量级见表 A.3。

表 A.3 采用 A.5 的方法从运行数据得到的试验量级

<table>
<tr><td colspan="7">r.m.s.加速度量级
m/s^2</td></tr>
<tr><td>类别</td><td colspan="2">功能振动试验量级
FRTL</td><td colspan="4">模拟长寿命振动试验量级 SLLRTL</td></tr>
<tr><td rowspan="2">1 类</td><td rowspan="2">A 级</td><td rowspan="2">B 级</td><td colspan="2">A 级</td><td colspan="2">B 级</td></tr>
<tr><td>加速度比例系数取 5.66</td><td>加速度比例系数取 7.83</td><td>加速度比例系数取 5.66</td><td>加速度比例系数取 7.83</td></tr>
<tr><td>车体垂向
车体横向
车体纵向</td><td>0.75
0.37
0.50</td><td>1.01
0.45
0.70</td><td>4.25
2.09
2.83</td><td>5.90
2.90
3.90</td><td>5.72
2.55
3.96</td><td>7.91
3.51
5.51</td></tr>
<tr><td>2 类</td><td colspan="2">—</td><td colspan="2">加速度比例系数取 5.66</td><td colspan="2">加速度比例系数取 7.83</td></tr>
<tr><td>转向架垂向
转向架横向
转向架纵向</td><td colspan="2">5.4
4.7
2.5</td><td colspan="2">30.6
26.6
14.2</td><td colspan="2">42.5
37.0
20.0</td></tr>
<tr><td>3 类</td><td colspan="2">—</td><td colspan="2">加速度比例系数取 3.78</td><td colspan="2">加速度比例系数取 7.83</td></tr>
<tr><td>车轴垂向
车轴横向
车轴纵向</td><td colspan="2">38
34
17</td><td colspan="2">144
129
64.3</td><td colspan="2">300
270
135</td></tr>
</table>

示例：采用 A.5 的方法计算试验量级如下：

a) 应用 A.5.1 中加速度比例系数计算方法Ⅰ求得的试验量级。

车体安装垂向：

——AS=0.49(见表 A.2)；STD=0.26；

——FRTL=AS+STD=0.75(A 级)；

——SLLRTL=FRTL×加速度比例系数(5.66)=4.25(A 级)。

b) 应用 A.5.2 中加速度比例系数计算方法Ⅱ求得的试验量级。

车体安装垂向：

——AS=0.49(见表 A.2)；STD=0.26；

——FRTL=AS+STD=0.75(A 级)；

——SLLRTL=FRTL×加速度比例系数(7.83)=5.90(A 级)。

附 录 B
（资料性附录）
设备在轨道机车车辆上的安装位置示意图及其试验类别

设备在轨道机车车辆上的安装位置示意图见图 B.1。

注：本分类方法不适用于一系悬挂的车辆。

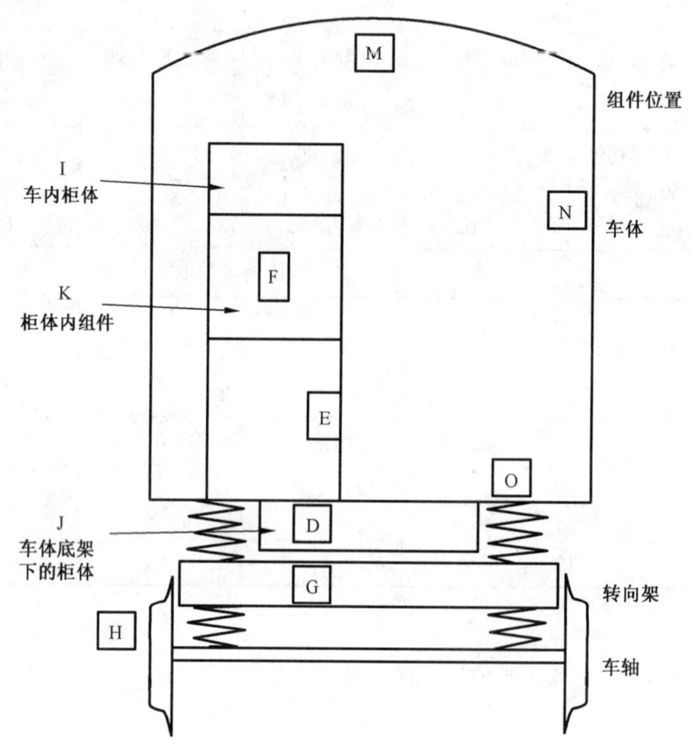

类 别	位 置	设备安装位置说明
1类 A级	M N O I和J	直接安装在车体上方或车体下方的部件
1类 B级	D	安装在固定于车体底架下柜体内的部件
1类 B级	K和E	安装在固定于车体上的柜体内的部件
1类 B级	F	安装在固定于车体上的柜体内组件中的部件
2类	G	安装于轨道机车车辆转向架上的柜体、组件、设备及部件
3类	H	安装于轨道机车车辆轮对装置上的组件、设备及部件或总成

图 B.1 机车车辆上设备的安装位置示意图

附 录 C
（资料性附录）
通过 ASD 值或量级计算 r.m.s.值的导则

C.1 总则

本附录给出了通过运行数据计算功能振动试验 r.m.s.值和通过图 2～图 5 中的 ASD 量级计算功能振动试验或模拟长寿命振动试验 r.m.s.值的计算公式。

运行数据的 ASD 值[$(\mathrm{m/s^2})^2/\mathrm{Hz}$]在($f_1-f_2$)频率范围内测得。

C.2 符号

符号如下所示：

ASD_i ——测量数据编号为“i”的 ASD 值[$(\mathrm{m/s^2})^2/\mathrm{Hz}$]

f_i ——测量数据编号为“i”的频率值(Hz)

C.3 通过运行数据计算功能振动试验的 r.m.s.值

假设在 A.1 中规定的标准测量位置所测得的运行数据包含“n_i”个测量值：(f_i；ASD_i)。

其相应 r.m.s.测量值可通过式(C.1)计算。

$$\mathrm{r.m.s.}=\sqrt{\sum_{i=2}^{n_1}\left[\frac{(\mathrm{ASD}_i+\mathrm{ASD}_{i-1})\times(f_i-f_{i-1})}{2}\right]} \qquad \text{(C.1)}$$

通过“n_2”个 r.m.s.测量值，应用式(C.2)、式(C.3)、式(C.4)和式(C.5)可计算出附录 A 中功能振动试验的 r.m.s.值。

$$\mathrm{AS}=\frac{\sum_{i=1}^{n_2}\mathrm{r.m.s.}_i}{n_2} \qquad \text{(C.2)}$$

$$\mathrm{STD}=\sqrt{\frac{\sum_{i=1}^{n_2}(\mathrm{r.m.s.}_i-\mathrm{AS})^2}{n_2}} \qquad \text{(C.3)}$$

1 类 A 级、2 类、3 类功能振动试验：

$$\mathrm{r.m.s.}=\mathrm{AS}+\mathrm{STD} \qquad \text{(C.4)}$$

1 类 B 级功能振动试验：

$$\mathrm{r.m.s.}=\mathrm{AS}+(2\times\mathrm{STD}) \qquad \text{(C.5)}$$

C.4 通过图 2～图 5 中的 ASD 量级计算 r.m.s.值

功能振动试验或模拟长寿命振动试验的 r.m.s.值等于相应 ASD 谱面积的平方根(见图 C.1)。

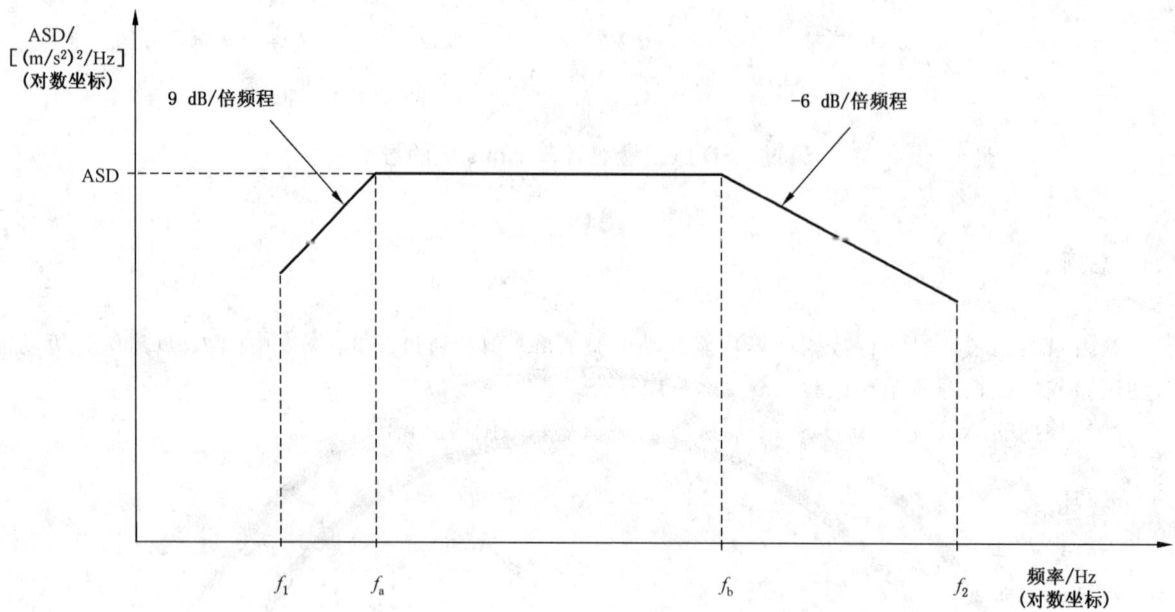

图 C.1　ASD 频谱

则 r.m.s.值可由式(C.6)进行计算。

$$\text{r.m.s.}=\sqrt{\frac{\text{ASD}\times f_a^{\left(\frac{-0.9}{\lg(2)}\right)}\times\left[f_a^{\left(\frac{0.9}{\lg(2)}+1\right)}-f_1^{\left(\frac{0.9}{\lg(2)}+1\right)}\right]}{\frac{0.9}{\lg(2)}+1}+\text{ASD}(f_b-f_a)+\frac{\text{ASD}\times f_b^{\left(\frac{0.6}{\lg(2)}\right)}\times\left[f_2^{\left(\frac{-0.6}{\lg(2)}+1\right)}-f_b^{\left(\frac{-0.6}{\lg(2)}+1\right)}\right]}{\frac{-0.6}{\lg(2)}+1}} \quad\cdots\cdots(C.6)$$

附　录　D
（资料性附录）
试验证书示例

试验证书示例见表 D.1。

表 D.1　试验证书示例

下列设备已通过 GB/T 21563—2018《轨道交通　机车车辆设备　冲击和振动试验》所要求的试验 设备说明 …… …… …… 设备型号……制造商名称…… …… …… 出厂/调整状态……生产序号…… …… …… 试验机构报告编号……报告日期…… …… …… 产品试验大纲编号： …… …… 备注： …… …… …… 1）试验机构……　职务……　日期…… 2）制造商……　职务……　日期……

参 考 文 献

[1] IEC 61373:1999 轨道交通 机车车辆设备 冲击和振动试验(Railway applications—Rolling stock equipment—Shock and vibration tests)

ICS 77.150.60
H 69

中华人民共和国国家标准

GB/T 21651—2018
代替 GB/T 21651—2008

再生锌及锌合金锭

Regenerated zinc and zinc alloy ingots

2018-09-17 发布　　2019-06-01 实施

国家市场监督管理总局
中国国家标准化管理委员会　发布

前　言

本标准按照 GB/T 1.1—2009 给出的规则起草。

本标准代替 GB/T 21651—2008《再生锌合金锭》。与 GB/T 21651　2008 相比，除编辑性修改外主要变化如下：

——标准名称由《再生锌合金锭》修改为《再生锌及锌合金锭》；

——增加了再生锌锭、热镀用再生锌合金锭两类产品，并增加了相应的化学成分要求（见 4.1、4.2）；

——修改了铸造用再生锌合金锭中 ZSZnAl4、ZSZnAl4Cu0.5、ZSZnAl4Cu1 牌号的化学成分（见 4.2.2）；

——增加了铸造用再生锌合金锭 ZSZnAl4Cu0.2 牌号（见 4.2.2）；

——增加其他要求内容（见 4.5）；

——增加了订货单（或合同）内容（见第 8 章）。

本标准由中国有色金属工业协会提出。

本标准由全国有色金属标准化技术委员会（SAC/TC 243）归口。

本标准负责起草单位：云南祥云飞龙再生科技股份有限公司、有色金属技术经济研究院、鑫联环保科技股份有限公司。

本标准参加起草单位：泸溪蓝天高科有限责任公司。

本标准主要起草人：杨龙、张毅、韩知为、杨启光、张孝兵、李春林、李忠华、曾榕、杨洪章、白如斌。

本标准所代替标准的历次版本发布情况为：

——GB/T 21651—2008。

再生锌及锌合金锭

1 范围

本标准规定了再生锌及锌合金锭的要求,试验方法,检验规则,标志、包装、运输、贮存和质量证明书以及订货单(或合同)内容。

本标准适用于以锌二次物料为原料经冶炼加工生产的再生锌及锌合金锭。用于镀锌、铸造、合金、化工、电气等领域。

2 规范性引用文件

下列文件对于本文件的应用是必不可少的。凡是注日期的引用文件,仅注日期的版本适用于本文件,凡是不注日期的引用文件,其最新版本(包括所有的修改单)适用于本文件。

GB/T 8170 数值修约规则与极限数值的表示和判定

GB/T 12689.1 锌及锌合金化学分析方法 第1部分:铝量的测定 铬天青S-聚乙二醇辛基苯基醚-溴化十六烷基吡啶分光光度法、CAS分光光度法和EDTA滴定法

GB/T 12689.3 锌及锌合金化学分析方法 镉量的测定 火焰原子吸收光谱法

GB/T 12689.4 锌及锌合金化学分析方法 铜量的测定 二乙基二硫代氨基甲酸铅分光光度法、火焰原子吸收光谱法和电解法

GB/T 12689.5 锌及锌合金化学分析方法 铁量的测定 磺基水杨酸分光光度法和火焰原子吸收光谱法

GB/T 12689.6 锌及锌合金化学分析方法 铅量的测定 示波极谱法

GB/T 12689.7 锌及锌合金化学分析方法 第7部分:镁量的测定 火焰原子吸收光谱法

GB/T 12689.9 锌及锌合金化学分析方法 锑量的测定 原子荧光光谱法和火焰原子吸收光谱法

GB/T 12689.10 锌及锌合金化学分析方法 锡量的测定 苯芴酮-溴化十六烷基三甲胺分光光度法

GB/T 26043 锌及锌合金取样方法

YS/T 310 热镀用锌合金锭

3 术语和定义

下列术语和定义适用于本文件。

3.1

锌二次物料 reusable zinc materials

区别于在自然界中天然存在的锌矿物的含锌物料。

注:锌二次物料包括三类,第一类是锌伴生铅矿、铜矿以及铁矿在提炼铅、铜、铁的生产过程中产生的含锌物料,例如炼铅炉渣、铜烟灰、高炉瓦斯灰(泥)。第二类是含锌产品在使用过程中产生的含锌废料,包括利用热镀锌合金进行钢材的防腐蚀热镀时产生的镀锌渣,利用锌电镀时产生的电镀泥,利用铸造用锌合金锭压制成品时产生的含锌料渣等。第三类是报废的含锌终端消费品,例如黄铜合金、铸造合金制品、干电池壳及镀锌废钢在回收冶炼过程中钢铁镀锌层的锌以气态挥发随烟气进入收尘系统被收集下来的烟尘。

3.2

再生锌锭 regenerated zinc ingots

完全采用各种锌二次物料,经除氟氯、富集、浸出、净化、电积等独立于原生锌矿冶炼的工艺生成阴

极锌片，再经熔铸而成的锌锭。

3.3

铸造用再生锌合金锭　regenerated zinc alloy ingots for casting

利用再生锌锭、再生阴极锌片或报废的铸造用锌合金终端消费品添加其他铸造用所需金属(如铝、铜、镁等)熔融浇铸而成的锌合金锭。

3.4

热镀用再生锌合金锭　regenerated zinc alloy ingots for hot dip galvanizing

利用再生锌锭、再生阴极锌片添加其他热镀用所需金属(如铝、锑等)熔融浇铸而成的锌合金锭。

4　要求

4.1　产品分类

再生锌及锌合金锭按化学成分和用途分为再生锌锭、铸造用再生锌合金锭、热镀用再生锌合金锭三类。再生锌锭按化学成分分为3个牌号：ZSZn99.996、ZSZn99.99、ZSZn99.97。铸造用再生锌合金锭按化学成分分为4个牌号：ZSZnAl4、ZSZnAl4Cu0.2、ZSZnAl4Cu0.5、ZSZnAl4Cu1。热镀用再生锌合金锭按化学成分分为3个牌号：ZSRZnAl0.4、ZSRZnAl0.95、ZSRZnAl0.9Sb0.1。

4.2　化学成分

4.2.1　再生锌锭的化学成分应符合表1的规定。

表1　再生锌锭的化学成分

牌号	化学成分(质量分数) %							
	Zn 不小于	杂质含量，不大于						
		Pb	Cd	Fe	Cu	Sn	Al	总和[a]
ZSZn99.996	99.996	0.003	0.001	0.001	0.001	0.000 5	0.000 5	0.004
ZSZn99.99	99.99	0.005	0.002	0.003	0.002	0.001	0.001	0.01
ZSZn99.97	99.97	0.020	0.002	0.004	0.002	0.001	0.001	0.03
注：锌含量为100%减去杂质总和实测值的余量。								
[a] 总和是指包括且不限于表1中所列杂质元素的实测值总和。								

4.2.2　铸造用再生锌合金锭的化学成分应符合表2的规定。

表2　铸造用再生锌合金锭化学成分

牌号	化学成分(质量分数) %							
	主成分				杂质含量，不大于			
	Zn	Al	Cu	Mg	Fe	Pb	Cd	Sn
ZSZnAl4	余量	3.5～4.3	—	0.02～0.08	0.01	0.003	0.003	0.001
ZSZnAl4Cu0.2	余量	3.5～4.5	0.1～0.3	0.02～0.05	0.01	0.003	0.003	0.001
ZSZnAl4Cu0.5	余量	3.5～4.3	0.4～0.6	0.01～0.08	0.01	0.003	0.003	0.001
ZSZnAl4Cu1	余量	3.8～4.3	0.7～1.25	0.03～0.08	0.01	0.003	0.003	0.001

4.2.3 热镀用再生锌合金锭的化学成分应符合表3的规定。

表3 热镀用再生锌合金锭化学成分

牌号	化学成分(质量分数) %							
	主成分			杂质含量,不大于				
	Zn	Al	Sb	Pb	Fe	Cu	Cd	Sn
ZSRZnAl0.4	余量	0.37～0.41	—	0.003	0.004	0.001	0.001	0.001
ZSRZnAl0.95	余量	0.85～1.15	—	0.005	0.005	0.002	0.002	0.001
ZSRZnAl0.9Sb0.1	余量	0.90～1.1	0.09～0.11	0.005	0.005	0.002	0.002	0.001

4.3 物理规格

4.3.1 再生锌锭的底面允许有凹槽,便于集装和使用。单锭重应为:25 kg±1 kg。

4.3.2 铸造用再生锌合金锭为长方梯形,底部有便于集装的凹槽,单锭重应不大于25 kg。

4.3.3 热镀用再生锌合金锭单锭重应为:1 000 kg±100 kg。

4.4 表面质量

再生锌及锌合金锭表面不准许有熔洞、夹层、熔渣及外来夹杂物,不得有飞边毛刺(允许修整),再生锌锭允许有自然氧化膜。

4.5 其他

需方如对再生锌及锌合金锭的化学成分、物理规格、表面质量有特殊要求时,可由供需双方商定。

5 试验方法

5.1 再生锌及锌合金锭中铝、镉、铜、铁、铅、镁、锑、锡含量的检测应分别按GB/T 12689.1、GB/T 12689.3、GB/T 12689.4、GB/T 12689.5、GB/T 12689.6、GB/T 12689.7、GB/T 12689.9、GB/T 12689.10的规定进行。

5.2 再生锌及锌合金锭的锭重宜用称量法检验。

5.3 再生锌及锌合金锭的表面质量宜用目视法检验。

6 检验规则

6.1 检查和验收

6.1.1 再生锌及锌合金锭应由供方质量监督部门进行检验,保证产品质量符合本标准或订货单(或合同)的规定,并填写质量证明书(合格证)。

6.1.2 需方应对收到的产品按本标准的规定进行检验。如检验结果与本标准或订货单(或合同)的规定不符时,应在收到产品之日起60天内向供方提出,由供需双方协商解决。如需仲裁,仲裁取样在需方由供需双方共同进行。

6.2 组批

6.2.1 再生锌锭应成批提交验收，每批应由同一牌号的锌锭组成。同一牌号的再生锌锭允许有多种批号，每批重量不应超过 60 t。

6.2.2 再生铸造用锌合金锭、再生热镀用锌合金锭应成批提交检验，每批应由同一牌号同一熔炼号的产品组成。

6.3 检验项目

每批再生锌及锌合金锭应进行化学成分、锭重和表面质量的检验。

6.4 取样和制样

再生锌锭、再生铸造用锌合金锭的采取和制备应按照 GB/T 26043 的规定进行；再生热镀用锌合金锭的采取和制备应按照 YS/T 310 的规定进行。

6.5 检验结果判定

6.5.1 再生锌及合金锭的化学成分检验结果的数值修约与修约后数值的判定应按 GB/T 8170 的有关规定进行。

6.5.2 再生锌及锌合金锭的化学成分与本标准或订货单(或合同)不符时，应按批判不合格。

6.5.3 再生锌及锌合金锭的物理规格、表面质量与本标准或订货单(或合同)不符时，应按锭判不合格。

7 标志、包装、运输、贮存和质量证明书

7.1 标志

7.1.1 每块再生锌及锌合金锭底面应铸有注册商标(或企业标志)，表面应打印或用不易脱落的颜色(标签)标注牌号(代号)、批号。

7.1.2 每捆再生锌锭、再生铸造用锌合金锭应粘贴标签，再生热镀用锌合金锭应单锭粘贴标签，标签上应注明以下内容：

a) 供方名称或商标；

b) 产品名称和牌号；

c) 批号；

d) 重量。

7.2 包装

7.2.1 再生热镀用锌合金锭可不包装。

7.2.2 再生锌锭、铸造用再生锌合金锭应堆码整齐，并捆扎包装。铸造用再生锌合金锭打捆后，应用塑料薄膜袋包装，以防尘防潮。

7.3 运输与贮存

7.3.1 再生锌及锌合金锭应用无腐蚀性物质、洁净的运输工具装运，以防止被雨水淋湿。

7.3.2 再生锌及锌合金锭应贮存在干燥、通风、无腐蚀性物质的仓库里。

7.4 其他

需方如对再生锌及锌合金锭的标志、包装、运输与贮存有特殊要求时，可由供需双方商定。

7.5 质量证明书

每批产品出厂时应附质量证明书，且质量证明书上应注明以下内容：

a) 供方名称和商标；

b) 产品名称和牌号；

c) 批号；

d) 净重和件(捆)数；

e) 分析检验结果和质量监督部门印记；

f) 本标准编号；

g) 出厂日期。

8 订货单(或合同)内容

订货单(或合同)应包括下列内容：

a) 产品名称；

b) 产品牌号；

c) 化学成分、物理规格、表面质量等特殊要求；

d) 净重；

e) 本标准编号；

f) 其他。

ICS 35.110
L 79

中华人民共和国国家标准

GB/T 21671—2018
代替 GB/T 21671—2008

基于以太网技术的局域网(LAN)系统验收测试方法

Ethernet technology based local area network(LAN) systems acceptance test methods

2018-06-07 发布　　2019-01-01 实施

国家市场监督管理总局
中国国家标准化管理委员会　发布

前　言

本标准按照 GB/T 1.1—2009 给出的规则起草。

本标准代替 GB/T 21671—2008《基于以太网技术的局域网系统验收测评规范》。与 GB/T 21671—2008 相比，主要技术变化如下：

——删除了技术要求的内容，判决准则按照相应的委托验收测试技术指标或者工程项目合同及技术附件约定执行；

——删除了总体要求、局域网系统的技术要求；

——删除了测试规则、局域网系统性能测试工具要求、局域网系统验收评测报告格式；

——修改了传输媒体测试方法(见第 4 章)；

——修改了网络设备测试方法(见第 5 章)；

——修改了局域网系统功能测试(见 6.1)；

——修改了局域网系统网络性能测试(见 6.2)；

——修改了局域网系统应用性能测试(见 6.3)；

——修改了网络管理功能测试(见 6.4)；

——修改了网络健康状况指标测试(见 6.5)；

——修改了环境及电磁兼容性试验(见附录 A)。

请注意本文件的某些内容可能涉及专利。本文件的发布机构不承担识别这些专利的责任。

本标准由全国信息技术标准化技术委员会(SAC/TC 28)提出并归口。

本标准起草单位：上海市计量测试技术研究院、中国电子技术标准化研究院、安飒软件(上海)有限公司北京分公司(NETSCOUT SYSTEM，INC)、深圳赛西信息技术有限公司、山东省计算中心(国家超级计算济南中心)、意达康通信科技(上海)有限公司、耐克森(中国)线缆有限公司。

本标准起草人：廉云、周亮亮、张树蕊、杨宏、李淑洁、李敏、赵向阳、陈晓春、林峰、王君原、李刚、潘立伟、孙伟、郭雄、李孟良、丁天锐、杨妮、孙兰、冯正乾、周鸣乐、周政。

本标准所代替标准的历次版本发布情况为：

——GB/T 21671—2008。

基于以太网技术的局域网(LAN)系统验收测试方法

1 范围

本标准规定了基于以太网技术的传输媒体、网络设备、局域网系统的验收测试方法。

本标准适用于基于以太网技术的局域网系统验收测试。

2 规范性引用文件

下列文件对于本文件的应用是必不可少的。凡是注日期的引用文件,仅注日期的版本适用于本文件。凡是不注日期的引用文件,其最新版本(包括所有的修改单)适用于本文件。

GB/T 2423.1—2008 电工电子产品环境试验 第2部分:试验方法 试验A:低温

GB/T 2423.2—2008 电工电子产品环境试验 第2部分:试验方法 试验B:高温

GB/T 2423.3—2016 环境试验 第2部分:试验方法 试验Cab:恒定湿热试验

GB/T 2423.21—2008 电工电子产品环境试验 第2部分:试验方法 试验M:低气压

GB/T 5271.25—2000 信息技术 词汇 第25部分:局域网

GB/T 9254—2008 信息技术设备的无线电骚扰限值和测量方法

GB/T 17618—2015 信息技术设备 抗扰度 限值和测量方法

GB/T 17626.5—2008 电磁兼容 试验和测量技术 浪涌(冲击)抗扰度试验

GB/T 18233—2008 信息技术 用户建筑群的通用布缆

GB/T 20281—2015 信息安全技术 防火墙安全技术要求和测试评价方法

GB/T 26268—2010 网络入侵检测系统测试方法

GB/T 28451—2012 信息安全技术 网络型入侵防御产品技术要求和测试评价方法

GB/T 31505—2015 信息安全技术 主机型防火墙安全技术要求和测试评价方法

GB/T 50311—2016 综合布线系统工程设计规范

GB/T 50312—2016 综合布线系统工程验收规范

YD/T 1098—2015 路由器设备测试方法 边缘路由器

YD/T 1141—2007 以太网交换机测试方法

YD/T 1156—2009 路由器设备测试方法 核心路由器

YD/T 1287—2013 具有路由功能的以太网交换机测试方法

YD/T 1382—2005 IP网络技术要求——流量控制

YD/T 1439—2006 路由器设备安全测试方法——高端路由器(基于IPv4)

YD/T 1440—2006 路由器设备安全测试方法——中低端路由器(基于IPv4)

YD/T 1628—2007 以太网交换机设备安全测试方法

YD/T 1630—2007 具有路由功能的以太网交换机设备安全测试方法

YD/T 1707—2017 防火墙设备测试方法

YD/T 1917—2009 IPv6网络设备测试方法——具有IPv6路由功能的以太网交换机

YD/T 1941—2009 具有内容交换功能的以太网交换机设备测试方法

YD/T 2043—2009 IPv6网络设备安全测试方法——具有路由功能的以太网交换机

YD/T 2929—2015 路由器设备测试方法 集群路由器

RFC 2544　网络互联设备基准测试方法(Benchmarking Methodology for Network Interconnect Devices)

RFC 2889　局域网交换设备基准测试方法(Benchmarking Methodology for LAN Switching Devices)

3　术语和定义、缩略语

3.1　术语和定义

GB/T 5271.25—2000 界定的以及下列术语和定义适用于本文件。

3.1.1

共享式以太网　shared ethernet

网络主机通过同轴电缆或集线器连接在同一总线上。

3.1.2

交换式以太网　switched ethernet

使用交换机来连接网络主机或网段。

注：交换式以太网链路可分为全双工和半双工两种类型。

3.2　缩略语

下列缩略语适用于本文件。

AAA　认证、授权与计费(Authentication、Authorization and Accounting)

CBS　承诺突发大小(Committed Burst Size)

CRC　循环冗余校验(Cyclic Redundancy Check)

DHCP　动态主机配置协议(Dynamic Host Configuration Protocol)

DNS　域名解析系统(Domain Name System)

E-mail　电子邮件(Electronic mail)

FCS　帧校验序列(Frame Check Sequence)

HTTP　超文本传送协议(Hyper Text Transfer Protocol)

ICMP　网际控制消息协议(Internet Control Message Protocol)

IDS　入侵检测系统(Intrusion Detection System)

IEEE　电气电子工程师学会(Institute of Electrical and Electronics Engineers)

IPS　入侵防御系统(Intrusion Prevention System)

IPX　互联网包交换(Internet Packet Exchange)

ISP　互联网服务提供商(Internet Service Provider)

LAN　局域网(Local Area Network)

MAC　媒体访问控制(Media Access Control)

MIB　管理信息库(Management Information Base)

MTU　最大传输单位(Maximum Transmission Unit)

NAT　网络地址转换器(Network Address Translation)

OM　多模光纤(Optical fibre Multimode)

OS　单模光纤(Optical fibre Singlemode)

OSPF　开放最短路径优先(Open Shortest Path First)

OTDR　光时域反射仪(Optical Time Domain Reflectometer)

POP3　邮局协议版本 3(Post Office Protocol 3)

QoS 服务质量(Quality of Service)
RIP 路由选择信息协议(Route Information Protocol)
RMON 远程监控(Remote Monitoring)
SMTP 简单邮件传送协议(Simple Mail Transfer Protocol)
SNMP 简单网络管理协议(Simple Network Management Protocol)
TCP 传输控制协议(Transmission Control Protocol)
UDP 用户数据报协议(User Datagram Protocol)
VLAN 虚拟局域网(Virtual Local Area Network)

4 传输媒体测试方法

4.1 平衡布缆系统

局域网系统的传输媒体一般采用 5 类、5E 类,6 类、6A 类或 7 类等非屏蔽(屏蔽)平衡布缆系统。平衡布缆系统的测试方法应符合 GB/T 18233—2008、GB/T 50311—2016、GB/T 50312—2016 的规定。

对用于万兆网络的平衡布缆系统测试,应考虑外部串扰测试。现场测试宜选取工作条件最恶劣的几条链路进行外部近端串扰测试,例如:抽测最长的链路和线束最大的链路,且模块在配线架上紧邻的链路。

4.2 光纤布缆系统

根据传输距离的长短,局域网系统可采用多模或单模光纤布缆系统,包括 OM1、OM2、OM3、OM4、OM5、OS1、OS2 等各等级。光缆系统的测试方法应符合 GB/T 50311—2016、GB/T 50312—2016 等的规定。

对用于万兆(10G)、四万兆(40G)、十万兆(100G)网络的光纤布缆系统宜进行精度更高级别的认证测试,对应 OTDR 曲线的事件列表进行单独逐项判定。

5 网络设备测试方法

5.1 集线器

局域网系统中使用的集线器的端口密度、数据帧转发等功能指标的测试方法应符合 RFC 2544、RFC 2889的规定。

5.2 交换机

局域网系统中使用的交换机的功能指标测试方法应符合 YD/T 1141—2007、YD/T 1287—2013、YD/T 1941—2009、YD/T 1917—2009,安全功能指标测试方法应符合 YD/T 1628—2007、YD/T 1630—2007、YD/T 2043—2009 的规定。

5.3 路由器

局域网系统中使用的路由器设备的功能指标测试方法应符合 YD/T 1098—2015、YD/T 1156—2009、YD/T 2929—2015 的规定,安全功能指标测试方法应符合 YD/T 1440—2006、YD/T 1439—2006 的规定。

5.4 防火墙

局域网系统中若使用防火墙设备,则设备的用户数据保护功能、识别和鉴别功能、密码功能、安全审计功能及性能指标测试方法应符合 GB/T 20281—2015、GB/T 31505—2015、YD/T 1707—2017 规定。宜根据现场情况和应用需求测试防火墙设备涵盖的透明模式、旁路模式和网关模式等多种场景。对于状态防火墙设备,可结合实际业务需求,采用支持应用层模拟仿真测试的测试仪器,进行 ASPF、URL 过滤等功能的测试,验证防火墙的安全策略是否生效。

5.5 IDS/IPS

局域网系统中使用的 IDS 或 IPS 宜根据不同场景进行定制化调整和测试方案,宜使用测试仪器模拟入侵行为、入侵检测系统进行模式识别、联通网络设备进行攻击防范、更新自身知识库等项目。可结合实际业务需求,测试设备的主动功能、被动功能和性能指标。相关的测试方法应符合 GB/T 26268—2010、GB/T 28451—2012 的规定。

5.6 流量管理设备

局域网系统中的流量管理设备的测试宜包括流量整形、突发流量缓冲调度、多链路智能流分配等。可结合实际业务需求,测试故障冗余倒换等场景和功能、性能需求。相关的测试方法应符合 YD/T 1382—2005 的规定。

5.7 环境及电磁兼容性试验

网络中各类设备的环境及电磁兼容性试验,相对测试方法应符合附录 A 的要求。

6 局域网系统测试方法

6.1 局域网系统功能测试

6.1.1 IP 子网划分测试

6.1.1.1 测试方法

子网划分测试结构示意图如图 1 所示。测试步骤如下:

a) 在局域网系统中的路由器或三层交换机上进行子网测试;局域网系统至少存在两个子网;
b) 将测试计算机 1 连接到一个子网的物理端口,测试计算机 2 连接到另一个子网的物理端口;
c) 通过测试计算机 1 向测试计算机 2 发送 Ping(共发送 10 次),查看它们之间的连通性;
d) 将测试工具连接在被测子网的某一物理端口上,测试工具通过发送 Ping 广播报文、SNMP 查询、监听网络中数据包等方式,自动检测出在该子网上所连接的所有设备和终端,并生成该子网的节点列表。

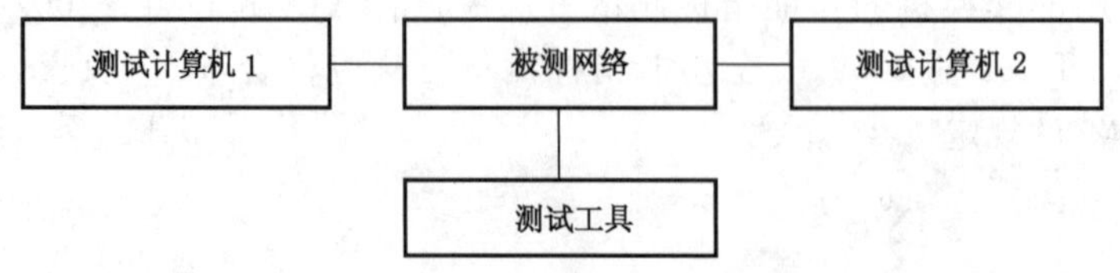

图 1 子网划分测试结构示意图

6.1.1.2 抽样规则

对于被测子网,以不低于接入层子网数量 10% 的比例进行抽样,抽样子网数不少于 10 个;被测子网不足 10 个时,全部测试。

6.1.2 VLAN 划分测试

6.1.2.1 测试方法

VLAN 划分测试结构示意图如图 2 所示，测试工具 1 产生流量，测试工具 2 接收流量。测试步骤如下：

a) 在局域网系统中进行 VLAN 划分，至少应划分两个 VLAN；
b) 将测试工具 1 连接到一个 VLAN 的物理端口，测试工具 2 连接到另一个 VLAN 的物理端口；
c) 通过测试工具 1 向测试工具 2 发送 Ping(共发送 10 次)，查看它们之间的连通性；
d) 测试工具通过发送 Ping 广播报文、SNMP 查询、监听网络中数据包等方式，自动检测出在该子网上所连接的所有设备和终端，并生成该 VLAN 的节点列表；
e) 通过测试工具 1 发送以太网广播包，查看测试工具 2 是否能够接收到测试工具 1 发出的广播包；
f) 将测试工具 2 连接到与测试工具 1 所在的同一个 VLAN 的任一端口；
g) 通过测试工具 1 发送以太网广播包，查看测试工具 2 是否能够正确接收到测试工具 1 发出的广播包。

图 2 VLAN 划分功能测试结构示意图

6.1.2.2 抽样规则

对于被测 VLAN 的选择，以不低于接入层 VLAN 数量 10%的比例进行抽样，抽样 VLAN 数不少于 10 个；被测 VLAN 不足 10 个时，需全部测试。

6.1.3 路由功能测试

路由功能测试结构示意图如图 3 所示。测试步骤如下：

a) 在局域网系统中的路由器或三层交换机进行路由功能测试；被测试网络中，配置路由协议。
b) 将测试工具 1 连接到一个被测网络物理端口，测试工具 2 连接到另一个被测网络物理端口，配置测试工具 1 和测试工具 2 的网段路由。
c) 通过测试工具 1 向测试工具 2 发送 Ping(共发送 10 次)，查看它们之间的连通性。
d) 被测网络中配置静态路由，测试工具发送流量 1 000 包/s，修改静态路由表，通过计算丢包数来推算毫秒级的路由切换时间。
e) 被测网络中配置动态路由，测试工具发送流量 1 000 包/s，调整动态路由拓扑收敛，通过计算丢包数来推算毫秒级的路由切换时间。

图 3 路由功能测试结构示意图

6.1.4 QoS 功能测试

QoS 功能测试示意图如图 4 所示，测试工具 1 产生流量，测试工具 2 接收流量，测试工具 3 统计丢弃包的情况。测试步骤如下：

a) 在局域网系统中基于端口优先级配置一条具有 QoS 服务质量保证的链路,在一端接上测试工具1,另一端接上测试工具2;

b) 测试工具1向测试工具2发送端口号为80的 UDP 数据包;

c) 用测试工具2捕获网络中的数据包,检查测试工具1发出的数据包是否被打上优先级的标记;

d) 逐渐加大被测网络内的负载流量,直至网络拥塞,统计测试工具2收到测试工具1发出的数据包的情况;

e) 用测试工具3统计被测网络数据包丢弃的状况;

f) 删除基于端口划分的优先级,再分别基于 IP 地址划分不同优先级;重复步骤 b)～e)。

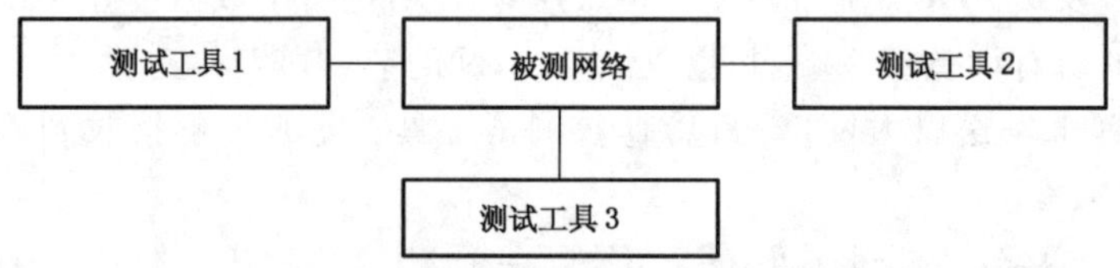

图4 QoS 功能测试结构示意图

6.1.5 用户接入多 ISP 测试

6.1.5.1 测试方法

用户接入多 ISP 功能测试示意图如图5所示,测试工具1、测试工具2模拟用户,测试工具3、测试工具4模拟两个不同的 ISP。测试步骤如下:

a) 测试工具1通过被测网络分别访问测试工具3和测试工具4;

b) 测试工具2通过被测网络分别访问测试工具3和测试工具4;

c) 断开测试工具3和被测网络的链接,测试工具1通过被测网络访问测试工具4。

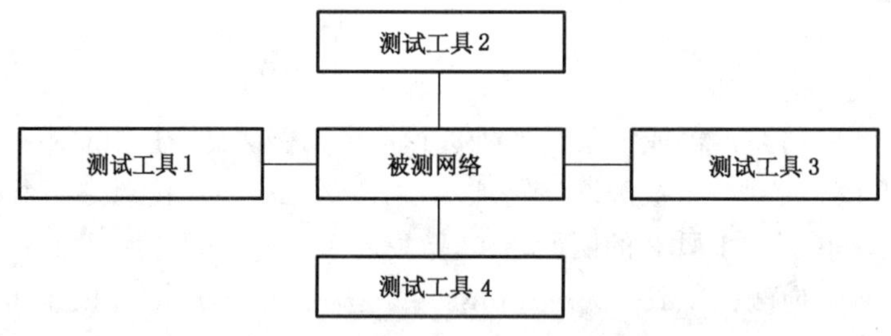

图5 用户接入多 ISP 功能测试结构示意图

6.1.5.2 抽样规则

对于测试计算机所连接用户端口的选择,以不低于接入层用户端口数量5%的比例进行抽样;抽样端口数不足10个时,按10个进行计算或者全部测试。

6.1.6 NAT 功能测试

6.1.6.1 测试方法

NAT 功能测试示意图如图6所示。测试步骤如下:

a) 在局域网系统中,将网络设备上的 NAT 功能打开;

b) 将测试计算机 1 和测试计算机 2 连接到局域网上的接入用户端口,并分别配置不同的内部网络 IP 地址;

c) 使用测试计算机 1 和测试计算机 2 同时访问互联网上某个公网 IP 地址,查看计算机 1 和计算机 2 是否能同时连接到该公网 IP 地址。

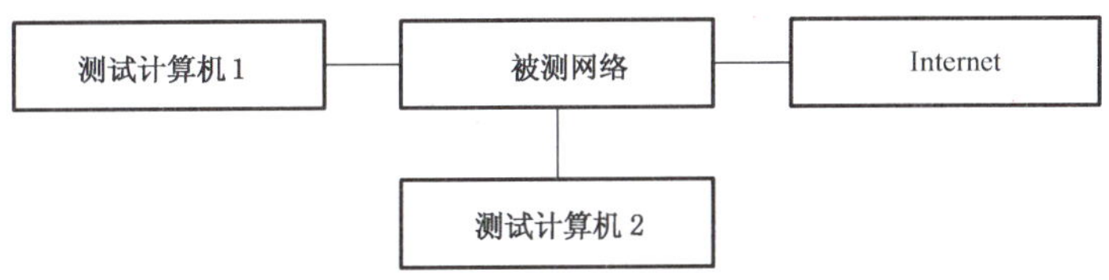

图 6 NAT 功能测试结构示意图

6.1.6.2 抽样规则

对于测试计算机所连接用户端口的选择,以不低于接入层用户端口数量 5%的比例进行抽样;抽样端口数不足 10 个时,按 10 个进行计算或者全部测试。

6.1.7 **AAA 功能测试**

6.1.7.1 测试方法

AAA 功能测试示意图如图 7 所示。测试步骤如下:

a) 在局域网系统中启用 AAA 功能,AAA 服务器正常运行;

b) 测试计算机不经 AAA 认证,直接访问局域网外的地址;

c) 测试计算机经过 AAA 认证(输入正确的用户名和口令)后,再访问局域网外的地址;

d) 在测试计算机通过 AAA 认证一定时间后,检查 AAA 服务器上的记录;

e) 在测试计算机通过 AAA 认证 3 min 后正常断开测试计算机与网络的连接,2 min 后检查 AAA 服务器上的记录;

f) 在测试计算机通过 AAA 认证 3 min 后拔去测试计算机的网络连接线,5 min 后检查 AAA 服务器上的记录。

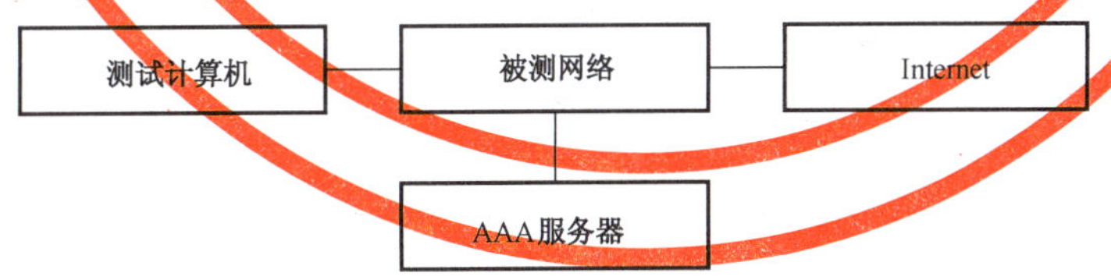

图 7 AAA 功能测试结构示意图

6.1.7.2 抽样规则

对于测试计算机所连接用户端口的选择,以不低于接入层用户端口数量 5%的比例进行抽样;抽样端口数不足 10 个时,按 10 个进行计算或者全部测试。

6.1.8 **DHCP 功能测试**

6.1.8.1 测试方法

DHCP 功能测试示意图如图 8 所示,此时测试计算机应支持自动获取 IP 地址功能。测试步骤如下:

a) 在局域网系统中启用DHCP功能；
b) 将测试计算机设置成自动获取IP地址模式；
c) 重新启动测试计算机，查看它是否自动获得了IP地址及其他网络配置信息（如子网掩码、缺省网关地址、DNS服务器等）。

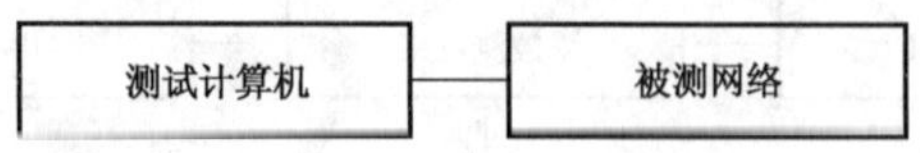

图8 DHCP功能测试结构示意图

6.1.8.2 抽样规则

对于测试计算机所连接用户端口的选择，以不低于接入层用户端口数量5%的比例进行抽样；抽样端口数不足10个时，全部测试。

6.1.9 设备和线路备份功能测试

6.1.9.1 测试方法

设备和线路备份功能测试示意图如图9所示，测试工具1和测试工具2之间的数据流应经过网络的主用设备和线路。测试步骤如下：

a) 测试工具1持续向测试工具2发送流量1 000包/s，查看是否有丢包；
b) 人为关闭核心层网络主设备电源，查看网络备份设备是否启用，记录累计丢包数来推算毫秒级的主备模式切换时间；
c) 人为断开主干线路，查看备份线路是否启用，记录累计丢包数来推算毫秒级的主备模式切换时间。

图9 设备和线路备份功能测试结构示意图

6.1.9.2 抽样规则

应对所有核心网络设备和主干线路的备份方案进行全面的遍历测试。

6.1.10 组播功能测试

6.1.10.1 测试方法

组播功能测试示意图如图10所示。测试步骤如下：

a) 在被测链路中开启两组不同的组播业务；
b) 在测试计算机1和测试计算机2上同时点播第一组组播业务，分析被测网络与组播服务器间的数据流；
c) 在测试计算机1点播第一组组播业务，在测试计算机2上点播第二组组播业务；分析被测网络与组播服务器间的数据流。

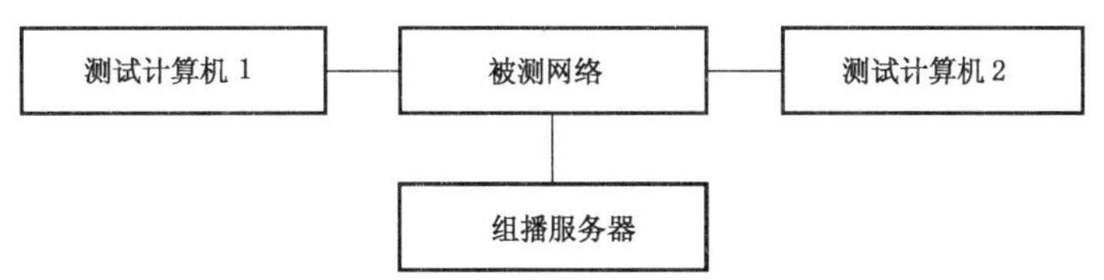

图 10 组播功能测试结构示意图

6.1.10.2 抽样规则

对于测试计算机所连接用户端口的选择，以不低于接入层用户端口数量 5% 的比例进行抽样；抽样端口数不足 10 个时，全部测试。

6.2 局域网系统网络性能测试[1)]

6.2.1 局域网系统连通性测试

6.2.1.1 测试方法

局域网系统连通性测试结构示意图如图 11 所示。测试步骤如下：

a) 将测试工具连接到选定的接入层设备的端口，即测试点。
b) 用测试工具对网络的关键服务器、核心层和汇聚层的关键网络设备（如交换机和路由器），进行 10 次 Ping 测试，每次间隔 1 s，以测试网络连通性。测试路径要覆盖所有的子网和 VLAN。
c) 移动测试工具到其他位置测试点，重复步骤 b)，直到遍历所有测试抽样设备。

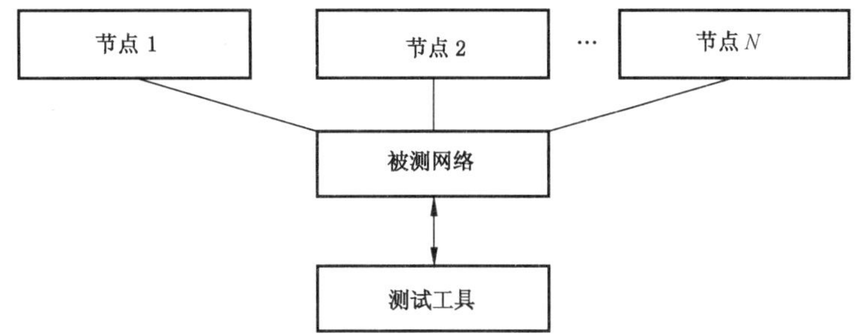

图 11 局域网系统连通性测试结构示意图

6.2.1.2 抽样规则

以不低于接入层设备总数的 10% 的比例进行抽样测试，抽样少于 10 台设备的，全部测试；每台抽样设备中至少选择一个端口，即测试点，测试点应能够覆盖不同的子网和 VLAN。

6.2.2 链路传输速率测试

6.2.2.1 测试方法

测试结构示意图如图 12 所示，测试工具 1 产生流量，测试工具 2 接收流量。若发送端口和接收端

1) 本标准所涉及的局域网系统性能测试方法和判断依据均假设局域网系统为典型场景，若现场实际的局域网系统为非典型场景（如网络主要节点存在性能瓶颈影响、网络安全系统存在策略影响），则测试方法和判断依据需结合现场情况确定。

口位于同一机房,也可用一台具备双端口测试能力的测试工具实现。测试应在空载网络中进行。测试步骤如下:

a) 将用于发送和接收的测试工具分别连接到被测网络链路的源和目的交换机端口或末端集线器端口上;
b) 对于全双工交换式以太网测试工具 1 在发送端口产生 100%满线速流量;对于半双工交换式以太网,测试工具 1 发送端口产生 50%线速流量(建议将帧长度设置为 1 518 八位位组);
c) 测试工具 2 在接收端口对收到的流量进行统计,计算其端口利用率。

图 12 链路传输速率测试结构示意图

6.2.2.2 抽样规则

对核心层的骨干链路,应进行全部测试;对汇聚层到核心层的上联链路,应进行全部测试;对接入层到汇聚层的上联链路,以不低于 10%的比例进行抽样测试;抽样链路数不足 10 条时,按 10 条进行计算或者全部测试。

6.2.3 吞吐率测试[2)]

6.2.3.1 测试方法

测试结构示意图如图 13 所示,测试工具 1 产生流量,测试工具 2 接收流量。若发送端口和接收端口位于同一机房,也可用一台具备双端口测试能力的测试工具实现。测试应在空载网络下分段进行,包括接入层到汇聚层链路、汇聚层到核心层链路、核心层间骨干链路、以及经过接入层、汇聚层和核心层的用户到用户链路。测试步骤如下:

a) 将两台或者多台测试工具分别连接到被测网络链路的源和目的交换机端口上;
b) 先从源测试工具 1 向远端测试工具 2(或者同时向远端测试工具 2,3…*N*)发送数据包;
c) 用测试工具 1 按照一定的帧速率(默认设置起始速率为最大速率的 50%),均匀地向被测网络发送一定数量的数据包;
d) 如果所有的数据包都被测试工具 2 正确接收到(如果是端到多端的多并发流测试,则要求数据包都被远端的多个设备正确收到),则增加发送的帧速率;否则减少发送的帧速率;
e) 重复步骤 c)~d),采用 2 分法,直到测出被测网络/设备在未丢包的情况下,能够处理的最大帧速率,测试需要遍历 7 种帧长:64 八位位组、128 八位位组、256 八位位组、512 八位位组、1 024八位位组、1 280八位位组、1 518八位位组;也可结合现场环境和业务需求,采用 Frame Size Mix(帧大小混合)测试,混合帧权重占比可配置为:64 八位位组占 20%、128 八位位组占 10%、256 八位位组占 10%、512 八位位组占 20%、1 024八位位组占 10%、1 280八位位组占 10%、1 518八位位组占 20%;
f) 从测试工具 2 (或者与测试工具 2,3…*N* 一起)向测试工具 1 反向发送数据包,重复步骤 c)~e)。

---

2) 本测试方法主要针对单端到单端的网络吞吐率测试,现场测试时可根据实际应用需求调整为单端到多端、或者多端到多端的测试。

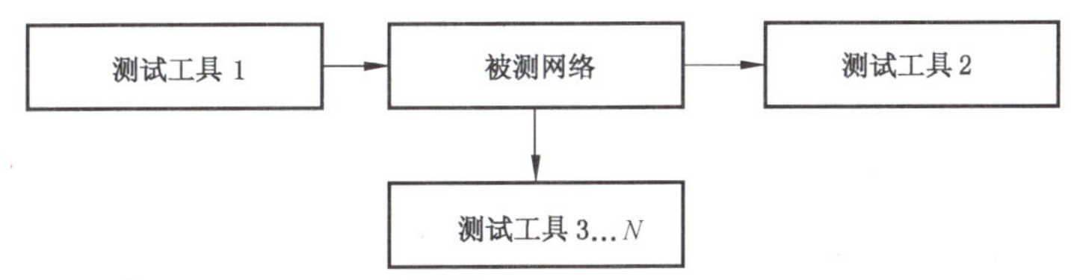

图 13 网络吞吐率测试结构示意图

6.2.3.2 抽样规则

对核心层的骨干链路，应进行全部测试；对汇聚层到核心层的上联链路，应进行全部测试；对接入层到汇聚层的上联链路，以不低于 10%的比例进行抽样测试；抽样链路数不足 10 条时，按 10 条进行计算或者全部测试；对于端到端的链路（即经过接入层、汇聚层和核心层的用户到用户的网络路径），以不低于终端用户数量 5%比例进行抽测，抽样需要覆盖所有 VLAN 到 VLAN、网段到网段间可能用到的连接。抽样链路数不足 10 条时，按 10 条进行计算或者全部测试。

6.2.4 丢包率测试[3)]

6.2.4.1 测试方法

测试结构示意图如图 14 所示，测试工具 1 产生流量，测试工具 2（或者测试工具 2，3…N）接收流量。若发送端口和接收端口位于同一机房，也可用一台具备双端口测试能力的测试工具实现。测试链路应分段进行，包括接入层到汇聚层链路、汇聚层到核心层链路、核心层间骨干链路、及经过接入层、汇聚层和核心层的用户到用户链路。测试步骤如下：

a) 将两台（或者多台）测试工具分别连接到被测网络链路的源和目的交换机端口上；
b) 测试工具 1 作为主机向被测网络加载不同的流量负荷（超轻载 10%、轻载 25%、中载 50%、重载 75%、超重载 95%），测试工具 2 作为远端接收负荷（或测试工具 2，3…N 作为远端，同时接收负荷），测试数据帧丢失的比例；远端设备可为对等设备，或者为反射器均可；
c) 测试需要遍历 7 种帧长：64 八位位组、128 八位位组、256 八位位组、512 八位位组、1 024 八位位组、1 280 八位位组、1 518 八位位组；也可结合现场环境和业务需求，采用 Frame Size Mix（帧大小混合）测试，混合帧权重占比可配置为：64 八位位组占 20%、128 八位位组占 10%、256 八位位组占 10%、512 八位位组占 20%、1 024 八位位组占 10%、1 280 八位位组占 10%、1 518 八位位组占 20%。

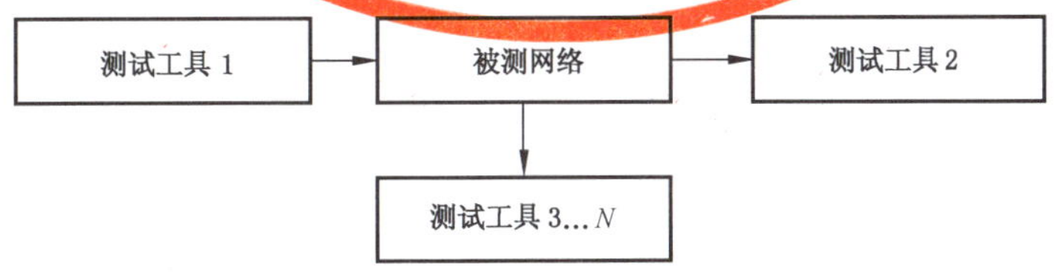

图 14 丢包率测试结构示意图

3) 本测试方法主要针对单端到单端的网络吞吐率测试，现场测试时可根据实际应用需求调整为单端到多端、或者多端到多端的测试。

6.2.4.2 抽样规则

对核心层的骨干链路，应进行全部测试；对汇聚层到核心层的上联链路，应进行全部测试；对接入层到汇聚层的上联链路，以不低于10%的比例进行抽样测试；抽样链路数不足10条时，按10条进行计算或者全部测试；对于端到端的链路（即经过接入层、汇聚层和骨干层的用户到用户的网络路径），以不低于终端用户数量5%比例进行抽测，抽样需要覆盖所有VLAN到VLAN、网段到网段间可能用到的连接，抽样链路数不足10条时，按10条进行计算或者全部测试。

6.2.5 传输时延测试

6.2.5.1 测试方法

当被测网络的收发端口位于不同的地理位置，测试结构示意图如图15a)所示，需要由两台测试工具来完成测试，测试工具1产生流量，测试工具2接收流量，并将测试数据流环回。当被测网络的收发端口位于同一机房，测试结构示意图如图15b)所示，可由一台具有双端口测试能力测试工具完成，测试工具的一个端口用于产生流量，另一个端口用于接收流量。测试应在空载网络下分段进行，包括接入层到汇聚层链路、汇聚层到核心层链路、核心层间骨干链路、及经过接入层、汇聚层和核心层的用户到用户链路。测试步骤如下：

a) 将测试工具（端口）分别连接到被测网络链路的源和目的交换机端口上；
b) 先从测试工具1（发送端口）向测试工具2（接口端口）均匀地发送数据包；
c) 向被测网络发送一定数目的1 518八位位组的数据帧，使网络达到7.2.3中所测得的最大吞吐率；
d) 在图15a)中，由测试工具1向被测网络发送特定的测试帧，在数据帧的发送和接收时刻都打上相应的时间标记；在图15b)中，测试工具通过发送端口发出带有时间标记的测试帧，在接收端口接收测试帧；
e) 测试工具1计算发送和接收的时间标记之差，便可得一次结果；
f) 重复步骤c)～d)20次，传输时延是对20次测试结果的平均值；
g) 在图15a)中，从测试工具2向测试工具1发送数据包，重复步骤c)～f)，所得到时延是双向往返时延，单向时延可通过除2计算获得；在图15b)中，交换收发端口，重复步骤c)～f)，所得到时延是单向时延。

a) 网络传输时延测试结构示意图一

b) 网络传输时延测试结构示意图二

图15 网络传输时延测试结构示意图

6.2.5.2 抽样规则

对核心层的骨干链路，应进行全部测试；对汇聚层到核心层的上联链路，应进行全部测试；对接入层到汇聚层的上联链路，以不低于10%的比例进行抽样测试；抽样链路数不足10条时，按10条进行计算或者全部测试；对于端到端的链路(即经过接入层、汇聚层和骨干层的用户到用户的网络路径)，以不低于终端用户数量5%比例进行抽测，抽样链路数不足10条时，按10条进行计算或者全部测试。

6.2.6 时延抖动测试

6.2.6.1 测试方法

当被测网络的收发端口位于不同的地理位置，测试结构示意图如图16a)所示，需要由两台测试工具来完成测试，测试工具1产生流量，测试工具2接收流量，并将测试数据流环回。当被测网络的收发端口位于同一机房，测试结构示意图如图16b)所示，可由一台具有双端口测试能力测试工具完成，测试工具的一个端口用于产生流量，另一个端口用于接收流量。测试应在空载网络下分段进行，包括接入层到汇聚层链路、汇聚层到核心层链路、核心层间骨干链路、及经过接入层、汇聚层和核心层的用户到用户链路。测试步骤如下：

a) 将测试工具(端口)分别连接到被测网络链路的源和目的交换机端口上；
b) 先从测试工具1(发送端口)向测试工具2(接口端口)均匀地发送数据包；
c) 向被测网络发送一定数目的1 518八位位组的数据帧，使网络达到6.2.3中所测得的最大吞吐率；
d) 在图16a)中，由测试工具1向被测网络发送特定的测试帧，在数据帧的发送和接收时刻都打上相应的时间标记(Timestamp)；在图16b)中，测试工具通过发送端口发出带有时间标记的测试帧，在接收端口接收测试帧；
e) 测试工具1计算发送和接收的时间标记之差，便可得一次结果；
f) 重复步骤c)～d)20次，传输时延是对20次测试结果的平均值，时延抖动是20次测试结果与平均值的差值；
g) 在图16a)中，从测试工具2向测试工具1发送数据包，重复步骤c)～f)，所得到时延是双向往返时延，单向时延可通过除2计算获得；在图16b)中，交换收发端口，重复步骤c)～f)，所得到时延是单向时延。

a) 网络时延抖动测试结构示意图一

b) 网络时延抖动测试结构示意图二

图16 网络时延抖动测试结构示意图

6.2.6.2 抽样规则

对核心层的骨干链路,应进行全部测试;对汇聚层到核心层的上联链路,应进行全部测试;对接入层到汇聚层的上联链路,以不低于10%的比例进行抽样测试;抽样链路数不足10条时,按10条进行计算或者全部测试;对于端到端的链路(即经过接入层、汇聚层和骨干层的用户到用户的网络路径),以不低于终端用户数量5%比例进行抽测,抽样链路数不足10条时,按10条进行计算或者全部测试。

6.3 局域网系统应用性能测试

局域网系统应用性能指标应结合测试用户并发数进行判断,判断依据可参考设计方案中相关描述,若委托方明确用户并发数则采用明确的并发数进行测试,若委托方并未明确用户并发数,则通过最大用户数的百分比设置并发用户,鉴于实际环境下并发用户数达到最大用户数50%的情况概率非常低,可考虑选择10%超轻载情况、25%轻载情况、50%中载情况并发用户等多种情况进行单项判断和综合判断。

6.3.1 DHCP服务性能测试

6.3.1.1 测试方法

测试结构示意图如图17所示,为了避免影响在线业务,测试时间宜选择在网络空闲时进行。测试步骤如下:

a) 将测试工具连接到被测网络的某一用户接入端口(网段);
b) 用测试工具仿真多个并发用户(若委托方明确用户并发数则采用明确的并发数进行测试,若委托方并未明确用户并发数,可选择最大用户数的10%超轻载、25%轻载、50%中载共3类性能压力仿真测试)访问DHCP服务器,对访问过程中DHCP服务器响应时间进行测试;如果测试工具未收到DHCP服务器的响应,则认为一次测试失败;
c) 按照一定的时间间隔(如5 min),重复b)步骤,共进行10次测试,记录10次测试结果的平均值,如果在测试过程中存在DHCP服务器无响应的情况,则认为测试失败;
d) 移动测试工具到其他网段,重复步骤b)~c),从而测试网络不同接入位置访问DHCP服务器的性能水平。

图17 DHCP服务性能测试结构示意图

6.3.1.2 抽样规则

对局域网内部的所有DHCP服务器进行性能测试。测试工具的位置选择,以不低于接入层网段数量30%的比例进行抽样;抽样测试点数不足10个时,按10个进行计算或者全部测试。

6.3.2 DNS服务性能测试

6.3.2.1 测试方法

测试结构示意图如图18所示,为了避免影响在线业务,测试时间宜选择在网络空闲时进行。测试步骤如下:

a) 将测试工具连接到被测网络的某一用户接入端口(网段);

b) 用测试工具仿真多个并发用户(若委托方明确用户并发数则采用明确的并发数进行测试,若委托方并未明确用户并发数,可选择最大用户数的10%超轻载、25%轻载、50%中载共3类性能压力仿真测试)访问DNS服务器,对DNS服务器响应时间进行测试,如果测试工具未收到DNS服务器的响应,则认为一次测试失败;

c) 重复步骤b),对下一个DNS服务器进行测试,直到测完所有的为局域网提供服务的DNS服务器;

d) 按照一定的时间间隔(如5 min),重复步骤b)~c),共进行10次测试,记录10次测试结果的平均值,如果在测试过程中存在DNS服务器无响应的情况,则认为测试失败;

e) 移动测试工具到其他网段,重复步骤b)~d),从而测试网络不同接入位置访问DNS服务器的性能水平。

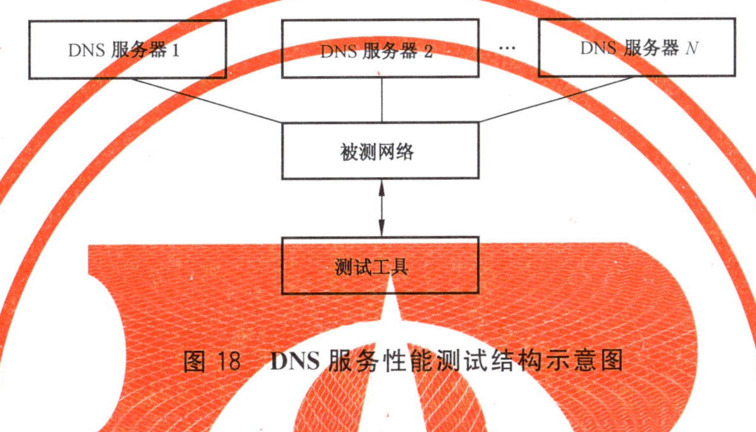

图 18　DNS 服务性能测试结构示意图

6.3.2.2 抽样规则

应对局域网内部的所有DNS服务器进行性能测试;测试工具的位置选择,以不低于接入层网段数量30%的比例进行抽样;抽样测试点数不足10个时,按10个进行计算或者全部测试。

6.3.3 Web应用服务性能测试

6.3.3.1 测试方法

测试结构示意图如图19所示,为了避免影响在线业务,测试时间宜选择在网络空闲时进行。被测网络中存在防火墙且并未配置透明模式时,测试方法判定指标可结合现场情况进行修改。测试步骤如下:

a) 将测试工具连接到被测网络的某一用户接入端口(网段);

b) 用测试工具仿真多个并发用户(若委托方明确用户并发数则采用明确的并发数进行测试,若委托方并未明确用户并发数,可选择最大用户数的10%超轻载、25%轻载、50%中载共3类性能压力仿真测试)访问被测Web服务器所提供的网页服务,对访问过程中各阶段性能指标进行测试,包括:TCP链接建立时间,HTTP第一响应时间、HTTP接收速率;

c) 重复步骤b),对下一个Web服务器进行测试,直到测完所有的Web服务器;

d) 按照一定的时间间隔(如5 min),重复步骤b)~c),共进行10次测试,记录10次测试结果的平均值;

e) 移动测试工具到其他网段,重复步骤b)~d),从而测试网络不同接入位置访问Web服务的性能水平。

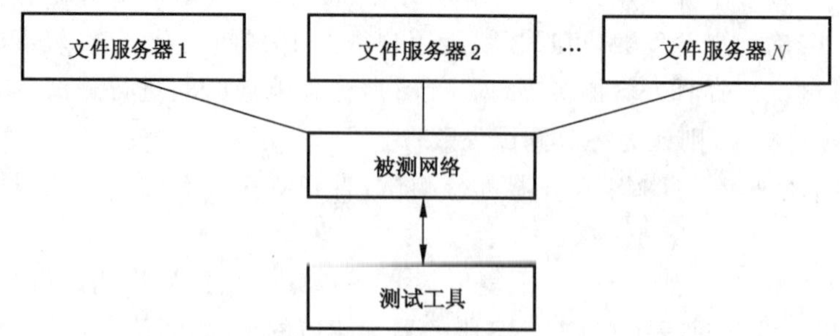

图 19 Web应用服务性能测试结构示意图

6.3.3.2 抽样规则

对于局域网内部的所有 Web 服务器进行性能测试；还可挑选 3 个～5 个国内、国际的知名 Web 网站进行对比测试，以了解用户访问这些外部网站的感受；测试工具接入位置的选择，以不低于接入层网段数量 30%的比例进行抽样；抽样测试点数不足 10 个时，按 10 个进行计算或者全部测试。

6.3.4 E-mail应用服务性能测试

6.3.4.1 测试方法

测试结构示意图如图 20 所示，为了避免影响在线业务，测试时间宜选择在网络空闲时进行。被测网络中存在防火墙且并未配置透明模式时，测试方法判定指标可结合现场情况进行修改。测试步骤如下：

a) 将测试工具连接到被测网络的某一典型用户接入端口(网段)；
b) 用测试工具仿真 E-mail 的一个终端用户，并发送 1 M 大小的邮件，整个过程包括以下阶段；
c) 测试工具向 SMTP 服务器发送一个邮件；
d) SMTP 服务器将邮件转发给 POP3 服务器；
e) 测试工具从 POP3 服务器下载该邮件；
f) 测试工具会对以上各阶段的邮件写入时间和邮件读取时间进行测试；
g) 重复步骤 b)，对下一个 E-mail 服务器进行测试，直到测完所有的 E-mail 服务器；
h) 按照一定的时间间隔(如 1 min)，重复步骤 b)～c)，共进行 10 次测试，记录 10 次测试结果的平均值；
i) 移动测试工具到其他网段，重复步骤 b)～d)，从而测试网络不同接入位置访问 E-mail 服务的性能水平。

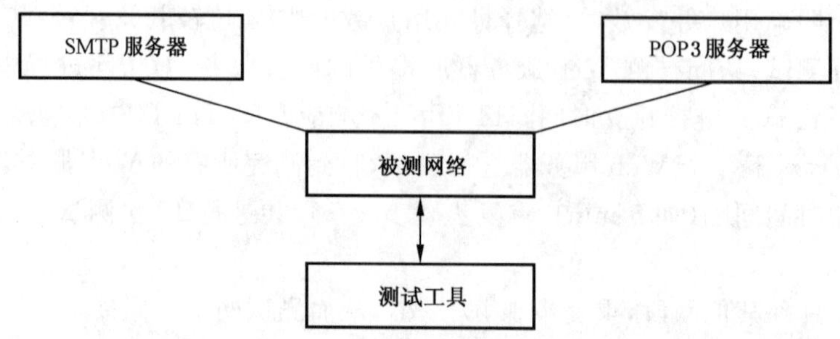

图 20 E-mail应用服务性能测试结构示意图

6.3.4.2 抽样规则

对局域网内部的 SMTP 和 POP3 服务器进行性能测试。测试工具的位置选择，以不低于接入层网段数量 30％的比例进行抽样；抽样测试点数不足 10 个时，按 10 个进行计算或者全部测试。

6.3.5 文件服务性能测试

6.3.5.1 测试方法

测试结构示意图如图 21 所示，为了避免影响在线业务，测试时间宜选择在网络空闲时进行。被测网络中存在防火墙且并未配置透明模式时，测试方法判定指标可结合现场情况进行修改。测试步骤如下：

a) 将测试工具连接到被测网络的某一用户接入端口(网段)；
b) 用测试工具仿真文件服务器的终端用户，模拟一个用户访问被测文件服务器的全过程，包括：同文件服务器建立连接→向文件服务器指定目录写入一个 10 MB 的文件→从服务器读取该文件→在服务器中删除该文件→断开同文件服务器的连接；对访问过程中各阶段性能指标进行测试，包括：服务器连接时间、写入速率、读取速率、删除时间、断开时间；
c) 重复步骤 b)，对下一个文件服务器进行测试，直到测完所有的文件服务器；
d) 按照一定的时间间隔(如 1 min)，重复步骤 b)～c)，共进行 10 次测试，记录 10 次测试结果的平均值；
e) 移动测试工具到其他网段，重复步骤 b)～c)，从而测试网络不同接入位置访问文件服务的性能水平。

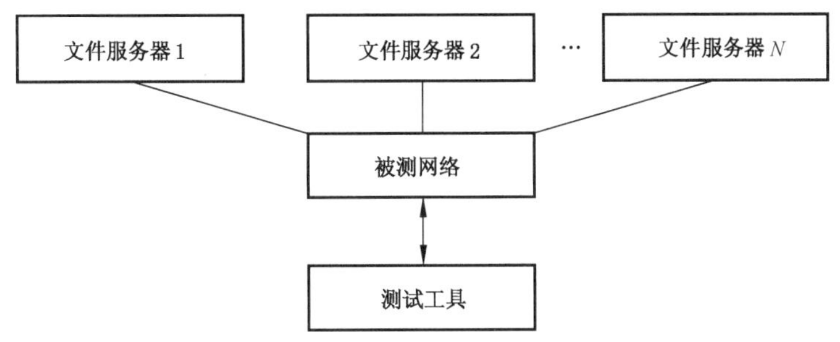

图 21 文件服务性能测试结构示意图

6.3.5.2 抽样规则

对局域网内部的所有文件服务器进行性能测试。测试工具的位置选择，以不低于接入层网段数量 30％的比例进行抽样；抽样测试点数不足 10 个时，按 10 个进行计算或者全部测试。

6.4 网络管理功能测试

6.4.1 配置管理测试

6.4.1.1 网络设备系统配置功能测试

测试方法如下：

a) 在局域网网管系统中选定一个网络设备；
b) 配置设备 ID、IP 地址、设备名称、网络标识、密码等信息；

c) 查看设备信息；

d) 选择另外的网络设备，重复步骤 b)～c)操作。

6.4.1.2 物理端口配置功能测试

测试方法如下：

a) 在局域网网管系统中选定一个网络设备；

b) 选择设备中的一个端口，对该端口进行设置，如端口速率、端口管理状态、端口工作状态；

c) 查看该端口的端口信息；

d) 选择另外的设备和端口，重复步骤 b)～c)的操作。

6.4.2 告警管理测试

6.4.2.1 告警信息配置功能测试

测试方法如下：

a) 在局域网网管系统中选定一个网络设备；

b) 设置设备可产生告警信息的告警 ID、告警级别、告警上报；

c) 设置设备中能够设置告警的限值；

d) 选择另外的网络设备，重复步骤 b)～c)。

6.4.2.2 告警信息读取功能测试

测试方法如下：

a) 在局域网系统中选定一个网络设备；

b) 人为制造设备故障，查看网管上的告警信息；

c) 选择另外的网络设备，重复步骤 b)。

6.4.2.3 告警信息管理功能的测试

测试方法如下：

a) 在局域网系统中选定一个网络设备；

b) 人为制造设备故障，在一段时间内多次制造不同类型的故障；

c) 在网管上对告警信息进行保存和备份；

d) 对告警信息进行查询；

e) 删除选定的告警信息；

f) 选择另外的网络设备，重复步骤 b)～e)。

6.4.3 性能数据管理测试

6.4.3.1 性能数据实时监视功能测试

测试方法如下：

a) 在局域网网管系统中选定一个网络设备；

b) 选择需要实时监视的端口；

c) 显示端口的性能统计数据；

d) 选择另外的网络设备，重复步骤 b)～c)。

6.4.3.2 性能数据采集功能测试

测试方法如下：

a） 在局域网网管系统中选定一个网络设备；

b） 选择需要采集的性能参数；

c） 设定采集任务的开始时间和结束时间；进行数据采集；

d） 查看采集结果，删除采集任务；

e） 选择另外的网络设备，重复步骤 b）～d）。

6.4.4 MIB 测试

测试方法如下：

a） 在局域网系统中选定一个网络设备；

b） 配置网络设备 SNMP 参数；

c） 通过网管接口向网络设备发送 SNMP 协议报文，观察网络设备响应情况；

d） 通过网管接口查询网络设备 MIB Ⅱ 定义的所有管理对象，观察网络设备响应情况；

e） 选择另外的网络设备，重复步骤 b）～d）。

6.5 网络健康状况指标测试

6.5.1 测试方法

以太网健康状况示意图如图 22 所示，对于共享式以太网，可将测试工具直接连接在空闲端口上；对于交换式以太网，可将测试工具串接在被监测的以太网链路上（如交换机和主机之间、交换机和路由器之间、交换机和交换机之间）。如果被测网络链路的设备端口具备 SNMP 流量监测功能，也可以通过直接提取 SNMP 端口来替代测试仪。

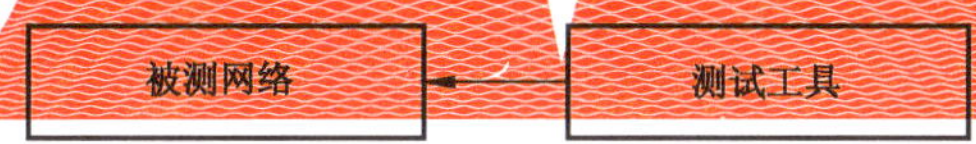

图 22 以太网链路层健康状况测试结构示意图

测试链路应分段进行，包括接入层到汇聚层链路、汇聚层到核心层链路、核心层间骨干链路、及经过接入层、汇聚层和核心层的用户到用户链路。

在进行以太网碰撞和出错率时，应保证在至少有 30％的流量下进行。若没有达到该流量，则应人为加载一定的背景流量。测试步骤如下：

a） 根据不同的网络类型，按以上方式之一，将测试工具连接到网络中的某一网段；

b） 用测试工具或通过 SNMP 流量监测功能，对被监测的网段进行流量统计（至少测试 5 min 以上），测试广播和组播率、错误率、线路利用率、碰撞率等指标；

c） 移动测试工具到其他网段，重复步骤 b），直到遍历完所有需要测试的网段。

6.5.2 抽样规则

对核心层的骨干链路，应进行全部测试；对汇聚层到核心层的上联链路，应进行全部测试；对接入层到汇聚层的上联链路，以不低于 30％的比例进行抽样测试；抽样链路数不足 10 条时，按 10 条进行计算或者全部测试；对于接入层的网段，以 10％的比例进行抽测。抽样网段数不足 10 个时，按 10 个进行计算或者全部测试。

附 录 A
（规范性附录）
环境及电磁兼容性试验

A.1 温湿度试验

网络中各类设备在以下温度、湿度环境中应能正常工作，相应的测试方法应符合 GB/T 2423.1—2008、GB/T 2423.2—2008、GB/T 2423.3—2016 的规定。

A.2 大气压力试验

网络中各类设备在 86 kPa～106 kPa 大气压力条件环境中应能正常工作，相应的测试方法应符合 GB/T 2423.21—2008 的规定。

A.3 电磁兼容性测试

A.3.1 浪涌抗扰度试验

网络中各类设备应带有防电涌功能，有效防止电涌对设备的损坏，浪涌（冲击）抗扰度试验方法应符合 GB/T 17626.5—2008 的规定。

A.3.2 无线电骚扰限值测量

局域网中信息技术设备产生的电磁骚扰的限值及测量方法应符合 GB/T 9254—2008 标准的有关规定。

A.3.3 电磁抗扰度限值测量

局域网中信息技术设备的电磁抗扰度限值及测量方法应符合 GB/T 17618—2015 的有关规定。

ICS 13.020.99
B 50

中华人民共和国国家标准

GB/T 21678—2018
代替 GB/T 21678—2008

渔业污染事故经济损失计算方法

Calculating methods on the economic loss of fishery pollution accidents

2018-06-07 发布　　2019-01-01 实施

国家市场监督管理总局
中国国家标准化管理委员会　发布

前　言

本标准按照 GB/T 1.1—2009 给出的规则起草。

本标准代替 GB/T 21678—2008《渔业污染事故经济损失计算方法》。

本标准与 GB/T 21678—2008 相比，主要技术内容变化如下：

——增加了关于范围的内容(见第 1 章)；

——增加了规范性引用文件中的引用标准(见第 2 章)；

——修改了渔业污染事故的定义(见 3.1，2008 年版的 3.1)；

——修改了污染面积的定义(见 3.2，2008 年版的 3.2)；

——修改了直接计算法的适用范围(见 4.1.1，2008 年版的 4.1.1)；

——删除了围捕统计法的内容(见 2008 年版的 4.4)；

——删除了生产效应法的内容(见 2008 年版的 4.8)；

——修改了定点采捕法的计算公式及相关内容(见 4.3.2，2008 年版的 4.3.2)；

——修改了统计推算法的计算公式及相关内容(见 4.4.2，2008 年版的 4.5.2)；

——修改了调查统计法的计算公式及相关内容(见 4.5.2，2008 年版的 4.6.2)；

——修改了模拟实验法的计算公式及相关内容(见 4.6.2，2008 年版的 4.7.2)；

——修改了生产统计法的相关内容(见 4.7，2008 年版的 4.9)；

——修改了鱼卵、仔稚鱼评估法的计算公式及相关内容(见 4.8.2，2008 年版的 4.11.2)；

——修改了专家评估法的适用范围(见 4.9.1，2008 年版的 4.10.1)；

——渔业污染事故经济损失评估中增加了“污染导致价格下降经济损失计算”(见 5.1.2)；

——修改了天然渔业资源损失恢复费用的估算的相关内容(见 5.3，2008 年版的 5.3)；

——天然渔业资源损失恢复费用的估算中增加了“增殖恢复法”(见 5.3.2)；

——修改了公式中参数的确定中的相关规定(见 5.4.1，2008 年版的 5.4)；

——增加了增殖放流生物苗种运输、放流、劳务费等人工放流费的规定(见 5.4.3)；

——增加了采用“替代增殖法”计算渔业资源恢复费用的相关规定(见 5.4.4)；

——修改了其他规定中的部分内容(见第 6 章，2008 年版的第 6 章)；

——修改了附录 A 中表 A.1 中参数(见附录 A，2008 年版的附录 A)；

——修改了附录 B 中表 B.1 中参数(见附录 B，2008 年版的附录 B)。

请注意本文件的某些内容可能涉及专利。本文件的发布机构不承担识别这些专利的责任。

本标准由中华人民共和国农业农村部提出。

本标准由全国水产标准化技术委员会渔业资源分技术委员会(SAC/TC 156/SC 10)归口。

本标准起草单位：中国水产科学研究院黄海水产研究所。

本标准主要起草人：陈碧鹃、曲克明、陈聚法、崔正国、夏斌、孙慧玲、赵俊、张艳、徐勇、孙雪梅、过锋、乔向英。

本标准所代替标准的历次版本发布情况为：

——GB/T 21678—2008。

渔业污染事故经济损失计算方法

1 范围

本标准规定了渔业污染事故的渔业生物损失量评估方法、渔业污染事故经济损失评估及其他规定。

本标准适用于渔业水域受外源污染导致天然渔业资源、渔业养殖生物和渔业生产经济损失的评估。

由其他原因造成渔业损害的经济损失计算可参照使用。

2 规范性引用文件

下列文件对于本文件的应用是必不可少的。凡是注日期的引用文件,仅注日期的版本适用于本文件。凡是不注日期的引用文件,其最新版本(包括所有的修改单)适用于本文件。

GB 3097 海水水质标准

GB 3838 地表水环境质量标准

GB 11607 渔业水质标准

GB 18421 海洋生物质量

GB 18668 海洋沉积物质量

NY/T 5361 无公害农产品 淡水养殖产地环境条件

3 术语和定义

下列术语和定义适用于本文件。

3.1

渔业污染事故 fishery pollution accident

单位或个人将某种物质和能量引入渔业水域,以及因意外因素的影响或不可抗拒的自然灾害等原因使渔业环境受到污染,损害渔业水域使用功能,导致渔业生物死亡、数量减少、质量下降,影响渔业生物繁殖、生长与渔业生产等事实。

3.2

污染面积 polluted area

由于污染造成渔业水域某种环境因子指标超过 GB 3097、GB 3838、GB 11607、GB 18421、GB 18668、NY/T 5361 的规定或造成渔业损害事实的水域面积。

4 渔业生物损失量评估方法

4.1 直接计算法

4.1.1 适用范围

本方法适用于天然渔业水域渔业资源损失量的评估(不包括 4.3 的评估范围),并且:

——拥有事故发生前近 5 年内同期 2 年,渔业资源调查历史资料;

——拥有事故发生后渔业资源现场调查资料。

4.1.2 计算

4.1.2.1 资源损失率

资源损失率按式(1)计算：

$$R_i = \frac{\overline{D}_i - D_{pi}}{\overline{D}_i} \times 100\% - E_i \qquad \cdots\cdots(1)$$

式中：

R_i ——第 i 种渔业资源损失率，%；

$\overline{D}_i$ ——近5年内同期2年，第 i 种渔业资源平均密度，单位为千克每平方千米、尾每平方千米(kg/km^2、尾$/km^2$)，资源密度计算方法按照附录A计算；

D_{pi} ——污染后第 i 种资源密度，单位为千克每平方千米、尾每平方千米(kg/km^2、尾$/km^2$)；

E_i ——第 i 种渔业资源回避逃逸率，%，不同生物的回避逃逸率参见附录B。

4.1.2.2 渔业资源损失量

渔业资源损失量按式(2)计算：

$$Y_1 = \sum_{i=1}^{n} \overline{D}_i \cdot R_i \cdot A_p \qquad \cdots\cdots(2)$$

式中：

Y_1 ——渔业资源损失量，单位为千克、尾(kg、尾)；

$\overline{D}_i$ ——近5年内同期2年，第 i 种渔业资源平均密度，单位为千克每平方千米、尾每平方千米(kg/km^2、尾$/km^2$)；

R_i ——第 i 种渔业资源损失率，%；

A_p ——污染面积，单位为平方千米(km^2)。

4.2 比较法

4.2.1 适用范围

本方法适用于天然渔业水域渔业资源损失量的评估。并且：

——无污染事故发生前近5年内同期2年的渔业资源调查历史资料；

——拥有事故发生中或发生后30天内，污染区和非污染区渔业资源现场调查资料，非污染区为与污染区临近的区域。

4.2.2 计算

渔业资源损失量按式(3)计算：

$$Y_1 = \sum_{i=1}^{n} [\overline{D}_{ui} \cdot (1 - E_i) - \overline{D}_{pi}] \cdot A_p \qquad \cdots\cdots(3)$$

式中：

Y_1 ——渔业资源损失量，单位为千克、尾(kg、尾)；

$\overline{D}_{ui}$ ——对照区第 i 种渔业资源平均密度，单位为千克每平方千米、尾每平方千米(kg/km^2、尾$/km^2$)，资源密度计算方法见附录A；

$\overline{D}_{pi}$ ——污染区第 i 种渔业资源平均密度，单位为千克每平方千米、尾平方千米(kg/km^2、尾$/km^2$)，资源密度计算方法见附录A；

A_p ——污染面积，单位为平方千米(km^2)；

E_i ——第 i 种渔业资源回避逃逸率,%,不同生物的回避逃逸率参见附录B。

4.3 定点采捕法

4.3.1 适用范围

本方法适用于天然水域底栖生物、底播增养殖渔业生物,无法或不适宜对其进行拖网采样,但可进行定点采样的损失量的评估。

4.3.2 计算

4.3.2.1 渔业生物损失率

渔业生物损失率按式(4)计算:

$$R_i = \frac{N_1}{N_t} \times 100\% \qquad \cdots\cdots(4)$$

式中:

R_i ——生物损失率,%;

N_1 ——采集到的损失生物数量,单位为只;

N_t ——采集到的总生物数量(包括死亡和存活个体),单位为只。

4.3.2.2 渔业生物损失量

渔业生物损失量按式(5)计算:

$$Y_1 = \sum_{i=1}^{n} S_i \cdot \overline{D}_{fi} \cdot A_p \cdot R_i \cdot (1 - R_{si}) \qquad \cdots\cdots(5)$$

式中:

Y_1 ——渔业生物损失量,单位为千克(kg);

$\overline{D}_{fi}$ ——第 i 种渔业生物平均栖息密度,单位为只每平方米(只/m^2);

A_p ——污染面积,单位为平方米(m^2);

S_i ——第 i 种渔业生物商品规格,单位为千克每只(kg/只);

R_i ——第 i 种渔业生物损失率,%;

R_{si} ——第 i 种渔业生物自然死亡率,%。

4.4 统计推算法

4.4.1 适用范围

本方法适用于增养殖水域渔业生物损失量的评估,并且:

——能提供确切的投苗数量;

——现场调查能获得损失率数据。

4.4.2 计算

渔业生物损失量按式(6)计算:

$$Y_1 = \sum_{i=1}^{n} S_i \cdot D_{sti} \cdot R_i \cdot A_p \cdot (1 - R_{si}) \qquad \cdots\cdots(6)$$

式中:

Y_1 ——渔业生物损失量,单位为千克(kg);

S_i ——第 i 种渔业生物的商品规格,单位为千克每个、尾、只(kg/个、尾、只);

D_{sti} ——第 i 种渔业生物放养密度，单位为尾、只、个每平方千米(个、尾、只/km^2)；
R_i ——渔业生物损失率，%；
A_p ——污染面积，单位为平方千米(km^2)；
R_{si} ——第 i 种渔业生物自然死亡率，%。

4.5 调查统计法

4.5.1 适用范围

本方法适用于增养殖水域渔业生物损失量的评估，现场调查能获取单位水体的生物量和损失率。

4.5.2 计算

渔业生物损失量按式(7)计算：

$$Y_1 = \sum_{i=1}^{n} S_i \cdot B_{ti} \cdot R_i \cdot A_p \cdot (1 - R_{si}) \qquad (7)$$

式中：
Y_1 ——渔业生物损失量，单位为千克(kg)；
S_i ——第 i 种生物商品规格，单位为千克每尾、只、个(kg/尾、kg/只、kg/个)；
B_{ti} ——单位面积第 i 种生物数量，单位为尾、只、个每平方千米(尾、只、个/km^2)；
R_i ——第 i 种生物损失率，%；
R_{si} ——第 i 种渔业生物自然死亡率，%；
A_p ——污染面积，单位为平方千米(km^2)。

4.6 模拟实验法

4.6.1 适用范围

本方法是通过一定的实验手段评估外源污染物对渔业生物造成的危害。适用于污染物不是单一物质，或为渔业水质标准、海水水质标准和地表水环境质量标准中没有列出的物质，或污染物不明确但造成生物大量急性死亡的事故，主要用于受外源污染造成生物损失的评估。

4.6.2 评估方法

按以下步骤进行评估：
——选派 2～3 名具有渔业污染事故调查鉴定资格，熟悉生态模拟试验工作程序的专家；
——根据实际情况设计受控模拟实验方案，实验设置 1 个对照组和至少 3 个平行组，受试生物的选择和数量、实验系列组的设置应按实验设计要求，并达到数理统计要求；
——将受试生物暴露于实验液中，观察不同实验组中受试生物的反应；
——根据实验结果，确定“物质—受试生物”的毒性效应，并计算出损失率；
——根据实验结果和生产中生物放养密度，按式(8)计算生物损失量：

$$Y_1 = \sum_{i=1}^{n} S_i \cdot B_{ti} \cdot R_i \cdot V_p \cdot (1 - R_{si}) \qquad (8)$$

式中：
Y_1 ——渔业生物损失量，单位为千克(kg)；
B_{ti} ——单位水体第 i 种生物数量，单位为个每平方千米、个每立方千米(个/km^2、个/km^3)；
R_i ——第 i 种渔业生物损失率，%；
S_i ——第 i 种渔业生物商品规格，单位为千克每个(kg/个)；

V_p——污染水体,单位为平方米、立方米(m^2、m^3);
R_{si}——第 i 种渔业生物自然死亡率,%。

4.7 生产统计法

4.7.1 适用范围

适用于增养殖水域渔业生物损失量的评估。并且:
——由于环境条件所限,无法获得放苗数量等资料;
——现场调查无法进行单位面积生物数量的定量调查;
——现场调研、调查无法获得污染后评估生物生产情况资料。

4.7.2 计算

渔业生物损失量按式(9)计算:

$$Y_1=\sum_{i=1}^{n}(\overline{Y}_{ui}/E_i)\cdot A_p\cdot R_i \qquad \cdots\cdots(9)$$

式中:
Y_1 ——渔业生物损失量,单位为千克(kg);
$\overline{Y}_{ui}$ ——第 i 种渔业生物平均单位产量,为事故前 3 年平均值,单位为千克每平方千米(kg/km^2);
A_p ——污染面积,单位为平方千米(km^2);
R_i ——第 i 种渔业生物损失率,按式(4)计算,%;
E_i ——第 i 种渔业生物开发率,%。

4.8 鱼卵、仔稚鱼损失评估法

4.8.1 适用范围

适用于天然渔业水域鱼卵、仔稚鱼的损失评估,苗种场中鱼卵、仔稚鱼的损失可以参照本方法。

4.8.2 计算

鱼卵、仔稚鱼损失量按式(10)计算:

$$Y_z=\overline{D}\cdot V_p\cdot T\cdot R \qquad \cdots\cdots(10)$$

式中:
Y_z ——鱼卵、仔稚鱼损失量,粒(尾);
$\overline{D}$ ——污染前(与污染后同区、同期)鱼卵、仔稚鱼平均单位水体数量,单位为粒(尾)每平方米,粒(尾)每立方米[粒(尾)/km^2,粒(尾)/m^3];
V_p ——污染水体,单位为平方千米,立方米(km^2、m^3);
T ——损害事故的持续周期数(鱼卵以 10 天为 1 个计算周期,仔稚鱼以 30 天为 1 个计算周期),单位为个(个);
R ——鱼卵仔稚鱼损失率,%。

注:当条件不能满足式(10)时,可参照 4.2 计算鱼卵仔稚鱼的损失。

4.9 专家评估法

4.9.1 适用范围

当渔业水域环境比较复杂,难以进行现场定量调查,又无法获取满足"4.1~4.8"评估方法所需资料，可由有经验的专家组成评估组对渔业损失进行评估。

4.9.2 评估方法

评估程序如下：

——选择 3～5 名具有相关鉴定相关资质，了解本地区环境质量状况和渔业资源状况的专家，组成评估专家组；

——评估专家组制定详细的调查工作方案；

——现场调查、取证，广泛收集近年本区域的生产统计数据、渔业资源动态监测等资料。如果本区域参数不全，可以选用邻近地区相同生态类型区的参数；

——对获得的资料进行筛选、统计、分析、整理；

——确定具体评估方案；

——评估确定渔业生物损失量；

——编写评估报告，并由评估专家亲笔签名。

4.10 公式中参数的确定

相关参数确定如下：

a) 回避逃逸率，表征渔业生物对污染物的回避能力，由评估机构根据生物种类，事发时段、区域等具体情况确定；

b) 放养密度，由受损单位或个人出具证明放苗量的票据或记录，并由评估机构认可真实有效，或采用当地的平均放养密度，或由评估机构根据生物种类、养殖模式和养殖技术等因素综合分析确定；

c) 商品规格，在损失的渔业生物中，未达到商品规格的，按平均商品规格计算，商品规格由评估机构根据生物种类和当地当时的具体情况确定；

d) 平均单位产量，指评价区域评估生物前 3 年的单位面积平均产量，由当地渔业主管部门提供，或由受损单位或个人提供，由评估机构确认真实有效；

e) 自然死亡率，评估中将未达到商品规格的渔业生物换算为商品规格时，应考虑渔业生物的自然死亡率，指在正常情况下，生物从苗种或半成品生长至商品规格的死亡率，由评估机构根据生物种类、养殖技术和当地养殖的平均状况确定；

f) 渔业生物开发率，指渔业生物的利用程度，增养殖水域按 60％～80％计算；

g) 损害事故的持续周期数（T）为整数，只要小数点后有数字的均进位为整数；

h) 资源密度计算方法见附录 A。

5 渔业污染事故经济损失评估

5.1 直接经济损失计算方法

5.1.1 直接经济损失

直接经济损失按式(11)计算：

$$L_e=\sum_{i=1}^{n}(Y_{li}\cdot P_{di}-F_i) \qquad \cdots\cdots(11)$$

式中：

L_e ——渔业资源损失金额，单位为元；

Y_{li} ——第 i 种渔业资源、渔业生物损失量，单位为千克、尾、个（kg、尾、个）；

P_{di} ——第 i 种渔业生物当地的平均价格，单位为元每千克、元每尾、元每个(元/kg、元/尾、元/个)；

F_i ——第 i 种渔业生物的后期投资，单位为元。

5.1.2 污染导致价格下降经济损失计算

因污染造成污染区的水产品价格下降的经济损失按式(12)计算：

$$L_e = \sum_{i=1}^{n} Y_{li} \cdot (\overline{P}_{di} - P_i) \qquad \cdots\cdots(12)$$

式中：

L_e ——渔业资源损失金额，单位为元；

Y_{li} ——第 i 种渔业资源、渔业生物现存量，单位为千克、尾、个(kg、尾、个)

$\overline{P}_{di}$ ——第 i 种渔业生物当地的平均价格，单位为元每千克、元每尾、元每个(元/kg、元/尾、元/个)；

P_i ——受污染后第 i 种渔业生物的价格，单位为元每千克、元每尾、元每个(元/kg、元/尾、元/个)。

5.2 鱼卵、仔稚鱼经济损失计算方法

鱼卵、仔稚鱼的经济损失按式(13)进行计算：

$$L_z = Y_z \cdot P_d \cdot K_h \qquad \cdots\cdots(13)$$

式中：

L_z ——鱼卵仔稚鱼损失金额，单位为元；

Y_z ——鱼卵、仔稚鱼损失量，单位为粒、尾；

P_d ——当地鱼类苗种的平均价格，单位为元每尾(元/尾)；

K_h ——由鱼卵、仔稚鱼换算为商品苗种规格的比例，%鱼卵生长到商品苗种规格按1%成活率计算，仔稚鱼生长到商品苗种规格按5%成活率计算。

5.3 天然渔业资源损失恢复费用的估算

5.3.1 估算原则

5.3.1.1 天然渔业资源损失恢复费用的估算包括增殖恢复法和推算法2种方法，在应用中可根据实际情况，选择适用的计算方法。

5.3.1.2 天然渔业资源污染损害的恢复费用为可直接增殖放流的资源恢复费用、替代增殖法的资源恢复费用和其他种类的资源恢复费用等3个部分的总和。

5.3.2 增殖恢复法

5.3.2.1 可直接增殖放流方式补充恢复资源的种类

直接增殖放流的渔业资源种类，其恢复费用按式(14)进行计算：

$$L_e = \sum_{i=1}^{n} \frac{Y_i}{k_i} \cdot P_{di} \cdot 10^{-4} + L_m \qquad \cdots\cdots(14)$$

式中：

L_e ——直接增殖放流生物的恢复费用，单位为元；

Y_i ——第 i 种渔业生物损失量，单位为尾；

k_i ——第 i 种直接增殖放流生物在评估海域的成活率，%；

P_{di} ——第 i 种生物苗种单位价格，单位为元每尾(元/尾)；
L_m ——第 i 种增殖放流生物苗种运输、人工放流等费用，单位为元。

5.3.2.2 替代增殖法估算资源恢复费用的种类

替代种类的增殖放流资源恢复，其恢复费用按式(15)进行计算：

$$L_{rt}=\sum_{i=1}^{n}\frac{Y_i}{k_i}\cdot J_i\cdot P_{di}\cdot 10^{-4}+L_m \qquad (15)$$

式中：
L_{rt} ——替代种类的增殖放流资源恢复费用，单位为元；
Y_i ——第 i 种生物损失量，单位为尾；
k_i ——第 i 种替代种类的增殖放流生物在评估海域的成活率，%；
J_i ——第 i 种损失生物的替代系数(为替代种类单价与被替代种类单价之比)；
P_{di} ——第 i 种生物苗种单位价格，单位为元每尾(元/尾)；
L_m ——第 i 种增殖放流生物苗种运输、人工放流等费用，单位为元。

5.3.2.3 其他种类评估法

其他受损渔业资源种类的恢复费用参照5.3.2.1中直接增殖放流生物的资源恢复费用与直接损失之比，推算不可替代种类的资源恢复费用为直接损失额的倍数。

5.3.3 推算法

由于渔业水域环境污染、破坏造成天然渔业资源损害，在计算经济损失时，应考虑天然渔业资源的恢复费用，天然渔业资源的恢复费用为直接损失额的3倍以上。

5.4 相关参数的确定

5.4.1 公式中参数的确定如下：

a) 渔业生物价格，按照当地价格认证部门或市场管理部门提供的主要市场当时的渔业生物平均零售价格计算。
b) 后期费用，评估的渔业生物未达到商品规格时，在计算经济损失时应扣除后期费用。后期费用为污染事故发生时未达到商品规格的半成品渔业生物生长至商品规格，所需投入的包括饵料费、人员工资费、管理费、起捕费、用船看护费等。后期费用可由受损单位或个人提供，并由评估机构确认真实有效；或由评估机构调研取得并由当地渔业主管部门确认。
c) 增殖放流生物在评估海域的成活率，由评估机构根据生物种类、规格和当地环境状况等综合情况确定。

5.4.2 原良种场、保护区的原种生物和保护对象的价格，应按渔业主管部门提供的原种的价格计算。

5.4.3 增殖放流生物苗种运输、人工放流等费用，可按苗种购置费的10%～20%计算。

5.4.4 采用“替代增殖法”计算恢复渔业资源费用时，应根据人工增殖补充的原则、受损生物种类的受损程度、生态价值、经济价值和修复的可操作性，对需要补充的生物和替代种类进行筛选。

6 其他规定

6.1 在选择适用的计算方法时，可综合考虑水域类型、受损生物特点、污染损害状况以及满足计算所需历史资料和污染事故发生后现场调查资料的具体情况。

6.2 渔业污染事故经济损失包括直接经济损失、鱼卵仔稚鱼的经济损失和天然渔业资源恢复费用。

6.3 由于渔业污染事故对养殖生物造成损害,在计算经济损失时只计算直接经济损失。

6.4 由于渔业污染事故对鱼卵仔稚鱼造成损害,在计算经济损失时只计算直接经济损失。

6.5 由于渔业污染事故对天然渔业资源造成损失,在计算经济损失时应将直接经济损失与天然渔业资源恢复费用相加。

6.6 由于不同的渔业生物价格差异很大,因此在计算经济损失时应按种类分别计算。

6.7 凡造成国家和地方重点水生野生保护动物损失,资源量的损失可参照本标准的方法进行评估,其价值由省级以上渔业行政主管部门组织专家评估确定。

6.8 渔业生产设施损失、渔具损失以及清除污染费用按实际投入计算。

6.9 渔业污染事故调查、鉴定、评估等费用,应列入实际赔偿费用中。

附 录 A
（规范性附录）
天然渔业资源计算方法

A.1 依据扫海面积法估算资源密度

资源密度计算方法见式(A.1)。

$$D=\frac{\overline{C}}{a\cdot q} \qquad \cdots\cdots\cdots\cdots (A.1)$$

式中：

D ——资源密度，单位为千克每平方千米(kg/km^2)；

$\overline{C}$ ——平均每小时拖网渔获量，单位为千克每网小时[kg/(网·h)]；

a ——每小时拖网面积，单位为平方千米每网小时[km^2/(网·h)]；

q ——可捕系数。

A.2 不同生物种类的可捕系数

A.2.1 不同生物种类的可捕系数可参见表 A.1。

表 A.1 不同生物种类的可捕系数

种类	可捕系数	种类	可捕系数
鳀鱼、棱鳀类	0.2～0.3	头足类	0.5～0.7
其他中上层鱼类	0.3～0.5(海洋)	对虾类、长臂虾科	0.5～0.7
	0.5～0.7(淡水)		
鲆鲽类、鳐类	0.5～0.8	其他无脊椎动物	0.5～0.8
其他底层鱼类	0.5～0.7(海洋)		
	0.2～0.4(淡水)		

A.2.2 表 A.1 中未涉及到的生物种类的可捕系数由评估机构根据其生态习性、调查网具比照表 A.1 所列种类确定。

附　录　B
（资料性附录）
不同生物种类的回避逃逸率

B.1　不同生物种类的回避逃逸率见表 B.1。

表 B.1　不同生物种类的回避逃逸率

种类	回避逃逸率 %	种类	回避逃逸率 %
鲆鲽类、鳐类	0～10	甲壳类	0～10
其他鱼类	10～20	软体动物、棘皮动物等	0～10

B.2　表 B.1 中未涉及到的生物种类的回避逃逸率由评估机构根据其生态习性、运动能力等确定。

ICS 29.160.01
K 20

中华人民共和国国家标准

GB/T 21707—2018
代替 GB/T 21707—2008

变频调速专用三相异步电动机绝缘规范

Insulation specification for variable frequency adjustable speed definite purpose converter-fed three-phase induction motors

2018-06-07 发布　　　　2019-01-01 实施

国家市场监督管理总局
中国国家标准化管理委员会 发布

前　　言

本标准按照 GB/T 1.1—2009 给出的规则起草。

本标准代替 GB/T 21707—2008《变频调速专用三相异步电动机绝缘规范》，与 GB/T 21707—2008 相比，主要技术变化如下：

——修改了范围(见第 1 章，2008 年版的第 1 章)；

——增加了术语和定义(见第 3 章)；

——增加了对漆包扁线和玻璃丝绕包漆包扁线的要求(见 4.1.1)；

——修改了对漆包圆线的要求(见表 2，2008 年版的表 1)；

——修改了浸渍树脂挥发分的要求(见 4.1.2，2008 年版的 3.1.2)；

——修改了电磁线耐高频冲击的波形参数(见表 3，2008 年版的 3.1.1)；

——增加了Ⅰ型绝缘结构的评定(见 4.3.4)；

——增加了Ⅱ型绝缘结构的评定(见 4.3.5)；

——删除了绝缘结构的耐高频脉冲性能评定(见 2008 年版的 4.3)；

——删除了资料性附录“IEC 62068-1 关于脉冲电压特性”(见 2008 年版的附录 A)；

——增加了规范性附录“高频冲击试验仪波形参数计量导则”(见附录 A)；

——增加了资料性附录“变频电机绝缘结构的评定规程”(见附录 C)。

本标准由中国电器工业协会提出。

本标准由全国旋转电机标准化技术委员会(SAC/TC 26)归口。

本标准起草单位：上海电机系统节能工程技术研究中心有限公司、铜陵精达特种电磁线股份有限公司、苏州巨峰电气绝缘系统股份有限公司、江苏大通机电有限公司、长沙湘鸿仪器机械有限公司、卧龙电气集团股份有限公司、上海电器科学研究所(集团)有限公司、北京金风科创风电设备有限公司、山东蓬泰股份有限公司、住友重机械减速机(中国)有限公司、台湾福保化学股份有限公司、苏州太湖电工新材料股份有限公司、无锡友方电工股份有限公司、上海电器科学研究院、上海电器设备检测所有限公司、上海电缆研究所有限公司、上海申发检测仪器有限公司、福州大通机电有限公司、四川大学、杜邦(中国)研发管理有限公司、SEW-电机(苏州)有限公司、河北电机股份有限公司、常州威远电工器材有限公司、丹阳四达化工有限公司、安徽皖南电机股份有限公司、大速电机有限公司、株洲时代电气绝缘有限责任公司、西安泰富西玛电机有限公司、先登控股集团股份有限公司、艾伦塔斯电气绝缘材料(铜陵)有限公司、苏州市新的电工有限公司、上海裕生特种线材有限公司。

本标准主要起草人：张生德、赵超、彭春斌、夏宇、肖先雄、梁学昊、田国群、吴艳红、王栋、巩运许、丁康、杨伟志、张春琪、李雪、李锦樑、黄慧洁、潘国梁。

本标准所代替标准的历次版本发布情况为：

——GB/T 21707—2008。

变频调速专用三相异步电动机绝缘规范

1 范围

本标准给出了变频器供电的三相异步电动机的绝缘规范，包括术语和定义、技术要求与检验规则。

本标准适用于额定电压为1 140 V及以下变频调速专用三相异步电动机。

2 规范性引用文件

下列文件对于本文件的应用是必不可少的。凡是注日期的引用文件，仅注日期的版本适用于本文件。凡是不注日期的引用文件，其最新版本(包括所有的修改单)适用于本文件。

GB/T 4074.7—2009 绕组线试验方法 第7部分：测定漆包绕组线温度指数的试验方法

GB/T 5591.3 电气绝缘用柔软复合材料 第3部分：单项材料规范

GB/T 6109.20 漆包圆绕组线 第20部分：200级聚酰胺酰亚胺复合聚酯或聚酯亚胺漆包铜圆线

GB/T 7095.6 漆包铜扁绕组线 第6部分：200级聚酯或聚酯亚胺/聚酰胺酰亚胺复合漆包铜扁线

GB/T 7672.5 玻璃丝包绕组线 第5部分：200级浸漆玻璃丝包铜扁线和玻璃丝包漆包铜扁线

GB/T 11026.4—2012 电气绝缘材料 耐热性 第4部分：老化烘箱 单室烘箱

GB/T 17948.1 旋转电机绝缘结构功能性评定 散绕绕组试验规程 热评定与分级

GB/T 17948.3—2017 旋转电机 绝缘结构功能性评定 成型绕组试验规程 旋转电机绝缘结构热评定和分级

GB/T 22720.1—2017 旋转电机 电压型变频器供电的旋转电机无局部放电(Ⅰ型)电气绝缘结构的鉴别和质量控制试验

JB/T 10508 中小电机用槽楔技术条件

IEC 60034-18-42 旋转电机 第18-42部分：电压型变频器供电的旋转电机耐局部放电电气绝缘结构(Ⅱ型) 鉴别和认可试验[Rotating electrical machines—Part 18-42: Partial discharge resistant electrical insulation systems(Type Ⅱ) used in rotating electrical machines fed from voltage converters—Qualification tests]

3 术语和定义

下列术语和定义适用于本文件。

3.1

尖峰电压 voltage overshoot

U_b

超过稳态冲击电压部分的峰值电压值。

3.2

Ⅰ型绝缘结构 Type Ⅰ insulation systems

对于变频器供电电机，在其寿命期间不承受局部放电的绝缘结构。

3.3

Ⅱ型绝缘结构　Type Ⅱ insulation systems

对于变频器供电的电机，在其寿命期间承受局部放电的绝缘结构。

注：通常，额定电压大于或等于700 V的电机采用Ⅱ型绝缘结构。

3.4

冲击电压绝缘等级　impulse voltage insulation class；IVIC

对于变频器供电电机，由制造商规定的、并在说明书和铭牌标出的、与额定电压有关的安全峰峰电压。

4　技术要求

4.1　单一材料的要求

4.1.1　电磁线

4.1.1.1　通用要求

电磁线除了应满足表1中的要求外，还应够承受绕线过程中的张力，且在绕线过程中漆膜应不开裂、不失去附着性。

表1　电磁线通用要求

电磁线	技术要求
漆包圆线	GB/T 6109.20
漆包扁线	GB/T 7095.6
玻璃丝绕包漆包扁线	GB/T 7672.5

4.1.1.2　耐高频冲击性能

电磁线漆膜的化学结构及涂敷工艺，应能使电磁线有效地承受高频冲击电压的长期冲击。在4.3.1.2所述的条件下对电磁线进行耐高频冲击性能评定，其应满足表2中的规定。

注：本标准仅规定导体标称直径为1.000 mm、2级漆膜厚度漆包圆线的耐高频冲击性能；对于其他规格漆包圆线，耐高频冲击性能由供需双方协商确定。

表2　电磁线在高频冲击电源下的寿命

电磁线	电磁线寿命/h	
	中值	最小值
漆包圆线	≥12.00	≥6.00
漆包扁线	由供需双方协商确定	
玻璃丝绕包漆包扁线		

4.1.2　浸渍树脂

为保证绝缘结构中的空隙含量保持在最低水平，应采用耐热等级不低于155(F)级的无溶剂浸渍树脂；除与电磁线有良好的化学相容性外，其挥发分应不大于3.00%，宜使用挥发分低的浸渍树脂。

浸渍树脂的其他技术要求按供需双方协议。

4.1.3 对地绝缘

对地绝缘材料的耐热等级不低于155(F)级,其常规性能应满足GB/T 5591.3的技术要求,如聚酯薄膜聚芳酰胺纤维纸柔软复合材料、聚酰亚胺薄膜聚芳酰胺纤维纸柔软复合材料或聚芳酰胺纤维纸等。

4.1.4 相间绝缘

相间绝缘材料的耐热等级不低于155(F)级,其常规性能应满足GB/T 5591.3的技术要求,如聚酯薄膜聚芳酰胺纤维纸柔软复合材料、聚酰亚胺薄膜聚芳酰胺纤维纸柔软复合材料或聚芳酰胺纤维纸等。

4.1.5 层间绝缘

层间绝缘材料的耐热等级不低于155(F)级,其常规性能应满足GB/T 5591.3的技术要求,如聚酯薄膜聚芳酰胺纤维纸柔软复合材料、聚酰亚胺薄膜聚芳酰胺纤维纸柔软复合材料或聚芳酰胺纤维纸等。

4.1.6 槽楔

槽楔采用耐热等级不低于155(F)级,其常规性能应满足JB/T 10508的技术要求,如聚酯玻璃纤维引拔槽楔、环氧玻璃纤维引拔槽楔或磁性槽楔。

4.1.7 引接线

引接线的连续运行导体最高温度至少为125 ℃。引接线与绕组线连接处可采用相应的热固性胶粘带加以保护,其常规性能应满足相关产品技术要求。

4.1.8 套管

采用套管的耐热等级不低于155(F)级,其常规性能应满足相关产品技术要求。

4.2 绝缘结构技术要求

4.2.1 耐热等级

耐热等级应不低于155(F)级。

4.2.2 Ⅰ型绝缘结构的技术要求

Ⅰ型绝缘结构应满足GB/T 22720.1—2017中的技术要求。

4.2.3 Ⅱ型绝缘结构的技术要求

Ⅱ型绝缘结构应满足IEC 60034-18-42中的技术要求。

4.3 试验方法与试验设备

4.3.1 电磁线耐高频冲击性能评定

4.3.1.1 试样制备

对于电磁线耐高频冲击性能评定,以导体标称直径为1.000 mm、2级漆膜厚度的漆包圆线、漆包扁线或玻璃丝绕包漆包扁线作为试样。按照如下所述制备试样:

——漆包圆线:按GB/T 4074.7—2009中5.1.1的规定制备成“绞线对”形式;

——漆包扁线或玻璃丝绕包漆包扁线:按GB/T 4074.7—2009中5.1.2的规定制备成“背靠背”形式。

4.3.1.2 试验条件

在温度为 155 ℃的老化烘箱，老化烘箱应满足 GB/T 11026.4—2012。采用符合表 3 所示参数的高频冲击波形对电磁线试样连续地进行试验。

表 3 电磁线耐高频冲击试验的波形参数

参数	要求
波形	对称方波
极性	双极
稳态冲击电压	(3 000±15)V，以检测仪器输出直流电压为准
尖峰电压	应不大于稳态冲击电压的 2%
频率	(20±0.4)kHz
冲击上升时间[a]	(100±10)ns，负载时。波形应符合：电压从负峰值至 0 和 0 至正峰值所需时间均应不小于 49%冲击上升时间
冲击下降时间	(100±10)ns，负载时。波形应符合：电压从正峰值至 0 和 0 至负峰值所需时间均应不小于 49%冲击下降时间
注：表 3 所规定的波形参数仅适用于电磁线耐高频冲击性能评定。	
[a] 冲击上升时间为峰值电压从低电位上升至高电位所需的时间。	

高频冲击试验仪波形参数的计量导则见附录 A。

4.3.1.3 试验结果

对 5 个试样进行耐高频冲击性能评定，试样结果取中值和最小值。

4.3.2 浸渍树脂挥发分的测定

浸渍树脂挥发分的测定方法见附录 B。

4.3.3 绝缘结构耐热性评定

绝缘结构耐热性评定应按 GB/T 17948.1 或 GB/T 17948.3—2017 的规定进行。

4.3.4 Ⅰ型绝缘结构的评定

应按照 GB/T 22720.1—2017 中的规程对Ⅰ型绝缘结构进行评定，及确定Ⅰ型绝缘结构的冲击电压绝缘等级，简单规程参见附录 C 中 C.2。

4.3.5 Ⅱ型绝缘结构的评定

应按照 IEC 60034-18-42 的规程对Ⅱ型绝缘结构进行评定，简单规程参见 C.3。

5 检验规则

5.1 对单一绝缘材料和电磁线的检验

对电磁线耐高频冲击性能的检验，在首批进货确认和每年抽检时进行。

对其他绝缘材料，按常规进货检验方法进行。

5.2 对整体绝缘结构的检验

对电机整体绝缘结构的检验在电机产品鉴定和绝缘结构变动时进行。

附　录　A
（规范性附录）
高频冲击试验仪波形参数计量导则

A.1　概述

在某些情况下，电源输出电压在上升或下降过程中，可能会出现“畸变”，如图 A.1 所示。示波器将自动读取该“畸变”波形的参数，如冲击上升时间(或冲击下降时间)。这些参数与“标准波形”参数有所差异，从而可能导致相同样品在不同高频冲击试验仪下耐高频冲击性能差异较大。

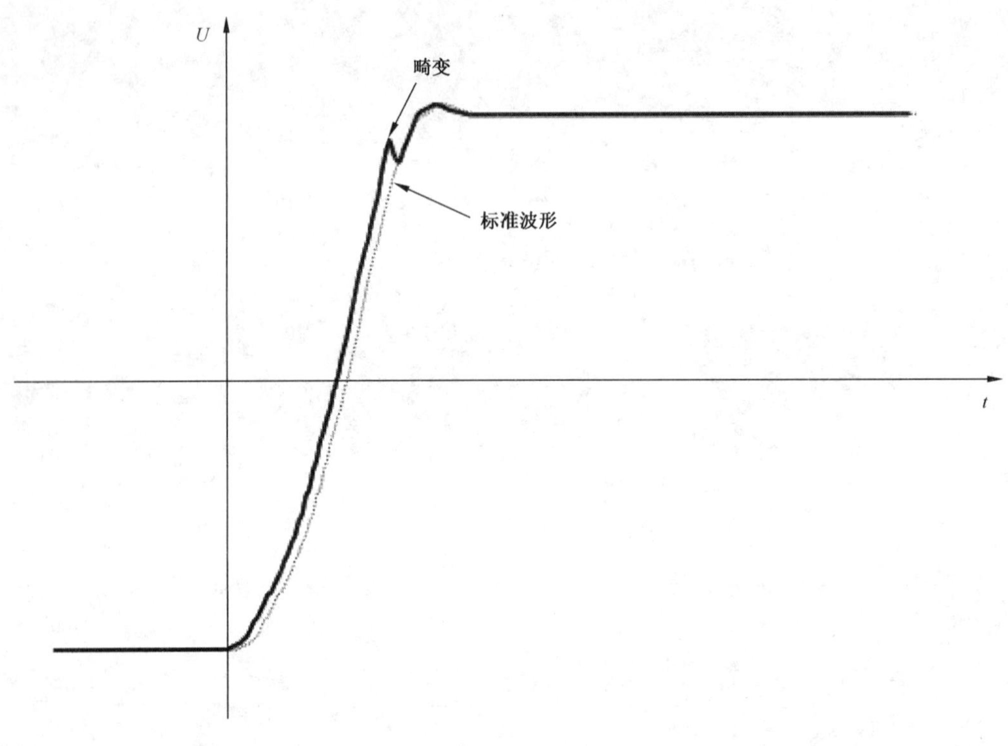

说明：
U ——电压；
t ——时间。

图 A.1　“畸变”波形与标准波形对比示意图

A.2　计量导则

为了消除畸变波形对试验参数的影响，本标准将统一采用手动调制示波器的光标对电源输出波形参数进行读取及计量校准，双极对称方波示意图如图 A.2。操作步骤如下：

a)　按照图 A.3 的接线方式进行接线，将数字示波器的测量通道设置为直流耦合。

b)　调整数字示波器的时基和触发，使电压信号稳定显示。

c)　调节直流偏置和信号幅度，使输入的冲击电压信号的底值和顶值之间的部分居中覆盖约 80% 屏幕。

d)　调节测试通道的采集速率(时基)，直到冲击前沿上升时间 t_r 能清晰准确地显示在屏幕上如图 A.2。

e) 调整时间光标 a 和 b 的位置至 $0.1U_p$ 和 $0.9U_p$ 处，读取对应光标的时间 t_{10} 和 t_{90}，按照式(A.1)计算冲击上升时间 t_r，冲击下降时间计算方法相同。

$$t_r = 1.25(t_{90} - t_{10}) \quad \cdots\cdots\cdots\cdots\cdots\cdots\cdots\cdots\cdots\cdots (A.1)$$

f) 调整两电压幅值光标 a′和 b′的位置，如图 A.2，读取尖峰电压(U_b)。

g) 如频率等其他参数可从示波器上直接读取。

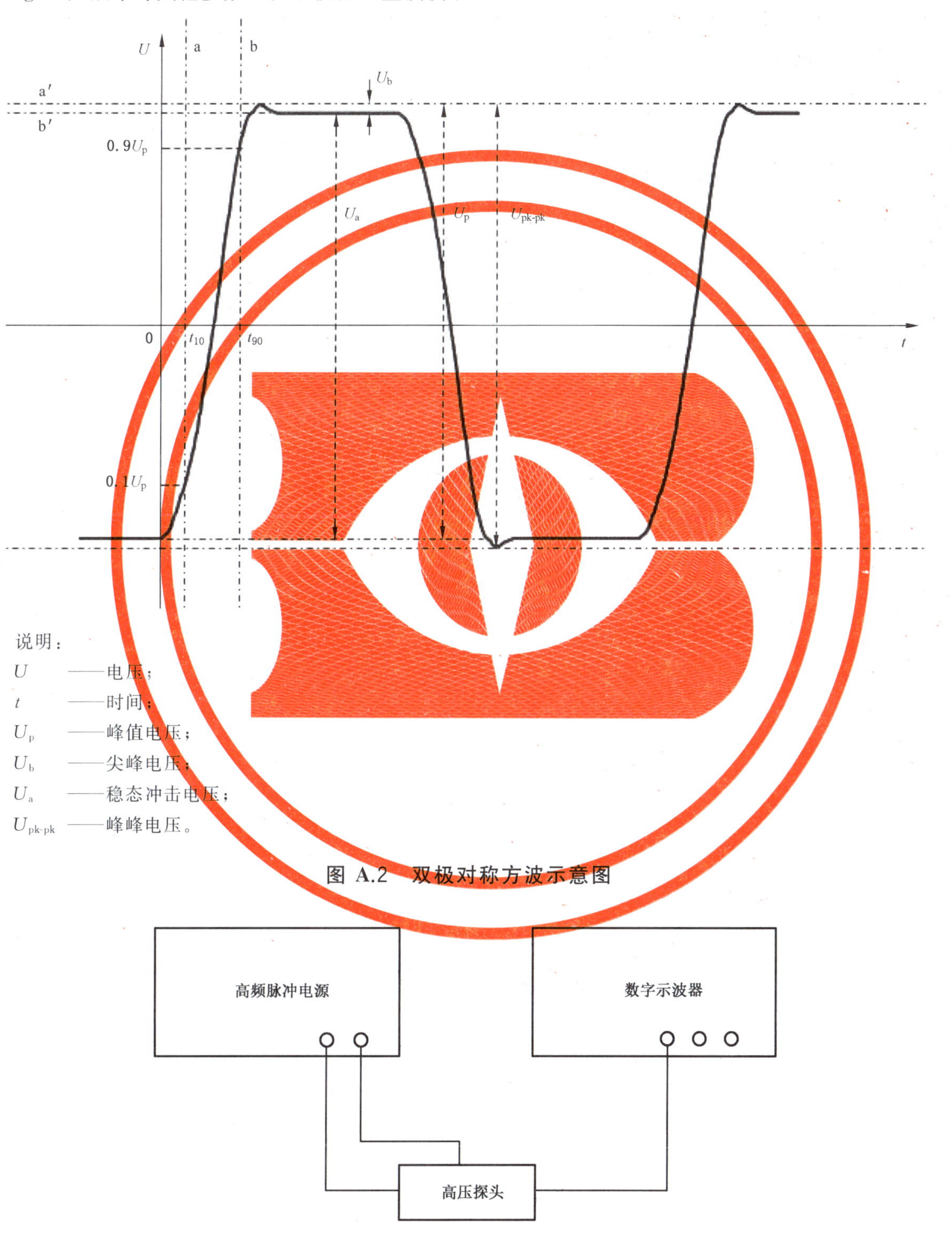

说明：

U ——电压；

t ——时间；

U_p ——峰值电压；

U_b ——尖峰电压；

U_a ——稳态冲击电压；

U_{pk-pk} ——峰峰电压。

图 A.2 双极对称方波示意图

图 A.3 接线图

附 录 B
（规范性附录）
测试浸渍树脂的挥发分

B.1 仪器和材料

测试浸渍树脂挥发分所需仪器及材料的要求如下所示：

——厚度为 0.1 mm，面积约为 95 mm×95 mm 的平整铝箔；

——老化烘箱，其应满足 GB/T 11026.4—2012 要求；

——天平的感量为 1 mg。

B.2 试验步骤

浸渍树脂挥发分试验步骤按照如下进行：

a) 用正方形铝箔弯折成三个底面积 45 mm×45 mm，高 25 mm 的同样铝皿，铝箔在使用前用二甲苯和无水乙醇的混合物擦净；

b) 铝皿预先在(135±1)℃烘箱中加热 30 min，在干燥器中冷却后称量；

c) 在铝皿中加入(10±0.5)g 被试树脂，使其均匀分布在皿底。在空气中放置 30 min 后，将铝皿水平放置于烘箱中，加热温度和时间由产品标准规定；

注：铝皿在烘箱中处于未封闭状态。

d) 试样取出，放入干燥器内冷却到室温，再称量。

挥发分 X 按式(B.1)计算：

$$X = \frac{m_1 - m_2}{m_1 - m} \times 100\% \qquad \cdots\cdots(B.1)$$

式中：

m ——铝皿质量，单位为克(g)；

m_1 ——加热前试样与皿的质量，单位为克(g)；

m_2 ——加热后试样与皿的质量，单位为克(g)。

以三个试样测定值的中间值作为结果，取两位有效数字。

附 录 C
（资料性附录）
变频电机绝缘结构的评定规程

C.1 概述

本附录仅简单描述了变频电机Ⅰ型绝缘结构和Ⅱ型绝缘结构的评定规程，详细评定规程参见GB/T 22720.1—2017 与 IEC 60034-18-42。

C.2 Ⅰ型绝缘结构的评定

C.2.1 Ⅰ型绝缘结构的鉴别

C.2.1.1 鉴别规程

宜使用模型线圈或者完整绕组作为试品对Ⅰ型绝缘结构进行鉴别试验，按照如下所述依次进行：

a) 预诊断试验；

b) 电气诊断试验；

c) 高温曝露试验，按照 GB/T 17948.1 或 GB/T 17948.3—2017 依次进行高温曝露、机械振动、潮湿曝露及电气诊断试验；

注：如果根据 GB/T 17948.1 和 GB/T 17948.3—2017 已经确定绝缘结构的耐热等级，仅需在 GB/T 17948.1 和 GB/T 17948.3—2017 中规定的三个老化温度中的任一温度下进行高温曝露试验。

d) 局部放电试验，按照 GB/T 20833.1—2016 或者 GB/T 23642—2017 分别对匝间、相间、对地进行局部放电试验。若局部放电起始电压高于规定值，重复 c)，否则试验结束。

局部放电试验电压水平由双方协商确定。若没有可用的资料，可按照 GB/T 22720.1—2017 计算局部放电的试验电压。对于二电平变频器供电的电机，局部放电试验电压建议如表 C.1 中所示。

表 C.1 二电平变频器供电的电机绝缘结构各部位试验电压（峰峰值）

冲击电压绝缘等级(IVIC)	相间试验电压，U_N[a]	相对地试验电压，U_N	匝间试验电压，U_N
A	4.08	2.86	1.30
B	5.57	3.90	1.78
C	7.43	5.20	2.36
D	9.28	6.50	2.95
[a] U_N 为电机的额定电压，为有效值。			

C.2.1.2 判断准则

对于Ⅰ型绝缘结构的鉴别，不能通过电击穿试验来判定试品是否失效，以局部放电起始电压来确定试品是否失效。其判断准则如下：

——局部放电起始电压在试验期间高于规定值；

——试品具有预期的耐热等级或待评结构具有与基准结构相同或者更长的热老化寿命。

C.2.2 Ⅰ型绝缘结构型式试验

按照GB/T 22720.1—2017,采用冲击电源或者工频电源对完整定子绕组或整机进行型式试验,若局部放电起始电压高于规定值,则通过型式试验。

注:如果使用完整绕组作为试品进行如C.2.1.1所述的鉴别规程且已成功通过判断准则(C.2.1.2),不需要进行型式试验。

C.2.3 Ⅰ型绝缘结构的冲击电压绝缘等级

在对Ⅰ型绝缘结构进行评定之前,确定试验的应力类型,Ⅰ型绝缘结构所承受应力类型与冲击电压绝缘等级(IVIC)的关系如表C.2所示。例如,选择应力类型“C-严酷”对绝缘结构进行评定,且绝缘结构通过评定,那么该绝缘结构的冲击电压绝缘等级为C,可在电机铭牌和说明书中标明“IVIC C”。

表C.2 应力类型与IVIC的关系

应力类型	IVIC
A-温和	A
B-中等	B
C-严酷	C
D-极端	D

C.3 Ⅱ型绝缘结构的评定

C.3.1 匝间绝缘

按照GB/T 20833.1—2016或GB/T 23642—2017对Ⅱ型绝缘结构匝间绝缘进行局部放电试验:

——若没有局部放电,则不需要对匝间绝缘进行鉴别试验;

——若有局部放电,则在室温下对匝间绝缘进行电压耐久性试验。

C.3.2 主绝缘

对于Ⅱ型绝缘结构主绝缘的鉴定,根据GB/T 17948.4—2016进行电压耐久性试验。

C.3.3 应力梯度结构

依次对应力梯度结构进行如下试验:

a) 采用冲击电源对试品进行100 h的电压耐久性试验;

b) 在基频下采用正弦波电源对试品进行1 000 h的电压耐久性试验;

c) 重复a)。

参 考 文 献

[1] GB/T 17948.4—2016 旋转电机 绝缘结构功能性评定 成型绕组试验规程 电压耐久性评定

[2] GB/T 20833.1—2016 旋转电机 旋转电机定子绕组绝缘 第1部分:离线局部放电测量

[3] GB/T 23642—2017 电气绝缘材料和系统 瞬时上升和重复电压冲击条件下的局部放电(PD)电气测量

ICS 29.120.70;31.220.99
L 25

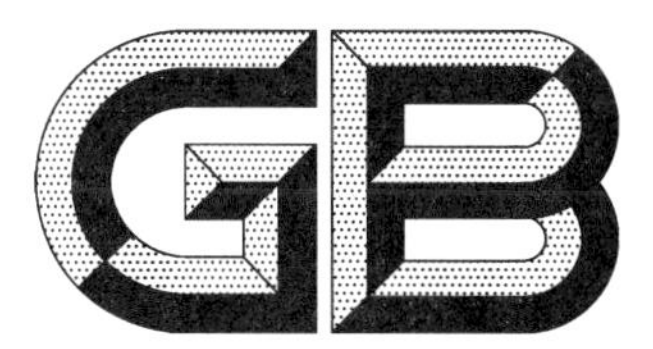

中华人民共和国国家标准

GB/T 21711.7—2018/IEC 61810-7:2006

基础机电继电器
第7部分:试验和测量程序

Electromechanical elementary relays—
Part 7:Test and measurement procedures

(IEC 61810-7:2006,IDT)

2018-06-07 发布 2019-01-01 实施

国家市场监督管理总局
中国国家标准化管理委员会 发布

前言

GB/T 21711《基础机电继电器》目前分为以下几个部分：

——第1部分：总则与安全要求；

——第2部分：可靠性；

——第7部分：试验和测量程序。

本部分为GB/T 21711的第7部分。

本部分按照GB/T 1.1—2009给出的规则起草。

本部分使用翻译法等同采用IEC 61810-7:2006《基础机电继电器　第7部分：试验和测量程序》。

与本部分中规范性引用的国际文件有一致性对应关系的我国文件如下：

——GB/T 2423.30—2013　环境试验　第2部分：试验方法　试验XA和导则：在清洗剂中浸渍(IEC 60068-2-45:1980/Amd 1:1993,MOD)；

——GB/T 17627.1—1998　低压电气设备的高电压试验技术　第一部分：定义和试验要求(eqv IEC 61180-1:1992)；

——GB/T 17627.2—1998　低压电气设备的高电压试验技术　第二部分：测量系统和试验设备(eqv IEC 61180-2:1994)。

本部分做了下列编辑性修改：

——纠正了IEC 61810-7:2006中4.4的注1表达式中的笔误，由"(最大值－最小值)×10"修改为"(最大值－最小值)×100"。

请注意本文件的某些内容可能涉及专利。本文件的发布机构不承担识别这些专利的责任。

本部分由中华人民共和国工业和信息化部提出。

本部分由全国有或无电气继电器标准化技术委员会(SAC/TC 217)归口。

本部分起草单位：厦门宏发电声股份有限公司、中国电子技术标准化研究院。

本部分主要起草人：林伟霖、陆宁懿、张德胜。

基础机电继电器
第7部分:试验和测量程序

1 范围

GB/T 21711的本部分规定了基础机电继电器的试验和测量程序。本部分包括了各类基础机电继电器通用的基本程序。对于特定的设计或应用,可增加补充要求。

本部分中规定的各项试验和测量程序均为针对有某一特定要求的单项程序。当试验大纲中对这些试验组合时,例如对继电器试验的相应分组,必须注意保证先进行的试验不得使后续的试验失效。

本部分使用的术语"规定",指在继电器相应文件中的规定,例如制造厂的数据表、试验规范、用户详细规范。对于国际电工委员会电子元器件质量评定体系(IECQ),这种规定列入于QC 001001的A.7所定义的详细规范中。

注1:为了改善本部分的易读性,通常用术语"继电器"代替"基础机电继电器"。

注2:与基础机电继电器定型试验有关的要求和试验项目在GB/T 21711.1—2008中规定,但本部分中规定的此类试验和测量程序比GB/T 21711.1—2008中的规定更有约束力并更加严格。

注3:按IECQ体系进行质量评定的继电器所涉及的标准汇编在GB/T 16608(IEC 61811)中。

2 规范性引用文件

下列文件对于本文件的应用是必不可少的。凡是注日期的引用文件,仅注日期的版本适用于本文件。凡是不注日期的引用文件,其最新版本(包括所有的修改单)适用于本文件。

GB/T 2423.1—2001 电工电子产品环境试验 第2部分:试验方法 试验A:低温(IEC 60068-2-1:1990,IDT)

GB/T 2423.2—2001 电工电子产品环境试验 第2部分:试验方法 试验B:高温(IEC 60068-2-2:1974,IDT)

GB/T 2423.3—2006 电工电子产品环境试验 第2部分:试验方法 试验Cab:恒定湿热试验(IEC 60068-2-78:2001,IDT)

GB/T 2423.4—2008 电工电子产品环境试验 第2部分:试验方法 试验Db:交变湿热(12 h+12 h循环)(IEC 60068-2-30:2005,IDT)

GB/T 2423.5—1995 电工电子产品环境试验 第2部分:试验方法 试验Ea和导则:冲击(IEC 60068-2-27:1987,IDT)

GB/T 2423.6—1995 电工电子产品环境试验 第2部分:试验方法 试验Eb和导则:碰撞(IEC 60068-2-29:1987,IDT)

GB/T 2423.10—2008 电工电子产品环境试验 第2部分:试验方法 试验Fc:振动(正弦)(IEC 60068-2-6:1995,IDT)

GB/T 2423.15—1995 电工电子产品环境试验 第2部分:试验方法 试验Ga和导则:稳态加速度(IEC 60068-2-7:1986,IDT)

GB/T 2423.16—2008 电工电子产品环境试验 第2部分:试验方法 试验J和导则:长霉(IEC 60068-2-10:2005,IDT)

GB/T 2423.17—2008 电工电子产品环境试验 第2部分:试验方法 试验Ka:盐雾

(IEC 60068-2-11:1981,IDT)

GB/T 2423.19—2013 环境试验 第2部分:试验方法 试验Kc:接触点和连接件的二氧化硫试验(IEC 60068-2-42:2003,IDT)

GB/T 2423.20—2014 环境试验 第2部分:试验方法 试验Kd:接触点和连接件的硫化氢试验(IEC 60068-2-43:2003,IDT)

GB/T 2423.21—2008 电工电子产品环境试验 第2部分:试验方法 试验M:低气压(IEC 60068-2-13:1983,IDT)

GB/T 2423.22—2002 电工电子产品环境试验 第2部分:试验方法 试验N:温度变化(IEC 60068-2-14:1984,IDT)

GB/T 2423.23—2013 环境试验 第2部分:试验方法 试验Q:密封(IEC 60068-2-17:1994,IDT)

GB/T 2423.28—2005 电工电子产品环境试验 第2部分:试验方法 试验T:锡焊(IEC 60068-2-20:1979,IDT)

GB/T 2423.37—2006 电工电子产品环境试验 第2部分:试验方法 试验L:沙尘试验(IEC 60068-2-68:1994,IDT)

GB/T 2423.56—2006 电工电子产品环境试验 第2部分:试验方法 试验Fh:宽带随机振动(数字控制)和导则(IEC 60068-2-64:1993,IDT)

GB/T 3785.1—2010 电声学 声级计 第1部分:规范(IEC 61672-1:2002,IDT)

GB/T 5095.7—1997 电子设备用机电元件 基本试验规程及测量方法 第7部分:机械操作试验和密封性试验(IEC 60512-7:1993,IDT)

GB/T 5169.5—2008 电工电子产品着火危险试验 第5部分:试验火焰 针焰试验方法 装置、确认试验方法和导则(IEC 60695-11-5:2004,IDT)

GB/T 5169.10—2006 电工电子产品着火危险试验 第10部分:灼热丝/热丝基本试验方法 灼热丝装置和通用试验方法(IEC 60695-2-10:2000,IDT)

GB/T 5169.11—2006 电工电子产品着火危险试验 第11部分:灼热丝/热丝基本试验方法 成品的灼热丝可燃性试验方法(IEC 60695-2-11:2000,IDT)

GB/T 5169.12—2006 电工电子产品着火危险试验 第11部分:灼热丝/热丝基本试验方法 材料的灼热丝可燃性试验方法(IEC 60695-2-12:2000,IDT)

GB/T 5169.13—2006 电工电子产品着火危险试验 第11部分:灼热丝/热丝基本试验方法 材料的灼热丝起燃性试验方法(IEC 60695-2-13:2000,IDT)

GB/T 17196—1997 连接器件 连接铜导线用的扁形快速连接端头 安全要求(IEC 61210:1993,IDT)

GB/T 17464—2012 连接器件 电气铜导线 螺纹型和无螺纹型夹紧件的安全要求 适用于0.2 mm^2 以上至35 mm^2(包括)导线的夹紧件的通用要求和特殊要求(IEC 60999-1:1999,IDT)

GB/T 21711.1—2008 基础机电继电器 第1部分:总则与安全要求(IEC 61810-1:2003,IDT)

IEC 60068-2-21:1999 环境试验 第2-21部分:试验方法 试验U:引出端及整体安装件强度(Environmental testing—Part 2-21: Tests—Test U: Robustness of terminations and integral mounting devices)

IEC 60068-2-45:1980/Amd 1:1993 环境试验 第2-45部分:试验方法 试验XA和导则:在清洗剂中浸渍(Basic environmental testing procedures—Part2-45:Tests—Test XA and guidance: Immersion in cleaning solvent)

IEC 60068-2-58:2004 环境试验 第2-58部分:试验方法 试验Td:可焊性、分散镀层金属的电阻和安装设备表面(SMD)的锡焊热阻的试验方法[Environmental testing—Part 2-58: Tests—Test

Td:Test methods for solderability,resistance to dissolution of metallization and to soldering heat of surface mounting devices (SMD)]

IEC 60695-2(所有部分) 着火危险试验 第2部分:试验方法(Fire hazard testing—Part 2: Test methods)

IEC 61180-1:1992 低压设备的高压试验技术 第1部分:定义、试验和程序要求(High-voltage test techniques for low-voltage equipment—Part 1:Definitions,test and procedure requirements)

IEC 61180-2:1994 低压设备的高压试验技术 第2部分:试验设备(High-voltage test techniques for low-voltage equipment—Part 2: Test equipment)

IECQ QC 001001:2000 机电元件的IEC质量评估系统 基本规则[IEC quality assessment system for electronic components(IECQ)—Basic rules]

3 术语和定义

下列术语和定义适用于本文件。

3.1 继电器类型

3.1.1

机电继电器 electromechanical relay

主要对机械零部件的运动结果产生预定响应的电气继电器。

[IEV 444-01-04]

3.1.2

有或无继电器 all-or-nothing relay

预定由数值在其工作值范围内或实际上为零的某一激励量激励的电气继电器。

[IEV 444-01-02]

3.1.3

基础继电器 elementary relay

动作和释放无任何预定延时的有或无继电器。

[IEV 444-01-03]

3.1.4

单稳态继电器 monostable relay

对某一激励量作出了响应并已转换其状态,当去除该激励量时,又返回其原来状态的电气继电器。

[IEV 444-01-07]

3.1.5

双稳态继电器 bistable relay

对某一激励量作出了响应并已转换其状态,当去除该激励量后仍保持在此状态;要转换此状态,需另加一合适的激励量。

[IEV 444-01-08]

3.1.6

极化继电器 polarized relay

状态转换取决于其直流激励量极性的电气继电器。

[IEV 444-01-09]

3.1.7

非极化继电器　non-polarized relay

状态转换不取决于其直流激励量极性的电气继电器。

[IEV 444-01-10]

3.2　基于环境防护方式(制造工艺 RT)的继电器类型

3.2.1

RT0　敞开继电器　unenclosed relay

无防护外壳的继电器。

3.2.2

RTⅠ　防尘继电器　dust protected

有防尘外壳保护其机械结构的继电器。

3.2.3

RTⅡ　耐焊剂继电器　flux proof relay

无需清除预定区域之外的焊剂，就能自动焊接的继电器。

注：若采用封闭式结构，可与外界大气交换。

3.2.4

RTⅢ　耐清洗继电器　wash tight relay

无需浸渍焊剂或清洗剂，就能自动焊接并随即经受清洗工艺清除焊剂残留物的继电器。

注：实用中，此类继电器在焊接或清洗工艺之后，有时与大气连通。

3.2.5

RTⅣ　密封继电器　sealed relay

配有外壳而不向外部大气中漏气的继电器，其时间常数优于 2×10^4 s(见 GB/T 2423.23—2013)。

3.2.6

RTⅤ　气密封继电器　hermetically sealed relay

具有高密封等级的密封继电器，其时间常数保证优于 2×10^6 s(见 GB/T 2423.23—2013)。

3.3　继电器功能

3.3.1

释放状态　release condition

对单稳态继电器，为其去激励时的规定状态；对双稳态继电器，为制造厂声明的规定状态之一。

[IEV 444-02-01]

3.3.2

动作状态　operate condition

对单稳态继电器，为其由规定激励量激励并作出响应的规定状态；对双稳态继电器，为制造厂声明的与释放状态相反的状态。

[IEV 444-02-02]

3.3.3

动作(动词)　operate (verb)

从释放状态到动作状态的转换。

[IEV 444-02-04]

3.3.4

释放(动词)　release(verb)

从动作状态到释放状态的转换,适用于单稳态继电器。

[IEV 444-02-05]

3.3.5

复归(动词)　reset (verb)

从动作状态到释放状态的转换,适用于双稳态继电器。

[IEV 444-02-06]

3.3.6

转换(动词)　change over(verb)

单稳态继电器的动作或释放,双稳态继电器的动作或复归。

[IEV 444-02-07]

3.3.7

循环(动词)　cycle(verb)

对于单稳态继电器,先动作后释放,或先释放后动作;对于双稳态继电器,先动作后复归,或先复归后动作。

[IEV 444-02-08]

3.3.8

逆转(动词)　revert(verb)

对于特殊类型的极化继电器,当由一其动作所需极性并超过其动作所需的激励量激励时,再次释放或复归,或保持在释放状态。

[IEV 444-02-09,已修改]

3.3.9

反向逆转(动词)　revert reverse(verb)

对于特殊类型的双稳态极化继电器,当由一其复归所需极性并超过其复归所需的激励量激励时,再次动作,或保持在动作状态。

[IEV 444-02-10,已修改]

3.4　触点类型

3.4.1

动合触点　make contact

在继电器的动作状态下处于闭合、释放状态处于断开的触点组。

[IEV 444-02-17]

3.4.2

动断触点　break contact

在继电器的动作状态下处于断开、释放状态处于闭合的触点组。

[IEV 444-02-18]

3.4.3

转换触点　change-over contact

具有三个接触件的两个触点电路的组合,其中一个接触件为两个触点电路公用;该接触件断开一个触点电路时,闭合另一个触点电路。

[IEV 444-02-19]

3.4.4

先合后断转换触点 change-over make-before-break contact

闭合触点电路在断开触点电路断开之前闭合的转换触点。

[IEV 444-02-20]

3.4.5

先断后合转换触点 change-over break-before-make contact

断开触点电路在闭合触点电路闭合之前断开的转换触点。

[IEV 444-02-21]

3.5 适用于继电器参数值的前缀

继电器的参数值可以定义为额定、实测("实际")、试验("必须")或特性值,并用这些词中的一个来作为前缀。这些前缀也适用于时间值。

3.5.1

额定值 rated value

规范用量值,由继电器一组规定的工作条件所确定。

[IEV 444-02-18,已修改]

3.5.2

实测("实际")值 actual("just")value

完成规定功能的过程中,对某一具体继电器测量所确定的量值。

[IEV 444-02-21]

3.5.3

试验("必须")值 test("must")value

继电器在试验时应符合规定工作的量值。

[IEV 444-02-20]

3.5.4

特性值 characteristic value

继电器在其初始状态或在其相应规范中规定的循环次数之后,应符合规定要求的量值。

[IEV 444-02-19,已修改]

3.6 激励值

3.6.1

激励量 energizing quantity

在规定的条件下,施加于继电器线圈,能使其满足用途的电量。

[IEV 444-03-01,已修改]

注1:对基础继电器,激励量通常是电压。因此,在以下给出的定义中,采用输入电压作为激励量。当某一继电器采用一规定的电流激励时,则在相关的术语和定义中,用"电流"代替"电压"。

注2:IEV第444章中使用的通用术语"输入电压"适用于各类基础继电器(例如包括固体继电器)。对基础机电继电器,按GB/T 21711.1—2008中的规定,则在3.6的术语中选择了更专用的术语"线圈电压"。

3.6.2

线圈电压 coil voltage

作为激励量施加的电压。

[IEV 444-03-03]

3.6.3

工作值范围 operative range

能使继电器完成其规定功能的线圈电压值范围。

[IEV 444-03-05,已修改]

注：下列术语可参阅图3～图7,各图中标示了由术语所规定的继电器序列功能。

3.6.4

预磁化值　magnetic preconditioning value

使电磁继电器达到规定磁化条件的线圈电压值。

[IEV 444-03-19]

注1：对于极化继电器,在正向(动作)预磁化和反向预磁化之间需具有差别。

注2：对于双稳态继电器,也可以采用预磁化方式使其处于规定的状态。

3.6.5

不动作电压　non-operate voltage

使继电器不动作的线圈电压值。

[IEV 444-03-07,已修改]

3.6.6

动作电压,置位电压(仅双稳态继电器适用)　operate voltage, set voltage (for bistable relays only)

使继电器动作的线圈电压值。

[IEV 444-03-06,已修改]

3.6.7

不释放电压　non-release voltage

使单稳态继电器不释放的线圈电压值。

[IEV 444-03-09,已修改]

3.6.8

释放电压　release voltage

使单稳态继电器释放的线圈电压值。

[IEV 444-03-08,已修改]

3.6.9

不复归电压　non-reset voltage

使双稳态继电器不复归的线圈电压值。

[IEV 444-03-11,已修改]

3.6.10

复归电压　reset voltage

使双稳态继电器复归的线圈电压值。

[IEV 444-03-10,已修改]

3.6.11

逆转电压　revert voltage

对于特定类型的极化继电器,使继电器逆转的线圈电压值。该线圈电压的极性与动作电压的极性相同、数值大于动作电压。

[IEV 444-03-12,已修改]

3.6.12

不逆转电压　non-revert voltage

对于特定类型的极化继电器,使继电器不逆转的线圈电压值。该线圈电压的极性与动作电压的极性相同、数值大于动作电压。

[IEV 444-03-13,已修改]

3.6.13

反向逆转电压　revert reverse voltage

对于特定类型的双稳态极化继电器,使其反向逆转的线圈电压值。该线圈电压极性与复归电压的极性相同、数值大于复归电压。

[IEV 444-03-14,已修改]

3.6.14

不反向逆转电压　non-revert reverse voltage

对于特定类型的双稳态极化继电器,使其不反向逆转的线圈电压值。该线圈电压的极性与复归电压的极性相同、数值大于复归电压。

[IEV 444-03-15,已修改]

3.6.15

反向极性电压　reverse polarity voltage

对于单稳态极化继电器,使其不动作的反向极性的线圈电压值。

[IEV 444-03-16,已修改]

3.6.16

有功功率　active power

周期性状态下,瞬时功率 p 在一个周期 T 内的平均值。

$$P=1/T\int_0^T p\,\mathrm{d}t$$

注 1:在正弦状态下,有功功率是复功率的实部。

注 2:在国际单位制(SI)中,有功功率的单位是瓦特(W)。

[IEV 131-11-42]

3.6.17

视在功率　apparent power

二端元件或二端电路端子间电压的均方根值 U 与该元件或电路中的电流的均方根值 I 的乘积。

$$S=UI$$

注 1:在正弦状态下,视在功率是复功率的模。

注 2:在国际单位制(SI)中,视在功率的单位为伏安(VA)。

[IEV 131-11-41]

3.7　触点的电气特性

3.7.1

触点电流　contact current

继电器触点在断开前或闭合后所承受的电流。

[IEV 444-04-26]

3.7.2

切换电流　switching current

继电器触点闭合和(或)断开的电流。

[IEV 444-04-27]

3.7.3

切换电压　switching voltage

继电器的触点在闭合前或断开之后,其接触件之间的电压。

[IEV 444-04-25,已修改]

3.7.4

极限连续电流 limiting continuous current

在规定的条件下,闭合的触点所能连续承受的最大电流值。

[IEV 444-04-28,已修改]

3.7.5

触点噪声 contact noise

在闭合触点的引出端之间出现的寄生电压。

[IEV 444-04-33]

3.8 触点负载类型

3.8.1

触点负载类型 0 contact load category 0

CC0

表征为最大切换电压为 30 mV 且最大切换电流为 10 mA 的负载。

3.8.2

触点负载类型 1 contact load category 1

CC1

没有电弧的小负载。

注:持续时间不超过 1 ms 的电弧可以忽略。

3.8.3

触点负载类型 2 contact load category 2

CC2

能产生电弧的大负载。

3.9 触点的机械特性

3.9.1

触点 contact point (contact tip)

接触件中,闭合或断开触点电路的部分。

[IEV 444-04-06]

3.9.2

触点间隙 contact gap

触点电路断开时,触点之间的间隙。

[IEV 444-04-09,已修改]

3.9.3

触点压力 contact force

在闭合状态,两个接触件的触点之间,相互施加的力。

[IEV 444-04-10,已修改]

3.9.4

接触件 contact member

相互作用,闭合或断开输出电路的导电零件。

[IEV 444-04-05,已修改]

3.10 时间相关的术语

3.10.1

动作时间 operate time

对处于释放状态的继电器,从施加规定的线圈电压开始至最后触点电路转换状态为止之间的时间,不包括回跳时间。

[IEV 444-05-01,已修改]

注:动作时间包括动合触点的闭合时间,动断触点的断开时间。

3.10.2

释放时间 release time

对处于动作状态的单稳态继电器,从去除规定的线圈电压开始至最后触点电路转换状态为止之间的时间,不包括回跳时间。

[IEV 444-05-02,已修改]

注:释放时间包括动合触点的断开时间和动断触点的闭合时间。

3.10.3

复归时间 reset time

对处于动作状态的双稳态继电器,从施加规定的线圈电压开始至最后切换的触点电路状态为止之间的时间,不包括回跳时间。

[IEV 444-05-03,已修改]

注:复归时间包括动合触点的断开时间和动断触点的闭合时间。

3.10.4

回跳时间 bounce time

对于正在闭合或断开其电路的触点,从触点电路首次闭合或断开的瞬间开始至电路最终闭合或断开的瞬间为止之间的时间。

[IEV 444-05-04]

3.10.5

转接时间 transfer time(transit time)

对于先断后合转换触点,两个触点电路都断开的时间。

[IEV 444-05-06]

3.10.6

桥接时间 bridging time

对于先合后断的转换触点,两个触点电路都闭合的时间。

[IEV 444-05-05]

3.10.7

稳定时间 stabilization time

从施加规定线圈电压的瞬间开始至最后触点电路闭合或断开并满足规定要求为止的时间,包括回跳时间。

[IEV 444-05-07,已修改]

3.10.8

最短激励时间 minimum time of energization

保证继电器动作或复归,需施加线圈电压的最短时间。

[IEV 444-05-08,已修改]

3.10.9

接触时间差 contact time difference

对于具有几个同种类型触点的继电器,最大的动作(释放或复归)时间值和最小的动作(释放或复归)时间值之间的差。

3.11 其他术语

3.11.1

线圈瞬态抑制器件 coil transient suppression device

连接到继电器线圈,用来限制反电动势至规定值的器件。

3.11.2

热平衡 thermal equilibrium

以 5 min 为间隔的连续三次测量中,任意两次的变化量小于 1 K。

4 试验和测量程序

4.1 总则

本部分中规定的试验和测量程序,推荐用于对继电器规定参数的试验和测量。

4.2 差别

可以采用与本部分规定有差别的任何试验和测量程序,但应在继电器的相关文件中明确标明。

4.3 测量准确度

当评定结果时,应注意测量误差。若无其他规定,所有测量的准确度,电气参数应为±2%,机械参数应为±5%,温度应为±2 K。

4.4 电源

除另有规定外,电源及其连接应符合下列要求:

a) 电压或电流的公差应不大于规定值的±5%。

b) 直流电源输出的交流分量(纹波系数)不得大于 6%。

注 1:直流中的交流分量以百分数表示,定义为:(最大值－最小值)×100/(直流分量)。

c) 交流电源频率的公差不应大于规定值的±2%,失真系数不应大于 5%。

注 2:失真系数定义为从一非正弦谐波量中去除其基波所得到的谐波含量有效值与该非正弦谐波量的有效值之比,通常以百分数表示。

下列各电极应接地:直流电源的一个电极、单相交流电源的一个电极或三相交流电源的中性线。电源的接地电极应与被试继电器的一个或多个线圈的每个线圈的一个引出端相连接,应与被试继电器的每一个负载的一个引出端相连接。

4.5 试验的标准条件

4.5.1 试验的标准大气条件

除另有规定外,所有试验均应在下列试验的标准大气条件下进行:

- 温度：23 ℃±5 ℃；
- 相对湿度：25%～75%；
- 大气压力：86 kPa～106 kPa(860 mbar～1 060 mbar)。

试验前，继电器应在试验的标准大气条件下达足够时间，以使继电器达到温度稳定。

除另有规定外，本部分中，术语“交流电压”和“交流电流”均指有效值。

4.5.2 插座的使用

4.5.2.1 一般原则

选择一相应插座进行连接的继电器，可采用一规定的插座或采用直接的电气连接进行试验。无论对继电器或对插座进行接线，均应符合试验条款中规定的各种要求。若这些都无可能，则任何差别均应在试验报告中进行记录。

当使用插座时，则在试验报告应标明相关的试验条款和插座的型号/规格号。

注：当使用插座时，本部分试验条款中提及的“引出端”或“继电器引出端”需指 “插座引出端”。

4.5.2.2 注意事项

使用插座能人为地改善某些(继电器)试验的结果。作为最终结果，在采用插座进行任何项试验前，应按 4.5.2.4 规定进行检测。

使用插座可能影响测定继电器的某些试验结果。作为最终结果，在切实可行的情况下，保留不使用插座进行试验的选择。

4.5.2.3 插座安装

在冲击、碰撞、振动和稳态加速度试验(见 4.26～4.29)中若使用插座，则应规定由制造厂推荐的安装方法和条件及所使用任何夹具。

4.5.2.4 初始插座检测

在使用插座进行任何项试验之前，应确定在继电器引出端/插座插入界面所引入的电阻值不得超过对继电器标明的接触电阻值的 10%。

在使用插座进行任何项试验之前，应确定在所有的电气独立的各引出端之间的绝缘电阻(见 4.11)和介质耐电压(见 4.9)，插座所呈现的数值不得小于对继电器所标明的数值。

4.6 目检和尺寸检查

4.6.1 目的

保证继电器的标志和关键尺寸符合其规定的要求，并保证无可见机械缺陷。

4.6.2 程序

除另有规定外，目检应在正常的生产照明和视觉条件下进行。外部与关键尺寸检查应作为非破坏性试验项目进行。

目检应包括：

a) 标志的正确性(完整并清晰)；

b) 引出端标志的正确性；

c) 封罩的正确性(整体外观是否良好);

d) 无机械缺陷。

应检查继电器(和其附件,若适用)是否符合外形图的规定,包括爬电距离和电气间隙是否符合规定。

4.6.3 应规定的条件

应规定下列条件:

a) 应检查的尺寸和公差、标志和引出端;

b) 应检查的外部爬电距离和电气间隙的最小值;

c) 如有要求,具体的照明条件和(或)光学器具;

d) 应检查的机械参数和所要求的结果。

4.7 机械检测和称重

4.7.1 目的

保证具体的机械参数在规定的极限值之内。

4.7.2 程序

应对继电器进行称重。当有要求时(例如触点压力、衔铁行程、触点间隙),机械检测程序应符合对被测继电器的规定。

4.7.3 应规定的条件

应规定下列条件:

a) 应检查的机械参数、检测方法和所要求的结果;

b) 继电器的重量和公差。

4.8 继电器线圈特性

4.8.1 线圈电阻

4.8.1.1 目的

保证继电器线圈的直流电阻值在规定的范围之内。

4.8.1.2 程序

线圈电阻应在继电器的引出端之间测量。测量方法中应包括可以忽略不计的温升。除另有规定外,基准温度应为 23 ℃。

4.8.1.3 应规定的条件

应规定下列条件:

a) 线圈电阻值范围;

b) 基准温度,若不是 23 ℃;

c) 导线的温度系数,若不是电解铜;

d) 由于线圈电路中有电阻器、二极管等,所必须的任何特殊的保护措施。

4.8.2 线圈电感

4.8.2.1 目的

保证继电器线圈的电感量在规定的范围之内。

4.8.2.2 程序

线圈电感在衔铁的开启状态和闭合状态均应进行测量,必要时,应采用使衔铁保持在上述每个固定状态的机械装置。继电器应在无毗邻金属零件的条件下进行安装。除有要求外,不应对继电器线圈进行预处理。

方法1(交流):应在继电器的额定激励状态下测量线圈电感。除另有规定外,测量用交流电压 U 的频率 f 应为激励量的标称频率,波形应为正弦波;或对于直流继电器,应按规定。应测量线圈电阻 R(见4.8.1)和线圈电流 I,然后采用下列公式计算线圈电感 L。

$$Z=U/I$$

式中:

Z——线圈阻抗;

U——交流电压;

I——线圈电流。

$$Z^2=R^2+(2\pi fL)^2$$

式中:

Z——线圈阻抗;

R——线圈电阻;

f——频率;

L——线圈电感。

方法2(直流):以测定时间常数 t 来测量线圈电感量。当对线圈施加额定电压 U 时,以达到额定电流 I 的63.21%所需要的时间确定为 I 的数值。然后,采用下列公式计算电感 L。

$$L=Rt$$

式中:

L——线圈电感;

R——线圈电阻;

t——时间常数。

方法3:除另有规定外,采用电感电容电阻测定计(LCR)以频率为1 kHz和线圈额定电压直接进行测量。

4.8.2.3 应规定的条件

应规定的条件如下:

a) 方法1、方法2或方法3;

b) 线圈电感量的范围;

c) 施加的交流或直流电源电压;

d) 施加的交流电源频率;

e) 额定激励量值;

f) 任何替代程序,若上述程序不适用。

4.8.3 线圈阻抗和功耗

4.8.3.1 目的

保证继电器线圈的阻抗或功耗在规定的范围之内。

4.8.3.2 程序

继电器应在无毗邻金属零件的条件下进行安装。

方法 1:应在继电器的去激励和额定激励状态分别测量线圈阻抗。除另有规定外,测量所用交流电压的频率应为线圈电压的标称频率;或对于直流继电器,应按制造厂规定。

当在测量中在绕组上叠加直流激励时,应配有隔离交流和直流电路的合适装置。

方法 2:功耗(对直流,为有功功率;对交流,为视在功率)应在继电器的额定激励状态进行测量;或对于继电器功耗随其可动零件的位置而变化的情况下,其激励条件应按制造厂规定。

4.8.3.3 应规定的条件

应规定下列条件:

a) 方法 1 或方法 2;

b) 线圈阻抗或功耗范围;

c) 线圈电压的额定值;或对于方法 2,线圈电压的数值;

d) 方法 1:施加的交流电源电压和其频率;

e) 任何替代程序,若上述程序不适用。

4.8.4 线圈瞬态抑制测试

4.8.4.1 目的

验证继电器线圈所产生的反电动势不大于规定的感应瞬变电压最大值。

4.8.4.2 程序

继电器接入测试电路(图 1 为一典型示例),并以线圈额定电压激励。切换用继电器启动用的电源电压应与被测继电器的激励电源无关。

激励电源应是一低阻抗电源,且无限流电阻器或用以调整线电压的电位器,这一点很重要。

切换用继电器应闭合,时间应至少为被测继电器动作时间的 10 倍,以使监测装置(如示波器)和测试电路稳定;然后断开,得到感应电压的扫描波形曲线图。继电器的循环速率和占空比应符合制造厂规定。

应在监测装置上观测读数。应记录感应瞬变电压的数值。典型的示波器波形图如图 2 所示。

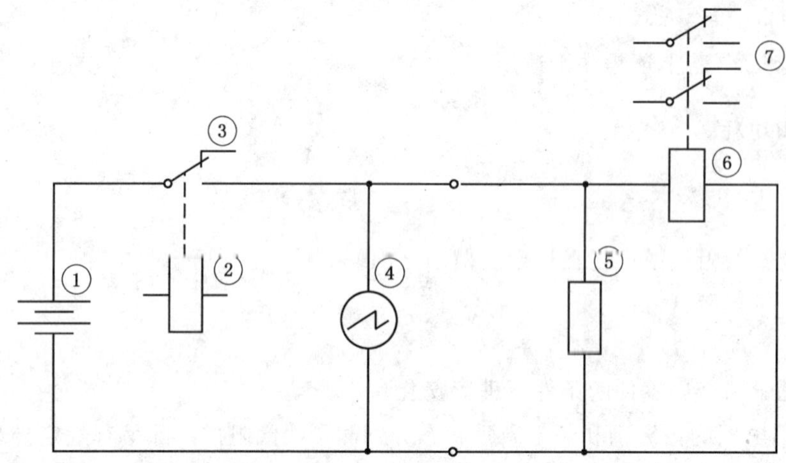

说明：

①——激励电源(低阻抗)；

②——切换用继电器的线圈；

③——切换用继电器的触点(无回跳)；

④——监测装置(示波器)；

⑤——抑制电路；

⑥——被测继电器线圈；

⑦——被测继电器触点。

图 1 典型的线圈瞬态抑制测量电路

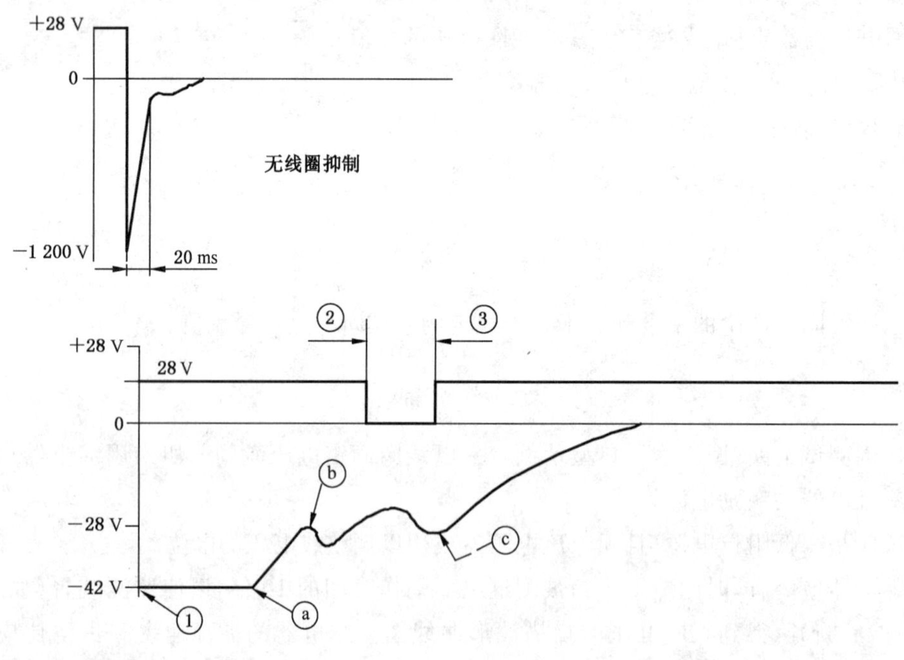

说明：

①——切换用继电器触点断开；

②——被测继电器触点断开(动断触点)；

③——被测继电器触点闭合(动合触点)；

ⓐ——由于使用抑制元器件而截止；

ⓑ——衔铁移动的起始点；

ⓒ——衔铁移动的终止点。

图 2 瞬变电压测量时，示波器屏幕上的典型波形图

4.8.4.3 应规定的条件

应规定下列条件：

a) 线圈额定电压；

b) 循环速率；

c) 占空比；

d) 连续读数的个数，若不是 3 个；

e) 环境温度，若不是(23±5)℃；

f) 反电动势的范围。

4.9 介质耐电压试验

4.9.1 目的

保证继电器的特定电路之间或断开触点两端间有足够的绝缘耐电压能力。

4.9.2 程序

对继电器的某一电路，应在相应的继电器引出端施加其规定的试验电压。交流试验电压应是正弦波，频率为 50 Hz 或 60 Hz，并可以用一数值等于交流试验电压峰值的直流试验电压替代。除另有规定外，在绝缘或断开电路的两端施加试验电压 1 min。允许施加的时间为 1 s，但试验电压值应增加到额定值的 110%。对于更短的时间，制造厂应评定一个相应的数值，以保证同等水平的介质耐电压能力。不准许出现闪络或击穿。漏电流不准许大于 3 mA。

注 1：对继电器，下列类型的绝缘适用：功能绝缘、基本绝缘和加强绝缘。微断开(也包括微切断)和全断开适用于继电器触点。见 GB/T 21711.1—2008 的 10.3。

注 2：交流和直流试验电压的数值取决于一个电路的额定电压，被试绝缘或断开电路按 GB/T 21711.1—2008 的表 9 和表 10 规定。

试验用高压变压器应设计成，当其输出电压被调整到试验电压后，输出端被短路时，除制造厂另有规定外，输出电流应至少为 200 mA。务必小心地测量试验电压的有效值，应在规定值的±3%之内。

会使试验变得不可实行的特殊元器件，如发光二极管、自激振荡二极管、压敏电阻器，应在一极断开，或桥接或切除后，按相应的绝缘进行试验。

当规定时，处于新状态的继电器除规定了其他程序和数值外，应经受下列预处理：

预处理由“高温试验”和“湿热试验”组成。

高温试验在高温箱中进行。样品安装区内的空气温度应保持在 55 ℃，准确度为±2 K。样品在高温箱中保持 48 h。

湿热试验在气候试验箱中进行，箱内的相对湿度为 91%～95%之间。样品安装区内的空气温度应保持在 25 ℃，准确度为±5 K。样品在试验箱中保持 48 h。不应出现冷凝现象。

4.9.3 应规定的条件

应规定下列条件：

a) 施加试验电压的引出端应按下列选择：

- 每个触点电路的各引出端之间；动断触点试验时应断开；
- 连接在一起要求相同试验电压的所有引出端与任何不用作电气连接的外露导电件之间，后者对于有绝缘外壳的继电器，由一缠绕继电器的金属箔模拟；
- 各独立线圈的引出端之间(有双线圈或无)；
- 连接在一起要求相同试验电压的所有线圈引出端与连接在一起的所有触点电路引出端

之间；
- 各独立的触点电路的引出端之间。

b) 各个试验电压。

c) 试验的持续时间:1 s 或 1 min。

d) 对重复试验时的降低要求,例如耐久性试验后的最终测试。降低要求应与重复试验项目一起规定。

e) 预处理细则,当有要求时。

4.10 冲击电压试验

4.10.1 目的

保证继电器能耐受规定的瞬变过电压。

4.10.2 程序

应按制造厂规定对继电器的相关部分施加规定峰值和波形的冲击试验电压。模拟雷电过电压的标准波形特性以前沿时间 1.2 μs 和至半峰值时间为 50 μs 表征。试验细则在 IEC 61180-1:1992 和 IEC 61180-2:1994 中规定。可以规定其他波形和试验装置。

注:对于电信设备,也可采用 ITU-T 中的 K.44 推荐标准规定的 10 μs/700 μs 的试验冲击波形。

任何情况下,冲击发生器的输出阻抗不得大于 500 Ω。

试验对每一极性至少应进行 3 次冲击,每次冲击间的时间间隔应至少为 1 s。

不准许出现一次穿透固体绝缘材料的击穿或出现一次闪络。

除制造厂另有规定外,断开的触点间不准许出现闪络。若允许,则闪络不得造成任何永久性损坏,冲击电压发生器的输出能量应符合规定。

当规定时,处于新状态的继电器,除规定了其他程序和数值的外,应经受下列预处理:

预处理由“高温试验”和“湿热试验”组成。

高温试验在高温箱中进行。样品安装区内的空气温度应保持在 55 ℃,准确度为±2 K。样品在高温箱中保持 48 h。

湿热试验在气候试验箱中进行,箱内的相对湿度为 91%～95%之间。样品安装区内的空气温度应保持在 25 ℃,准确度为±5 K。样品在试验箱中保持 48 h。不应出现冷凝现象。

4.10.3 应规定的条件

应规定下列条件:

a) 冲击次数,若不是 3 次正向冲击和 3 次反向冲击;

b) 施加冲击试验电压的引出端;

c) 波形和冲击电压发生器特性(包括输出能量);

d) 冲击电压的峰值;

e) 预处理细则,若有要求;

f) 验证符合性所要求的试验结果和最终测量项目。

4.11 绝缘电阻

4.11.1 目的

保证在继电器的规定电路之间保持足够数值的电阻。

4.11.2 程序

应按制造厂规定，在继电器的相应部分施加直流测试电压。除另有规定外，测试电压的数值应为500 V。应在施加测试电压至少5 s后测量电阻值。

当规定时，处于新状态的继电器除规定了其他程序和数值外，应经受下列预处理：

如有规定，在新条件下的继电器应进行以下预处理，除非另有规定的程序和具体值：

预处理由“高温试验”和“湿热试验”组成。

高温试验在高温箱中进行。样品安装区内的空气温度应保持在55 ℃，准确度为±2 K。样品在高温箱中保持48 h。

湿热试验在气候试验箱中进行，箱内的相对湿度为91%～95%之间。样品安装区内的空气温度应保持在25 ℃，准确度为±5 K。样品在试验箱中保持48 h。不应出现冷凝现象。

4.11.3 应规定的条件

应规定下列条件：

a) 施加测量电压的引出端应按如下选择：
   - 每个触点电路的引出端；动断触点测量时应断开。
   - 连接在一起的要求相同试验电压的所有引出端与任何不用作电气连接的外露导电件，后者对于有绝缘外壳的继电器，由一缠绕继电器的金属箔模拟。
   - 各独立绕组(双绕或非双绕)的引出端。
   - 连接在一起要求相同试验电压的所有线圈引出端与连接在一起的所有触点电路的引出端。
   - 各独立的触点电路的引出端。

b) 测量电压，若不是500 V。

c) 到达稳定读数的时间。

d) 预处理细则，若有要求。

e) 绝缘电阻的最小值。

4.12 触点电路电阻(或电压降)

4.12.1 目的

检测闭合触点电路间的电阻是否保持在规定的范围之内。

4.12.2 程序

应采用四端电桥测量触点电路电阻，即采用伏安(电压-电流表)法，或对于动态测试采用自动监测设备。应采用频率为0.8 kHz～2 kHz的交流电压或按规定进行测量。若规定为直流，除动态测试外应在两个极性方向均对触点电路电阻进行测量。

每循环一次应进行1次测量。

测试类型应符合规定，并应从下列类型中选择：

- 静态触点电阻测量是指：每1次测量中，触点保持闭合的时间应足以使所有瞬变均消失，应进行3次测量循环；
- 动态触点电阻测量是指：继电器线圈采用一规定频率的矩形波激励，应进行规定次数的循环，并对每1次循环进行监测。应在触点达到稳定闭合状态后或在至少达到每一次循环总时间中闭合部分的30%后(取长者)开始监测。

除制造厂规定了其他数值外，任何触点电路电阻不正常的时间不得超过10 μs。

除另有规定外,线圈应以额定电压激励。

测量前不准许进行预处理循环。

测量电压应在触点闭合后施加,并应在触点断开前切除;但对于 CC0 触点,当规定时,允许按制造厂规定的条件进行负载切换。

若某一继电器触点,其触点负载类别(CC)多于一类,则测量应以最低类别的要求为依据。

在耐久性试验中,可以采用其他方法检测触点电阻,例如,若无其他规定,在负载电流流过被测触点时,检测被测触点之间的电压降。

4.12.3 应规定的条件

应规定下列条件:

a) 测量电压的频率,若不是 0.8 kHz～2 kHz。

b) 测量类型:静态或动态。

c) 对于动态测量,矩形波的频率、循环次数和额定测量时间。

d) 线圈电压值,若不是额定值。

e) 测量点。

f) 测量用触点电流,应从下列数值中选取:
- 触点负载类别 CC0:10 mA,最大值;
- 触点负载类别 CC1:100 mA,最大值;
- 触点负载类别 CC2:1 A,最大值。

g) 测量用触点电压,应从下列数值中选取:
- 触点负载类型 CC0:30 mV,最大值;
- 触点负载类型 CC1:10 V,最大值;
- 触点负载类型 CC2:30 V,最大值。

h) 最大触点电阻。

4.13 功能测试

4.13.1 目的

保证继电器在规定的激励值下能正常工作。

4.13.2 程序

表 1 中列出了各项功能测试的相应数值及其含义,见图 3 至图 7 中给出的典型示例。

除另有规定外,测试采用定性的方式按下列给出的顺序进行。

表 1 线圈电压值和相应功能

图形代码 (见图 3～图 7)	施加的线圈电压值	继电器应执行的功能	适用的继电器类型
a	不动作电压	不动作	所有类型
b	动作电压	动作	所有类型
c	额定电压	保持动作状态	所有类型
d	不逆转电压	保持动作状态	极化
e/g	不释放电压	不释放	所有类型
f/h	释放电压	释放	所有类型

表 1（续）

图形代码（见图 3～图 7）	施加的线圈电压值	继电器应执行的功能	适用的继电器类型
i	反向额定电压	保持非动作状态	双稳态极化
j	不反向逆转电压	不动作	双稳态极化
k	反向极化电压	不动作	单稳态极化
x	预处理值	预处理	有要求的所有类型
y	置位电压	整定在所要求的状态	有要求的所有类型
z	反向置位电压	整定在所要求的状态	有要求的所有类型

当有要求时，应进行预磁化处理，继电器的取向应考虑到任何外磁场。

当从一个步骤进行到下一个步骤时，线圈电压的特性应符合规定。采用目检，或当目检不能实行时采用监测触点的方法检测继电器的相应功能。

有关功能图（图 3～图 7）的注释：

图形不按比例。

预处理脉冲只作为示例。可以采用任何其他的波形方向、持续时间或幅值。

图 7（双稳态极化继电器）中的顺序只是作为一个示例。其他类型的这种继电器可以采用其他顺序。

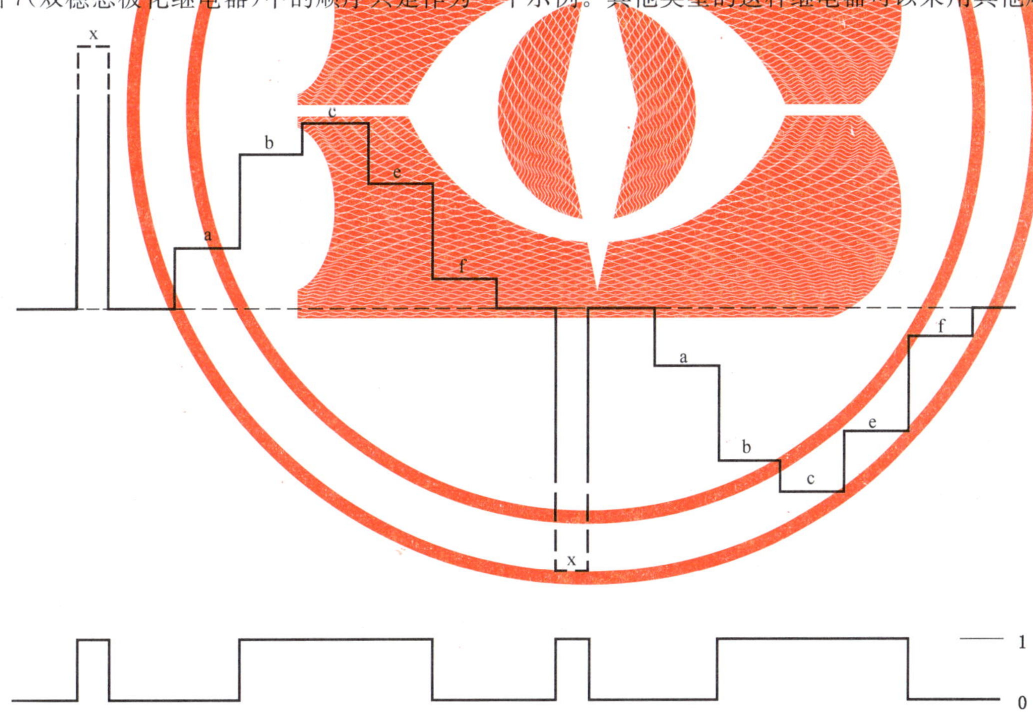

说明：

a——不动作电压；

b——动作电压；

c——额定电压；

e——不释放电压（单稳态继电器）；

f——释放电压（单稳态继电器）；

x——预处理电压。

上面的图形的每一部分表示激励值；下面的图形表示触点的状态（0 表示释放状态，1 表示动作状态）。

图 3　单稳态非极化继电器

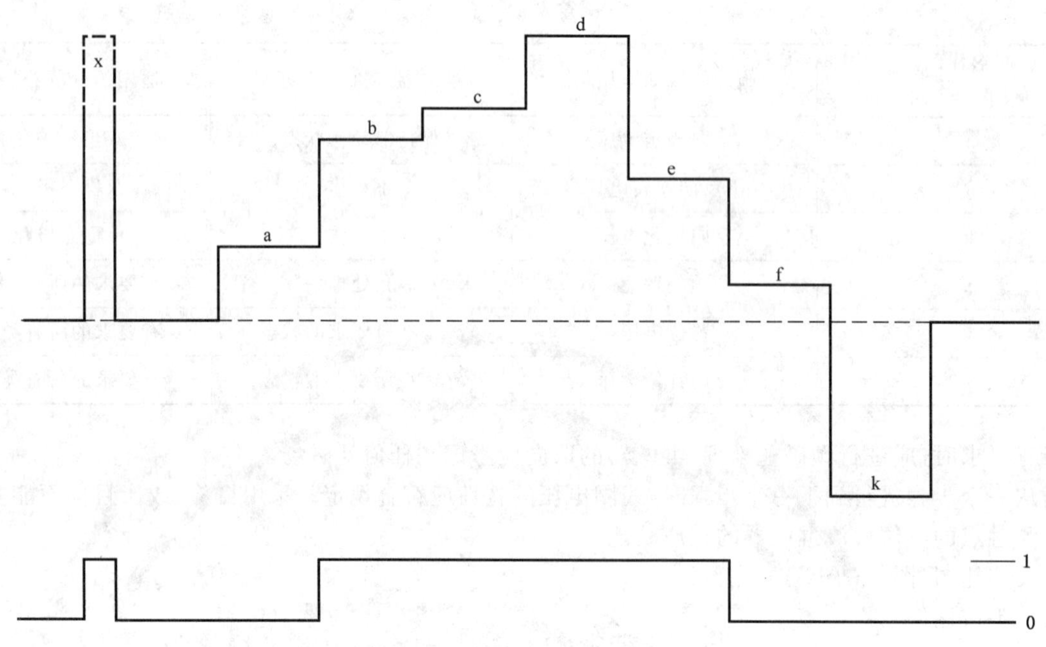

说明：

a——不动作电压；

b——动作电压；

c——额定电压；

d——不逆转电压；

e——不释放电压(单稳态继电器)；

f——释放电压(单稳态继电器)；

k——反向极性电压；

x——预处理电压。

上面的图形的每一部分表示激励值；下面的图形表示触点的状态(0 表示释放状态，1 表示动作状态)。

图 4　单稳态二极管极化继电器

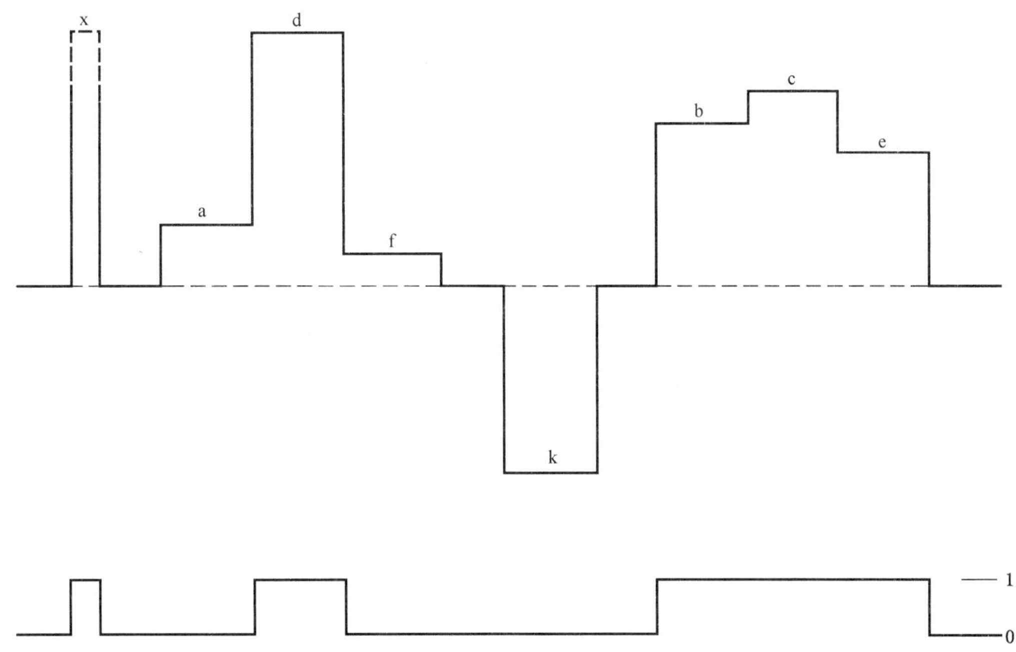

说明：

a——不动作电压；

b——动作电压；

c——额定电压；

d——不逆转电压；

e——不释放电压(单稳态继电器)；

f——释放电压(单稳态继电器)；

k——反向极性电压；

x——预处理电压。

上面的图形的每一部分表示激励值；下面的图形表示触点的状态(0 表示释放状态，1 表示动作状态)。

图 5　采用磁偏置的单稳态极化继电器

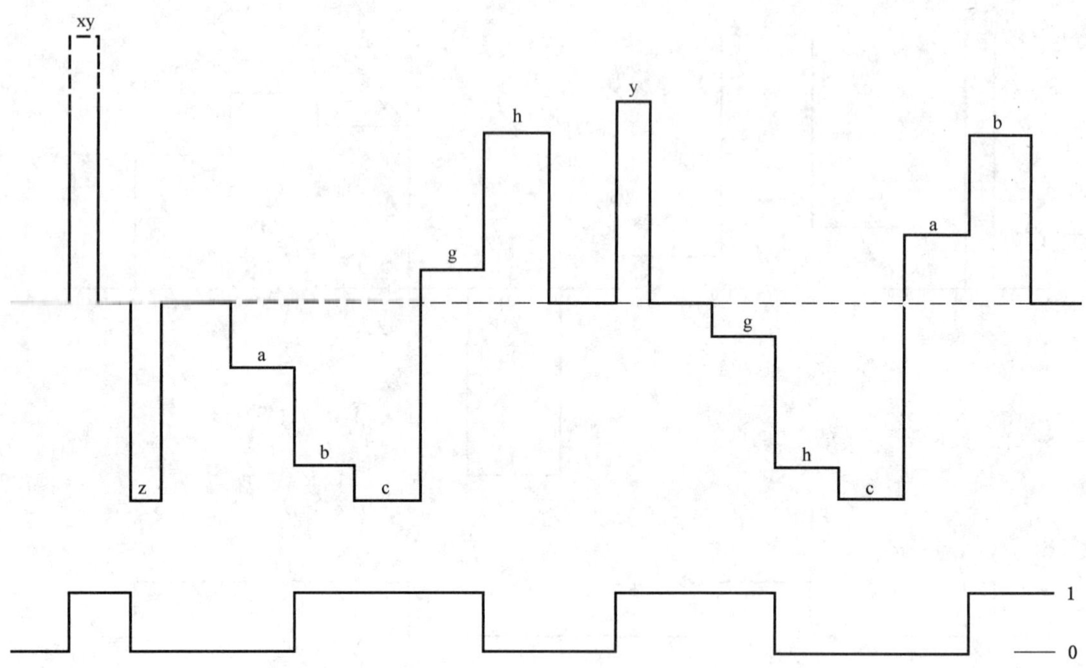

说明：

a——不动作电压；

b——动作电压；

c——额定电压；

g——不释放电压（双稳态继电器）；

h——释放电压(双稳态继电器)；

x——预处理电压；

y——动作(置位)电压；

z——反向动作(置位)电压。

上面的图形的每一部分表示激励值；下面的图形表示触点的状态(0 表示释放状态，1 表示动作状态)。

图 6　双稳态非极化继电器(不适用于剩磁继电器)

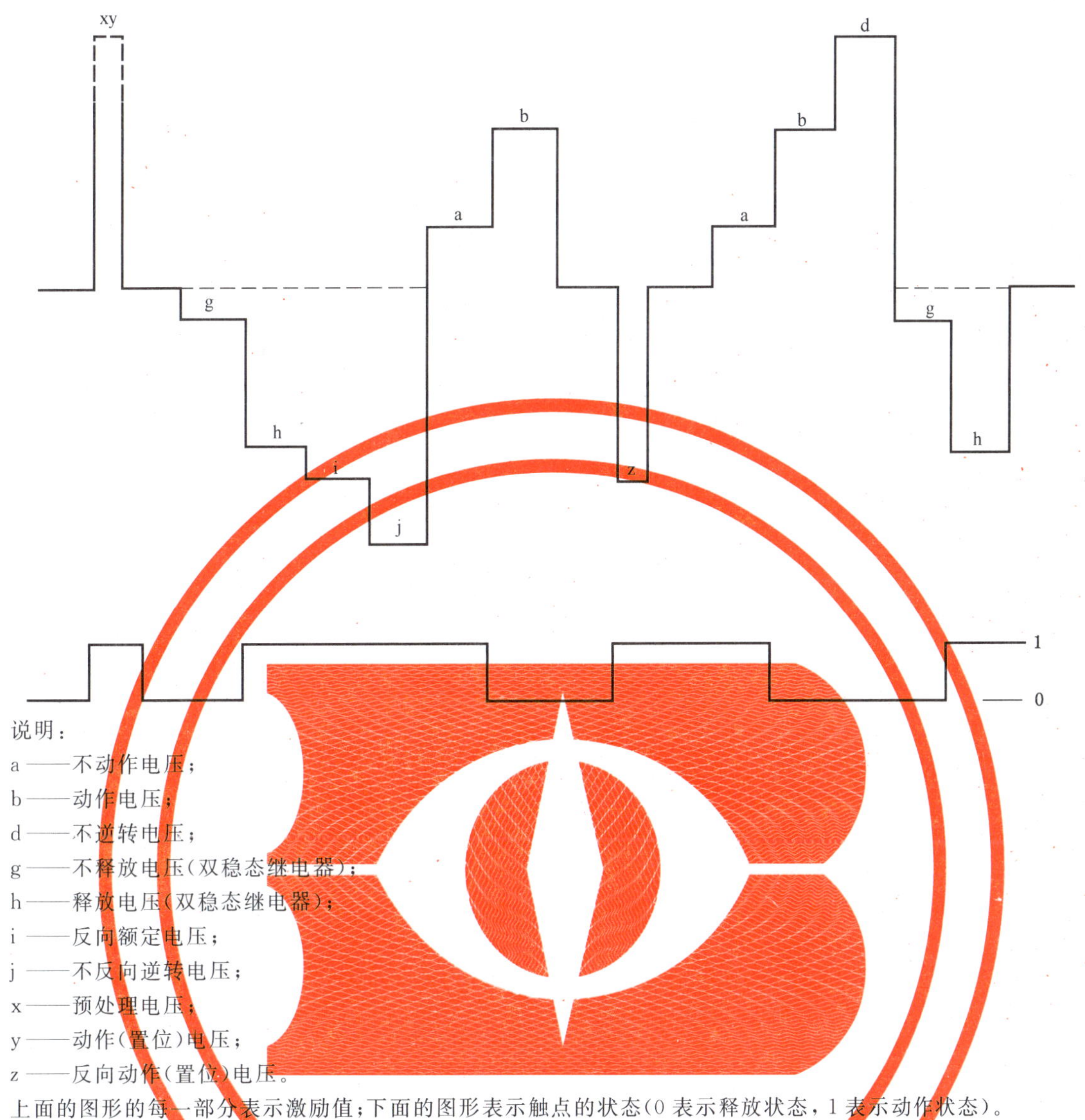

说明：
a——不动作电压；
b——动作电压；
d——不逆转电压；
g——不释放电压(双稳态继电器)；
h——释放电压(双稳态继电器)；
i——反向额定电压；
j——不反向逆转电压；
x——预处理电压；
y——动作(置位)电压；
z——反向动作(置位)电压。
上面的图形的每一部分表示激励值;下面的图形表示触点的状态(0 表示释放状态，1 表示动作状态)。

图 7　双稳态极化继电器

4.13.3　应规定的条件

应规定下列条件：

a)　所要求的线圈电压值和预处理值及其极性；

b)　各个步骤的顺序,若不同于上述顺序；

c)　适用时,施加的连续脉冲或直线上升式电压,以代替阶跃函式变化电压；

d)　若要求更精密的规格,各步骤之间的时间或完成各步骤所使用的设备；

e)　对新继电器或在规定的循环次数之后,试验的运用；

f)　磁方向,若有要求；

g)　监测细则,若有要求。

4.14　时间测量

4.14.1　目的

保证各种时间参数在规定的范围之内。

4.14.2 程序

为了保证最大电压降和置位时间不超过规定值，应挑选线圈激励电源的输出阻抗。

切换电压应符合规定。

除另有规定外，切换电流应为 10 mA。切换线圈用开关应无回跳。

对于交流继电器，应使用波形上的交点可变的同步切换装置。相位应既可以调整到能获得规定的最长时间，也能调整到规定波形上规定的交点。作为替代，可以采用线圈的直流激励，但使线圈引起的温升应相同。

对于动作时间、转接时间、桥接时间、释放时间和回跳时间的测量，图 8 中给出了适用的电路，图 9 中给出了示波器屏幕上的典型波形图。时间的比例系数应使显示的图形覆盖整个屏幕。

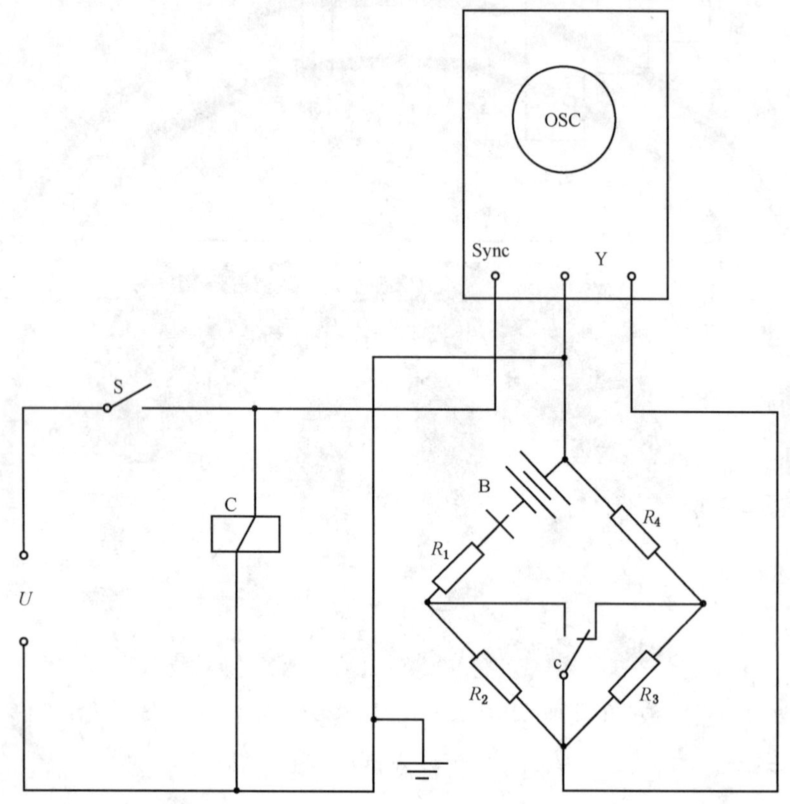

说明：

C ——继电器线圈；

c ——继电器触点；

U ——激励电源；

S ——无回跳开关；

B ——电池；

$R_1 \sim R_4$ ——电阻器；

OSC ——示波器；

Sync ——触发信号输入端；

Y ——垂直偏转输入端。

注：为了区分桥接时间和转接时间，建议各电阻器的阻值比如下：$R_1=1$，$R_2=2$，$R_3=2/3$，$R_4=1$。

图 8 测量时间参数的典型电路

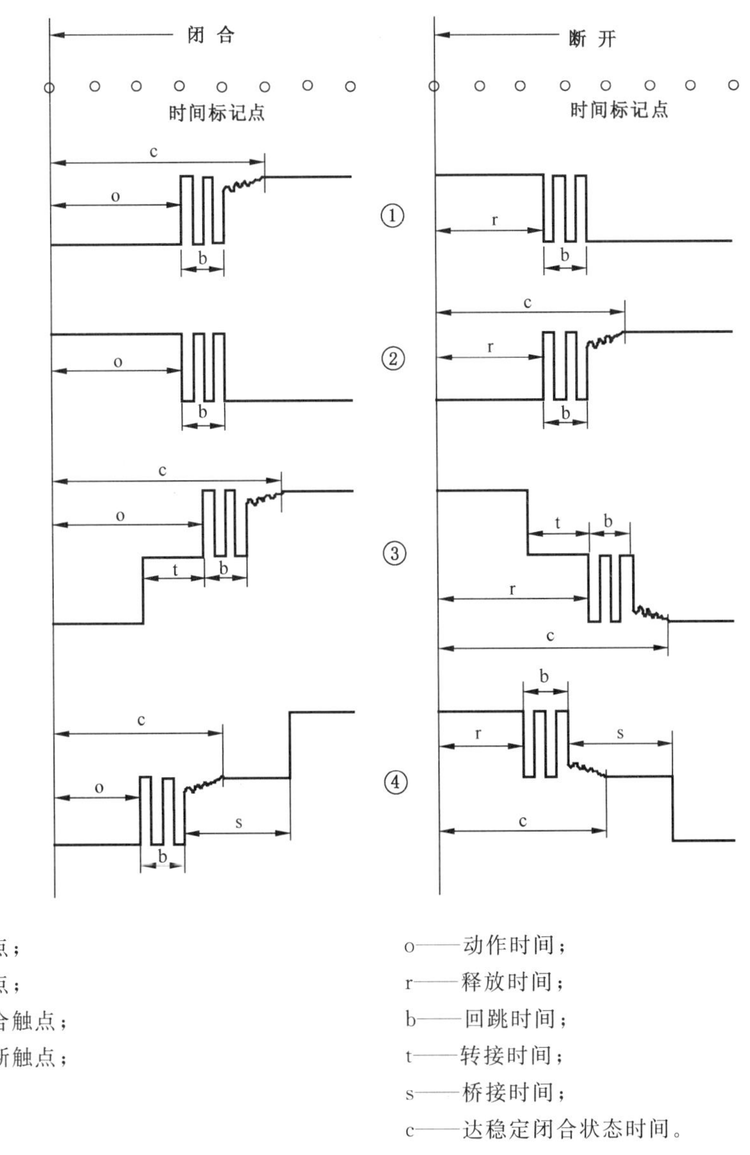

说明：

①——动合触点；

②——动断触点；

③——先断后合触点；

④——先合后断触点；

o——动作时间；

r——释放时间；

b——回跳时间；

t——转接时间；

s——桥接时间；

c——达稳定闭合状态时间。

图 9　时间测试时，示波器上的典型波形图

4.14.2.1　动作时间

应采用合适的方法在继电器按规定激励时测量动作时间、转接时间和桥接时间。

4.14.2.2　释放时间

应采用合适的方法在切除规定的激励量后测量释放时间、转接时间和桥接时间。

4.14.2.3　回跳时间

采用如图 8 所示的合适的测试电路测量回跳时间。

测量应采用阻性负载至少对一个规定的触点电路进行。

除另有规定外，小于 10 μs 的不连续点应忽略。

4.14.2.4　达到稳定闭合状态时间

若要求此项测量，应在加线圈电压时，至少对一个触点电路进行测量，并在达到稳定闭合状态的时间后测量触点参数，所有测量细则应按规定。

4.14.2.5 最短激励时间

应至少对一个触点电路进行测量。继电器应以线圈额定电压激励，在经过工作激励的最短时间后，应将激励值减小至：

- 零，对于双稳态继电器；
- 规定的不释放电压特性值，对于单稳态继电器。

当有要求时，在激励值减小后应测量规定的触点参数，所有测量细则应按规定。

4.14.2.6 接触时间差

应对两个或多个规定的触点电路进行测量，应采用合适的方法监测每个被测触点电路。图 8 和图 9 中给出的是采用示波器的示例。在此示例中，示波器应具有观测时间差所需数量的通道。

4.14.3 应规定的条件

应规定下列条件：

a) 继电器的安装或位置。

b) 线圈电压值、循环速率和激励的占空比。测量动作时间应优先采用工作值范围的下限值；测量释放时间应优先采用工作值范围的上限值。

c) 测量释放时间的断路方法，若很重要时。当电源有过载保护时，可以将继电器线圈短路规定为一种替代方法。

d) 电源的最大电压降和置位时间。

e) 符合 4.14.2 规定的切换电压和切换电流。

f) 被测的时间及其范围、接触时序；对于交流，在波形上的交点。

g) 4.14.2.4 和 4.14.2.5 中要求的更详细的内容。

h) 被测的触点。

i) 可忽略的断开时间，若极限值不是 10 μs。

j) 线圈或触点的抑制元器件，当有要求时。

4.15 气候试验/序列

4.15.1 目的

评定继电器承受一定的气候试验条件或一序列的气候试验条件的能力。因此，以下 4.15.2～4.15.6 中规定的单项气候试验可以作为独立的试验进行。但是，当要求一个气候序列时，除制造厂另有规定外，该序列应符合下列规定。

4.15.2 高温

4.15.2.1 此试验应按 GB/T 2423.2—2001 中的试验 Ba 规定进行；若相对于试验设施，认为继电器是一明显的散热试验样品，则应按 GB/T 2423.2—2001 中的试验 Bc 进行。

4.15.2.2 试验时间应为 16 h。在高温试验时间的最后 2 h 中，继电器应按规定激励如下：

a) 对于连续工作制继电器，应连续施加线圈电压 2 h；

b) 对于短时或间断工作制继电器，应以脉冲方式施加线圈电压，每小时的循环次数和占空系数均按制造厂规定；

c) 触点应按规定加负载。

4.15.2.3 在2 h工作期后，继电器还处于高温下，所有继电器立即按规定进行功能测试。

4.15.3 交变湿热，第一次循环

4.15.3.1 当有规定时进行此试验。

4.15.3.2 此试验应按GB/T 2423.4—2008的试验Db变化2规定进行一次循环(12+12)h。

4.15.3.3 循环结束时，应将继电器从试验箱中取出，并暴露于规定的恢复条件下。

4.15.3.4 恢复之后，继电器应立即经受低温试验。

4.15.4 低温

4.15.4.1 此试验应按GB/T 2423.1—2001的试验Aa(温度突变)或试验Ab(温度渐变)规定进行。试验时间应为2 h。

4.15.4.2 在条件试验时间结束时，并在继电器从试验箱中取出前，应以规定的线圈电压值激励100次循环。

4.15.4.3 在动作试验期间，所有触点应按规定加负载，应按规定检测触点的工作。

4.15.5 低气压

4.15.5.1 当有规定时，此试验应按GB/T 2423.21—2008的试验M规定进行。试验时间，在正常环境温度下应为30 min。

4.15.5.2 在此试验时间结束时，继电器还在低气压箱中，应在以下各点之间施加规定的介质试验电压：

a) 两个线圈引出端(连接在一起)(正极)与所有其他引出端(与各外露的导电件连接在一起)(负极)；
b) 断开的触点电路引出端；动断触点试验时应断开。

4.15.5.3 在介质试验过程中，应无继电器绝缘击穿或闪络现象。

4.15.6 交变湿热，所有或剩余次数循环

4.15.6.1 当有要求时，进行此试验。

4.15.6.2 此试验应按GB/T 2423.4—2008的试验Db中变化2规定进行。循环次数应按规定。

4.15.6.3 在循环次数结束时，应将继电器从试验箱中取出，并暴露于规定的恢复条件下。

4.15.7 中间测量

当有要求时，应按规定进行中间测量。

4.15.8 最终测量

4.15.8.1 恢复时间不少于1 h但不多于2 h，恢复之后应按4.6规定对继电器进行目检，应无腐蚀、脱皮、掉片或会损害继电器工作的机械损伤现象。

4.15.8.2 应按4.11规定测量绝缘电阻，允许降低至规定的范围。

4.15.8.3 应按4.12规定测量触点电路电阻，允许增大至规定的范围。

4.15.8.4 当有要求时，规定的其他测量项目。

4.15.9 应规定的条件

应规定下列条件：

a) 气候条件的严酷等级和恢复条件；
b) 高温暴露时间的最后2 h中，线圈电压值和触点负载；

c) 高温暴露后,功能测试的细则;
d) 是否要求交变湿热,第一次循环;
e) 对于低温试验,方法 Aa 还是方法 Ab;
f) 当有要求时,在低温暴露之后的 100 次循环中的线圈电压值、触点负载及触点工作的判据;
g) 是否要求低气压暴露;
h) 低气压暴露期内介质耐电压试验的电压值;
i) 是否要求交变湿热,所有或剩余次数的试验;
j) 允许的绝缘电阻降低的范围;
k) 允许的触点电路电阻增大的范围;
l) 需要检查的机械损伤;
m) 高温暴露的持续时间,若不是 16 h;
n) 低温暴露的持续时间,若不是 2 h;
o) 低气压暴露的持续时间,若不是 30 min;
p) 低气压暴露的温度,若不是正常环境温度;
q) 其他最终测量项目,若有要求。

4.16 恒定湿热

4.16.1 目的

评定继电器在高相对湿度下使用和(或)储存的适应性。

4.16.2 程序

此试验应按 GB/T 2423.3—2006 的试验 Cab 规定进行。在继电器的暴露期内,一半数量的暴露样品,其两个线圈引出端(连接在一起)(正极)与所有其他引出端(与所有外露的导电件连接在一起)(负极)之间应施加直流(100±10)V 或按规定的电压。若只评定对储存条件的适应性,则不需要加电压。

在条件试验时间终止时,应将继电器从试验箱中取出,并暴露于制造厂规定的恢复条件下。

4.16.3 应规定的条件

应规定下列条件:

a) 严酷等级(温度、相对湿度和时间),条件试验和恢复条件的细则;
b) 施加的电压,若不是直流(100±10)V;
c) 最终测量:
  - 目检按 4.6 规定,应无腐蚀、脱皮、掉片或会损害继电器工作的机械损伤现象;
  - 绝缘电阻按 4.11 规定,允许降低的范围;
  - 触点电路电阻 4.12 规定,允许增大的范围;
  - 其他最终测量项目,若有要求。

4.17 线圈热阻

4.17.1 目的

评定继电器线圈的热阻是否在规定的范围之内。

4.17.2 程序

继电器应按制造厂的规定进行安装。继电器应以四个激励值连接激励;此四个激励值应大致平均地分配在其整个工作值范围。在每一个激励值下达到热平衡后应测定温升。所有测量应在一恒定的环境温度下进行，并以防止继电器受气流、太阳照射等的影响。

由一种导电材料制作的线圈，其温升应按下列公式计算：

$$\Delta t_w = \frac{R_w - R_a}{R_a}\left(t_a + \frac{1}{\alpha_0}\right)$$

式中：

Δt_w ——平均温升，单位为开尔文(K)；

R_w ——热平衡下的线圈电阻；

R_a ——环境温度下的线圈电阻；

t_a ——环境温度；

α_0 ——在 0 ℃下，导电材料的电阻率温度系数。

此公式在 0 ℃～120 ℃的温度之间有效。

对于铜：

$$\alpha_0 = \frac{1}{234.5}$$

根据温升，热阻按下列公式计算：

$$R_{th} = \frac{\Delta t_w}{P_w}$$

式中：

R_{th} ——线圈的热阻，单位为开尔文每瓦特(K/W)；

Δt_w ——平均温升，单位为开尔文(K)；

P_w ——在热平衡下供给线圈的功率数值。

除制造厂另有规定外，与规定值相比较的值是四次测量结果的平均值。

4.17.3 应规定的条件

应规定下列条件：

a) 继电器的安装；

b) 激励值，若不是整个工作范围内平均分配的四个值；

c) 导线材料的温度系数，若不是电解铜；

d) 评定方法，若不是要求的四次测量结果的平均值；

e) 热阻值的范围。

4.18 温升

4.18.1 目的

测定继电器给定部分的温升是否超过规定的范围。

4.18.2 程序

除另有规定外，继电器应按下列规定进行安装和激励。

三只继电器以相同的方向在并排安装的情况下进行测试，见附录 A。除其他的特定设计者外，样品应在水平位置在其引出端朝下的情况下进行测试。安装距离由制造厂规定。

引出端螺纹和(或)螺母应采用 GB/T 17464—2012 中规定值的三分之二的力矩上紧。

对于无螺纹式引出端，应注意按 GB/T 17464—2012 规定，确保将导线准确地装配到引出端。

环境温度应符合规定并应保持在公差为±2 K 之内的恒定状态。

触点应以制造厂对触点组规定的电流加负载,直至达到热平衡。

线圈应激励:

- 除另有规定外,加线圈额定电压;
- 不加线圈电压(例如双稳态继电器或动断触点的测试)。

继电器应安装在一个无强迫对流的足够大的温度箱内。

应保护样品使其不遭受气流,并不使其经受到任何人为的冷却。

试验过程中,被测继电器不得影响温度箱内预先确定的环境温度。

应测定继电器规定部分的温升:

- 对于连续工作制继电器:在达到热平衡后进行测定;
- 对于短时或间断工作制继电器,在其工作过程中所达到的最高温度下进行测定。

线圈温度采用电阻法进行测定,并按下列公式计算温升:

$$\Delta t=\frac{R_2-R_1}{R_1}(234.5+t_1)-(t_2-t_1)$$

式中:

Δt ——温升,单位为开尔文(K);

R_1 ——测试开始时的线圈电阻值;

R_2 ——测试终止时的线圈电阻值;

t_1 ——测试开始时的环境温度;

t_2 ——测试终止时的环境温度。

注:数值 234.5 适用于电解铜。对于其他材料,需采用相应数值替代,并由制造厂标明。

继电器其他规定部分的温升应采用细导线热电偶或采用等效的敏感元件进行测定,但细导线热电偶或敏感元件对被测部分的温度不会产生有效影响。

对于各种引出端,应采用下列测试方法:

——焊接式引出端:

采用横截面积符合表 2 规定的刚性导线在各继电器之间进行电气连接。继电器与电压源或电流源的连接采用长度为 500 mm 或 1 400 mm、且横截面积符合表 2 规定的柔软导线。

表 2 按引出端承受的电流,导线的横截面积和长度

引出端承受电流 A		刚性和柔软导线	柔软导线
最小值(不包括)	最大值(包括)	横截面积 mm^2	测试用导线最短长度 mm
—	3	0.5	500
3	6	0.75	500
6	10	1.0	500
10	16	1.5	500
16	25	2.5	500
25	32	4.0	500
32	40	6.0	1 400
40	63	10.0	1 400

——扁平快速连接引出端：

各继电器之间及继电器与电压源或电流源之间采用符合 GB/T 17196—1997 规定，并在压接部位焊接有符合表 2 规定长度和横截面积的柔软导线的插孔连接器件(由镀镍钢制作)进行电气连接。

注：此项规定是为了对继电器的扁平快速连接引出端能进行测定，而不需考虑由插孔连接器件或压接质量产生的影响。

——螺纹和无螺纹引出端：

各继电器之间采用横截面积符合表 2 规定的刚性导线进行电气连接。继电器与电压源或电流源之间采用长度和横截面积符合表 2 规定的柔软导线进行连接。

——可更换引出端：

各继电器之间采用横截面积符合表 2 规定的刚性导线进行电气连接。继电器与电压源或电流源之间采用长度和横截面积符合表 2 规定的柔软导线进行连接。

4.18.3 应规定的条件

应规定下列条件：

a) 继电器的安装；
b) 激励值和适用时的激励时间；
c) 导线材料的温度系数，若不是电解铜；
d) 环境温度；
e) 触点负载，若有要求；
f) 继电器所有规定部分的温升范围。

4.19 温度快速变化

4.19.1 目的

评定继电器承受温度快速变化的能力。

4.19.2 程序

此试验应按 GB/T 2423.22—2002 的试验 Na 规定进行。

4.19.3 应规定的条件

应规定下列条件：

a) 极限温度和时间；
b) 触点负载，若有要求；
c) 最终测量项目：
   - 目检，按 4.6 规定，应无腐蚀、脱皮和掉片或会损害工作的机械损伤现象；
   - 绝缘电阻，按 4.11 规定；
   - 触点电路电阻，按 4.12 中规定，触点电路电阻不得超过规定初始值的 2 倍；
   - 其他最终测量项目，若有要求。

4.20 外壳

4.20.1 目的

评定继电器外壳密封的有效性和防沙尘的有效性。

4.20.2 密封

4.20.2.1 程序

程序 1:浸渍试验应按 GB/T 2423.23—2013 中试验 Qc 的方法 1 或方法 2 规定进行。制造厂可以规定短于 10 min 的浸渍时间。气泡不得超过 GB/T 2423.23—2013 中规定的范围。

程序 2:氦检漏试验应按 GB/T 2423.23—2013 中试验 Qk 的方法 1 或方法 2 规定进行。采用程序 2 不能检出存在的粗漏,则应在程序 2 之后,接着进行程序 1。

注:氦的漏率不等于密封继电器中正常使用的气体的漏率。

如果密封和试验之间的时间已超过 48 h,则应将继电器暴露于高压的氦气中。

暴露的差压和时间应按制造厂规定。

暴露之后,应按制造厂规定清除继电器表面所吸附的氦。

漏率不得超过由制造厂按 GB/T 2423.23—2013 所规定的数值。

程序 3:此试验(增压)应按 GB/T 2423.23—2013 的试验 Qy 规定进行。

4.20.2.2 应规定的条件

应规定下列条件:

a) 程序或程序的顺序,及程序中的方法;
b) 程序 1:浸渍时间,若不是 10 min;
c) 程序 2:严酷等级,若不是 1 000 h;
d) 绝对浸渍压力,若有要求;
e) 内空腔体积 $V(\mathrm{cm}^3)$;
f) 程序 3:最大漏率,或时间常数。

4.20.3 防尘

4.20.3.1 程序

此试验应按 GB/T 2423.37—2006 的试验 La2 规定进行。不工作的继电器应按制造厂规定安装在试验箱中。除制造厂另有规定外,继电器内部的空气压力应为试验箱内环境的空气压力(RTⅡ类外壳)。继电器应经受滑石粉(镁硅酸盐水化合物)8 h。在正常大气条件下恢复 2 h,并在清洗(除去外表面的砂尘)后,继电器的功能不应受到损害。

4.20.3.2 应规定的条件

应规定下列条件:

a) 继电器内部的减压值,若有要求;
b) 继电器的方位,若不是正常工作的方位;
c) 最终测量项目:
   - 功能测试,按 4.13 规定;
   - 介质耐电压试验,按 4.9 规定;
   - 任何其他测量项目,若有要求。

4.21 内部潮湿

此试验只适用于 RTⅢ、RTⅣ、RTⅤ类继电器。

4.21.1 目的

评定内部潮湿对继电器的某些特性是否会产生有害影响。

4.21.2 程序

方法1:继电器线圈按制造厂规定激励,在其最高额定工作温度下暴露1 h,然后在其最低额定工作温度下再暴露1 h。在低温暴露期终止时,应将线圈去激励,或对于双稳态继电器应瞬时施加额定复归(释放)电压。应确认其触点已经转换。

方法2:在室温下继电器以其额定激励值的140%的数值激励2.5 min,并应以30 s为间隔监测所有触点与外壳间的绝缘电阻。各个读数均不得小于制造厂规定的数值。

4.21.3 应规定的条件

应规定下列条件:

a) 方法1或方法2,或两者均适用。

b) 激励值。

c) 方法1:

  1) 最高与最低的额定工作温度;

  2) 确认触点转换用的触点负载。

d) 方法2:绝缘电阻的极限值。

4.22 腐蚀性大气

4.22.1 盐雾

4.22.1.1 目的

评定继电器在充满盐分的大气中使用和/或储存的适应性。

4.22.1.2 程序

此试验应按GB/T 2423.17—2008试验Ka规定进行。在暴露期终止时,应将继电器从试验箱中取出,并暴露于制造厂规定的恢复条件下。

4.22.1.3 应规定的条件

应规定下列条件:

a) 恢复条件;

b) 最终测量项目:

- 4.6中规定的目检,应无腐蚀、脱皮和掉片现象,或无会损害继电器工作的机械损伤现象;
- 4.11中规定的绝缘电阻,应采用初始极限值。

4.22.2 污染气体

4.22.2.1 目的

评定继电器对污染有二氧化硫或硫化氢的气体的耐受性。

4.22.2.2 程序

应按GB/T 2423.19—2013试验Kc规定进行二氧化硫试验,和/或按GB/T 2423.20—2014试验

Kd 规定进行硫化氢试验。除另有规定外,不得进行预处理。应测量所有继电器触点的初始触点电路电阻值。将去激励的继电器(触点不加任何电负载)放入试验箱,并在污染气体中保持由制造厂规定的时间。在不长于 24 h 的恢复期后,应测量所有触点的触点电路电阻,其数值不得超过初始值的 2 倍。

4.22.2.3 应规定的条件

应规定下列条件:

a) 试验 Kc 或试验 Kd,或两者均适用;

b) 预处理条件,只在有要求时;

c) 4.12 中规定的触点电路电阻的初始值;

d) 试验时间(可选择 4 d、10 d 或 21 d);

e) 最终测量项目:

- 4.12 中规定的触点电路电阻值,触点电路电阻值不得超过规定的初始值的 2 倍;
- 任何其他测量项目,若有要求。

4.23 长霉

4.23.1 目的

评定继电器的长霉程度或长霉对继电器功能的影响。

4.23.2 程序

此试验应按 GB/T 2423.16—2008 试验 J 规定进行;试验持续时间、初始测量项目和最终检测项目按制造厂规定。

4.23.3 应规定的条件

应规定所有细则按 GB/T 2423.16—2008 中第 13 章的 a)~h)规定。

4.24 引出端强度

4.24.1 目的

评定引出端承受轴向拉力、弯曲或扭转的能力,及螺母和螺栓引出端承受扭矩的能力,在正常组装操作中均可能会遇到上述作用力。

4.24.2 程序

引出端应经受 IEC 60068-2-21:1999 中试验 Ua_1、Ua_2、Ub、Uc、Ud 或 Ue(适用于表面安装元器件的引出端)(按适用的)。

螺纹引出端和非螺纹引出端均应按 GB/T 17464—2012 规定进行试验。

扁平快速连接引出端应按 GB/T 17196—1997 规定进行试验。

应至少有 3 个引出端经受试验。

4.24.3 应规定的条件

应规定下列条件:

a) 适用于 IEC 60068-2-21:1999 或 GB/T 17464—2012 或 GB/T 17196—1997 中适用的试验与相应的负载;

b) 经受试验的引出端的数目,若不是 3 个;

c) 最终测量项目：
- 目检，按 4.6 规定；
- 线圈电阻，按 4.8.1 规定；
- 触点电路电阻，按 4.12 规定；
- 其他最终测量项目，若有要求。

4.25 锡焊

此试验只适用于具有锡焊式引出端的继电器。

4.25.1 目的

评定继电器引出端易于浸润焊料的能力，和/或继电器耐焊接热的能力。

4.25.2 程序

在试验之前，印制电路板用引出端应装配一厚度为(1.5±0.5)mm 的隔热板，且其浸入深度不得超过此隔热板的底面。

试验 1：可焊性(表面安装元器件除外)。此试验应按 GB/T 2423.28—2005 的试验 Ta 中所适用的方法 1、方法 2 或方法 3 规定的可焊性试验程序进行，由制造厂规定。

试验 2：耐焊接热(表面安装元器件除外)。此试验应按 GB/T 2423.28—2005 的试验 Tb 中的耐焊接热的其中一个试验程序进行，由制造厂规定。

试验 3：可焊性—表面安装引出端。此试验应按 IEC 60068-2-58:2004 中的浸润法规定进行，由制造厂规定。

试验 4：耐焊接热—表面安装引出端。此试验应按 IEC 60068-2-58:2004 中的方法规定进行。由制造厂规定。

4.25.3 应规定的条件

应规定下列条件：

a) 试验 1 或试验 2(或两者均适用)，或试验 3 或试验 4(或两者均适用)；方法的严酷等级(持续时间和温度)及这些方法的其他细则。

b) 试验 1 和试验 3：老化/预处理程序，若有要求。

c) 被试引出端的数目。

d) 最终测量项目：
- 目检，按 4.6 规定，对于试验 1，焊料浸润的检查范围；或对于表面安装元器件，按 IEC 60068-2-58:2004 的附录 A 规定。
- 线圈电阻，按 4.8.1 规定。
- 密封试验，适用于密封继电器(RTⅢ～RTⅤ)。
- 其他最终测量项目，按规定。

4.26 冲击

4.26.1 目的

验证继电器在使用或运输中会遭受到的非重复性冲击期间和/或之后的工作能力。

4.26.2 程序

此试验应按 GB/T 2423.5—1995 试验 Ea 规定进行。

4.26.2.1 方法1:冲击过程中的工作能力。试验过程中,继电器分别处于动作状态(对于单稳态继电器,除另有规定外,以线圈额定电压激励)时和处于其释放(复归)状态时,应分别经受一连串的冲击。两种状态一连串的冲击试验均应在其三条相互垂直轴线的每一条轴线的两个方向进行。试验过程中应监测触点的抖动。在继电器处于动作状态和释放状态时,任何闭合或断开触点的断开或闭合,除规定了其他数值外,分别各自均不得超过10 μs。触点负载应按规定。

4.26.2.2 方法2:冲击后的工作能力。试验过程中,继电器在其三条相互垂直轴线的每一条轴线的两个方向经受一连串的冲击。不激励继电器,不监测其触点。

4.26.3 应规定的条件

应规定下列条件:

a) 方法1或方法2。

b) 脉冲波形、峰值加速度和持续时间应从GB/T 2423.5—1995的表1中选择,11 ms的半正弦波为优先选用的脉冲波形。

c) 冲击的次数,若不是GB/T 2423.5—1995中规定的次数。

d) 继电器直接安装在冲击台上的方法,由制造厂规定。

e) 允许的断开或闭合时间,若不是10 μs;及监测装置细则。

f) 方法1:
- 激励值,优先选用工作值范围的下限值(单稳态和双稳态继电器均适用);
- 触点负载。

g) 最终测量项目:
- 目检,按4.6规定;
- 功能测试,按4.13规定;
- 方法1:触点电路电阻,按4.12规定:初始值;
- 方法2:触点电路电阻,按4.12规定,电阻值不得超过初始规定值的2倍;
- 其他最终测量项目,若有要求。

4.27 碰撞

4.27.1 目的

验证继电器在使用或运输中会遭受到的重复性碰撞过程中和(或)之后的工作能力。

4.27.2 程序

此试验按GB/T 2423.6—1995试验Eb规定,以一规定的峰值加速度进行。

方法1:碰撞过程中的工作能力。试验过程中,继电器处于动作状态(对于单稳态继电器,除另有规定外,以线圈额定电压激励)经受总次数一半的碰撞;继电器处于释放(复归)状态经受总次数另一半的碰撞。在继电器三条相互垂直轴线的每一条轴线的两个方向均应进行一连串的碰撞试验。

试验过程中应监测触点的抖动。在继电器处于动作状态和释放状态时,任何闭合或断开触点的断开或闭合,除规定了其他数值外,分别各自均不得超过10 μs。

触点负载应按规定。

方法2:碰撞后的工作能力。试验过程中,继电器在其三条相互垂直轴线的每一条轴线的两个方向经受所要求次数的碰撞。不激励继电器。不监测触点。

4.27.3 应规定的条件

应规定下列条件:

a) 方法1或方法2。
b) 峰值加速度与碰撞次数。
c) 继电器直接安装在碰撞台上的方法，由制造厂规定。
d) 允许的断开或闭合时间，若不是10 μs；及监测装置细则。
e) 方法1：
   - 激励值，优先选用工作值范围的下限值(单稳态和双稳态继电器均适用)；
   - 触点负载。
f) 最终测量项目：
   - 目检，按4.6规定；
   - 功能测试，按4.13规定；
   - 方法1：触点电路电阻，按4.12规定：初始值；
   - 方法2：触点电路电阻，按4.12规定，阻值不得超过初始规定值的2倍；
   - 其他最终测量项目，若有要求。

4.28 振动

4.28.1 目的

验证继电器承受在使用或运输中会遭受到的振动条件的能力。

4.28.2 程序

4.28.2.1 程序1：正弦振动。此试验应按GB/T 2423.10—2008试验Fc规定进行。首先按GB/T 2423.10—2008的8.1规定进行振动响应检查，接着按8.2.1规定进行扫频耐久性试验，最后再按8.1规定进行振动响应检查。

4.28.2.2 程序2：宽频带随机振动(数字控制)。除制造厂规定了能保证相同可再现性的其他程序外，此试验应按GB/T 2423.56—2006试验Fh规定进行。

4.28.2.3 振动时，继电器要交替地处于动作状态(对于单稳态继电器，除另有规定外，以线圈额定电压激励)与释放(复归)状态；状态的变换应与每一次扫频振动循环的完成同步。

试验时，应仔细确认振动发生器的漏磁场不会影响继电器。

试验过程中，应监测触点抖动。在继电器处于动作状态与释放状态时，任何闭合或断开触点电路的断开或闭合，除规定了其他数值外，分别各自均不得超过10 μs。

继电器应在三条相互垂直轴线的每一条轴线方向经受振动。

触点负载应按规定。

4.28.3 应规定的条件

应规定下列条件：

a) 程序1的振幅与加速度等级；对于程序2：GB/T 2423.56—2006的第11章中给出的加速度谱密度等级和曲线形状及其他特性。
b) 激励值，优先选用工作值范围的下限值(单稳态继电器和双稳态继电器均适用)。
c) 继电器直接安装在振动台上的方法，由制造厂规定。
d) 允许的断开和闭合时间，若不是10 μs；及监测装置细则。
e) 触点负载。
f) 最终测量项目：
   - 目检，按4.6规定；

- 功能试验,按 4.13 规定;
- 绝缘电阻值,按 4.11 规定;
- 触点电路电阻,按 4.12 规定,阻值不得超过初始规定值的 2 倍;
- 其他最终测量项目,若有要求。

g) 程序及所要求的细则,若不是 4.28.2 中的程序 1 和(或)程序 2。

4.29 稳态加速度

4.29.1 目的

验证继电器在经受由稳态加速度环境(如运动中的运输工具、飞机和火箭)所产生应力期间和/或之后的工作能力。

4.29.2 程序

此试验应按 GB/T 2423.15—1995,试验 Ga 规定进行。

4.29.2.1 方法 1:稳态加速度过程中的工作能力:试验过程中,暴露时间的 50%,继电器应处于动作状态(对于单稳态继电器,除另有规定外,应以线圈额定电压激励);剩余 50%的暴露时间,继电器应处于释放(复归)状态。应在继电器三条相互垂直轴线的每一条轴线的两个方向均进行试验。

试验过程中,应监测触点的抖动。继电器处于动作状态与释放状态时,任何闭合或断开触点电路的断开或闭合,除规定了其他数值外,分别各自均不得超过 10 μs。

触点负载应按规定。

4.29.2.2 方法 2:稳态加速度之后的工作能力。试验过程中,继电器应在三条相互垂直轴线的每一条轴线的两个方向均经受所要求的稳态加速度。不激励继电器,不监测触点。

4.29.3 应规定的条件

应规定下列条件:

a) 方法 1 或方法 2。

b) 加速度值和持续时间,若持续时间不是 10 s。

c) 继电器直接安装在离心台上的方法,由制造厂规定。

d) 允许的断开或闭合时间,若不是 10 μs;及监测装置的细则。

e) 方法 1:
- 激励值,优先选用工作值范围的下限值(单稳态继电器和双稳态继电器均适用);
- 触点负载。

f) 最终测量项目:
- 目检,按 4.6 规定;
- 功能试验,按 4.13 规定;
- 方法 1:触点电路电阻,按 4.12 规定:初始值;
- 方法 2:触点电路电阻,按 4.12 规定,阻值不得超过初始规定值的 2 倍;
- 其他最终测量项目,若有要求。

4.30 电耐久性

4.30.1 目的

验证继电器在制造厂规定的工作条件下和循环次数内的性能。

注:对于继电器可靠性数据的确立和评定,引用 IEC 61810-2:2005。

4.30.2 程序

对制造厂规定的每一触点负载和每一触点材料进行此试验。

继电器应以其正常的使用方式进行安装;对于安装到印制电路板上的继电器,应在水平位置进行试验,除另有规定外。

所有规定的器件(例如保护电路或抑制电路)(若有时),作为继电器的组成部分由制造厂规定为特定触点负载所必需的,试验过程中应按要求进行工作。

如有要求,继电器的任何外露金属零件(带电件除外)应通过一额定值由制造厂规定的熔断器与电源的负极和(或)中性点或地相连接。试验过程中,熔断器不得熔断。

继电器应按规定以其线圈额定电压或以在其工作值范围内的任一合适数值激励。试验应在制造厂规定的环境条件下进行。除另有规定外,切换动作不得与交流负载电路的电源同步。工作频率和占空比应按规定。

触点应连接到由制造厂规定并标明的符合表 3 的负载。除制造厂另有规定外,任何负载均应在一组转换触点的动合与动断触点施加。触点应施加直流或交流(优先采用 50 Hz 或 60 Hz)阻性、感性、容性、电缆、灯或电动机负载。

继电器应经受规定循环次数的试验,并应按下列规定连续监测触点的工作。

试验过程中应监测触点的工作,以检测其断开故障、闭合故障以及不期望的一组转换触点中动合和动断触点同时闭合的桥接现象。一次瞬时故障是在无任何外部影响的情况下追加一次激励循环后的最新试验过程中被消除的一次偶然事件,或按制造厂规定。

三个严酷等级规定如下:

——A 级:首次检测到瞬时故障被确定为失效;

——B 级:6 次检测到瞬时故障或 2 次连续的故障被确定为失效;

——C 级:按制造厂规定。

当继电器符合相应的失效判据时,则不通过电耐久性试验。

除制造厂另有规定并已在试验报告中明确标明外,应采用附录 C 中规定的试验电路。

配有手动操作用附加驱动件(如按钮)的继电器应各自分别进行试验,以验证继电器在相关的电压和其最大额定切换电流下,按制造厂规定的时序正确地接通和断开手动操作的次数。

4.30.3 应规定的条件

应规定下列条件:

a) 继电器类型和触点材料;

b) 每一触点的总循环次数或试验时间,同时进行试验的触点数;

c) 严酷等级;

d) 环境条件(特别是环境温度);

e) 激励值和当有要求时的频率;

f) 工作(循环)频率(单位为循环次数/h)和占空比;

g) 保护和瞬态抑制器件,当有要求时;

h) 试验电路或检测设备、夹具等细节,当有要求时,及熔断器的额定值;

i) 负载,见附录 C 或附录 D;

j) 最终测量项目:

- 介质耐电压试验,按 4.9 的规定,采用新状态继电器规定初始值的 75%;
- 制造厂规定的其他各测量项目。

表 3　触点加载电路图

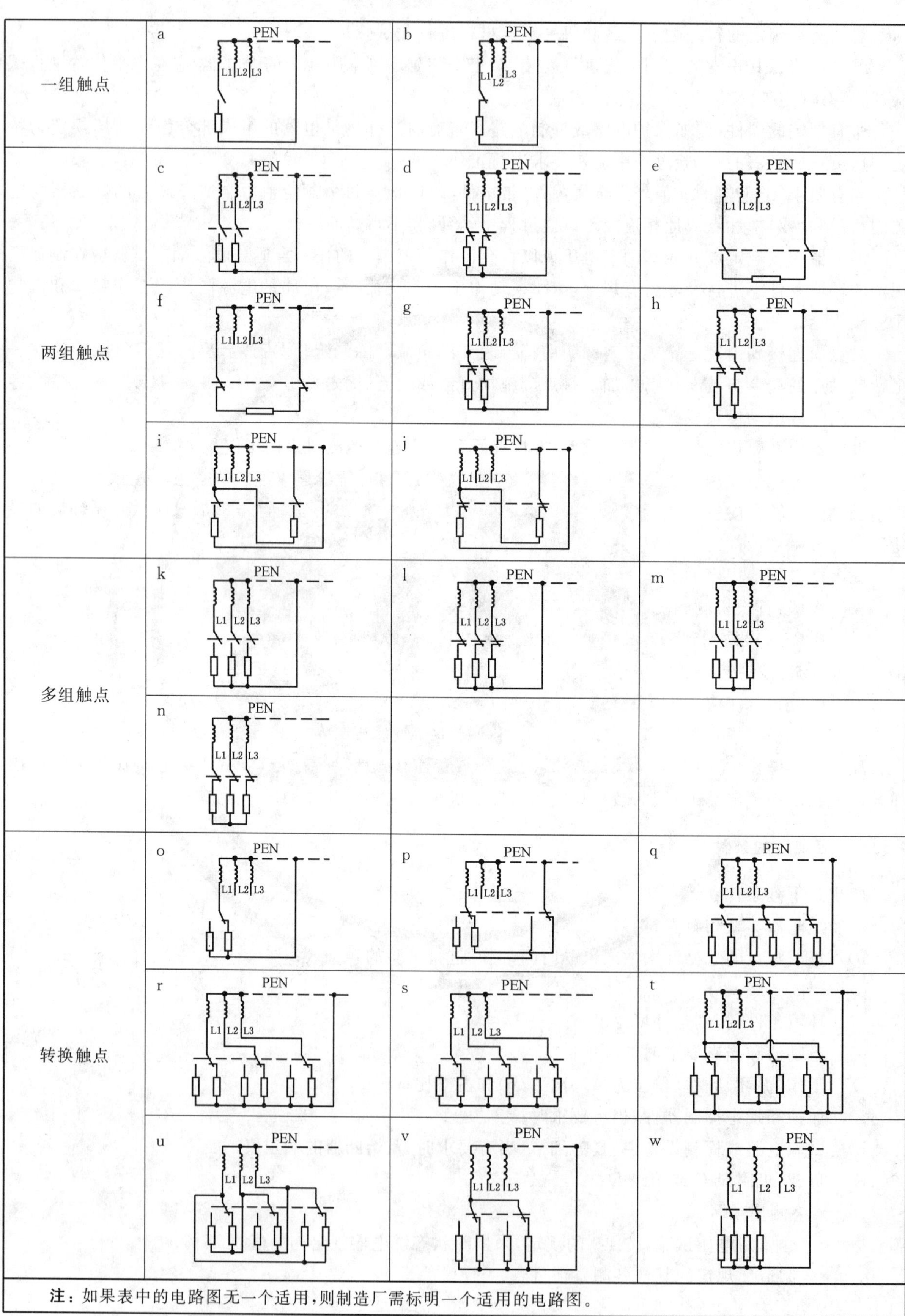

注：如果表中的电路图无一个适用，则制造厂需标明一个适用的电路图。

4.31 机械耐久性

4.31.1 目的

评定继电器在额定激励条件下,在延长的循环次数范围内的机械性能。

4.31.2 程序

继电器应采用额定线圈电压或按规定的其他激励量进行激励,并应在室温环境下进行试验。如果监测电路电源是交流电源,则切换动作不得与监测电路电源同步。工作频率应符合规定,但在同一次循环中,继电器的动作和释放(复归)两种状态均应完成。

方法 1:连续检测。应对继电器的机械工作进行电气监测,继电器相同类型的所有触点允许进行并联连接,施加的触点负载应符合规定。选择的触点负载应保证能可靠地监测到是否完成了循环,同时触点的磨损程度不会影响试验的结果。在试验过程中的任何时间,累计的故障数不得多于制造厂的规定数。

方法 2:中间检测。在每 20%的规定机械耐久性次数之后,均应按规定进行中间测量。

方法 3:最终检测。在规定的机械耐久性试验之后,应进行 4.31.3 中的最终测量。

4.31.3 应规定的条件

应规定下列条件:

a) 方法 1、方法 2 或方法 3;
b) 激励值;
c) 监测电压和电流;
d) 循环次数/h,占空比;
e) 每一触点的总循环次数或试验时间,同时进行试验或不进行试验的触点数;
f) 方法 1:允许的故障次数;
g) 方法 2:中间检测期间应进行的测试项目和要求的结果;
h) 最终测量:
   - 在线圈额定电压或工作值范围的下限值下 10 次工作循环的性能,应监测触点的断开和闭合;
   - 所要求的任何其他测量项目。

4.32 热耐久性

4.32.1 目的

评定在长期激励时,高温条件对继电器的影响。

4.32.2 程序

试验应在工作温度范围的上限值下进行,继电器应按规定激励,所有触点应承受极限持续电流(触点组的最大负载)。

4.32.3 应规定的条件

应规定下列条件:

a) 安装方法和所使用插座的类型(若适用);
b) 时间(至少 1 000 h);

c) 环境温度；

d) 激励值；

e) 规定的中间测量项目；

f) 最终测量项目：

- 4.13 中规定的功能试验；
- 要求的其他最终测量项目。

4.33 极限连续电流

4.33.1 目的

评定触点承受极限连续电流的适应性。

4.33.2 程序

继电器引出端应按 4.18 规定进行连接。

除另有规定外，线圈应以额定线圈电压激励(在动作状态进行试验)和去激励(在释放/复归状态下进行试验)。

触点应按制造厂对触点组规定的电流加负载，直至达到热平衡。

此后，除另有规定外，继电器应以线圈额定电压进行 10 次工作循环，应监测触点的断开和闭合。

4.33.3 应规定的条件

应规定下列条件：

a) 激励值；

b) 动合触点的极限连续电流；

c) 动断触点的极限连续电流。

4.34 过负载(触点电路)

4.34.1 目的

评定继电器在承受故障条件时的性能。

4.34.2 程序

试验过程中，除另有规定外，继电器安装面和各外露的金属零件应通过一额定值为最大切换电流的 5%或 100 mA(取大者)的熔断器，连接到电源的负极和(或)中性点或地。

循环次数，除另有规定外，直流触点负载应为 50 次±2 次，交流触点负载也应为 50 次±2 次。

4.34.2.1 直流负载

除另有规定外，继电器线圈应按制造厂规定激励，并应经受规定的相应循环次数，应采用额定工作频率和占空比。触点应在其最高额定电压下切换 2 倍最大额定阻性电流。

4.34.2.2 交流负载

除另有规定外，继电器线圈应按制造厂规定激励，并应经受规定的相应循环次数，应采用额定工作频率和占空比，触点应在其额定电压下切换 2 倍最大额定感性电流。

4.34.2.3 熔断器

继电器闭合和断开上述负载，熔断器不得烧断。

4.34.3 应规定的条件

应规定下列条件：

a) 安装方法。

b) 激励值、工作频率和占空比。

c) 切换电流(故障条件)，若不是2倍的最大额定电流；功率因数($\cos\phi$)，时间常数(L/R)和适用的试验电路细则。

d) 总循环次数，如果不是50次。

e) 能使继电器符合制造厂规定性能的任何特定工作条件，及同时加负载的触点数。

f) 熔断器额定值，若不是5%或100 mA。

4.35 负载转换

4.35.1 目的

检测具有两组或多组转换触点的继电器是否能将两相或多相系统从一个电源转换到另一个电源。

4.35.2 程序

应将继电器连接到一合适的试验电路(如图10所示的三相系统)，电压、频率和负载应按制造厂规定。除另有规定外，试验过程中，继电器的安装件和各外露的导电件应通过一额定值为额定负载电流的5%或100 mA(取大者)的熔断器连接到负载的公共点。

继电器应按制造厂规定激励，并以规定的工作频率工作到规定的循环次数。应进行连续监测，以检测相与相之间的飞弧和触点熔焊。试验过程中，熔断器不得烧断。

除另有规定外，在每一次循环中，继电器处于动作状态的时间应为(5±1)s，处于释放状态的时间也应为(5±1)s。

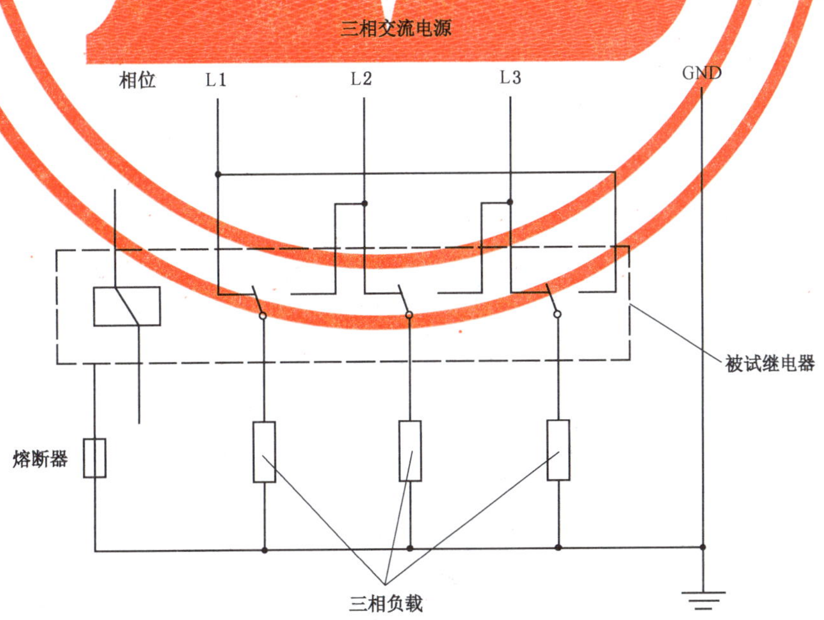

图10 负载转换试验电路

4.35.3 应规定的条件

应规定下列条件：

a) 激励值；

b) 多相系统的电压和频率；

c) 负载参数；

d) 熔断器的额定值，如果不是5%或100 mA；

e) 工作频率、循环次数和时间，如果不是(5±1)s；

f) 最终测量项目：

- 4.9 中规定的介质耐电压试验；
- 4.11 中规定的绝缘电阻；
- 4.12 中规定的触点电路电阻。

4.36 电磁兼容性

继电器是组装在某一设备中使用的元件。因此，无适用这类继电器的电磁兼容性的要求和试验，而电磁兼容要求和试验只适用于完整的设备。

注：此原则依据欧洲导则 89/336/EEC。

4.37 磁干扰

4.37.1 目的

检测当继电器在经受到外部磁感应作用时，其功能特性值是否保持在规定的极限值范围内。

4.37.2 程序

方法1：采用合适的非磁方法将继电器安装在一试验线圈内腔的中心。继电器最敏感的轴线应与试验线圈的纵轴线重合。继电器处于大气中的零磁场和下列磁场下，按4.13规定测量动作和释放电压：

- 具有磁屏蔽的继电器：8×10^3 A/m；
- 所有其他继电器：0.8×10^3 A/m。

两种极性的磁场下均应进行测量。

方法2：除制造厂另有规定外，将被试继电器和8只同类继电器按图11所示的结构方向、非磁化的方法进行安放。在8只外部继电器线圈以额定电压激励与去激励的情况下，均应按4.13规定测量被试继电器的动作和释放值。每只继电器的磁极性方向应相同。

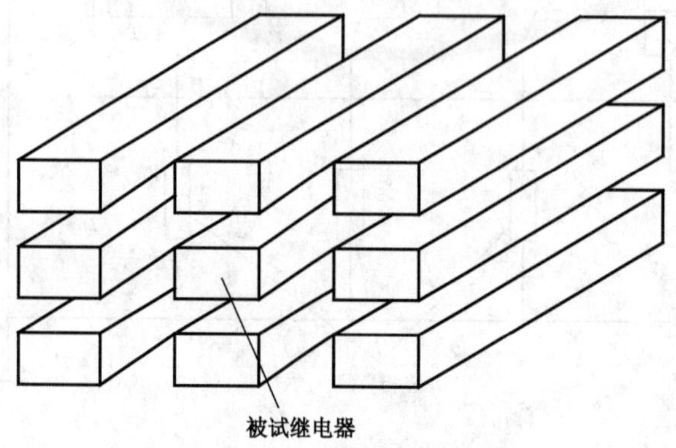

图11 相邻同类继电器的安放排列

方法3：被试继电器应以非磁化的方法安装。一根直径为0.5 mm的导线将被放在如图12所示被试继电器表面的24个方向。在每个方向上都应加一个电流脉冲。在每一个导线位置分别施加相应的电流脉冲后,按4.13中的规定测量继电器的动作和释放值。除制造厂另有规定外,应采用下列电流冲击波:

- 冲击波形:与4.10规定的电压冲击波形相同;
- 试验电流:1 kA。

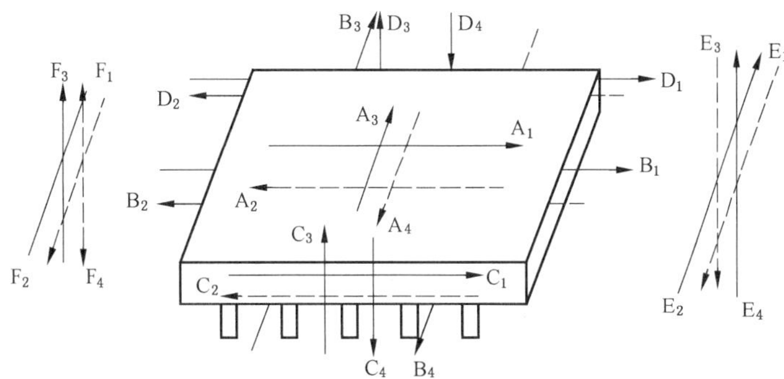

A_1～F_4:试验电流方向。

图12 磁干扰试验方法3的试验电流方向

4.37.3 应规定的条件

应规定下列条件:

a) 方法1、方法2或方法3。

b) 方法1:试验线圈的尺寸。

c) 方法2:安装网格图形。

d) 方法3:

- 电流冲击波次数和冲击频率,若多于1次冲击;
- 冲击波形。

e) 任何特定程序,若上述程序不适用。

f) 允许的动作和释放/复归值极限范围。

4.38 串音和插入损耗

目前无要求。

4.39 电接触噪声

4.39.1 目的

检测继电器触点在规定的条件下在某一电路中所产生的电噪声是否超过了规定的极限范围。

4.39.2 程序

继电器以制造厂规定的激励量值激励。只在有明确要求时,继电器才经受冲击和振动。将继电器触点接入一由规定的电阻器和一电压源所组成的电路中。采用示波器或采用噪声电平表测量继电器触点两端或电阻器两端的噪声。是否接入滤波器,由制造厂规定。

4.39.3 应规定的条件

应规定下列条件:

a） 激励值；
b） 冲击和(或)振动参数，当有要求时；
c） 测试电路；
d） 测试设备；
e） 噪声电压的极限范围。

4.40 热电动势(e.m.f.)

4.40.1 目的

检测继电器触点在经受高温时所产生的热电动势是否超过了规定的极限范围。

4.40.2 程序

将一动合触点的引出端焊接到裸铜线上。而裸铜线连接到保持在室温下的测试设备上。继电器应保持在其允许的最高工作温度的±5 K之内。线圈应以额定电压激励。在达到热平衡后或在达4 h之后(以先达到者为准)，测量裸铜线之间的电压。

4.40.3 应规定的条件

应规定下列条件：
a） 焊接的方法和材料；
b） 试验箱内的环境温度；
c） 热电动势的极限范围。

4.41 电容

4.41.1 目的

检测继电器零部件所形成的电容量是否超过了规定的极限范围。

4.41.2 程序

除制造厂另有的规定外，采用测量电桥测量电容量，应以1 kHz的频率、不超过10 V的电压进行测量。

4.41.3 应规定的条件

应规定下列条件：
a） 测量频率和电压，若不是1 kHz和10 V；
b） 测量点和接地点；
c） 电容量的极限值。

4.42 触点粘接(延迟释放)

4.42.1 目的

检测继电器的闭合触点受到诸如剩磁效应、化学作用或高温等的影响，在规定的时间内是否能断开。

4.42.2 程序

继电器从室温下开始，以其工作值范围的上限值激励24 h。

从开始后的 1 h 之内,应将温度升高到最高工作温度,在剩余的时间内应保持在此最高工作温度下。触点不加负载。在此时间终止时,在继电器实体不受扰动的情况下,将线圈去激励,并按 4.14 规定测量释放时间。

4.42.3 应规定的条件

应规定下列条件:

a) 工作值范围的上限值;

b) 释放时间的极限值;

c) 最高工作温度。

4.43 剩磁

4.43.1 目的

检测继电器从某一次循环至其下一次循环中,其磁路中的剩磁影响是否超过了规定的极限范围。

4.43.2 程序

本试验只适用于直流激励单稳态继电器。试验过程中,外磁场的影响应保持恒定不变。在全部试验过程中,在相应的激励值下,应监测触点电路是否闭合失效或断开失效。对于激励量,为避免线圈电阻变化的影响,只应考虑电流值。试验按下列规定分为四步进行(见图 13)。

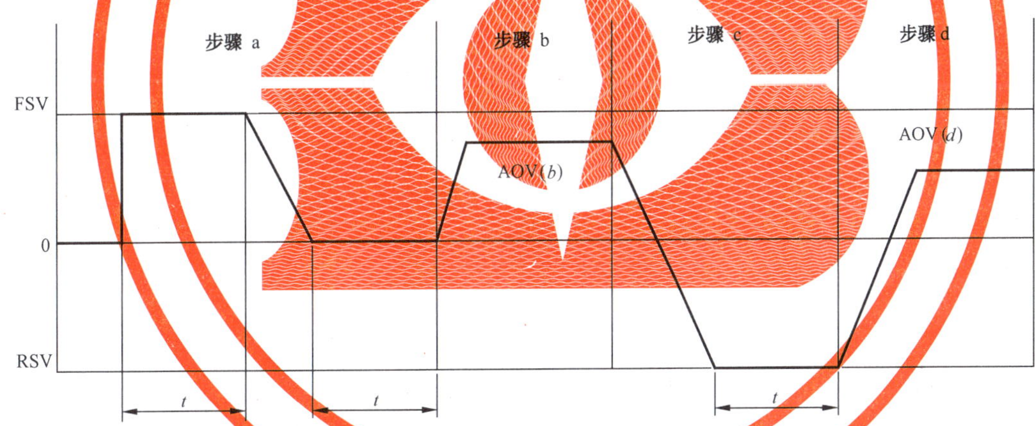

说明:

FSV ——正向饱和值;

RSV ——反向饱和值;

t ——除另有规定外,20 ms;

AOV(b)——实际动作值(b);

AOV(d)——实际动作值(d)。

图 13 剩磁试验的顺序图

a) 继电器以规定的饱和值激励,除另有规定外,激励时间至少为 20 ms,此时继电器应处在动作状态。然后将激励值减小至零,并在零值至少再保持 20 ms,此时继电器应处于释放状态。

b) 从零开始增加激励值,激励值的极性与步骤 a)相同,直至继电器动作,测量此实际动作值。

c) 从此实际动作值开始,减小激励值并使其通过零并变化至规定的反向饱和值,除另有规定外,在此值下至少保持 20 ms。

d) 从此反向饱和值开始,减小激励值并使其通过零并按步骤 a)和步骤 b)相同的极性变化,直至继电器动作,再次测量继电器的实际动作值。

剩磁率为百分数：

$$100\times\frac{\text{AOV}(b)-\text{AOV}(d)}{\text{AOV}(b)}$$

式中：

b——步骤 b 的实际动作值；

d——步骤 d 的实际动作值。

剩磁率不得超过规定的数值。

4.43.3 应规定的条件

应规定下列条件：

a) 饱和值和反向饱和值及施加的时间，若不是 20 ms；

b) 触点闭合的判据，和需要时的触点断开判据；

c) 剩磁率的极限范围。

4.44 噪声

4.44.1 目的

噪声发射的测试是为保证继电器动作、释放和循环的噪声在规定的范围内。此测试优先适用于汽车和电信继电器。

抗噪声度的测试是为证明继电器在经受外部噪声时执行其功能的能力。此测试优先适用于飞机用继电器。

4.44.2 程序

噪声发射的测试：按图 14 所示将继电器放置在一块软板(如海绵)上。应采用符合 GB/T 3785.1—2010 要求的 2 级声级计，在继电器激励、不激励和循环时，测量其噪声。测试应按下列规定进行：

- 继电器线圈电压：额定电压；
- 继电器激励：动作状态，释放状态，10 次循环/s 的循环状态；
- 继电器线圈：无瞬态抑制二极管或(和)有瞬态抑制二极管；
- 继电器和话筒(麦克风)之间的距离：5 cm 或 10 cm 或按规定；
- 测试方向：所有 5 个方向(见图 14)，或由制造厂规定的最严格的一个方向；
- 按 GB/T 3785.1—2010 中的 A 频率计权；
- 背景噪声：比规定的继电器噪声电平至少低 10 dB；
- 继电器噪声电平：按制造厂规定。

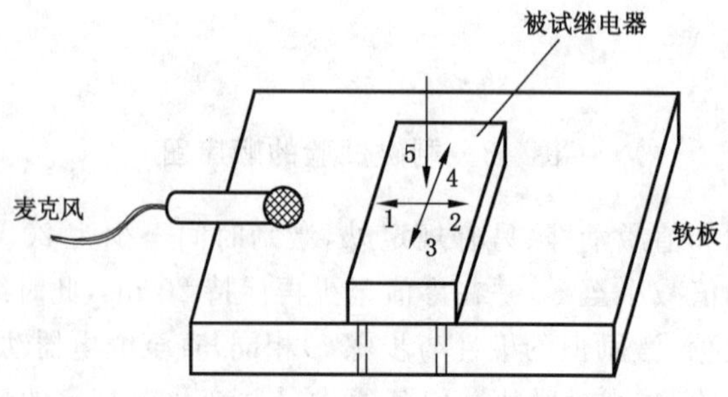

说明：

1、2、3、4 及 5——测试方向。

图 14 噪声发射的测试安装

抗噪声度测试:将继电器安放在吸音箱内经受下列一种噪声:

A=140 dB;

B=150 dB;

C=160 dB。

上述每一种噪声电平加 6 dB 在 20 Hz~2 000 Hz 的频率范围内经受 1 h。在此 1 h 之内,继电器线圈激励 30 min,然后去激励 30 min。在继电器处于动作状态和处于释放状态时,除制造厂规定了其他数值外,任何闭合触点的断开或断开触点的闭合均不得超过 10 μs。

4.44.3 应规定的条件

应规定下列条件:

a) 噪声发射和/或抗噪声度测试。

b) 噪声发射测试:

- 线圈电压,如果不是额定电压;
- 继电器激励,如果不按 4.44.2 的规定;
- 瞬态抑制二极管,如果适用;
- 被测继电器与话筒之间的距离;
- 测试方向,如果不按图 14 规定;
- 继电器噪声电平的极限范围。

c) 抗噪声度测试:

- 线圈电压;
- 瞬态抑制二极管,如果适用;
- 噪声电平 A、B 或 C。

4.45 保护接地的连续性

4.45.1 目的

保证接地端与要求小电阻连接的零件之间的连接。此试验只适用于连接到主电路并配有保护接地端的继电器。

4.45.2 程序

在接地端依次与每一零件之间通过一电流,该电流为 1.5 倍额定电流但不小于 25 A,该电流的电源为交流电源,其空载电压不大于 12 V。测量接地端与零件之间的电压降,采用上述电流与此电压降计算电阻值。除制造厂规定了其他数值外,电阻值不得大于 0.1 Ω。试验应连续进行至确定到了稳态为止。

注:此试验用的测量探针的针尖和金属部件间的接触电阻不得影响测量结果。

4.45.3 应规定的条件

应规定电阻值的极限值,若不是 0.1 Ω。

4.46 流体污染

4.46.1 目的

保证继电器在经受到宇航和类似应用中所出现的液体污染时能正常使用。此试验只适用于 RTⅢ类到 RTⅤ类继电器。

4.46.2 程序

将继电器自由地悬挂在试验箱内,箱内温度应按表4规定进行保持。采用从表4中选择的液体对继电器进行喷雾,使其完全湿透。将继电器保持在此规定温度的箱内,保持时间不得少于48 h。然后将继电器从试验箱内移出,并恢复到室温。

每一种试验液体应单独对一只继电器进行试验。

表4 试验液体与试验温度

代表的液体	试验液体	试验温度 ℃
燃料油	按体积计算,70%异辛烷和30%甲苯	20±5
液压液	a)按体积计算,80%乙二醇单乙基醚和20%蓖麻油	50±2
	b)酯基合成液压液	70±2
	c)硅基(高温)液压液	70±2
润滑油	润滑油脂类	100±2

4.46.3 应规定的条件

应规定下列条件:

a) 一种或数种试验液体;

b) 与上述的程序的任何差别;

c) 在最终测量中任何允许降低的范围;

d) 最终测量项目:

- 4.6 中规定的目检;
- 4.9 中规定的介质耐电压试验;
- 4.11 中规定的绝缘电阻;
- 4.13 中规定的动作和释放值;
- 4.20.2 中规定的密封,当适用时。

4.47 耐清洗剂

4.47.1 目的

保证继电器在浸入清洗剂后,其标志保持清晰并经目检不出现损伤现象。

4.47.2 程序

试验应按IEC 60068-2-45:1980/Amd 1:1993试验XA方法1或方法2规定进行。继电器应在制造厂规定的温度下,全部浸没在规定的溶剂中。应采用下列溶剂,但可以规定其他溶剂。

软化水或蒸馏水,其电阻率不小于500 Ωm,对应的电导率为2 mS/m。试验过程中不得搅动溶剂。

4.47.3 应规定的条件

应规定下列条件:

a) 使用的溶剂。

b) 溶剂温度:

- 软化水或蒸馏水:(55±5)℃;
- 任何其他溶剂:按要求的温度。

c) 试验 XA 中的方法 1 或方法 2,和方法 1 中的擦拭材料。

d) 最终测量前的恢复时间,当有要求时。

e) 最终测量项目:

- 对于所有的继电器:4.6 中规定的标志,目检;
- 对于 RTⅢ~RTⅤ继电器,再增加:4.13 中选择的功能测试,当有要求时。

警告:当采用其他溶剂进行此测试时,应采取合适的防护措施。

4.48 着火危险

4.48.1 目的

保证处于规定条件下的继电器不会使其零部件起燃;或保证由试验引燃的可燃零部件在一限定的燃烧时间或燃烧范围内,由火焰或由试样中散落的燃烧和(或)灼热颗粒不会引起火焰蔓延。

4.48.2 程序

试验按下列其中的一项或所有两项规定进行:

- 按 GB/T 5169.10—2006、GB/T 5169.11—2006、GB/T 5169.12—2006 或 GB/T 5169.13—2006(按适用的)中规定的灼热丝试验;
- 按 GB/T 5169.5—2008 中规定的针焰试验。

试验条件和失效判据按附录 B 规定。

4.48.3 应规定的条件

应规定下列条件:

a) 按 GB/T 5169.10—2006、GB/T 5169.11—2006、GB/T 5169.12—2006、GB/T 5169.13—2006 和(或)GB/T 5169.5—2008 的规定进行试验;

b) 按附录 B 规定所要求的所有条件。

4.49 额定负载下的温升

4.49.1 目的

检测继电器在持久性激励、其触点加最大额定阻性负载的条件下,其引出端温升是否超过了规定值。

4.49.2 程序

试验应在对被试继电器等级所规定的最高环境温度和适用时的最高高度(最低气压)下进行。

在试验开始的 3 h 中,继电器线圈不激励;动断触点加最大额定阻性负载。

在试验的下一时段中,继电器线圈连续激励 97 h,线圈电压应调整到最大的规定值;动合触点在任何的相应电压下应承受最大额定阻性电流。

在动作状态期结束时,继电器还处于规定的温度下,立即对继电器进行测试,以测定在加动作电压时,继电器完成了激励功能。在整个试验期间,应监测其引出端的温升。

4.49.3 应规定的条件

应规定继电器引出端的最大允许温升。

4.50 机械联锁

4.50.1 目的

核查继电器的一组触点保持在闭合状态时，另一组触点在相应的线圈激励时不闭合。适用于具有双线圈电路并内装机械联锁装置的继电器。

4.50.2 程序

使一组触点保持在闭合状态(对相应的线圈施加最大工作电压，也可以采用机械的方法)，对相反触点组的驱动线圈加最大工作电压，进行200次工作循环。一次工作循环由0.5 s“接通”和2.5 s“断开”组成。应监测触点的状态。相反的触点组不得闭合。

4.50.3 应规定的条件

应规定下列条件：

a) 与上述试验程序的任何差别；

b) 适用时，使一组触点电路保持闭合状态的机械方法的细节。

4.51 插入力和分离力(配套的继电器和插座)

4.51.1 目的

测量继电器和与其配套的插座之间的插入力和分离力。

4.51.2 程序

继电器和与其配套的插座之间的插入力和分离力应按GB/T 5095.7—1997的试验13b(第2条)规定进行测试。

4.51.3 应规定的条件

应规定下列条件：

a) 最大的插入力；

b) 最大和最小分离力；

c) 插入和分离的循环次数；

d) 必要时，插入和分离的速率；

e) 测试分组的规定，当适用时；

f) 测试装置的规定，当适用时；

g) 润滑剂的规定，当适用时。

附　录　A
（规范性附录）
温升试验配置

试验应按图 A.1 所示进行，引出端端头朝下，并位于一绝缘板上。

特殊情况下，制造厂可以提交按照实际使用安装在印制电路板上的继电器。所有试验配置的相关细节，如印制电路板的材料和厚度、印制电路板上导电带的宽度和厚度，外部导电带的镀层或涂层（如适用）、长度和横截面积，均应在试验报告中表明。

注：需采用满足要求的工具并仔细进行焊接。

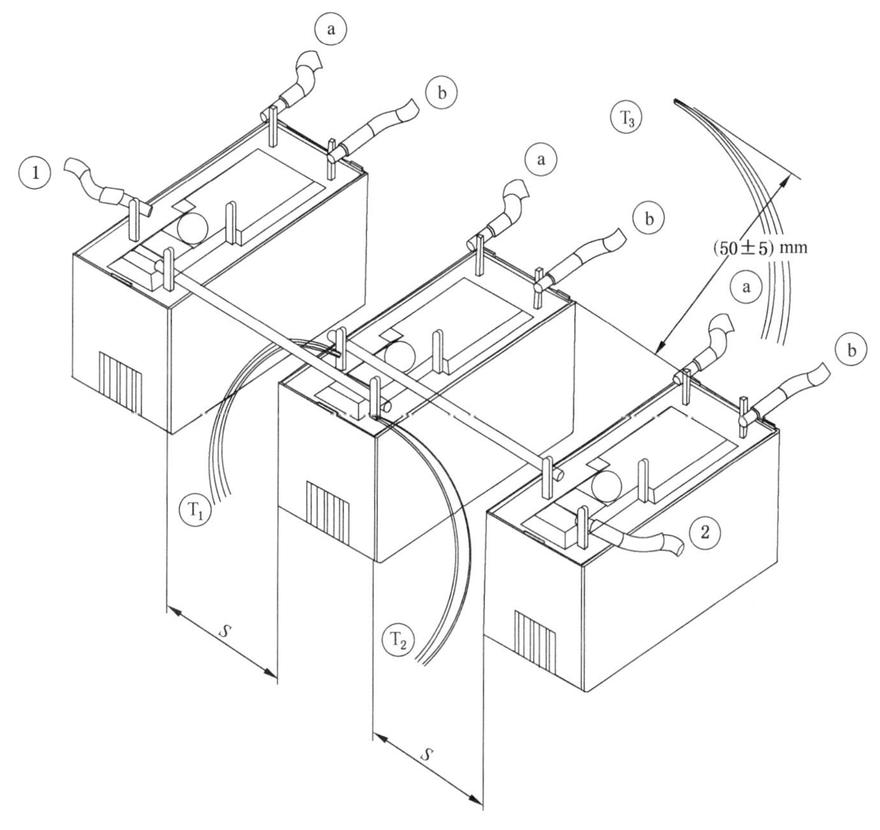

说明：

①、②　　——触点引出端；

Ⓣ1、Ⓣ2、Ⓣ3——热电偶；

ⓐ、ⓑ　　——线圈引出端；

S　　　　——安装距离。

测量环境温度的测试点应处于由中间的继电器轴线所确定的水平面上。与继电器线圈侧面的距离应为(50±5)mm。

图 A.1　试验配置

附 录 B
（规范性附录）
着火危险试验

B.1 灼热丝试验

灼热丝试验按 GB/T 5169.10—2006、GB/T 5169.11—2006、GB/T 5169.12—2006 和 GB/T 5169.13—2006 规定，模拟由诸如灼热零件和过载元件这样的热源会产生的热应力效应，以评定着火的危险性。

上述标准中规定的试验主要适用于机电设备及其附件和元器件，但也可适用于固体绝缘材料和其他可燃材料。

下列要求适用于本部分。

继电器成品应经受 GB/T 5169.11—2006 中规定的试验。

材料应按 GB/T 5169.12—2006 或 GB/T 5169.13—2006 规定进行试验。

GB/T 5169 的相应部分中所要求的试验条件应由制造厂规定。

耐热和耐火要求的符合性采用 650℃的灼热丝试验进行验证（见图 B.1 和图 B.2）。

如果继电器的使用需要更严格的要求（如家用电器、消费类电子产品），对于接触到或支撑载流件的零部件或电连接件（特别是这些零部件在变质时会引起过热），则灼热丝的温度应该是 750 ℃或 850 ℃。

当继电器太小或其形状不方便进行试验时，则采用制造继电器的相应材料的样品进行试验。此样品应具有合适的形状，面积至少为 60 mm×60 mm，厚度不得大于 3 mm。样品尺寸应在试验报告中标明。

单位为毫米

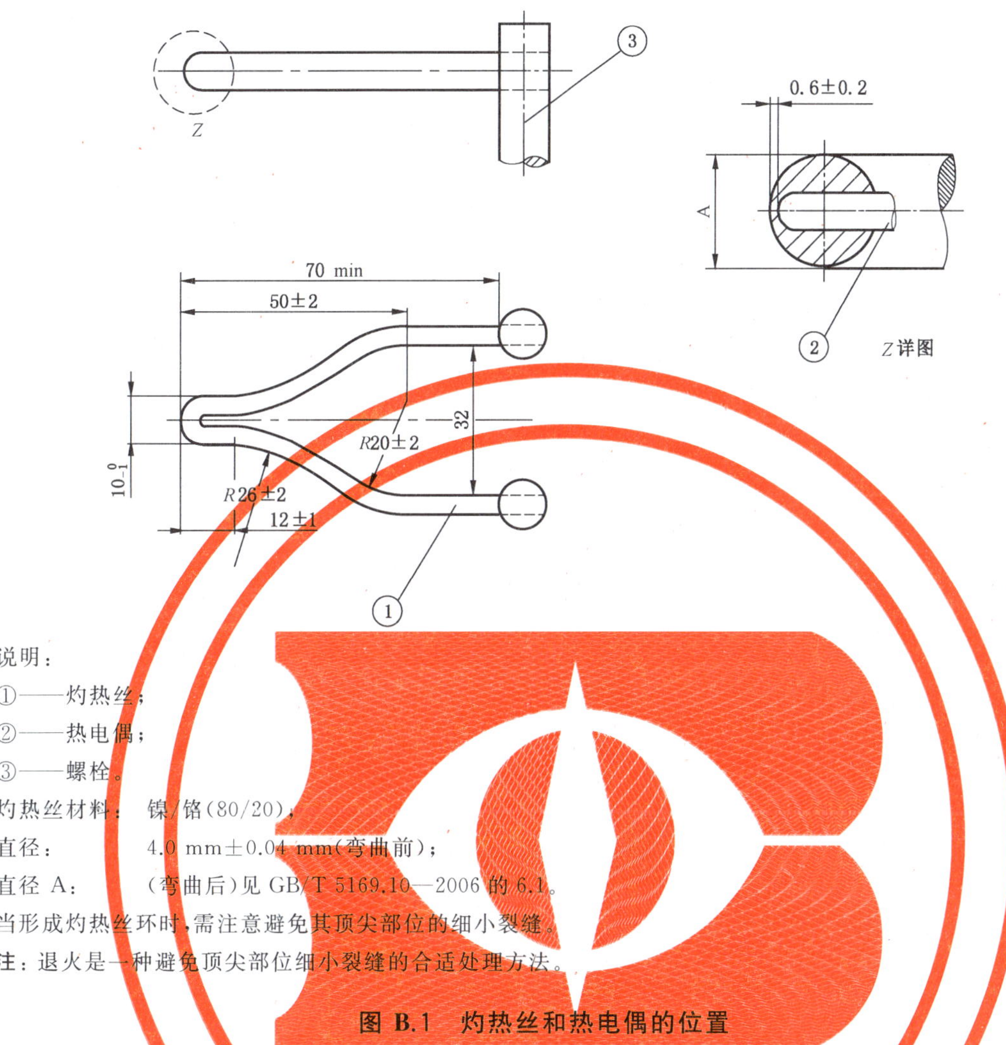

说明：

①——灼热丝；

②——热电偶；

③——螺栓。

灼热丝材料： 镍/铬(80/20)；

直径： 4.0 mm±0.04 mm(弯曲前)；

直径 A： (弯曲后)见 GB/T 5169.10—2006 的 6.1。

当形成灼热丝环时，需注意避免其顶尖部位的细小裂缝。

注：退火是一种避免顶尖部位细小裂缝的合适处理方法。

图 B.1 灼热丝和热电偶的位置

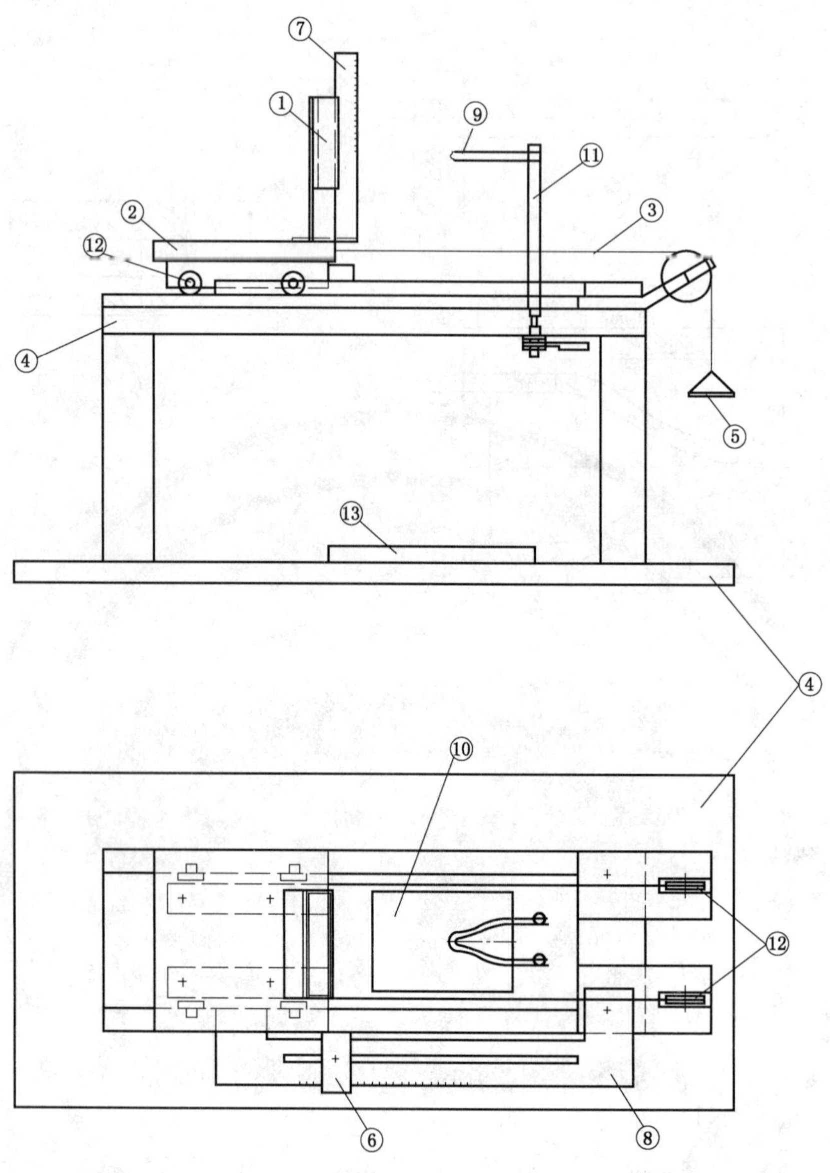

说明：

①——试验样品定位块；

②——小车；

③——拉紧绳；

④——底板；

⑤——重量块；

⑥——可调定位器；

⑦——火焰高度测量尺；

⑧——穿透度调节器；

⑨——灼热丝；

⑩——底板上的颗粒散落孔；

⑪——灼热丝的安装螺栓；

⑫——小阻力滚轮；

⑬——规定的垫片。

图 B.2　灼热丝试验装置(示意图)

B.2 针焰试验

针焰试验的目的是通过模拟可以由设备内部故障条件造成的小火焰的效应，评定机电设备和其组件及元器件、固体绝缘材料和其他可燃材料的着火危险性。

针焰试验按 GB/T 5169.5—2008 规定进行。

下列规定适用于本部分：

试验装置如图 B.3 所示。

试验开始前，样品在温度为 15 ℃～35 ℃、相对湿度为 45%～75%的大气环境中存放 24 h。

试验火焰对样品的施加时间为(30+1)s，但对体积不大于 1 000 mm^3 的继电器可以选择将时间减少至(10+1)s。

试验开始时，应调整试验火焰的位置至少使火焰的顶部接触到样品的表面。试验过程中，燃烧器不得移动。到达规定的时间后，立即移开火焰。

试验只对一只样品进行。如果该样品未通过试验，则再在 2 只追加的样品上重新进行试验，且均应通过试验。

绢纸不应起燃，白松木板不应显示出燃烧的痕迹，白松木板的颜色变化可忽略不计。

单位为毫米

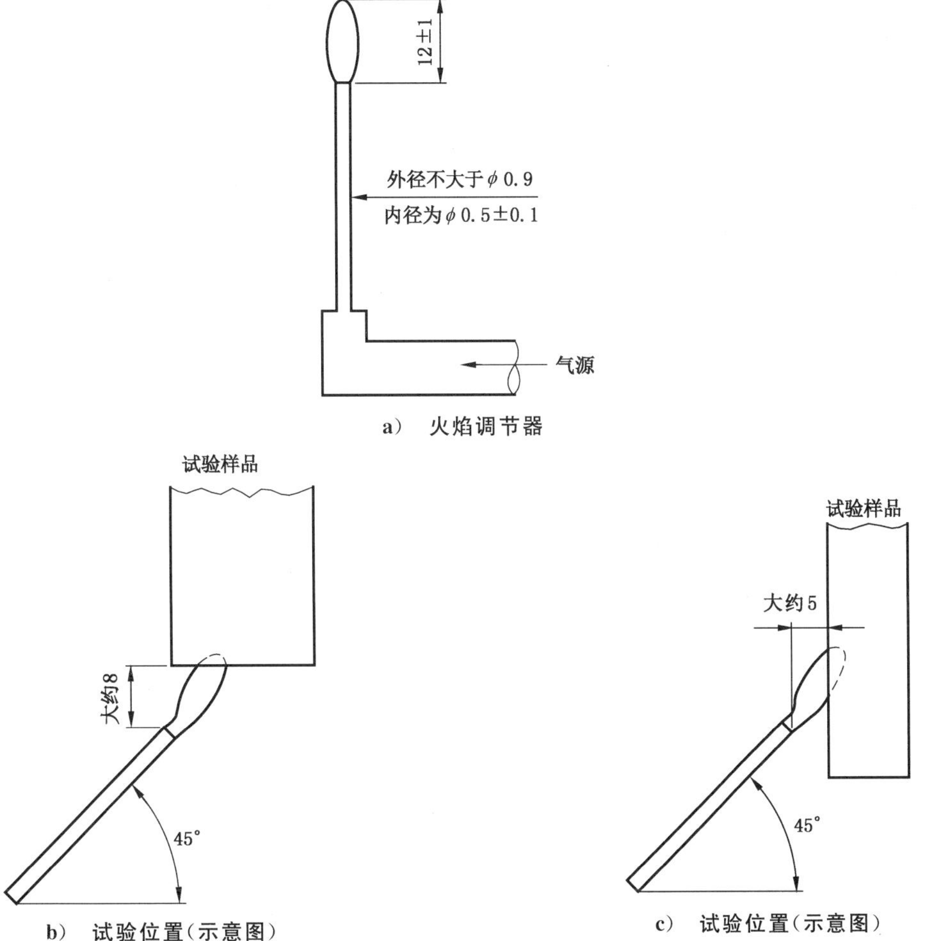

图 B.3 针焰试验细节

附 录 C
（规范性附录）
耐久性试验的试验电路

C.1 试验电路

通用的试验电路见图 C.1，功能方框图见图 C.2。

注：隔离开关、负载选择开关和被试触点需按规定的试验条件排定程序。

除另有规定外，表 C.1 和表 C.2 中标明的特性适用。

4.30 中规定的试验条件适用。

标明的电流应以触点电路中的稳态电流值（交流为有效值）表示。

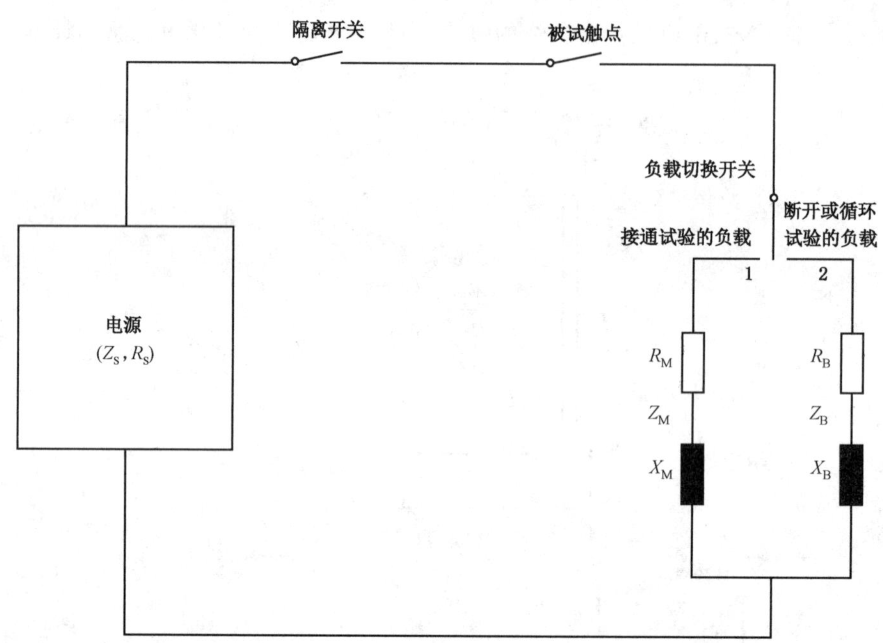

说明：

触点负载类别 0 和 1：	触点负载类别 2：
$Z_S<0.02Z_{M,B}$（交流）	$Z_S<0.05Z_{M,B}$（交流）
$R_S<0.02R_{M,B}$（直流）	$R_S<0.05R_{M,B}$（直流）

L/R 和 $\cos\phi$ 的标准负载值和公差见表 C.2。

负载选择开关的位置 1：接通试验，当采用与断开试验不同的负载（浪涌电流）时。

负载选择开关的位置 2：接通和断开（或循环）试验，当采用相同的负载时。

隔离开关：用于接通/切断负载电路，与被试触点无关。

图 C.1 标准试验电路

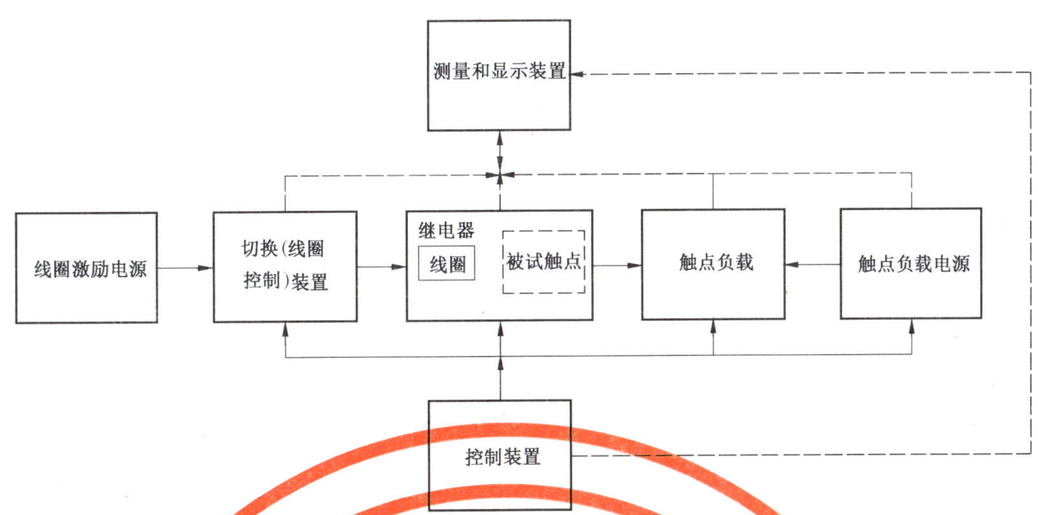

注：被试继电器包括任何抑制和(或)指示器件。

图 C.2　功能方框图

表 C.1　触点负载电源特性

特性	电源标准值	触点应用负载类别(见 3.8)	公差	备注
电压	优先值和其他规定值	0 和 1	±2%	包括闭合触点的负载间电压
		2	±5%	
电流	优先值和其他规定值	0 和 1	±5%	应正确地提供试验所要求的瞬态电流
		2	不小于额定试验电流	
频率	标准额定值	0～2	±2%	见 GB/T 21711.1—2008 的表 1
波形	正弦	0～2	畸变系数:不大于 5%	
直流中的交流分量(纹波)	0	0～2	不大于 6%	
交流中的直流分量	0	0～2	不大于峰值的 2%	

表 C.2　标准触点负载的特性

负载特征	标准值		触点应用负载类别(见 3.8)	公差	备注
	直流电源	交流电源			
触点应用负载类别 0(≤30 mV/≤10 mA)	$L/R \leqslant 10^{-7}$ s	$\cos\phi \geqslant 0.95$	0～2		L 是不可避免的电路固有电感量
阻性负载	$L/R \leqslant 10^{-7}$ s		0 和 1		
	$L/R \leqslant 10^{-6}$ s		2		
		$\cos\phi \geqslant 0.95$	0～2		
感性负载	$L/R = 0.005$ s		0 和 1	±15%	
	$L/R = 0.040$ s		2		
		$\cos\phi = 0.4$	0～2	±0.1	

注：对于感性负载，如果制造厂有规定，可以采用不同于标准值的其他数值，但公差需符合表中的规定。

C.2 说明和要求

C.2.1 线圈激励电源

继电器线圈激励电源由包括将电压和阻抗稳定在规定范围的装置(包含安全配置,如熔断器)的供电电源组成。

激励电源提供的线圈额定电压值,其稳态条件下的公差应在±5%之内。输入电压的包络线应是矩形的。

当必要时,电源和其极性应能在外部进行控制。

C.2.2 切换(线圈控制)装置

切换装置是在一次试验循环中能按要求实现切换动作变化的电路系统,包括对被试继电器的接线和能使双稳态继电器的接线改变极性的电路。

切换装置应能调节控制线圈额定电压的数值而不影响其稳态条件下的公差。

C.2.3 触点负载电源

施加至负载电路的电源由包括将电压和阻抗稳定在规定范围的装置(包含安全配置,如熔断器)的供电电源组成。

电源阻抗和阻值要求按图 C.1 规定。电源的公差应符合表 C.1 规定。

C.2.4 控制装置

控制装置应能产生指令使其控制同步和流程的规定试验程序运作(如启动、测量、停止)。

C.2.5 测量和指示装置

此装置能方便地与控制装置所产生的波形相比较,在继电器触点的每一个完整循环中,对其接通和断开进行监测。应对不能完成预定功能的任何一次失效进行指示和记录。此装置对试验结果应无任何明显的影响。

C.3 试验电路图

除另有规定外,试验电路应从表 3 中选取。

C.4 电信和信号继电器的专用负载

电信和信号设备用继电器,当制造厂有规定时,电缆负载试验可适用。

负载电路应符合图 C.3 规定。

制造厂应规定试验细则(特别是电缆的特性)。

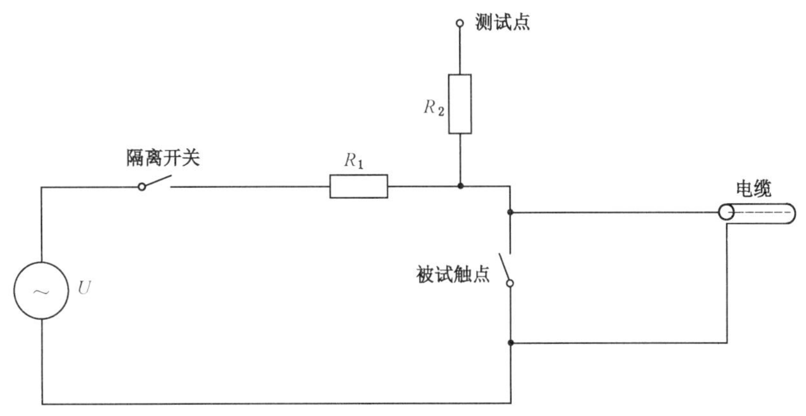

图 C.3　电缆负载电路

C.5　浪涌电流专用负载

用于具有浪涌电流应用的继电器，当制造厂有规定时，相关的试验可适用。

除另有规定外，负载电路应符合图 C.4、图 C.6 或图 C.7(按适用的)规定。但允许制造厂对图 C.4 和图 C.6 进行说明，另外规定和表明与 2.5 ms(钨丝灯的标准值)不同的时间常数。断开和闭合触点的时间不得少于时间常数(分别为 $C\times R_3$ 与 $C\times R_2$)的 4 倍。

按图 C.4 和图 C.6 规定，由试验确定适用于浪涌电流负载的专用触点额定值应符合下列规定的数据格式：

稳态电流/峰值浪涌电流/电压/时间常数；

稳态电流代表浪涌专用负载的额定电流；

额定值为 10 A/100 A/250 V～/2.5 ms 的继电器的试验见图 C.5。

对于具有功率因数修正的浪涌电流负载，按图 C.7 确定的触点额定值应采用下列规定的数据格式：

稳态电流/电压/限流电阻(R_2)/电容(C_F)。

限流电阻值和电容量只在偏离图 C.7 中表示的数值时才应标明。

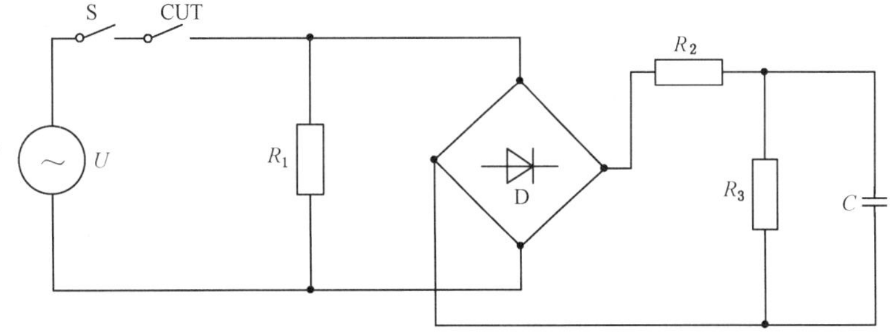

说明：

$R_1=U/I$——U 为负载的额定电压，I 为负载的稳态电流；

$R_2=R_1\times1.414/(X-1)$——X 为峰值浪涌电流与稳态电流之比；

$R_3=(800/X)\times R_1$；

$C\times R_2=2\ 500\ \mu s$——灯负载适用的标准值，允许采用其他值；

D——整流桥；

S——隔离开关；

CUT——被试触点。

电路元器件和电源阻抗的选取需保证峰值浪涌电流和稳态电流的准确度为 10%。

图 C.4　浪涌电流负载(如容性负载和模拟钨灯丝灯负载)的试验电路-交流电路

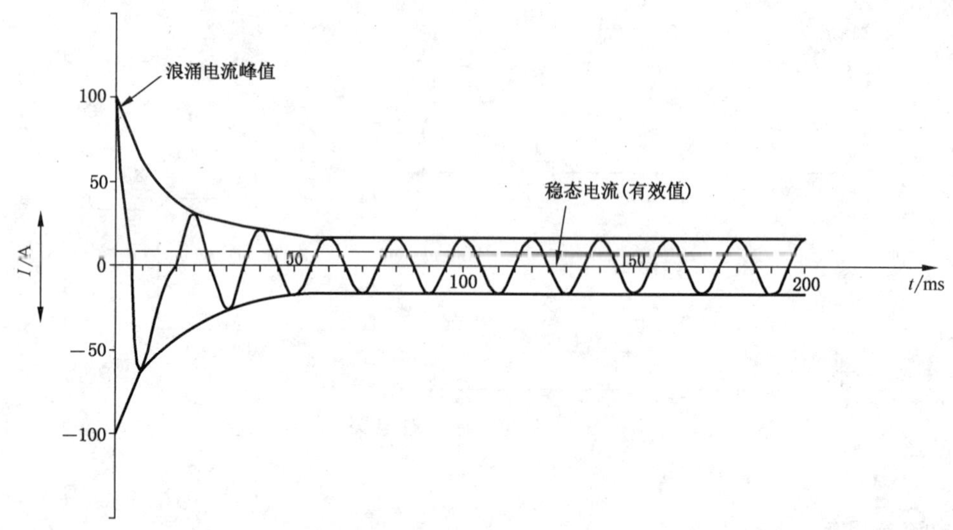

说明：

从图 C.4 中计算的数值：

R_1——25 Ω；

R_2——3.93 Ω；

R_3——2 000 Ω；

C ——636 μF。

图 C.5 额定值 10 A/100 A/250 V～/2.5 ms 的继电器钨丝灯试验示例

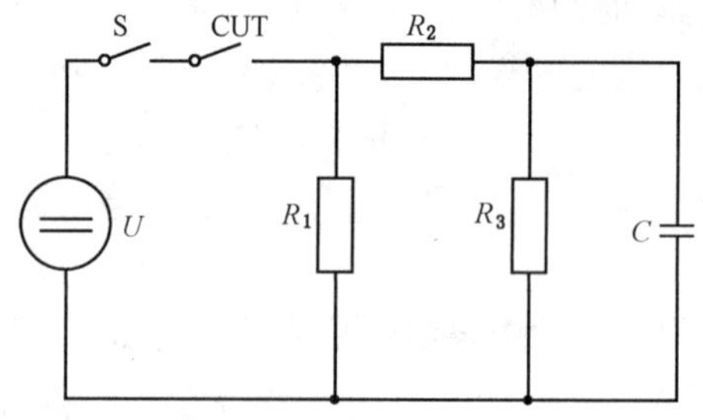

说明：

$R_1=U/I$ ——U 为额定电压，I 为稳态电流；

$R_2=R_1/(X-1)$——X 为峰值浪涌电流与稳态电流之比；

$R_3=(800/X)\times R_1$；

$C\times R_2=2\ 500\ \mu s$——灯负载的标准值，允许采用其他值；

CUT——被试触点；

S——隔离开关；

电路元器件和电源阻抗的选择需保证峰值浪涌电流和稳态电流的准确度为 10%。

图 C.6 浪涌电流负载(如容性负载和模拟灯负载)的试验电路-直流电路

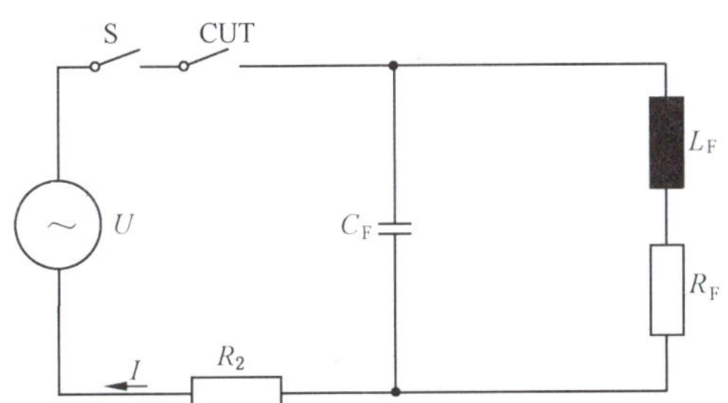

说明：

CUT ——被试触点；

S ——隔离开关；

$C_F = 70\ \mu F \times (1 \pm 10\%)(I \leqslant 6\ A)$——$I$ 为稳态电流；

$C_F = 140\ \mu F \times (1 \pm 10\%)(6\ A < I \leqslant 20\ A)$——$I$ 为稳态电流；

除制造厂另有规定和标明外，L_F 和 R_F 调整到使电流 I 等于稳态电流，功率因素等于 0.9(滞后的)；

除制造厂另有规定和标明外，R_2(包括导线电阻)等于 0.25 Ω。

电源阻抗和电路元器件的选择需保证：

——供电电源可供的短路电流为 3 kA～4 kA；

——额定电压 U 的准确度为±5%；

——稳态电流 I 的准确度为±5%；

——功率因数的准确度为±0.05。

图 C.7 浪涌电流负载(如模拟荧光灯负载)的试验电路(具有功率因数修正)

附 录 D
（资料性附录）
感性触点负载

继电器应能在表 D.1 中规定的使用类别条件下和指定的操作次数以及表 D.2 规定的条件下接通和分断电流而无失误。

注：应用类别和试验值与 IEC 60947-5-1:2003 中规定的相对应。

表 D.1 AC-15/DC-13 接通容量和断开容量的验证(标准条件)

应用类别	接通			断开			循环次数和循环频率		
	I/I_e	U/U_e	$\cos\phi$	I/I_e	U/U_e	$\cos\phi$	循环次数	循环频率 次/min	激励时间 s
AC-15	10	[c]	0.3	1	[c]	0.3	50	6	0.05
	10	1	0.3	1	1	0.3	10	>60[b]	0.05
	10	1	0.3	1	1	0.3	990	60	0.05
	10	1	0.3	1	1	0.3	5 000	6	0.05
	总循环次数						6 050		
	I/I_e	U/U_e	$T_{0.95}$	I/I_e	U/U_e	$T_{0.95}$	循环次数	循环频率 次/min	激励时间 s
DC-13	1	[c]	$6\times P$[a]	1	[c]	$6\times P$[a]	50	6	$T_{0.95}$
	1	1	$6\times P$[a]	1	1	$6\times P$[a]	10	>60[b]	$T_{0.95}$
	1	1	$6\times P$[a]	1	1	$6\times P$[a]	990	60	$T_{0.95}$
	1	1	$6\times P$[a]	1	1	$6\times P$[a]	5 000	6	$T_{0.95}$
	总循环次数						6 050		
I_e 额定工作电流							I 切换电流		
U_e 额定工作电压							U 切换电压		
$P=U_e\times I_e$ 稳态功率(W)							$T_{0.95}$ 到达稳态电流的95%的时间(ms)		

[a] 数值"$6\times P$"是由一适合于最大直流感性负载的 P 达 50 W 的经验公式得出的。此处，$6\times P$ 等于 300 ms。额定功率大于 50 W 的负载由并联的小负载组成。因此，300 ms 是一个上限值，与功率的数值无关。

[b] 应具有最大允许的速率(保证触点可靠地闭合和断开)。

[c] 试验在 $U_e\times1.1$ 的电压下进行，试验电流 I_e 在 U_e 下调整。

表 D.2 电耐久性试验的接通和断开容量

电流	应用类别	接通			断开		
交流	AC-15	I/I_e	U/U_e	$\cos\phi$	I/I_e	U/U_e	$\cos\phi$
		10	1	0.7[a]	1	1	0.4[a]
直流[b]	DC-13	I/I_e	U/U_e	$T_{0.95}$	I/I_e	U/U_e	$T_{0.95}$
		1	1	$6\times P$[c]	1	1	$6\times P$[c]
I_e 额定工作电流					I 切换电流		
U_e 额定工作电压					U 切换电压		
$P=U_e\times I_e$ 稳态功率(W)					$T_{0.95}$ 到达稳态电流的95%的时间(ms)		

[a] 标示的功率因数为常规值,只在试验电路中出现,且试验电路中的线圈电特性是模拟的。事实上,对于功率因数为0.4的电路,其并联电阻器用来模拟由涡流损耗产生的阻尼效应。

[b] 对于配有一切换装置(用以操作一节约型电阻器)的直流感性负载,其额定工作电流应至少为最大闭合电流。

[c] 数值"$6\times P$"是由一适合于最大直流感性负载的 P 达 50 W 的经验公式得出的。此处 $6\times P$ 等于 300 ms。额定功率大于 50 W 的负载由并联的小负载组成。因此,300 ms 是一个上限值,与功率的数值无关。

制造厂可以规定其他负载。

参 考 文 献

[1] GB/T 2900.63—2003 电工术语 基础继电器

[2] GB/T 4937(所有部分) 半导器件 机械和气候试验方法

[3] GB/T 16608(所有部分) 有或无机电继电器

[4] IEC 60050-131:2002 International electrotechnical vocabulary—Part 131: Circuit theory

[5] IEC 60947-5-1:2003 Low-voltage switchgear and controlgear—Part 5-1: Control circuit devices and switching elements—Electromechanical control circuit devices

[6] IEC 61810-2:2005 Electromechanical elementary relays—Part 2: Reliability

[7] ITU-T Recommendation K.44:2003 Resistibility tests for telecommunication equipment exposed to overvoltages and overcurrents—Basic Recommendation

[8] European Directive 89/336/EEC Council Directive of 3 May 1989 on the approximation of the laws of the Member States relating to electromagnetic compatibility

ICS 67.140.10
X 55

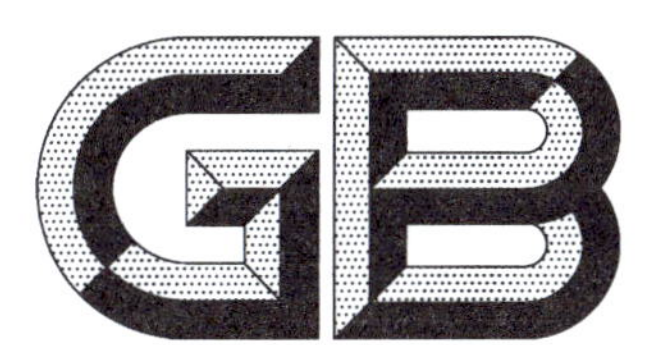

中华人民共和国国家标准

GB/T 21726—2018
代替 GB/T 21726—2008

2018-02-06 发布　　2018-06-01 实施

中华人民共和国国家质量监督检验检疫总局
中国国家标准化管理委员会 发布

前　言

本标准按照 GB/T 1.1—2009 给出的规则起草。

本标准代替 GB/T 21726—2008《黄茶》。与 GB/T 21726—2008 相比，除编辑性修改外主要技术变化如下：

——调整部分引用标准；

——增加引用 GB/T 14487 和 GB/T 30766 界定的术语和定义；

——产品分类为芽型、芽叶型、多叶型和紧压型；

——删去原大叶型理化指标，增加多叶型和紧压型黄茶的感官品质要求和理化指标；

——芽型和芽叶型的水分含量修改为≤6.5；

——理化指标中删去水溶性灰分、水溶性灰分碱度、酸不溶性灰分和粗纤维四项参考指标；

——试验方法中删去水溶性灰分、水溶性灰分碱度、酸不溶性灰分和粗纤维四项项目的检验方法；水分检验采用 GB 5009.3 规定的方法，总灰分检验采用 GB 5009.4 规定的方法；

——标签改为应符合 GB 7718 的规定和《国家质量监督检验总局关于修改〈食品标识管理规定〉的决定》的规定；

——包装改为应符合 GH/T 1070 的规定；

——贮存改为应符合 GB/T 30375 的规定。

本标准由中华全国供销合作总社提出。

本标准由全国茶叶标准化技术委员会(SAC/TC 339)归口。

本标准起草单位：中华全国供销合作总社杭州茶叶研究院、霍山抱儿钟秀茶业有限公司、德清县莫干山黄芽茶业有限公司、安徽农业大学、浙江大学、湖南省茶叶集团股份有限公司、四川省茶业集团股份有限公司。

本标准主要起草人：翁昆、文亮、沈云鹤、赵玉香、宁井铭、龚淑英、尹钟、蔡红兵、张亚丽、戴前颖。

本标准所代替标准的历次版本发布情况为：

——GB/T 21726—2008。

黄　茶

1　范围

本标准规定了黄茶的产品分类、要求、试验方法、检验规则、标志、标签、包装、运输和贮存。

本标准适用于以茶树[*Camellia sinensis* (L.)O. Kuntze]的芽、叶、嫩茎为原料,经摊青、杀青、揉捻(做形)、闷黄、干燥、精制或蒸压成型的特定工艺制成的黄茶产品。

2　规范性引用文件

下列文件对于本文件的应用是必不可少的。凡是注日期的引用文件,仅注日期的版本适用于本文件。凡是不注日期的引用文件,其最新版本(包括所有的修改单)适用于本文件。

GB/T 191　包装储运图示标志

GB 2762　食品安全国家标准　食品中污染物限量

GB 2763　食品安全国家标准　食品中农药最大残留限量

GB 5009.3　食品安全国家标准　食品中水分的测定

GB 5009.4　食品安全国家标准　食品中灰分的测定

GB 7718　食品安全国家标准　预包装食品标签通则

GB/T 8302　茶　取样

GB/T 8303　茶　磨碎试样的制备及其干物质含量测定

GB/T 8305　茶　水浸出物测定

GB/T 8311　茶　粉末和碎茶含量测定

GB/T 14487　茶叶感官审评术语

GB/T 23776　茶叶感官审评方法

GB/T 30375　茶叶贮存

GB/T 30766　茶叶分类

GH/T 1070　茶叶包装通则

JJF 1070　定量包装商品净含量计量检验规则

定量包装商品计量监督管理办法(国家质量监督检验检疫总局〔2005〕第75号令)

国家质量检验检疫总局关于修改《食品标识管理规定》的决定(国家质量监督检验检疫总局〔2009〕第123号令)

3　术语和定义

GB/T 14487和GB/T 30766界定的术语和定义适用于本文件。

4　产品分类

根据鲜叶原料和加工工艺的不同,产品分为芽型(单芽或一芽一叶初展)、芽叶型(一芽一叶、一芽二叶初展)、多叶型(一芽多叶和对夹叶)和紧压型(采用上述原料经蒸压成型)四种。

5 要求

5.1 基本要求

应具有黄茶的色、香、味，不含有非茶类物质和添加剂，无异味，无异嗅，无劣变。

5.2 感官品质

应符合表1的规定。

表1 感官品质要求

<table>
<tr><th rowspan="3">种类</th><th colspan="8">项 目</th></tr>
<tr><th colspan="4">外形</th><th colspan="4">内质</th></tr>
<tr><th>形状</th><th>整碎</th><th>净度</th><th>色泽</th><th>香气</th><th>滋味</th><th>汤色</th><th>叶底</th></tr>
<tr><td>芽型</td><td>针形或雀舌形</td><td>匀齐</td><td>净</td><td>嫩黄</td><td>清鲜</td><td>鲜醇回甘</td><td>杏黄明亮</td><td>肥嫩黄亮</td></tr>
<tr><td>芽叶型</td><td>条形或扁形或兰花形</td><td>较匀齐</td><td>净</td><td>黄青</td><td>清高</td><td>醇厚回甘</td><td>黄明亮</td><td>柔嫩黄亮</td></tr>
<tr><td>多叶型</td><td>卷略松</td><td>尚匀</td><td>有茎梗</td><td>黄褐</td><td>纯正、有锅巴香</td><td>醇和</td><td>深黄明亮</td><td>尚软黄尚亮有茎梗</td></tr>
<tr><td>紧压型</td><td>规整</td><td>紧实</td><td>—</td><td>褐黄</td><td>醇正</td><td>醇和</td><td>深黄</td><td>尚匀</td></tr>
</table>

5.3 理化指标

应符合表2的规定。

表2 理化指标

<table>
<tr><th rowspan="2" colspan="2">项目</th><th colspan="4">指标</th></tr>
<tr><th>芽型</th><th>芽叶型</th><th>多叶型</th><th>紧压型</th></tr>
<tr><td>水分/(g/100 g)</td><td>≤</td><td colspan="2">6.5</td><td>7.0</td><td>9.0</td></tr>
<tr><td>总灰分/(g/100 g)</td><td>≤</td><td colspan="2">7.0</td><td colspan="2">7.5</td></tr>
<tr><td>碎茶和粉末(质量分数)/%</td><td>≤</td><td>2.0</td><td>3.0</td><td>6.0</td><td>—</td></tr>
<tr><td>水浸出物(质量分数)/%</td><td>≥</td><td colspan="4">32.0</td></tr>
</table>

5.4 卫生指标

5.4.1 污染物限量指标应符合GB 2762的规定。

5.4.2 农药残留限量指标应符合GB 2763的规定。

5.5 净含量

应符合《定量包装商品计量监督管理办法》的规定。

6 试验方法

6.1 感官品质

按 GB/T 23776 的规定执行。

6.2 理化指标

6.2.1 试样的制备按 GB/T 8303 的规定执行。
6.2.2 水分按 GB 5009.3 的规定执行。
6.2.3 总灰分按 GB 5009.4 的规定执行。
6.2.4 碎茶和粉末按 GB/T 8311 的规定执行。
6.2.5 水浸出物按 GB/T 8305 的规定执行。

6.3 卫生指标

6.3.1 污染物限量按 GB 2762 的规定执行。
6.3.2 农药残留限量按 GB 2763 的规定执行。

6.4 净含量

按 JJF 1070 的规定执行。

7 检验规则

7.1 取样

7.1.1 取样以"批"为单位，在生产和加工过程中形成的独立数量的产品为一个批次，同批产品的品质和规格应一致。
7.1.2 取样按 GB/T 8302 的规定执行。

7.2 检验

7.2.1 出厂检验

每批产品均应做出厂检验，经检验合格签发合格证后，方可出厂。出厂检验项目为感官品质、水分和净含量。

7.2.2 型式检验

型式检验项目为第 5 章要求中的全部项目，检验周期每年一次。有下列情况之一时，应进行型式检验：

a) 如原料有较大改变，可能影响产品质量时；
b) 出厂检验结果与上一次型式检验结果有较大出入时；
c) 停产 1 年及以上，恢复生产时；
d) 国家法定质量监督机构提出型式检验要求时。

7.3 判定规则

按第 5 章要求的项目，任一项不符合规定的产品均判为不合格产品。

7.4 复验

对检验结果有争议时,应对留存样或在同批产品中重新按 GB/T 8302 规定加倍取样进行不合格项目的复验,以复验结果为准。

8 标志、标签、包装、运输和贮存

8.1 标志、标签

产品的标志应符合 GB/T 191 的规定,标签应符合 GB 7718 的规定和《国家质量监督检验总局关于修改〈食品标识管理规定〉的决定》的规定。

8.2 包装

应符合 GH/T 1070 的规定。

8.3 运输

运输工具应清洁、干燥、无异味、无污染。运输时应有防雨、防潮、防暴晒措施。不得与有毒、有害、有异味、易污染的物品混装、混运。

8.4 贮存

应符合 GB/T 30375 的规定。

ICS 77.140.75
H 48

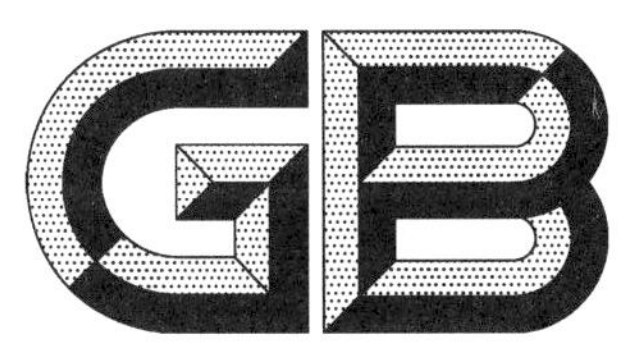

中华人民共和国国家标准

GB/T 21832.1—2018
部分代替 GB/T 21832—2008

奥氏体-铁素体型双相不锈钢焊接钢管 第1部分:热交换器用管

Welded austenitic-ferritic (duplex) stainless steel tubes and pipes—Part 1:Tubes for heat exchanger

2018-05-14 发布 2019-02-01 实施

国家市场监督管理总局
中国国家标准化管理委员会 发布

前　言

GB/T 21832《奥氏体-铁素体型双相不锈钢焊接钢管》分为两个部分：

——第1部分：热文换器用管；

——第2部分：流体输送用管。

本部分为GB/T 21832的第1部分。

本部分按照GB/T 1.1—2009给出的规则起草。

GB/T 21832的本部分部分代替GB/T 21832—2008《奥氏体-铁素体型双相不锈钢焊接钢管》，未被代替的内容为流体输送用管，将纳入GB/T 21832的第2部分。

本部分与GB/T 21832—2008相比，主要技术变化如下：

——修改了标准的名称；

——修改了规范性引用文件(见第2章，2008年版的第2章)；

——删除了分类及代号(见2008年版的第3章)；

——修改了产品尺寸范围(见4.1.1，2008年版的5.1.1)；

——修改了外径和壁厚允许偏差(见4.1.2，2008年版的5.1.2)；

——修改了定尺长度允许偏差(见4.2.2，2008年版的5.2.2)；

——修改了钢的冶炼方法(见5.2.1，2008年版的6.2.1)；

——修改了钢管的制造方法(见5.2.2，2008年版的6.2.2)；

——删除了不经热处理和表面抛光等协商交货状态(见2008年版的6.3.2)；

——修改了焊接接头背弯试验要求(见5.5.3，2008年版的6.5.2)；

——增加了压力试验选项水下气密性试验(见5.6.2)；

——修改了金相组织要求(见5.7，2008年版的6.7)；

——删除了焊缝无损检测(见2008年版的6.8)；

——删除了补焊(见2008年版的6.9.2)；

——修改了内、外焊缝余高要求(见5.8.3，2008年版的6.9.3)；

——删除了附录A(资料性附录)。

本部分由中国钢铁工业协会提出。

本部分由全国钢标准化技术委员会(SAC/TC 183)归口。

本部分起草单位：浙江久立特材科技股份有限公司、江苏武进不锈股份有限公司、山西太钢不锈钢钢管有限公司、浙江德威不锈钢管业制造有限公司、哈尔滨锅炉厂有限责任公司、冶金工业信息标准研究院。

本部分主要起草人：李洁泉、吉海、宋建新、康喜唐、沈根荣、梁宝琦、董莉、苏诚、陈泽民、刘尚华、莫培明、谭舒平、罗霞、李奇。

本部分所代替标准的历次版本发布情况为：

——GB/T 21832—2008。

奥氏体-铁素体型双相不锈钢焊接钢管 第1部分:热交换器用管

1 范围

GB/T 21832的本部分规定了热交换器用奥氏体-铁素体型双相不锈钢焊接钢管的订货内容、尺寸、外形、重量、技术要求、试验方法、检验规则、包装、标志和质量证明书。

本部分适用于热交换器用奥氏体-铁素体型双相不锈钢焊接钢管(以下简称钢管)。

2 规范性引用文件

下列文件对于本文件的应用是必不可少的。凡是注日期的引用文件,仅注日期的版本适用于本文件。凡是不注日期的引用文件,其最新版本(包括所有的修改单)适用于本文件。

GB/T 222 钢的成品化学成分允许偏差

GB/T 223.11 钢铁及合金 铬含量的测定 可视滴定或电位滴定法

GB/T 223.18 钢铁及合金化学分析方法 硫代硫酸钠分离-碘量法测定铜量

GB/T 223.19 钢铁及合金化学分析方法 新亚铜灵-三氯甲烷萃取光度法测定铜量

GB/T 223.25 钢铁及合金化学分析方法 丁二酮肟重量法测定镍量

GB/T 223.26 钢铁及合金 钼含量的测定 硫氰酸盐分光光度法

GB/T 223.28 钢铁及合金化学分析方法 α-安息香肟重量法测定钼量

GB/T 223.36 钢铁及合金化学分析方法 蒸馏分离-中和滴定法测定氮量

GB/T 223.43 钢铁及合金 钨含量的测定 重量法和分光光度法

GB/T 223.58 钢铁及合金化学分析方法 亚砷酸钠-亚硝酸钠滴定法测定锰量

GB/T 223.60 钢铁及合金化学分析方法 高氯酸脱水重量法测定硅含量

GB/T 223.62 钢铁及合金化学分析方法 乙酸丁酯萃取光度法测定磷量

GB/T 223.85 钢铁及合金 硫含量的测定 感应炉燃烧后红外吸收法

GB/T 223.86 钢铁及合金 总碳含量的测定 感应炉燃烧后红外吸收法

GB/T 228.1 金属材料 拉伸试验 第1部分:室温试验方法

GB/T 230.1 金属材料 洛氏硬度试验 第1部分:试验方法(A、B、C、D、E、F、G、H、K、N、T标尺)

GB/T 231.1 金属材料 布氏硬度试验 第1部分:试验方法

GB/T 241 金属管 液压试验方法

GB/T 245 金属材料 管 卷边试验方法

GB/T 246 金属材料 管 压扁试验方法

GB/T 2102 钢管的验收、包装、标志和质量证明书

GB/T 2653 焊接接头弯曲试验方法

GB/T 2975 钢及钢产品 力学性能试验取样位置及试样制备

GB/T 4340.1 金属材料 维氏硬度试验 第1部分:试验方法

GB/T 7735—2016 无缝和焊接(埋弧焊除外)钢管缺欠的自动涡流检测

GB/T 11170 不锈钢 多元素含量的测定 火花放电原子发射光谱法(常规法)

GB/T 13305 不锈钢中α-相面积含量金相测定法

GB/T 20066　钢和铁　化学成分测定用试样的取样和制样方法
GB/T 20123　钢铁　总碳硫含量的测定　高频感应炉燃烧后红外吸收法(常规方法)
GB/T 20124　钢铁　氮含量的测定　惰性气体熔融热导法(常规方法)
GB/T 21835　焊接钢管尺寸及单位长度重量

3　订货内容

按本部分订购钢管的合同或订单应包括下列内容：

a)　本部分编号；
b)　产品名称；
c)　钢的牌号；
d)　尺寸规格(外径×壁厚,单位为毫米)；
e)　订购的数量；
f)　特殊要求。

4　尺寸、外形及重量

4.1　外径和壁厚

4.1.1　钢管的外径 D 不大于 203 mm,壁厚 S 不大于 8.0 mm,其尺寸规格应符合 GB/T 21835 的规定。根据需方要求,经供需双方协商,可供应其他外径和壁厚的钢管。

4.1.2　钢管外径和壁厚的允许偏差应符合表 1 的规定。根据需方要求,经供需双方协商,并在合同中注明,可供应表 1 规定以外尺寸允许偏差的钢管。

表 1　外径和壁厚的允许偏差

单位为毫米

外径 D	外径允许偏差[a]	壁厚允许偏差
≤25	±0.10	±10%S
>25～40	±0.15	
>40～65	±0.25	
>65～89	±0.30	
>89～140	±0.38	
>140～203	±0.76	
[a] 对于壁厚与外径之比不大于 3%的薄壁钢管,钢管实测的平均外径应符合本表所列的外径允许偏差。		

4.2　长度

4.2.1　钢管的通常长度为 3 000 mm～12 000 mm。经供需双方协商,并在合同中注明,可供应其他长度的钢管。

4.2.2　根据需方要求,经供需双方协商,并在合同中注明,钢管可按定尺长度或倍尺长度交货。定尺钢管的长度允许偏差为 $^{+10}_{0}$ mm。倍尺钢管的每个倍尺长度应留切口余量 5 mm～10 mm。

4.3　弯曲度

钢管的弯曲度应不大于 1.5 mm/m。

4.4 不圆度

对于壁厚与外径之比不大于3%的薄壁钢管，其不圆度应不超过公称外径的1.5%；其余钢管的不圆度应不超过公称外径的公差。

4.5 端头外形

钢管两端端面应与钢管轴线垂直，并应清除切口毛刺。

4.6 重量

钢管按理论重量交货。经供需双方协商，并在合同中注明，钢管也可按实际重量交货。钢管每米理论重量按式(1)计算。

$$W = \pi \rho S(D - S)/1\,000 \quad \cdots\cdots(1)$$

式中：

W ——钢管每米理论重量，单位为千克每米(kg/m)；

π ——取3.141 6；

ρ ——钢的密度，单位为千克每立方分米(kg/dm^3)，牌号022Cr19Ni5Mo3Si2N的密度取7.70 kg/dm^3，其他牌号的密度取7.80 kg/dm^3；

D ——钢管的外径，单位为毫米(mm)；

S ——钢管的壁厚，单位为毫米(mm)。

5 技术要求

5.1 钢的牌号和化学成分

5.1.1 钢的牌号和化学成分(熔炼分析)应符合表2的规定。

5.1.2 需方要求成品分析时，应在合同中注明。成品钢管的化学成分允许偏差应符合GB/T 222的规定。

表 2 钢的牌号和化学成分

序号	统一数字代号	牌号	化学成分(质量分数)/%										
			C	Si	Mn	P	S	Ni	Cr	Mo	N	Cu	其他
1	S21953	022Cr19Ni5Mo3Si2N	≤0.030	1.30～2.00	1.00～2.00	≤0.035	≤0.030	4.50～5.50	18.00～19.50	2.50～3.00	0.05～0.10	—	—
2	S22253	022Cr22Ni5Mo3N	≤0.030	≤1.00	≤2.00	≤0.030	≤0.020	4.50～6.50	21.00～23.00	2.50～3.50	0.08～0.20	—	—
3	S22053	022Cr23Ni5Mo3N	≤0.030	≤1.00	≤2.00	≤0.030	≤0.020	4.50～6.50	22.00～23.00	3.00～3.50	0.14～0.20	—	—
4	S23043	022Cr23Ni4MoCuN	≤0.030	≤1.00	≤2.50	≤0.035	≤0.030	3.00～5.50	21.50～24.50	0.05～0.60	0.05～0.20	0.05～0.60	—
5	S22553	022Cr25Ni6Mo2N	≤0.030	≤1.00	≤2.00	≤0.030	≤0.030	5.50～6.50	24.00～26.00	1.20～2.50	0.10～0.20	—	—
6	S22583	022Cr25Ni7Mo3WCuN	≤0.030	≤0.75	≤1.00	≤0.030	≤0.030	5.50～7.50	24.00～26.00	2.50～3.50	0.10～0.30	0.20～0.80	W:0.10～0.50
7	S25554	03Cr25Ni6Mo3Cu2N	≤0.04	≤1.00	≤1.50	≤0.035	≤0.030	4.50～6.50	24.00～27.00	2.90～3.90	0.10～0.25	1.50～2.50	—
8	S25073	022Cr25Ni7Mo4N	≤0.030	≤0.80	≤1.20	≤0.035	≤0.020	6.00～8.00	24.00～26.00	3.00～5.00	0.24～0.32	≤0.50	—
9	S27603	022Cr25Ni7Mo4WCuN	≤0.030	≤1.00	≤1.00	≤0.030	≤0.010	6.00～8.00	24.00～26.00	3.00～4.00	0.20～0.30	0.50～1.00	W:0.50～1.00 Cr+3.3Mo+16N≥40

5.2 制造方法

5.2.1 钢的冶炼方法

钢应采用电弧炉加炉外精炼或转炉加炉外精炼方法冶炼。经供需双方协商，并在合同中注明，也可采用其他冶炼方法。

5.2.2 钢管的制造方法

5.2.2.1 钢管应采用不添加填充金属的自动电熔焊接方法制造。

5.2.2.2 经供需双方协商，并在合同中注明，钢管在焊接之后及最终热处理之前可对焊缝或整管进行冷变形加工。

5.3 交货状态

钢管应以热处理并酸洗状态交货。经保护气氛热处理的钢管，可不经酸洗交货。钢管的推荐热处理制度见表3。经供需双方协商，并在合同中注明，钢管可采用表3规定以外的其他热处理制度。

5.4 力学性能

5.4.1 拉伸

钢管的室温纵向拉伸性能应符合表3的规定。

5.4.2 硬度

5.4.2.1 根据需方要求，经供需双方协商，并在合同中注明，对于壁厚不小于1.7 mm的钢管可做母材洛氏硬度或布氏硬度试验。当合同规定了硬度试验时，其硬度值应符合表3的规定。

5.4.2.2 根据需方要求，经供需双方协商，并在合同中注明，钢管也可做维氏硬度试验，其硬度值应由供需双方协商确定。

表3 推荐热处理制度及力学性能

序号	统一数字代号	牌号	推荐热处理制度		拉伸性能 抗拉强度 R_m/MPa	规定塑性延伸强度 $R_{p0.2}$/MPa	断后伸长率 A/%	硬度 HBW	HRC
					不小于			不大于	
1	S21953	022Cr19Ni5Mo3Si2N	980 ℃～1 040 ℃	急冷	630	440	30	290	30
2	S22253	022Cr22Ni5Mo3N	1 020 ℃～1 100 ℃	急冷	620	450	25	290	30
3	S22053	022Cr23Ni5Mo3N	1 020 ℃～1 100 ℃	急冷	655	485	25	290	30
4	S23043	022Cr23Ni4MoCuN	925 ℃～1 050 ℃	D≤25 mm 急冷	690	450	25	—	—
				D>25 mm 急冷	600	400	25	290	30
5	S22553	022Cr25Ni6Mo2N	1 050 ℃～1 100 ℃	急冷	690	450	25	280	—
6	S22583	022Cr25Ni7Mo3WCuN	1 020 ℃～1 100 ℃	急冷	690	450	25	290	30

表 3（续）

序号	统一数字代号	牌　号	推荐热处理制度		拉伸性能			硬度	
					抗拉强度 R_m/MPa	规定塑性延伸强度 $R_{p0.2}$/MPa	断后伸长率 A/%	HBW	HRC
					不小于			不大于	
7	S25554	03Cr25Ni6Mo3Cu2N	≥1 040 ℃	急冷	760	550	15	297	31
8	S25073	022Cr25Ni7Mo4N	1 025 ℃～1 125 ℃	急冷	800	550	15	300	32
9	S27603	022Cr25Ni7Mo4WCuN	1 100 ℃～1 140 ℃	急冷	750	550	25	300	—

5.5 工艺性能

5.5.1 压扁

钢管应进行压扁试验。压扁试验时，焊缝应位于与施力方向成90°的位置，试样应压至两平板间距为 H，H 按式(2)计算。压扁试验后，试样不应出现裂缝或裂口。

$$H=\frac{(1+\alpha)S}{\alpha+S/D} \quad \cdots\cdots(2)$$

式中：

H ——压扁后平行压板间距离，单位为毫米(mm)；

α ——单位长度变形系数，取0.07；

S ——钢管的壁厚，单位为毫米(mm)；

D ——钢管的外径，单位为毫米(mm)。

5.5.2 卷边

钢管应进行卷边试验。卷边宽度应不小于外径的15%。卷边试验后，试样不应出现裂缝或裂口。

5.5.3 焊接接头背弯

钢管应进行焊接接头背弯试验。从钢管上截取一段100 mm长的试样，在距焊缝两侧90°位置沿纵向剖开，并将试样展平。弯芯直径为4倍试样厚度，弯曲时弯芯应紧靠并平行于外焊缝，使焊缝处于最大弯曲点，弯曲角度为180°。试验后，试样不应出现裂纹或焊接缺陷。

5.6 密实性

5.6.1 液压

钢管应逐根进行液压试验，试验压力按式(3)计算，最大试验压力为10 MPa。在试验压力下，稳压时间应不少于5 s，钢管不应出现渗漏现象。

$$P=2SR/D \quad \cdots\cdots(3)$$

式中：

P ——试验压力，单位为兆帕(MPa)，当 $P<7$ MPa时，修约到最接近的0.5 MPa，当 $P\geqslant7$ MPa时，修约到最接近的1 MPa；

S ——钢管的壁厚,单位为毫米(mm);

R ——允许应力,为表3规定塑性延伸强度 $R_{p0.2}$ 的50%,单位为兆帕(MPa);

D ——钢管的外径,单位为毫米(mm)。

5.6.2 水下气密性

5.6.2.1 外径不大于50.8 mm的钢管,可采用逐根水下气密性试验代替液压试验。水下气密性试验压力应不小于1.0 MPa,试验介质为压缩空气;在试验压力下,钢管应完全浸入水中,稳压时间应不少于10 s,钢管不应出现渗漏现象。

5.6.2.2 根据需方要求,经供需双方协商,并在合同中注明,可选用其他试验压力进行气密性试验。

5.6.3 涡流检测

供方可用涡流检测代替液压试验。涡流检测对比样管人工缺陷应符合GB/T 7735—2016中验收等级E4H的规定。

5.7 金相组织

5.7.1 钢管的金相组织应为奥氏体和铁素体,母材区域的奥氏体含量应为40%~60%,焊缝区域(含热影响区)的奥氏体含量应为35%~65%。

5.7.2 经供需双方协商,并在合同中注明,可规定其他范围的奥氏体含量。

5.8 表面质量

5.8.1 钢管的内外表面应光滑,不应有裂纹、折叠、咬边、未焊透、焊缝内凹。这些缺陷应完全清除,清除深度应不超过公称壁厚的下偏差,清除处的实际壁厚应不小于壁厚所允许的最小值。

5.8.2 钢管表面允许有局部划痕、压痕、麻点存在,但其深度应不超过壁厚下偏差的50%,超过者允许修磨,修磨处的实际壁厚应不小于壁厚所允许的最小值。不影响壁厚允许最小值的其他局部缺欠允许存在。

5.8.3 内、外焊缝余高应分别符合以下规定:

a) $S \leqslant 1.0$ mm的钢管,不大于0.1 mm;

b) $S > 1.0$ mm的钢管,不大于壁厚的10%,且不大于0.5 mm。

5.9 特殊要求

需方有下述特殊要求时,由供需双方协商,并在合同中注明:

a) 腐蚀试验;

b) 有害沉淀相检验。

6 试验方法

6.1 钢管的化学成分分析取样按GB/T 20066的规则进行。化学成分分析通常按GB/T 11170、GB/T 20123、GB/T 20124或其他通用的方法进行,仲裁时应按GB/T 223.11、GB/T 223.18、GB/T 223.19、GB/T 223.25、GB/T 223.26、GB/T 223.28、GB/T 223.36、GB/T 223.43、GB/T 223.58、GB/T 223.60、GB/T 223.62、GB/T 223.85、GB/T 223.86的规定进行。

6.2 钢管的尺寸和外形、焊缝余高应采用符合精度要求的量具逐根测量。

6.3 钢管的内外表面质量应在充分照明条件下逐根目视检查。

6.4 钢管其他检验项目的取样方法和试验方法应符合表4的规定。

表4 钢管检验项目的取样数量、取样方法和试验方法

序号	检验项目	取样数量	取样方法	试验方法
1	化学成分	每炉取1个试样	GB/T 20066	见6.1
2	拉伸	每批在两根钢管上各取1个试样	GB/T 2975	GB/T 228.1
3	硬度	每批在两根钢管上各取1个试样	GB/T 230.1、GB/T 231.1、GB/T 4340.1	GB/T 230.1、GB/T 231.1、GB/T 4340.1
4	压扁	每批在两根钢管上各取1个试样	GB/T 246	GB/T 246
5	卷边	每批在两根钢管上各取1个试样	GB/T 245	GB/T 245
6	焊接接头背弯	每批在两根钢管上各取1个试样	见5.5.3	GB/T 2653、见5.5.3
7	液压	逐根	—	GB/T 241
8	水下气密性	逐根	—	见5.6.2
9	涡流	逐根	—	GB/T 7735—2016
10	金相组织	每批在两根钢管上各取1个试样	GB/T 13305	GB/T 13305
11	腐蚀	协议	协议	协议
12	有害沉淀相	协议	协议	协议

7 检验规则

7.1 检查和验收

钢管的检查和验收由供方质量技术监督部门进行。

7.2 组批规则

除化学成分可按炉检查和验收外，钢管其余检验项目应按批检查和验收。每批应由同一牌号、同一炉号、同一规格、同一焊接工艺和同一热处理制度(炉次)的钢管组成，每批钢管的数量应不超过如下规定：

a) $D \leqslant 40$ mm，400根；

b) 40 mm$<D\leqslant$140 mm，200根；

c) $D>140$ mm，100根。

7.3 取样数量

每批钢管各项检验的取样数量应符合表4的规定。

7.4 复验与判定规则

钢管的复验与判定规则应符合GB/T 2102的规定。

8 包装、标志和质量证明书

钢管的包装、标志和质量证明书应符合 GB/T 2102 的规定。

ICS 77.140.75
H 48

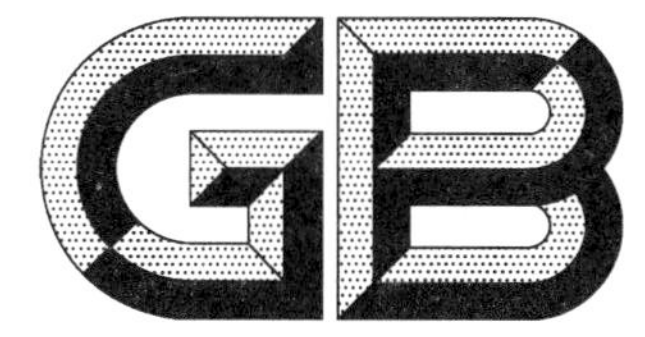

中华人民共和国国家标准

GB/T 21832.2—2018
部分代替 GB/T 21832—2008

奥氏体-铁素体型双相不锈钢焊接钢管 第2部分:流体输送用管

Welded austenitic-ferritic (duplex) stainless steel tubes and pipes—Part 2: Pipes for fluid transport

2018-05-14 发布　　　　2019-02-01 实施

国家市场监督管理总局
中国国家标准化管理委员会　发布

前　言

GB/T 21832《奥氏体-铁素体型双相不锈钢焊接钢管》分为两个部分：

——第1部分：热交换器用管；

——第2部分：流体输送用管。

本部分为GB/T 21832的第2部分。

本部分按照GB/T 1.1—2009给出的规则起草。

本部分部分代替GB/T 21832—2008《奥氏体-铁素体型双相不锈钢焊接钢管》，未被代替的内容为热交换器用管，将纳入GB/T 21832的第1部分。

本部分与GB/T 21832—2008相比，主要技术变化如下：

——修改了标准名称；

——修改了规范性引用文件(见第2章，2008年版的第2章)；

——删除了分类及代号(见2008年版的第3章)；

——修改了公称外径允许偏差(见4.1.2，2008年版的5.1.2)；

——增加了全长弯曲度(见4.2)；

——修改了钢的冶炼方法(见5.2.1，2008年版的6.2.1)；

——修改了钢管的制造方法(见5.2.2，2008年版的6.2.2)；

——删除了抛光交货状态(见2008年版的6.3.2)；

——修改了焊接接头拉伸试验要求(见5.4.2，2008年版的6.4.2)

——修改了焊缝无损检测要求(见5.8，2008年版的6.8)；

——修改了焊缝余高要求(见5.9.3，2008年版的6.9.3)。

——删除了附录A(资料性附录)。

本部分由中国钢铁工业协会提出。

本部分由全国钢标准化技术委员会(SAC/TC 183)归口。

本部分起草单位：浙江久立特材科技股份有限公司、江苏武进不锈股份有限公司、山西太钢不锈钢钢管有限公司、浙江德威不锈钢管业制造有限公司、冶金工业信息标准研究院。

本部分主要起草人：吉海、徐阿敏、刘一鸣、岳维恒、沈根荣、董莉、许全光、祝晓斌、王伯文、莫培明、李奇。

本部分所代替标准的历次版本发布情况为：

——GB/T 21832—2008。

奥氏体-铁素体型双相不锈钢焊接钢管 第2部分：流体输送用管

1 范围

GB/T 21832的本部分规定了流体输送用奥氏体-铁素体型双相不锈钢焊接钢管的订货内容、尺寸、外形、重量、技术要求、试验方法、检验规则、包装、标志和质量证明书。

本部分适用于流体输送用奥氏体-铁素体型双相不锈钢焊接钢管(以下简称钢管)。

2 规范性引用文件

下列文件对于本文件的应用是必不可少的。凡是注日期的引用文件，仅注日期的版本适用于本文件。凡是不注日期的引用文件，其最新版本(包括所有的修改单)适用于本文件。

GB/T 222 钢的成品化学成分允许偏差

GB/T 223.11 钢铁及合金 铬含量的测定 可视滴定或电位滴定法

GB/T 223.18 钢铁及合金化学分析方法 硫代硫酸钠分离-碘量法测定铜量

GB/T 223.19 钢铁及合金化学分析方法 新亚铜灵-三氯甲烷萃取光度法测定铜量

GB/T 223.25 钢铁及合金化学分析方法 丁二酮肟重量法测定镍量

GB/T 223.26 钢铁及合金 钼含量的测定 硫氰酸盐分光光度法

GB/T 223.28 钢铁及合金化学分析方法 α-安息香肟重量法测定钼量

GB/T 223.36 钢铁及合金化学分析方法 蒸馏分离-中和滴定法测定氮量

GB/T 223.43 钢铁及合金 钨含量的测定 重量法和分光光度法

GB/T 223.58 钢铁及合金化学分析方法 亚砷酸钠-亚硝酸钠滴定法测定锰量

GB/T 223.60 钢铁及合金化学分析方法 高氯酸脱水重量法测定硅含量

GB/T 223.62 钢铁及合金化学分析方法 乙酸丁酯萃取光度法测定磷量

GB/T 223.85 钢铁及合金 硫含量的测定 感应炉燃烧后红外吸收法

GB/T 223.86 钢铁及合金 总碳含量的测定 感应炉燃烧后红外吸收法

GB/T 228.1 金属材料 拉伸试验 第1部分:室温试验方法

GB/T 230.1 金属材料 洛氏硬度试验 第1部分:试验方法(A、B、C、D、E、F、G、H、K、N、T标尺)

GB/T 231.1 金属材料 布氏硬度试验 第1部分:试验方法

GB/T 241 金属管 液压试验方法

GB/T 246 金属材料 管 压扁试验方法

GB/T 2102 钢管的验收、包装、标志和质量证明书

GB/T 2650 焊接接头冲击试验方法

GB/T 2651 焊接接头拉伸试验方法

GB/T 2653 焊接接头弯曲试验方法

GB/T 2975 钢及钢产品 力学性能试验取样位置及试样制备

GB/T 4340.1 金属材料 维氏硬度试验 第1部分:试验方法

GB/T 7735—2016 无缝和焊接(埋弧焊除外)钢管缺欠的自动涡流检测

GB/T 11170 不锈钢 多元素含量的测定 火花放电原子发射光谱法(常规法)

GB/T 13305　不锈钢中 α-相面积含量金相测定法

GB/T 20066　钢和铁　化学成分测定用试样的取样和制样方法

GB/T 20123　钢铁　总碳硫含量的测定　高频感应炉燃烧后红外吸收法(常规方法)

GB/T 20124　钢铁　氮含量的测定　惰性气体熔融热导法(常规方法)

GB/T 21835　焊接钢管尺寸及单位长度重量

NB/T 47013.2　承压设备无损检测　第 2 部分:射线检测

NB/T 47013.11　承压设备无损检测　第 11 部分:X 射线数字成像检测

3　订货内容

按本部分订购钢管的合同或订单应包括下列内容:

a）　本部分编号;

b）　产品名称;

c）　钢的牌号;

d）　尺寸规格(外径×壁厚,单位为毫米);

e）　订购的数量;

f）　特殊要求。

4　尺寸、外形及重量

4.1　外径和壁厚

4.1.1　钢管的公称外径 D 和公称壁厚 S 应符合 GB/T 21835 的规定。根据需方要求,经供需双方协商,可供应 GB/T 21835 规定以外尺寸的钢管。

4.1.2　钢管公称外径和公称壁厚的允许偏差应符合表 1 的规定。根据需方要求,经供需双方协商,并在合同中注明,可供应表 1 规定以外尺寸允许偏差的钢管。

表 1　公称外径和壁厚的允许偏差

单位为毫米

序号	公称外径 D	外径允许偏差	壁厚允许偏差
1	≤38	±0.3	±12.5%S
2	>38～89	±0.5	±10%S 或±0.2,两者取较大值
3	>89～140	±0.8	
4	>140～168.3	±1	
5	>168.3	±0.75%D	

4.2　长度

4.2.1　钢管的通常长度为 3 000 mm～12 000 mm。

4.2.2　根据需方要求,经供需双方协商,并在合同中注明,钢管可按定尺长度或倍尺长度交货。定尺和倍尺总长度应在通常长度范围内,其全长允许偏差为 $^{+15}_{0}$ mm。每个倍尺长度应留 5 mm～10 mm 的切口余量。

4.3 弯曲度

钢管的弯曲度应不大于 1.5 mm/m，全长弯曲度应不大于钢管长度的 0.15%。

4.4 不圆度

对于壁厚与外径之比不大于 3% 的薄壁钢管，其不圆度应不超过公称外径的 1.5%；其余钢管的不圆度应不超过外径的公差。

4.5 端头外形

钢管两端端面应与钢管轴线垂直，并应清除切口毛刺。根据需方要求，经供需双方协商，并在合同中注明，钢管两端可加工坡口交货。

4.6 重量

钢管按理论重量交货，亦可按实际重量交货。钢管每米的理论重量按式(1)计算。

$$W = \pi \rho S(D - S)/1\ 000 \qquad \cdots\cdots\cdots\cdots (1)$$

式中：

W ——钢管每米理论重量，单位为千克每米(kg/m)；

π ——取 3.141 6；

ρ ——钢的密度，单位为千克每立方分米(kg/dm^3)，牌号 022Cr19Ni5Mo3Si2N 的密度取 7.70 kg/dm^3，其他牌号的密度取 7.80 kg/dm^3；

D ——钢管的公称外径，单位为毫米(mm)；

S ——钢管的公称壁厚，单位为毫米(mm)。

5 技术要求

5.1 钢的牌号和化学成分

5.1.1 钢的牌号和化学成分(熔炼分析)应符合表 2 的规定。

5.1.2 需方要求做成品分析时，应在合同中注明。成品钢管的化学成分允许偏差应符合 GB/T 222 的规定。

5.2 制造方法

5.2.1 钢的冶炼方法

钢应采用电弧炉加炉外精炼或转炉加炉外精炼法冶炼。经供需双方协商，并在合同中注明，也可采用其他冶炼方法。

表 2 钢的牌号和化学成分

序号	统一数字代号	牌号	化学成分(质量分数)/%										
			C	Si	Mn	P	S	Ni	Cr	Mo	N	Cu	其他
1	S21953	022Cr19Ni5Mo3Si2N	≤0.030	1.30～2.00	1.00～2.00	≤0.035	≤0.030	4.50～5.50	18.00～19.50	2.50～3.00	0.05～0.10	—	—
2	S22253	022Cr22Ni5Mo3N	≤0.030	≤1.00	≤2.00	≤0.030	≤0.020	4.50～6.50	21.00～23.00	2.50～3.50	0.08～0.20	—	—
3	S22053	022Cr23Ni5Mo3N	≤0.030	≤1.00	≤2.00	≤0.030	≤0.020	4.50～6.50	22.00～23.00	3.00～3.50	0.14～0.20	—	—
4	S23043	022Cr23Ni4MoCuN	≤0.030	≤1.00	≤2.50	≤0.035	≤0.030	3.00～5.50	21.50～24.50	0.05～0.60	0.05～0.20	0.05～0.60	—
5	S22553	022Cr25Ni6Mo2N	≤0.030	≤1.00	≤2.00	≤0.030	≤0.030	5.50～6.50	24.00～26.00	1.20～2.50	0.10～0.20	—	—
6	S22583	022Cr25Ni7Mo3WCuN	≤0.030	≤0.75	≤1.00	≤0.030	≤0.030	5.50～7.50	24.00～26.00	2.50～3.50	0.10～0.30	0.20～0.80	W:0.10～0.50
7	S25554	03Cr25Ni6Mo3Cu2N	≤0.04	≤1.00	≤1.50	≤0.035	≤0.030	4.50～6.50	24.00～27.00	2.90～3.90	0.10～0.25	1.50～2.50	—
8	S25073	022Cr25Ni7Mo4N	≤0.030	≤0.80	≤1.20	≤0.035	≤0.020	6.00～8.00	24.00～26.00	3.00～5.00	0.24～0.32	≤0.50	—
9	S27603	022Cr25Ni7Mo4WCuN	≤0.030	≤1.00	≤1.00	≤0.030	≤0.010	6.00～8.00	24.00～26.00	3.00～4.00	0.20～0.30	0.50～1.00	W:0.50～1.00 Cr+3.3Mo+16N≥40

5.2.2 钢管的制造方法

5.2.2.1 钢管可选用以下一种自动电弧焊焊接方法制造：

a) 添加填充金属的单面焊接方法；

b) 添加填充金属的双面焊接方法；

c) 不添加填充金属的单面焊接方法；

d) 不添加填充金属的双面焊接方法；

e) 内焊缝不添加填充金属、外焊缝添加填充金属的双面焊接方法。

5.2.2.2 需方指定某一种焊接方法时，应在合同中注明。

5.2.2.3 当采用添加填充金属焊接方法时，填充金属应与母材规定的化学成分相匹配；当需方要求更高耐腐蚀性能或其他性能时，需方可指定较高合金的填充金属。

5.2.2.4 经供需双方协商，并在合同中注明，外径不小于508 mm的钢管可有与纵向焊缝相同焊接方法的环缝接头或两条纵向焊缝。有环缝接头时，钢管不应出现十字焊缝；有两条纵向焊缝时，两条纵焊缝的周向间距应不小于300 mm。

5.3 交货状态

5.3.1 钢管应以热处理并酸洗钝化状态交货。经保护气氛热处理的钢管，可不经酸洗钝化。钢管的推荐热处理制度见表3。

5.3.2 经供需双方协商，并在合同中注明，制造钢管的钢板已按照表3规定经过热处理的，钢管可以焊态交货，但应在钢管上做出标志“H”。

表3 钢管的推荐热处理制度及力学性能

序号	统一数字代号	牌号	推荐热处理制度		拉伸性能			硬度	
					抗拉强度 R_m/MPa	规定塑性延伸强度 $R_{p0.2}$/MPa	断后伸长率 A/%	HBW	HRC
					不小于			不大于	
1	S21953	022Cr19Ni5Mo3Si2N	980 ℃～1040 ℃	急冷	630	440	30	290	30
2	S22253	022Cr22Ni5Mo3N	1 020 ℃～1 100 ℃	急冷	620	450	25	290	30
3	S22053	022Cr23Ni5Mo3N	1 020 ℃～1 100 ℃	急冷	655	485	25	290	30
4	S23043	022Cr23Ni4MoCuN	925 ℃～1 050 ℃	急冷	600	400	25	290	30
5	S22553	022Cr25Ni6Mo2N	1 050 ℃～1 100 ℃	急冷	690	450	25	280	—
6	S22583	022Cr25Ni7Mo3WCuN	1 020 ℃～1 100 ℃	急冷	690	450	25	290	30
7	S25554	03Cr25Ni6Mo3Cu2N	≥1 040 ℃	急冷	760	550	15	297	31
8	S25073	022Cr25Ni7Mo4N	1 025 ℃～1 125 ℃	急冷	800	550	15	300	32
9	S27603	022Cr25Ni7Mo4WCuN	1 100 ℃～1 140 ℃	急冷	750	550	25	300	—

5.4 力学性能

5.4.1 拉伸

钢管应进行母材拉伸试验，母材的室温纵向拉伸性能应符合表3的规定。钢管拉伸试验时，可用母材的横向拉伸试验代替纵向拉伸试验，横向拉伸性能应符合表3的规定，但仲裁时应以纵向拉伸性能为准。

5.4.2 焊接接头拉伸

外径不小于219 mm的钢管应做焊接接头拉伸试验。试样应沿钢管的横向或从焊接试板上截取，焊接试板应与钢管同一牌号、同一炉号、同一焊接工艺、同一热处理制度。焊缝应位于试样中心，并与试样轴线垂直。焊缝的抗拉强度应符合表3抗拉强度的规定。

5.4.3 硬度

5.4.3.1 根据需方要求，经供需双方协商，并在合同中注明，对于壁厚不小于1.7 mm的钢管可做母材洛氏硬度或布氏硬度试验。当合同规定了硬度试验时，其硬度值应符合表3的规定。

5.4.3.2 根据需方要求，经供需双方协商，并在合同中注明，钢管也可做维氏硬度试验，其硬度值由供需双方协商确定。

5.5 工艺性能

5.5.1 压扁

外径不大于219 mm的钢管应进行压扁试验。压扁试验时，焊缝应位于与施力方向成90°的位置，试样应压至两平板间距为 H，H 按式(2)计算。压扁试验后，试样不应出现裂缝或裂口。

$$H=\frac{(1+\alpha)S}{\alpha+S/D} \quad \cdots\cdots(2)$$

式中：

H ——压扁后平行压板间距离，单位为毫米(mm)；

α ——单位长度变形系数，取0.07；

S ——钢管的公称壁厚，单位为毫米(mm)；

D ——钢管的公称外径，单位为毫米(mm)。

5.5.2 焊接接头弯曲

5.5.2.1 外径大于219 mm的钢管应进行焊接接头弯曲试验。弯曲试样从钢管或焊接试板上截取，焊接试板应与钢管同一牌号、同一炉号、同一焊接工艺、同一热处理制度。

5.5.2.2 一组弯曲试验应包括一个面弯试验和一个背弯试验(即钢管外焊缝和内焊缝分别位于最大弯曲表面)。壁厚大于10 mm的钢管，可采用一组两个侧向弯曲试验代替面弯试验和背弯试验。

5.5.2.3 弯曲试验时，弯芯直径为4倍试样厚度。弯曲角度为180°。弯曲后焊缝区域不应出现裂缝或裂口。

5.6 液压

5.6.1 钢管应逐根进行液压试验。试验压力按式(3)计算，最大试验压力为20 MPa。在试验压力下，稳压时间应不少于5 s，钢管不应出现渗漏现象。

$$P=2SR/D \quad \cdots\cdots(3)$$

式中：

P ——试验压力，单位为兆帕(MPa)，当 $P<7$ MPa时，修约到最接近的0.5 MPa，当 $P\geqslant 7$ MPa时，修约到最接近的1 MPa；

S ——钢管的公称壁厚，单位为毫米(mm)；

R ——允许应力，为表3规定塑性延伸强度 $R_{p0.2}$ 的50%，单位为兆帕(MPa)；

D ——钢管的公称外径，单位为毫米(mm)。

5.6.2 供方可用涡流检测代替液压试验。涡流检测时，对比样管人工缺陷应符合GB/T 7735—2016中验收等级E4H的规定。

5.7 金相组织

钢管应进行金相检验，其金相组织应为奥氏体和铁素体，母材区域的奥氏体含量应为40%～60%。根据需方要求，经供需双方协商，可规定焊缝区域(含热影响区)的奥氏体含量。

5.8 无损检测

5.8.1 外径不小于219 mm的钢管应进行焊缝全长或局部射线检测，检测比例由供需双方协商并在合同中注明。射线检测按NB/T 47013.2或NB/T 47013.11进行检测和判定，检测技术等级应符合AB级、质量等级应符合Ⅱ级的规定。

5.8.2 射线检测可在热处理之前进行。

5.9 表面质量

5.9.1 表面缺陷

钢管的内外表面应光滑，不应有裂纹、未焊透、焊缝内凹、折叠和分层。上述缺陷应完全清除，清除深度应不超过公称壁厚的下偏差，清理处的实际壁厚应不小于壁厚允许的最小值。不影响壁厚允许最小值的其他局部缺欠允许存在。

5.9.2 补焊

钢管焊缝缺陷允许补焊，补焊后的焊缝应进行局部射线检测和表面质量检查，以热处理状态交货的钢管补焊后应进行热处理。

5.9.3 焊缝余高

5.9.3.1 钢管外焊缝余高应不超过2 mm。

5.9.3.2 钢管内焊缝余高应符合以下规定：

a) $D<140$ mm的钢管，不大于壁厚的10%；

b) $D\geqslant 140$ mm～325 mm的钢管，不大于壁厚的15%，且不大于2 mm；

c) $D>325$ mm的钢管，不大于壁厚的20%，且不大于3 mm。

5.10 特殊要求

需方有下述特殊要求时，由供需双方协商，并在合同中注明：

a) 腐蚀试验；

b) 焊接接头冲击试验；

c) 有害沉淀相检验。

6 试验方法

6.1 钢管的化学成分分析取样按GB/T 20066的规则进行。化学成分分析通常按GB/T 11170、GB/T 20123、GB/T 20124或其他通用的方法进行，仲裁时应按GB/T 223.11、GB/T 223.18、

GB/T 223.19、GB/T 223.25、GB/T 223.26、GB/T 223.28、GB/T 223.36、GB/T 223.43、GB/T 223.58、GB/T 223.60、GB/T 223.62、GB/T 223.85、GB/T 223.86 的规定进行。

6.2 钢管的尺寸和外形、焊缝余高应采用符合精度要求的量具逐根测量，公称外径不小于 508 mm 的钢管应采用测径卷尺进行外径测量。

6.3 钢管的内外表面质量应在充分照明条件下逐根目视检查。

6.4 钢管其他检验项目的取样方法和试验方法应符合表 4 的规定。

表 4 钢管检验项目的取样数量、取样方法和试验方法

序号	检验项目	取样数量和取样部位	取样方法	试验方法
1	化学成分	每炉取 1 个试样	GB/T 20066	见 6.1
2	拉伸	每批取 1 个试样	GB/T 2975	GB/T 228.1
3	焊接接头拉伸	每批取 1 个试样	GB/T 2651	GB/T 2651
4	硬度	每批取 1 个试样	GB/T 230.1、GB/T 231.1、GB/T 4340.1	GB/T 230.1、GB/T 231.1、GB/T 4340.1
5	压扁	每批取 1 个试样	GB/T 246	GB/T 246
6	焊接接头弯曲	每批取一组 2 个试样	GB/T 2653	GB/T 2653
7	液压	逐根	—	GB/T 241
8	涡流	逐根	—	GB/T 7735—2016
9	金相组织	每批取 1 个试样	GB/T 13305	GB/T 13305
10	射线	逐根	—	NB/T 47013.2、NB/T 47013.11
11	腐蚀	协议	协议	协议
12	焊接接头冲击	每批取一组 3 个试样	GB/T 2650	GB/T 2650
13	有害沉淀相	协议	协议	协议

7 检验规则

7.1 检查和验收

钢管的检查和验收由供方质量技术监督部门进行。

7.2 组批规则

除化学成分可按炉检查和验收外，钢管其余检验项目应按批检查和验收。每批应由同一牌号、同一炉号、同一规格、同一焊接工艺和同一热处理制度（炉次）的钢管组成，每批钢管的数量应不超过如下规定：

a) $D \leqslant 57$ mm，400 根；

b) 57 mm$<D\leqslant$219.1 mm，200 根；

c) $D>$219.1 mm，100 根。

7.3 取样数量

每批钢管各项检验的取样数量应符合表 4 的规定。

7.4 复验与判定规则

钢管的复验与判定规则应符合 GB/T 2102 的规定。

8 包装、标志和质量证明书

钢管的包装、标志和质量证明书应符合 GB/T 2102 的规定。

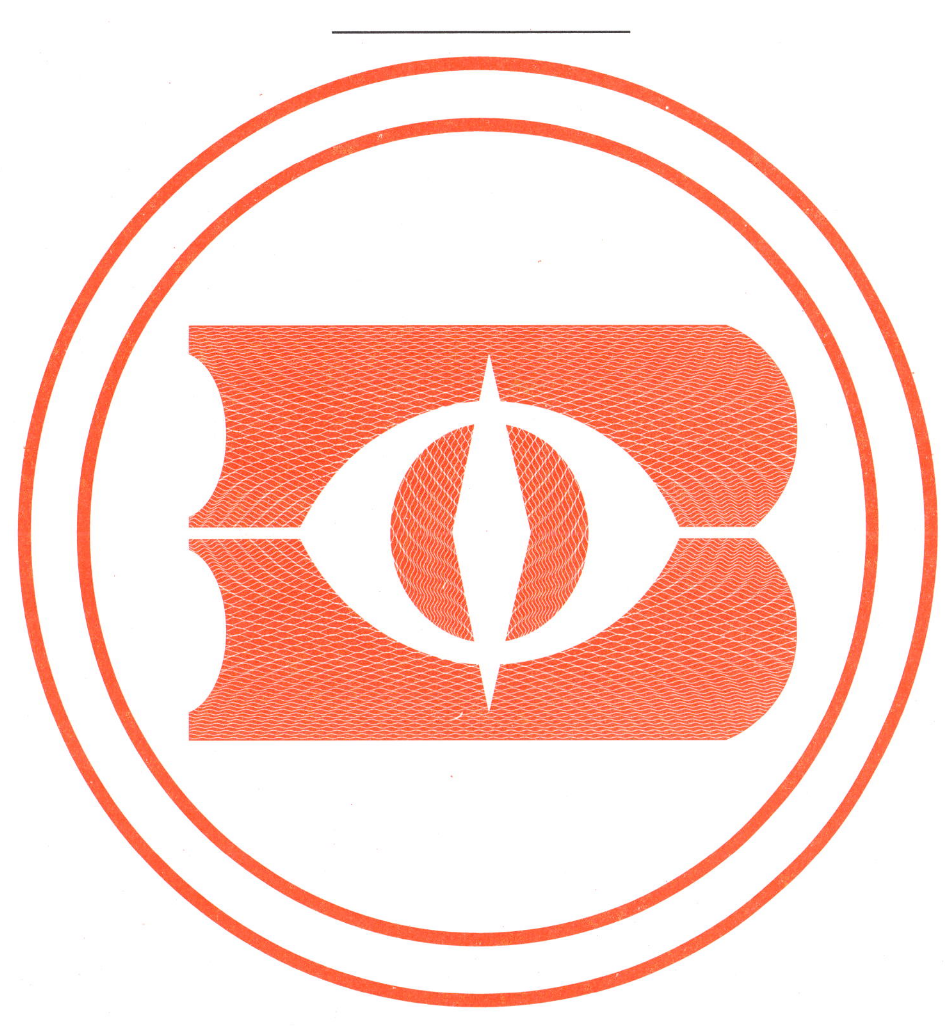

ICS 83.160.10
G 41

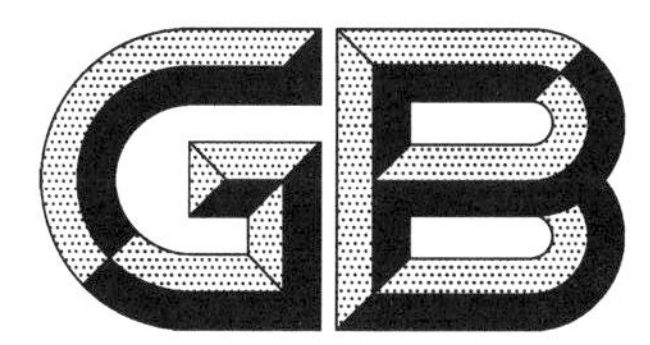

中华人民共和国国家标准

GB/T 22038—2018
代替 GB/T 22038—2008

汽车轮胎静态接地压力分布试验方法

Method of automobile tyre static contact pressure distribution

2018-12-28 发布　　　　2019-11-01 实施

国家市场监督管理总局
中国国家标准化管理委员会　发布

前　言

本标准按照 GB/T 1.1—2009 给出的规则起草。

本标准代替 GB/T 22038—2008《汽车轮胎静态接地压力分布试验方法》。与 GB/T 22038—2008 相比，除编辑性修改外主要技术变化如下：

——修改了术语“径向力”的定义，加入轮胎受力坐标系（见 3.1，2008 年版的 3.1）；

——修改了术语“接触面”的英文对应词，修改了接触面印痕的示意图（见 3.2，2008 年版的 3.2）；

——将术语“压力敏感胶片法”修改为“敏感胶片法”（见 3.3，2008 年版的 3.3）；

——将术语“压力传感器法”修改为“传感器法”（见 3.4，2008 年版的 3.4）；

——增加了术语“光吸收法”（见 3.5）；

——增加了力/位移测量系统（见 4.1.2.1）；

——增加了对压力分布测量系统的描述（见 4.1.2.3）；

——将“偏差≤±1°”改为“精度±0.05°”（见 4.2.1，2008 年版的 4.2.1.1）；

——增加了对压力表精度的规定（见 4.2.4）；

——增加了对位移测量系统精度的规定（见 4.2.5）；

——删除了设备的标定（见 2008 年版的 4.2.2）；

——修改了试验条件中对各条件说明的先后顺序（见 5.1，2008 年版的 5.1）；

——修改了对轮胎外观质量、试验轮辋、试验气压及试验负荷的规定（见 5.1.2、5.1.3、5.1.4、5.1.6，2008 年版的 5.1.2、5.1.3、5.1.4、5.1.5）；

——删除了项目中对轮胎称重的要求（见 2008 年版的 5.2.1）；

——增加了光吸收法的步骤要求，增加了径向加载速度的要求（见 5.2.5）；

——增加了印痕形状矩形比的计算（见 6.8）；

——增加了接地印痕花纹饱和度的计算（见 6.10）；

——删除了压力分布曲线图的记录要求[见 2008 年版的第 7 章 b)]。

本标准由中国石油和化学工业联合会提出。

本标准由全国轮胎轮辋标准化技术委员会（SAC/TC 19）归口。

本标准主要起草单位：三角轮胎股份有限公司、山东玲珑轮胎股份有限公司、万力轮胎股份有限公司、安徽佳通乘用子午线轮胎有限公司、北京橡胶工业研究设计院有限公司、赛轮金宇集团股份有限公司、双钱轮胎集团有限公司、风神轮胎股份有限公司、青岛森麒麟轮胎股份有限公司、贵州轮胎股份有限公司、山东华盛橡胶有限公司、浦林成山（山东）轮胎有限公司、天津市万达轮胎集团有限公司、江苏通用科技股份有限公司、四川海大橡胶集团有限公司、浙江科泰安轮胎有限公司、青岛致鉴检验有限公司、米其林（中国）投资有限公司、倍耐力轮胎有限公司、汕头市浩大轮胎测试装备有限公司、上汽通用五菱汽车股份有限公司。

本标准主要起草人：张泽山、邓世涛、陈少梅、卢振雄、陈志友、牟守勇、李淑环、朱新静、苏红斌、任绍文、刘晶晶、尹智、肖圣龙、车明明、于振江、丁振洪、李贞延、夏欢、盛梦龙、陆奕、牛福相、陈迅、赵亮。

本标准所代替标准的历次版本发布情况为：

——GB/T 22038—2008。

汽车轮胎静态接地压力分布试验方法

1 范围

本标准规定了静态下测量汽车轮胎静态接地压力分布试验方法的术语和定义、设备的组成及精度、试验条件、试验步骤及试验记录和数值的处理。

本标准适用于轿车轮胎和载重汽车轮胎。

2 规范性引用文件

下列文件对于本文件的应用是必不可少的。凡是注日期的引用文件，仅注日期的版本适用于本文件。凡是不注日期的引用文件，其最新版本(包括所有的修改单)适用于本文件。

GB/T 521 轮胎外缘尺寸测量方法

GB/T 2977 载重汽车轮胎规格、尺寸、气压与负荷

GB/T 2978 轿车轮胎规格、尺寸、气压与负荷

GB/T 6326 轮胎术语及其定义

GB/T 8170 数值修约规则与极限数值的表示和判定

HG/T 2177 轮胎外观质量

3 术语和定义

GB/T 6326 界定的以及下列术语和定义适用于本文件。

3.1

径向力 radial force

轮胎受到试验台垂直方向上的力。

轮胎受力坐标系见图 1。

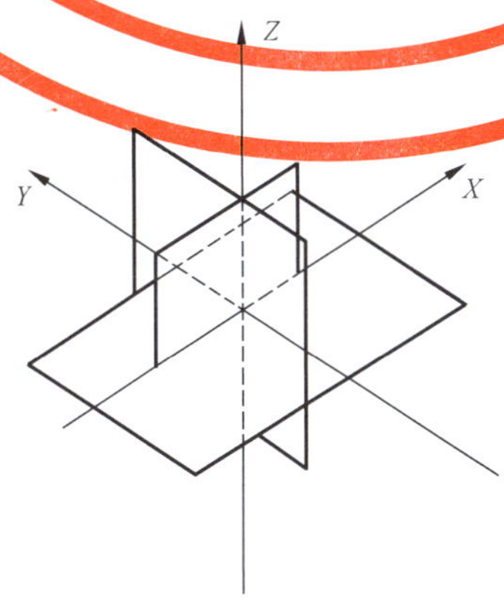

图 1 轮胎受力坐标系

3.2

接触面 contact patch

轮胎表面与刚性平面接触的所有区域。

图2为一个接触面印痕的示意图。

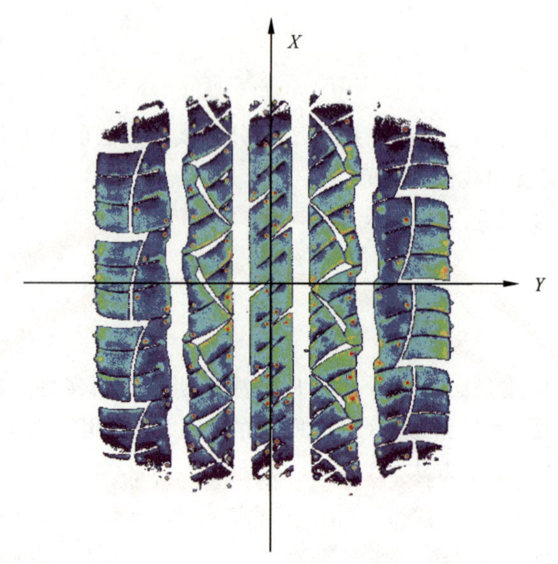

说明：

X ——周向；

Y ——轴向。

图2 接触面印痕的示意图

3.3

敏感胶片法 method of prescale film

利用压力敏感胶片在不同压力作用下的颜色深度不同，通过标定不同颜色深度与压力的关系曲线，将压力敏感胶片上的颜色深度分布转换为压力分布的方法。

3.4

传感器法 method of sensor

用压力传感器测量轮胎静态接地压力分布的方法。

3.5

光吸收法 method of light absorption

光学棱镜和平坦地面或粗糙橡胶表面之间某一点的光吸收量或光散射度是压力的函数，利用这一规律，把接地面内的这种光的明暗分布转换成压力分布的方法。

4 设备的组成及精度

4.1 设备的组成

4.1.1 加载和定位装置

加载装置为任意的能够给充气轮胎提供径向力并能够保持负荷的装置。

定位装置为任意可对轮胎旋转轴与刚性平台间相对垂直位移进行测量和定位的装置。

4.1.2 测量系统

4.1.2.1 力/位移测量系统

该测量系统应可测量轮胎的径向力和轮胎旋转轴与刚性平台间的垂直距离或距离的变化。

4.1.2.2 接地面积测量系统

该测量系统应可测绘出加载系统给定了目标负荷后轮胎与刚性平台的平台接触部分的图形，可测量出印痕面积、接地面积、接地长度和接地宽度。

4.1.2.3 压力分布测量系统

该测量系统可辨识出径向力在轮胎接地面积内的分布(以压强表示)。

4.1.3 刚性平台

刚性平台应具有一个光滑平面，且能够满足如下要求：

a) 平台能够完全容纳整个接触印痕；

b) 平台应具有足够的刚度，使加载到设备最大负荷的情况下平台不会发生变形。

4.2 试验设备的精度

4.2.1 径向力加载方向与刚性平台角度值为90°，精度为±0.05°。

4.2.2 加载装置能够使径向力精度为满量程的±1.0%。

4.2.3 接地面积测量系统所测的接地长度和接地宽度的精度为±2 mm。

4.2.4 压力表精度为±5 kPa。

4.2.5 位移测量系统的测量精度为±0.5 mm。

5 试验条件和步骤

5.1 试验条件

5.1.1 测试的轮胎在硫化后应停放至少24 h，充气前，应在室温为18 ℃～36 ℃的实验室内停放至少3 h。

5.1.2 轮胎外观质量宜符合HG/T 2177的规定。

5.1.3 试验轮辋宜符合GB/T 2978和GB/T 2977规定的测量轮辋，或按试验申请者指定轮辋进行试验。

5.1.4 试验轮胎的气压宜符合GB/T 2977和GB/T 2978规定的标准气压，载重汽车轮胎的气压宜为最大负荷对应的气压(当规定有单、双胎两种使用条件时，则用单胎负荷相对应的气压)，或按照试验申请者指定气压进行试验。气压允许偏差：±5 kPa。

5.1.5 轮胎充气后，在18 ℃～36 ℃室温下停放至少24 h。将停放后的轮胎气压重新调整至5.1.4规定的气压，再停放15 min后即可进行测试。若在同一点重复进行试验，应先检查气压是否在规定气压的标准偏差以内。停放30 min后即可进行下一次测试。

5.1.6 径向加载负荷宜参考GB/T 2977和GB/T 2978规定的标准负荷(当规定有单、双胎两种使用条件时，则用单胎负荷)，或按照试验申请者指定负荷进行试验。

5.2 试验步骤

5.2.1 对轮胎表面的泥土、碎屑以及其他污染物进行清理，并修剪排气胶须和模缝胶边；然后将轮胎装配到5.1.3要求的轮辋上，充以5.1.4规定的气压，按5.1.5的规定停放。

5.2.2 将试验轮胎和轮辋组合体固定在试验机上。

5.2.3 在轮胎的胎侧标出需要的试验点。

5.2.4 按照GB/T 521的规定，测量轮胎的充气外直径和断面宽度。或施加径向力≤50 N，记录轮胎旋转轴与刚性平台间的垂直距离作为轮胎充气外直径的一半。

5.2.5 在轮胎与刚性平台间放置压感胶片或带有传感器的压力毯或特定的反光纸，以(50±2.5)mm/min的径向加载速度施加径向负荷至5.1.6的规定值，该速度应确保压感胶片或压力传感器受压部位不起皱，加载至规定负荷后保持2 min以上。测量负荷下轮胎的静负荷半径和断面宽度。

5.2.6 对压力分布测量系统取得的数据按要求进行处理。

6 试验记录及数值计算

6.1 记录实验室温度、试验用轮辋、试验负荷、试验气压以及轮胎的充气外直径和断面宽度。

6.2 记录轮胎静负荷半径 R_S 和负荷下的断面宽度。

6.3 测量并记录负荷下轮胎的印痕面积、接地面积、接地长度和接地宽度。

6.4 下沉量按式(1)计算：

$$\delta_z = D/2 - R_S \qquad (1)$$

式中：

δ_z ——下沉量，单位为毫米(mm)；

D ——轮胎充气外直径，单位为毫米(mm)；

R_S——静负荷半径，单位为毫米(mm)。

6.5 下沉率 Φ 按式(2)计算：

$$\Phi = \delta_z/(D/2 - D_r/2) \times 100\% \qquad (2)$$

式中：

D ——轮胎充气外直径，单位为毫米(mm)；

D_r——轮辋名义直径，单位为毫米(mm)；

δ_z ——下沉量，单位为毫米(mm)。

6.6 硬度系数 H_s 按式(3)计算：

$$H_s = Q_E/(A_C \times P_E) \times 10 \qquad (3)$$

式中：

Q_E ——试验负荷，单位为牛顿(N)；

A_C ——接地面积，单位为平方厘米(cm^2)；

P_E ——试验气压，单位为千帕(kPa)。

6.7 接地系数 F_c 按式(4)计算：

$$F_c = L/W \qquad (4)$$

式中：

L ——接地长度，单位为毫米(mm)；

W——接地宽度，单位为毫米(mm)。

6.8 印痕形状矩形比 R_e 按式(5)计算：

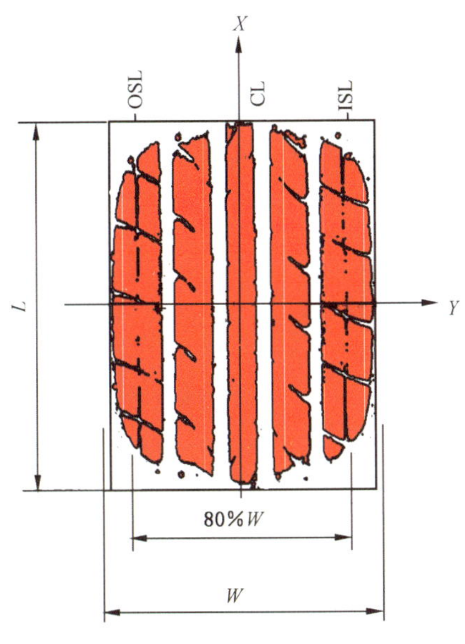

图3 印痕形状

$$R_e = 2CL/(ISL + OSL) \quad \cdots\cdots(5)$$

式中：

CL ——接地印痕中心接地长度(见图3),单位为毫米(mm)；

ISL ——内侧胎肩部(80%接地宽处)的接地长度(见图3),单位为毫米(mm)；

OSL——外侧胎肩部(80%接地宽处)的接地长度(见图3),单位为毫米(mm)。

6.9 平均接地压力 P(kPa)按式(6)计算：

$$P = Q_E / A_C \times 10^4 \quad \cdots\cdots(6)$$

式中：

Q_E ——试验负荷,单位为牛顿(N)；

A_C ——接地面积,单位为平方厘米(cm^2)。

6.10 接地印痕花纹饱和度 S 按式(7)计算：

$$S = A_C / A_G \times 100\% \quad \cdots\cdots(7)$$

式中：

A_C ——接地面积,单位为平方厘米(cm^2)；

A_G ——印痕面积，单位为平方厘米(cm^2)。

6.11 6.4、6.5、6.9、6.10 计算结果修约到小数点之后一位,6.6、6.7、6.8 计算结果修约到小数点之后两位。测量和计算结果按 GB/T 8170 的规定进行修约。

7 试验报告

试验报告应至少包括以下内容：

a) 第6章记录和计算的数值；

b) 压力分布色彩图。

ICS 37.020
N 32

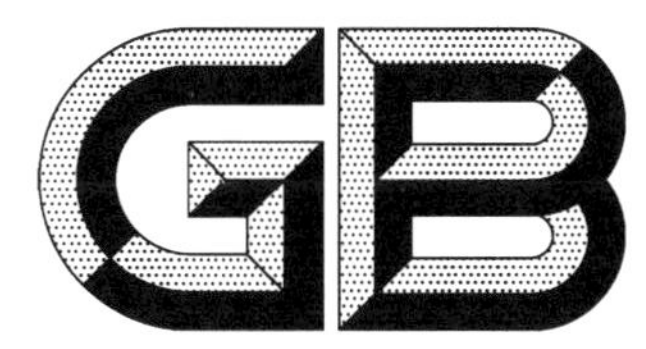

中华人民共和国国家标准

GB/T 22056—2018
代替 GB/T 22056—2008

显微镜　物镜和目镜的标志

Microscopes—Marking of objectives and eyepieces

(ISO 8578:2012,MOD)

2018-12-28 发布　　2019-07-01 实施

国家市场监督管理总局
中国国家标准化管理委员会　发布

前言

本标准按照 GB/T 1.1—2009 给出的规则起草。

本标准代替 GB/T 22056—2008《显微镜　物镜和目镜的标志》。与 GB/T 22056—2008 相比,主要变化如下:

——增加了第 2 章规范性引用文件;

——表 1 增加了盖玻片厚度范围为 0.14 mm～0.20 mm 标志示例;增加了物镜视场数的标志;

——表 2 增加了校正环的标志,表注内容作了适当修改;

——表 3 中将脚注改为注,删除了原注 2;

——表 5 删除了校正型式的标志。

本标准使用重新起草法修改采用 ISO 8578:2012《显微镜　物镜和目镜的标志》。

本标准与 ISO 8578:2012 相比存在技术性差异,这些差异涉及的条款已通过在其外侧页边空白位置的垂直单线(|)进行了标示。

本标准与 ISO 8578:2012 的主要技术差异及其原因如下:

——增加了标准的适用范围。

——关于规范性引用文件,本部分做了具有技术性差异的调整,以适应我国的技术条件,具体对应的国家标准如下:

- 用修改采用国际标准的 GB/T 26600 代替了 ISO 8036。

本标准由中国机械工业联合会提出。

本标准由全国光学和光子学标准化技术委员会(SAC/TC 103)归口。

本标准主要起草单位:南京东利来光电实业有限责任公司、广州粤显光学仪器有限责任公司、南京江南永新光学有限公司、宁波市教学仪器有限公司、上海理工大学、宁波湛京光学仪器有限公司、梧州奥卡光学仪器有限公司、麦克奥迪实业集团公司、宁波永新光学股份有限公司、宁波舜宇仪器有限公司、宁波华光精密仪器有限公司。

本标准主要起草人:洪宜萍、徐涛、李晞、王国瑞、黄卫佳、章慧贤、熊守裕、张韬、章光伟、毛磊、胡森虎、徐利明。

本标准所代替标准的历次版本发布情况为:

——GB/T 22056—2008。

显微镜　物镜和目镜的标志

1　范围

本标准规定了显微镜物镜和目镜的标志以及表示物镜放大率和浸渍介质的颜色圈的颜色和位置。

本标准适用于生物、金相和偏光显微镜的物镜和目镜。

2　规范性引用文件

下列文件对于本文件的应用是必不可少的。凡是注日期的引用文件，仅注日期的版本适用于本文件。凡是不注日期的引用文件，其最新版本(包括所有的修改单)适用于本文件。

GB/T 26600　显微镜　光学显微术用浸液(GB/T 26600—2011,ISO 8036:2006,MOD)

ISO 19012-1　显微镜　显微镜物镜设计　第1部分:视场平坦度/平视场

ISO 19012-2　显微镜　显微镜物镜设计　第2部分:色差校正

3　物镜

3.1　物镜上必需的标志

物镜上的标志见表1。

机械筒长和盖玻片厚度按顺序表示在一行中，并用一斜线隔开，例:∞/0.17;160/—;∞/0。

机械筒长和盖玻片厚度的标志应比表3中的状态标志小一些。物镜视场数(OFN)应表示如下:OFN25。

表1　物镜上必需的标志

光学特性	标志的内容	标志示例[a]	说明
放大率	像距有限远的物镜横向放大率	100	放大率和数值孔径应用一斜线隔开 例:100/1.30
	像距无限远的物镜横向放大率	100×	无限远校正的物镜所标志的放大率值只有与相关镜筒透镜相结合才是有效的。符号“×”的标志用来表示无限远校正的物镜的放大率
孔径	数值孔径	/1.30	数值孔径必须确定到小数点后二位
可变光阑	数值孔径限定范围	/1.30-0.80	应在通常标志数值孔径的位置标明由可变光阑控制的数值孔径范围的上限及下限
浸液介质	油按 GB/T 26600	OIL	可使用颜色圈作为附加的标志(见表2)
	水	W	
	甘油按 GB/T 26600	GLYC	
	其他		要求应标志所用的任何其他浸液介质

表 1（续）

光学特性	标志的内容	标志示例[a]	说明
筒长	像距有限远的物镜的筒长(mm)	160	见 3.1
	像距无限远的物镜，用∞符号表示	∞	
盖玻片厚度	厚度(mm)	/0	对于标本无覆盖的物镜，在斜线之后用数字“0”表示
		/0.17	对于需用盖玻片的物镜，所用盖玻片厚度的值应以毫米为单位标志在斜线之后为 0.17
		/-	对于不用盖玻片或盖玻片厚度在 0.17 mm 以下的物镜，在斜线之后标志符号“-”
		/0.14-0.20	对于带校正环的物镜，应在斜线后面标志盖玻片厚度的范围
物镜视场数	中间像直径(mm)，按 ISO 19012-1	/OFN20	
平视场	视场平坦度，按 ISO 19012-1	PLAN	
色差校正	色差校正状态，按 ISO 19012-2	FL	半复消色差
		APO	复消色差
相衬	符号 pH	PH2	符号后面的数字表示相关联的环形光阑
偏光显微术系统	符号 POL，P 或 PO	POL PO P	
制造商	名称或商标		

[a] 大写或小写字母任选。

3.2 物镜上推荐的附加标志

可选择附加信息的标志见表 2。

表 2 物镜上推荐的附加标志

光学特性	标志的内容		标志示例[a]	说明
放大率	数值	颜色圈		
	1/1.25	黑色		
	1.6/2	灰色		
	2.5/3.2	棕色		

表 2（续）

光学特性	标志的内容		标志示例[a]	说明
放大率	数值	颜色圈		
	4/5	红色		
	6.3/8	橙色		
	10/12.5	黄色		
	16/20	淡绿色		
	25/32	深绿色		
	40/50	淡蓝色		
	63/80	深蓝色		
	100 125 160	白色		
浸液介质	介质	颜色圈		为避免混淆，建议表示浸液介质的颜色圈作为辅助圈和表示放大率的颜色圈同时标志
	空气	不加标志		
	油	黑色		
	水	白色		
	甘油	橙色		
	其他介质	红色		
相衬	除颜色圈和制造商名称外，整个标志应为绿色			制造商名称的标志可用任一颜色
偏光显微术的系统	除颜色圈和制造商名称外，整个标志应为红色			制造商名称的标志可用任一颜色
微分干涉相衬	符号 DIC		DIC	
垂直照明物镜	符号 EPI 或 M		EPI M	
明视场和暗视场垂直照明物镜	符号 D、BD 或 HD		D BD HD	符号 EPI 可补充标志
校正环	符号 CORR 或 KORR		CORR	
长工作距离	符号 L、LD 或 LWD		L LD LWD	

表 2（续）

光学特性	标志的内容	标志示例[a]	说明
制造商国别			在一些国家中应标志产地国别
[a] 大写或小写字母可任选。			

3.3 推荐的标志排列方式

建议表 3 中的细目 A 位于细目 B 的上面或前面，细目 C 位于 B 的下面或后面。

表 3 推荐的标志排列方式

A	B	C
平视场 色差校正状况 长工作距离	放大率 数值孔径	浸渍介质 相衬 偏光显微术系统 微分干涉对比 明视场和暗视场反射照明物镜
注 1：如用表 2 中规定的颜色圈作为浸渍介质的附加标志，该颜色圈应较标志放大率的色圈更加靠近物镜前透镜的地方。 注 2：A 先于 B，先于 C。		

4 目镜

4.1 目镜上必需的标志

目镜上的标志见表 4。

表 4 目镜上必需的标志

光学特性	标志的内容	标志示例	说明
放大率	视觉放大率数值	10×	视觉放大率和视场数应用斜线隔开。例：10×/18
视场	直径(mm)	/18	
制造厂	名称或商标		

4.2 目镜上推荐的附加标志

可选择附加信息的标志见表 5。

表 5 目镜上推荐的附加标志

光学特性	标志的内容	标志示例	说明
适合于带眼镜的人	符号👓	符号👓	与放大率和视场数一起标志 例:10×/18 符号👓
带有十字线并定好中心	符号⊕	⊕	仅适用于校正好十字线中心并带有定位销的目镜

ICS 37.020
N 32

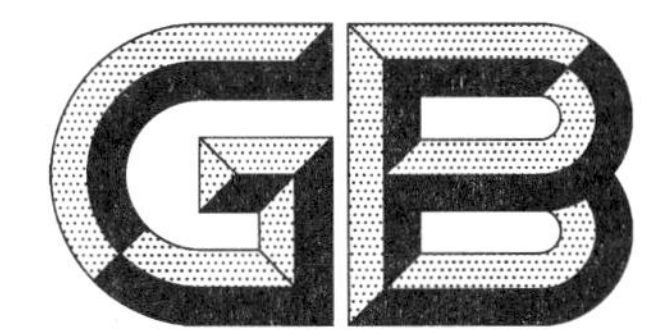

中华人民共和国国家标准

GB/T 22059—2018
代替 GB/T 22059—2008

显微镜　放大率数值、允差和符号

Microscopes—Values, tolerances and symbols for magnification

(ISO 8039:2014, MOD)

2018-12-28 发布　　2019-07-01 实施

国家市场监督管理总局
中国国家标准化管理委员会　发布

前　言

本标准按照 GB/T 1.1—2009 给出的规则起草。

本标准代替 GB/T 22059—2008《显微镜　放大率》。本标准与 GB/T 22059—2008 相比主要变化如下：

——修改了标准名称；

——第 2 章规范性引用文件中增加了 GB/T 27668.1，删除了 GB/T 321；

——第 3 章修改为“GB/T 27668.1 界定的术语和定义适用于本文件”，并删除了 3.1～3.9；

——表 1 中镜筒系数改为“镜筒透镜”，删除了实像的投影系数，删除了表示方式中“优先”和“替代”之分；

——删除了第 5 章计算方法；

——表 2 注 3 中增加数值 0.7；

——表 3 中镜筒系数改为“镜筒透镜”，投影系数改为“投影镜头”；

——增加了参考文献。

本标准使用重新起草法修改采用 ISO 8039：2014《显微镜　放大率的数值、允差和符号》。

本标准与 ISO 8039：2014 相比存在技术性差异，这些差异涉及的条款已通过在其外侧页边空白位置的垂直单线(|)进行了标示。

本标准与 ISO 8039：2014 的主要技术差异及原因为：

——增加了标准的适用范围；

——关于规范性引用文件，本部分做了具有技术性差异的调整，以适应我国的技术条件，具体对应的国家标准如下：

- 用修改采用国际标准的 GB/T 27668.1 代替了 ISO 10934-1。

本标准做了下列编辑性修改：

——第 5 章表 2 注 3 中增加数值 0.7。

本标准由中国机械工业联合会提出。

本标准由全国光学和光子学标准化技术委员会(SAC/TC 103)归口。

本标准主要起草单位：宁波永新光学股份有限公司、广州粤显光学仪器有限责任公司、宁波市教学仪器有限公司、宁波湛京光学仪器有限公司、上海理工大学、南京东利来光电实业有限责任公司、梧州奥卡光学仪器有限公司、麦克奥迪实业集团公司、南京江南永新光学有限公司、宁波舜宇仪器有限公司、宁波华光精密仪器有限公司。

本标准主要起草人：毛磊、徐涛、崔志英、王国瑞、熊守裕、黄卫佳、章慧贤、洪宜萍、张韬、章光伟、李晞、胡森虎、徐利明。

本标准所代替标准的历次版本发布情况为：

——GB/T 22059—2008。

显微镜　放大率数值、允差和符号

1　范围

本标准规定了可见光显微镜成像部件放大率的数值系列、允差和符号及其所应用的若干放大系统。

本标准适用于可见光显微镜。

2　规范性引用文件

下列文件对于本文件的应用是必不可少的。凡是注日期的引用文件，仅注日期的版本适用于本文件。凡是不注日期的引用文件，其最新版本(包括所有的修改单)适用于本文件。

GB/T 27668.1　显微镜术语　第1部分：光学显微术(GB/T 27668.1—2011，ISO 10934-1：2002，MOD)

3　术语和定义

GB/T 27668.1 界定的术语和定义适用于本文件。

4　成像部件放大率符号

成像部件及其组合的放大率被推荐使用的符号和表示方式的例子见表1。

表1　放大率符号和表示方式

部件	符号	表示方式	
物镜 a)　初次像距校正为有限远 b)　初次像距校正为无限远	 M_0 $M_{0\infty}$	 $M_0=25:1$ $M_{0\infty}=25\times$	 25：1 或 25 25×
目镜	M_E	$M_E=10\times$	10×
镜筒透镜	q	$q=1.25\times$	1.25
投影镜头	M_{PHOT}	$M_{PHOT}=2.5:1$	2.5：1
显微镜总放大率 a)　目视观察 b)　实像	 M_{TOTVIS} $M_{TOTPROJ}$	 $M_{TOTVIS}=500\times$ $M_{TOTPROJ}=500:1$	 500× 500：1

5　放大率的数值和允差

5.1　放大率数值

成像部件或成像系统放大率的数值应是表2列出的数值之一，在这个表中任何两个数的商的乘积同样是该表范围内的数值。该表是按行以 10 为系数扩展而成。

表 2 放大率数值

				…0.32		0.4	0.5	0.63	0.8
1	1.25	1.6	2	2.5	3.2	4	5	6.3	8
10	12.5	16	20	25	32	40	50	63	80
100	125	160	200	250	320	400	500	630	800
1 000	1 250	1 600	2 000…						

注 1：该数值取自 GB/T 321 中的 R10 系列；

注 2：数值 0.32 由 R10 系列数值四舍五入修约而得；

注 3：除了本表中的数值以外，下列数值也可采用：0.7、1.5、15、30、60、150。

5.2 成像部件放大率允差

成像部件放大率允差见表 3。

表 3 放大率允差

系统/部件	允差/%
物镜	±5
镜筒透镜	±2
投影镜头	±2
目镜	±5

参 考 文 献

[1] GB/T 321—2005 优先数和优先数系
[2] ISO 10934-2 光学和光学仪器 显微镜术语 第2部分:高级光学显微术技术

ICS 37.020
N 32

中华人民共和国国家标准

GB/T 22063—2018
代替 GB/T 22063—2008

显微镜 C型接口

Microscopes—Interfacing connection type C

(ISO 10935:2009,MOD)

2018-12-28 发布 2019-07-01 实施

国家市场监督管理总局
中国国家标准化管理委员会 发布

前　言

本标准按照 GB/T 1.1—2009 给出的规则起草。

本标准代替 GB/T 22063—2008《显微镜　C 型接口》。与 GB/T 22063—2008 相比主要变化如下：

——增加了第 2 章规范性引用文件；

——原标准第 2 章中的术语进行了用语规范，在术语尾部增加了“的部件”。

本标准使用重新起草法修改采用 ISO 10935:2009《显微镜　C 型接口》。

本标准与 ISO 10935:2009 相比存在技术性差异，这些差异涉及的条款已通过在其外侧页边空白位置的垂直单线(|)进行了标示。

本标准与 ISO 10935:2009 的主要技术差异及原因如下：

——关于规范性引用文件，本部分做了具有技术性差异的调整，以适应我国的技术条件，具体对应的国家标准如下：

- 删除了 ISO 263:1973；
- 用修改采用国际标准的 GB/T 27668.1 代替了 ISO 10934-1。

——删除了图 1、图 2 中的说明，将说明直接标注在图 1 和图 2 上，以符合我国光学制图要求。

——删除了第 4 章图 1 中“开放尺寸”的标注，以增加可操作性。

本标准由中国机械工业联合会提出。

本标准由全国光学和光子学标准化技术委员会(SAC/TC 103)归口。

本标准主要起草单位：宁波市教学仪器有限公司、上海理工大学、宁波湛京光学仪器有限公司、南京东利来光电实业有限责任公司、南京江南永新光学有限公司、麦克奥迪实业集团公司、梧州奥卡光学仪器有限公司、广州粤显光学仪器有限责任公司、宁波永新光学股份有限公司、宁波舜宇仪器有限公司、宁波华光精密仪器有限公司。

本标准主要起草人：王国瑞、黄卫佳、章慧贤、熊守裕、洪宜萍、李晞、章光伟、张韬、徐涛、毛磊、胡森虎、崔志英、徐利明。

本标准所代替标准的历次版本发布情况为：

——GB/T 22063—2008。

显微镜　C型接口

1　范围

本标准规定了连接显微镜成像出口(单筒或双目镜筒除外)的C型接口螺纹尺寸和初次像面的位置。

本标准适用于除单筒或双目镜筒之外的显微镜。

2　规范性引用文件

下列文件对于本文件的应用是必不可少的。凡是注日期的引用文件,仅注日期的版本适用于本文件。凡是不注日期的引用文件,其最新版本(包括所有的修改单)适用于本文件。

GB/T 27668.1　显微术术语　第1部份:光学显微术(GB/T 27668.1—2011,ISO 10934-1:2002,MOD)

3　术语和定义

GB/T 27668.1界定的以及下列术语和定义适用于本文件。

3.1

接口部件　male component

在显微镜成像出口端面上安装视频或影像适配器的部件。

3.2

配合部件　female component

在显微镜出口端面内插入视频或影像适配器的部件。

4　要求

接口部件尺寸如图1所示;配合部件尺寸如图2所示。

初次像面的位置如图1和图2所示。

单位为毫米

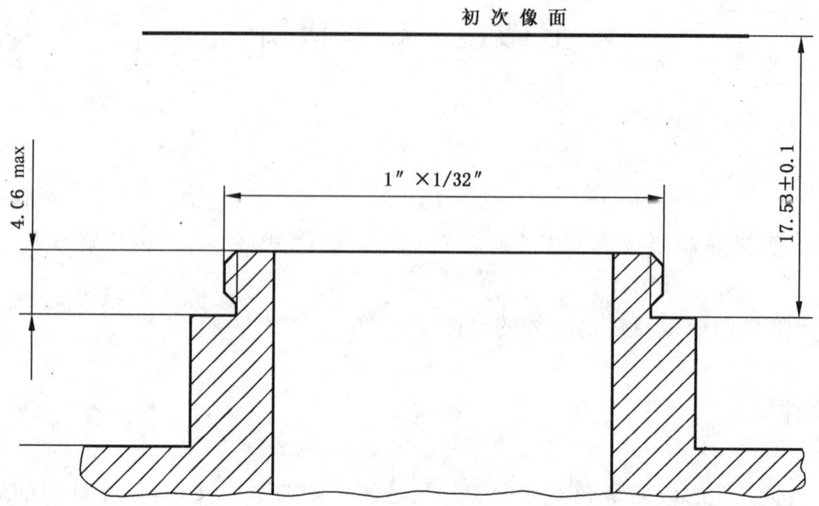

注：在空气下测量距离 17.53 mm。

图 1 接口部件尺寸和初次像面位置

单位为毫米

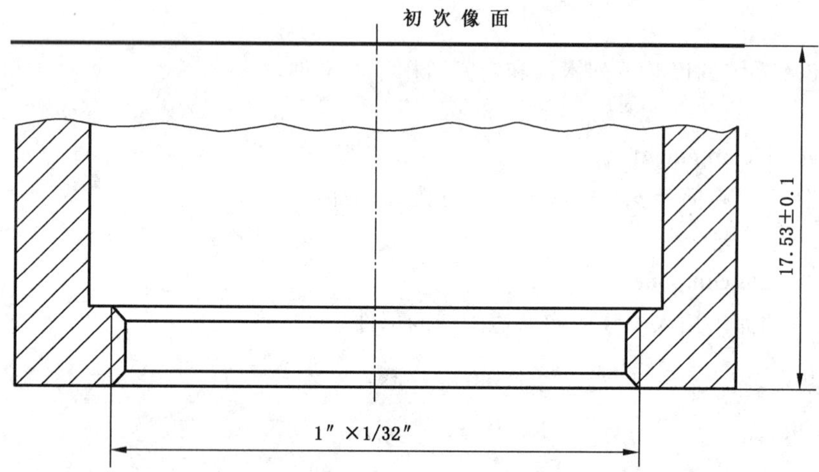

注：在空气下测量距离 17.53 mm。

图 2 配合部件尺寸和初次像面位置

ICS 27.200
J 73

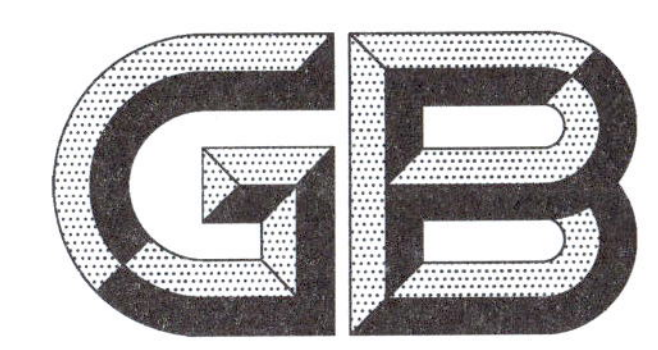

中华人民共和国国家标准

GB/T 22068—2018
代替 GB/T 22068—2008

汽车空调用电动压缩机总成

Electrically driven compressor assembly for automobile air conditioning

2018-05-14 发布　　2018-12-01 实施

国家市场监督管理总局
中国国家标准化管理委员会　发布

前　言

本标准按照GB/T 1.1—2009给出的规则起草。

本标准代替GB/T 22068—2008《汽车空调用电动压缩机总成》，与GB/T 22068—2008相比，除编辑性修改外主要技术内容变化如下：

——修改了标准的适用范围(见第1章，2008年版的第1章)；

——修改了电动压缩机总成的型式和基本参数(见第4章，2008年版的第4章)；

——修改了电动压缩机总成的名义工况及制冷(热)性能系数限定值(见4.3、5.3，2008年版的6.3、5.2)；

——修改了电动压缩机总成的噪声试验工况、限定值要求与试验方法(见5.4、6.4，2008年版的6.4、5.3)；

——增加了电动压缩机总成激振力的要求与试验方法(见5.5、6.5)；

——修改了电动压缩机本体部分的内部清洁度、内部含水率、密封性、耐腐蚀性、电动机定子绕组对外壳的绝缘电阻、电动机定子绕组对外壳的耐电压、耐压强度、耐振动性等要求(见第5章，2008年版的第5章)；

——修改了驱动控制器绝缘电阻的要求(见5.7.2，2008年版的5.5.2)；

——修改了电动压缩机本体部分的耐压强度、耐振动性试验方法(见6.6.4、6.6.5，2008年版的6.5.4、6.5.12)；

——修改了电动压缩机总成耐久性试验工况(见6.8，2008年版的6.7)；

——增加了电动压缩机总成耐电压波动的要求与试验方法(见5.9、6.9)。

本标准由中国机械工业联合会提出。

本标准由全国冷冻空调设备标准化技术委员会(SAC/TC 238)归口。

本标准负责起草单位：南京奥特佳新能源科技有限公司、合肥通用环境控制技术有限责任公司、上海加冷松芝汽车空调股份有限公司、湖南汤普悦斯压缩机科技有限公司、合肥通用机电产品检测院有限公司。

本标准参加起草单位：浙江春晖智能控制股份有限公司、苏州新同创汽车空调有限公司、上海汉钟精机股份有限公司、苏州英华特涡旋技术有限公司、松下压缩机(大连)有限公司、安徽东升机电有限责任公司、浙江盾安人工环境股份有限公司、广州精益汽车空调有限公司、深圳市深蓝新能源电气有限公司。

本标准主要起草人：钱永贵、王汝金、黄国强、汤熙华、张秀平、易丰收、杨能、彭飞、邓壮、文茂华、周英涛、杜涛、蔡培裕、欧阳勇、刘燕林、胡继孙、吴维新。

本标准所代替标准的历次版本发布情况为：

——GB/T 22068—2008。

汽车空调用电动压缩机总成

1 范围

本标准规定了汽车空调用电动压缩机总成(以下简称"电动压缩机总成")的术语和定义、型式和基本参数、技术要求、试验方法、检验规则以及标志、包装、运输和贮存。

本标准适用于汽车空调用电动压缩机总成。

2 规范性引用文件

下列文件对于本文件的应用是必不可少的。凡是注日期的引用文件,仅注日期的版本适用于本文件。凡是不注日期的引用文件,其最新版本(包括所有的修改单)适用于本文件。

GB/T 191 包装储运图示标志

GB/T 2423.17 电工电子产品环境试验 第2部分:试验方法 试验Ka:盐雾

GB/T 2423.34—2012 环境试验 第2部分:试验方法 试验Z/AD:温度/湿度组合循环试验

GB/T 4208 外壳防护等级(IP代码)

GB/T 5773 容积式制冷剂压缩机性能试验方法

GB/T 13306 标牌

GB/T 17619 机动车电子电器组件的电磁辐射抗扰性限值和测量方法

GB/T 18488.1 电动汽车用驱动电机系统 第1部分:技术条件

GB/T 18488.2 电动汽车用驱动电机系统 第2部分:试验方法

GB/T 18655 车辆、船和内燃机 无线电骚扰特性 用于保护车载接收机的限值和测量方法

GB/T 19951—2005 道路车辆 静电放电产生的电骚扰试验方法

GB/T 21360 汽车空调用制冷压缩机

GB/T 21437.2 道路车辆 由传导和耦合引起的电骚扰 第2部分:沿电源线的电瞬态传导

GB/T 21437.3 道路车辆 由传导和耦合引起的电骚扰 第3部分:除电源线外的导线通过容性和感性耦合的电瞬态发射

JB/T 4330 制冷和空调设备噪声的测定

JB/T 7249 制冷设备 术语

3 术语和定义

JB/T 7249和GB/T 5773界定的以及下列术语和定义适用于本文件。

3.1

电动压缩机总成 electrically driven compressor assembly

由电动机驱动、用于蒸汽压缩制冷循环的汽车空调系统的半(全)封闭式容积式制冷剂压缩机总成,包括电动压缩机本体部分和驱动控制器。

注:分体式电动压缩机总成由上述两个部分分开独立安装使用,整体式电动压缩机总成由上述两个部分集成为一体。

3.2

电动压缩机本体部分　compressor with direct current motor

由容积式制冷剂压缩机和电动机组成的全封闭式或半封闭式结构。

3.3

驱动控制器　drive controller

与汽车主电源连接,用于控制直流电源与压缩机电动机之间能量传输和转换的装置,由外界控制信号接口电路、电动机控制电路和功率驱动电路以及保护电路组成。

3.4

激振力　exciting force

由电动压缩机总成回转不平衡质量及运行气流脉动等作为振动源而产生的周期性简谐振动力。

4　型式和基本参数

4.1 型式

4.1.1　按功能分为:单冷型、热泵型、低温热泵型,其中:

——热泵型电动压缩机总成应能在−10 ℃蒸发温度下正常运行;

——低温热泵型电动压缩机总成应能在−25 ℃蒸发温度下正常运行。

4.1.2　按结构型式分为:整体式、分体式。

4.1.3　按排量范围分为:A类、B类、C类,其中:

——A类排量为:8 cm^3/r ~<25 cm^3/r;

——B类排量为:25 cm^3/r ~<40 cm^3/r;

——C类排量为:≥40 cm^3/r。

4.2　基本参数

电动压缩机总成的基本参数见表1。

表1　电动压缩机总成的基本参数

部　件	项　目	数　值		
		A类	B类	C类
电动压缩机本体部分	排量/cm^3/r	≥8~25	≥25~40	≥40
	使用制冷剂	HFC134a、HFC407C或根据用户要求		
	润滑油	根据设计或用户要求		
	电动机额定电压/V	根据用户要求		
驱动控制器	额定电压/V			

4.3　名义工况

电动压缩机总成的名义工况见表2。

表 2 电动压缩机总成的名义工况

试验条件	电压 V	压缩机转速 r/min	蒸发温度 ℃	冷凝温度 ℃	吸气过热度 K	膨胀前温度[a] ℃	环境温度 ℃
名义制冷	额定电压	设计名义转速	7	55	10	47	50
热泵名义制热			−1	43	10	35	10
低温热泵名义制热			−15	35	10	27	−10

[a] 对于配用经济器的压缩机，经济器补气回路膨胀前过冷度为 5 K。同时，制造商应提供经济器补气回路出口制冷剂气体的压力、温度参数。

5 技术要求

5.1 一般要求

电动压缩机总成应按规定程序批准的图样和技术文件(或用户与制造厂的协议)制造。

5.2 外观

电动压缩机本体部分及驱动控制器外表面不应有油污、锈蚀、锐边等外观缺陷，导线护套不应破裂，接插件不应变形或破损。

5.3 制冷(热)量、输入功率、制冷(热)性能系数

电动压缩机总成的实测制冷(热)量应不小于名义制冷(热)量的 95%，实测输入功率应不大于名义输入功率的 110%。电动压缩机总成的实测制冷(热)性能系数应不小于明示值的 95%，且应不小于表 3 规定的数值。对于不带驱动控制器的电动压缩机总成制冷(热)性能系数应不小于表 3 规定值的 110%。

表 3 电动压缩机总成的制冷(热)性能系数限定值

适用额定电压等级	测试电压 V	压缩机转速 r/min	制冷性能系数 W/W	制热性能系数 W/W	
				热泵型	低温热泵型
12 V～120 V	额定电压	设计名义转速	2.1	2.6	2.3
144 V～800 V			2.2	2.7	2.5

5.4 噪声

电动压缩机总成的单点最大噪声实测值应不大于表 4 的规定。

表 4 电动压缩机总成的噪声限定值(声压级)

名义转速范围 r/min		<2 000	≥2 000～3 000	≥3 000～4 000	≥4 000～5 000	≥5 000～6 000	≥6 000～7 000	≥7 000
噪声值 dB(A)	A类	70	74	77	78	82	85	88
	B类	72	76	78	80	85	90	93
	C类	74	78	80	82	86	91	94

5.5 激振力

在转速允许范围内,电动压缩机总成水平前后(X 轴)、水平左右(Y 轴)、垂直(Z 轴)三个方向的实测激振力应不大于式(1)的计算值。

$$F_{max}=k\times n \tag{1}$$

式中:

F_{max}——最大允许激振力,单位为牛(N);

k ——激振系数(取 0.02),单位为牛分每转(N·min/r);

n ——压缩机转速值,单位为转每分(r/min)。

5.6 电动压缩机本体部分

5.6.1 内部清洁度

电动压缩机本体部分的内部清洁度应符合以下要求:

a) 电动压缩机本体部分的内部杂质总质量应不大于表 5 的规定值;

b) 电动压缩机本体部分的内部最大杂质颗粒直径应不大于 0.5 mm。

表 5 电动压缩机本体部分的内部杂质总质量限定值

单位为毫克

电动压缩机总成类别	A类	B类	C类
内部杂质总质量	30	35	80

5.6.2 内部含水率

电动压缩机本体部分的内部含水率应不大于 1.5×10^{-3}。

5.6.3 密封性

电动压缩机本体部分的总泄漏量应不大于 14 g/a。

5.6.4 耐压强度

电动压缩机本体壳体及电机引出线端子应无泄漏和异常变形。

注:在该试验中,各橡胶密封件的破损不作为考核要求。

5.6.5 耐振动性

耐振动性试验后,电动压缩机本体应符合以下要求:

a) 电动压缩机本体部分内部无损坏，可运转；螺栓无松动和损坏；
b) 密封性试验后，电动压缩机本体部分的泄漏量符合5.6.3的要求；
c) 电动机定子绕组对外壳绝缘电阻试验符合5.6.9的要求；
d) 耐电压试验符合5.6.10的要求；
e) 按表2规定的工况复测，电动压缩机总成的实测制冷(热)量不小于耐振动性试验前实测值的90%，实测制冷(热)性能系数不小于耐振动性试验前实测值的82%；
f) 无异常噪声，电动压缩机总成的噪声增加不大于3 dB(A)；
g) 外壳防护等级符合5.6.11的要求。

5.6.6 热循环

分别进行耐高温、耐低温和温度交变试验后，封闭吸、排气口的电动压缩机本体部分应符合以下要求：

a) 电动压缩机本体部分的泄漏量符合5.6.3的要求；
b) 电动机定子绕组对外壳绝缘电阻试验符合5.6.9的要求；
c) 耐电压试验符合5.6.10的规定；
d) 按表2规定的工况复测，电动压缩机总成的实测制冷(热)量不小于热循环试验前实测值的90%，实测制冷(热)性能系数不小于热循环试验前实前测试值的82%；
e) 外壳防护等级符合5.6.11的要求。

5.6.7 交变湿热性能

交变湿热性能试验后，封闭吸、排气口的电动压缩机本体部分应符合以下要求：

a) 在交变湿热试验的最后一周期的低温高湿阶段，保持温度为25 ℃±3 ℃、相对湿度为95%～98%的条件5 h后，在该环境下，电动机定子绕组对外壳的热态绝缘电阻大于2 MΩ；
b) 电动机定子绕组对外壳冷态绝缘电阻试验符合5.6.9的要求；
c) 耐电压试验符合5.6.10的规定；
d) 电动压缩机本体部分能正常工作；
e) 外壳防护等级符合5.6.11的要求。

5.6.8 耐腐蚀性

耐腐蚀性试验后，电动压缩机本体部分应符合以下要求：

a) 电动压缩机本体经表面防腐处理的零件表面无大于10%面积的红锈；
b) 表面无气泡、蠕变、粘着及功能丧失，电动压缩机能正常工作；
c) 制冷剂泄漏符合5.6.3的要求；
d) 电动机定子绕组对外壳的绝缘电阻符合5.6.9的要求；
e) 电动机定子绕组对外壳的耐电压符合5.6.10的要求；
f) 外壳防护等级符合5.6.11的要求。

5.6.9 电动机定子绕组对外壳的绝缘电阻

电动机定子绕组对外壳的绝缘电阻应满足以下要求：

a) 清空电动压缩机本体内部的冷冻机油后，电动机定子绕组对外壳的绝缘电阻大于50 MΩ；
b) 向电动压缩机本体内充入冷冻油(按压缩机图纸规定的冷冻油加注)和制冷剂(压缩机制冷剂的充注量按允许的最大充注量)后，首次充注制冷剂后运转不少于3 min～5 min，电动机定子绕组对外壳的绝缘电阻大于10 MΩ。

5.6.10 电动机定子绕组对外壳的耐电压

电动机定子绕组对外壳的绝缘应能承受表 6 规定的试验电压，绝缘应无击穿、闪络和飞弧，漏电流应符合表 6 的规定。

对产品进行出厂检验时，1 min 电压持续试验时间可用 1 s 试验代替，但试验电压值应为表 6 规定的 120％。

表 6 试验电压与漏电流

<table>
<tr><th>额定电压 UN
V</th><th>试验电压(有效值)
V</th><th>电源功率
kVA</th><th>电源频率
Hz</th><th>电压持续时间
s</th><th>漏电流
mA</th></tr>
<tr><td>≤60</td><td>500</td><td rowspan="5">1</td><td rowspan="5">50～60
正弦波</td><td rowspan="5">60</td><td>≤5</td></tr>
<tr><td>>60～125</td><td>1 000</td><td rowspan="2">≤10</td></tr>
<tr><td>>125～250</td><td>1 500</td></tr>
<tr><td>>250～500</td><td>2 000</td><td>≤20</td></tr>
<tr><td>>500</td><td>1 000＋$2U_N$</td><td>≤25</td></tr>
</table>

5.6.11 外壳防护等级

电动压缩机本体部分的防护等级为 IP 54。外壳防护等级试验后，复测电动压缩机本体部分的耐电压性能应符合 5.6.10 规定的要求。

5.7 驱动控制器

5.7.1 机械强度

驱动控制器壳体应不发生变形。

5.7.2 绝缘电阻

驱动控制器的绝缘电阻应大于 50 MΩ。

5.7.3 耐电压

驱动控制器应无击穿、闪络和飞弧。

5.7.4 外壳防护等级

驱动控制器的防护等级分体型为 IP 54，外壳防护等级试验后，复测驱动控制器的绝缘电阻应符合 5.7.2 的规定，复测驱动控制器的耐电压性能应符合 5.7.3 的规定。

5.7.5 耐振动性

耐振动性试验后，驱动控制器应符合以下要求：

a) 螺栓无松动和损坏，内部接线无断裂，元器件无松动；

b) 绝缘电阻符合 5.7.2 的规定；

c) 耐电压符合 5.7.3 的规定；

d) 驱动控制器能正常工作；

e） 外壳防护等级符合 5.7.4 的规定。

5.7.6 热循环

热循环试验后，驱动控制器应符合以下要求：

a） 绝缘电阻符合 5.7.2 的规定；

b） 耐电压符合 5.7.3 的规定；

c） 驱动控制器能正常工作；

d） 外壳防护等级符合 5.7.4 的规定。

5.7.7 交变湿热

交变湿热试验后，驱动控制器应符合以下要求：

a） 绝缘电阻符合 5.7.2 的规定；

b） 耐电压符合 5.7.3 的规定；

c） 驱动控制器能正常工作；

d） 外壳防护等级符合 5.7.4 的规定。

5.7.8 耐腐蚀性

耐腐蚀性试验后，驱动控制器经表面防腐处理的钢件表面不应有大于 10% 面积的红锈，且表面无气泡、蠕变、粘着及功能丧失，驱动控制器应能正常工作。并且，外壳防护等级应符合 5.7.4 的规定。

5.7.9 温升

温升试验后，驱动控制器各部位的温升应符合 GB/T 18488.1 规定的限值要求。

5.8 耐久性

耐久性试验后，电动压缩机总成应无异常，试验后电动压缩机总成应符合以下要求：

a） 外部各面无裂纹和损坏，螺栓无松动和损坏；

b） 电动压缩机总成的总泄漏量不大于 14 g/a；

c） 电动机定子绕组对外壳绝缘电阻试验符合 5.6.9 的规定；

d） 耐电压试验符合 5.6.10 的规定；

e） 按表 2 规定的工况复测，电动压缩机总成的实测制冷（热）量不小于耐久性试验前实测值的 90%，实测制冷（热）性能系数不小于耐久性试验前实前测试值的 82%；

f） 无异常噪声，电动压缩机总成的噪声增加不大于 3 dB(A)；

g） 外壳防护等级符合 5.7.4 的规定。

5.9 耐电压波动

耐电压波动试验后，电动压缩机总成应符合以下要求：

a） 制冷（热）性能系数符合表 2 的规定；

b） 电动机定子绕组对外壳的耐电压符合 5.6.10 的规定；

c） 驱动控制器绝缘电阻符合 5.7.2 的规定；

d） 驱动控制器的耐电压符合 5.7.3 的规定；

e） 外壳防护等级符合 5.7.4 的规定。

5.10 电磁兼容性

5.10.1 电磁抗扰性

5.10.1.1 电磁辐射抗扰性

在 GB/T 17619 规定的抗扰性限值下,电动压缩机总成在正常使用条件下应能正常工作。

5.10.1.2 电瞬变传导抗扰性

在 GB/T 21437.2 和 GB/T 21437.3 中规定的脉冲种类和Ⅲ级抗扰性限值下,电动压缩机总成在正常使用条件下应能正常工作。

5.10.1.3 静电放电抗扰性

在 GB/T 19951—2005 规定的Ⅲ级抗扰性限值下,电动压缩机总成在正常使用条件下应能正常工作。

5.10.2 电磁骚扰性

5.10.2.1 传导骚扰性

电动压缩机总成在正常使用条件下工作产生的传导骚扰应符合 GB/T 18655 规定的零部件传导骚扰限值的要求。

5.10.2.2 辐射骚扰性

电动压缩机总成在正常使用条件下工作产生的辐射骚扰应符合 GB/T 18655 规定的零部件辐射骚扰限值的要求。

6 试验方法

6.1 一般要求

试验所用仪器仪表及准确度应符合 GB/T 5773 的规定。试验时,试验工况参数的允许偏差应符合 GB/T 5773 的规定。

6.2 外观

电动压缩机总成外形尺寸用通用或专用量具检测,外观质量和标志用目视法检测。

6.3 制冷(热)量、输入功耗、制冷(热)性能系数试验

在表 2 规定的名义工况下,按 GB/T 5773 的规定进行试验,分别测定电动压缩机总成的制冷(热)量、输入功率和制冷(热)性能系数。

6.4 噪声试验

将电动压缩机总成安装到半消声室特定的台架上。电动压缩机总成的接口和置于室外的制冷剂管路连接起来组成试验回路,以及接上规定的电源。启动压缩机,使电动压缩机总成噪声性能测试系统达到表 7 规定的工况。

将噪声测量仪表放置在电动压缩机总成几何中心为原点的笛卡尔坐标系上，分别距离压缩机的水平侧部(X)、水平后部(Y)及上部(Z)300 mm 处，见图 1，按 JB/T 4330 的规定进行噪声测试，并记录噪声值。

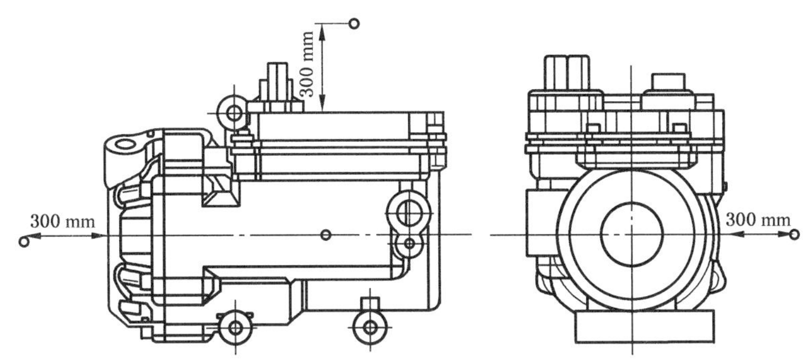

图 1　噪声值测量采集点

表 7　电动压缩机总成的噪声试验工况

电压 V	压缩机转速 r/min	冷凝温度 ℃	蒸发温度 ℃
额定电压	设计名义转速	55±0.5	7±0.5

6.5　激振力试验

将电动压缩机总成通过钢过渡支架固定在带有三轴向力传感器的激振力测试台上，过渡支架的重量应不大于 2 kg。

电动压缩机总成安装方向与实车相同，如图 2 所示。三轴向支座平面应垂直于压缩机总成安装方向。垂直方向为 Z 轴，压缩机总成轴线方向为 Y 轴，垂直于压缩机总成轴向的方向为 X 轴。

将电动压缩机总成连接到测试用替代制冷系统上，按表 8 工况下进行运转，工况稳定后记录所测定的激振力。

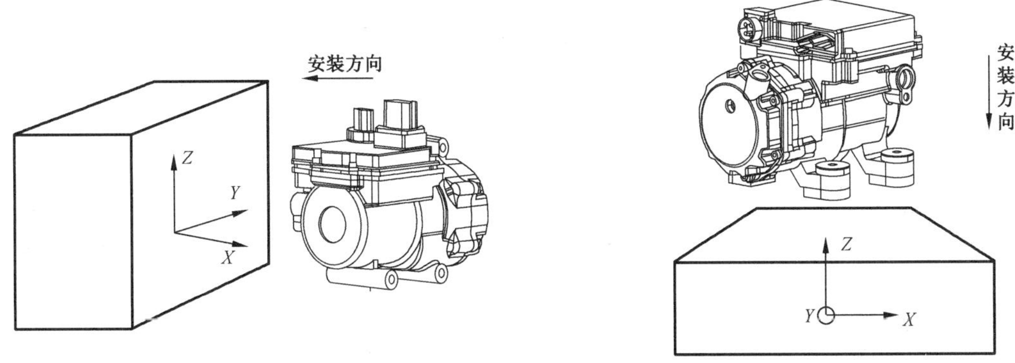

图 2　电动压缩机总成激振力测量安装方式

表8 电动压缩机总成的激振力试验工况

名义转速范围 r/min	吸气压力 MPa	排气压力 MPa	过热度 K	过冷度 K
≤2 000	0.4±0.01	1±0.01	10±1	5±3
>2 000～10 000	0.3±0.01	1.6±0.01	10±1	5±3

6.6 电动压缩机本体部分

6.6.1 内部清洁度

按 GB/T 21360 规定的方法测定。

6.6.2 内部含水率

按 GB/T 21360 规定的方法进行测定。

6.6.3 密封性试验

按 GB/T 21360 规定的方法进行测定。

6.6.4 耐压强度试验

按 GB/T 21360 规定的方法进行测定。

6.6.5 耐振动性试验

将电动压缩机本体部分通过支架夹具安装到振动试验台上，按表9的试验条件进行参数设定后进行耐振动性试验。试验完毕后，进行密封性、电动机定子绕组对外壳绝缘电阻、耐电压、制冷(热)量、输入功率和噪声试验，并将试验结果与耐振动性试验前测定的制冷量、输入功率、噪声试验结果进行比较。

表9 电动压缩机本体部分的耐振动性试验工况

试验条件	振动方向和振动指标		
	上下	前后	左右
振动频率/Hz	50～250		
周期(1个扫频)/min	2		
振动加速度/(m/s^2)	30×9.8		
振动时间/h	9	4.5	4.5

6.6.6 热循环试验

6.6.6.1 耐高温试验

在电动压缩机本体内充入 0.8 MPa±0.05 MPa 氮气，放在 120 ℃环境中 96 h±2 h 后，在常温下放置 2 h。试验结束后对压缩机本体进行零部件外观检查和制冷剂泄漏检查。

6.6.6.2 耐低温试验

在电动压缩机本体内充入 0.8 MPa±0.05 MPa 氮气，放在−35 ℃环境中 72 h±2 h 后，在常温下放置 2 h。试验结束后对压缩机本体进行零部件外观检查和制冷剂泄漏检查。

6.6.6.3 温度交变试验

在电动压缩机本体内充入 0.8 MPa±0.05 MPa 氮气，在图 3 所示运行周期内循环试验 5 次。试验结束后对压缩机本体进行零部件外观检查和制冷剂泄漏检查。

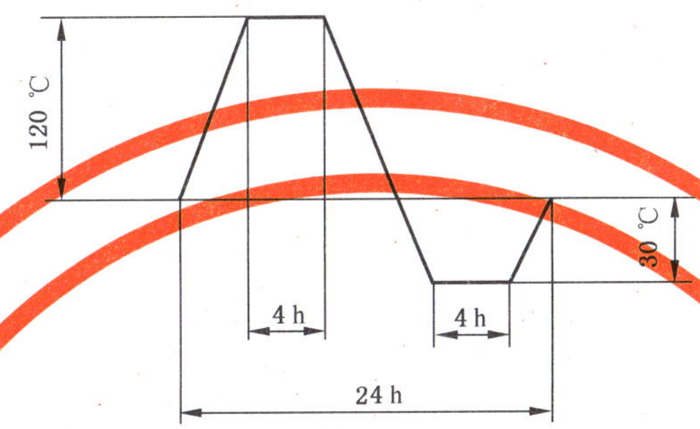

图 3 热循环性能试验(1 次循环)

6.6.7 交变湿热试验

将电动压缩机本体部分放入恒温恒湿箱中，按 GB/T 2423.34—2012 规定的方法在−10 ℃～65 ℃之间进行 10 个循环的温度/湿度组合循环试验，每个循环为 24 h，在每个循环周期中的温度和湿度的变化情况如 GB/T 2423.34—2012 中图 2 a)所示。

6.6.8 耐腐蚀性试验

将封闭吸、排气口的电动压缩机本体部分放入盐雾箱中，按 GB/T 2423.17 规定的方法试验，试验时间为 72 h±2 h。

6.6.9 电动机定子绕组对外壳的绝缘电阻试验

采用兆欧表或专用绝缘电阻测量仪测量电动压缩机本体的电动机定子绕组每个出线端对外壳的绝缘电阻，根据被测定子绕组的额定电压选择兆欧表或专用绝缘电阻测量仪的电压值，应符合表 10 的规定。绝缘电阻测量后，被测定子绕组应对地充分放电。

表 10 电动机定子绕组的测定电压值

单位为伏特

额定电压值	兆欧表的电压值
≤250	250
>250～500	500
>500～1 000	1 000

6.6.10 电动机定子绕组对外壳的耐电压试验

电动压缩机本体的电动机定子绕组对外壳的耐电压试验按 GB/T 18488.2 规定的方法进行，试验时应先将定子绕组三相线出线端互相短接,根据被测定子绕组的额定电压选择符合表 6 规定的试验电压,测量电压的有效值应不大于规定值的±5%。试验不应重复进行,如用户提出要求,允许在安装后开始运行前进行一次试验,其试验电压值应不大于表 6 规定电压的 80%。

6.6.11 外壳防护等级试验

将电动压缩机本体安装于与实际工作状态相似的工装中,按 GB/T 4208 规定的方法测试。

6.7 驱动控制器

6.7.1 机械强度

将 10 cm×10 cm 面积大小、重 20 kg 的重物放置在驱动控制器外壳上,检查驱动控制器外壳的变形情况。

6.7.2 绝缘电阻

采用兆欧表或专用绝缘电阻测量仪测量驱动控制器各出线端对外壳的绝缘电阻。试验时驱动控制器内的电源开关和接触器应置于接通状态,对于不能承受兆欧表高压冲击的电器元件(如浪涌抑制器、半导体元件及电容器等)应将其短接或断开。根据被测线路的额定电压选择兆欧表或专用绝缘电阻测量仪的电压值,应符合表 10 的规定。绝缘电阻测量后,被测线路应对地充分放电。

6.7.3 耐电压

驱动控制器按 GB/T 18488.2 规定的方法进行耐电压试验,测量时并联短接后的高压端对外壳、并联短接后的低压端对外壳分别测量。

根据被测线路额定电压选择符合表 6 规定的试验电压,试验电压的有效值应不大于规定值的±5%。

试验不重复进行。如用户提出要求,允许在安装以后开始运行之前进行一次试验,其试验电压值应不大于表 6 规定电压的 80%。

6.7.4 外壳防护等级

将驱动控制器、接插件及对接件安装于与实际工作状态相似的工装中,按 GB/T 4208 规定的方法测试。

6.7.5 耐振动性

将驱动控制器、接插件及对接件安装于与实际工作状态相似的工装中,将工装安装在振动试验台的平台上,工作和驱动控制器的重心应在振动的中心轴上,按表 11 工况进行振动试验。

表 11 驱动控制器的耐振动性试验工况

振动方向	试验持续时间 h	频率 Hz	加速度/(m/s^2)
横向	2	33	4.4×9.8
纵向			
垂直	4		

6.7.6 热循环试验

6.7.6.1 耐高温试验

将驱动控制器、接插件及对接件放在 120 ℃环境中 96 h±2 h 后,在常温下放置 2 h。

6.7.6.2 耐低温试验

将驱动控制器、接插件及对接件放在−35 ℃环境中 72 h±2 h 后,在常温下放置 2 h。

6.7.6.3 温度交变试验

将驱动控制器、接插件及对接件在图 3 所示运行周期内循环试验 5 次。

6.7.7 交变湿热性能

将驱动控制器、接插件及对接件放入恒温恒湿箱中,按 GB/T 2423.34—2012 规定的方法在−10 ℃~65 ℃之间进行 10 个循环的温度/湿度组合循环试验,每个循环为 24 h,在每个循环周期中的温度和湿度的变化情况如 GB/T 2423.34—2012 中图 2a)所示。

6.7.8 耐腐蚀性

将驱动控制器放入盐雾箱中,按 GB/T 2423.17 规定的方法试验,试验时间为 72±2 h。

6.7.9 温升

在电动压缩机总成进行性能试验过程中,同时按附录 A 规定的方法测试驱动控制器各部位的温升。

6.8 耐久性

将电动压缩机总成安装在压缩机耐久性试验台上,按 GB/T 21360 规定的方法试验。对于单冷型、热泵型电动压缩机总成,耐久性试验工况见表 12;对于低温热泵型电动压缩机总成,耐久性试验工况见表 13。

表 12 电动压缩机总成的耐久性试验工况(一)

<table>
<tr><th>运行时间
h</th><th>转速
r/min</th><th>电压
V</th><th>冷凝温度
℃</th><th>蒸发温度
℃</th><th>环境温度
℃</th></tr>
<tr><td>250</td><td>r_1+500</td><td rowspan="3">$U_N\times(1\pm5)\%$</td><td>运行最大
冷凝温度</td><td>13±0.5</td><td rowspan="5">55~65</td></tr>
<tr><td>350</td><td>$r_2\times(1\pm5\%)$</td><td rowspan="4">63±0.5</td><td rowspan="4">−1±0.5</td></tr>
<tr><td>300</td><td rowspan="3">$r_1\times(1\pm5\%)$~
$r_2\times(1\pm5\%)$[a]</td></tr>
<tr><td rowspan="2">50</td><td>$U_N\times0.8\times(1\pm5)\%$</td></tr>
<tr><td>$U_N\times1.2\times(1\pm5)\%$</td></tr>
<tr><td colspan="6">注:r_1——设计最低转速;r_2——设计名义转速;U_N——额定电压。</td></tr>
<tr><td colspan="6">[a] 该转速范围内的循环试验工况按以下规定:
a) 在 30 s 内 从 0 r/min 升到设计最低转速,设计最低转速持续 1 min;
b) 在 15 s 内从设计最低转速升速 1 000 r/min,升速后转速持续 1 min;
c) 依次每 15 s 内转速升速 1 000 r/min,升速后转速持续 1 min,直至设计最高转速;
d) 在 30 s 内从最高转速降到 0 r/min,停留 30 s 再返回到 a),依此循环。</td></tr>
</table>

表 13　电动压缩机总成耐久性试验工况(二)

<table>
<tr><th>运行时间
h</th><th>转速
r/min</th><th>电压
V</th><th>冷凝温度
℃</th><th>蒸发温度
℃</th><th>环境温度
℃</th></tr>
<tr><td>50</td><td rowspan="2">r_1+500</td><td rowspan="4">$U_N\times(1\pm5)\%$</td><td>40±0.5</td><td>−25±0.5</td><td rowspan="6">−10～0</td></tr>
<tr><td>200</td><td>45±0.5</td><td>−20±0.5</td></tr>
<tr><td>350</td><td>$r_2\times(1\pm5\%)$</td><td rowspan="4">35±0.5</td><td rowspan="4">−15±0.5</td></tr>
<tr><td>300</td><td rowspan="3">$r_1\times(1\pm5\%)$～
$r_2\times(1\pm5\%)$[a]</td></tr>
<tr><td rowspan="2">50</td><td>$U_N\times0.8\times(1\pm5)\%$</td></tr>
<tr><td>$U_N\times1.2\times(1\pm5)\%$</td></tr>
<tr><td colspan="6">注：r_1——设计最低转速；r_2——设计名义转速；U_N——额定电压。</td></tr>
<tr><td colspan="6">[a] 该转速范围内的循环试验工况按以下规定：
a)　在 30 s 内从 0 r/min 升到设计最低转速，设计最低转速持续 1 min；
b)　在 15 s 内从设计最低转速升速 1 000 r/min，升速后转速持续 1 min；
c)　依次每 15 s 内转速升速 1 000 r/min，升速后转速持续 1 min，直至设计最高转速；
d)　在 30 s 内从最高转速降到 0 r/min，停留 30 s 再返回到 a)，依此循环。</td></tr>
</table>

6.9　耐电压波动性能

耐电压波动性能试验按以下规定进行：

a)　将电动压缩机总成安装到性能测试台上，按表 2 的名义工况进行运转；

b)　按图 4 的输入电压波动曲线进行运转设定，共运转 4 h。

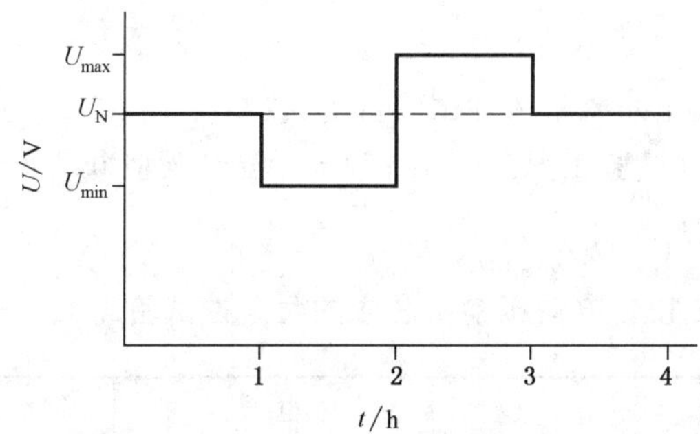

说明：

U_{max}——电动压缩机总成驱动控制器设计的最高输入电压；

U_{min}——电动压缩机总成驱动控制器设计的最低输入电压。

图 4　耐电压波动曲线

6.10　电磁兼容性

6.10.1　电磁抗扰性

6.10.1.1　电磁辐射抗扰性

电动压缩机总成电磁辐射抗扰性试验按 GB/T 17619 规定的方法进行。可采用自由场法、TEM 小室法或大电流注入法，也可按照与用户协商后双方认可的方法进行试验。

6.10.1.2 电瞬变传导抗扰性

电动压缩机总成电瞬变传导抗扰性试验按 GB/T 21437.2 和 GB/T 21437.3 规定方法或按与用户协商后双方认可的方法进行。

6.10.1.3 静电放电抗扰性

电动压缩机总成静电放电抗扰性试验按 GB/T 19951—2005 规定的方法进行。

6.10.2 电磁骚扰性

6.10.2.1 传导骚扰性

电动压缩机总成传导骚扰性试验按 GB/T 18655 规定的方法进行。

6.10.2.2 辐射骚扰性

电动压缩机总成辐射骚扰性试验按 GB/T 18655 规定的方法进行。

7 检验规则

7.1 出厂检验

7.1.1 每台电动压缩机总成应经制造厂质量检验部门检验合格后方能出厂。

7.1.2 电动压缩机总成出厂检验项目、技术要求和试验方法按表 14 的规定。

7.2 抽样检验

7.2.1 在出厂检验合格的电动压缩机总成中按制造商规定的抽样方法和要求的抽样数量抽样。

7.2.2 抽样检验的检验项目、技术要求和试验方法按表 14 的规定。

7.2.3 如抽样不合格时,应以双倍数量重新检验。如仍有一台不合格,该批产品应逐台检验。

7.3 型式检验

7.3.1 凡有下列情况之一,应进行型式检验:

a) 新产品或老产品转厂生产的试制定型鉴定时;

b) 电动压缩机总成每一年做一次型式试验;

c) 电动压缩机总成停产一年以上,再恢复生产时;

d) 当电动压缩机总成设计、材料、工艺有重大改变,可能影响产品性能时;

e) 质量不稳定,认为有必要时。

7.3.2 型式检验项目、技术要求、试验方法按表 14 的规定。

表 14　检验项目、技术要求和试验方法

<table>
<tr><th>序号</th><th>检 验 项 目</th><th>技术要求</th><th>试验方法</th><th>出厂检验</th><th>抽样检验</th><th>型式检验</th></tr>
<tr><td colspan="7">电动压缩机总成</td></tr>
<tr><td>1</td><td>外观</td><td>5.2</td><td>6.2</td><td>√</td><td rowspan="3">√</td><td rowspan="11">√</td></tr>
<tr><td>2</td><td>制冷(热)量、输入功率、制冷(热)性能系数</td><td>5.3</td><td>6.3</td><td rowspan="10">—</td></tr>
<tr><td>3</td><td>噪声</td><td>5.4</td><td>6.4</td></tr>
<tr><td>4</td><td>激振力</td><td>5.5</td><td>6.5</td><td rowspan="8">—</td></tr>
<tr><td>5</td><td>耐久性</td><td>5.8</td><td>6.8</td></tr>
<tr><td>6</td><td>耐电压波动</td><td>5.9</td><td>6.9</td></tr>
<tr><td>7</td><td>电磁辐射抗扰性</td><td>5.10.1.1</td><td>6.10.1.1</td></tr>
<tr><td>8</td><td>电瞬变传导抗扰性</td><td>5.10.1.2</td><td>6.10.1.2</td></tr>
<tr><td>9</td><td>静电放电抗扰性</td><td>5.10.1.3</td><td>6.10.1.3</td></tr>
<tr><td>10</td><td>传导骚扰性</td><td>5.10.2.1</td><td>6.10.2.1</td></tr>
<tr><td>11</td><td>辐射骚扰性</td><td>5.10.2.2</td><td>6.10.2.2</td></tr>
<tr><td colspan="7">电动压缩机本体部分</td></tr>
<tr><td>12</td><td>内部清洁度</td><td>5.6.1</td><td>6.6.1</td><td rowspan="2">—</td><td rowspan="4">√</td><td rowspan="12">√</td></tr>
<tr><td>13</td><td>内部含水率</td><td>5.6.2</td><td>6.6.2</td></tr>
<tr><td>14</td><td>密封性</td><td>5.6.3</td><td>6.6.3</td><td>√</td></tr>
<tr><td>15</td><td>耐压强度</td><td>5.6.4</td><td>6.6.4</td><td rowspan="5">—</td></tr>
<tr><td>16</td><td>耐振动性</td><td>5.6.5</td><td>6.6.5</td><td rowspan="4">—</td></tr>
<tr><td>17</td><td>热循环</td><td>5.6.6</td><td>6.6.6</td></tr>
<tr><td>18</td><td>交变湿热</td><td>5.6.7</td><td>6.6.7</td></tr>
<tr><td>19</td><td>耐腐蚀性</td><td>5.6.8</td><td>6.6.8</td></tr>
<tr><td rowspan="2">20</td><td rowspan="2">电动机定子绕组对外壳的绝缘电阻</td><td>5.6.9 a)</td><td>6.6.9</td><td>√</td><td>—</td></tr>
<tr><td>5.6.9 b)</td><td>6.6.9</td><td>—</td><td>√</td></tr>
<tr><td>21</td><td>电动机定子绕组对外壳的耐电压</td><td>5.6.10</td><td>6.6.10</td><td>√</td><td>√</td></tr>
<tr><td>22</td><td>外壳防护等级</td><td>5.6.11</td><td>6.6.11</td><td>—</td><td>—</td></tr>
<tr><td colspan="7">驱动控制器</td></tr>
<tr><td>23</td><td>机械强度</td><td>5.7.1</td><td>6.7.1</td><td>—</td><td>—</td><td rowspan="9">√</td></tr>
<tr><td>24</td><td>绝缘电阻</td><td>5.7.2</td><td>6.7.2</td><td>√</td><td rowspan="2">√</td></tr>
<tr><td>25</td><td>耐电压</td><td>5.7.3</td><td>6.7.3</td><td rowspan="7">—</td></tr>
<tr><td>26</td><td>外壳防护等级</td><td>5.7.4</td><td>6.7.4</td><td rowspan="5">—</td></tr>
<tr><td>27</td><td>耐振动性</td><td>5.7.5</td><td>6.7.5</td></tr>
<tr><td>28</td><td>热循环</td><td>5.7.6</td><td>6.7.6</td></tr>
<tr><td>29</td><td>交变湿热</td><td>5.7.7</td><td>6.7.7</td></tr>
<tr><td>30</td><td>耐腐蚀性</td><td>5.7.8</td><td>6.7.8</td></tr>
<tr><td>31</td><td>温升</td><td>5.7.9</td><td>6.7.9</td><td>√</td></tr>
<tr><td colspan="7">注 1：“√”为应检项目；“—”为不检项目。
注 2：对于压缩机制造商不自带驱动控制器的产品，驱动控制器相关试验项目不做考核要求。</td></tr>
</table>

8 标志、包装、运输和贮存

8.1 标志

8.1.1 每台电动压缩机总成应在显著位置固定永久性铭牌，铭牌应符合 GB/T 13306 的规定，铭牌内容至少应包括：

a） 制造厂名称；

b） 产品名称和型号；

c） 主要技术参数；

d） 所使用的工质；

e） 生产日期和出厂编号。

8.1.2 应在适当的地方（如铭牌、产品说明书等）标注产品执行标准的编号。

8.2 包装

8.2.1 电动压缩机总成包装前，应在其充注冷冻油后从其吸气腔抽真空至其压力不高于 0.01 MPa。

8.2.2 电动压缩机总成包装应符合 GB/T 191 的规定。购货方有特殊要求时可按供需双方协议办理。

8.2.3 包装箱内电动压缩机总成应固定可靠，并有防潮和防振措施。

8.2.4 包装箱外至少应注明下列内容：

a） 制造厂名称；

b） 产品名称和型号；

c） 净重、毛重；

d） 包装外形尺寸；

e） 储运注意事项；

f） 生产日期。

8.3 运输和贮存

8.3.1 电动压缩机总成在正常运输、装卸中应保证零部件不受损坏。

8.3.2 电动压缩机总成应在干燥、通风的环境下贮存，周围不应有腐蚀性气体存在。

8.3.3 电动压缩机总成贮存时不应拔出密封塞，密封塞脱落或松动应及时检查处理。

附 录 A
（规范性附录）
温升试验方法（电阻法）

A.1 一般要求

A.1.1 用温度计法测量时，温度计应紧贴于被测部件表面，测量工作应在试验将结束时的 20 s 内完成，从被测点到温度计的热传导应尽可能良好。

A.1.2 为了减少温度计球部向冷却空气泄漏热量，测量点与温度计的球部应用绝热材料覆盖。

A.1.3 温升稳定工况判断依据：若在 30 min 内温度上升值不大于 1 ℃，此种温升可认为是稳定温升。

A.2 试验结果计算

铜线绕组的温升按式（A.1）进行计算：

$$\Delta\theta = \theta_1 - \theta_2 = \frac{R_2 - R_1}{R_1}(a + \theta_1) + \theta_1 - \theta_0 \qquad \cdots\cdots\cdots\cdots\cdots\cdots\cdots\text{(A.1)}$$

式中：

$\Delta\theta$ ——铜线绕组的温升，单位为摄氏度（℃）；

θ_1 ——测量绕组（冷态）初始电阻时周围介质的温度值，单位为摄氏度（℃）；

θ_2 ——热试验结束时绕组的温度值，单位为摄氏度（℃）；

θ_0 ——热试验结束时周围介质的温度值，单位为摄氏度（℃）；

R_1 ——温度为 θ_1（冷态）时的绕组电阻值，单位为欧姆（Ω）；

R_2 ——热试验结束时的绕组电阻值，单位为欧姆（Ω）；

a ——电阻温度常数，对于铜材料该值取 235。

ICS 29.180
K 41

中华人民共和国国家标准

GB/T 22071.1—2018
代替 GB/T 22071.1—2008

互感器试验导则 第1部分:电流互感器

Test guide for instrument transformers—Part 1:Current transformers

2018-12-28 发布　　　　2019-07-01 实施

国家市场监督管理总局
中国国家标准化管理委员会　发布

前　言

GB/T 22071《互感器试验导则》分为以下部分：

——第1部分：电流互感器；

——第2部分：电磁式电压互感器。

本部分为GB/T 22071的第1部分。

本部分按照GB/T 1.1—2009给出的规则起草。

本部分代替GB/T 22071.1—2008《互感器试验导则　第1部分：电流互感器》，与GB/T 22071.1—2008相比，主要技术变化如下：

——修改了规范性引用文件(见第2章及GB/T 22071.1—2008的第2章)；

——列出了具体的试验项目(见表1)；

——完善了试验顺序，并给出试验顺序框图(见图1及GB/T 22071.1—2008的3.2)；

——对有关的试验项目及试验方法重新进行了完善和增补(见3.1及第5章、第6章、第7章)；

——增加了设备最高电压为750 kV和1 000 kV互感器的有关试验要求(见表4)。

本部分由中国电器工业协会提出。

本部分由全国互感器标准化技术委员会(SAC/TC 222)归口。

本部分起草单位：沈阳变压器研究院股份有限公司、中国电力科学研究院、大连北方互感器集团有限公司、大连第一互感器有限责任公司、浙江天际互感器有限公司、江苏靖江互感器股份有限公司、特变电工康嘉(沈阳)互感器有限责任公司、衡阳华瑞电气有限公司、国网吉林省电力有限公司电力科学研究院。

本部分主要起草人：张显忠、刘勇、王焱、王仁焘、沙玉洲、徐文、李涛昌、熊江咏、王继元、刘玉凤、曾祥顺、唐福新、邓小聘、黄华、赵世祥。

本部分所代替标准的历次版本发布情况为：

——GB/T 22071.1—2008。

互感器试验导则
第1部分:电流互感器

1 范围

GB/T 22071的本部分给出了电流互感器的试验项目、试验顺序、一般试验条件和试验要求等。

本部分适用于GB/T 20840.1和GB/T 20840.2中所规定的电流互感器(以下简称互感器)的型式试验、例行试验和特殊试验。

作为产品验收时的交接试验也可采用本部分给出的试验方法。

2 规范性引用文件

下列文件对于本文件的应用是必不可少的。凡是注日期的引用文件,仅注日期的版本适用于本文件。凡是不注日期的引用文件,其最新版本(包括所有的修改单)适用于本文件。

GB/T 2421.1 电工电子产品环境试验 概述和指南

GB/T 2423.17 电工电子产品环境试验 第2部分:试验方法 试验Ka:盐雾

GB/T 2423.23 环境试验 第2部分:试验方法 试验Q:密封

GB/T 4208 外壳防护等级(IP代码)

GB/T 4756 石油液体手工取样法

GB/T 5169.2 电工电子产品着火危险试验 第2部分:着火危险评定导则 总则

GB/T 5169.9 电工电子产品着火危险试验 第9部分:着火危险评定导则 预选试验程序 总则

GB/T 5169.18 电工电子产品着火危险试验 第18部分:燃烧流的毒性 总则

GB/T 5585.1 电工用铜、铝及其合金母线 第1部分:铜和铜合金母线

GB/T 7354 局部放电测量

GB/T 7674 额定电压72.5 kV及以上气体绝缘金属封闭开关设备

GB/T 11604 高压电气设备无线电干扰测试方法

GB/T 16927.1 高电压试验技术 第1部分:一般定义及试验要求

GB/T 16927.2 高电压试验技术 第2部分:测量系统

GB/T 19001 质量管理体系 要求

GB/T 20138 电器设备外壳对外界机械碰撞的防护等级(IK代码)

GB/T 20840.1 互感器 第1部分:通用技术要求

GB/T 20840.2—2014 互感器 第2部分:电流互感器的补充技术要求

ISO 3231 油漆和清漆 对含有二氧化硫潮湿大气的抵抗能力测定(Paints and varnishes—Determination of resistance to humid atmospheres containing sulfur dioxide)

3 试验项目和试验顺序

3.1 试验项目

型式试验、例行试验及特殊试验项目见表1。

注：为了方便制造方与用户判定产品的状态，本部分增加了 GB/T 20840.2 中并未规定的下列试验项目：

——绝缘电阻测量；

——绕组直流电阻测量。

表 1　试验项目

试验	条款
型式试验	5
温升试验	5.1
一次端冲击耐压试验	5.2
户外型互感器的湿试验	5.3
无线电干扰电压（RIV）试验[a]	5.4
准确度试验	5.5
外壳防护等级的检验	5.6
环境温度下密封性能试验（适用于气体绝缘产品）	5.7
压力试验（适用于气体绝缘产品）	5.8
短时电流试验	5.9
例行试验	6
气体露点测量（适用于气体绝缘产品）	6.1
一次端工频耐压试验	6.2
局部放电测量	6.3
电容量和介质损耗因数测量	6.4
段间工频耐压试验	6.5
二次端工频耐压试验	6.6
准确度试验	6.7
标志的检验	6.8
环境温度下密封性能试验	6.9
压力试验（适用于气体绝缘产品）	6.10
二次绕组电阻（R_{ct}）测定	6.11
二次回路时间常数（T_s）测定	6.12
额定拐点电势（E_k）和 E_k 下励磁电流的试验	6.13
匝间过电压试验	6.14
绝缘油性能试验	6.15
绝缘电阻测量	6.16
绕组直流电阻测量	6.17
特殊试验	7
一次端截断雷电冲击耐压试验	7.1
一次端多次截断冲击试验	7.2
传递过电压试验	7.3

表 1(续)

试验	条款
机械强度试验	7.4
内部电弧故障试验	7.5
低温和高温下的密封性能试验(适用于气体绝缘产品)	7.6
腐蚀试验	7.7
着火危险试验	7.8
绝缘热稳定试验	7.9
[a] 隶属于"电磁兼容(EMC)试验"。	

在气体绝缘互感器试验时,其气体的类型和压力按照表 2 中的规定。

表 2 型式试验、例行试验和特殊试验时气体的类型和压力

试验	气体类型	压力
绝缘试验[a] 无线电干扰电压试验[a] 准确度试验 温升试验	与运行中的相同	最低工作压力
内部电弧故障试验 短时电流试验 机械强度试验 密封性能试验 气体露点测量	与运行中的相同	额定充气压力
传递过电压试验	无影响	降低的压力
[a] 对安装在 GIS 上气体绝缘互感器,湿试验和无线电干扰电压试验皆不适用。		

3.2 试验顺序

互感器试验顺序如图 1 所示。图 1 以外的试验项目的试验顺序可以自行调整。

注 1: 经制造方与用户协商同意,试验顺序可以少量修改。

注 2: 图 1 中的试验项目为全部例行试验和型式试验项目,并非适用于所有类型的互感器,如不适用,则可不进行该项试验,试验按顺序向后顺延。

型式试验报告应包括例行试验结果。

型式试验中的压力试验和例行试验中的压力试验,如需进行,则制造方应提供另外的(同型式)外壳体及绝缘子部件(空心绝缘子)。

注 3: 一般情况下,绕组直流电阻测量宜在温升试验之前进行,绝缘电阻测量试验宜在所有试验之前进行。

注 4: 一次端工频耐压试验、局部放电测量、段间工频耐压试验、二次端工频耐压试验、匝间过电压试验、准确度试验宜在短时电流试验前后各进行一次并对比两次试验结果,以此判断试品是否通过短时电流试验。

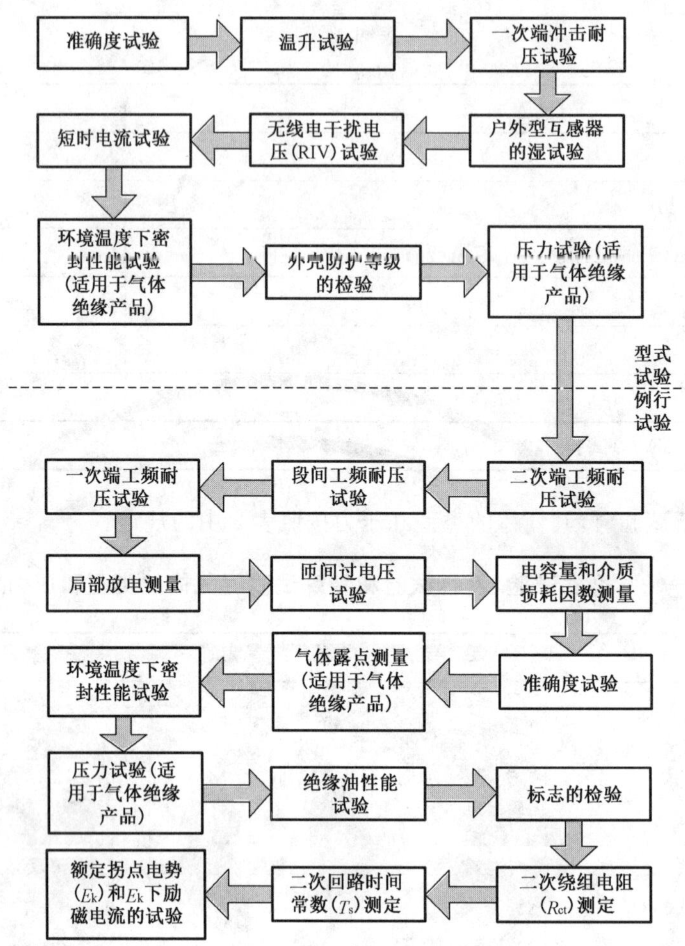

图 1　型式试验和例行试验的试验顺序流程图

4　一般试验条件

本章是对一般试验条件的要求,如试验项目中无另行规定,则应按本章的规定执行。

一般试验条件如下:

a)　试验应在装配完整的产品上进行;

b)　试品的温度与环境温度应无显著差异;

c)　除另有规定,试验时的环境温度应为 5 ℃～40 ℃;

d)　试验场所不应有明显的外部电磁场影响;

e)　试验场地应具有单独工作接地和保护接地,并设置保护栅栏;

f)　试品与接地体或邻近物体的距离,一般应大于试品高压部分与接地部分的最小空气距离的 1.5 倍。

5　型式试验

5.1　温升试验

5.1.1　试验要求

5.1.1.1　一般要求

产品在进行温升试验时,其各部分温升不应超过其对应的温升限值。

绕组的温升应采用电阻法测量(如可行),但对电阻值很小的绕组可采用热电偶测量。

绕组以外部位的温升可用温度计或热电偶测量。

当温升变化值不超过1 K/h时,则认为互感器已达到稳定温度。

互感器的安装状态应代表其运行安装情况,且二次绕组应连接规定的负荷,但由于互感器在各种开关中的位置不相同,所以如何安排试验布置应由制造方自定。

对于装在三相气体绝缘金属封闭开关设备中的互感器,所有三相应同时进行试验。

注:与互感器一次端子连接的导线,对一次端子的温升会有影响,试验时宜选取合适的导线长度和截面,并与一次端子有良好的接触。

5.1.1.2 试验负荷

当互感器承载的一次电流为额定连续热电流时,应带有对应于额定输出且功率因数为1的负荷。

5.1.1.3 环境要求

试验场所周围不应有任何影响环境温度的因素,例如辐射、热源、气流等。

环境温度测量应采用2个~3个温度计,其测温端应浸于容积不小于1 000 mL装满油的杯中,放置于试品周围1 m~2 m处,高度约为试品高度的中间部位。环境温度以几个温度计的平均值为准。

5.1.1.4 试验持续时间要求

当下列两种条件皆满足时可以终止试验:

a) 试验持续时间至少等于互感器热时间常数的三倍;

b) 绕组和油浸式互感器油顶层的温升变化连续二次不超过每小时1 K。

制造方应以下列方法之一估计热时间常数:

a) 试验前,依据对同类结构产品先前试验的结果。热时间常数应在温升试验时确认;

b) 试验中,用试验过程记录的温度上升曲线或温度下降曲线按照GB/T 20840.2—2014的附录2F进行计算;

c) 试验中,取温升曲线起始在0点处的切线与最高温升预计值的相交点;

d) 试验中,取到达63%最高温升预计值所经历的时间。

5.1.2 试验设备

试验设备包括升流装置、温度计、热电偶、试验负荷和直流电阻测量装置。

注:可根据试品的技术条件来确定试验设备的型式及规格。

5.1.3 试验方法

5.1.3.1 U_m<550 kV互感器的试验方法

试验应在对一次绕组施加额定连续热电流时进行。

注:依照制造方与用户的协议,施加试验电流也可通过对一个或多个二次绕组励磁来获得,但所励磁铁心的二次绕组端电压至少要高达它接额定负荷时的数值,同时一次绕组短路及非供电二次绕组接额定负荷。

5.1.3.2 U_m≥550 kV油浸式互感器的试验方法

试验应同时进行如下两项:

a) 额定连续热电流施加到一次绕组。

施加试验电流也可通过对一个或多个二次绕组励磁来获得,但所励磁铁心的二次绕组端电压至少要高达它接额定负荷时的数值,同时一次绕组短路及非供电二次绕组接额定负荷。

b) $U_m/\sqrt{3}$的电压施加在一次绕组与地之间，各二次绕组的一个端子接地。

注：此项试验可与绝缘热稳定试验同步进行。

5.1.3.3 一次端子温度测量

对于互感器一次端子温升测量推荐采用热电偶法。用热电偶法测量一次绕组温度时，将适当数量的热电偶分别置于被测绕组的不同部位，最后以各热电偶测得温度的平均值作为绕组的平均温度。

5.1.3.4 铁心及顶层油温度测量

测量铁心表面温度，可采用酒精温度计或其他不受磁场影响的温度计（如热电偶或电阻式温度计），测温端应与被测点紧密接触。

测量顶层油温度时，温度计的测温端应浸于油面下 50 mm～100 mm（如有温度计座时，则座内应充油）。

5.1.3.5 绕组温度测量

绕组平均温度应采用电阻法测量，测量冷、热电阻应用同一线路和仪器。

在温升试验结束，切断电源之后，立即测量绕组的直流电阻。应在停电后 1 min～2 min 内测出第一个读数。然后在 8 min～10 min 内每隔相等的时间 Δt（30 s～60 s）测定电阻值，依次记录为 R_1、R_2、R_3、…、R_k。以切断电源瞬间为 $t_0=0$，在坐标纸上将相应各点绘出，用一曲线连接，按图 2 的方法绘出 L 线，再确定曲线与 R 轴的交点即为 $t_0=0$ 时的 R_0值，由电阻值 R_0可计算出切断电源瞬间的绕组平均温升 $\Delta\theta$。

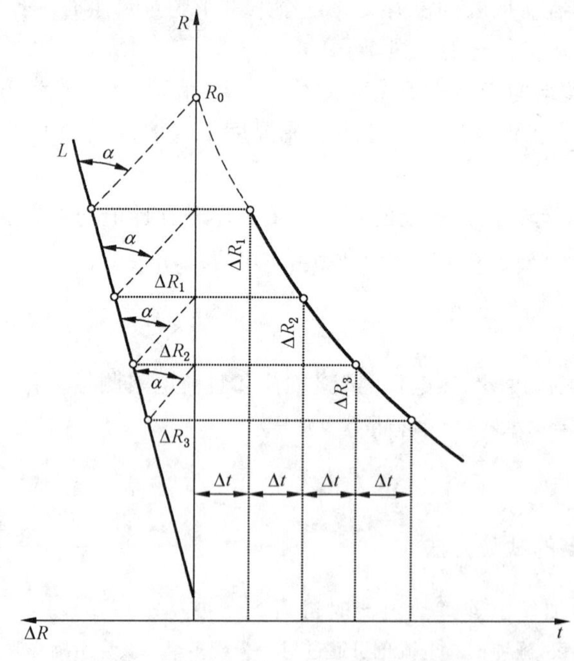

图 2 确定切断电源瞬间的电阻 R_0值

绕组平均温升 $\Delta\theta$ 按式(1)计算：

$$\Delta\theta=\frac{R_0}{R_{\theta1}}\times(t+\theta_1)-(t+\theta_2) \qquad (1)$$

式中：

$\Delta\theta$ ——绕组平均温升，单位为开尔文(K)；

R_0 ——断电瞬间绕组热态电阻值,单位为欧姆(Ω);

$R_{\theta 1}$ ——温度为 θ_1 时冷态电阻值,单位为欧姆(Ω);

θ_1 ——绕组冷态温度(冷态时环境温度),单位为摄氏度(℃);

θ_2 ——温升试验后期确定温升的环境温度,单位为摄氏度(℃);

t ——导体温度系数的倒数,铜为 235,铝为 225。

5.1.4 试验判据

绕组温升受其本身绝缘或周围介质的最低绝缘等级限制。

互感器各种零部件、材料和介质的温升限值见表 3。

表 3 互感器各种零部件、材料和介质的温升限值

单位为开尔文

互感器各部分			温升限值
油浸式互感器	顶层油		50
	顶层油(对于全密封结构)		55
	绕组平均		60
	绕组平均(对于全密封结构)		65
	接触油的其他金属		与绕组相同
固体或气体绝缘互感器	绕组平均(对于接触右列各等级绝缘材料)	Y	45
		A	60
		E	75
		B	85
		F	110
		H	135
	接触上述各等级绝缘材料的其他金属件		与绕组相同
用螺栓或类似件紧固的连接接触处	裸铜、裸铜合金或裸铝合金	在空气中	50
		在 SF_6 中	75
		在油中	60
	被覆银或镍	在空气中	75
		在 SF_6 中	75
		在油中	60
	被覆锡	在空气中	65
		在 SF_6 中	65
		在油中	60

如果互感器规定在海拔超出 1 000 m 处使用而试验处海拔低于 1 000 m,则表 3 的温升限值、应按使用处海拔超出 1 000 m 后的每 100 m 减去下列相应数值(见图 3):

a) 油浸式互感器:0.4%;

b) 干式和气体绝缘互感器:0.5%。

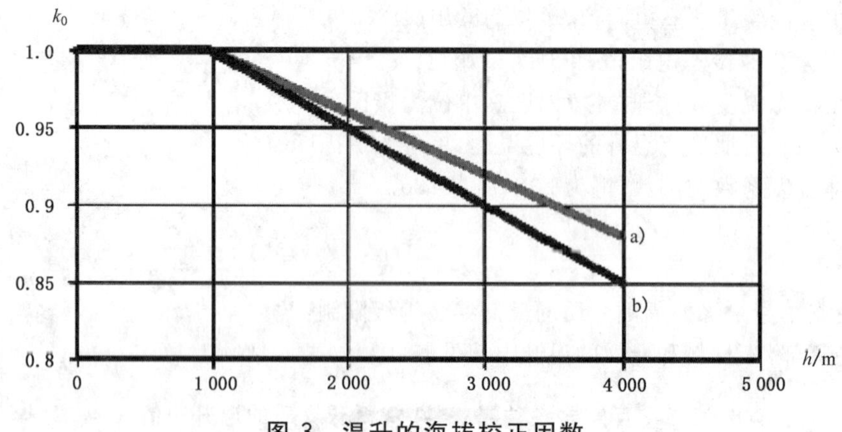

图 3 温升的海拔校正因数

温升的海拔校正因数按式(2)计算：

$$k_0 = \frac{\Delta T_h}{\Delta T_{h0}} \qquad \cdots\cdots(2)$$

式中：

ΔT_h ——在海拔 h>1 000 m 处的温升；

ΔT_{h0}——表 3 所规定的温升限值(海拔 h_0≤1 000 m 处)。

如果互感器各种零部件、材料和介质的实际温升值不高于表 3 及经海拔修正后的温升限值，则认为通过本试验。

5.2 一次端冲击耐压试验

5.2.1 试验要求

5.2.1.1 一般要求

冲击耐压试验按照 GB/T 20840.1、GB/T 20840.2、GB/T 16927.1 和 GB/T 16927.2 的有关规定进行。

5.2.1.2 试验电压

一次端额定雷电冲击耐压试验、一次端额定操作冲击耐压试验的试验电压的选取均应以表 4 所列的设备最高电压为依据。

5.2.2 试验设备

试验设备包括冲击电压发生装置、冲击电压测量系统。设备的选取可根据产品的技术条件来确定，电压测量系统应满足 GB/T 16927.1 和 GB/T 16927.2 的要求。

表 4 互感器的一次端绝缘水平和耐受电压

单位为千伏

设备最高电压 U_m (方均根值)	额定短时工频耐受电压 (方均根值)	额定雷电冲击耐受电压 (峰值)	额定操作冲击耐受电压 (峰值)	截断雷电冲击(内绝缘) 耐受电压(峰值)
U_n≤0.66	3	—	—	—
3.6	18/25	40	—	45
7.2	23/30	60	—	65

表 4（续）

单位为千伏

设备最高电压 U_m（方均根值）	额定短时工频耐受电压（方均根值）	额定雷电冲击耐受电压（峰值）	额定操作冲击耐受电压（峰值）	截断雷电冲击（内绝缘）耐受电压（峰值）
12	30/42	75	—	85
17.5	40/55	105	—	115
24	50/65	125	—	140
40.5	80/95	185/200	—	220
72.5	140	325	—	360
	160	350	—	385
126	185/200	450/480	—	530
		550	—	530
252	360	850	—	950
	395	950	—	1 050
	460	1 050	—	1 175
363	460	1 050	850	1 175
	510	1 175	950	1 300
550	630	1 425	1 050	1 550
	680	1 550	1 175	1 675
	740	1 675	1 300	1 925
800	880	1 950	1 425	2 245
	975	2 100	1 550	2 415
1 100	1 100	2 250	1 800	2 400
	1 100	2 400	1 800	2 560
对于暴露安装，推荐选用最高的绝缘水平。 对于斜线后的数值，额定工频耐受电压为设备外绝缘干状态下的耐受电压值，额定雷电冲击耐受电压为设备内绝缘的耐受电压值。 对于安装在 GIS 的互感器，其额定工频耐受电压水平按照 GB/T 7674，但可能有差别。				

5.2.3 试验方法和判据

5.2.3.1 一次端额定雷电冲击耐压试验

5.2.3.1.1 U_m＜300 kV 的互感器

试验应在正和负两种极性下进行。应施加每一极性连续冲击 15 次，不作大气条件校正。

如果满足下列条件，则认为互感器通过各极性冲击试验：

a） 每一组试验（正极性和负极性）至少冲击 15 次；

b） 非自恢复绝缘不发生破坏性放电。对此确认的条件是跟随一次破坏性放电后能耐受连续冲击 5 次；

c) 每一组试验的自恢复绝缘破坏性放电次数不超过 2 次；
d) 此程序使每一组试验最多可能冲击 25 次；
e) 未发现绝缘损坏的证据(例如,作为验证试验的例行试验时的各记录量波形的变异)。

如果试验时发生破坏性放电,而无证据显示破坏性放电发生在自恢复绝缘上,则互感器应在绝缘试验完成后拆开检查。如发现非自恢复绝缘损坏,应认为互感器未通过本试验。

施加正、负极性冲击各 15 次是针对外绝缘试验而规定的。如果制造方与用户协商同意用其他方法检查外绝缘,则每一极性下的雷电冲击数可减少到 3 次,不作大气条件校正。

5.2.3.1.2 U_m≥300 kV 的互感器

试验应在正和负两种极性下进行。应施加每一极性连续冲击 3 次,不作大气条件校正。

如果情况如下,则认为互感器通过本试验：

a) 不发生破坏性放电；
b) 未发现绝缘损伤的证据(例如,作为验证试验的例行试验时的各记录量波形的变异)。

5.2.3.2 操作冲击耐压试验

试验应在正极性下进行。应施加连续冲击 15 次,需作大气条件校正。对户外型互感器,试验应在湿状态下进行。淋雨程序按照 GB/T 16927.1 的规定。

为了抵消铁心饱和的影响,允许在连续冲击的间隔中通过适当的试验程序调节铁心的磁性状态。

如果满足下列条件,则认为互感器通过冲击试验：

a) 试验至少冲击 15 次；
b) 非自恢复绝缘不发生破坏性放电；对此确认的条件是跟随一次破坏性放电后能耐受连续冲击 5 次；
c) 每一组试验的破坏性放电次数不应超过 2 次；
d) 此程序时每一组试验最多可能冲击 25 次；
e) 未发现绝缘损坏的证据(例如,作为验证试验的例行试验时的各记录量波形的变异)。

如果试验时发生破坏性放电,而无证据显示破坏性放电发生在自恢复绝缘上,则互感器应在绝缘试验完成后拆开检查。如发现非自恢复绝缘损坏,则认为互感器未通过本试验。对试验室墙壁或天花板闪络的冲击应不计。

5.3 户外型互感器的湿试验

5.3.1 试验要求

5.3.1.1 一般要求

湿试验程序按照 GB/T 16927.1 的规定进行。对于 U_m＜300 kV 的互感器,试验应以工频电压进行。对于 U_m≥300 kV 的互感器,试验应以正极性操作冲击电压进行。

5.3.1.2 湿试验要求

用满足规定电阻率和温度的水(见表 5)喷射试品。落在试品上的水应成滴状(避免雾状),并控制喷射角度,以使其按垂直和水平方向的分布量大致相等。用量雨器测量水量,量雨器应具有两个隔开的开口均为 100 cm^2～750 cm^2 的容器；一个开口测水平分布量,一个开口测垂直分布量,垂直的开口面对淋雨方向。应在所收集的即将喷到试品的水样品中测量其温度和电导率。

5.3.1.3 试验电压

对于 U_m＜300 kV 的互感器,依据设备最高电压取表 4 的相应电压值,需作大气条件校正。对于

U_m≥300 kV 的互感器,依据设备最高电压和规定的绝缘水平取表 4 的相应电压值。

5.3.2 试验设备

试验设备包括工频试验变压器、冲击电压发生器、冲击电压测量装置、淋雨装置和电导率仪。设备的选取按照产品的试验参数及外观尺寸来进行。电压测量装置应满足 GB/T 16927.1 和 GB/T 16927.2 的要求。淋雨装置应能调整,以便在试品上产生表 5 中规定的在允许容差内的淋雨条件。只要满足表 5 中规定的淋雨条件,任何形式的喷嘴均可采用。

表 5 标准湿试验的淋雨条件

所有测量点的平均淋雨率		每次测量的每个分布量的极限值 mm/min	雨水温度 ℃	雨水电导率 μS/cm
水平分布量 mm/min	垂直分布量 mm/min			
1.0～2.0	1.0～2.0	平均值±0.5	周围环境温度±15	100±15

5.3.3 试验方法

通常情况下,湿试验结果与其他高压放电或耐受试验相比,其重复性差。为减少分散性,应采用下述方法:

a) 对于高度小于 1 m 的试品,量雨器要位于靠近试品的地方,但要避免试品上溅出的雨滴。测量时,应缓慢地在足够大的区域移动并求其雨量的平均值。为避免个别喷嘴喷射不均匀的影响,测量的宽度应等于试品宽度,最大宽度为 1 m;

b) 对于高度在 1 m～3 m 之间的试品。应在试品顶部、中部和底部分别进行测量,每一测量区域仅涵盖试品高度的三分之一;

c) 对于高度超过 3 m 的试品,测量段的数目应增加至覆盖试品的整个高度,但不应重叠;

d) 对于高度超过 8 m 的试品,测量段数不应少于 5 段;

e) 对于水平尺寸大的试品采用类似方法;

f) 试品表面用活性洗涤剂洗净会减少试验的分散性。洗涤剂在开始淋雨之前应擦净;

g) 试验的结果可能受局部反常(偏大或偏小)淋雨量的影响。如果需要的话,宜采用局部测量进行检验,以改进喷射的均匀性。

试品应按规定条件在规定的容差范围内至少不间断预淋 15 min,预淋时间不包括调整喷水所需的时间。开始时也可以用自来水预淋 15 min,接着在试验开始前需用规定的水连续预淋至少 2 min。雨水条件应在试验开始前进行测量。

湿试验的试验程序和规定的相应干试验的程序相同,交流电压湿试验的持续时间为 60 s。

5.3.4 试验判据

对于 U_m<300 kV 的互感器,在进行湿耐受试验时,允许闪络一次,但在重复试验时不应再发生闪络,满足上述要求则认为产品通过试验。对于 U_m≥300 kV 的互感器,试验判据同 5.2.3.2。

5.4 无线电干扰电压(RIV)试验

5.4.1 试验要求

无线电干扰电压试验仅适用于安装在空气绝缘变电站的 U_m≥126 kV 的互感器。

包括附件在内的装配完整的互感器应干燥和清洁,其温度接近于试验时的试验室室温。

试验应在下列大气条件下进行：

a) 温度：5 ℃～40 ℃；

b) 气压：87 kPa～107 kPa；

c) 相对湿度：45％～75％。

试验连接线及其端头不应成为无线电干扰电压源。

模拟运行条件的一次端子屏蔽件应用以防止虚假放电。推荐采用球形端头的分段管件。

试验电压应施加在试品短接的一次绕组与地之间。座架、箱壳(如果有)和铁心(如需接地)及各短接的二次绕组皆应接地。

5.4.2 试验线路

试验线路如图 4 所示。

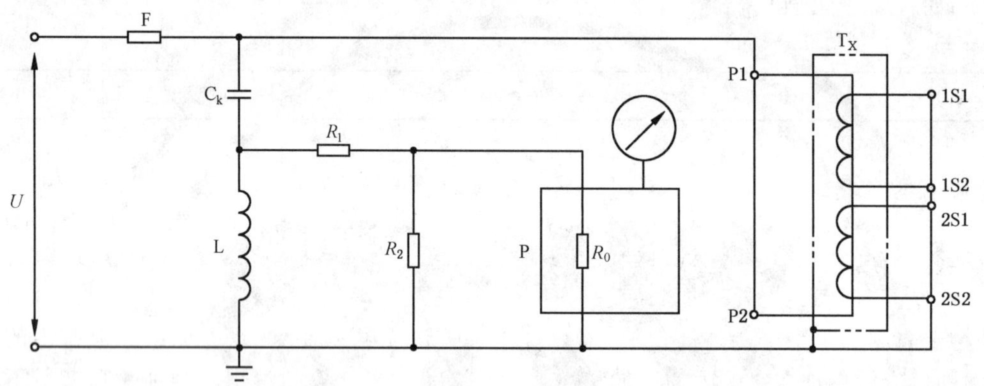

说明：

F ——阻波器；

C_k ——耦合电容器；

L ——电抗器；

R_1、R_2 ——电阻；

R_0 ——无线电干扰测量仪内阻；

P ——无线电干扰测量仪；

T_X ——被试互感器；

P1、P2 ——一次绕组出线端子；

1S1、1S2、2S1、2S2——二次绕组出线端子。

图 4 无线电干扰电压试验线路

5.4.3 试验方法

试验符合 GB/T 11604 的规定。测量仪器和试验线路的校正方法见 GB/T 11604。最好将试验线路调谐到频率为 0.5 MHz～2 MHz(推荐 1 MHz)范围内，并记录测量频率。测量结果应以微伏(μV)表示。

无线电干扰背景水平(由外界电磁场和高压变压器产生的无线电干扰)应低于规定的无线电干扰水平至少 6 dB(最好 10 dB)。

应施加预加电压 $1.5U_m/\sqrt{3}$ 并保持 30 s。然后，在约 10 s 时间将电压降低至 $1.1U_m/\sqrt{3}$，保持此电压 30 s 后测量无线电干扰电压。

5.4.4 试验判据

如果在电压 $1.1U_m/\sqrt{3}$ 下的无线电干扰水平不超过 2 500 μV，则认为互感器通过本试验。

5.5 准确度试验

5.5.1 试验要求

5.5.1.1 一般要求

试验环境温度为 5 ℃～40 ℃,相对湿度不大于 95%。

环境电磁场干扰引起标准器的误差变化不应大于被检互感器基本误差限值的 1/20。检定接线引起被检互感器误差的变化不应大于被检互感器基本误差限值的 1/10。

试验接线的布置应尽量避免对误差测量结果的影响。

5.5.1.2 测量用互感器的比值差和相位差要求

测量用互感器的准确级是以该准确级在额定一次电流和额定负荷下最大允许比值差(ε)的百分数来标称的。

测量用互感器的标准准确级为:0.1、0.2、0.5、1.0、3 和 5。

特殊用途的测量用互感器的标准准确级为:0.2S 和 0.5S。

对于 0.1 级、0.2 级、0.5 级和 1.0 级,在二次负荷为额定负荷的 25%～100%之间任一值时,其额定频率下的比值差和相位差应不超过表 6 所列限值。

对于 0.2S 级和 0.5S 级,在二次负荷为额定负荷的 25%～100%之间任一值时,其额定频率下的比值差和相位差应不超过表 7 所列限值。

对于 3 级和 5 级,在二次负荷为额定负荷的 50%～100%之间任一值时,其额定频率下的比值差应不超过表 8 所列限值。对 3 级和 5 级的相位差限值不予规定。

对所有的准确级,负荷的功率因数均应为 0.8(滞后),当负荷小于 5 VA 时,应采用功率因数为 1.0,且最低值为 1 VA。对于额定二次电流为 5 A 的互感器,建议下限负荷不小于 2.5 VA。

对额定输出最大不超过 15 VA 的测量级,可以规定扩大负荷范围。当二次负荷范围扩大为 1 VA 至 100%额定输出时,比值差和相位差应不超过表 6～表 8 所列相应准确级的限值。在整个负荷范围,功率因数应为 1.0。

具有扩大电流额定值的互感器,试验应以额定扩大一次电流值代替 120%额定电流值进行。

注:通常,当任何位置的外部导体与互感器的空气距离不小于设备最高电压(U_m)所要求的空气绝缘间距时,规定的比值差和相位差限值皆有效。

表 6 测量用互感器的比值差和相位差限值(0.1 级～1.0 级)

准确级	下列额定电流百分数下的比值差 ±%				下列额定电流百分数下的相位差							
					±(′)				±crad			
	5	20	100	120	5	20	100	120	5	20	100	120
0.1	0.4	0.2	0.1	0.1	15	8	5	5	0.45	0.24	0.15	0.15
0.2	0.75	0.35	0.2	0.2	30	15	10	10	0.9	0.45	0.3	0.3
0.5	1.5	0.75	0.5	0.5	90	45	30	30	2.7	1.35	0.9	0.9
1.0	3.0	1.5	1.0	1.0	180	90	60	60	5.4	2.7	1.8	1.8

表 7　特殊用途的测量用互感器的比值差和相位差限值(0.2S 级和 0.5S 级)

准确级	下列额定电流百分数下的比值差 ±%					下列额定电流百分数下的相位差									
						±(′)					±crad				
	1	5	20	100	120	1	5	20	100	120	1	5	20	100	120
0.2S	0.75	0.35	0.2	0.2	0.2	30	15	10	10	10	0.9	0.45	0.3	0.3	0.3
0.5S	1.5	0.75	0.5	0.5	0.5	90	45	30	30	30	2.7	1.35	0.9	0.9	0.9

表 8　测量用互感器的比值差限值(3 级和 5 级)

准确级	下列额定电流百分数下的比值差 ±%	
	50	120
3	3	3
5	5	5

5.5.1.3　**P 级和 PR 级保护用互感器的比值差、相位差和复合误差要求**

在额定频率和连接额定负荷时，其比值差、相位差和复合误差应不超过表 9 所列限值。

负荷的功率因数应为 0.8(滞后)，当负荷小于 5VA 时应采用功率因数为 1.0。

表 9　P 级和 PR 级保护用互感器的误差限值

准确级	额定一次电流下的比值差 ±%	额定一次电流下的相位差		额定准确限值一次电流下的复合误差 %
		±(′)	±crad	
5 P 和 5PR	1	60	1.8	5
10 P 和 10PR	3	—	—	10

5.5.1.4　**TPX、TPY 和 TPZ 级互感器的误差限值**

互感器连接额定电阻性负荷时，其比值差和相位差应不超过表 10 所列限值。

互感器连接额定电阻性负荷时，在规定的工作循环(或对应于规定暂态面积系数 K_{td} 的工作循环)下，其暂态误差 $\hat{\varepsilon}$ (对 TPX 和 TPY 级)或 $\hat{\varepsilon}_{ac}$(对 TPZ 级)应不超过表 10 所列限值。

表 10　TPX、TPY 和 TPZ 级互感器的误差限值

准确值	在额定一次电流下			在规定的工作循环条件下的暂态误差
	比值差	相位差		
	%	(′)	crad	%
TPX	±0.5	±30	±0.9	$\hat{\varepsilon}$=10
TPY	±1.0	±60	±1.8	$\hat{\varepsilon}$=10

表 10（续）

<table>
<tr><td rowspan="3">准确值</td><td colspan="3">在额定一次电流下</td><td rowspan="2">在规定的工作循环条件下的暂态误差</td></tr>
<tr><td>比值差</td><td colspan="2">相位差</td></tr>
<tr><td>%</td><td>(′)</td><td>crad</td><td>%</td></tr>
<tr><td>TPZ</td><td>±1.0</td><td>180±18</td><td>5.3±0.6</td><td>$\hat{\varepsilon}_{ac}=10$</td></tr>
<tr><td colspan="5">注 1：在某些情况下，对 TPZ 铁心，相位差绝对值可能不如减小批量产品中对平均值的偏离量更重要。
注 2：对于 TPY 级铁心，在适当值的 E_{al} 未超过磁化曲线线性段的条件下，下列公式可以采用：
$$\hat{\varepsilon}=\frac{K_{td}}{2\pi f_r\times T_s}\times 100\%$$
注 3：对于大电流互感器，宜注意返回导体及邻近导体对互感器误差的影响。</td></tr>
</table>

5.5.2 试验线路

5.5.2.1 测量用互感器的比值差和相位差试验线路

典型试验线路见图 5。

注：对于不同的互感器误差测量装置，接法可能有所不同。

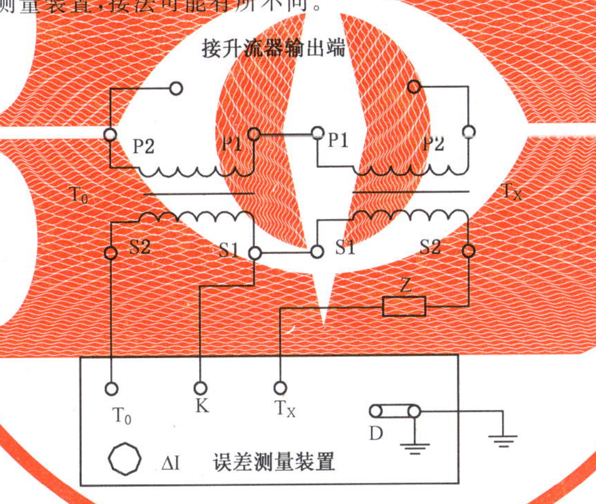

说明：

T_0 ——标准电流互感器；

T_X ——被测电流互感器；

Z ——电流互感器负载箱；

P1、P2 ——一次绕组出线端子；

S1、S2 ——二次绕组出线端子。

图 5 准确度试验（比较法）

5.5.2.2 P 级和 PR 级保护用互感器的比值差和相位差试验线路

典型试验线路见图 5，试验应在额定一次电流和额定负荷下进行。

5.5.2.3 测量用互感器的仪表保安系数(FS)测定试验线路

为验证是否符合规定的仪表保安系数要求，应采用直接法试验，试验线路按照图 6、图 7。

5.5.2.4 **P 和 PR 级保护用互感器的复合误差试验线路**

为验证是否符合表 9 所列的复合误差限值，应采用直接法试验。

试验线路见图 6、图 7。

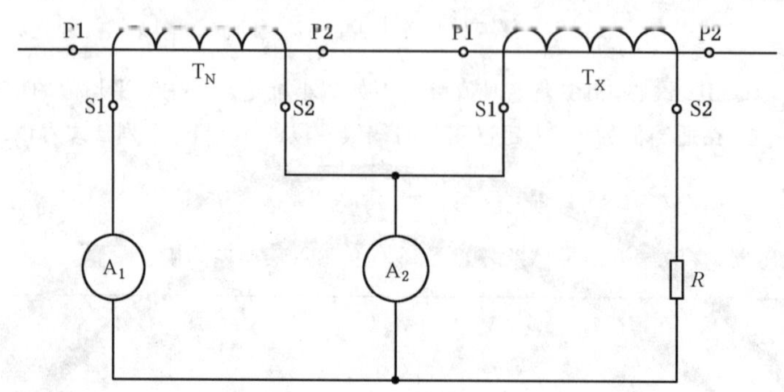

说明：

T_N ——基准互感器；

A_1、A_2——电流表；

R ——负载电阻；

T_X ——被试互感器；

P1、P2——一次绕组出线端子；

S1、S2——二次绕组出线端子。

图 6 复合误差试验(直接法 1)

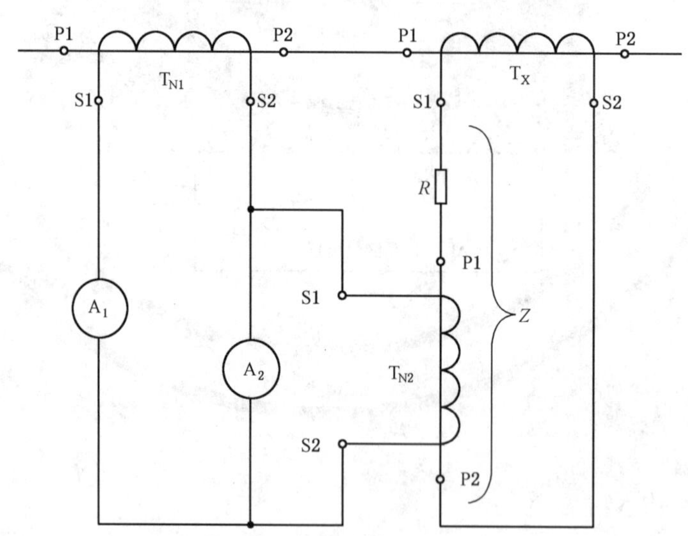

说明：

T_{N1}、T_{N2}——基准互感器；

A_1、A_2 ——电流表；

Z ——总负载；

R ——负载电阻；

T_X ——被试互感器；

P1、P2 ——一次绕组出线端子；

S1、S2 ——二次绕组出线端子。

图 7 复合误差试验(直接法 2)

5.5.2.5 TPX、TPY 和 TPZ 级暂态特性保护用互感器在限值条件下的误差试验

对于满足规定的低漏抗型互感器，可采用间接法进行试验，否则应进行直接法试验，试验线路按照图 6、图 7。

5.5.2.6 PX 和 PXR 级保护用互感器的低漏抗型试验

试验线路见 GB/T 20840.2—2014 的附录 2C。

5.5.2.7 PR、TPY 和 PXR 级保护用互感器的剩磁系数测定

PR、TPY 和 PXR 级保护用互感器的剩磁系数(K_R)应测定，试验线路见 GB/T 20840.2—2014 的附录 2E。

5.5.3 试验方法

5.5.3.1 测量用互感器的比值差和相位差试验方法

对于 0.1 级、0.2 级、0.5 级和 1 级测量用互感器，准确度型式试验应在 5%、20%、100%、120%额定电流和额定频率下进行，其输出应为额定负荷的 25%、100%。

对于 0.2S 级和 0.5S 级特殊用途的测量用互感器，准确度型式试验应在 1%、5%、20%、100%、120%额定电流和额定频率下进行，其输出应为额定负荷的 25%、100%。

对所有的准确级，负荷的功率因数均应为 0.8(滞后)，当负荷小于 5 VA 时，应采用功率因数为 1.0，且最低值为 1 VA。

5.5.3.2 P 级和 PR 级保护用互感器的比值差和相位差试验方法

试验应在额定一次电流和额定负荷下进行。

5.5.3.3 测量用互感器的仪表保安系数(FS)测定试验方法

仪表保安系数可作规定，标准值为：FS 5 和 FS 10。

为验证是否符合规定的仪表保安系数要求，应采用直接法试验，以实际正弦波的额定仪表限值一次电流通过一次绕组，二次绕组接额定负荷，负荷的功率因数在 0.8(滞后)～1.0 之间，由制造方自定。

额定仪表限值一次电流(I_{PL})应为测出复合误差大于 10%时的最小一次电流值。但由于此数值较难迅速测出，故通常采用施加额定一次电流乘以仪表保安系数(FS)的一次电流，测得的复合误差应大于 10%。

试验也可采用下述间接法进行：

在一次绕组开路时，对二次绕组施加额定频率的实际正弦波电压。电压应上升，直至励磁电流 I_e 达到 I_{sr}×FS×10%。

得到的端电压方均根值应低于二次极限电势 E_{FS}。

测量励磁电压应采用其响应正比于整流信号平均值但刻度为方均根值的仪器。测量励磁电流应采用具有波峰系数最低为 3 的方均根值仪器，也可采用满足上述功能的特性测试仪。

如果对测量结果有疑问时，进一步测量应采用直接法试验进行。然后以直接法试验的结果为准。

注：间接法试验的显著优点是不需要强电流(例如，额定一次电流为 3 000 A 和仪表保安系数为 10 时达 30 000 A)，也不必制作用于 50 A 的负荷。间接法试验时不存在一次返回导体的影响。而在运行条件下，此影响却能增人复合误差，这正是测量用互感器供电的装置在安全上所期望的。

5.5.3.4 P 和 PR 级保护用互感器的复合误差试验方法

为验证是否符合表 9 所列的复合误差限值，应采用直接法试验，以实际正弦波的额定准确限值一次

电流通过一次绕组，二次绕组接额定负荷，负荷的功率因数在0.8(滞后)～1.0之间，由制造方自定。

复合误差试验时二次电流较大，测试时间应尽量短，除采用图中电流表测量外，通常采用示波器或暂态记录仪进行测量。测试用负荷箱不应采用测量额定一次电流下误差时的负荷箱，而应采用能承受额定准确限值一次电流的测量复合误差电流通用的负荷箱。

试验可在类似于交货产品的互感器上进行，可以减少绝缘，但要保持相同的几何布置尺寸。对于一次电流非常大和单匝贯穿式一次绕组的互感器，应以模仿运行条件来考虑一次返回导体与互感器之间的距离。

对于低漏抗互感器，可以用下述间接法试验替代直接法试验。

在一次绕组开路时，对二次绕组施加额定频率的实际正弦波电压，其方均根值等于二次极限电势E_{ALF}。得到的励磁电流，用$I_{\mathrm{sr}}\times \mathrm{ALF}$的百分数表示时，应不超过表9所列的复合误差限值。

测量励磁电压应采用其响应正比于整流信号平均值但刻度为方均根值的仪器。测量励磁电流应采用具有波峰系数最低为3的方均根值仪器，也可采用满足上述功能的特性测试仪。用间接法测定复合误差时，不必考虑可能有的匝数补偿。

5.5.3.5 TPX、TPY和TPZ级暂态特性保护用互感器在限值条件下的误差试验方法

对于满足下列条件的低漏抗型互感器，可采用间接法(GB/T 20840.2—2014的附录2E.2)进行试验，否则应进行直接法试验(GB/T 20840.2—2014的附录2E.3)：

a) 互感器具有实际上连续的环形铁心，且气隙均匀分布(如果有)；

b) 互感器的二次绕组均匀分布；

c) 互感器的一次导体位于对称中心处；

d) 互感器箱体外邻近导体和邻相导体的影响可以忽略。

以上各项均应予证明，如果依据图样表明结构符合低漏抗要求不能使制造方和用户相互满意，则应采用直接法进行试验。

5.5.3.6 PX和PXR级保护用互感器的低漏抗型试验方法

试验方法见GB/T 20840.2—2014的附录2C。

5.5.3.7 PR、TPY和PXR级保护用互感器的剩磁系数测定试验方法

PR、TPY和PXR级保护用互感器的剩磁系数(K_{R})应测定，试验方法见GB/T 20840.2—2014的附录2E。

5.5.4 试验判据

测量用互感器的准确度测量结果应满足表6～表8中对应准确级的限值要求。

保护用互感器的准确度测量结果应满足表9、表10中对应准确级的限值要求。

5.6 外壳防护等级的检验

5.6.1 试验要求

5.6.1.1 一般要求

如果适用，对于互感器包含电源电路零件可从外部穿入的所有外壳，以及所属低电压控制和/或辅助电路的所有外壳，按照GB/T 4208规定其防护等级。互感器的外壳还应有足够的机械强度。规定了IP代码的互感器应按GB/T 4208的要求进行试验。规定了IK代码的互感器应按GB/T 20138的要求进行试验。

IP、IK 代码的检验可在试品上直接进行试验，也可在制造方提供的代表性部件上（如同型式二次端子盒）或同结构等比例缩小试品上进行试验。

对于有保证安全的控制手段（例如联锁、书面操作指令等）禁止工作人员接近的户内互感器，IP20 可不做要求。

5.6.1.2 外壳防护等级（IP 代码）的检验要求

如果互感器按 GB/T 20840.1 和 GB/T 4208 的要求规定了外壳防护等级（IP 代码），则应要求进行试验。

5.6.1.3 外壳防护等级（IK 代码）的检验要求

如果互感器按 GB/T 20840.1 和 GB/T 20138 的要求规定了外壳防护等级（IK 代码），则应要求进行试验。

5.6.2 试验设备

5.6.2.1 外壳防护等级（IP 代码）的检验

外壳防护等级（IP 代码）的检验的试验设备和试具符合 GB/T 4208 的规定。

5.6.2.2 外壳防护等级（IK 代码）的检验

外壳防护等级（IK 代码）的检验可用下列三种试验装置进行试验：

a） 摆锤；

b） 弹簧锤；

c） 垂直落锤。

推荐弹簧锤法。

5.6.3 试验方法

5.6.3.1 外壳防护等级（IP 代码）的检验

外壳防护等级（IP 代码）的检验的试验方法按 GB/T 4208 的规定进行。

5.6.3.2 外壳防护等级（IK 代码）的检验

应对被试外壳施加击打，以检验其对机械碰撞的防护。不能承受冲击的部件（如瓷绝缘子、浇注式环氧树脂外壳及伞裙、外壳上的接插件、显示器等）可以不要求该试验。

试验时，被试外壳应按制造方使用说明的要求安装在一刚性支撑座上。当对支撑座直接施加一能量相当于被试外壳防护等级的碰撞力时，如发生的位移小于或等于 0.1 mm，则认为该支撑座具有足够的刚性。

适合于产品的其他安装和支撑方法，可在相关的产品标准中规定。

如在相关的产品标准中无规定，则每一暴露面应承受 5 次碰撞。碰撞的部位应均匀地分布于被试外壳的测试面上。在外壳上同一部位附近所施加的碰撞应不超过 3 次。相关的产品标准应规定所施加撞击力的碰撞部位。

5.6.4 试验判据

5.6.4.1 外壳防护等级（IP 代码）的检验

5.6.4.1.1 第一位特征数字所代表的对接近危险部件防护的试验的接受条件

如果试具与危险部件之间有足够的间隙，则防护合格。

第一位特征数字为1的试验,直径为50 mm的试具不得完全进入开口。

第一位特征数字为2的试验,铰接试指可进入80 mm长,但挡盘不得进入开口。从直线位置开始,试指的两个接点应绕相邻面的轴线在90°范围内自由弯曲。应使试指在每一个可能的位置上活动。

接受条件中"足够的间隙"对于低压设备来说,指的是试具不能触及危险带电部件,如果足够的间隙是通过试具与危险部件间的指示灯电路来检验,则试验时指示灯应不亮。

接受条件中"足够的间隙"对于高压设备,指的是当试具放在最不利的位置时,设备应能承受相关标准规定的适用于该设备的耐电压试验,还可通过观察规定的空气中的间隙尺寸来确定,这个间隙应能保证在最不利的电场分布下通过耐电压试验,如果外壳包括有不同等级的几个部分,则应对每一部分确定足够间隙的适当验收条件。

5.6.4.1.2 第一位特征数字所代表的防止固体异物进入的试验的接受条件

第一位特征数字为1、2、3、4的接受条件:如果试具的直径不能通过任何开口,则试验合格。

第一位特征数字为5的防尘试验接受条件:试验后,观察滑石粉沉积量及沉积地点,如果同其他灰尘一样,不足以影响设备的正常操作或安全,则认为试验合格,而且在可有沿爬电距离导致漏电起痕处不允许有灰尘沉积。

第一位特征数字为6的防尘试验接受条件:试验后,如果壳内无明显的灰尘沉积,则认为试验合格。

5.6.4.1.3 第二位特征数字所代表的防水进入试验

试验后应检查外壳进水情况,一般来说,如果进水,则应不足以影响设备的正常操作或破坏安全性。水不积聚在可能导致沿爬电距离引起漏电起痕的绝缘部件上;水不进入带电部件,或进入不允许在潮湿状态下运行的绕组;水不积聚在电缆头附近或进入电缆。如外壳有泄水孔,应通过观察证明进水不会积聚,且能排出而不损害设备。满足以上条件则认为试验合格。

5.6.4.2 外壳防护等级(IK代码)的检验

试验后,外壳不应出现破裂,外壳的变形应不影响互感器的正常性能,且不降低规定的防护等级。表面的损伤,例如漆膜脱落、散热翅或类似件的破损或少量凹痕可以忽略。

5.7 环境温度下密封性能试验(适用于气体绝缘产品)

5.7.1 试验要求

本试验适用于所有采用气体作为绝缘介质的互感器,但使用大气压的空气除外。本试验应在完整的互感器上和环境温度为20 ℃±10 ℃下进行。试验方法应是GB/T 2423.23规定的封闭压力系统的累积法(Qm试验的方法1)。

互感器气体封闭压力系统上每一个开口应以原有的密封手段密封。

互感器应充以运行时所用的同一种混合气体,达到环境温度为20 ℃时的额定充气压强。

泄漏测量的灵敏度应能检测出相当于约每年0.25%的泄漏率。

注1:泄漏测量的灵敏度,随测漏仪的灵敏度、所测量的容积和两次浓度测量的间隔时间而变化。

为了测量准确,试验应在互感器充气完成至少1 h后开始进行。

注2:如果密封性能例行试验采用累积法(Qm试验的方法1)进行,则密封性能型式试验不需要进行。

5.7.2 试验设备

试验设备包括密封罩和特征气体检漏仪。特征气体检漏仪应能检测出从密封容器中泄漏的微量特征气体,其灵敏度应不低于10^{-6}。

5.7.3 试验方法

互感器气体封闭压力系统上每一个开口应以原有的密封手段密封。在测试期间内，从任何缺陷处泄漏出的气体聚集在密封罩内，然后测量采集到的气体并计算出漏气率。试验程序如下：

a) 互感器应充以运行时所用的同种气体，达到环境温度为 20 ℃时的额定充气压强；

b) 互感器放置 6 h 后，用密封罩将整个样品(或它表面的一部分)罩住；

c) 扣罩 24 h 后，用灵敏度不低于 10^{-6}、经检验合格的气体检漏仪测定罩内特征气体的浓度(视产品的大小选择 2 个～6 个点，通常是罩的上、下、左、右、前、后共 6 个点)，根据密封罩内泄漏气体的浓度、密封罩的容积、试品的体积及试验场地的绝对压力，推算出漏气率 R，见式(3)：

$$R=10^{-6}\times\frac{V_{m}(C_{1}-C_{0})P_{e}}{t_{1}-t_{0}} \quad\cdots\cdots(3)$$

式中：

R ——漏气率，单位为帕立方米每秒(Pa·m^3/s)；

V_m ——测量体积，单位为立方米(m^3)；

C_1-C_0——示踪气体浓度，单位为立方厘米每立方米(cm^3/m^3)；

t_1-t_0 ——时间间隔，单位为秒(s)；

P_e ——样品外表面压力，为 10^5 Pa。

相对年漏气率 F_p(%/年)按式(4)计算：

$$F_{p}=\frac{R\times31.5\times10^{6}}{V(P_{r}+P_{e})}\times100\% \quad\cdots\cdots(4)$$

式中：

V ——试品气体密封系统容积，单位为立方米(m^3)；

P_r——试品额定充气压力，单位为帕(Pa)。

当所测量的特征气体仅为试品中混合气体的一种气体时，测出的漏气率应乘以一个校正因子，即内部总压强与特征气体分压强之比。

5.7.4 试验判据

如果产品经过本试验测得的年漏气率不超过每年 0.5%(适用于 SF_6 和 SF_6 混合气体)，则认为产品通过本试验。

5.8 压力试验(适用于气体绝缘产品)

5.8.1 试验要求

当制造方能提供同型式的金属封闭部件、绝缘子的型式试验报告时，可以免做此项试验。

对于气体绝缘互感器金属封闭部件，需进行外壳的型式试验的压力试验。

对于气体绝缘互感器的空心绝缘子，则应进行空心绝缘子的型式试验的内压力试验。

注：本条中的“空心绝缘子”均简称为“绝缘子”。

此项试验推荐采用水压进行，并采取严格的安全防护措施，防止螺杆崩断、试品炸裂等情况造成人身伤害。

5.8.2 试验设备

5.8.2.1 外壳压力试验

试验设备为外壳水压试验机。

5.8.2.2 绝缘子内压力试验

5.8.2.2.1 复合绝缘子内压力试验

试验设备包括电阻应变片、端盖(端盖上应装有能使内压力介质进入和排放的装置)、充气或注液体装置,且充气或注液体装置上应装有单向阀和压力计(压力计的准确度等级不应低于 2.5 级)。

5.8.2.2.2 瓷绝缘子内压力试验

试验设备包括端盖(端盖上应装有能使内压力介质进入和排放的装置)、充气或注液体装置,且充气或注液体装置上应装有单向阀和压力计(压力计的准确度等级不应低于 2.5 级)。

5.8.3 试验方法

5.8.3.1 外壳压力试验

在型式试验的压力试验情况下,压力上升速度不应超过 400 kPa/min。

型式试验的压力试验要求至少如下:

a) 铸铝和铝合金外壳

型式试验压力=(3.5/0.7)×设计压力

数值 0.7 是考虑了涵盖铸造可能存在的分散性,如果经过专门的材料试验证明,则允许将该系数提高到 1.0。

b) 焊接的铝外壳和焊接的钢外壳

型式试验压力=$(2.3/\nu)\times(\sigma_1/\sigma_a)$×设计压力

其中:

ν ——焊接效应系数(10%焊接段经过超声波或射线检查时为 1;目测检查时为 0.75);

σ_1——试验温度时的允许设计应力;

σ_a——设计温度时的允许设计应力。

这些系数给予所用材料验证过的最低性能。

考虑到制造的方法,可以要求附加的系数。

经过这些压力后依然保持完好的所有外壳都不能使用。

5.8.3.2 绝缘子内压力试验

5.8.3.2.1 复合绝缘子内压力试验

本试验所用绝缘子试品应装有伞套。

试品上应装上 2 个电阻应变片(例如最终伸长率大于或等于 2%,阻抗大于或等于 120 Ω,长度小于或等于 12 mm),应除去局部伞套,以便将应变片固定到管的外侧。

应变片的位置应为:

a) 管的外侧或内侧;

b) 一个应变片平行于管的轴线,另一个应变片垂直于管的轴线;

c) 两个端部附件间管的中部。

内压力试验时,试品应垂直安装。试品两端应装有端盖并密封,端盖上应装有能使内压力介质进入或排除的装置,内压力介质应是气体或液体,该介质除对管施加机械力外不产生其他影响。

本试验分两个阶段进行,也可能分三个阶段进行。设计用于无压力运行条件下的绝缘子无需进行本试验。

a) 第一阶段，在 2.0 倍最大设计压力下的试验

内压力在室温下应迅速而平稳的从零增加到 2.0 倍最大设计压力。当压力达到 2.0 倍最大设计压力时应保持 5 min。然后将压力平稳的泄去。如在压力施加前和施加后，管的应变情况相同，即应变片表明，管的残余应变在最大应变的±5%以内(可逆的弹性状态)，则表明没有出现损伤。

b) 第二阶段，在 4.0 倍最大设计压力下的试验

在施加先前的压力后，再施加 4.0 倍最大设计压力持续至少 5 min。然后将压力平稳泄去。在压力施加后允许残余应变大于最大应变的±5%(不可逆的塑性状态)，但应确定没有出现可见损伤。

c) 第三阶段，规定内压力水平下的试验

如有附加要求，则应使用第二阶段的程序，施加规定内压力 5 min，应记录所有数据。允许有明显的损伤(不可逆的塑性状态)。

5.8.3.2.2 瓷绝缘子内压力试验

将带有相应连接阀和测量仪表的压板压紧或固定到空心绝缘子端部附件上，固定时在附件和压板间加适当的密封垫。密封结构应尽可能与实际使用结构接近。

将空心绝缘子注满水，并与液压泵相连。液体压力应平稳增加到试验压力，升压中不应产生冲击。每分钟的升压速率应为试验压力的 30%～60%。

5.8.4 试验判据

5.8.4.1 外壳压力试验

外壳应至少能承受试验所要求的压力。

5.8.4.2 绝缘子内压力试验

5.8.4.2.1 复合绝缘子内压力试验

如果满足下列条件，则试验通过：

a) 没有出现管的破坏和抽出，没有出现端部附件的破坏；

b) 施加 2.0 倍最大设计压力后，据应变片的指示，没有发现管的不可逆形变。

5.8.4.2.2 瓷绝缘子内压力试验

绝缘子应能承受 4.25 倍设计压力 5 min，不发生破坏。当压力释放到零时，应检查绝缘子的瓷件和端部附件是否开裂，胶状或密封是否破坏。如无上述现象，即使端部附件承受的压力超过其屈服点，只要没有破坏，则认为该试验通过。

5.9 短时电流试验

5.9.1 试验要求

试验时互感器的初始温度为 5 ℃～40 ℃。

短时热电流试验应在二次绕组短路的情况下进行，施加的电流 I' 及持续时间 t' 应满足式(5)的要求：

$$I'^2 \times t' \geq I_{th}^2 \times t \qquad (5)$$

式中：

t——短时热电流的规定持续时间；

而 t' 值应在 0.5 s 和 5 s 之间。

动稳定试验应在二次绕组短路的情况下进行，施加一次电流的峰值至少有一个波峰不小于额定动稳定电流(I_{dyn})。

动稳定试验可以与上述短时热电流试验合并进行，但要求该试验电流的第一个主峰值不小于额定动稳定电流(I_{dyn})。

动稳定试验的峰值电流应该不小于额定动稳定电流 I_{dyn}，未经制造方同意不应该超过该值的 5%，试验的 $I'^2 \times t'$ 未经制造方同意不应该超过 $I_{th}{}^2 \times t$ 的 10%。

5.9.2 试验线路

试验线路见图 8。

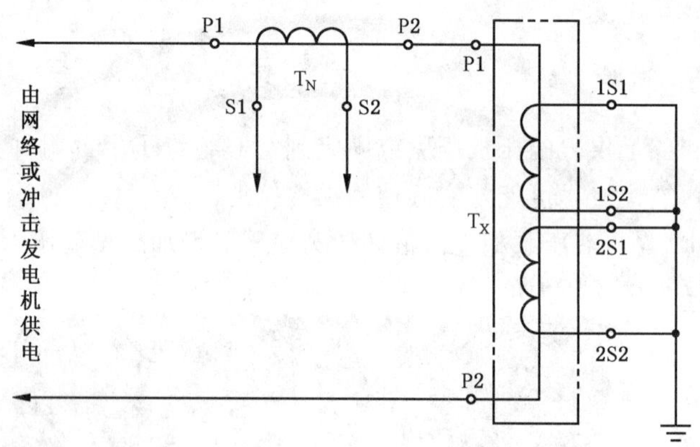

说明：

T_N ——基准互感器；

T_X ——被试互感器；

P1、P2 ——一次绕组出线端子；

S1、S2、1S1、1S2、2S1、2S2——二次绕组出线端子。

图 8 短时电流试验

5.9.3 试验方法

5.9.3.1 多变比互感器的绕组连接

对于多变比互感器的短时电流试验，应根据使一次绕组有最大电流密度的产品技术条件所规定的短时电流值来进行互感器引出端子的接线。

a) 当互感器有相同多段一次绕组进行串、并联连接以改变电流比时，如果只规定一个短时电流额定值(对任何变比都要满足的)，则应在最小电流比接线方式下进行试验。

   如果规定了不同的几个短时电流额定值，且这几个短时电流额定值的比例关系与一次绕组在不同的串、并联连接时的额定一次电流的比例关系相对应(例如，一台互感器可以通过一次绕组串联、串-并联、并联，换接得到三种电流比，其额定一次电流的比例关系为 1∶2∶4，且短时电流额定值的比例关系也是 1∶2∶4)，则应在最大电流比接线方式(一次绕组并联)下进行试验。

   如果与上述关系不对应，则需在一次绕组短时热电流密度最大的连接方式(一般为一次绕组串联)下进行试验。

b) 对采用一次绕组串、并联改变电流比的互感器，应选择在一次绕组短时热电流密度最大的接线方式下进行试验。

   如果各种接线方式下一次绕组短时热电流密度相同时，则应在最大一次电流接线方式下进行试验。

c) 当互感器通过二次绕组抽头改变电流比时，应将具有最小电流比的二次端子短接。

5.9.3.2 二次电流测量

在短时电流试验时，应同时测量二次电流。

对于有多个二次绕组的互感器，可选择具有最大二次电流倍数的绕组进行测量，其余二次绕组端子均应短接。

注：最大二次电流倍数定义为：在二次绕组短接时，当互感器铁心磁密达到饱和状态时的二次电流与额定二次电流的比值(委托试验方提供)。

5.9.4 试验判据

如果试验后的互感器在冷却到环境温度(5 ℃～40 ℃)后，能满足下列要求，则应认为互感器通过本试验：

a) 无可见的损伤；

b) 退磁后，其误差与本试验前的差异不超过其准确级误差限值的一半；

c) 能够承受 6.2、6.3、6.5、6.6 和 6.14 规定的绝缘试验，但其试验的电压或电流降低为规定值的 90%；

d) 经检查，与导体表面接触的绝缘无明显的劣化现象(例如碳化)。

如果一次绕组对应于额定短时热电流(I_{th})的电流密度不超过下列值，则 d)项检查可不进行：

a) 180 A/mm^2，绕组为铜材，其电导率不小于 GB/T 5585.1 规定值的 97%；

b) 120 A/mm^2，绕组为铝材，其电导率不小于 GB/T 3954 规定值的 97%。

注：经验表明，只要一次绕组额定短时热电流的电流密度不超过上述值，则在运行中对 A 级绝缘的热额定值要求一般均能满足。

6 例行试验

6.1 气体露点测量(适用于气体绝缘产品)

6.1.1 试验要求

气体露点应在充气后 24 h 测定。如无其他协议，试验方法由制造方自行选定。

6.1.2 试验设备

常用的气体露点测量方法有露点法和电解法，设备分别为气体露点仪和电解式微量水分仪(电解湿度计)。

气体露点仪的仪器要求如下：

a) 能够把流经测定室的气体以及镜面冷却到所需温度，降温速率和样气流速可以控制；

b) 能够测定露(霜或冰)的形成并能测定镜面温度；

c) 测定室内的气压不能超过仪器允许的最大压力；

d) 仪器需经计量检定为合格并在有效期内。

电解式微量水分仪的仪器要求如下：

a) 调节测试流量、旁通气流量的装置；

b) 仪器气路系统应无死体积或应尽量减小死体积；

c) 仪器气路系统应进行严格试漏，以确保气路系统的气密性；

d) 在通常情况下，仪器的检测限应比样气湿度低一个数量级，当样气湿度的体积分数小于 5×

10^{-6}时，仪器的检测限应至少小于样气湿度的50%；

e) 仪器时间常数不大于5 min；

f) 全程式电解池的吸收效率应大于98%；

g) 仪器需经计量检定为合格并在有效期内。

6.1.3 试验方法

6.1.3.1 露点法(推荐)

瓶装气体的采样用耐压针形阀，至少采用三次升、降压法吹洗采样阀及其他气路系统。

管道气体的采样应使用管道上的根部采样阀，并用尽可能短的采样管将样品气直接通入露点仪。

按照仪器说明书规定的气体流速，用皂膜流量计或其他方法来确定适当的样品气流速。

当整个气路系统充分置换后就可以开始测量，手动制冷的露点仪当镜面温度离露点约5 ℃时应该缓慢地降低镜面温度，应尽量减小降温的惯性影响，到露点出现时，记录露点值。消露后重复测定一次，当两次平行测定的误差满足仪器规定的要求时即可停止测定。

6.1.3.2 电解法

瓶装气体的采样用耐压取样阀。用被测气体充分置换采样阀及采样管。

管道气体的采样应使用管道上的采样阀，并用尽可能短的采样管将样品气直接通入电解式微量水分仪。

测定方法及测定前的准备按仪器说明书进行。

6.1.4 试验判据

对于额定充气密度达到要求的气体绝缘互感器，其内部最大允许含水量应对应于20 ℃测量的露点不高于−30 ℃。在其他温度测量应作适当校正。

6.2 一次端工频耐压试验

6.2.1 试验要求

工频耐压试验应按GB/T 16927.1的规定进行。

除非另有规定，试验电压应依据设备最高电压取表4的相应值，持续时间60 s。

试验电压应施加在短路的一次绕组与地之间。短路的二次绕组、座架、箱壳(如果有)和铁心(如果要求接地)均应接地。

对设备最高电压为$U_m \geqslant 1\ 100$ kV的互感器，试验电压按表4的规定，试验时间为5 min。

对设备最高电压为$U_m \geqslant 40.5$ kV，且采用电容型绝缘结构的互感器，其地屏对地应能耐受额定工频耐受电压5 kV(方均根值)，持续时间为60 s。

一次端的重复工频耐压试验应以规定试验电压值的80%进行。

注：该要求主要针对产品验收时的交接试验或抽样性试验。

6.2.2 试验线路

试验线路见图9。

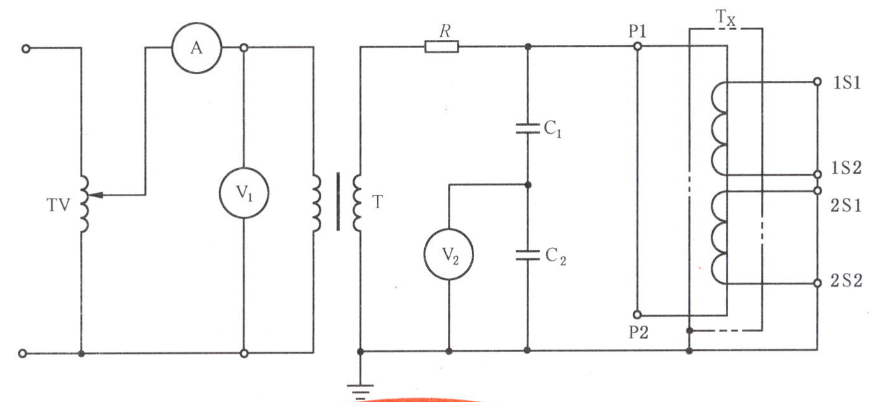

说明：

TV ——调压器；
A ——电流表；
V_1 ——方均根值电压表；
T ——试验变压器；
V_2 ——峰值电压表(峰值/$\sqrt{2}$)；
R ——保护电阻；
C_1、C_2 ——电容分压器；
T_X ——被试互感器
P1、P2 ——一次绕组出线端子；
1S1、1S2、2S1、2S2 ——二次绕组出线端子。

图 9 一次端工频耐压试验

6.2.3 试验方法

在确定设备线路及电源波形无误后，对试品施加电压。加压时，应由机械零位开始缓慢升高电压，观测仪表升压数值。在升至 75%试验电压时，以每秒 2%试验电压的速率升压至短时工频耐压的试验值，维持 60 s 或规定的时间，然后降到 30%规定试验电压以下后再切断电源。

6.2.4 试验判据

如果未发生试验电压突然下降(无击穿或闪络)，则试验合格。

6.3 局部放电测量

6.3.1 试验要求

所用试验电路和测试设备符合 GB/T 7354 的要求。

所用仪器设备应测量以皮库(pC)表示的视在电荷量 q，其校准应在试验电路上进行，见图 10 和图 11。

宽频带仪器的带宽应至少为 100 kHz，其上限截止频率不超过 1.2 MHz。

窄频带仪器的谐振频率应在 0.15 MHz～2 MHz 范围内。优先值应在 0.5 MHz～2 MHz 范围内，但如有可能，测量应在灵敏度最高的频率下进行。

灵敏度应能检测出 5 pC 的局部放电水平。

注 1：噪声宜远低于灵敏度。已知的外部干扰脉冲可以忽略。

注 2：为了抑制外部噪声，宜采用平衡试验电路[见图 10 中的 c)]。

注 3：当采用电子信号处理和复原技术降低背景噪声时，宜以改变其参数来达到它能检测重复出现的脉冲。

6.3.2 试验线路

试验电路见图 10。

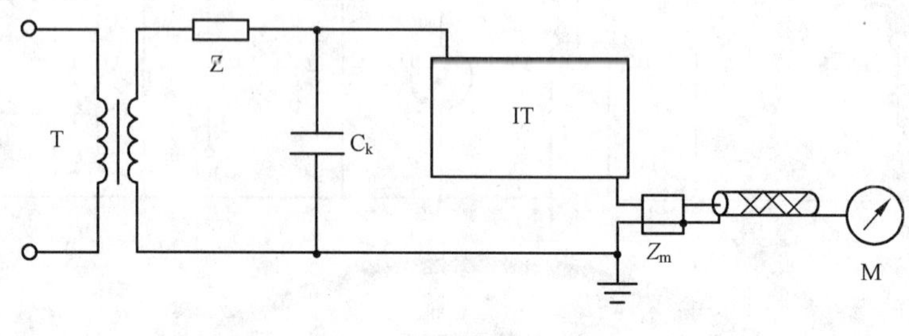

a) **串联回路**

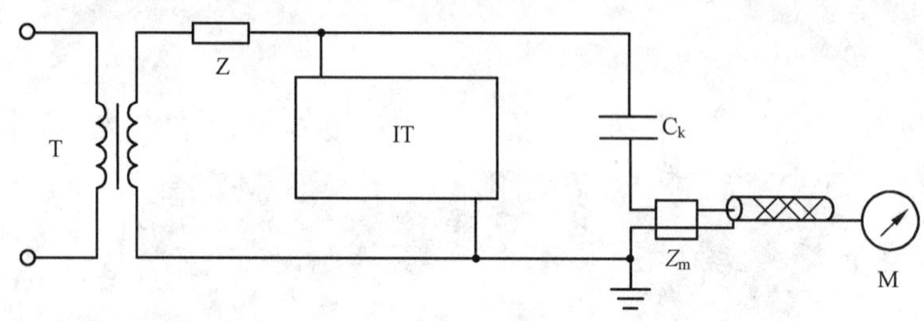

b) **并联回路**

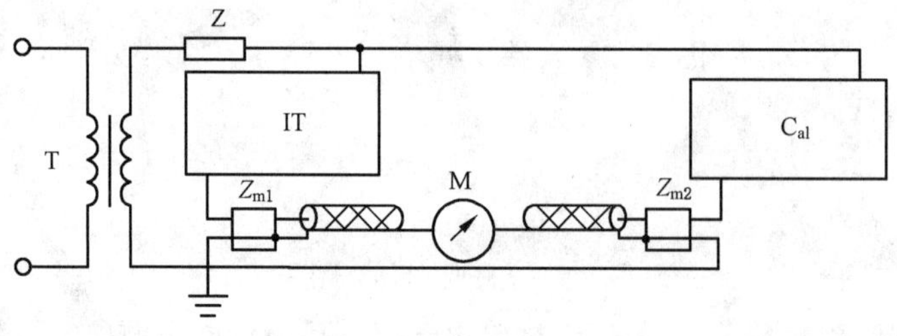

c) **平衡法回路**

说明：

T ——试验变压器；

IT ——被试互感器；

C_k ——耦合电容器；

M ——局部放电测量仪器；

Z_m ——测量阻抗；

Z ——滤波器(如果 C_k 是试验变压器的电容，则不需要)；

C_{al} ——无局部放电的辅助试品；

Z_{m1}、Z_{m2} ——测量阻抗。

图 10 局部放电测量的试验电路示例

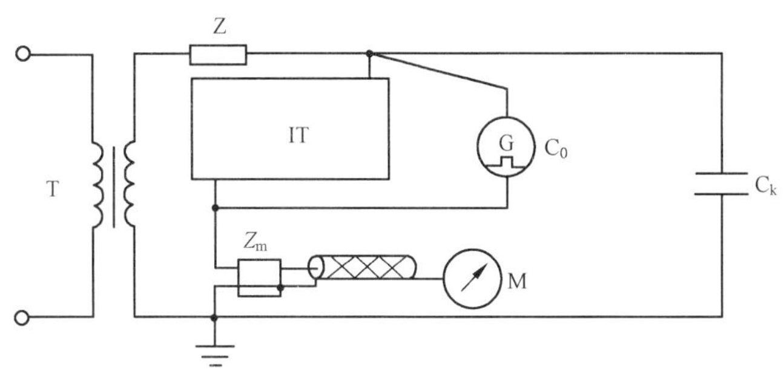

说明：
符号含义见图10。
G——电容量为 C_0 的脉冲发生器。

图11 局部放电测量的校准电路示例

6.3.3 试验方法

在按照程序A或程序B施加预加电压之后，将电压降到表11规定的局部放电测量电压，在30 s内测量相应的局部放电水平。

程序A：局部放电测量电压是在工频耐压试验后的降压过程中达到。

程序B：局部放电试验是在工频耐压试验结束之后进行。施加电压上升至额定工频耐受电压的80%，至少保持60 s，然后不间断地降低到规定的局部放电测量电压。

除非另有规定，程序的选择由制造方自行选定。

6.3.4 试验判据

如果测得的局部放电水平不超过表11规定的限值，则认为此试验合格。

表11 允许的局部放电水平

系统中性点接地方式	局部放电测量电压（方均根值）kV	不同绝缘类型局部放电最大允许水平 pC	
		液体浸渍或气体	固体
中性点有效接地系统（接地故障因数≤1.4）	U_m $1.2U_m/\sqrt{3}$	10 5	50 20
中性点绝缘系统或非有效接地系统（接地故障因数>1.4）	$1.2U_m$ $1.2U_m/\sqrt{3}$	10 5	50 20

注1：如果系统中性点的接地方式未指明时，则局部放电水平可按中性点绝缘或非有效接地系统考虑。

注2：局部放电最大允许水平对于非额定频率也是适用的。

6.4 电容量和介质损耗因数测量

6.4.1 试验要求

本试验的主要目的是检查产品的一致性。

电容量和介质损耗因数(tan δ)应在额定频率和10 kV～$U_m/\sqrt{3}$范围内某一电压下测量。

试验应在一次端工频耐压试验后进行。试验电压应施加在短路的一次绕组端子与地之间。通常，短路的二次绕组、地屏和绝缘的金属壳均应接入测量装置。如果互感器具有专供此测量用的端子，则其他低压端子应短路，并与金属壳连在一起接地或接测量装置的屏蔽。

试验应在环境温度下进行，温度应作记录。

试验方法应经制造方与用户协商同意，但优先选用电桥法。

注 1：介质损耗因数试验不适用于气体绝缘互感器。

注 2：非电容型绝缘结构的互感器不需要考核电容量。

6.4.2 试验线路(电桥法)

6.4.2.1 非电容型互感器

试验电压应施加在短接的一次绕组端子与地之间，短接的二次绕组端子和绝缘的金属箱壳均接入测量电桥。如果互感器具有一个专供此测量用的装置(端子)，则其他低压端子应短接，并与金属箱壳等一起接地或接到测量电桥的屏蔽。试验线路见图 12。

注：如果采用其他的测量方法(如金属底座或箱壳接地)进行测量，则其结果不宜与上述方法的测量结果进行比对。

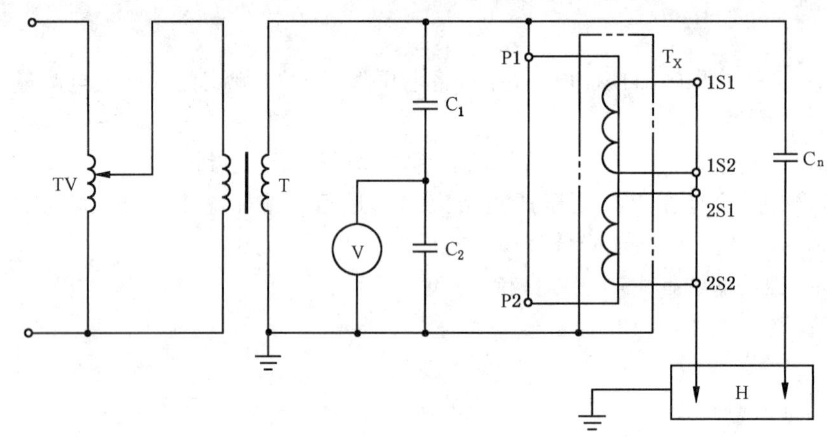

说明：

TV ——调压器；

T ——试验变压器；

V ——峰值电压表(峰值/$\sqrt{2}$)；

C_1、C_2 ——电容分压器；

H ——电桥；

C_n ——标准电容器；

T_X ——被试互感器

P1、P2 ——一次绕组端子；

1S1、1S2、2S1、2S2 ——二次绕组端子。

图 12 非电容型互感器介质损耗因数测量

6.4.2.2 电容型互感器

试验电压应施加在短接的一次绕组端子与地之间，短接的二次绕组端子和绝缘的金属箱壳均应接地，一次绕组电容屏的地屏接入电桥(正接法)，试验线路见图 13。

亦可将一次绕组端子直接接入电桥(反接法)。

注：反接法只能在 10 kV 的测量电压下测量，且测得的电容量通常大于正接法所测得的电容量。

对于某种结构的倒立油浸式互感器的电容量和介质损耗因数测量应按整体和部分分别进行试验。整体电容量和介质损耗因数测量时试验电压应施加在短接的一次绕组端子与地之间，主绝缘电容屏的地屏、短接的二次绕组端子和绝缘的金属箱壳均应接入电桥，试验线路见图 14。部分电容量和介质损耗因数测量时试验电压应施加在短接的一次绕组端子与地之间，短接的二次绕组端子和绝缘的金属箱壳均应接地，主绝缘电容屏的地屏接入电桥(正接法)，试验线路见图 13。

电容型互感器的地屏介质损耗因数测量时，试验电压应施加在地屏上，短接的一次绕组端子不得与地连接，短接的二次绕组端子及金属箱壳接入电桥。试验线路见图 15。

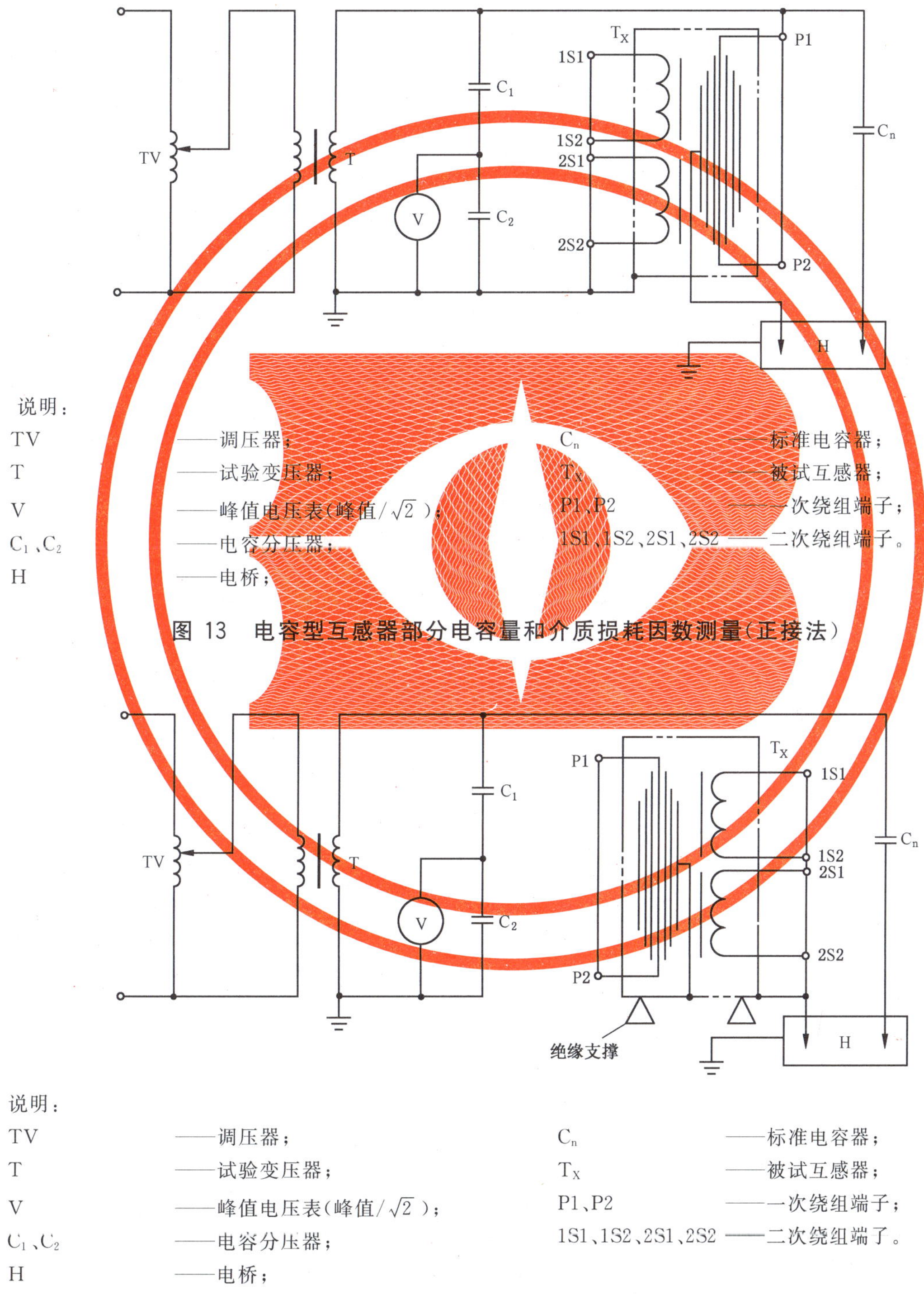

说明：

TV	——调压器；	C_n	——标准电容器；
T	——试验变压器；	T_X	——被试互感器；
V	——峰值电压表(峰值/$\sqrt{2}$)；	P1、P2	——一次绕组端子；
C_1、C_2	——电容分压器；	1S1、1S2、2S1、2S2	——二次绕组端子。
H	——电桥；		

图 13 电容型互感器部分电容量和介质损耗因数测量(正接法)

说明：

TV	——调压器；	C_n	——标准电容器；
T	——试验变压器；	T_X	——被试互感器；
V	——峰值电压表(峰值/$\sqrt{2}$)；	P1、P2	——一次绕组端子；
C_1、C_2	——电容分压器；	1S1、1S2、2S1、2S2	——二次绕组端了。
H	——电桥；		

图 14 电容型互感器整体电容量和介质损耗因数测量

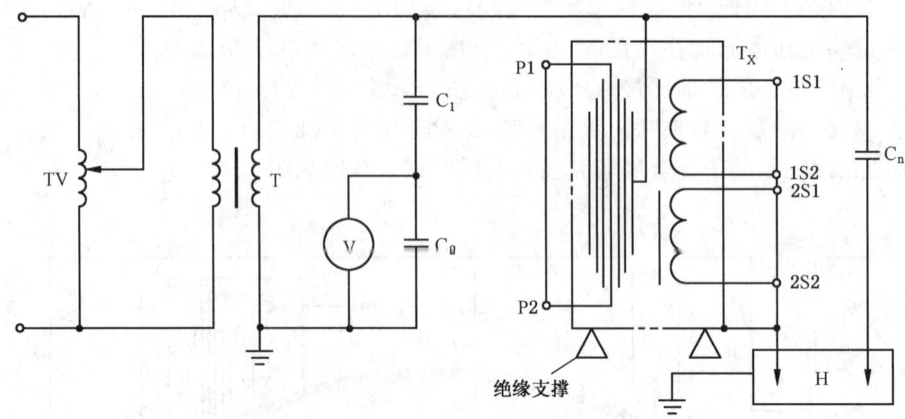

说明：

TV ——调压器；

T ——试验变压器；

V ——峰值电压表(峰值/$\sqrt{2}$)；

C_1、C_2 ——电容分压器；

H ——电桥；

C_n ——标准电容器；

T_X ——被试互感器；

P1、P2 ——一次绕组端子；

1S1、1S2、2S1、2S2 ——二次绕组端子。

图 15 电容型互感器的地屏(末屏)介质损耗因数测量

6.4.3 试验方法

在确认试验线路无误后，对试品施加电压。维持电压在测量电压，调节电桥平衡，得到所测试品的电容量及介质损耗因数值。

6.4.4 试验判据

如果测得的介质损耗因数值满足表 12 的规定时，则认为此试验合格。

表 12 各种油浸式互感器的介质损耗因数允许值

绝缘结构	设备最高电压 (方均根值) kV	测量电压 kV	质损耗因数允许值(tanδ)
电容型绝缘	550	$U_m/\sqrt{3}$	≤0.004
	≤363	$U_m/\sqrt{3}$	≤0.005
非电容型绝缘	>40.5	10	≤0.015
	40.5	10	≤0.02
注：对采用电容型绝缘结构的互感器，制造方宜提供测量电压为 10 kV 下的介质损耗因数值。			

对于 $U_m \geqslant 252$ kV 的油浸式互感器，在 $0.5U_m/\sqrt{3} \sim U_m/\sqrt{3}$ 的测量电压下，介质损耗因数(tanδ)测

量值的增值不应大于 0.001。

对于正立电容型绝缘结构油浸式互感器的地屏(末屏),在测量电压为 3 kV 下的介质损耗因数(tanδ)允许值不应大于 0.02。

6.5 段间工频耐压试验

6.5.1 试验要求

本试验仅适用于具有多个线段的互感器。

对相互连接的各线段,其段间绝缘的额定工频耐受电压应为 3 kV。座架、箱壳(如果有)、铁心(如需接地)和所有其他端子皆应连在一起接地。

6.5.2 试验线路

试验线路可按照图 16。

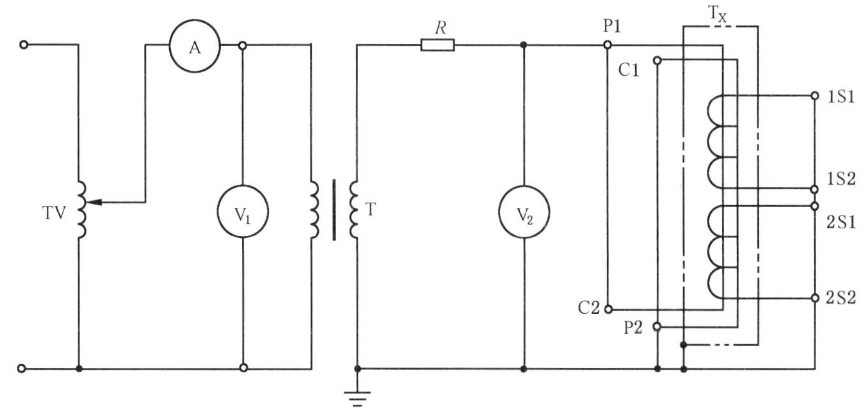

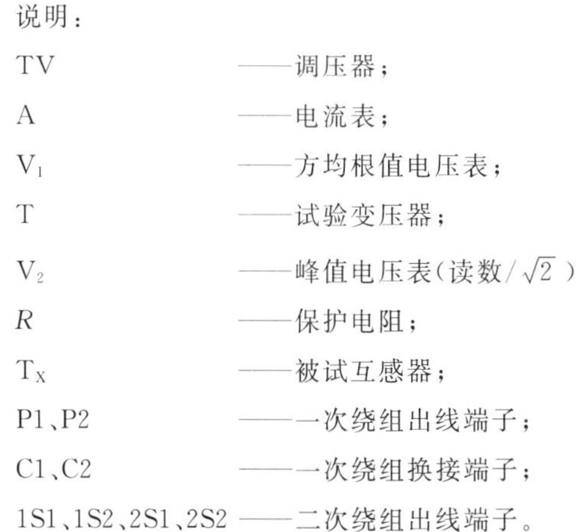

说明:

TV ——调压器;

A ——电流表;

V_1 ——方均根值电压表;

T ——试验变压器;

V_2 ——峰值电压表(读数/$\sqrt{2}$);

R ——保护电阻;

T_X ——被试互感器;

P1、P2 ——一次绕组出线端子;

C1、C2 ——一次绕组换接端子;

1S1、1S2、2S1、2S2 ——二次绕组出线端子。

图 16 段间工频耐压试验

6.5.3 试验方法

试验电压应依次施加到端子短接的各线段之间,持续 60 s。施加电压应由机械零位开始缓慢升高,升到规定试验电压值并持续 60 s 后,降到 30%试验电压值以下再切断电源。

6.5.4 试验判据

如果试验过程中无击穿现象出现,则试验合格。

6.6 二次端工频耐压试验

6.6.1 试验要求

二次端各绕组间及各绕组与地之间的额定工频耐受电压应为 3 kV。

6.6.2 试验线路

座架、箱壳(如果有)和铁心(如果要求接地)及所有其他绕组均应连在一起接地。试验线路见图 17。

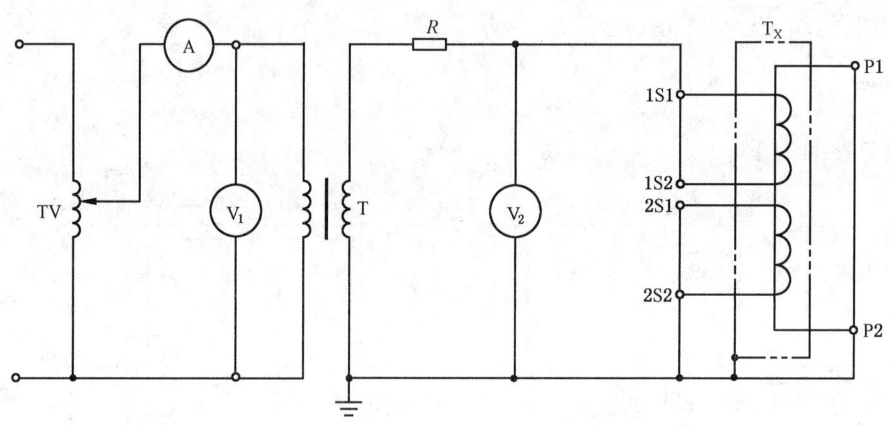

说明:

TV ——调压器;

T ——试验变压器;

A ——电流表;

V_1 ——方均根值电压;

R ——保护电阻;

V_2 ——峰值电压表(峰值/$\sqrt{2}$);

T_X ——被试互感器;

P1、P2 ——一次绕组出线端子;

1S1、1S2、2S1、2S2 ——二次绕组出线端子。

图 17 二次端工频耐压试验

6.6.3 试验方法

二次绕组工频耐压试验时,试验电压应施加在各短接的二次绕组与地之间,持续时间 60 s。施加电压应由机械零位开始缓慢升高,升到规定试验电压值并持续 60 s 后,降到 30%试验电压值以下再切断电源。

6.6.4 试验判据

如果试验过程中无击穿现象出现,则试验合格。

6.7 准确度试验

6.7.1 试验要求

按照 5.5.1 的规定进行。

6.7.2 试验线路

按照 5.5.2 的规定进行。

6.7.3 试验方法

测量用互感器的准确度例行试验原则上与 5.5.3 相同，但只要已在类似互感器型式试验中证实，减少测试点的试验仍足以验证符合 5.5.1 的要求，则允许在例行试验中减少电流和/或负荷的测试点。

保护用互感器的准确度例行试验与 5.5.3 相同。

PX 和 PXR 级的匝数比误差按照 GB/T 20840.2—2014 的附录 2H 进行测定。

6.7.4 试验判据

测量用互感器的准确度测量结果应满足表 6～表 8 中对应准确级的限值要求。

保护用互感器的准确度测量结果应满足表 9 和表 10 中对应准确级的限值要求。

6.8 标志的检验

6.8.1 试验要求

6.8.1.1 铭牌标志的检验

应检验铭牌标志是否正确，具体要求按照 GB/T 20840.1 和 GB/T 20840.2 的规定进行。

6.8.1.2 端子标志的检验

应检验端子标志是否明确表示以下各项内容：

a) 一次绕组和二次绕组；

b) 绕组段(如果有)；

c) 绕组和绕组段的极性关系；

d) 中间抽头(如果有)。

大写字母 P1、P2、C1 和 C2 表示一次绕组端子，大写字母 S1、S2、S3 表示相应的二次绕组端子。

互感器端子标志应正确。标有 P1、S1 和 C1 的所有端子在同一瞬间应具有同一极性。

6.8.2 试验方法

6.8.2.1 铭牌标志的检验

采用目测方式，按照 6.8.1.1 的要求，逐项检查产品铭牌内容。

6.8.2.2 端子标志的检验

6.8.2.2.1 直流检验法

互感器出线端子极性检验用直流试验法见图 18。

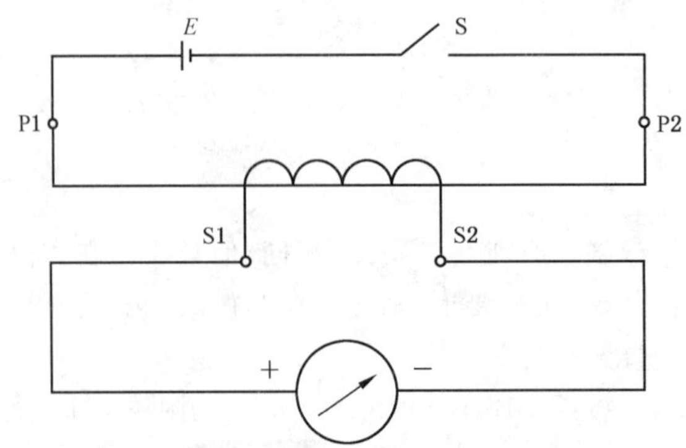

说明：

E ——直流电源；

S ——开关；

P1、P2——一次绕组端子；

S1、S2——二次绕组端子。

图 18 出线端子极性检验(直流试验法)

电池的正极接在一次绕组 P1 端，负极接在一次绕组的 P2 端；直流电压(流)表的正极接在二次绕组的 S1 端，负极接在二次绕组的 S2 端。接通开关瞬间，电压(流)表向顺时针方向摆动则互感器为极性正确。

6.8.2.2.2 误差校验仪检验法

根据互感器的接线标志，按比较法线路完成测量接线后，升起电流至额定值的 5%以下试测，用校验仪的极性指示功能或误差测量功能，检验出线端子的极性是否正确。

6.8.3 试验判据

如果互感器的铭牌标志内容满足 6.8.1.1 中的要求，且出线端子所标志的极性正确，则认为此试验合格。

6.9 环境温度下密封性能试验

6.9.1 气体绝缘互感器

气体绝缘互感器环境温度下的密封性能试验相关内容见 5.7。

6.9.2 油浸式互感器

6.9.2.1 试验要求

油浸式互感器环境温度下密封性能试验的目的是验证没有渗漏。

试品应按使用条件装有其全部附件及其规定的液体，安装应尽可能接近运行状态。

6.9.2.2 试验设备

油浸式互感器密封性能试验的主要设备：

a) 气体压缩装置；

b) 过滤器；

c) 减压阀及输气管；

d) 充气或注油装置，且充气或注油装置上应装有单向阀和压力计(压力计的准确度等级不应低于2.5级)。

6.9.2.3 试验方法

密封性能试验应在清洁的产品上进行，试验场地应无明显油污。

应安装充气或注油装置，通过单向阀对不带膨胀器的油浸式互感器产品注入一定压力的干燥空气(氮气)或油，施加压力和维持时间不应低于表13规定值。

表13 油浸式互感器密封性能试验要求

设备最高电压(方均根值) kV	施加压力 MPa	维持压力时间 h	充气加压的最小剩余压力 MPa	说明
≥40.5	0.05	6	0.03	不带膨胀器产品
	0.1	6	0.07	带膨胀器产品不带膨胀器试验
<40.5	0.04	3	0.025	同时适用于户外组合互感器

按表13规定的压力和时间试验后，观察产品有无渗、漏油现象。

对于带膨胀器的油浸式互感器，应在未装膨胀器之前，对互感器按上述方法进行密封性能试验。试验后，将装好膨胀器的产品，按规定时间(一般不少于12 h)静放，外观检查是否有渗、漏油现象。带防爆片的产品应采取措施，以满足表13中的试验压力。

6.9.2.4 试验判据

如果试验过程中试品无渗、漏油现象，且维持压力时间后剩余压力满足表13要求，则此试验合格。

6.10 压力试验(适用于气体绝缘产品)

6.10.1 试验要求

对于气体绝缘互感器的金属封闭部分，需进行外壳的例行试验的压力试验。

对于气体绝缘互感器的绝缘子，则应进行绝缘子的逐个压力试验。

6.10.2 试验设备

6.10.2.1 外壳压力试验

试验设备包括外壳水压试验机。

6.10.2.2 绝缘子压力试验

试验设备包括端盖(端盖上应装有能使内压力介质进入和排放的装置)、充气或注液体装置，且充气或注液体装置上应装有单向阀和压力计(压力计的准确度等级不应低于2.5级)。

6.10.3 试验方法

6.10.3.1 外壳压力试验

标准试验压力应是k倍的设计压力，这里系数k等于：

a） 对于焊接的铝外壳和焊接的钢外壳为1.3；

b） 对于铸造的铝外壳和铝合金外壳为2。

6.10.3.2 绝缘子压力试验

压力试验时，试品应垂直安装。试品两端应装有端盖并密封，端盖上应装有能使内压力介质进入或排除的装置，内压力介质应是气体或液体，该介质除对管施加机械力外不产生其他影响。在正常条件下，通过充气或者注液体的方式向绝缘子内部加压，压力为2.0倍最大运行压力，压力持续1 min。

6.10.4 试验判据

外壳压力试验和绝缘子压力试验过程中，如果试品不出现破裂或永久变形，则认为试验合格。

6.11 二次绕组电阻($\boldsymbol{R}_{\mathrm{ct}}$)测定

6.11.1 试验要求

对于PR、PX、PXR、TPX、TPY和TPZ级互感器应测定二次绕组直流电阻R_{ct}，以验证是否符合其相应条款的要求。

利用单臂电桥/双臂电桥/直流电阻测试仪在环境温度下测量二次绕组直流电阻R_{ct}，此时测得的R_{ct}为实际值，单位为欧姆(Ω)，应按式(6)校正到75 ℃或规定的其他温度。

$$R_{\mathrm{ct75\,℃}}=\frac{235+75}{(235+t)}\times R_{\mathrm{ct}} \qquad \cdots\cdots(6)$$

式中：

t——环境温度值，单位为摄氏度(℃)。

6.11.2 试验设备

当被测量电阻大于或等于10 Ω时，可采用单臂电桥(惠斯顿电桥)或直流电阻测试仪进行测量。

当被测量电阻小于10 Ω时，推荐采用双臂电桥(凯尔文电桥)或直流电阻测试仪进行测量。

6.11.3 试验方法

使用单臂电桥或双臂电桥测量时，将被测绕组两端与电桥连接，调节电桥表盘读数，使电桥达到平衡状态，记录电桥表盘读数。

使用直流电阻测试仪时，将被测绕组两端与测试仪连接，选择合适的量程，测量绕组直流电阻并记录读数。

6.11.4 试验判据

如果校正后的R_{ct}值不超过规定的上限值(如果有)，则认为试验合格。

6.12 二次回路时间常数($\boldsymbol{T}_{\mathrm{s}}$)测定

6.12.1 试验要求

对于PR和TPY级互感器应测定二次回路时间常数(T_{s})，以验证是否符合要求。

6.12.2 试验方法

确定T_{s}应采用式(7)(L_{m}的测定见GB/T 20840.2的附录2E.2)

$$T_s = \frac{L_m}{(R_{ct} + R_b)} \quad \cdots\cdots(7)$$

如果负荷规定为额定输出，单位为VA，则 R_b 取负荷的电阻部分。

另外，T_s 也可按式(8)确定：

$$T_s = \frac{1}{2\pi f_r \times \tan(\Delta\varphi)} \quad \cdots\cdots(8)$$

如果相位差 $\Delta\varphi$ 以分表示，则可以使用近似式(9)：

$$T_s = \frac{3\ 438}{2\pi f_r \times \Delta\varphi} \quad \cdots\cdots(9)$$

注1：由于小相位差测量的不确定度，因此在大变比和小相位差的互感器上，利用 $\Delta\varphi$ 的方法可能出现困难。

注2：对于TPZ级互感器，T_s 未作明确规定。其准确度要求($\Delta\varphi$=180 min±18 min)是在例行试验中验证，于是 T_s 可由上式得出。

6.12.3 试验判据

如果测得值与其规定值之差不超过±30%，则认为试验合格。

6.13 额定拐点电势(E_k)和 E_k 下励磁电流的试验

6.13.1 试验要求

对于PX和PXR级互感器应测定其额定拐点电势和 E_k 下的励磁电流 I_e，以验证是否符合其相应条款的要求。

测量励磁电压应采用其响应正比于整流信号平均值但刻度为方均根值的仪器。测量励磁电流应采用具有波峰系数最低为3的方均根值仪器。

励磁特性曲线图绘制应至少达到电压等于 $1.1 \times E_k$。

在等于 E_k 的电压点，应满足"当互感器所有其他端子均开路时，施加于二次端子上的额定频率正弦波电压方均根值，该值增加10%时使励磁电流方均根值增加50%"的拐点条件。

6.13.2 试验方法

在互感器二次绕组满匝端子上应施加额定频率的适当值正弦波励磁电压，所有其他端子开路，测量励磁电流。

对于二次绕组抽头的变比可选的互感器，最大变比之外其他变比的励磁特性可以计算。可在每一个测量点利用式(10)和式(11)计算：

$$E_2 = E_1 \times \frac{k_{r2}}{k_{r1}} \quad \cdots\cdots(10)$$

$$I_{e2} = I_{e1} \times \frac{k_{r1}}{k_{r2}} \quad \cdots\cdots(11)$$

式中：

k_{r1}、k_{r2}——两个额定变比；

E_1、E_2——两个相应的电势值；

I_{e1}、I_{e2}——两个相应的励磁电流值。

注1：测量点数可由制造方与用户协商确定。

注2：通常，确定的实际拐点电势宜高于额定拐点电势 E_k。

6.13.3 试验判据

如果在等于 E_k 的电压点满足规定的拐点条件，且在电压等于 E_k(或其指定百分数)时测得的励磁

电流 I_e不超过规定的限值,则认为试验合格。

6.14 匝间过电压试验

6.14.1 试验要求

本试验仅适用于无短路匝补偿的互感器。

绕组匝间绝缘的额定耐受电压应为 4.5 kV(峰值)。

对于额定拐点电势 E_k>450 V 的 PX 级和 PXR 级互感器,匝间绝缘的额定耐受电压应为峰值是所规定拐点电势方均根值的 10 倍,或 10 kV 峰值,取二者的较低值。

注 1: 由于试验程序的影响,波形可能严重畸变。

注 2: 按照下述试验方法,可能导致电压值较低。

注 3: 匝间过电压试验不是电流互感器二次绕组能否开路运行的验证试验。电流互感器不允许在二次绕组开路时运行,因为可能出现危险的过电压和过热。

6.14.2 试验方法

匝间过电压试验应在满匝二次绕组上按下列程序之一进行。如无其他协议,程序选择由制造方自定。

程序 A:二次绕组开路(或连接读取峰值电压的高阻抗装置),对一次绕组施加频率为 40 Hz~60 Hz 的实际正弦波电流,其方均根值等于额定一次电流(或额定扩大一次电流,如果有),持续 60 s。

如果在达到额定一次电流(或额定扩大一次电流)之前,已经得到上述规定的试验电压,则施加的电流应受限制。

如果在最大一次电流下未到达上述规定的试验电压,则所达到的电压应认定为是试验电压。

采用程序 A 时试验线路图见图 19。

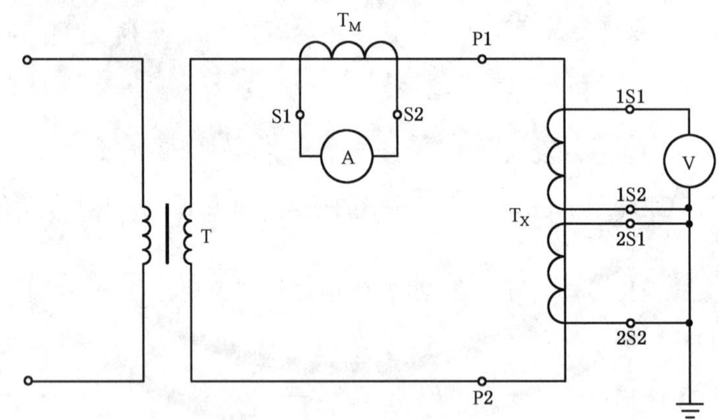

说明:

T ——升流变压器;

T_M ——测量用电流互感器;

A ——电流表;

V ——峰值电压表(峰值/$\sqrt{2}$);

T_X ——被试互感器

P1、P2 ——一次绕组出线端子;

1S1、1S2、2S1、2S2——二次绕组出线端子。

图 19 匝间过电压试验(程序 A)

程序 B:一次绕组开路,在每一个二次绕组端子之间施加上述规定的试验电压(以适当的试验频率),持续 60 s。

二次电流方均根值应不超过额定二次电流(或相应的扩大值,如果有)。

试验频率的调整是为了提升到试验电压,但它应不超过 400 Hz。

如果在最大二次电流和最高试验频率下未到达上述规定的试验电压,则所达到的电压应认定为试验电压。

当试验频率超过两倍额定频率时,试验持续时间 t 可降低,计算如下:

$$t = 120 \times \frac{f_r}{f_t} \tag{12}$$

式中:

t ——试验持续时间,单位为秒(s);

f_r——额定频率,单位为赫兹(Hz);

f_t——试验频率,单位为赫兹(Hz)。

最少为 15 s。

采用程序 B 时试验线路图见图 20。

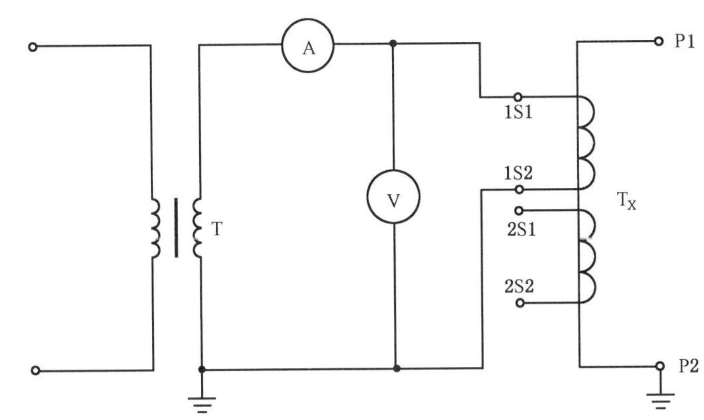

说明:

T ——升压变压器;

A ——电流表;

V ——峰值电压表(峰值/$\sqrt{2}$);

T_X ——被试互感器;

P1、P2 ——一次绕组出线端子;

1S1、1S2、2S1、2S2——二次绕组出线端子。

图 20 匝间过电压试验(程序 B)

6.14.3 试验判据

如果二次绕组耐受规定的试验电压及时间,且无闪络和击穿,则判定试验合格。

6.15 绝缘油性能试验

6.15.1 试验要求

应对互感器用绝缘油进行击穿电压和介质损耗因数(tanδ)测量,对 $U_m \geqslant 72.5$ kV 的互感器,还应对其所用的绝缘油进行含水量和色谱分析等性能试验。

6.15.2 试验设备

6.15.2.1 绝缘油击穿电压测定

试验设备如下：

a) 电器设备：由调压器、步进变压器、切换系统、限能仪等部分组成，以上两个或多个设备可在系统中以集成方式使用。

b) 测量仪器：为峰值电压表或其他类型的电压表与测试变压器的输入端或输出端相连，或者与上述提供的专用线圈相连来测量。

c) 试验组件：包括试样杯、电极、搅拌器(可选)。试样杯体积在350 mL～600 mL之间，试样杯由绝缘材料制成，应透明，且对绝缘油及所用清洗剂具有化学惰性，试样杯应带盖子，且容易取出电极。电极由磨光的铜、黄铜或不锈钢材料制成，球形(直径为12.5 mm～13.0 mm)或球盖形。电极轴心应水平，电极浸入试样的深度应至少40 mm。电极任一部分离杯壁或搅拌器不小于12 mm，电极间距为2.5 mm±0.05 mm。

6.15.2.2 绝缘油介质损耗因数(tan$\boldsymbol{\delta}$)测量

试验设备包括试验池、试验箱、玻璃器皿、介质损耗因数的测量仪器。试验箱应能保持其温度不超过规定值的±1 ℃。并有连接试验池的屏蔽线，试验池应完全与试验箱接地外壳绝缘。只要其测量精度和分辨率适合于被试样品，可采用任何交流电容和介质损耗因数测量仪器。

6.15.2.3 绝缘油水分含量测定(库仑法)

试验设备如下：

a) 微库仑分析仪：系统原理见图21；

b) 玻璃器皿：包括注射器、分液漏斗、抽滤瓶、洗气瓶、保温瓶化学试剂。

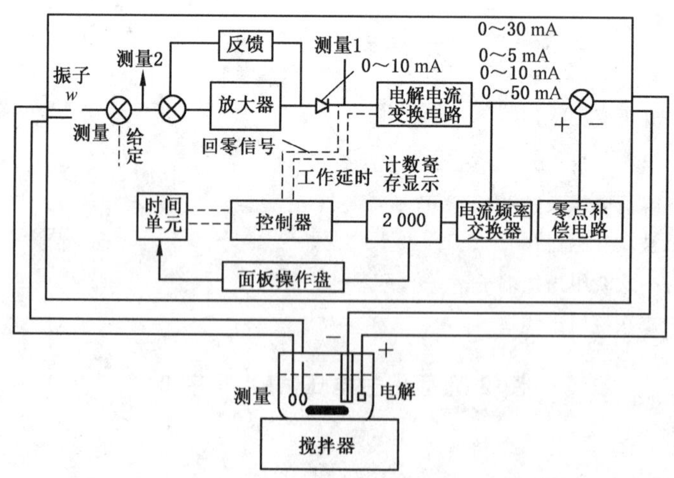

图21 YS-2型微库仑仪分析系统原理框图

6.15.2.4 绝缘油油中溶解气体色谱分析

试验设备如下：

a) 气相色谱仪：两个检测器，热导检测器(TCD)(测定氢气)和氢焰检测器(FID)(测定烃类、一氧化碳和二氧化碳气体);一个甲烷转化装置(将一氧化碳和二氧化碳转化为甲烷)。色谱柱对所检测组分的分离度应能满足定量分析要求,检测灵敏度应满足油中溶解气体最小检测浓度要求(20 ℃下的浓度,氢气≤2 μL/L;一氧化碳≤5 μL/L;二氧化碳≤10 μL/L;烃类≤0.1 μL/L;空气≤50 μL/L);

b) 脱气装置:根据脱气原理不同分为多种类型,常用的有基于溶解平衡法-机械振荡法的恒温定时震荡器;
c) 混合标准气:由国家计量部门授权的单位配制,具有组分浓度含量、检验合格证及有效期;
d) 氩气:纯度为 99.999%;
e) 高纯氢发生器:氢气纯度为 99.999%;
f) 低噪音空气泵:空气纯净无油;
g) 玻璃注射器:气密性良好,芯塞灵活无卡涩;
h) 其他:注射器用橡胶封帽、双头针头、真空硅脂、蒸馏水。

6.15.3 试验方法

6.15.3.1 绝缘油击穿电压的测定

新油或者用过的绝缘油按照 GB/T 4756 的要求取样,用专用采样器采样,以防止试样的污染。样品体积约为试样杯容积的 3 倍。样品容器最好使用棕色玻璃瓶。若用透明玻璃瓶应在试验前避光储藏,也可用不与绝缘油作用的塑料容器,但不能重复使用。为了密封,应使用带聚乙烯或聚四氟乙烯材质垫片的螺纹塞。样品容器在使用前应清洗干净,并用热空气吹干。

进行试验时,除非另有规定,试样一般不进行干燥或排气。整个试验过程中,试样温度和环境温度之差不应大于 5 ℃。

试样在倒入试样杯前,轻轻摇动翻转盛有试样的容器数次,以使试样中的杂质尽可能分布均匀而又不形成气泡,避免试样与空气不必要的接触。

试验前应倒掉试样杯中原来的绝缘油,立即用待测试样清洗杯壁、电极及其他各部分,再缓慢倒入试样,并避免生成气泡。将试样杯放入测试仪上,如使用搅拌,应打开搅拌器。测量并记录试样温度。

第一次加压是在装好试样,并检查完电极间无可见气泡 5 min 之后进行的,在电极间按 2.0 kV/s±0.2 kV/s 的速率缓慢加压至试样被击穿,击穿电压为电路自动断开(产生恒定电弧)或手动断开(可闻或可见放电)时的最大电压值。

记录击穿电压值。达到击穿电压至少暂停 2 min 后,再进行加压,重复 6 次。注意电极间不要有气泡,若使用搅拌,在整个试验工程中应一直保持。计算 6 次击穿电压的平均值。

6.15.3.2 绝缘油介质损耗因数(tanδ)测量

试验应在 90 ℃下进行,测量温度的分辨率应在 0.25 ℃以内。

通常采用频率为 40 Hz~62 Hz 的正弦电压。施加交流电压的大小视被试液体而定,推荐电场强度为 0.03 kV/mm~1 kV/mm。

试验池非自动加热,当其温度达到所要求试验温度的±1 ℃时,应于 10 min 内开始测量介质损耗因数。在测量时施加电压。完成测量后,倒出试验液体。

注:例行试验不需要重复测量。

6.15.3.3 绝缘油水分含量测定(库仑法)

按仪器说明书连接仪器电源钱,调试仪器。将电极引线连接到库仑分析仪指定位置。开动电磁搅拌器，开始电解所存在的残余水分。若电解液过碘，注入适量含水甲醇或纯水，此时电解液颜色逐渐变浅，最后呈黄色进行电解。当电解液达到滴定终点，用注射器抽取一定量已知含水量的标样或 0.5 μL 注射器取 0.5 μL 纯水，按下启动按钮，通过电解池上部的进样口注入电解池，进行仪器标定。仪器显示数值与标准值的相对误差不应超过±5%，当连续 3 次标定均达到要求值，才能认为仪器调整完毕。超出此范围，应更换电解液。

仪器调整平衡后，用待测样品冲洗注射器不应少于 3 次，然后抽取待测样品 1 mL(根据样品含水量高低，可调整进样量的大小)。

按仪器启动钮，待测样品通过电解池上部的进样口注入电解池。仪器自动电解至终点，记下显示数值。同一试验至少重复操作两次以上，取平均值。

根据被测样品的进样体积，按式(13)计算水分含量：

$$\rho=\frac{m}{V} \qquad \cdots\cdots(13)$$

式中：

ρ——待测样品的水分含量，单位为毫克每升(mg/L)；

m——待测样品中的水分，单位为微克(μg)；

V——待测样品的进样体积，单位为毫升(mL)。

6.15.3.4 绝缘油油中溶解气体色谱分析

采集油样后，脱出油样中溶解的气体，最后用气相色谱仪分离、检测各气体组分，在色谱工作站上得出样品图谱和各组分浓度值。取两次测量的平均值作为测量结果。

6.15.4 试验判据

6.15.4.1 绝缘油击穿电压测定

绝缘油击穿电压应满足表 14 的要求。

表 14 绝缘油击穿电压要求

设备最高电压 (方均根值) kV	油击穿电压 kV
≤40.5	≥35
72.5～126	≥40
252	≥40
363	≥50
550	≥60
800～1 100	≥70

6.15.4.2 绝缘油介质损耗因数(tanδ)测量

绝缘油介质损耗因数(tanδ)应满足表 15 的要求。

表 15　绝缘油介质损耗因数(tanδ)要求

设备最高电压 (方均根值) kV	介质损耗因数 tanδ(90 ℃)
≤40.5	≤0.01
72.5～126	≤0.01
252	≤0.01
363	≤0.01
550～1 100	≤0.005

6.15.4.3　绝缘油水分含量测定(库仑法)

绝缘油水分含量应满足表 16 的要求。

表 16　绝缘油水分含量要求

设备最高电压 (方均根值) kV	含水量 mg/L
≤40.5	—
72.5～126	≤20
252	≤15
363～1 100	≤10

6.15.4.4　绝缘油中溶解气体色谱分析

绝缘油中溶解气体含量应满足表 17 的要求。

对于 U_m 为 363 kV～1 100 kV 的互感器,油中含气量应小于 1%。

表 17　绝缘油中溶解气体含量要求

设备最高电压 (方均根值) kV	H_2 含量 μL/L	C_2H_2 含量 μL/L	总烃含量 μL/L
≤40.5	—	—	—
72.5～126	≤50	0	≤10
252	≤50	0	≤10
363～1100	≤50	0	≤10
对于设备最高电压为 363 kV～1 100 kV 的互感器,油中含气量应小于 1%。			

6.16 绝缘电阻测量

6.16.1 试验要求

在工频耐压试验之前,一次绕组对二次绕组及地、二次绕组间及对地、地屏对地之间应进行绝缘电阻测量。

6.16.2 试验设备

绝缘电阻表或其他适合仪表(可根据产品技术条件确定其型式及规格)。

注:对额定工频耐受电压为3 kV的绝缘,可采用1 000 V(手动)绝缘电阻表;对额定工频耐受电压大于3 kV的绝缘,可采用2 500 V(手动)绝缘电阻表;若采用电子式绝缘电阻测试仪测试时,则仪器的最大输出电流一般不小于2 mA。

6.16.3 试验方法

测量前先将绝缘电阻表进行一次开路和短路试验,检查绝缘电阻表是否良好。在测量前后对被试互感器应进行充分放电,以保障设备及人身安全。

首先将互感器一次绕组或二次绕组的出头均分别短接,将绝缘电阻表放在水平位置,然后将绝缘电阻表线路端(L)接在被试绕组上,地线接在其他绕组及金属底座或箱壳上,在记录电阻值的同时还要记录环境温度和湿度。

也可采用其他测试仪进行测量。

6.16.4 试验判据

无论采用何种方法,试验结果均应符合产品技术条件规定。

6.17 绕组直流电阻测量

6.17.1 试验要求

测量时应记录准确的环境温度。

6.17.2 试验设备

当被测量电阻大于或等于10 Ω时,可采用单臂电桥(惠斯顿电桥)或直流电阻测试仪进行测量。

当被测量电阻小于10 Ω时,推荐采用双臂电桥(凯尔文电桥)或直流电阻测试仪进行测量。

6.17.3 试验方法

使用单臂电桥或双臂电桥测量时,将被测绕组两端与电桥连接,调节电桥表盘读数,使电桥达到平衡状态,记录电桥表盘读数。

使用直流电阻测试仪时,将被测绕组两端与测试仪连接,选择合适的量程,测量绕组直流电阻并记录读数。

7 特殊试验

7.1 一次端截断雷电冲击耐压试验

7.1.1 试验要求

试验电压应施加在一次绕组各端子(连接在一起)与地之间,座架、箱壳(如果有)、铁心(如需接地)

和所有二次绕组端子皆应接地。

7.1.2 试验方法

本试验应仅以负极性进行，并按下述方式与负极性额定雷电冲击试验结合进行。电压应是GB/T 16927.1规定的标准雷电冲击波在2 μs～5 μs处截断。截断冲击电路的布置应使所记录冲击波的反冲值限制约为峰值的30%。施加冲击的顺序如下：

a) U_m＜300 kV的互感器：

- 1次额定雷电冲击；
- 2次截断雷电冲击；
- 14次额定雷电冲击。

b) U_m≥300 kV的互感器：

- 1次额定雷电冲击；
- 2次截断雷电冲击；
- 2次额定雷电冲击。

7.1.3 试验判据

如果试品耐受规定的截断雷电冲击电压，并无闪络和击穿，且截断雷电冲击前后所施加额定雷电冲击波形无明显变异，则判定该试验合格。

截断雷电冲击沿自恢复外绝缘上的闪络，应不纳入对绝缘性能的评价之中。

7.2 一次端多次截断冲击试验

7.2.1 试验要求

如有附加规定，U_m≥300 kV的油浸式互感器一次端应承受多次截断冲击。

注：本要求和试验涉及承载高频暂态电流的内部电屏及其连接的性能，该电流主要起因于开关切分操作。本试验也可用于额定值低于此电压水平的情况。

7.2.2 试验方法

本试验应以靠近峰值处截断的负极性冲击波施加多次进行。

试验电压应施加在短接的一次端子与地之间。座架、箱壳(如果有)、铁心(如需接地)和所有二次绕组端子皆应接地。

规定的试验电压峰值为额定雷电冲击耐受电压的70%。试验电压的波形应是1.2/50 μs的波前段。

按GB/T 16927.1测量的电压有效截断时间不应超过0.5 μs，电路的布置应使反冲值约为规定电压峰值的30%。

应施加600次连续冲击，其速率约为每分钟冲击1次。

注：经制造方与用户协商同意，冲击次数可降低到100次。

在试验开始和结尾以及至少每100次冲击后，应记录波形。

7.2.3 试验判据

试验结果的评价标准应依据下列要求：

a) 比较试验开始和结尾以及每100次冲击后所记录的各次冲击电压波，不应出现有任何改变的迹象，这些改变可能是由于内部放电；

b) 测得的局部放电水平应不超过表16的规定值；

c） 除去由于所用试验方法和可能影响结果的微小因素（例如绝缘材料的温度）所造成的不确定度外，在试验前和试验结束至少 24 h 后测量的电容量和介质损耗因数，其结果应相同；

d） 在试验结束 72 h 后测得的油中溶解气体增量应不超过下列值：

1） 氢（H_2）：20 μL/L（最小检测水平 3 μL/L）；

2） 甲烷（CH_4）：5 μL/L（最小检测水平 0.1 μL/L）；

3） 乙炔（C_2H_2）：1 μL/L（最小检测水平 0.1 μL/L）。

当所列要求的任何一项不满足时，则认为互感器未通过本试验。

7.3 传递过电压试验

7.3.1 试验要求

此试验适用于 $U_m \geqslant 72.5$ kV 的互感器。

传递过电压所施加的波形要求及电压峰值见表 18。具体波形见图 22。

A 类冲击波要求适用于空气绝缘变电站中的电磁式互感器，而 B 类冲击波要求适用于安装在气体绝缘金属外壳全封闭组合电器（GIS）内的电磁式互感器。

注 1：纳入此要求以满足某些电磁兼容规程的要求。

注 2：A 型冲击波代表放电间隙闪络和开关操作引起的电压振荡。B 型冲击波代表开关操作时产生的陡波前冲击波。

表 18 传递过电压波形要求及限值

冲击波类型		A	B
施加电压峰值（U_P）		$1.6 \times \frac{\sqrt{2}U_m}{\sqrt{3}}$	$1.6 \times \frac{\sqrt{2}U_m}{\sqrt{3}}$
波形参数	常规波前时间（T_1）	0.50×（1±20%） μs	—
	半峰值时间（T_2）	≥50 μs	—
	波前时间（T_1）	—	10×（1±20%） ns
	波尾时间（T_2）	—	>100 ns
传递过电压峰值的限值（U_s）		1.6 kV	1.6 kV

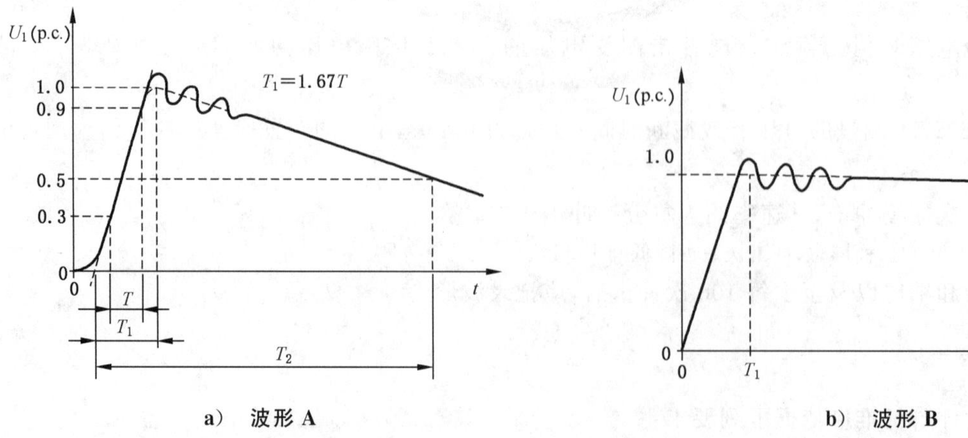

a） 波形 A　　b） 波形 B

图 22 传递过电压测量：冲击试验波形

7.3.2 试验线路

低电压冲击波(U_1)应施加在短接的一次端子与地之间(见图 23)。

对于 GIS 用互感器,应按图 24 通过 50 Ω 同轴电缆适配器施加冲击波。GIS 外壳应按运行方式接地。

对于其他应用情况,试验电路应按图 23 所示。

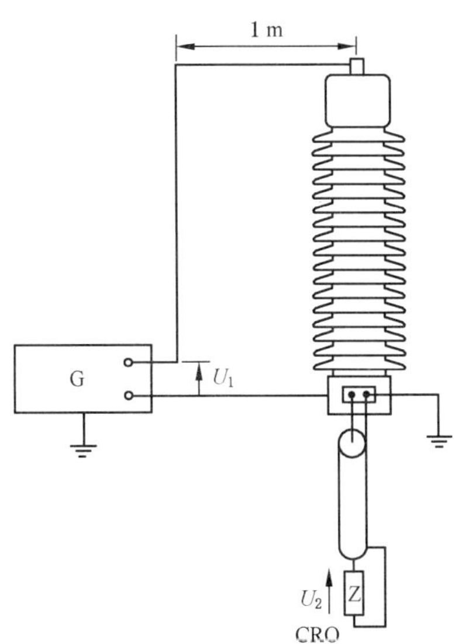

说明:

G ——试验发生器;

U_1 ——试验电压;

U_2 ——传递电压;

CRO——示波器。

图 23 传递过电压测量:一般试验布置

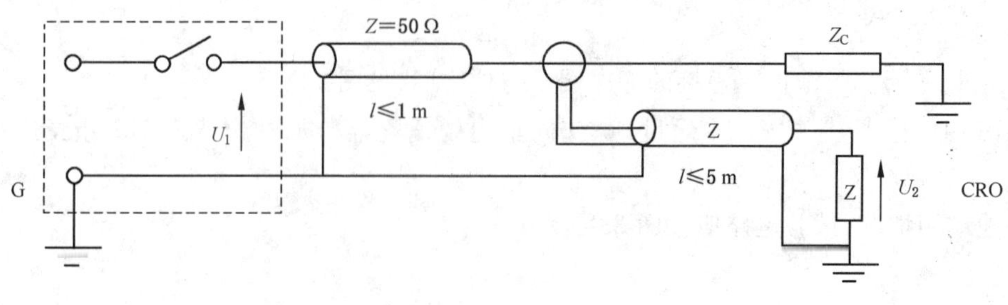

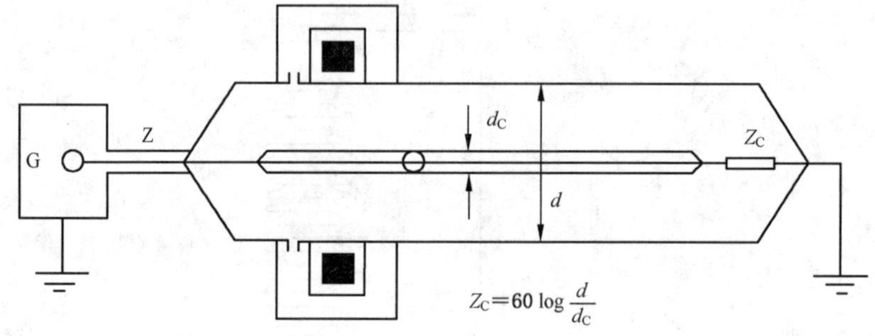

说明：

G ——试验发生器；

Z ——50 Ω 同轴馈送连接器；

Z_C ——负荷；

CRO——示波器；

U_1 ——试验电压；

U_2 ——传递电压。

图 24 传递过电压测量：GIS 用互感器试验电路

7.3.3 试验方法

拟接地的二次绕组端子应与座架连接并接地。

传递电压(U_2)应在开路的二次端子上测量，通过 50 Ω 同轴电缆连接输入阻抗为 50 Ω 且带宽不低于 100 MHz 的示波器读取峰值。

注：经制造方与用户协商同意，可采用避免测量受到干扰的其他试验方法。

如果互感器有多个二次绕组，应依次对每一个二次绕组进行测量。

在二次绕组具有中间抽头时，只需在绕组满匝数对应的出头上进行测量。

以规定的过电压(U_p)施加到一次绕组，所传递到二次绕组的过电压(U_s)应按式(14)计算：

$$U_s=U_p\times\frac{U_2}{U_1} \qquad (14)$$

当峰值处有振荡时，应绘制平均曲线，以此曲线的最大幅值作为 U_1 的峰值计算传递电压。

7.3.4 试验判据

以规定的过电压(U_p)施加到一次绕组，所传递到二次绕组的过电压(U_s)应不超过表 18 所列值。

7.4 机械强度试验

7.4.1 试验要求

此试验适用于 $U_m\geqslant72.5$ kV 的互感器。

互感器应能承受的静态载荷指导值列于表19。这些数值包含风力和覆冰引起的载荷。

规定的试验载荷可施加于一次端子的任意方向。

表19 静态承受试验载荷

设备最高电压（方均根值）kV	静态承受试验载荷 F_R N		
	电压端子	通过电流的端子	
		Ⅰ类载荷	Ⅱ类载荷
72.5	500	1 250	2 500
126	1 000	2 000	3 000
252～363	1 250	2 500	4 000
≥550	1 500	4 000	5 000

在正常运行条件下，作用载荷的总和不应超过规定承受试验载荷的50%。

在某些应用情况下，互感器具有通过电流的端子应能承受罕见的强烈动态载荷(例如短路)，其值不超过静态试验载荷的1.4倍。

在某些应用情况中，一次端子可能需要具有防转动的能力。试验时施加的力矩由制造方与用户商定。

7.4.2 试验方法

试验方法示意见图25。

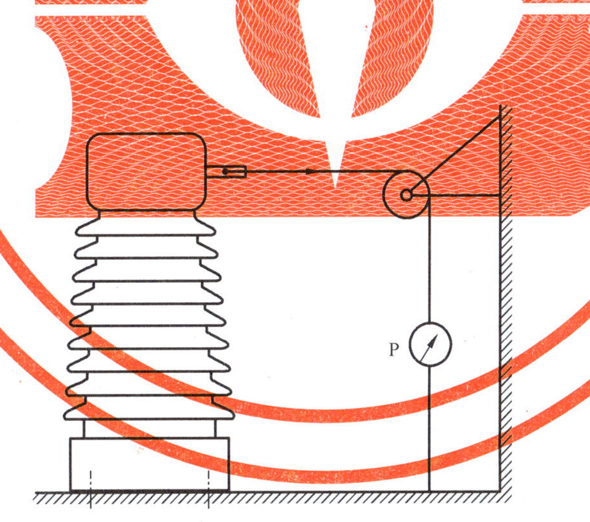

说明：

P——拉力计或标准砝码。

图25 机械强度试验示意图

互感器应装配完整，垂直安装且座架牢固固定。

油浸式互感器应装有规定的绝缘介质，并达到工作压力。气体绝缘的独立式互感器应充以额定充气压力的规定气体或混合气体。

按照表20所示的各种情况，试验载荷应在30 s～90 s内平稳上升到表19所列试验载荷值，并在此载荷值下至少保持60 s。在此期间应测量挠度。然后平稳解除试验载荷，并应记录残留挠度。

表 20 一次端子上试验载荷的施加方式

<table>
<tr><th>互感器端子类型</th><th colspan="2">施 加 方 式</th></tr>
<tr><td rowspan="2">电压端子</td><td>水平方向</td><td></td></tr>
<tr><td>垂直方向</td><td></td></tr>
<tr><td rowspan="3">通过电流的端子</td><td rowspan="2">水平方向</td><td></td></tr>
<tr><td></td></tr>
<tr><td>垂直方向</td><td></td></tr>
<tr><td colspan="3">试验载荷应施加于端子的中心位置。</td></tr>
</table>

7.4.3 试验判据

如果不出现损坏的迹象(如明显变形、破裂或泄漏),则认为互感器通过本试验。

7.5 内部电弧故障试验

7.5.1 试验要求

试验要求符合 GB/T 20840.1 的规定。

7.5.2 试验方法

试验方法按照 GB/T 20840.1 的规定进行。

7.5.3 试验判据

试验判据按照 GB/T 20840.1 的规定进行。

7.6 低温和高温下的密封性能试验(适用于气体绝缘产品)

7.6.1 试验要求

气体封闭压力系统的密封性能是以各气室的相对泄漏率 F_{rel} 进行规定的。

标准值为每年 0.5%,适用于 SF_6 和 SF_6 混合气体。

在极限温度下增大的泄漏率(如果有关标准要求这种试验)是可接受的,只要该泄漏率在正常环境温度下的恢复值不超过相应的最大允许值。

7.6.2 试验方法

试验应在完整互感器上和所规定温度类别的各极限值下进行。

互感器外壳上每一个开口应以原有的密封手段密封。

由于环境试验室实际条件的限制,互感器的状态可能与使用状态不相同。

环境温度测量应最少用3个传感器,它们距离互感器约0.3 m且沿互感器高度等距分布。

为了测量准确,试验应在互感器充气完成至少1 h后开始进行。

泄漏率测量及计算方法见5.7.3。

试验按如下进行:

a) 在环境温度(20±10)℃下测量泄漏率(F_p);
b) 环境试验室的温度以平均速率±10 K/h下降(或上升)至对应于互感器温度类别的下限(或上限)温度;
c) 测量泄漏率之前,互感器应在最低(或最高)温度下保持至少24 h,允许偏差±5 K;
d) 在低(或高)温下测量泄漏率;
e) 环境试验室的温度应以平均速率±10 K/h上升(或下降)到环境温度;
f) 当互感器已稳定在环境温度(20±10)℃之后测量泄漏率。

7.6.3 试验判据

增大的暂时性泄漏率应不超过表21所列值。

表21 气体系统允许的暂时泄漏率

温度级别 ℃	允许的暂时性泄漏率
+40和+50	$3F_p$
环境温度	F_p
−5/−10/−15/−25/−40	$3F_p$
−50	$6F_p$

7.7 腐蚀试验

7.7.1 试验要求

试验可在代表性模型上进行,模型采用所考察互感器使用的相同材料。

7.7.2 试验方法

专门的腐蚀试验按照GB/T 2421.1的规定进行。

例如:

a) 被试设备按照GB/T 2423.17承受环境试验Ka(盐雾)。试验持续时间为168 h;
b) 另外,对于涂漆表面,其抵抗含二氧化硫潮湿空气的试验按照ISO 3231进行。

7.7.3 试验判据

试验判据如下:

a) 代表性模型的紧密性应不受腐蚀的影响,用目测或者测量;
b) 如表面为涂漆,则应无降解变质的痕迹可见;
c) 代表性模型的有关功能应不受影响;
d) 各组装件的拆卸应不受影响;

e) 如果有腐蚀,则应在试验报告中记明腐蚀程度。

7.8 着火危险试验

7.8.1 试验要求

制造方提供的信息应使用户能对正常和非正常运行时的着火风险进行评估。其导则列于表 22。若有试验要求,应由制造方自行决定试验方法。

表 22 电工产品的着火危险

着火危险的评定导则	将火灾中毒危险减至最小的导则
GB/T 5169.2	GB/T 5169.18

7.8.2 试验方法

试验方法按照 GB/T 5169.9 和 GB/T 5169.18 的规定进行。

7.8.3 试验判据

试验结果应满足 GB/T 5169.9 和 GB/T 5169.18 的有关规定。

7.9 绝缘热稳定试验

7.9.1 试验要求

本试验仅适用于设备最高电压 U_m≥252 kV 的油浸式互感器,试验时的环境温度为 5 ℃～40 ℃。

7.9.2 试验方法

试验时应对互感器同时施加额定连续热电流和 $U_m/\sqrt{3}$ 的电压,直至达到稳定状态(例如介质损耗因数达到稳定)。全部试验时间不应少于 36 h,其中达到稳定状态的连续时间不应少于 8 h。

7.9.3 试验线路

可采用图 26 试验线路进行试验。

注:升流变压器的铁心及一次绕组和二次绕组的某一同名端可连接在一起,形成等电位。

也可采用图 27 试验线路进行试验。

若试验条件不允许时,一般铁心无气隙的试品也可采用图 28 试验线路进行试验。

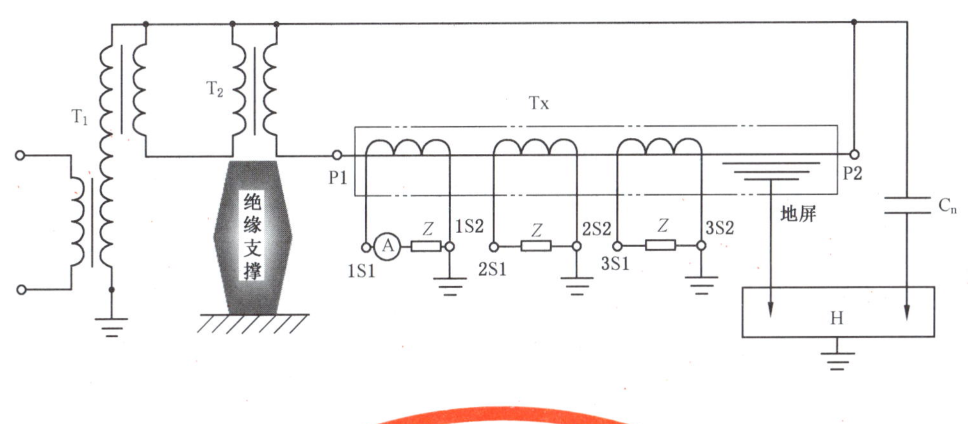

说明：

T_1 ——（高压绕组带励磁线圈的串级式）试验变压器；

T_2 ——升流变压器；

A ——电流表；

Z ——二次绕组负荷；

C_n ——标准电容器；

H ——介质损耗测量电桥；

T_X ——被试互感器；

P1、P2 ——一次绕组出线端子；

1S1、1S2、2S1、2S2、3S1、3S2——二次绕组出线端子。

图 26　绝缘热稳定试验（线路 1）

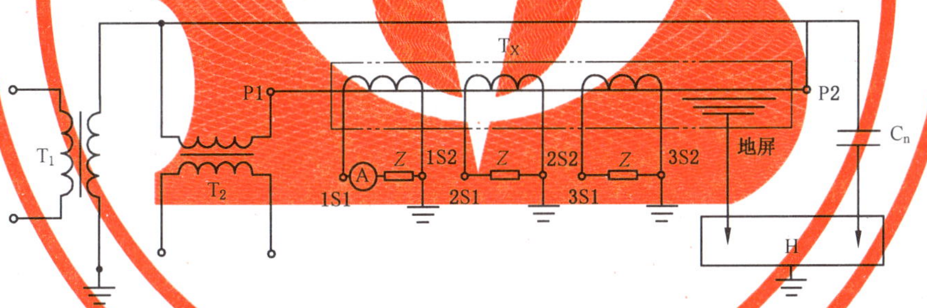

说明：

T_1 ——试验变压器；

T_2 ——高压升流器；

A ——电流表；

Z ——二次绕组负荷；

C_n ——标准电容器；

H ——介质损耗测量电桥；

T_X ——被试互感器；

P1、P2 ——一次绕组出线端子；

1S1、1S2、2S1、2S2、3S1、3S2 ——二次绕组出线端子。

图 27　绝缘热稳定试验（线路 2）

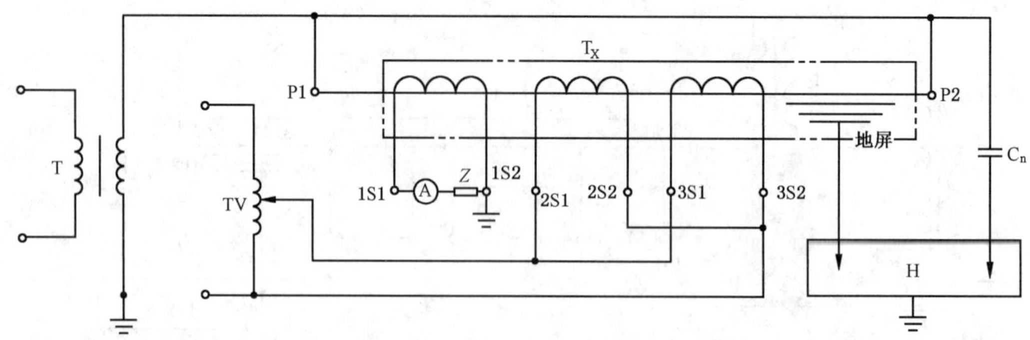

说明：

T	——试验变压器；
TV	——调压器；
A	——电流表；
Z	——二次绕组负荷；
C_n	——标准电容器；
H	——介质损耗测量电桥；
T_X	——被试互感器；
P1、P2	——一次绕组出线端子；
1S1、1S2、2S1、2S2、3S1、3S2	——二次绕组出线端子。

图 28　绝缘热稳定试验(线路 3)

7.9.4　测量

介质损耗因数测量应每小时测量一次，并同时记录环境温度、湿度及试品温度。

7.9.5　导线截面选择

连接被试互感器的一次导线应选择合适截面，一般按温升试验要求选择。

7.9.6　注意事项

查看被试互感器温度时，应停电进行，时间应越短越好，尽快恢复送电，应注意安全。

7.9.7　试验判据

如果耐受规定时间的额定连续热电流和 $U_m/\sqrt{3}$ 的电压，直到介质损耗因数达到稳定状态且满足要求，则判定试验合格。

8　型式试验的补充要求

8.1　型式试验周期和要求

8.1.1　新产品在小批量投产前应进行全部型式试验。

当互感器更改结构、原材料或工艺方法时，应重新进行部分或全部型式试验项目。

8.1.2　定期性型式试验应至少每五年进行一次。

但对于按照 GB/T 19001 建立了质量认证体系的企业，其互感器定期性型式试验可每八年进行一次。此时，可从同一型式的互感器中选取有代表性的产品作为试品，并应从批量生产的产品中选取。

8.1.3 互感器的型式试验一般应在国家认可的专业检验机构进行。

对于具备 U_m>126 kV 互感器试验条件的企业，也可进行本企业制造的互感器(U_m>126 kV)的型式试验。此时，其测试用的器具均应在有效期内，且应在国家认可的专业检验机构的监督下进行。

8.2 型式试验报告

型式试验报告至少应包括以下内容：

——产品代号及型号、外形图、铭牌数据等；

——主要试验线路图和试品布置图；

——试验仪器仪表的主要性能指标；

——试验时的实际电流值、电压值及波形图(有要求时应包括二次侧)等；

——其他与试验相关的数据和技术参数；

——试验结论。

ICS 29.180
K 41

中华人民共和国国家标准

GB/T 22072—2018
代替 GB/T 22072—2008

干式非晶合金铁心配电变压器技术参数和要求

Specifications and technical requirements for dry-type amorphous alloy core distribution transformers

2018-12-28 发布　　2019-07-01 实施

国家市场监督管理总局
中国国家标准化管理委员会　发布

前　言

本标准按照 GB/T 1.1—2009 给出的规则起草。

本标准代替 GB/T 22072—2008《干式非晶合金铁心配电变压器技术参数和要求》,与 GB/T 22072—2008 相比主要技术变化如下：

——对规范性引用文件进行了修改(见第 2 章)；

——对 10 kV 电压等级产品的空载电流和声级水平进行了调整(见 4.1 和 5.3,2008 年版的第 4 章和 5.11)；

——增加了 20 kV 和 35 kV 电压等级产品的性能参数及声级水平(见 4.2、4.3 和 5.3)。

本标准由中国电器工业协会提出。

本标准由全国变压器标准化技术委员会(SAC/TC 44)归口。

本标准起草单位:沈阳变压器研究院股份有限公司、上海沪光变压器有限公司、上海置信电气股份有限公司、机械工业北京电工技术经济研究所、广州中车骏发电气有限公司、国家电网公司华东分部、中国电力科学研究院有限公司、上海申通地铁集团有限公司技术中心、海鸿电气有限公司、特变电工湖南电气有限公司、山东电力设备有限公司、海南金盘智能科技股份有限公司、山东东辰节能电力设备有限公司、特变电工股份有限公司新疆变压器厂、浙江江山变压器股份有限公司、顺特电气设备有限公司、明珠电气股份有限公司、吴江变压器有限公司。

本标准主要起草人:章忠国、张显忠、龙晔、沙建国、凌健、郭振岩、樊建平、姜益民、付超、王晓保、梁庆宁、王士宝、赵永志、李辉、张春芳、房玉杰、姜振军、李霞、蔡定国、林灿华。

本标准所代替标准的历次版本发布情况为：

——GB/T 22072—2008。

干式非晶合金铁心配电变压器
技术参数和要求

1 范围

本标准规定了干式非晶合金铁心配电变压器的术语和定义、性能参数、技术要求、检验规则及方法、标志、包装、运输和贮存。

本标准适用于系统标称电压为 6 kV、10 kV、20 kV 及 35 kV 级，额定频率为 50 Hz，额定容量为 30 kVA～2 500 kVA，户内使用的三相干式非晶合金铁心无励磁调压配电变压器(以下简称“变压器”)。

其他额定容量的产品可参考使用本标准。

本标准不适用于充气式变压器。

2 规范性引用文件

下列文件对于本文件的应用是必不可少的。凡是注日期的引用文件，仅注日期的版本适用于本文件。凡是不注日期的引用文件，其最新版本(包括所有的修改单)适用于本文件。

GB/T 191 包装储运图示标志

GB/T 1094.1 电力变压器 第 1 部分：总则

GB/T 1094.10 电力变压器 第 10 部分：声级测定

GB/T 1094.11 电力变压器 第 11 部分：干式变压器

GB/T 1094.12 电力变压器 第 12 部分：干式电力变压器负载导则

GB/T 2828.1 计数抽样检验程序 第 1 部分：按接收质量限(AQL)检索的逐批检验抽样计划

GB/T 2900.95 电工术语 变压器、调压器和电抗器

GB/T 5273 高压电器端子尺寸标准化

GB/T 5465.2 电气设备用图形符号 第 2 部分：图形符号

JB/T 501 电力变压器试验导则

3 术语和定义

GB/T 1094.1、GB/T 1094.11 和 GB/T 2900.95 界定的以及下列术语和定义适用于本文件。

3.1

非晶合金 amorphous alloy

以铁、硅、硼、碳、钴等元素为原料，用急速冷却等特殊工艺使内部原子呈现无序化排列的合金。

3.2

非晶合金铁心 amorphous alloy core

用具有软磁特性的非晶合金带材制成的变压器铁心。

3.3

干式非晶合金铁心配电变压器 dry-type amorphous alloy core distribution transformer

以非晶合金铁心为导磁材料的干式配电变压器。

4 性能参数

4.1 6 kV、10 kV 级无励磁调压配电变压器(自冷)的额定容量、电压组合、联结组标号、空载损耗、负载损耗、空载电流及短路阻抗应符合表 1 的规定。

表 1 6 kV、10 kV 级无励磁调压配电变压器(自冷)性能参数

<table>
<tr><th rowspan="2">额定
容量
kVA</th><th colspan="3">电压组合</th><th rowspan="2">联结组
标号</th><th rowspan="2">空载
损耗
kW</th><th colspan="3">不同绝缘耐热等级的负载损耗
kW</th><th rowspan="2">空载
电流
%</th><th rowspan="2">短路
阻抗
%</th></tr>
<tr><th>高压
kV</th><th>高压
分接范围
%</th><th>低压
kV</th><th>130 级(B)
(100 ℃)</th><th>155 级(F)
(120 ℃)</th><th>180 级(H)
(145 ℃)</th></tr>
<tr><td>30</td><td rowspan="21">6
6.3
6.6
10
10.5
11</td><td rowspan="6">±2.5
±5</td><td rowspan="21">0.4</td><td rowspan="21">Dyn11</td><td>0.070</td><td>0.670</td><td>0.710</td><td>0.760</td><td>0.60</td><td rowspan="12">4.0</td></tr>
<tr><td>50</td><td>0.090</td><td>0.940</td><td>1.00</td><td>1.07</td><td>0.50</td></tr>
<tr><td>80</td><td>0.120</td><td>1.29</td><td>1.38</td><td>1.48</td><td>0.50</td></tr>
<tr><td>100</td><td>0.130</td><td>1.48</td><td>1.57</td><td>1.69</td><td>0.50</td></tr>
<tr><td>125</td><td>0.150</td><td>1.74</td><td>1.85</td><td>1.98</td><td>0.40</td></tr>
<tr><td>160</td><td>0.170</td><td>2.00</td><td>2.13</td><td>2.28</td><td>0.40</td></tr>
<tr><td>200</td><td rowspan="15">±2×2.5
±5</td><td>0.200</td><td>2.37</td><td>2.53</td><td>2.71</td><td>0.40</td></tr>
<tr><td>250</td><td>0.230</td><td>2.59</td><td>2.76</td><td>2.96</td><td>0.40</td></tr>
<tr><td>315</td><td>0.280</td><td>3.27</td><td>3.47</td><td>3.73</td><td>0.30</td></tr>
<tr><td>400</td><td>0.310</td><td>3.75</td><td>3.99</td><td>4.28</td><td>0.30</td></tr>
<tr><td>500</td><td>0.360</td><td>4.59</td><td>4.88</td><td>5.23</td><td>0.30</td></tr>
<tr><td>630</td><td>0.420</td><td>5.53</td><td>5.88</td><td>6.29</td><td>0.30</td></tr>
<tr><td>630</td><td>0.410</td><td>5.61</td><td>5.96</td><td>6.40</td><td>0.30</td><td rowspan="6">6.0</td></tr>
<tr><td>800</td><td>0.480</td><td>6.55</td><td>6.96</td><td>7.46</td><td>0.30</td></tr>
<tr><td>1 000</td><td>0.550</td><td>7.65</td><td>8.13</td><td>8.76</td><td>0.20</td></tr>
<tr><td>1 250</td><td>0.650</td><td>9.10</td><td>9.69</td><td>10.3</td><td>0.20</td></tr>
<tr><td>1 600</td><td>0.760</td><td>11.0</td><td>11.7</td><td>12.5</td><td>0.20</td></tr>
<tr><td>2 000</td><td>1.00</td><td>13.6</td><td>14.4</td><td>15.5</td><td>0.20</td></tr>
<tr><td>2 500</td><td>1.20</td><td>16.1</td><td>17.1</td><td>18.4</td><td>0.20</td></tr>
<tr><td>1 600</td><td>0.760</td><td>12.2</td><td>12.9</td><td>13.9</td><td>0.20</td><td rowspan="3">8.0</td></tr>
<tr><td>2 000</td><td>1.00</td><td>15.0</td><td>15.9</td><td>17.1</td><td>0.20</td></tr>
<tr><td>2 500</td><td>1.20</td><td>17.7</td><td>18.8</td><td>20.2</td><td>0.20</td></tr>
</table>

注 1：表中所列的负载损耗为不同绝缘耐热等级在括号内参考温度(见 GB/T 1094.11 的规定)下的值，表中未包括的其他绝缘耐热等级的负载损耗可根据各自的参考温度，以“155 级(F)”绝缘耐热等级的数据作参考进行相应的折算。

注 2：当采用其他联结组标号或其他分接范围时，具体要求可由制造方与用户协商确定。

4.2 20 kV 级无励磁调压配电变压器(自冷)的额定容量、电压组合、联结组标号、空载损耗、负载损耗、空载电流及短路阻抗应符合表 2 的规定。

表 2 20 kV 级无励磁调压配电变压器(自冷)性能参数

额定容量 kVA	电压组合			联结组标号	空载损耗 kW	不同绝缘耐热等级的负载损耗 kW			空载电流 %	短路阻抗 %
	高压 kV	高压分接范围 %	低压 kV			130 级(B) (100 ℃)	155 级(F) (120 ℃)	180 级(H) (145 ℃)		
50	20 22 24	±2.5 ±5	0.4	Dyn11	0.110	1.16	1.23	1.31	0.70	6.0
100					0.170	1.87	1.99	2.13	0.70	
160					0.210	2.33	2.47	2.64	0.60	
200		±2×2.5 ±5			0.230	2.77	2.94	3.14	0.60	
250					0.260	3.22	3.42	3.66	0.50	
315					0.300	3.85	4.08	4.36	0.50	
400					0.360	4.56	4.84	5.18	0.50	
500					0.410	5.46	5.79	6.19	0.50	
630					0.480	6.45	6.84	7.32	0.50	
800					0.550	7.79	8.26	8.84	0.40	
1 000					0.640	9.22	9.78	10.4	0.40	
1 250					0.740	10.8	11.5	12.3	0.40	
1 600					0.860	13.0	13.8	14.8	0.30	
2 000					1.06	15.4	16.3	17.5	0.30	
2 500					1.29	18.2	19.3	20.7	0.30	
1 600					0.860	14.3	15.2	16.3	0.30	8.0
2 000					1.06	16.8	17.8	19.1	0.30	
2 500					1.29	20.0	21.2	22.7	0.30	

注 1：表中所列的负载损耗为不同绝缘耐热等级在括号内参考温度(见 GB/T 1094.11 的规定)下的值，表中未包括的其他绝缘耐热等级的负载损耗可根据各自的参考温度，以“155 级(F)”绝缘耐热等级的数据作参考进行相应的折算。

注 2：当采用其他联结组标号或其他分接范围时，具体要求可由制造方与用户协商确定。

4.3 35 kV 级无励磁调压配电变压器(自冷)的额定容量、电压组合、联结组标号、空载损耗、负载损耗、空载电流及短路阻抗应符合表 3 的规定。

表 3 35 kV 级无励磁调压配电变压器(自冷)性能参数

<table>
<tr><th rowspan="3">额定
容量
kVA</th><th colspan="3">电压组合</th><th rowspan="3">联结组
标号</th><th rowspan="3">空载
损耗
kW</th><th colspan="3">不同绝缘耐热等级的负载损耗
kW</th><th rowspan="3">空载
电流
%</th><th rowspan="3">短路
阻抗
%</th></tr>
<tr><th rowspan="2">高压
kV</th><th rowspan="2">高压
分接范围
%</th><th rowspan="2">低压
kV</th><th rowspan="2">130 级(B)
(100 ℃)</th><th rowspan="2">155 级(F)
(120 ℃)</th><th rowspan="2">180 级(H)
(145 ℃)</th></tr>
<tr></tr>
<tr><td>50</td><td rowspan="18">33
35
36
37
38.5</td><td rowspan="3">±2.5
±5</td><td rowspan="18">0.4</td><td rowspan="18">Dyn11</td><td>0.150</td><td>1.34</td><td>1.42</td><td>1.52</td><td>0.90</td><td rowspan="15">6.0</td></tr>
<tr><td>100</td><td>0.200</td><td>1.97</td><td>2.09</td><td>2.23</td><td>0.90</td></tr>
<tr><td>160</td><td>0.240</td><td>2.65</td><td>2.81</td><td>3.00</td><td>0.80</td></tr>
<tr><td>200</td><td rowspan="15">±2×2.5
±5</td><td>0.280</td><td>3.13</td><td>3.32</td><td>3.55</td><td>0.80</td></tr>
<tr><td>250</td><td>0.310</td><td>3.58</td><td>3.80</td><td>4.06</td><td>0.70</td></tr>
<tr><td>315</td><td>0.370</td><td>4.25</td><td>4.51</td><td>4.82</td><td>0.70</td></tr>
<tr><td>400</td><td>0.430</td><td>5.10</td><td>5.41</td><td>5.79</td><td>0.60</td></tr>
<tr><td>500</td><td>0.500</td><td>6.27</td><td>6.65</td><td>7.11</td><td>0.60</td></tr>
<tr><td>630</td><td>0.580</td><td>7.25</td><td>7.69</td><td>8.23</td><td>0.60</td></tr>
<tr><td>800</td><td>0.680</td><td>8.60</td><td>9.12</td><td>9.76</td><td>0.50</td></tr>
<tr><td>1 000</td><td>0.750</td><td>9.86</td><td>10.4</td><td>11.1</td><td>0.50</td></tr>
<tr><td>1 250</td><td>0.880</td><td>12.0</td><td>12.7</td><td>13.6</td><td>0.50</td></tr>
<tr><td>1 600</td><td>1.00</td><td>14.6</td><td>15.4</td><td>16.5</td><td>0.40</td></tr>
<tr><td>2 000</td><td>1.25</td><td>17.2</td><td>18.2</td><td>19.5</td><td>0.40</td></tr>
<tr><td>2 500</td><td>1.48</td><td>20.6</td><td>21.8</td><td>23.3</td><td>0.40</td></tr>
<tr><td>1 600</td><td>1.00</td><td>16.0</td><td>17.0</td><td>18.2</td><td>0.40</td><td rowspan="3">8.0</td></tr>
<tr><td>2 000</td><td>1.25</td><td>19.0</td><td>20.1</td><td>21.5</td><td>0.40</td></tr>
<tr><td>2 500</td><td>1.48</td><td>22.7</td><td>24.0</td><td>25.7</td><td>0.40</td></tr>
</table>

注 1:表中所列的负载损耗为不同绝缘耐热等级在括号内参考温度(见 GB/T 1094.11 的规定)下的值,表中未包括的其他绝缘耐热等级的负载损耗可根据各自的参考温度,以“155 级(F)”绝缘耐热等级的数据作参考进行相应的折算。

注 2:当采用其他联结组标号或其他分接范围时,具体要求可由制造方与用户协商确定。

5 技术要求

5.1 按本标准制造的变压器应符合 GB/T 1094.11 和 GB/T 1094.12 的规定。

5.2 变压器组、部件的设计、制造及检验等应符合相关标准的要求。

5.3 绕组直流电阻不平衡率应满足:相为不大于 4%,线为不大于 2%。如果由于线材及引线结构等原因而使绕组直流电阻不平衡率超过上述值时,除应在例行试验记录中记录实测值外,尚应写明引起这一偏差的原因。使用单位应与同温度下的例行试验实测值进行比较,其偏差应不大于 2%。

绕组直流电阻不平衡率应以三相实测最大值减最小值作分子,三相实测平均值作分母计算。

对所有引出的相应端子间的电阻值均应进行测量比较。

5.4 6 kV、10 kV 级无励磁调压配电变压器(自冷)的声级水平应符合表 4 的规定。20 kV、35 kV 级无励磁调压配电变压器(自冷)的声级水平应符合表 5 的规定。

5.5 变压器的绝缘电阻值由制造方与用户在订货时协商确定。

5.6 变压器的接地装置应有防锈层及明显的接地标志。

5.7 变压器一次和二次引线的接线端子应符合 GB/T 5273 的规定。

5.8 变压器防止直接接触的保护标志应符合 GB/T 5465.2 的规定。

5.9 变压器的铁心和金属件应有防腐蚀的保护层。

5.10 变压器应装有底脚,其上应设有安装用的定位孔,孔中心距(横向尺寸)为 300 mm、400 mm、550 mm、660 mm、820 mm 及 1 070 mm;如使用单位要求装有滚轮时,轮中心距(横向尺寸)为 550 mm、660 mm、820 mm 及 1 070 mm。如对纵向尺寸有要求时,也可按横向尺寸数值选取。

表 4 6 kV、10 kV 级无励磁调压配电变压器(自冷)声功率级限值

额定容量 kVA	声功率级 dB(A)
30	60
50	
80	62
100	
125	63
160	
200	64
250	
315	66
400	
500	67
630	68
800	69
1 000	
1 250	71
1 600	72
2 000	74
2 500	75

注 1:声功率级是由声压级或声强级的实测值按 GB/T 1094.10 的规定换算得出的。

注 2:特殊条件下的声级水平可由制造方与用户协商确定。

表 5 20 kV、35 kV 级无励磁调压配电变压器(自冷)声功率级限值

<table>
<tr><th>额定容量
kVA</th><th>声功率级
dB(A)</th></tr>
<tr><td>50</td><td>62</td></tr>
<tr><td>100</td><td>64</td></tr>
<tr><td>160</td><td>65</td></tr>
<tr><td>200</td><td rowspan="2">66</td></tr>
<tr><td>250</td></tr>
<tr><td>315</td><td rowspan="2">68</td></tr>
<tr><td>400</td></tr>
<tr><td>500</td><td>69</td></tr>
<tr><td>630</td><td>71</td></tr>
<tr><td>800</td><td rowspan="2">73</td></tr>
<tr><td>1 000</td></tr>
<tr><td>1 250</td><td rowspan="2">75</td></tr>
<tr><td>1 600</td></tr>
<tr><td>2 000</td><td rowspan="2">77</td></tr>
<tr><td>2 500</td></tr>
<tr><td colspan="2">注 1：声功率级是由声压级或声强级的实测值按 GB/T 1094.10 的规定换算得出的。
注 2：特殊条件下的声级水平可由制造方与用户协商确定。</td></tr>
</table>

5.11 变压器应具有承受整体总质量的起吊装置。

5.12 根据用户要求，可在变压器上装设监测其运行温度的装置。

5.13 变压器在短路电流冲击前、后的空载损耗增量应不超过 15%。

6 检验规则及方法

6.1 变压器的试验包括例行试验、型式试验和特殊试验，具体见 GB/T 1094.11。此外，6.2～6.4 所列的试验为补充的例行试验。

6.2 应对变压器进行绕组直流电阻不平衡率测量，试验方法按 JB/T 501 的规定。测量结果应满足 5.3 的要求。

6.3 变压器出厂前应对其进行绝缘电阻测量，并提供绝缘电阻实测值(包括测量时的温度及相对湿度)，试验方法按 JB/T 501 的规定。

6.4 变压器出厂前应抽样进行声级测定，抽样方法由制造方与用户按照 GB/T 2828.1 的规定协商确定，声级测定方法应符合 GB/T 1094.10 的要求。

7 标志、包装、运输和贮存

7.1 变压器各绕组应有相应的接线端子标志，所有标志应牢固且耐腐蚀。

7.2 变压器包装箱外壁的文字与标志应耐受风吹日晒,不应因雨水冲刷而模糊不清,其内容应包括:

a) 制造单位名称;

b) 收货单位名称及地址;

c) 产品名称及型号;

d) 毛质量和变压器总质量;

e) 包装箱外形尺寸;

f) 包装箱储运指示标志(其中“向上”“防湿”“小心轻放”“由此吊起”等应符合 GB/T 191 的规定)。

7.3 随变压器装箱的文件应包括:

a) 装箱单;

b) 铭牌标志图;

c) 外形尺寸图;

d) 产品合格证书(包括例行试验数据);

e) 产品使用说明书。

7.4 变压器在运输和贮存期间应防止受潮。

ICS 17.040.30
J 42

中华人民共和国国家标准

GB/T 22092—2018
代替 GB/T 22092—2008

电子数显测微头和深度千分尺

Micrometer head and depth micrometer with electronic digital display

2018-05-14 发布

2018-12-01 实施

国家市场监督管理总局
中国国家标准化管理委员会 发布

前　言

本标准按照 GB/T 1.1—2009 给出的规则起草。

本标准代替 GB/T 22092—2008《电子数显测微头和深度千分尺》。本标准与 GB/T 22092—2008 相比，除编辑性修改外，主要技术变化如下：

——扩大电子数显测微头和深度千分尺的量程到 50 mm（见第 1 章、4.2.2，2008 年版的第 1 章、4.2.2）；

——修改了电子数显千分尺数显装置的定义（见 3.1，2008 年版的 3.1）；

——增加了电子数显测微头和电子数显深度千分尺的定义（见 3.2、3.3）；

——增加了测微螺杆螺距为 2 mm 的电子数显测微头和深度千分尺（见 4.2.1）；

——修改了对锁紧变化的要求（见 5.5，2008 年版的第 1 章）；

——增加了对电子数显深度千分尺测量面平行度的要求和检验（见 5.8.5、6.1.4）；

——增加了量程等于 50 mm 的电子数显测微头及其示值最大允许误差的要求（见 5.11.1）；

——修改了示值最大允许误差的规定值（见 5.11 和表 1，2008 年版的 5.11 和表 1）；

——删除了附录 A，把附录 A 的内容放到正文里（见 5.11、表 2，2008 年版的附录 A）；

——增加了对电子数显深度千分尺校对柱的要求（见 5.13）；

——修改了分度误差检验方法的注 2（见 6.3.1，2008 年版的 6.3.1）；

——修改了示值误差的检验方法（见 6.4.2，2008 年版的 6.4.2）；

——增加了示值误差检验方法的 B 组尺寸系列检验量块（见 6.4.2 和表 2，2008 年版的 6.4.2）；

——增加了量程等于 50 mm 的电子数显测微头的示值误差检验量块（见 6.4.2 和表 2）；

——删除了对角度传感器等分数的规定（见 2008 年版的 5.10.3）。

本标准由中国机械工业联合会提出。

本标准由全国量具量仪标准化技术委员会（SAC/TC 132）归口。

本标准负责起草单位：苏州麦克龙测量技术有限公司。

本标准参加起草单位：成都工具研究所有限公司、桂林量具刃具有限责任公司、成都成量工具集团有限公司、哈尔滨量具刃具集团有限责任公司、桂林广陆数字测控有限公司、东莞市特马电子有限公司、广西壮族自治区计量检测研究院、辽宁省计量科学研究院。

本标准主要起草人：黄晓宾、王荣华、许刚、赵伟荣、李荣农、周萍、闫列雪、王昭进、王智慧、姚兴宇。

本标准所代替标准的历次版本发布情况为：

——GB/T 22092—2008。

电子数显测微头和深度千分尺

1 范围

本标准规定了电子数显测微头和电子数显深度千分尺的术语和定义、型式与基本参数、要求、检验方法、试验方法、标志与包装。

本标准适用于分辨力为 0.001 mm，量程小于或等于 50 mm 的电子数显测微头和测量范围上限至 300 mm 的电子数显深度千分尺。

2 规范性引用文件

下列文件对于本文件的应用是必不可少的。凡是注日期的引用文件，仅注日期的版本适用于本文件。凡是不注日期的引用文件，其最新版本(包括所有的修改单)适用于本文件。

GB/T 1216—2018 外径千分尺

GB/T 2423.3—2016 环境试验 第 2 部分:试验方法 试验 Cab:恒定湿热试验

GB/T 2423.22—2012 环境试验 第 2 部分:试验方法 试验 N:温度变化

GB/T 4208—2017 外壳防护等级(IP 代码)

GB/T 1800.2—2009 产品几何技术规范(GPS) 极限与配合 第 2 部分:标准公差等级和孔、轴极限偏差表

GB/T 17163—2008 几何量测量器具术语 基本术语

GB/T 17164—2008 几何量测量器具术语 产品术语

GB/T 17626.2—2006 电磁兼容 试验和测量技术 静电放电抗扰度试验

GB/T 17626.3—2016 电磁兼容 试验和测量技术 射频电磁场辐射抗扰度试验

GB/T 24634—2009 产品几何技术规范(GPS) GPS 测量设备通用概念和要求

3 术语和定义

GB/T 17163—2008、GB/T 17164—2008 和 GB/T 24634—2009 界定的以及下列术语和定义适用于本文件。

3.1

电子数显千分尺数显装置 electronic digital indicating devices for micrometer

利用角度传感器、电子和数字显示技术，计算并显示电子数显千分尺的测微螺杆位移的装置。

注：以下简称“电子数显装置”。

3.2

电子数显测微头 micrometer head with electronic digital display

利用电子数显千分尺数显装置，对测微螺杆轴向位移进行读数并具有安装部位的测量器具。

3.3

电子数显深度千分尺 depth micrometer with electronic digital display

利用电子数显装置，对底板测量面与测微螺杆测量面分隔的距离进行读数的测量器具。

注：改写 GB/T 17164—2008，定义 2.3.13。

4 型式与基本参数

4.1 型式

电子数显测微头和电子数显深度千分尺的型式如图 1 和图 2 所示。图示仅供图解说明，不表示详细结构。

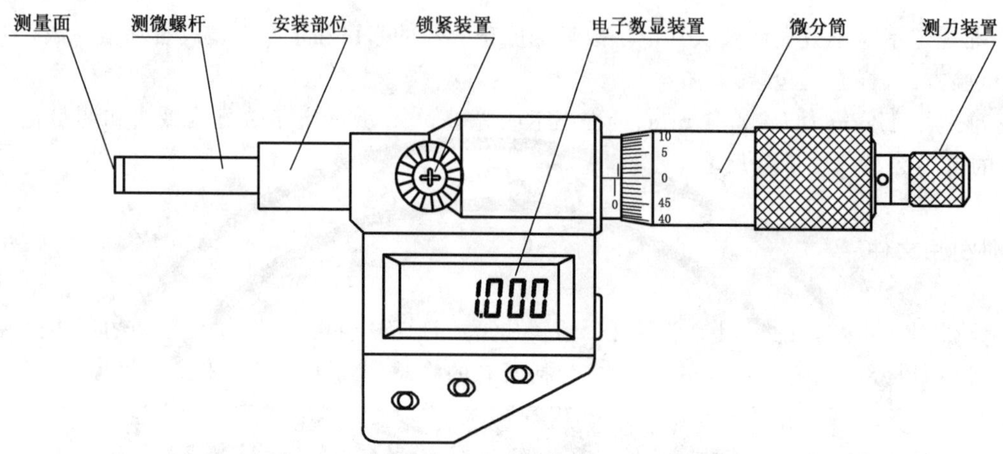

图 1 电子数显测微头型式示意图

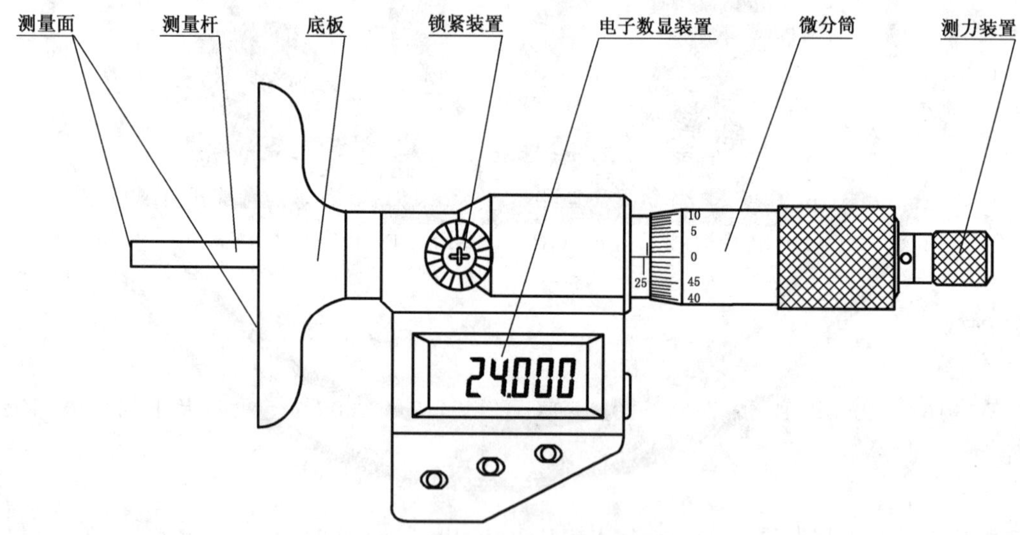

图 2 电子数显深度千分尺型式示意图

4.2 基本参数

4.2.1 电子数显测微头和电子数显深度千分尺测微螺杆的螺距宜为 0.5 mm、1 mm 或 2 mm。

4.2.2 电子数显测微头和电子数显深度千分尺的量程宜为 25 mm、30 mm 或 50 mm。

4.2.3 电子数显测微头安装部位的直径宜为 ϕ12h6。

4.2.4 电子数显深度千分尺的测量范围的下限宜为 0 mm 或 25 mm 的整数倍。

5 要求

5.1 外观

5.1.1 电子数显测微头和电子数显深度千分尺表面不得有影响外观和使用性能的裂痕、划伤、碰伤、锈蚀、毛刺等缺陷。

5.1.2 电子数显测微头和电子数显深度千分尺表面的镀、涂层不得有脱落和影响外观的色泽不均等缺陷。

5.1.3 电子数显装置的数字显示屏应透明、清洁，无划痕、气泡等影响读数的缺陷。

5.2 材料

5.2.1 电子数显深度千分尺底板应选择合金工具钢、不锈钢或其他类似性能的材料制造。

5.2.2 测微螺杆和测量杆应选择合金工具钢、不锈钢或其他类似性能的材料制造；测量面宜镶硬质合金或其他耐磨材料。

5.3 相互作用

5.3.1 测微螺杆和螺母之间在全量程范围内应充分啮合，配合良好，不应出现卡滞和明显的轴向窜动。

5.3.2 测微螺杆伸出的光滑圆柱部分与轴套之间的配合应良好，不应出现明显的径向摆动。

5.4 测力装置

电子数显测微头和电子数显深度千分尺宜具有测力装置。通过测力装置作用到测量面的测量力应在 4 N～10 N 之间，测量力变化应不大于 2 N。

5.5 锁紧装置

电子数显测微头和电子数显深度千分尺宜有锁紧装置。锁紧装置应能有效地锁紧测微螺杆，锁紧前、后，两测量面间的距离变化不应大于 2 μm（在锁紧部位测微螺杆有刚性支撑）或 3 μm（在锁紧部位测微螺杆无刚性支撑）。

5.6 底板

电子数显深度千分尺底板的长度宜为 50 mm 或 100 mm。

5.7 测量杆

电子数显深度千分尺相邻测量杆之间的长度差等于量程，应成套检测。更换测量杆后的“零”值误差不应大于表 1 的规定。

表 1 示值最大允许误差、平行度公差和“零”值误差

测量范围 l mm	示值最大允许误差	平行度公差	“零”值误差
	μm		
$0 \leqslant l \leqslant 25$	4	5	—
$25 < l \leqslant 50$	5	5	±2
$50 < l \leqslant 100$	6	6	±3

表 1（续）

测量范围 l mm	示值最大允许误差	平行度公差	“零”值误差
	μm		
100<l≤150	7	7	±4
150<l≤200	8	8	±5
200<l≤250	9	9	±6
250<l≤300	10	10	±7

5.8 测量面

5.8.1 合金工具钢测量面的硬度不应小于 740 HV（或 61.8 HRC）；不锈钢测量面的硬度不应小于 552 HV（或 52.5 HRC）。

5.8.2 测微螺杆和测量杆的测量面应为平面或球面。平测量面的平面度公差不应大于 0.3 μm。

5.8.3 电子数显深度千分尺长度为 50 mm 的底板测量面的平面度公差不应大于 1.5 μm，长度为 100 mm的底板测量面的平面度公差不应大于 2.0 μm。

5.8.4 电子数显测微头的测微螺杆测量面对其轴线的垂直度误差不应大于 0.6 μm。

5.8.5 电子数显深度千分尺测量杆的测量面为平面时，测量杆测量面与底板测量面的平行度公差不应大于表 1 的规定。

5.9 标尺标记

电子数显测微头和电子数显深度千分尺上的标尺标记按 GB/T 1216—2018 中 5.9 的规定。

5.10 电子数显装置

5.10.1 功能键：电子数显装置的功能键应灵活、可靠，标注的符号或图文应清晰且含义准确。

5.10.2 数字显示屏：电子数显装置的数字显示应清晰、完整、无闪跳现象；字高不应小于 4 mm。

5.10.3 分度误差：电子数显装置的分度误差不应大于 0.002 mm。

5.10.4 数值漂移：电子数显装置在 1 h 内的数值漂移不应大于其分辨力。

5.10.5 通信接口：电子数显装置宜设置通信接口。电子数显装置的通信接口宜为 USB、RS-232 或无线接口。制造商应能够提供电子数显装置与其他设备之间的通信电缆、通信协议和通讯软件。

5.10.6 防护等级：电子数显装置应具有防水、防尘能力，其防护等级不得低于 IP40（见 GB/T 4208—2017）。

5.10.7 工作环境：电子数显装置应能在环境温度 0 ℃～40 ℃、相对湿度不大于 80％的条件下，进行正常工作。

5.10.8 抗静电干扰能力和抗电磁干扰能力：电子数显装置的抗静电干扰能力和抗电磁干扰能力均不应低于 1 级（见 GB/T 17626.2—2006、GB/T 17626.3—2016）。

5.11 示值最大允许误差

5.11.1 电子数显测微头的示值最大允许误差：量程小于或等于 30 mm 为 3 μm；量程等于 50 mm 为5 μm。

5.11.2 电子数显深度千分尺的示值最大允许误差不应大于表 1 的规定；安装同一套测量杆中的任意一个测量杆，均应符合表 1 的规定。

5.12 重复性

电子数显测微头和电子数显深度千分尺的重复性不应大于 0.001 mm。

5.13 校对柱

如果电子数显深度千分尺配备校对柱，则校对柱应满足以下要求：

a) 校对柱测量面的硬度不应小于 740 HV（或 61.8 HRC），不锈钢测量面的硬度不应小于 552 HV（或 52.5 HRC）；

b) 校对柱的尺寸偏差不应大于 GB/T 1800.2—2009 中规定的 js2；

c) 校对柱应具有隔热装置。

6 检验方法

6.1 测量面

6.1.1 平面度：测量面的平面度误差可用 2 级光学平晶检验。平晶应调整到使其干涉带的数量尽可能的少或使其产生干涉环。

测微螺杆和测量杆测量面边缘的 0.4 mm 区域内、底板测量面边缘的 1 mm 区域内的平面度忽略不计。

6.1.2 硬度：对于未镶硬质合金或其他耐磨材料的测量面，该测量面的硬度可在测量面上或距测量面 1 mm 的部位处检验。

对于镶了硬质合金或其他耐磨材料的测量面，其硬度可不做检验。

6.1.3 垂直度：电子数显测微头的测微螺杆测量面的垂直度误差可用自准直仪检验。

6.1.4 平行度：电子数显深度千分尺平面测量杆测量面与底板测量面的平行度误差在检验示值误差时检验。检验时，用尺寸约为测量范围 1/2 的量块，在距测量杆测量面边缘 1.5 mm（不包括量块测量面的倒角）范围内的两测量面之间相互垂直的四个位置分别放入量块进行测量，测量读数的最大值与最小值之差，即为其平行度误差。

6.2 “零”值误差

检验时，先安装 0 mm～25 mm 测量杆并校准电子数显深度千分尺的零位，然后更换测量杆，测量相应测量杆下限尺寸的量块，电子数显深度千分尺显示值与量块实际尺寸之差，即为“零”值误差。

配备校对柱的电子数显深度千分尺不检验“零”值误差。

6.3 电子数显装置

6.3.1 分度误差：分度误差在 1 圈内沿测量方向均匀检 25 点。检验时，分别读出各受检点的电子数显装置显示值与微分筒读数值之差，做出误差曲线，其最高点与最低点之差，即为电子数显装置的分度误差。对于没有微分筒的电子数显测微头和电子数显深度千分尺，可以将分度误差不大于 20′的鼓轮固定在角度传感器的传动轴上，检验方法与前述带微分筒的检验方法相同。

注 1：如果把电子数显测微头和电子数显深度千分尺的最大允许误差的检验点投影到角度传感器的同一等分上时有不少于四个独立点，此时最大允许误差的检验结果已包含了角度传感器的分度误差，允许不检验分度误差。

注 2：当电子数显装置的角度传感器为五等分或十等分，螺距是 0.5 mm、1 mm 或 2 mm，用表 2 中的 B 组量块尺寸检验最大允许误差，允许不检验分度误差。当电子数显装置的角度传感器为二等分或四等分，或者螺距是 0.508 mm或 0.635 mm，用表 2 中的 A 组或 B 组量块尺寸检验最大允许误差，均允许不检验分度误差。

6.3.2 数值漂移：在任意位置下使测微螺杆固定，并保持 1 h。观察电子数显装置显示数值的变化。

6.4 示值误差

6.4.1 电子数显测微头的示值误差:用准确度为2级的量块或测长仪在测微螺杆轴线上检验,检验点见表2,应排除安装的影响。

用量块检验时,将电子数显测微头紧固在具有辅助测量面的夹具上,两测量面应是球面与平面接触方式,在两测量面间放入量块(尺寸系列见表2)进行检验,得出电子数显测微头显示值与量块尺寸的差值,示值误差的判定采用浮动零点原则,即将各检验点的检定结果绘制成误差曲线,曲线在纵坐标上最高点与最低点的差值即为其示值误差。

表2 量块的尺寸系列

单位为毫米

电子数显测微头和电子数显深度千分尺的量程	量块的尺寸系列
25	A组:2.5;5.1;7.7;10.3;12.9;15;17.6;20.2;22.8;25
	B组:5.12;10.24;15.36;21.5;25
30	A组:2.5;5.1;7.7;10.3;12.9;15;17.6;20.2;22.8;25;30
	B组:5.12;10.24;15.36;21.5;25;30
50	5.12;10.24;15.36;21.5;25;30.12;35.24;40.36;46.5;50
注:量块尺寸等于测量范围的下限加表中数值。	

6.4.2 电子数显深度千分尺的示值误差:将电子数显深度千分尺在其下限尺寸处校准,在精密平板上放置一对等于其上限尺寸的量块,使深度千分尺的底板测量面贴合在量块上,然后在深度千分尺测量杆和精密平板之间放入一组准确度为2级的量块(尺寸系列见表2)进行检验,得出电子数显深度千分尺显示值与量块尺寸的差值,示值误差的判定采用浮动零点原则,即将各检验点的检定结果绘制成误差曲线,曲线在纵坐标上最高点与最低点的差值为电子数显深度千分尺的示值误差。

对于测量范围的下限大于25 mm电子数显深度千分尺,需采用适合于其测量范围的专用量块或将量块研合进行检验。示值误差的判定方法同前述。

6.5 重复性

在完全相同的测量条件下,重复测量5次,其5次显示值间的最大差异,即为电子数显测微头或电子数显深度千分尺的重复性。

7 试验方法

7.1 防水、防尘试验

电子数显测微头和电子数显深度千分尺的防水、防尘试验应符合GB/T 4208—2017的规定。

7.2 温度变化试验

电子数显测微头和电子数显深度千分尺的温度变化试验应符合GB/T 2423.22—2012的规定。

7.3 湿热试验

电子数显测微头和电子数显深度千分尺的湿热试验应符合GB/T 2423.3—2016的规定。

7.4 抗静电干扰试验

电子数显测微头和电子数显深度千分尺的抗静电干扰试验应符合 GB/T 17626.2—2006 的规定。

7.5 抗电磁干扰试验

电子数显测微头和电子数显深度千分尺的抗电磁干扰试验应符合 GB/T 17626.3—2016 的规定。

8 标志与包装

8.1 电子数显测微头和电子数显深度千分尺上应标志有：

a) 制造厂厂名或商标；

b) 测量范围；

c) 分辨力；

d) 产品序号；

e) 防护等级高于 IP40 时，应标有防护等级标志。

8.2 校对柱上应标志其长度标称尺寸。

8.3 电子数显测微头和电子数显深度千分尺包装盒上应标志有：

a) 制造厂厂名或商标；

b) 产品名称；

c) 测量范围。

8.4 电子数显测微头和电子数显深度千分尺在包装前应经过防锈处理并妥善包装，不得因包装不善而在运输过程中损坏产品。

8.5 电子数显测微头和电子数显深度千分尺经检验符合本标准要求的应附有产品合格证及使用说明书，产品合格证上应标有本标准的标准号、产品序号和出厂日期。

ICS 17.040.30
J 42

中华人民共和国国家标准

GB/T 22093—2018
代替 GB/T 22093—2008

电子数显内径千分尺

Internal micrometer with electronic digital display

2018-05-14 发布　　2018-12-01 实施

国家市场监督管理总局
中国国家标准化管理委员会　发布

前 言

本标准按照GB/T 1.1—2009给出的规则起草。

本标准代替GB/T 22093—2008《电子数显内径千分尺》。本标准与GB/T 22093—2008相比，除编辑性修改外，主要技术变化如下：

——扩大电子数显内径千分尺的测量范围到1 000 mm(见第1章，2008年版的第1章)；

——修改了电子数显数显装置的定义(见3.1，2008年版的3.1)；

——增加了电子数显内径千分尺的定义(见3.2)；

——增加了测微螺杆螺距为2 mm的电子数显内径千分尺(见4.2.1)；

——增加了对电子数显内径千分尺测量力范围的规定(见5.5)；

——修改了示值最大允许误差的要求和规定值(见5.13和表2，2008年版的5.13和表2)；

——增加了对量程大于25 mm的电子数显内径千分尺的示值最大允许误差的规定(见5.13.1)；

——增加了A型电子数显内径千分尺锁紧变化的检验方法(见6.1)；

——修改了分度误差检验方法中注2(见6.3.1，2008年版的6.2.1)；

——修改了示值误差的检验方法(见6.4，2008年版的6.3)；

——增加了示值误差检验方法的B组尺寸系列(见6.4和表3)；

——增加了量程等于50 mm的示值误差检验尺寸系列(见6.4和表3)；

——把附录B的部分内容移到正文里(见5.13和表2，2008年版的附录B)；

——删除了对角度传感器等分数的规定(见2008年版的5.12.3)。

本标准由中国机械工业联合会提出。

本标准由全国量具量仪标准化技术委员会(SAC/TC 132)归口。

本标准负责起草单位：苏州麦克龙测量技术有限公司。

本标准参加起草单位：成都工具研究所有限公司、桂林量具刃具有限责任公司、桂林广陆数字测控有限公司、广西壮族自治区计量检测研究院、辽宁省计量科学研究院。

本标准主要起草人：黄晓宾、王荣华、许刚、赵伟荣、闫列雪、阳明珠、杨斌。

本标准所代替标准的历次版本发布情况为：

—— GB/T 22093—2008。

电子数显内径千分尺

1 范围

本标准规定了电子数显内径千分尺的术语和定义、型式与基本参数、要求、检验方法、试验方法、标志与包装。

本标准适用于分辨力为0.001 mm,量程小于或等于100 mm,测量范围上限至1 000 mm的电子数显内径千分尺。测量范围1 000 mm～6 000 mm的A型电子数显内径千分尺参见附录A。

2 规范性引用文件

下列文件对于本文件的应用是必不可少的。凡是注日期的引用文件,仅注日期的版本适用于本文件。凡是不注日期的引用文件,其最新版本(包括所有的修改单)适用于本文件。

GB/T 1216—2018 外径千分尺

GB/T 2423.3—2016 环境试验 第2部分:试验方法 试验Cab:恒定湿热试验

GB/T 2423.22—2012 环境试验 第2部分:试验方法 试验N:温度变化

GB/T 4208—2017 外壳防护等级(IP代码)

GB/T 1800.2—2009 产品几何技术规范(GPS) 极限与配合 第2部分:标准公差等级和孔、轴极限偏差表

GB/T 17163—2008 几何量测量器具术语 基本术语

GB/T 17164—2008 几何量测量器具术语 产品术语

GB/T 17626.2—2006 电磁兼容 试验和测量技术 静电放电抗扰度试验

GB/T 17626.3—2016 电磁兼容 试验和测量技术 射频电磁场辐射抗扰度试验

GB/T 24634—2009 产品几何技术规范(GPS) GPS测量设备通用概念和要求

3 术语和定义

GB/T 17163—2008、GB/T 17164—2008和GB/T 24634—2009界定的以及下列术语和定义适用于本文件。

3.1

电子数显千分尺数显装置 electronic digital indicating devices for micrometer

利用传感器、电子和数字显示技术,计算并显示电子数显内径千分尺的测微螺杆位移的装置。

注:以下简称"电子数显装置"。

3.2

电子数显内径千分尺 internal micrometer with electronic digital display

利用电子数显装置,对两测量面分隔的内尺寸或三测量面接触的内孔进行测量读数的测量器具。

4 型式与基本参数

4.1 型式

电子数显内径千分尺的型式见图1和图2所示。图示仅供图解说明,不表示详细结构。

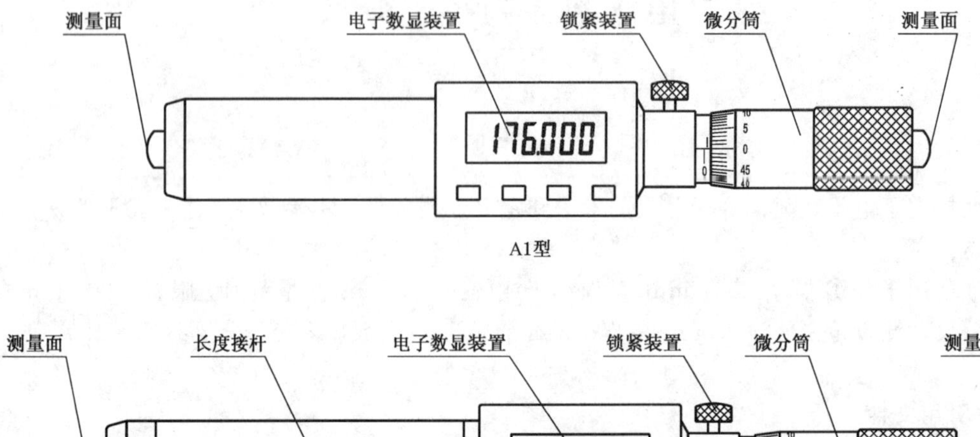

A1型

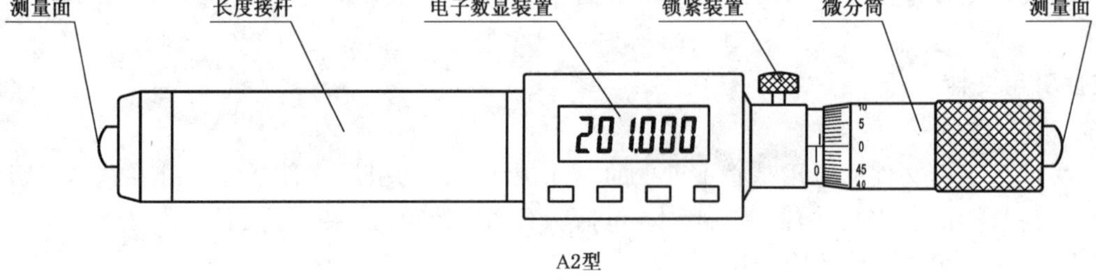

A2型

a） A型：电子数显2点内径千分尺（测微螺杆轴线与角度传感器的轴线和测量面的位移同轴）

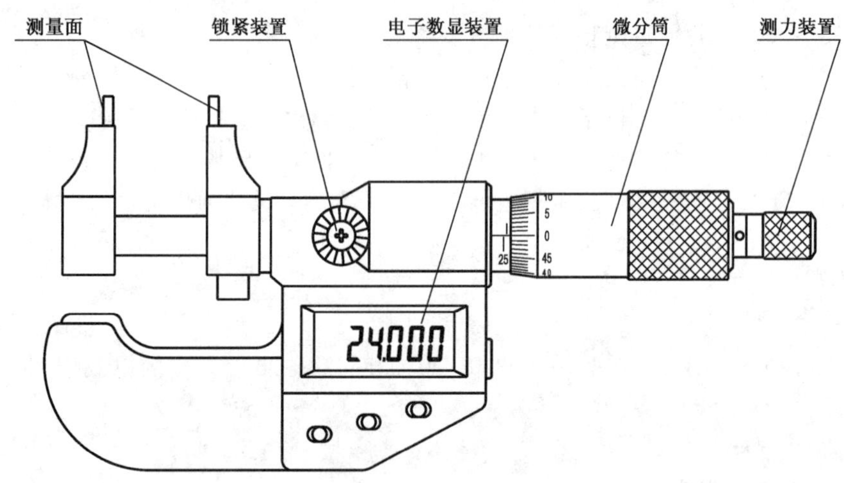

b） B型：电子数显2点内径千分尺（测微螺杆轴线与角度传感器的轴线同轴，与测量面的位移平行）

图1 电子数显2点内径千分尺型式示意图

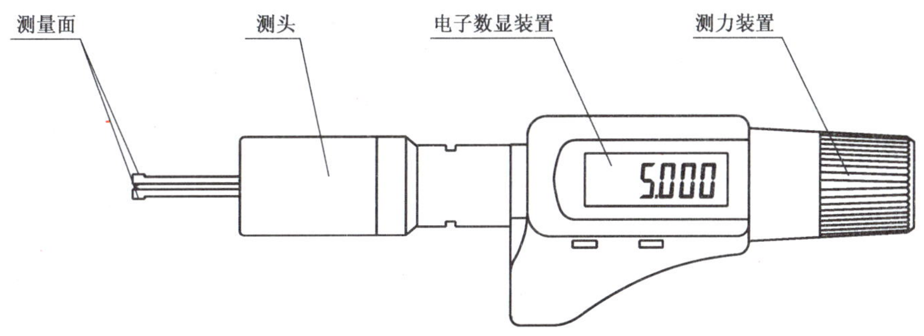

c) C型:电子数显2点内径千分尺(测微螺杆轴线与角度传感器的轴线同轴,与测量面的位移垂直)

图1(续)

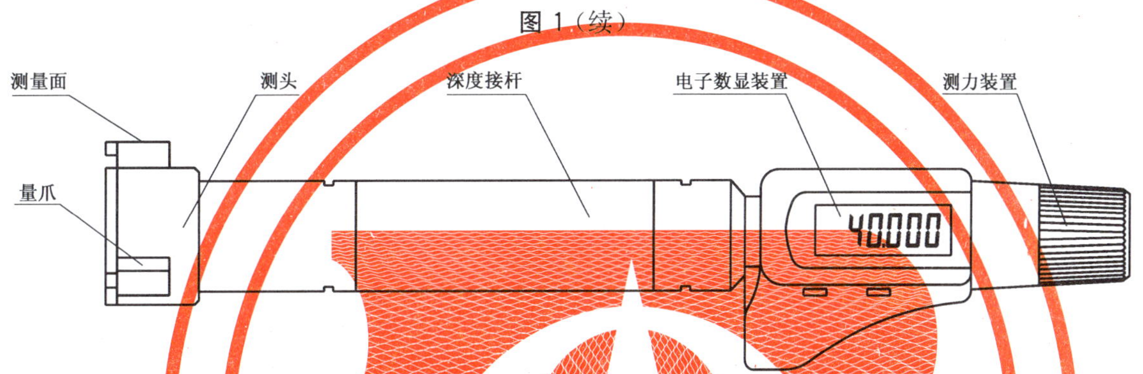

a) D型:电子数显3点内径千分尺(测微螺杆轴线与角度传感器的轴线同轴,与测量面的位移垂直)

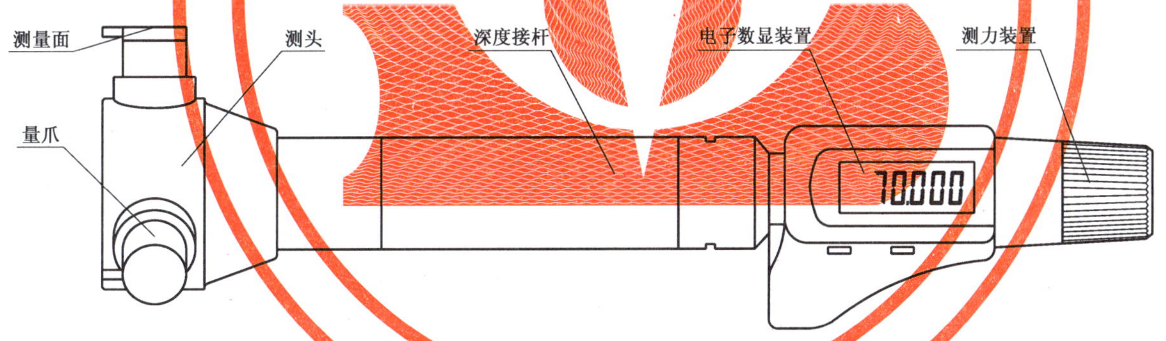

b) E型:电子数显3点内径千分尺(测微螺杆轴线与测量面的位移同轴,与角度传感器的轴线垂直)

图2 电子数显3点内径千分尺型式示意图

4.2 基本参数

4.2.1 电子数显内径千分尺测微螺杆的螺距宜为0.5 mm、1 mm或2 mm。

4.2.2 A型、B型电子数显内径千分尺的量程宜为25 mm,测量范围下限宜为5 mm或25 mm的整数倍。

4.2.3 C型、D型、E型电子数显内径千分尺的测量范围的下限宜为整数。

5 要求

5.1 外观

5.1.1 电子数显内径千分尺表面不得有影响外观和使用性能的裂痕、划伤、碰伤、锈蚀、毛刺等缺陷。

5.1.2 电子数显内径千分尺表面的镀、涂层不得有脱落和影响外观的色泽不均等缺陷。

5.1.3 电子数显装置的数字显示屏应透明、清洁,无划痕、气泡等影响读数的缺陷。

5.2 材料

测微螺杆应选择合金工具钢、不锈钢或其他类似性能的材料制造;测量面宜镶硬质合金或其他耐磨材料。

5.3 相互作用

5.3.1 测微螺杆和螺母之间在全量程范围内应充分啮合,配合良好,不得出现卡滞和明显窜动。

5.3.2 D型、E型电子数显内径千分尺的量爪与槽或孔之间的配合应良好,且移动自如,不得出现卡滞,沿测量面轴线方向不得有明显摆动。

5.4 锁紧装置

A型电子数显内径千分尺应具有锁紧装置。锁紧装置应能有效地锁紧测微螺杆。锁紧前、后,两测量面间的距离变化不应大于2 μm。

5.5 测力装置

B型、C型、D型、E型电子数显内径千分尺应具有测力装置,通过测力装置作用到测量面的测量力应一致。

B型、C型和测量范围 $l \leqslant 12$ mm 的D型:测量力宜为4 N~10 N,测量力变化不应大于2 N。

测量范围 12 mm$<l\leqslant$100 mm 的D型和E型:测量力宜为10 N~35 N,测量力变化不应大于30%。

测量范围 $l>$100 mm 的D型和E型:测量力宜为15 N~40 N,测量力变化不应大于30%。

5.6 测量面

5.6.1 电子数显内径千分尺测量面宜为球形或圆柱形表面,其半径应小于测量范围下限的1/2。

5.6.2 测量面也可以是其他形状,以适合特殊测量任务的要求。

5.6.3 合金工具钢测量面的硬度不应小于740 HV(或61.8 HRC);不锈钢测量面的硬度不应小于552 HV(或52.5 HRC)。

5.7 测头和量爪

C型、D型、E型电子数显内径千分尺可以配备数个测头或量爪,通过更换测头或量爪扩大测量范围。

5.8 长度接杆

5.8.1 A型电子数显内径千分尺可配备数个长度接杆以扩大测量范围。

5.8.2 长度接杆的基准面应一端为平面另一端为球面。

5.8.3 长度接杆基准面的硬度不应小于740 HV(或61.8 HRC)。

5.8.4 长度接杆基准尺寸的偏差不应大于GB/T 1800.2—2009中规定的js2。

5.9 深度接杆

D型、E型电子数显内径千分尺宜配备深度接杆以扩大测量深度。接上深度接杆后需要重新校对。

5.10 校对装置

5.10.1 电子数显内径千分尺宜提供校对零位的环规或卡规。

5.10.2 校对环规或校对卡规基准面的硬度不应小于 740 HV(或 61.8 HRC)。

5.10.3 校对环规或校对卡规上的标注尺寸的偏差和测量面的圆柱度或平行度不应大于表 1 规定。

表 1 标注尺寸的偏差和测量面的圆柱度或平行度

单位为毫米

公称尺寸 D	标注尺寸的偏差	圆柱度或平行度
$1 \leqslant D < 10$	±0.001 3	0.001
$10 \leqslant D < 50$	±0.001 5	0.001
$50 \leqslant D < 100$	±0.001 5	0.001 5
$100 \leqslant D < 200$	±0.002	0.002
$200 \leqslant D \leqslant 300$	±0.002 5	0.002 5

5.11 标尺标记

电子数显内径千分尺上的标尺标记按 GB/T 1216—2018 中 5.9 的规定。

5.12 电子数显装置

5.12.1 功能键:电子数显装置的功能键应灵活、可靠,标注的符号或图文应清晰且含义准确。

5.12.2 数字显示屏:电子数显装置的数字显示应清晰、完整、无闪跳现象;字高不应小于 4 mm。

5.12.3 分度误差:电子数显装置的分度误差不应大于 0.002 mm。

5.12.4 数值漂移:电子数显装置在 1 h 内的数值漂移不应大于其分辨力。

5.12.5 通信接口:电子数显装置宜设置通信接口。电子数显装置的通信接口宜为 USB、RS-232 或无线接口。制造商应能够提供电子数显装置与其他设备之间的通信电缆、通信协议和通讯软件。

5.12.6 防护等级:电子数显装置应具有防水、防尘能力,其防护等级不得低于 IP40(见 GB/T 4208—2017)。

5.12.7 工作环境:电子数显装置应能在环境温度 0 ℃～40 ℃、相对湿度不大于 80%的条件下,进行正常工作。

5.12.8 抗静电干扰能力和抗电磁干扰能力:电子数显装置的抗静电干扰能力和抗电磁干扰能力均不应低于 1 级(见 GB/T 17626.2—2006、GB/T 17626.3—2016)。

5.13 示值最大允许误差

5.13.1 量程小于或等于 25 mm 电子数显内径千分尺的示值最大允许误差不应大于表 2 的规定。量程大于 25 mm、小于或等于 50 mm 的电子数显内径千分尺,示值最大允许误差不应大于表 2 的规定值加 1 μm。量程大于 50 mm、小于或等于 100 mm 的电子数显内径千分尺,示值最大允许误差不应大于表 2 的规定值加 2 μm。

5.13.2 A 型电子数显内径千分尺组装任意一个长度接杆后的示值最大允许误差均不应大于表 2 的规定。

表 2 示值最大允许误差和重复性

测量范围 l mm	示值最大允许误差 μm			重复性 μm
	A 型、E 型	C 型、D 型	B 型	C 型、D 型、E 型
1≤l≤50	4	4	8	4
50<l≤100	5	5	9	4
100<l≤150	6	6	10	5
150<l≤200	7	7	11	5
200<l≤250	8	8	12	6
250<l≤300	9	9	13	6
300<l≤350	10	—	—	7
350<l≤400	11	—	—	7
400<l≤450	12	—	—	8
450<l≤500	13	—	—	8
500<l≤600	14	—	—	9
600<l≤700	15	—	—	9
700<l≤800	16	—	—	10
800<l≤1 000	18	—	—	10
注：测量范围跨越表 2 分档时，按测量范围的上限查表。				

5.14 重复性

C 型、D 型、E 型电子数显内径千分尺的重复性不应大于表 2 的规定。

6 检验方法

6.1 A 型电子数显内径千分尺的锁紧变化

在检验示值误差的同时检验锁紧变化。锁紧测微螺杆前、后，测长机显示值的变化，即为两测量面间的距离变化量。

6.2 测量面的硬度

对于未镶硬质合金或其他耐磨材料的测量面，可在该测量面上或距测量面 1 mm 的处检验。

对于镶了硬质合金或其他耐磨材料的测量面，其硬度可不做检验。

6.3 电子数显装置

6.3.1 分度误差：分度误差在 1 圈内沿测量方向均匀检 25 点。检验时，分别读出各受检点的电子数显装置显示值与微分筒读数值之差，做出误差曲线，其最高点与最低点之差，即为电子数显装置的分度误差。对于没有微分筒的电子数显内径千分尺，可以将分度误差不大于20′的鼓轮固定在角度传感器的传动轴上，检验方法与前述带微分筒的检验方法相同。

注1：如果把电子数显内径千分尺的示值误差的检验点投影到角度传感器的同一等分上时有不少于四个独立点，此时示值误差的检验结果已包含了角度传感器的分度误差，允许不检验分度误差。

注2：当电子数显装置的角度传感器为五等分或十等分，螺距是0.5 mm、1 mm或2 mm，用表3中的B组量块尺寸检验示值误差，允许不检验分度误差。当电子数显装置的角度传感器为二等分或四等分，或者螺距是0.508 mm或0.635 mm，用表3中的A组或B组量块尺寸检验示值误差，均允许不检验分度误差。

6.3.2 数值漂移：在任意位置下使测微螺杆固定，并保持1 h。观察电子数显装置显示数值的变化。

6.4 示值误差

6.4.1 A型电子数显内径千分尺的示值误差：A型电子数显内径千分尺用测长机检验，支撑位置参见附录B。推荐检验点为表3中数值加电子数显内径千分尺测量范围的下限。示值误差的判定采用浮动零点原则，即将各检验点的千分尺显示值与测长机显示值的差值绘制成误差曲线，曲线上最高点与最低点在纵坐标上的差值，即为其示值误差。

表3 受检点的尺寸系列

单位为毫米

量程	检验点的尺寸系列
25	A组：2.5；5.1；7.7；10.3；12.9；15；17.6；20.2；22.8；25
	B组：5.12；10.24；15.36；21.5；25
50	5.12；10.24；15.36；21.5；25；30.12；35.24；40.36；46.5；50

6.4.2 B型电子数显内径千分尺的示值误差：B型电子数显内径千分尺用准确度为2级的量块与量块附件组成的内尺寸或准确度为3级的校准环规检验。推荐检验点为表3中数值加电子数显内径千分尺测量范围的下限。检查时，在每个检验点连续测量3次（剔除粗大误差），取其算术平均值作为测量结果，计算与标准器尺寸的差值，示值误差的判定采用浮动零点原则，即将各检验点的检定结果绘制成误差曲线，曲线上最高点与最低点在纵坐标上的差值，即为其示值误差。

6.4.3 C型、D型、E型电子数显内径千分尺的示值误差：C型、D型、E型电子数显内径千分尺用准确度为3级的校准环规检验。检验环规的尺寸应包括测量范围的上、下限，并尽量在测量范围内和360°上均匀分布。检验环规的数量不得少于表4的要求。

检验时，在每个检验点连续测量3次（剔除粗大误差），取其算术平均值作为测量结果，计算与标准器尺寸的差值，示值误差的判定采用浮动零点原则，即将各检验点的检定结果绘制成误差曲线，曲线上最高点与最低点在纵坐标上的差值，即为其示值误差。

表4 检验环规的数量

量程 mm	≤1	≤2	≤5	≤30	≤50	≤100
检验环规数量	3	4	5	6	8	10

6.5 重复性

用环规检验C型、D型、E型电子数显内径千分尺的重复性。在完全相同的测量条件下，重复测量5次（剔除粗大误差），其5次显示值间的最大差异，即为电子数显内径千分尺的重复性。

7 试验方法

7.1 防水、防尘试验

电子数显内径千分尺的防水、防尘试验应符合 GB/T 4208—2017 的规定。

7.2 温度变化试验

电子数显内径千分尺的温度变化试验应符合 GB/T 2423.22—2012 的规定。

7.3 湿热试验

电子数显内径千分尺的湿热试验应符合 GB/T 2423.3—2016 的规定。

7.4 抗静电干扰试验

电子数显内径千分尺的抗静电干扰试验应符合 GB/T 17626.2—2006 的规定。

7.5 抗电磁干扰试验

电子数显内径千分尺的抗电磁干扰试验应符合 GB/T 17626.3—2016 的规定。

8 标志与包装

8.1 电子数显内径千分尺上应标志有：

a) 制造厂厂名或商标；

b) 测量范围；

c) 分辨力；

d) 产品序号；

e) 防护等级高于 IP40 时，应标有防护等级标志。

8.2 校对装置上应标志其长度标称尺寸。

8.3 电子数显千分尺包装盒上应标志有：

a) 制造厂厂名或商标；

b) 产品名称；

c) 测量范围。

8.4 电子数显千分尺在包装前应经过防锈处理并妥善包装，不得因包装不善而在运输过程中损坏产品。

8.5 电子数显千分尺经检验符合本标准要求的应附有产品合格证及使用说明书，产品合格证上应标有本标准的标准号、产品序号和出厂日期。

附 录 A
（资料性附录）
测量范围 1 000 mm～6 000 mm 的 A 型电子数显内径千分尺

A.1 测量范围 1 000 mm～6 000 mm 的 A 型电子数显内径千分尺的示值最大允许误差应符合表 A.1 的规定。

A.2 距两端 0.22L 处支撑与距两端 200 mm 处支撑的长度变化应符合表 A.1 的规定。

表 A.1 示值最大允许误差和长度变化允许值

测量范围 l mm	示值最大允许误差	长度变化允许值
	μm	
1 000＜ l ≤1 200	21	—
1 200＜ l ≤1 400	24	—
1 400＜l≤1 600	27	—
1 600＜l≤2 000	32	±10
2 000＜l≤2 500	40	±15
2 500＜l≤3 000	50	±25
3 000＜l≤4 000	62	±40
4 000＜l≤5 000	75	±60
5 000＜l≤6 000	90	±80

附 录 B
（资料性附录）
A 型电子数显内径千分尺的支撑

为了最大限度地减小 A 型电子数显内径千分尺的弯曲变形，应按图 B.1 所示位置设置支撑。

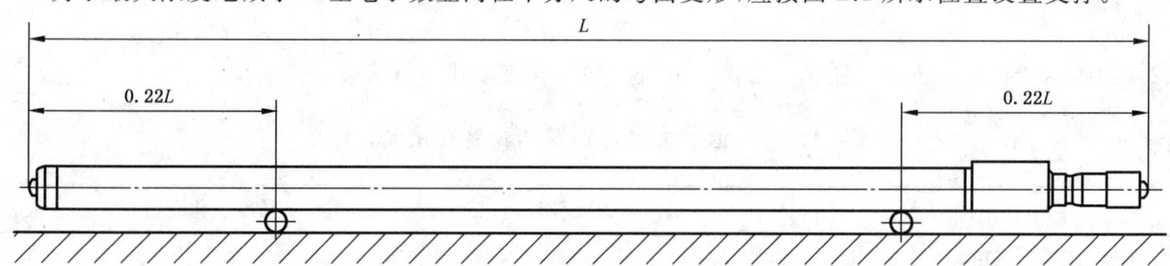

图 B.1 A 型电子数显内径千分尺的支撑

ICS 03.080.99
A 02

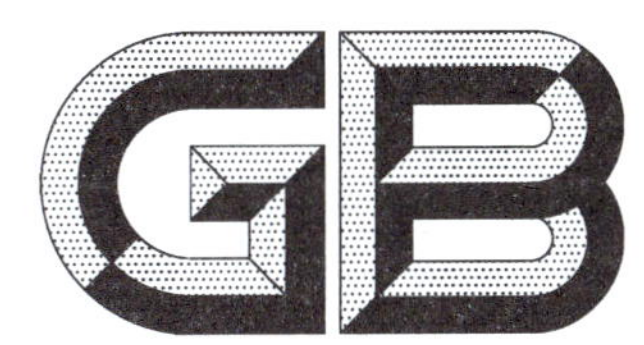

中华人民共和国国家标准

GB/T 22117—2018
代替 GB/T 22117—2008

信用　基本术语

Credit—General vocabulary

2018-06-07 发布　　　　2018-10-01 实施

国家市场监督管理总局
中国国家标准化管理委员会　发布

前　　言

本标准按照 GB/T 1.1—2009 给出的规则起草。

本标准代替 GB/T 22117—2008《信用　基本术语》，与 GB/T 22117—2008 相比主要技术变化如下：

——修改了标准的范围(见第 1 章，2008 年版的第 1 章)；

——修改了"基础术语"(见第 2 章，2008 年版的第 2 章)；

——修改了"信用""信用主体""信用活动""信用工具""信用信息""信用记录"的定义内容(见 2.1、2.4、2.8、2.9、2.22 和 2.23，2008 年版的 2.1.1、2.1.2、2.2.1、2.1.3、4.9 和 4.10)；

——增加了"诚信""信誉""信用消费""信用经济""公共信用信息"的术语和定义(见 2.2、2.3、2.16、2.17 和 2.24)；

——删除了"授信方""受信方""信用行为"的术语和定义(2008 年版的 2.2.3、2.2.5 和 2.2.6)；

——删除了"信用形式"，并将相关术语和定义合并到"通用"(2008 年版的第 3 章)；

——修改了"信用管理"部分的术语和定义内容(见第 3 章，2008 年版的第 6 章)；

——修改了"征信"部分的术语和定义内容(见第 4 章，2008 年版的第 4 章)；

——修改了"信用评级"部分的术语和定义内容(见第 5 章，2008 年版的第 5 章)；

——增加了"信用担保""信用保险""保理""社会信用体系"和"其他"方面的术语和定义，并将原有标准涉及该部分的"其他信用服务""信用监管"等相关术语进行了合并和修改(见第 6 章～第 10 章，2008 年版的第 7 章和第 8 章)。

本标准由全国社会信用标准化技术委员会(SAC/TC 470)提出并归口。

本标准起草单位：中国标准化研究院、中大信(北京)信用评价中心有限公司、安徽龙庵电缆集团有限公司、中国计量大学、天津市标准化研究院、河北省经济信息中心、烟台市技术监督信息研究所、福建安井食品股份有限公司、辽宁省标准化研究院、河北省质量技术监督局审查事务中心、中国地质科学院地质力学研究所、安徽省质量和标准化研究院、山东省标准化研究院、河北省标准化研究院、北京君翌科技有限公司、东莞市新立方标准化技术服务有限公司、嘉善县新良友贝雕工艺品厂、浙江新城钮扣饰品有限公司、厦门市诚信促进会、中大信信用管理有限公司、北京众企联创科技有限公司、放心联合认证中心(北京)有限公司、泰州市经济和信息化委员会、河南省信用建设促进会。

本标准主要起草人：周莉、林竹盛、王飞、李向华、江洲、杨喆曦、徐晓东、薛毅、耿天霖、张骏极、孙大鹏、高丽梅、孙彩英、刘晖、郑勇跃、赵燕、孟翠竹、曹静、孙良泉、孙莹、马龙、路源、贾迎新、俞友金、黄贤信、林旺、栾斌、陈纪、陈少华、底彦彬、邵峥嵘、李建豪。

本标准所代替标准的历次版本发布情况为：

——GB/T 22117—2008。

引　言

社会信用体系是市场经济体制和社会治理体制的重要组成部分。随着社会信用体系的建立和完善,统一信用基本术语及其定义非常必要。因此,明晰信用领域中一些基本术语及其简明定义,对加强各类组织和个人在同一个平台上的交流与协作,提高信用管理和服务水平,全面推动信用标准化等工作都具有重大意义。

本标准以科学的信用概念体系为基础,兼顾国际趋势和中国特色。在充分参照国际及发达国家现有术语和定义的基础上,结合中国实际和信用行业的发展趋势和特点,对这些基本术语做了适当的完善和发展。

信用　基本术语

1　范围

本标准规定了信用通用、信用管理、征信、信用评级、信用担保、信用保险、保理、社会信用体系等方面基本概念的术语及其定义。

本标准适用于信用服务、管理、科研、教学和出版等工作，其他涉及信用工作的相关领域也可参照使用。

2　通用

2.1

信用　credit

个人或组织履行承诺的意愿和能力。

注1：承诺包括法律法规和强制性标准规定的、合同条款等契约约定的、社会合理期望等社会责任的内容。

注2：在经济领域，信用的含义等同于交易信用，是指交易各方在信任基础上，不用立即付款或担保就可获得资金、物资或服务的能力。这种能力以在约定期限内履约为条件，并可以使用货币单位直接度量。

注3：在社会领域，信用难以用货币度量。

2.2

诚信　trustworthiness

在社会领域中，个人或组织对外表述的真实主观想法或观点，与其对应行为相符合。

注："组织"见GB/T 19000—2016定义3.2.1。

2.3

信誉　reputation

个人或组织在社会或经济活动中积累的声誉。

2.4

信用主体　subject of credit

参与信用活动(2.8)的个人或组织。

2.5

政府信用　government credit；public credit

政府履行承诺的意愿和能力。

注：在经济领域，政府信用是指政府偿还其到期债务的意愿和能力。

2.6

企业信用　enterprise credit

企业履行承诺的意愿和能力。

注：在经济领域，企业信用是指企业偿还其到期债务的意愿和能力。

2.7

个人信用　personal credit

个人履行承诺的意愿和能力。

注：在经济领域，个人信用也叫消费者信用，是指个人偿还其到期债务的意愿和能力。

2.8

信用活动　credit activities

围绕信用交易、管理、服务等一系列相关活动。

2.9

信用工具　credit instrument

在信用活动中，以契约形式呈现的授信人经济权利凭证，可证实授信和受信主体之间的债权债务关系，并可合法转让。

2.10

授信　credit granting

信用主体向交易对方提供信用工具的经济活动。

注：提供信用工具的一方为授信方。

2.11

受信　credit receiving

信用主体接受交易对方信用工具的经济活动。

注：接受信用工具的一方为受信方。

2.12

守信　credibility

信用主体履行承诺的行为。

2.13

失信　discredit；faith breaking

信用主体未履行承诺的行为。

2.14

信用交易　credit transactions

以信用工具为媒介的市场交易活动。

2.15

信用销售　credit sales

赊销

以信用工具为媒介的销售形式，即不要求受信方立即付款即可以进行交易的销售活动。

注：使用信用销售方式的受信方也被称为赊购方，使用信用销售方式的授信方也被称为赊销方。

2.16

信用消费　credit consumption

使用信用工具赊购商品或服务的消费方式。

2.17

信用经济　credit economy；credit driven economy

以信用工具为交易媒介的经济形态。

2.18

信用风险　credit risk

因受信方无能力和/或无意愿履行承诺而导致授信方潜在损失的可能性。

2.19

信用环境　credit environment

信用活动开展的经济和社会关系。

2.20

信用规模　credit scale

在一定范围、一定时间内用货币单位度量的信用交易总量。

2.21

信用危机 credit crisis

由于信用主体失信引发的信用交易关系被破坏的现象。

注：在经济领域，信用危机是指因信用过度投放引发信用主体大量违约，导致一个或多个经济体的正常运行受到严重破坏的经济现象。

2.22

信用信息 credit information

个人或组织在社会与经济活动中产生的与信用有关的记录，以及与评价其信用价值相关的各类信息。

2.23

信用记录 credit record

完整记录信用主体一项信用行为的信用信息集合。

2.24

公共信用信息 public credit information

依法行使公共职能的部门履职过程产生的有关各类市场主体的信用信息。

注：依法行使公共职能的部门包括行政机关、司法机关以及依法行使公共管理（服务）职能的企、事业单位和社会组织。

3 信用管理

3.1

信用管理 credit management

识别、防范、转移和控制信用风险的管理技术、操作规程和制度安排。

3.2

企业信用管理 enterprise credit management

对企业信用风险进行识别、防范、转移和控制的管理技术、操作规程和制度安排。

3.3

消费者信用管理 consumer credit management

对消费者个人信用风险进行识别、防范、转移和控制的管理技术、操作规程和制度安排。

3.4

信用管理师 credit management licensee

从事信用风险管理和征信技术工作，并取得职业资格认证的专业人员。

3.5

信用期限 length of time to maturity

信用交易活动中授信方给予受信方的最长付款期限。

3.6

商账追收 debt collection

由受托方通过专业、合法的追收，帮助委托方及时收回账款，降低风险率和坏账率，防范和控制企业信用风险的活动或过程。

3.7

消费信用 consumer credit

由授信机构向个人及家庭提供的用于个人或家庭消费目的的信用额度。

3.8

信用档案　credit files

对信用主体信用信息的采集、整理、保存、加工而形成的信用记录。

4　征信

4.1

征信　credit reporting

采集、整理、保存、加工个人或组织的信用信息，并向有合法需求的信息使用者提供信用信息服务，帮助市场主体判断控制风险、进行信用管理的活动。

4.2

征信业务　credit reporting business

对个人或组织的信用信息进行采集、整理、保存、加工，并向信息使用者提供的活动。

4.3

征信机构　credit reporting agency

经营征信业务的机构。

4.4

信用调查　credit investigation

征信机构接受客户委托，通过信息查询、访谈和实地考察等方式，了解和评价被调查对象信用状况，并提供调查报告，为委托人达成交易或处理逾期账款和经济纠纷、选择贸易伙伴等提供参考的活动。

4.5

征信报告　credit information reports

征信机构对个人或组织某段时间内信用状况进行记录和分析的结果。

注 1：企业征信报告主要包括基本信用信息报告、普通调查报告、深度调查报告和专项调查报告等。

注 2：个人征信报告主要包括当事人报告、雇主报告、商业信用报告和房贷信用报告等。

4.6

企业征信　business credit reporting；business credit investigation

企业资信调查

征信机构对企业单位进行的征信业务活动。

4.7

个人征信　consumer credit reporting；consumer credit investigation

消费者信用调查

自然人征信

征信机构对自然人进行的征信业务活动。

4.8

征信系统　credit information system

征信机构与信息提供者协议约定，或者通过互联网、政府信息公开等渠道，对分散在社会各领域的个人或组织的信用信息，进行采集、整理、保存和加工而形成的信用信息数据库及相关系统。

4.9

信用登记　credit registration

征信机构采用特定标准与方法收集、整理及加工个人或组织的信用信息并形成数据库，根据查询申请提供查询服务的活动。

4.10

信用评分　credit scoring

根据信息主体的信用信息，运用统计和其他方法，建立信用评分模型，对信用主体的信用进行评价，并用分数的形式表现出来的活动。

注：信用评分一般包括通用评分和定制化评分。

4.11

信用风险指数　credit risk index

用于度量信用风险大小的指数。

4.12

个人信用报告　individual credit report

当事人信用报告

提供当事人个人信用基本信息和记录的征信报告。

4.13

信用信息透明度　credit information transparency

信用主体的信用信息披露程度和获取方式的便利性。

注：信用信息透明度能宏观度量国家的信用信息环境好坏，也可微观度量商业组织的诚信程度，用指数进行标识。

5　信用评级

5.1

信用评级　credit rating

资信评级

资信评估

对影响评级对象的诸多信用风险因素进行分析研究，对其在未来一段时间按期偿还债务的能力及其偿还意愿进行综合评价，并用专业符号表示不同的信用等级，以揭示债务人或特定债务信息风险的活动。

5.2

主体评级　issuer credit rating

对企业、金融机构等经济主体整体偿债能力与意愿的综合评价。

5.3

债项评级　issue credit rating

对债券等固定收益类产品如普通公司债券、次级债券、资产支持证券等偿还风险的评价，即对其违约可能性及损失程度的评价。

5.4

违约率　default rate

某种债务类别中实际违约笔数占该类别债务总笔数的比率。

5.5

违约概率　probability of default

债务人在未来一段时期内不能偿还到期债务的可能性。

注：不同信用等级的债务人历史违约率的统计值可作为未来违约概率预测值的参考。

5.6

回收率　recovery rate

债务人违约后资产的回收程度。

注：一般采用相对数形式表示。

5.7

违约损失率　loss given default

债务人发生违约将给债权人带来的损失程度。

注：一般采用相对数形式表示，是预期违约的损失占风险暴露的百分比。违约损失率是由回收率决定的，即：违约损失率＝1－回收率。

5.8

信用评级机构　credit rating agency

从事信用评级业务的机构。

5.9

评级方法　rating method

信用评级机构对评级对象的信用状况进行分析和评价的专门方法。

注：评级方法一般包括定量分析方法和定性分析方法。

5.10

评级程序　rating process

信用评级机构对评级对象进行评级的作业流程。

5.11

信用等级　credit grade

资信等级

用既定的符号标识评级对象信用状况的级别结果。

5.12

评级展望　rating outlook

对评级对象信用等级未来变化趋势的评估。

注：评级展望并不一定意味着信用等级的变化，一般分为正面、负面和稳定等。

5.13

跟踪评级　surveillance of rated issuers and issues

信用评级机构在完成初次评级后，对评级对象信用状况进行后续跟踪评价。

6　信用担保

6.1

信用担保　credit guarantee；credit assurance

企业在融通资金过程中，根据合同约定，由依法设立的担保机构以保证的方式为债务人提供担保，在债务人不能依约履行债务时，由担保机构承担合同约定的偿还责任，从而保障债权人利益实现的一种金融支持方式。

6.2

融资性担保　financing guarantee

担保人与银行业金融机构等债权人约定，当被担保人不履行对债权人负有的融资性债务时，由担保人依法承担合同约定的担保责任的行为。

6.3

机构代偿率　body compensatory rates

融资性担保机构已解除的担保额中出现代偿支出的总体比例。

注：机构代偿率是融资性担保业务运营质量的指标。

6.4

代偿损失率 compensatory loss

融资性担保机构已解除的担保额中出现代偿坏账的总体比例。

6.5

担保放大倍数 guarantee magnification

担保资金与担保贷款的放大比例。

注：一般地说，担保放大比例越大，担保机构所要承担的风险也就越大。

6.6

反担保 counter guarantee

为保障债务人之外的担保人将来承担担保责任后对债务人的追偿权的实现而设定的担保。

6.7

再担保 re-guarantee

为担保人设立的担保。

注：当担保人不能独立承担担保责任时，再担保人将按合同约定比例向债权人继续剩余的清偿以保障债权的实现。

7 信用保险

7.1

信用保险 credit insurance

以信用风险为保险标的的保险。

注：信用保险是权利人向保险人投保债务人的信用风险的一种保险，是一项用于风险管理的保险产品。

7.2

出口信用保险 export credit insurance

信用保险机构对投保企业因出口货物、服务、技术和资本产生的应收账款提供的安全保障服务。

注：以出口贸易中的国(境)外买方信用风险为标的，保险人承保国内出口商在经营出口业务过程中因进口商方面的商业风险或进口国(进口地区)方面的政治风险而遭受的损失。在该项业务中，保险人将赔偿出口商因买方不能履行贸易合同规定支付到期的部分或全部债务而遭受的经济损失。

7.3

短期出口信用保险 short-term export credit insurance

保险人对信用期原则上不超过360天的出口承担收汇责任的保险。

注：短期出口信用保险的责任范围包括商业风险和政治风险。

7.4

国内贸易信用保险 domestic trade credit insurance

为本国交易双方，因买方原因导致的卖方无法收回货款的风险而提供的一种信用保险。

注：通常只保商业风险。

7.5

出口买方信贷保险 buyer's export credit insurance

在出口买方信贷融资方式下，出口信用机构向贷款银行提供还款保障的政策性保险。

注：用于保障贷款银行在买方信贷项下的收汇安全，对贷款银行因政治风险或商业风险引起的损失承担赔偿责任。该类保险在支持贷款银行提供中长期信贷的同时，也帮助出口企业减少风险，实现出口合同项下的即期收汇。

7.6

出口卖方信贷保险 seller's export credit insurance

出口信用机构向出口方提供收汇风险保障的政策性保险。

注：用于保障出口方在延期收款的出口合同项下的收汇安全，对出口方因政治风险或商业风险引起的损失承担赔偿责任。该类保险用以支持出口方以出口卖方信贷资金或自有资金进口方提供延期付款的便利，以增加成交机会，增强盈利能力。

8 保理

8.1

保理 factoring

供应商将其因销售商品、提供服务或出租资产而产生的应收账款转让给保理商，由保理商为其提供应收账款融资、销售分户账管理、应收账款催收和坏账担保等综合信用服务中的至少一项。

8.2

商业保理 commercial factoring

由非银行机构，即独立保理商提供的保理服务。

注：按照提供服务的主体不同，由银行提供的保理服务为银行保理。

8.3

国内保理 domestic factoring

保理商为从事境内交易行为的债权人、债务人提供的保理服务。

8.4

国际保理 international factoring

保理商为交易行为超出同一国境内的债权人、债务人提供的保理服务。

注：国际保理通常采用双保理机制，并将出口商所在地的保理商称为出口保理商，进口商所在地的保理商称为进口保理商。

8.5

再保理 re-factoring

保理商以受让其他保理商转让的应收账款为前提开展的保理业务。

9 社会信用体系

9.1

统一社会信用代码 unified social credit code

每一个法人和其他组织在全国范围内唯一的、终身不变的法定身份标识码。

[GB 32100—2015，定义 3.5]

9.2

信用监管 credit supervision

基于信用主体的信用状况实施的管理方式。

9.3

政务诚信 government trustworthiness

政务主体在依法行政过程中履行政务承诺的意愿、能力和行为。

9.4

商务诚信 business trustworthiness

市场主体在市场活动中履行商务承诺的意愿、能力和行为。

9.5

诚信评价 trustworthiness assessment

对信用主体在某一时期的诚信状况进行记录、分析和评估，并用特定符号标明其诚信状况的活动。

9.6

信用制度　credit institution；credit bylaw

规范和管理信用主体行为以及信用活动过程的规章或准则。

10　其他

10.1

互联网征信　internet investigation

通过采集个人或组织在互联网上公开的信息，及其交易平台或使用互联网各类服务过程中留下的线上信息数据，利用相关技术进行线上信用信息分析与服务的活动。

10.2

大数据征信　big data investigation

通过采集个人或组织多源、多维、多域的数据，进行清洗与验证、关联与量化的信用信息分析与服务的活动。

10.3

大数据信用评价技术　big data rating technology

综合采用信息技术，以多源、多维、多域的客观、全量明细数据为基础，以线上与线下实时或高频度、自动化的数据采集、清洗、验证、处理能力为保障，以量化分析信用主体日常行为与信用风险的关联性为核心，能够对信用个体与群体进行大批量、全过程、全动态的风险分析与管理的方法。

10.4

大数据信用监测系统　big data credit monitoring system

运用大数据信用评价技术，实时对信用主体风险跟踪测评，反映信用风险水平变化，并能发出风险预警信息的系统。

10.5

大数据信用风险抑制　big data credit risk depressing

运用大数据信用监测系统，从信用主体日常行为中发现潜在风险因素，预警金融机构采取调查、保全等措施，从而抑制信用风险发生，避免损失。

参 考 文 献

［1］ GB/T 19000—2016 质量管理体系 基础和术语
［2］ GB 32100—2015 法人和其他组织统一社会信用代码编码规则

索　引

汉语拼音索引

Z

英文对应词索引

B

C

S

T

U

ICS 23.060;25.040.40
N 16

中华人民共和国国家标准

GB/T 22137.2—2018
代替 GB/T 22137.2—2008

工业过程控制系统用阀门定位器 第2部分:智能阀门定位器性能评定方法

Valve positioners for industrial process control systems—Part 2:Methods of evaluating the performance of intelligent valve positioners

(IEC 61514-2:2013,Industrial process control systems—Part 2:Methods of evaluating the performance of intelligent valve positioners with pneumatic outputs mounted on an actuator valve assembly,MOD)

2018-06-07 发布　　2019-01-01 实施

国家市场监督管理总局
中国国家标准化管理委员会　发布

前　言

GB/T 22137《工业过程控制系统用阀门定位器》分为以下两部分：

——第1部分：气动输出阀门定位器性能评定方法；

——第2部分：智能阀门定位器性能评定方法。

本部分为GB/T 22137的第2部分。

本部分按照GB/T 1.1—2009给出的规则起草。

本部分代替GB/T 22137.2—2008《工业过程控制系统用阀门定位器　第2部分：气动输出智能阀门定位器性能评定方法》。与GB/T 22137.2—2008相比，主要变化如下：

——修改了标准名称；

——修改了规范性引用文件(见第2章，2008年版的第2章)；

——修改了术语“配置”为“组态”(见3.2，2008年版的3.2)；

——修改了术语“可配置性”为“组态能力”(见3.3，2008年版的3.3)；

——修改了术语“组建”为“设置”(见3.6，2008年版的3.6)；

——修改了术语“行程截断”为“行程截止点”(见3.7，2008年版的3.6)；

——增加了评审功能检查表中对“双向作用型”的考虑方面(见表1)；

——将“阀门诊断”“检查阀门诊断范围和工具”从可靠性操作部分调整至功能部分(见表1，2008年版的4.2.1.4)；

——删除了可靠性审评表中“不正确使用的检测”“用于降低前期故障的环境应力筛选”(见2008年版的4.2.1.5)；

——增加了失效保护特性表格(见表6)；

——删除了“生产商支持”表格(见2008年版的4.2.1.6)；

——修改了性能试验参比条件中动态测试和气流实验中气源压力的变化量(见5.2.1，2008年版的5.1)；

——删除了执行机构的具体尺寸(见2008年版的表1、表2)；

——删除了执行器行程的推荐值(见2008年版的5.1.1.2)；

——修改了摩擦力条款中死区的大小(见5.2.2.7，2008年版的5.1.1.6)。

本部分使用重新起草法修改采用IEC 61514-2:2013《工业过程控制系统　第2部分：安装在执行机构/阀门组合体上带气动输出的智能阀门定位器性能评定方法》。

本部分与IEC 61514-2:2013相比技术差异及其原因如下：

——关于规范性引用文件，本部分做了具有技术性差异的调整，以适应我国的技术条件，调整的情况集中反映在第2章“规范性引用文件”中，具体调整如下：

- 用等同采用IEC 60068-2-1:2007的GB/T 2423.1—2008代替了IEC 60068-2-1:1990；
- 用等同采用IEC 60068-2-2:2007的GB/T 2423.2—2008代替了IEC 60068-2-2:1974；
- 用等同采用IEC 60068-2-78:2012的GB/T 2423.3—2016代替了IEC 60068-2-78:2001；
- 用等同采用IEC 60068-2-31:1982的GB/T 2423.7—1995代替了IEC 60068-2-31:1969；
- 用等同采用IEC 60050-351:2006的GB/T 2900.56—2008代替了IEC 60050(所有部分)；
- 用等同采用IEC 60529:2013的GB/T 4208—2017代替了IEC 60529:1989；
- 删除了未规范性引用的IEC 61069、IEC 62098和IEC 61158；
- 增加了规范性引用的IEC 61508(所有部分)和IEC 61511(所有部分)。

本部分做了下列编辑性修改：

——修改了标准名称；

——增加了资料性附录B,列出与本标准中规范性引用的国际文件有一致性对应关系的我国文件。

本部分由中国机械工业联合会提出。

本部分由全国工业过程测量控制和自动化标准化技术委员会(SAC/TC 124)归口。

本部分起草单位:上海工业自动化仪表研究院有限公司、常熟市维特隆自动化仪表有限公司、常熟市惠尔石化仪表有限公司、浙江派沃自控仪表有限公司、乐清市人民仪表有限公司、吴忠仪表有限责任公司、西门子(中国)有限公司、浙江贝尔控制阀门有限公司、上海自动化仪表有限公司自动化仪表七厂、杭州蓝圣阀门有限公司、中环天仪股份有限公司、深圳万讯自控股份有限公司、杭州良工阀门有限公司、浙江瑞工电气科技有限公司、重庆川仪调节阀有限公司。

本部分主要起草人:李明华、张建伟、吴维君、徐志龙、王汉克、王剑、杨富江、冯晓平、林小克、叶林宋、林权武、李强、谢晓辉、李展其、邵万岳、王炯、王嘉宁、钟盛辉。

本部分所代替标准的历次版本发布情况为：

——GB/T 22137.2—2008。

引　言

新型的过程测量和控制仪表,包括阀门定位器,多数都配有微处理器,采用数字化的数据处理和通信方法和(或)人工智能,使这些仪表更加复杂,也带来可观的附加价值。

现在的智能阀门定位器已经不再是仅仅控制阀门的位置,在许多情况下还具有自检、执行机构/阀门状态监测与报警等各种功能。新增的功能种类繁多,远非单一功能的"凸轮型"定位器可比。因此,与准确度相关的性能试验,虽然仍然非常重要,但已不足以证明智能阀门定位器的灵活性、能力和设计施工、安装、可维护性、可靠性和可操作性等方面的特点。

本部分所述的评定,同时考虑了硬件和软件的性能试验和设计评审。本部分的结构安排一定程度上遵循了IEC/TS 62098《基于微处理器仪表的评定方法》的框架。GB/T 22137.1所述的一些性能试验仍然适用于智能阀门定位器。建议进一步阅读IEC 61069《工业过程测量和控制　系统评估中系统特性的评定》。

工业过程控制系统用阀门定位器 第2部分:智能阀门定位器 性能评定方法

1 范围

GB/T 22137的本部分规定了单作用或双作用智能阀门定位器(以下简称:定位器)的性能评定方法,旨在通过设计评审和试验来测试和确定智能阀门定位器的静态和动态性能、智能化程度和通信能力。

本部分适用于接收标准模拟量电输入信号(见IEC 60381)和(或)经由数据通信链路传输的数字信号并有气动输出的智能阀门定位器。按第3章的定义,智能阀门定位器是一种采用数据处理、决策生成和双向通信等数字技术来实现其功能的仪表。它可以配备附加传感器和附加功能来支持其主要功能。

智能阀门定位器的性能试验需要将定位器安装和连接到配用的执行机构/阀门组合体上。由于定位器的性能很大程度上取决于所使用的执行机构,因此组合体的一些特征参数,如:尺寸、行程、摩擦力(回差)、填料函类型、弹簧组件和气动部分的气源压力宜精心选择和报告。

本部分所规定的评定方法旨在供测试实验室验证定位器的性能指标。建议定位器的制造商在早期开发阶段就运用本标准。

本部分旨在给定位器的设计评定提供指导,为此提供了:

——按结构化方法评审智能阀门定位器硬件和软件设计的检查表;

——在不同环境条件和工作条件下测量和确定智能阀门定位器性能的试验方法;

——试验数据的报告方法。

当不要求或者不可能按本部分进行全面评定时,可进行必要的试验,并按本部分相关条款的规定报告试验结果。在这种情况下,试验报告宜说明其中并不包含本部分所规定的全部试验项目。此外,还宜提及被省略的项目,使报告的阅读者有一个清晰的概念。

本部分也适用于带微处理器但不具备双向通信功能的非智能阀门定位器,在这种情况下,性能评定宜简化成限定的性能试验方案和简略的结构评审。

2 规范性引用文件

下列文件对于本文件的应用是必不可少的。凡是注日期的引用文件,仅注日期的版本适用于本文件。凡是不注日期的引用文件,其最新版本(包括所有的修改单)适用于本文件。

GB/T 2423.1—2008 电工电子产品环境试验 第2部分:试验方法 试验A:低温(IEC 60068-2-1:2007,IDT)

GB/T 2423.2—2008 电工电子产品环境试验 第2部分:试验方法 试验B:高温(IEC 60068-2-2:2007,IDT)

GB/T 2423.3—2016 环境试验 第2部分:试验方法 试验Cab:恒定湿热试验(IEC 60068-2-78:2012,IDT)

GB/T 2423.7—1995 电工电子产品环境试验 第2部分:试验方法 试验Ec和导则:倾跌与翻倒(主要用于设备型样品)(IEC 60068-2-31:1982,IDT)

GB/T 2423.10—2008 电工电子产品环境试验 第2部分:试验方法 试验Fc:振动(正弦)(IEC 60068-2-6:1995,IDT)

GB/T 2900.56—2008 电工术语 控制技术(IEC 60050-351:2006)

GB/T 4208—2017 外壳防护等级(IP代码)(IEC 60529:2001,IDT)

GB 4793.1—2007 测量、控制和试验室用电气设备的安全要求 第1部分:通用要求(IEC 61010-1:2001,IDT)

GB/T 16842 2016 外壳对人和设备的防护 检验用试具(IEC 61032:1997,IDT)

GB/T 18268.1—2010 测量、控制和实验室用的电设备 电磁兼容性要求 第1部分:通用要求(IEC 61326-1:2005,IDT)

GB/T 18271.1—2017 过程测量和控制装置 通用性能评定方法和程序 第1部分:总则(IEC 61298-1:2008,IDT)

GB/T 18271.2—2017 过程测量和控制装置 通用性能评定方法和程序 第2部分:参比条件下的试验(IEC 61298-2:2008,IDT)

GB/T 18271.3—2017 过程测量和控制装置 通用性能评定方法和程序 第3部分:影响量影响的试验(IEC 61298-3:2008,IDT)

GB/T 18271.4—2017 过程测量和控制装置 通用性能评定方法和程序 第4部分:评定报告的内容(IEC 61298-4:2008,IDT)

GB/T 22137.1—2008 工业过程控制系统用阀门定位器 第1部分:气动输出阀门定位器性能评定方法(IEC 61514:2000,IDT)

IEC 60079(所有部分) 爆炸性环境(Electrical apparatus for explosive gas atmospheres)

IEC 60534-1 工业过程控制阀 第1部分:控制阀术语和总则(Industrial-process control valves—Part 1:Control valve terminology and general considerations)

IEC 60654(所有部分) 工业过程测量和控制装置的工作条件(Operating conditions for ndustrial-process measurement and control equipment)

IEC 60721-3 环境条件分类 第3部分:环境参数组及其严酷程度分级(Classification of environmental conditions—Part 3: Classification of groups of environmental parameters and their severities)

IEC 61000-4-11 电磁兼容 第4-11部分:试验和测量技术 电压暂降、短时中断和电压变化的抗扰度试验(Electromagnetic compatibility (EMC)—Part 4-11: Testing and measurement techniques—Voltage dips, short interruptions and voltage variations immunity tests)

IEC 61499(所有部分) 功能块(Function blocks)

IEC 61508(所有部分) 电气/电子/可编程电子安全相关系统的功能安全(Functional safety of electrical/electronic/programmable electronic safety-related systems)

IEC 61511(所有部分) 功能安全:过程工业用安全仪表系统(Functional safety: Safety instrumented systems for the process industry sector)

CISPR 11 工业、科学和医疗(ISM)射频设备 骚扰特性 限值和测量方法(Information tecnology equipment—Radio disturbance characteristics—Limits and methods of measurement)

3 术语和定义

GB/T 22137.1—2008和GB/T 2900.56—2008界定的以及下列术语和定义适用于本文件。

3.1

智能阀门定位器 Intelligent valve positioner

以微处理器技术为基础,采用数字化技术进行数据处理、决策生成和双向通信的位置控制器。

注1:智能阀门定位器可以配备附加传感器和附加功能来支持其主要功能。

注 2：本标准仅考虑 GB/T 22137.1—2008 的 3.1 定义的具有气动输出信号的定位器。输入信号可以是电流、电压、或者通过现场总线传送的数字信号。

注 3：对于带微处理器但不具备双向通信功能的非智能阀门定位器，其评定简化成限定范围的性能试验和简略的结构评审。

3.2

组态　configuring

实现一个特定应用所要求功能的过程。

3.3

组态能力　configurability

定位器能够配备多种功能以实现各种应用的程度。

3.4

校准　calibration

为了得到规定的输入/行程特性而将行程范围调整到所要求值的过程。

注 1：所调整的行程既可以从一个终端到另一个终端，也可以从一个终端到两者之间的值，由阀门制造商规定。

注 2：有些定位器具备自动调整行程范围的程序，这可以被称为“自动校准”。

3.5

整定　tuning

为某一特定应用调整各种控制参数的过程。

注：阀杆整定步骤可以采取“反复试验”法，也可以由制造商提供专用自动程序，这通常称为自整定。

3.6

设置　sct-up

为了优化对某一特定执行机构/阀门组合体的控制而组态、校准和整定阀门定位器的过程。

3.7

行程截止点　travel cut-off

接近特征曲线末端（最高或最低）的点，在该点，定位器迫使阀门到达相应的机械挡块（全开或全关）。

3.8

行程时间　stroke time

在一组规定条件下，在两个不同位置间作行程运动所需要的时间。

3.9

死区　dead band

输入变量的变化不至引起输出变量有任何可察觉变化的有限数值区间。

3.10

工作模式　operating mode

定位器的选定工作方式。

3.11

设定点　setpoint

设置被控变量（行程）预期值的输入变量。

注：输入变量可来自模拟信号源（mA 或 V）、数字信号源（现场总线），或者本地键盘输入。

3.12

平衡压力　balance pressure

稳态条件下，双作用执行机构对称腔室的平均压力。

注：平衡压力以定位器气源压力的百分数表示，以便估算双作用系统的稳定度。

4 设计评审

4.1 总则

本章的观测数据应以定位器随机文件以及制造商自愿公开的文献资料(手册、说明书等)为依据,不应包含机密信息。

设计评审旨在按结构识别和明确定位器的功能和能力。由于定位器有各种各样不同的设计,评审应按结构详细说明定位器的:

——物理结构;

——功能结构。

4.2 通过识别硬件模块和运行域及环境域的输入/输出模块来指导评估人员描述定位器的物理结构。

之后,用4.3的检查表来描述功能结构。该检查表给出了有关问题的结构框架,这些问题应由评估人员通过适当数量的定性和定量试验加以解决。

4.2 定位器标识

4.2.1 总则

基于以下考虑,结构化标识过程应形成被试定位器方框图和简要描述并形成评估报告。重要细节可采用照片或图纸来说明。

如图1所示,定位器可以具有下列主要物理模块以及与外部连接的能力。

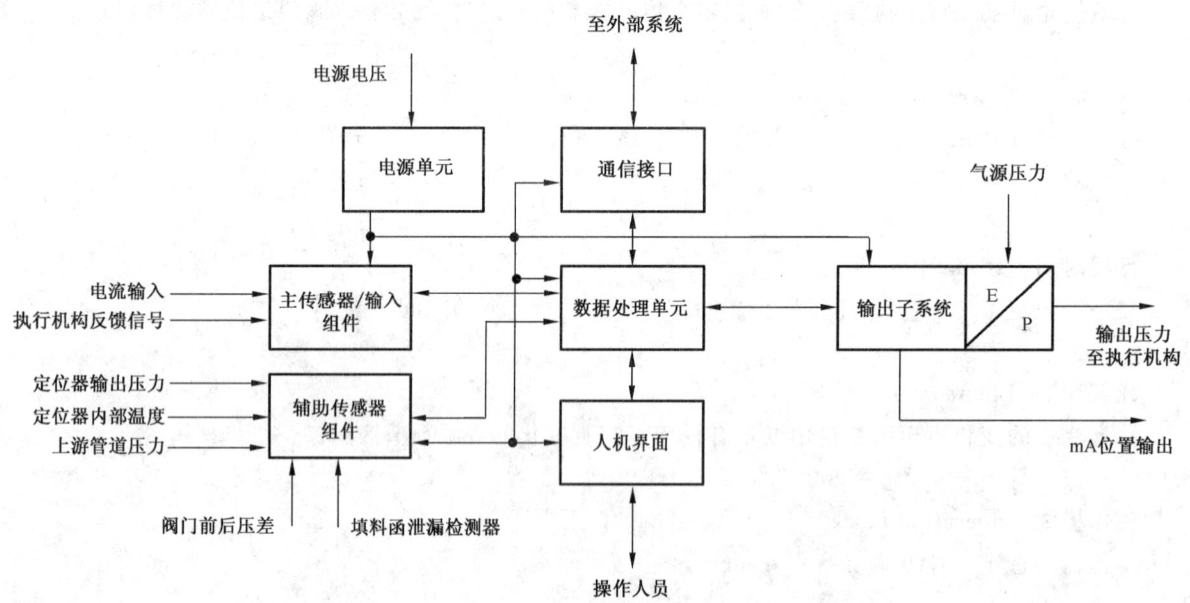

图1 定位器组态模型

4.2.2 电源单元

可能存在需要单独连接交流电源或直流电源的定位器。但大多数定位器由"回路供电",即设定点为模拟量(mA)的定位器可以通过电流输入获得电源,设定点为数字信号的定位器可通过现场总线获得电源。

4.2.3 主传感器/输入组件

主传感器/输入组件是定位器中连接模拟量设定点并接受执行机构/阀门组合体(阀杆运动)反馈信号的部件,用来支持定位器的主要功能。组件的某些部分有可能分布在定位器内部的不同物理位置。在接受数字设定点的定位器中,不存在图1所示的电流输入,反馈信号由定位器与阀杆之间的机械接口(连杆)产生。

4.2.4 辅助传感器组件

辅助传感器组件是用于与主传感器/输入组件集成的电子部件,许多定位器都在气动输出回路中装有压力传感器,在电子部件外壳内装有温度传感器,这些传感器的输出信号可用于阀杆位置控制算法。为了保护和监控阀门的状态,定位器可配备其他传感器。定位器还可以配备开关数字输入电路。

4.2.5 人机界面

只有当定位器所产生的数据可与外界交流时,才可以归类为智能型定位器。人机界面是重要通信工具,它由定位器中读出数据的装置(本地显示)及输入和请求数据的装置(本地按键)组成。有些定位器可能没有配备人机界面,在这种情况下,可通过数据通信接口和外部设备(手持终端或过程控制计算机)提供访问。

4.2.6 通信接口

通信接口将定位器与外部系统相连接,进一步增强了定位器的智能化。通过该接口和现场总线,定位器与外部系统之间就可以进行数据传输(包括设定点、组态和过程数据)。也有一些混合型定位器,其数据通信接口集成在输入电路中,没有独立的现场总线连接点,需要用模拟量输入传输控制数据,数字信息叠加在模拟量输入电流上。还有一些定位器可能没有通信接口,需要通过人机界面进行组态和读取数据。

4.2.7 数据处理单元

数据处理单元为定位器提供了多种功能,不同产品之间所能提供的功能差异很大,所能实现的功能包括:

——控制功能;
——组态;
——校准;
——整定;
——阀门状态监控(阀门诊断);
——外部过程控制功能;
——自检;
——趋势分析和数据储存;
——部分功能(如,组态、趋势分析)可分布在临时或永久连接在数据通信接口上的外部设备上。

4.2.8 输出子系统

在单作用智能阀门定位器中,输出子系统通过电/气(E/P)转换器把数字信息转换成气动信号控制执行机构。

在双作用智能阀门定位器中,输出子系统装有两个反向操作的电/气(E/P)转换器。在平衡(稳态)状态下,除作用于阀杆的摩擦力之外,两个转换器提供的压力是相等的。平衡压力和气源压力之间的关系决定了双作用系统的稳定度。

关于气动单元，常用的有以下两种设计：

——采用模拟量技术的常规电/气(E/P)转换器，如图 2 所示；

——电控两位先导阀，如图 3 所示。

而且，输出子系统还能配备独立的模拟量信号输出，该信号可与一个(或多个)测量或计算数据成正比，也可与一个(或多个)用于报警的可配置输出继电器成正比，这些输出通常需要单独的电源供电。

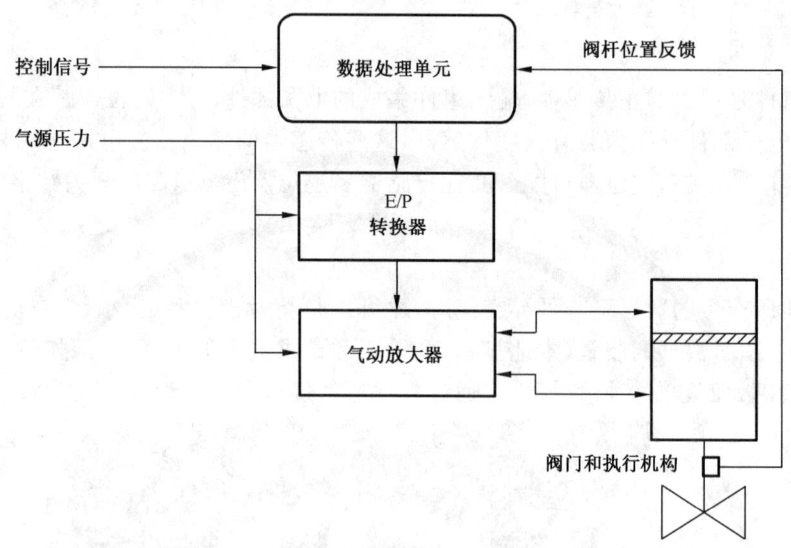

图 2　带模拟量输出的定位器基本设计

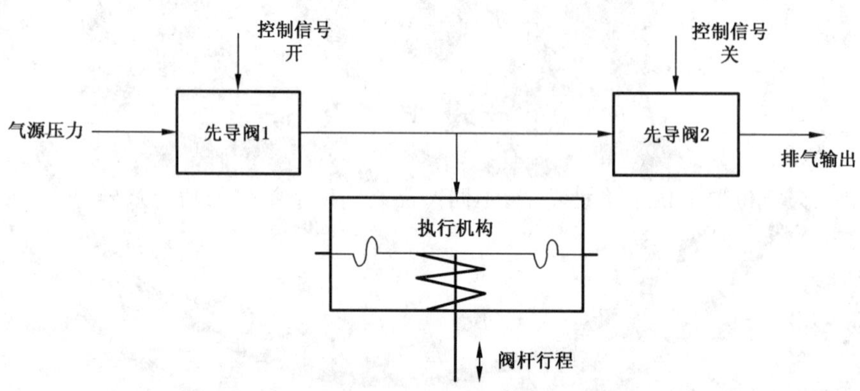

图 3　带脉冲输出的定位器基本设计

4.2.9　外部功能

定位器可通过数据通信接口和现场总线与过程控制计算机、手持设备和 DCS 系统进行通信。很多情况下，定位器的部分功能可能设置在这些设备中，这些功能可包括：

——(远程)组态工具；

——数据存储(组态、位置趋势、阀门状态)；

——校准和阀杆整定程序部分；

——自动阀门状态监控和报警。

评定时，外部功能(如果存在)也要考虑。

4.3 需要评审的功能和性能

4.3.1 检查表

表 1～表 6 为确定定位器所能实现功能和能力的检查表。报告格式的示例见 4.3.2。

表 1 功能

功能/性能	评定时需要考虑的各个方面
适用于回转阀	如果适用，要标明行程范围，并描述机械连接所需附件
适用于直行程阀	如果适用，要标明行程范围，并描述机械连接所需附件
正/反作用	检查正/反作用的选择是否可用，并描述机械装置如何操作
双作用功能	检查产品属于以下某一项： ——始终包含； ——能够改装； ——部分产品具备； ——不具备
阀杆位置控制算法的参数	给出每个参数的： ——名称； ——调整范围(如果用户可调)； ——默认值(如果适用)； ——检查能否识别和拒绝无效值； ——检查是否可接受负值，如果可以，观察在阶跃变化之后的不稳定特征； ——检查内部传感器输出是否用于阀杆位置控制算法，检查传感器失效时是否有备份，如何提供备份； ——有些设计有上行和下行移动两套控制参数，予以查证； ——哪个值定义不确定(‘99999’或‘0’)
其他影响控制的参数	有些参数(气源压力、阀门和执行机构数据等)的值可能需要在组态时输入，它们可能用于阀杆位置控制算法，检查它们是否真的用于阀杆位置控制算法，还是仅用于参考
工作模式	列出可用的工作模式、它们的层次、控制量程、切换的顺序(也要检查无扰切换的有效性)、访问定位器数据库(组态，控制参数，二级参数)的授权等级。 工作模式可以是： ——停止运行或待机； ——自动控制； ——手动控制(本地或远程)
分程应用	是否可分程操作? 如果可以，说明可调数值范围
行程时间	检查行程时间是否用户可调。说明可调数值范围
行程截止点	截止点通常在特征曲线的下端(也被称作紧密关闭)，但也可能出现在上端。要指出是哪一种，截止点数值是否可由用户组态。 检查死区是否会影响测试行程截止点。指出死区是否与输入信号或位置反馈信号相关
滤波器	如果配备了滤波器，它们是模拟的还是数字的
外部(过程)控制	用于外部控制回路的功能块(符合 IEC 61499)能否执行

表 1（续）

功能/性能	评定时需要考虑的各个方面
特殊功能	指出是否有特别功能可用（如：执行机构中的压力传感器、泄漏检查、流量测量）
阀门诊断	检查阀门诊断是否涉及以下方面： ——控制阀性能改变(死区、分辨力等)； ——摩擦力改变； ——阀芯磨损； ——阀杆磨损； ——填料函泄漏； ——阀座泄漏； ——阀杆断裂； ——空化； ——执行机构弹簧断裂； ——执行机构漏气； ——阀门卡住； ——执行机构膜片破损； ——气源堵塞导致性能下降的检测。 其他方面
检查阀门诊断范围和工具	检查定位器或主机系统如何诊断、测试、存储、报告和显示上述各方面。 诊断工具是否由定位器直接给出自动解释，或是否需要一定水平的操作人员的专业知识。对于每一个方面的检查，采用了下述哪种工具(试验)，检查每种工具以下几点： ——诊断试验是否可在运行时进行； ——是在线自动测试还是由操作员启动； ——自动测试检查间隔； ——检查试验参数是否适合用户使用； ——检查试验是否影响阀杆位置； ——说明数据是否可以存储及存储在哪里(本地或过程计算机)； ——检查是否有相关的直接警告/报警信息，或者它是否应由用户从定位器给出的其他信息中推导出来(例如：许多定位器配有用户可调的报警，指示阀门没有在一定时间内到达位置。阀杆断裂和断裂的弹簧最有可能引发这种报警)； ——检查出现诊断警报时定位器的动作。 此外，还可以有以下工具(试验)： ——高/低位置报警； ——变化速率报警； ——循环计数器/累加器； ——行程累加器； ——阀门性能试验； ——阶跃响应试验； ——处理时间超出设定限值； ——时间累加器接近于 0

表 2　可组态性

功能/性能	评定时需要考虑的各个方面
现场总线的兼容性	检查被试装置是否适用下列现场总线： ——HART®[1]； ——PROFIBUS PA[2]； ——PROFIBUS DP[2]； ——FOUNDATION™ FIELDBUS H1[3]； ——FOUNDATION™ FIELDBUS HSE[3]； ——其他(详细说明)
组态工具	检查定位器是否可通过以下方式组态： ——本地控制器(人机界面)； ——远程过程计算机或主计算机； ——临时连接的手持通信单元； ——其他
在线组态	检查控制模式下参数是否可以更改，如果可以，阀杆的位置是否受到不可接受的影响；检查是否有安全机制禁止在线访问全部或部分参数
离线组态	检查是否可在一台未与定位器连接的(离线)过程计算机上设置和存储多个定位器组态。
与过程计算机之间的上传/下载	检查是否可以上传组态，是否可以下载离线编制的组态
可组态行程特性	说明定位器中用户可选的特性，如： ——线性； ——等百分比(GB/T 17213.1)1∶50；1∶30；1∶25 等； ——专用等百分比； ——快开； ——分段(用户定义行程特性)，注明分段的数量。 注：等百分比特性有时是通过分段的方法来实现的，重要的是说明分段的数量及其大小，并估算出相对于理论等百分比特性的最大误差。
可组态"失效保护"位置	检查可组态"失效保护"位置的有效性。注意各种失效模式下的运行状况。用表 6 检查运行状况
平衡压力	检查双作用定位器的平衡压力是否用户可调
电源中断或定位器复位后的启动条件	电源中断后用户可能希望定位器返回到规定的位置，定位器可以： ——返回到最后的值； ——转到失效保护； ——转到用户定义的值； ——返回手动控制模式

---

1) HART ®是非营利性联盟 HART 通信基金会的商标名。提供本信息是为方便本文件的用户，并不表示本标准认可该产品。类似产品如能证明可取得相同的结果，也可以使用。

2) PROFIBUS PA 和 PROFIBUS DP 是非营利组织 PROFIBUS 用户组织(PNO)提供的产品的商标名。提供本信息是为方便本文件的用户，并不表示本标准认可该产品。类似产品如能证明可取得相同的结果，也可以使用。

3) FOUNDATION™ FIELDBUS H1 and FOUNDATION™ FIELDBUS HSE 是 Fieldbus 基金会提供的产品的商标名。提供本信息是为方便本文件的用户，并不表示本标准认可该产品。类似产品如能证明可取得相同的结果，也可以使用。

表3　硬件配置

<table>
<tr><th colspan="2">功能/性能</th><th>评定时需要考虑的各个方面</th></tr>
<tr><td rowspan="8">坚固性</td><td>铰链盖</td><td rowspan="8">说明：
——结构和防破坏保护的复杂性和可靠性；
——独立的终端隔间；
——结构材料对于有严格要求的应用领域(如：海洋、食品)的可用性；
——集成气动连接的可用性；
——快速电气连接和快速气动连接的可用性；
——电气室与气动室的隔离</td></tr>
<tr><td>阀位反馈机构</td></tr>
<tr><td>内部模块</td></tr>
<tr><td>阀门的支撑</td></tr>
<tr><td>突出部分</td></tr>
<tr><td>本地控制器</td></tr>
<tr><td>电气连接</td></tr>
<tr><td>气动连接</td></tr>
<tr><td colspan="2">远程位置传感器</td><td>检查提供电子部件机械分离的远程位置传感器的可用性，并评价其可靠性以及安装和校准的方便性</td></tr>
</table>

表4　可操作性

<table>
<tr><th>功能/性能</th><th>评定时需要考虑的各个方面</th></tr>
<tr><td>本地访问控制器(工具)</td><td>简要描述：
——可用控制器(按键等)；
——可访问性；
——控制器的人体工程学布置和用途；
——控制器能否在危险场所使用</td></tr>
<tr><td>本地显示</td><td>简要描述本地显示能够显示的数据：
——行数和每行的字符数；
——给出的控制参数；
——错误信息，等。
不开盖能否看到显示的内容</td></tr>
<tr><td>外部系统的人机界面</td><td>简要描述PC软件中各种用户访问群组及相关显示的组织和层次。
提供手持通信设备的显示和键盘布置图</td></tr>
<tr><td>人机交互的其他要点</td><td>列出其他硬件工具(开关、电位计等)以及它们控制的相关参数</td></tr>
</table>

表5 可靠性

<table>
<tr><th>功能/性能</th><th>评定时需要考虑的各个方面</th></tr>
<tr><td>定位器诊断</td><td>简单描述系统诊断定位器内部故障和故障条件下确保安全运行的范围。可应用各种机制检测以下故障：
——内存故障；
——无空闲时间；
——基准电压故障；
——输入电流超范围；
——非易失性存储器严重故障；
——温度传感器故障；
——压力传感器故障；
——行程反馈传感器故障。
现场总线设备可提供特别信息，如：
——输入/输出处理器故障；
——输出不运行；
——静态参数丢失；
——校准数据读错误。
检查执行了哪种诊断：
——在线(运行中)自动、连续或者周期性；
——在线(运行中)使用者启动；
——离线(停止运行)。
制造商是否提供检测内部故障的包含因子？</td></tr>
<tr><td>报警</td><td>警报类型大致可分成以下两组：
——过程报警(与前述阀门诊断和阀门/执行机构状态有关)。报警设定可由用户调整；
——自检报警(与前述定位器内部电气故障诊断有关)。这些报警通常用户不可访问。
● 哪些报警两组中都提供？
● 它们如何通信？
1) 通过继电器输出硬连线；
2) 在本地显示；
3) 通过现场总线。
——报警是自动出现还是仅在用户请求时出现？</td></tr>
<tr><td>防止未授权访问的安全措施</td><td>描述实现安全的方法：
——硬件(写保护开关)；
——软件(密码、访问等级编号和各等级的访问和组态范围)；
访问本地控制</td></tr>
<tr><td>可维护性</td><td>制造商规定了哪种维护等级(更换部件、更换整个仪表)？
确定工厂更换的修复时间，包括组态、校准、整定。
维护所需要的工具？
是否规定预防性维护方法？
是否规定预测性维护方法？
当阀门在在线系统上时是否可以更换定位器？</td></tr>
</table>

表5（续）

功能/性能	评定时需要考虑的各个方面
可靠性	是否提供平均故障间隔时间数据，数据的来源？ ——公用数据库或专用数据库，如 MIL HDBK 217； ——现场经验（寻找计算数值的数据总量和数据采集周期）。 提供的是部分冗余、完全冗余，还是可选择

表6　失效保护特性

故障类型	定位器排气	定位器充气	定位器保持最后位置	定位器保持其他位置
气源故障				
设定点故障				
辅助电源故障				

4.3.2　报告

报告的格式严格遵从4.3.1给出的结构。表7给出了一个报告格式的示例。

表7　报告

功能/性能	观察结果和评论
现场总线	
组态工具	
在线重新组态	
离线组态	
与计算机之间的上传/下载	
可组态行程特性	
其他	

4.4　文本信息

应检查制造商的文件中是否提供表8列出的相关内容。

表8　文本信息

项目	观察结果和评论
定位器标识： ——外壳上的标签或铭牌； ——软件标识	
工作原理	
重量和尺寸	

表 8（续）

项目	观察结果和评论
适用范围： ——温度； ——振动； ——湿度； ——电磁兼容； ——环境保护； ——电源	
环境条件分类(IEC 60721-3) 工作条件(IEC 60654)	
安全： ——危险场所认证	
可信性： ——失效率	
机械结构： ——外表尺寸，安装 ——外壳、接触流体材料和涂层	
外部接线图	
软件描述： ——软件版本； ——固件版本	
安装说明书	
组态说明书和工具	
试运行： ——调整； ——校准； ——整定/初始化	
操作说明书	
自检/检修	
维护说明书	
性能指标	
备件清单	
订货须知	
制造商保障设施	

当这些信息有缺失或者不充分时，应在“观察结果和评论”栏中说明。

此外，应描述利用外壳上和软件内的标签、标记标识定位器的方法是否适当。

5 性能试验

5.1 总则

智能阀门定位器的性能试验是将定位器安装在约定的执行机构/阀门组合体上进行的。该组合体的相关参数如行程、摩擦力(回差,两者相关联但不等同)、填料函类型、弹簧组件和气动部分的气源压力要经过精心选择(见 5.2.2)并列入试验报告。

在开始试验之前,应按照制造商的说明书调整、校准和整定定位器。

5.2 性能试验的参比条件

5.2.1 概述

环境和工作试验条件的参比值应符合 GB/T 18271.1—2017 第 6 章和 GB/T 22137.1—2008 第4 章的规定。

试验应在规定的参比大气条件下进行。特殊情况下,试验可在推荐极限值范围内进行,但在任何情况下都不应超出极限值范围。当在推荐极限值范围内的测量不能令人满意时,应在参比大气条件下重复试验。

阀门/执行机构组合体的选择由评定试验有关各方协商确定,还应考虑 5.2.2 所述的注意事项。如果评定的目的在于比较各种不同的定位器产品,那么不同的定位器产品应在相同的执行机构/阀门组合体上进行试验,5.2.2 所提到的各种产品的有关参数也应完全相同。

除环境试验(温度、湿度、电磁兼容)外,试验采用的摩擦力为 10% (见 5.2.2.7)。振动试验的摩擦力为能维持稳定运行的最小摩擦力。

气路连接件和接管的尺寸应采用制造商推荐的尺寸,并应在报告中说明。有关各方也可协商采用其他尺寸。

动态试验和气流试验过程中,气源压力变化应保持在±10 kPa 范围内。

一种产品的性能最能在一个或多个有极端要求的应用中体现出来。为了实现这样的应用,应考虑 5.2.2 中有关阀门/执行机构组合体相关参数的注意事项。这些注意事项对直行程阀门/执行机构组合体和角行程阀门/执行机构组合体同样有效。

在每次试验之前,评定人员应注意使被试装置处于无误差、无故障状态和正常工作模式下。每次测试之前进行参比测量,以便在试验期间和试验后确定各种相关量的偏移。

5.2.2 阀门特征

5.2.2.1 总则

阀门的类型(直行程或角行程,单作用或双作用)由有关各方协商确定。

5.2.2.2 执行机构/阀门尺寸

阀门、执行机构及试验配置用的安装件应做记录。

至少应提及以下参数:

- 膜片有效尺寸;
- 行程范围/旋转角度;
- 摩擦力;
- 弹簧弹力范围。

5.2.2.3 行程

行程调整应按照制造商文件中规定的步骤进行(自动、手动或混合)。

5.2.2.4 行程特性

除非另有说明,评定时定位器应设定为线性特性。准确度也可以在等百分比等其他特性下测量。在测量准确度之前评定特性时,评定人员应报告执行上述调整程序可能导致的零位误差。

5.2.2.5 执行机构弹簧范围设置

注:双作用执行机构不一定需要弹簧组件才能正常运行。

执行机构的弹簧组件应优先选择在大约 40 kPa 到 200 kPa 范围内。在较高气源压力下,单作用定位器的上行和下行方向的动态特性明显不同,而且,整个过程是强非线性的。因此,要在整个行程范围内实现稳定控制,对于执行阀杆(自动)整定程序可能是一个具有挑战性的要求。

5.2.2.6 填料函

除非有关各方另有约定,评定应在配备标准 PTFE(聚四氟乙烯)填料函的阀门/执行机构组合体上进行。有关各方可以协商采用其他类型的填料函,例如石墨。石墨的摩擦力特性对定位器控制能力有更高的要求。如果执行机构/阀门组合体以前曾使用过,评定人员应在评定开始之前确认已重新安装新的填料函。

5.2.2.7 摩擦力

评定开始时,配装单作用执行机构的阀门,应调整起动摩擦力,使行程的 5%至 10%为死区;对于配装双作用执行机构(不是弹簧平衡)的阀门,应调整起动摩擦力,使约定气源压力的 5%至 10%为死区。有关各方也可以约定其他值。摩擦力是控制阀门/执行机构组合体过程中产生非线性的一大因素。评定时的调整过程应做记录。评定结束时也应测量摩擦力。

5.2.2.8 气源压力

气源压力应设定为规定范围内的相对较高值(建议单作用执行机构为 240 kPa,双作用执行机构为 400 kPa)。

注:给出的气源压力值为典型值,根据阀门制造商的建议适用于实际阀门尺寸。

当弹簧范围设置在低范围(如 40 kPa～200 kPa)时,在相当高的气源压力下,单作用执行机构的上行和下行两个方向的动态响应大不相同。上行方向的驱动力(气源压力与执行机构压力之差)远远大于下行方向的驱动力(执行机构压力与大气压之差)。而且,在不同压力下,管道和节流件中的气流是非线性的。这就迫切需要阀杆整定程序为稳定性和阀门的可控性提供最优控制参数。

5.3 一般试验程序

5.3.1 试验配置

基本试验配置如图 4 所示。评定需要以下仪表:

——行程测量:

为了准确测量行程特性,应使用行程传感器,其不确定度应优于规定准确度 10 倍,或小于行程的 0.05%。动态试验和环境试验可以使用经过校准的高稳定线性电位计。设备应刚性安装在阀门/执行机构组合体上,平行于阀杆无回差连接。试验造成的误差和偏移应以校准后行程的百分数表示。

——输入信号发生器：

对于有电流输入回路的定位器，需要一个合适的电流信号发生器，其误差应小于量程的0.01%。

对于现场总线型定位器，制造商应向评定人员提供必要的硬件、软件和使用说明书。在这种情况下，电流输入回路无效，数据是通过图1所示的通信接口输入。在定位器测试之前，现场总线系统的动态影响应绘制成曲线图，并且在定位器动态试验中加以考虑，为此，可以使用一个总线监控器。

试验引起的准确度误差和偏移应以量程的百分数表示。

——辅助输入：

当定位器中集成辅助传感器时，应施加实际被测量。当定位器没有配备辅助传感器时，应施加等效于该传感器输出信号的电信号。对于所考虑的回路，所使用的信号发生器的准确度最好应比制造商所指定的相关电路的准确度高10倍，至少高4倍以上。

试验引起的准确度误差和偏移应以量程的百分数表示。

——辅助输出：

辅助模拟量输出回路应按制造商的描述供电和加载。测量所用设备的总体准确度最好比制造商所指定的准确度高10倍，至少高4倍以上。

试验引起的准确度误差和偏移应以量程的百分数表示。

对于数字式继电器输出，回路应按制造商的规定或建议供电和加载。

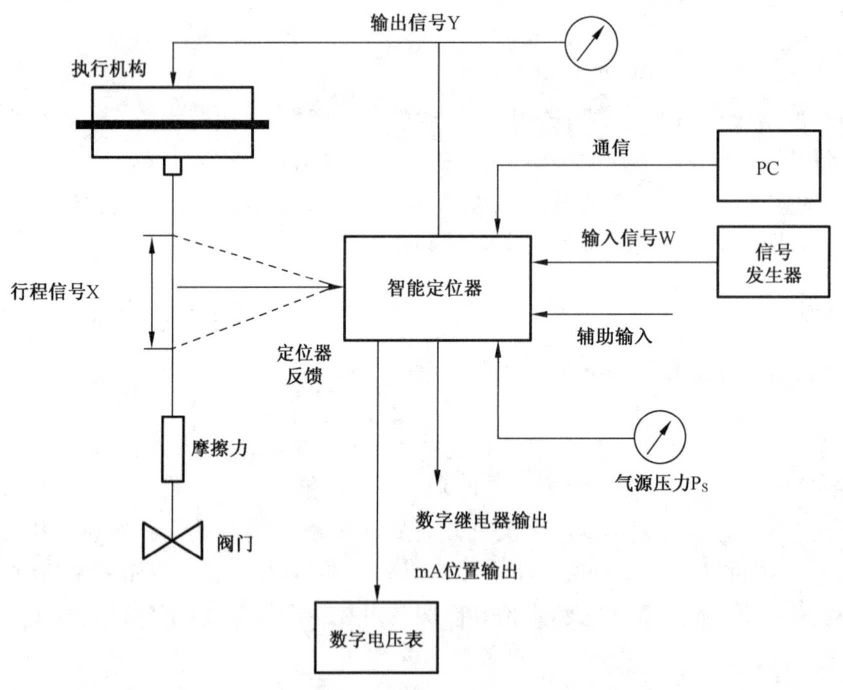

图4　基本试验配置

5.3.2　试验注意事项

除了GB/T 22137.1—2008的5.3提及的试验注意事项外，在评定智能阀门定位器时还应考虑以下事项。

开始试验之前，应该按照制造商提供和描述的方法校准和整定定位器。然后，应有一个固定的输入来提供稳定的阀位，如果阀位不稳定，可向制造商咨询。

制造商应明确说明哪些试验会导致定位器损坏,未经允许不得进行这些试验。

5.4 初步观察和测量

5.4.1 总则

通常,在试验过程中可能出现的机械问题应列入报告。

5.4.2 安装程序

安装程序是校准和线性化程序中的一部分。记录安装的方便程度,以及在安装和拆卸定位器时,对机械连杆机构进行校准和调整可能遇到的困难。

还应确定正确安装所需要的时间。

5.4.3 组态程序

定位器组态时出现的困难应列入报告。这些困难可能是由于以下原因造成:

——由于按键间距太小而导致输入错误;

——一些输入参数可能不引人注意地自动改变了其他参数;

——处理参数中的矛盾,如在修改受保护参数时无警告信息。

测量离线组态所需要的时间。

测量上传到过程计算机或从过程计算机下载组态所需要的时间。

5.4.4 阀杆位置校准程序

应考虑校准程序的以下方面:

——如果有任何连接到阀门的机械连接:

- 启动之后各个步骤是否自动执行?
- 如果不是,用户需要互动几次,什么时候互动?
- 是否将阀杆校准步骤用作性能测试(如:确定摩擦力、死区等)?
- 校准数据(操作人员名字、日期、参数,等)是否存储在非易失性存储器中?
- 是否需要外部测量仪表?

——校准所需工具的要求:

- 是否存在行程约束和(或)限制(零点和量程是否可调整到两个终点之间的任意值)?
- 零点/量程调整的分辨力是多少?
- 测量校准所需的时间;
- 直行程执行机构如何实现线性化?

记下执行过程中出现的困难。当需要用户放松并移动带支架的定位器,寻找相对于执行机构/阀门组合体的最佳位置时,线性化会是一个难点。

5.4.5 阀杆位置整定程序

简要描述整定方法:

——是否是全自动方式,如果不是,执行过程中需要用户互动多少次?

——自整定是否真能导致稳定控制?

——参数是否自动激活?用户是否可以忽略或修改这些参数并填写不同的值?

——整定和校准能否整合成一个程序?

——测量整定所需的时间;

——整定程序是否在线自动更新控制参数？

5.5 性能试验程序

5.5.1 总则

表9给出了参比条件下的试验概述。

表9 参比条件下的试验

<table>
<tr><th>名称</th><th>试验方法说明及列入试验报告的信息</th><th>引用标准</th><th>附加信息</th></tr>
<tr><td>● 准确度</td><td></td><td></td><td></td></tr>
<tr><td>● 线性特性的端基线性度误差
● 回差
● 重复性</td><td>上行方向和下行方向以10%～20%的间隔至少测量3次。数据应绘成曲线图</td><td>GB/T 18271.2—2017的第4章</td><td></td></tr>
<tr><td rowspan="2">● 等百分比特性的一致性误差
● 回差
● 重复性</td><td>上行方向和下行方向以事先确定的间隔至少测量3次。数据应绘成曲线图</td><td></td><td></td></tr>
<tr><td colspan="3">如果还应确定等百分比特性的行程特性，制造商应明确说明怎样进行校准和整定。尤其是在没有提供等百分比特性的特定阀杆整定程序时，应仔细检查整个行程范围内的稳定性。行程测量应在以下输入点进行：0%、5%、10%、20%、30%、40%、50%、60%、70%、75%、80%、85%、90%、95%、98%、100%。根据IEC 60534-1中说明的等百分比曲线，用以下公式计算输出值：
$$\Phi = \Phi_0 \times e^{nh}$$
式中：
Φ ——相对流量系数；
Φ_0——相对行程 h 为0时的相对流量系数；
n ——曲线图上画出 $\log\Phi$ 对 h 的曲线时固有等百分比流量特性的斜率；
h ——相对行程。
画出下列误差曲线：
——测量值与制造商所实现的曲线；
——测量值与上述等百分比(IEC)曲线</td></tr>
<tr><td rowspan="2">● 模拟量反馈输出的线性度误差
● 回差
● 重复性</td><td>上行方向和下行方向以10%～20%的间隔至少测量3次。
数据应绘成曲线图</td><td>GB/T 18271.2—2017的第4章</td><td>提供模拟量反馈输出时，可选试验</td></tr>
<tr><td colspan="3">模拟量反馈输出信号有下列输出形式，因此应明确报告确定了哪种特性：
● 过程计算机或者本地显示上显示的反馈传感器输出；
● 定位器中集成的电隔离变送器的mA输出</td></tr>
<tr><td>● 辅助传感器的线性度误差
● 回差
● 重复性</td><td>上行方向和下行方向以10%～20%的间隔至少测量3次。
数据应绘成曲线图</td><td>GB/T 18271.2—2017的第4章</td><td>当传感器基本无法正常运行时，可放弃试验</td></tr>
<tr><td>● 数字输入传感器的切换点</td><td>确定从逻辑“0”切换到“1”及反之的阈值</td><td></td><td>可选试验</td></tr>
</table>

表 9（续）

名称	试验方法说明及列入试验报告的信息	引用标准	附加信息
● 死区	在 50%处测量（10%和 90%可选）	GB/T 18271.2—2017 的 4.2	带脉冲输出的定位器（图 3）需要死区来稳定运行
	当可调时，应在最佳和稳定控制所需的值（由制造商在手册中建议）附近测量		
● 平衡压力	在 50%处测量平衡压力	本部分的 3.12	可选择在 10%和 90%处测量
	本试验仅适用于双作用定位器，并应在稳定位置进行。平衡压力的值应以定位器气源压力的百分数表示		
● 动态响应			
● 频率响应	把设定点设在 50%，然后施加振幅小于 5%的正弦信号，从 0.01 Hz 开始，升到 3 Hz。报告：−3 dB（相对增益 0.7）；相位滞后 45°和 90°；最大相对增益和相应的频率和相位滞后	GB/T 22137.1—2008 的 6.10.3	
	定位器/执行机构/阀门组合体的动态特性主要受气源压力和所选择的执行机构/阀门组合体的特性（尺寸、公称有效面积、容积、弹簧组件、摩擦力）的影响。动态试验结果只对试验用的组合体有效。对于现场总线仪表，试验结果还应包括现场总线的动态特性。在这种情况下，试验要一直进行到频率不大于 0.2 倍采样频率为止		
● 阶跃响应	以 50%设定点为中心，从上行和下行两个方向连续施加 0.25%、0.5%、1%、2%、4%、8%、16%、32%的阶跃变化，至少 3 次。再从 6%到 14%和 84%到 96%以及相反方向重复试验。 确定阶跃响应时间、时滞、过冲及设定时间 1（适用时）和设定时间 2，见图 5	GB/T 22137.1—2008 的 6.10.4	
	对于采用现场总线的定位器，信号发生器一侧的传感器（见图 4）要包括一个总线监视器，用来确定阶跃函数到达仪表输入端的准确时间。 设定时间 1：行程到达并保持在最终稳态值的量程的 1%范围内的时间； 设定时间 2：行程到达并保持在最终稳态值的量程的 0.1%范围内的时间。 时间常数：（最终稳态值的 63%） 确定每一种阶跃信号的平均值，除非相互差异大于 30%或者大于 2 s，取数值最大者。这种情况下，要报告最小值和最大值，还要报告可能的极限周期变化。 可以用不同的气源压力，结合（自动）整定和不同规格的气动连接管件和管子重复试验		
● 气流特性	确定最大输送和消耗的空气流量（分别为：$Q_{1\,max}$和 $Q_{2\,max}$）	GB/T 22137.1—2008 的 6.5.1	
	可以用不同的气源压力，结合（自动）整定和不同规格的气动连接管件和管子重复试验		
● 稳态耗气量	在整个行程范围内改变输入，确定稳态耗气量最大的点	GB/T 22137.1—2008 的 6.5.2	

表9（续）

名称	试验方法说明及列入试验报告的信息	引用标准	附加信息
● 电源要求	确定最大功耗及当时的阀门位置		
	对于由回路供电的模拟量(4 mA～20 mA)定位器,确定100%输入时各端子的电压值。 核实制造商的说明书中提到的最小电流和电压。对于现场总线,阀门应处于运行中。 通电时的功耗		

定位器阶跃响应示例见图5。

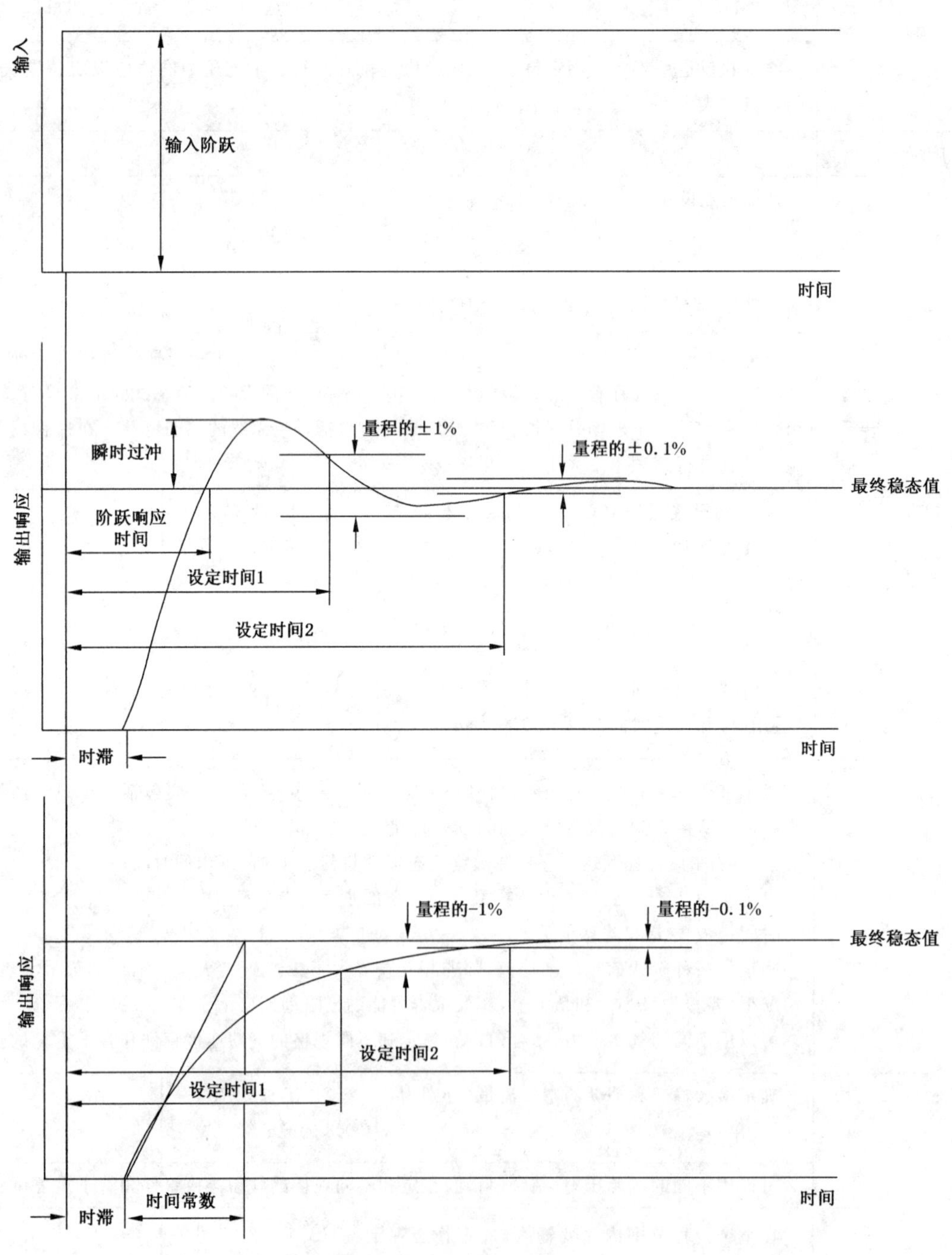

图5 定位器阶跃响应示例

5.5.2 影响量的影响

下列矩阵(见表 10)列出了所要进行的观察和测量,以及确定影响量的影响采用的试验程序。

表 10 中使用下列符号:

z/s ——测量零点迁移和量程迁移。在两次测量之间的调整期间,输入信号恒定在约 50%处,并应记录行程信号;

注:零点和量程从 5%和 95%处的测量结果中导出。

50 ——在 50%处测量。多数情况下,评定人员还应测量瞬时变化的幅值和持续时间、可能的行程不稳定性及阀位输出。

90 ——在 90%处测量。多数情况下,评定人员还应测量瞬时变化的幅值和持续时间、可能的行程不稳定性及阀位输出。

10/90 ——依次在 10%和 90%处测量。

× ——应进行观察。

由于试验期间和试验后的测量与观察结果并不总是相同,表 10 在"测量时间"一栏中分成以下两种情况:

D——试验期间测量和观察;

A——试验之后测量和观察。

表 10 定位器特性和试验项目矩阵

名称	测量和观察													试验程序	引用标准
	测量时间	准确度[a]				可信性[b]				稳定性[c]				试验方法说明及列入试验报告的信息	
		行程特性	模拟量反馈输出	辅助输入输出	中间值	损坏/故障	软件组态	通信	本地显示	诊断信息	阶跃响应	稳定性	初始化		
气源压力	D	z/s								×	×	×	×	气源压力从约定参比值变化到制造商规定的最小和最大值。重大影响在中间值做试验	GB/T 22137.1—2008
	A	z/s								×		×	×		
环境温度:性能	D	z/s	z/s	z/s	×	×	×	×	×	×	×	×		将组合体放在下列温度下循环两次,但不超过制造商规定的限值:+20 ℃,+40 ℃,+60 ℃,+85 ℃,+20 ℃,0 ℃,−20 ℃,−40 ℃,+20 ℃	GB/T 18271.3—2017,第 5 章;GB/T 2423.1—2008;GB/T 2423.2—2008
	A	z/s	z/s	z/s	×	×	×	×	×	×	×	×			
环境温度:可操作性	D											×	×	检查正常冷启动	
	A											×	×		
	定位器/执行机构组合体切断电源和气源,在制造商规定的最低温度和最高温度下分别放置至少 6 h。然后接通电源,检查其能否正常启动。正常启动后,以 5%和 95%的输入进行位置测量,然后按照制造商所述步骤执行初始化程序(多数情况下是"自动整定"程序)。与室温下初始化的任何差异都需要列入试验报告,包括: ——参数不同; ——执行程序时间延长														

表 10（续）

名称	测量和观察													试验程序	
	测量时间	准确度[a]				可信性[b]					稳定性[c]				
		行程特性	模拟量反馈输出	辅助输入输出	中间值	损坏/故障	软件组态	通信	本地显示	诊断信息	阶跃响应	稳定性	初始化	试验方法说明及列入试验报告的信息	引用标准
相对湿度	D	z/s	z/s	z/s	×			×	×					40 ℃±2 ℃,93%+2%/−3%,48 h	GB/T 18271.3—2017,第6章; GB/T 2423.3—2016
	A	z/s	z/s	z/s	×	×		×	×						
	定位器在2 h内置于40 ℃±2 ℃和93%+2%/−3%环境中,并在此条件下至少保持48 h。在最初的4 h和最后的4 h接通电源,其余时间关闭电源。48 h后,相对湿度和温度在2 h内降低到参比大气条件并保持至少4 h。在以下时间段进行测量和观察: ——在最初4 h结束,仍然通电时; ——在最后4 h定位器通电后; ——在最后4 h结束,温度和湿度仍高时; ——试验后在参比大气条件下保持4 h结束时														
安装位置	D	z/s	z/s											在2个互相垂直平面上,组合体从参比位置倾斜±10°和±0°	GB/T 18271.3—2017,第9章
	A	z/s	z/s												
跌落和倾倒	D	50	50			×									GB/T 18271.3—2017,第8章; GB/T 2423.7—1995
	A	50	50			×			×	×		×			
	试验时,将定位器从阀门/执行机构组合体上拆下,反馈杆固定在相当于50%的位置,以正常使用位置放置在平滑、刚性的水泥或钢板平面上,沿一底边倾斜,使其对边与试验平面之间的距离为25 mm,50 mm或100 mm,或使其底面与试验平面之间成30°角,选其中不太严酷的一种,然后让其自由跌落在试验平面上。四个底边各跌落一次。														
机械振动	D	50	50	50		×		×	×	×		×		按下述方法从三个方向对组合体进行试验,频率10 Hz～500 Hz,振幅0.15 mm(10 Hz～60 Hz)或2 g(60 Hz～500 Hz)	GB/T 18271.3—2017,第7章; GB/T 2423.10—2008; 见附录A
	A	z/s	z/s	z/s		×		×	×	×		×			
	试验准备 如附录A所示,用刚性支架将定位器/执行机构组合体固定在振动试验台上,依次经受三个互相垂直轴线方向上的振动。参比(控制)加速度计应安装在试验台上,另一个(响应)加速度计安装在定位器上,同时在振动方向上进行测量。行程、模拟量反馈输出以及两个加速度计之间的振幅比 Q 都应以振动频率的函数记录。在每个阶段之前和之后,应测量零点和量程。														

表 10（续）

名称	测量和观察													试验程序	引用标准
	测量时间	准确度[a]				可信性[b]					稳定性[c]			试验方法说明及列入试验报告的信息	
		行程特性	模拟量反馈输出	辅助输入输出	中间值	损坏/故障	软件组态	通信	本地显示	诊断信息	阶跃响应	稳定性	初始化		
机械振动	试验描述 试验由每个方向上试验等级为 0.15 mm/19.6 m/s² =2 g[现场应用在低振动管道上(GB/T 18271.3—2017)]的试验组成： 第一阶段：寻找初始谐振 在这个阶段，仪表将在 50%的稳态输入信号下运行。阀杆位置和上述振幅比以振动频率的函数记录。在振幅比 $Q>2$ 时确定频率范围，与后面规定的寻找最终谐振期间找到的频率范围相比较。 第二阶段：临界频率下的耐久性适应 根据记录的 Q 值确定最低频率下导致最高谐振峰值的频率，然后将组合体在该频率下振动 30 min。在这个阶段，仪表应在 50%的稳态输入信号下运行。阀杆位置应以振动频率的函数记录。 第三阶段：寻找最终谐振 寻找最终谐振的方法与寻找初始谐振相同。应记录在 50%输入时性能上的任何重大差异以及 $Q>2$ 时谐振峰值和频率范围相对于寻找初始谐振时的变化														
工频磁场	D	z/s	z/s	z/s		×		×	×	×		×		试验等级：30 A/m	GB/T 18268.1—2010，表 2
	A	z/s	z/s	z/s		×		×	×	×		×			
射频电磁场辐射	D	50	50	50		×	×	×	×	×		×		试验等级：10 V/m (80 MHz～1 GHz)；调幅信号(1 kHz 正弦波，调制 80%)叠加在载波上。 试验期间应记录相关信号	GB/T 18268.1—2010，表 2
	A	z/s	z/s	z/s		×	×	×	×	×		×			
传导骚扰	D	50	50	50		×	×	×	×	×		×		试验等级：3V 试验期间应记录相关信号	GB/T 18268.1—2010，表 2
	A	z/s	z/s	z/s		×	×	×	×	×		×			
电快速瞬变	D	50	50	50		×	×	×	×	×		×		仅对长度超过 3 m 的连接线进行试验。试验等级：1 kV	GB/T 18268.1—2010，表 2
	A	z/s	z/s	z/s		×	×	×	×	×		×			
	当定位器配有独立的电源电路时，还应对电源电路进行试验。试验等级为 2 kV 直接注入。														
浪涌电压抗扰度	D	50	50	50		×	×	×	×	×		×		仅对长距离线路进行试验。试验等级：1 kV	GB/T 18268.1—2010，表 2
	A	z/s	z/s	z/s		×	×	×	×	×		×			
	当定位器配有独立的电源电路时，还应对电源电路进行试验，试验等级分别为 1 kV(线对线)、2 kV(线对地)。														

表 10（续）

名称	测量和观察													试验程序	引用标准
	测量时间	准确度[a]				可信性[b]					稳定性[c]			试验方法说明及列入试验报告的信息	
		行程特性	模拟量反馈输出	辅助输入输出	中间值	损坏/故障	软件组态	通信	本地显示	诊断信息	阶跃响应	稳定性	初始化		
静电放电	D	50	50	50		×	×	×	×	×		×		试验等级 3 级： ● 接触放电：4 kV ● 空气放电：8 kV	GB/T 18268.1—2010，表 2
	A	z/s	z/s	z/s		×	×	×	×	×		×			
共模干扰	D	50	50			×		×				×		在隔离的输入/输出与供电电路的正、负导线上依次施加： ● 250 V a.c. ● +50 V d.c.和−50 V d.c.	GB/T 18271.3—2017，13.1
	A	50	50			×		×				×			
串模干扰	D	50	50					×		×		×		在输入回路上施加串模信号。位置受到影响大于量程的 0.5％时确定信号电平	GB/T 18271.3—2017，13.2
	A	50	50					×		×		×			
	串模信号不应大于 1 V（电压输入）或量程的 10％（电流输入）。														
输入过范围	D	×	×			×				×		×		在输入端上施加 24 V 直流电压 1 min，观察过载期间定位器的变化。5 min后恢复 50％输入，测量和观察残余影响	GB/T 18271.3—2017，第 10 章
	A	z/s	z/s			×				×		×			
	如果定位器连接的并不是 24 V 的信号源，试验等级应做相应变化。本试验有可能对被试定位器造成破坏，宜在试验最后进行，并应经制造商同意。														
电源变化	D	z/s	z/s			×		×	×	×		×		● 交流电源：电压变化＋10％/－15％；频率变化±2％和±10％ ● 直流电源：＋20％/±15％ 在每次变化时进行测量和观察	GB/T 18271.3—2017，12.1
	A	z/s	z/s			×		×	×	×		×			
	最终试验可以向规定限值的更宽变化范围扩展。														

表 10（续）

名称	测量和观察													试验程序	引用标准
	测量时间	准确度[a]				可信性[b]					稳定性[c]			试验方法说明及列入试验报告的信息	
		行程特性	模拟量反馈输出	辅助输入输出	中间值	损坏/故障	软件组态	通信	本地显示	诊断信息	阶跃响应	稳定性	初始化		
电源中断	D	90	90			×		×	×	×		×		电源中断 5 ms、20 ms、50 ms、100 ms、200 ms、500 ms，记录行程信号并观察电源恢复后的变化	GB/T 18271.3—2017，12.4 IEC 61000-4-11
	A	90	90			×		×	×	×		×			
	报告行程瞬时变化、失真总时间、恢复到原来位置的时间和重新启动可能出现的困难。每个设定值至少进行10次中断。														
始动漂移	D	10/90	10/90									×		电源切断 12 h 后，分别以 10% 和 90% 的输入进行试验	GB/T 18271.2—2017，7.1
	A	10/90	10/90									×			
长期漂移	D	90	90	90		×		×	×	×		×		以 90% 的输入测量 30 天以上	GB/T 18271.2—2017，7.2
	A	z/s	z/s	z/s		×		×	×	×		×			
加速寿命测试	D	z/s	z/s		×	×		×	×	×		×		在衰减不小于 0.95 的频率下，以 5%～95% 之间的正弦波输入信号进行10万次循环。在5千、1万、2万、4万、6万、8万和10万次循环后进行测量和观察。报告测试期间出现的故障情况以及总的循环次数	GB/T 18271.3—2017，第 23 章
	A	z/s	z/s		×	×		×	×	×		×			
执行机构漏气	D	50	50							×		×		在定位器与执行机构之间的连接管道中先后实施 50 Nl/h 和 500 Nl/h 稳定流量的漏气	
	A	50	50							×		×			

[a] 准确度

行程特性

对于被试定位器的行程特性，在不同的试验条件下以及试验之前和之后，应将输入连续调整成 5% 和 95%，并测量所对应的行程位置。

零点和量程可从 5% 和 95% 的测量值导出，最好应记录下行程信号。

表 10（续）

<table>
<tr><th rowspan="3">名称</th><th colspan="12">测量和观察</th><th>试验程序</th><th rowspan="3">引用标准</th></tr>
<tr><th rowspan="2">测量时间</th><th colspan="4">准确度[a]</th><th colspan="4">可信性[b]</th><th colspan="3">稳定性[c]</th><th rowspan="2">试验方法说明及列入试验报告的信息</th></tr>
<tr><th>行程特性</th><th>模拟量反馈输出</th><th>辅助输入输出</th><th>中间值</th><th>损坏/故障</th><th>软件组态</th><th>通信</th><th>本地显示</th><th>诊断信息</th><th>阶跃响应</th><th>稳定性</th><th>初始化</th></tr>
</table>

模拟量反馈输出

有模拟量反馈输出的被试定位器才需要测量。在不同的试验条件下以及试验之前和之后，以 5%和 95%的定位器输入值测量模拟量反馈输出，并根据测量值确定所引起的零点迁移和量程迁移。最好应记录下位置输出信号。

辅助输入/输出

被试定位器如有辅助传感器，应在不同的试验条件下以及试验之前和之后，在 0%和 100%的输入值条件下施加相关的量，确定由此产生的零点迁移和量程迁移。辅助传感器(参见图 1)可用在：

- 定位器输出压力；
- 上游管线压力；
- 差压；
- 填料函泄漏检测器。

通过连续引入逻辑“0”和逻辑“1”，检查数字量输入，观察其能否正确运行。

通过施加相关的激励，检查数字量输出，观察其能否正确地从“0”切换到“1”，从“1”切换到“0”。

中间值/内部值

当仪表有工具从本地显示或过程计算机上读出输入量的中间值时，也应进行监控和记录。在发生故障或出错情况下，这些数据可以显示错误发生在哪个部分。包括：

- (数字化)转换过的 mA 信号；
- 反馈传感器信号；
- 内部温度。

[b] 可信性

硬件损坏

试验期间或试验之后观察定位器是否有明显机械损坏。

软件组态

检查与用户可访问数据有关的软件组态是否由于施加试验条件而产生损坏和改变。

通信

检查本地控制(显示器的可读性和本地键盘或按钮的正确操作)、远程手持终端或者过程计算机的通信功能。

当定位器在现场总线上实时运行时，还应检查试验是否造成通信延迟或临时性中断。

诊断信息

检查诊断显示(本地和过程计算机或手持终端上)，并报告由于施加试验条件而可能出现的诊断信息和过程报警。定位器可以具有多种诊断测试功能，它既可以自动地运行，又可以由操作人员在正常的定位器或有故障的定位器上启动。当定位器不能完全按预期运行时，评定人员应利用这些诊断工具检查定位器的运行情况。

表 10（续）

名称	测量和观察													试验程序	引用标准
	测量时间	准确度[a]				可信性[b]					稳定性[c]			试验方法说明及列入试验报告的信息	
		行程特性	模拟量反馈输出	辅助输入输出	中间值	损坏/故障	软件组态	通信	本地显示	诊断信息	阶跃响应	稳定性	初始化		

[c] 稳定性

阶跃响应

施加从 45%～55%的阶跃变化，再施加从 55%～45%的阶跃变化，报告到达稳定位置的时间是否发生变化。如果出现极限循环，报告其幅值和循环时间。

稳定性

检查 10%、50%和 90%输入条件下定位器的(稳态)稳定性。报告明显的不稳定和(或)极限循环。对于后一种情况，还要报告振幅和循环时间。如果发生不稳定或极限循环，执行自动整定程序，报告由此引起的相关控制参数变化，以及可能的稳定性提高情况

6 其他事项

6.1 安全

应检查并确定带电定位器防止意外触电的设计等级是否符合 GB 4793.1—2007 的规定。

应用在危险场所的定位器，应由授权机构依据 IEC 60079 的相关部分进行认证。

用于安全关机系统的定位器，供应商应根据 IEC 61508 和 IEC 61511 提供定位器的安全参数。

6.2 外壳防护等级

如果需要，应按照 GB/T 4208—2017 和 GB/T 16842—2016 进行试验。

6.3 电磁发射

如果需要，应按照 CISPR 11 进行测量。

6.4 改型

制造商列出的重要改型或选项应在报告中描述。

7 评定报告

评定报告应按照 GB/T 18271.4—2017 的规定编制。

设计评审结果应按 4.3.2 的规定编制报告。

评定报告应包含下列辅助信息：

——试验日期、地点，试验人员和数据记录人员的姓名；

——被试定位器的描述,包括型号、编号、单作用或双作用,以及声明的静态增益;
——试验使用的执行机构和阀门的描述,包括型号、编号、单作用或双作用、额定行程、执行机构压力范围、公称有效面积、在0%和100%行程时的容积(双作用执行机构为两侧)、弹簧稳定度系数、摩擦负载、惯性负载(所有运动部件);
——所做和未做的试验项目。其他任何影响试验结果的条件(如:与推荐环境条件有偏差);
——试验配置(包括定位器进气接管位置)、气源调节器、容积箱以及接管尺寸和长度的描述;
——试验使用设备清单;
——输出数据:范围、平均行程(量程的百分比)和输出转换器连接位置;
——输入数据:范围、幅值(量程的百分比)和输入信号转换器连接位置;
——气源压力和介质。

报告发布后,测试实验室应保存试验期间的所有原始测量文件至少两年。

附 录 A
（规范性附录）
振动试验配置

智能定位器的振动试验应在图 A.1 所示的装置上进行。

执行机构应配备填料函，填料应轻微压紧，使组合体能够稳定控制。

振动台及被试装置安装件的稳定度应使振动传递到被试装置正常安装点时其损耗或增益为最小。

控制加速度计用于测量和控制振动试验台的振动等级。响应加速度计安装在定位器振动方向上，测量由于阀门/执行机构组合体上的定位器安装支架有挠性而可能产生的振幅。此外，阀杆的行程应采用一个抗振动位移传感器来测量。

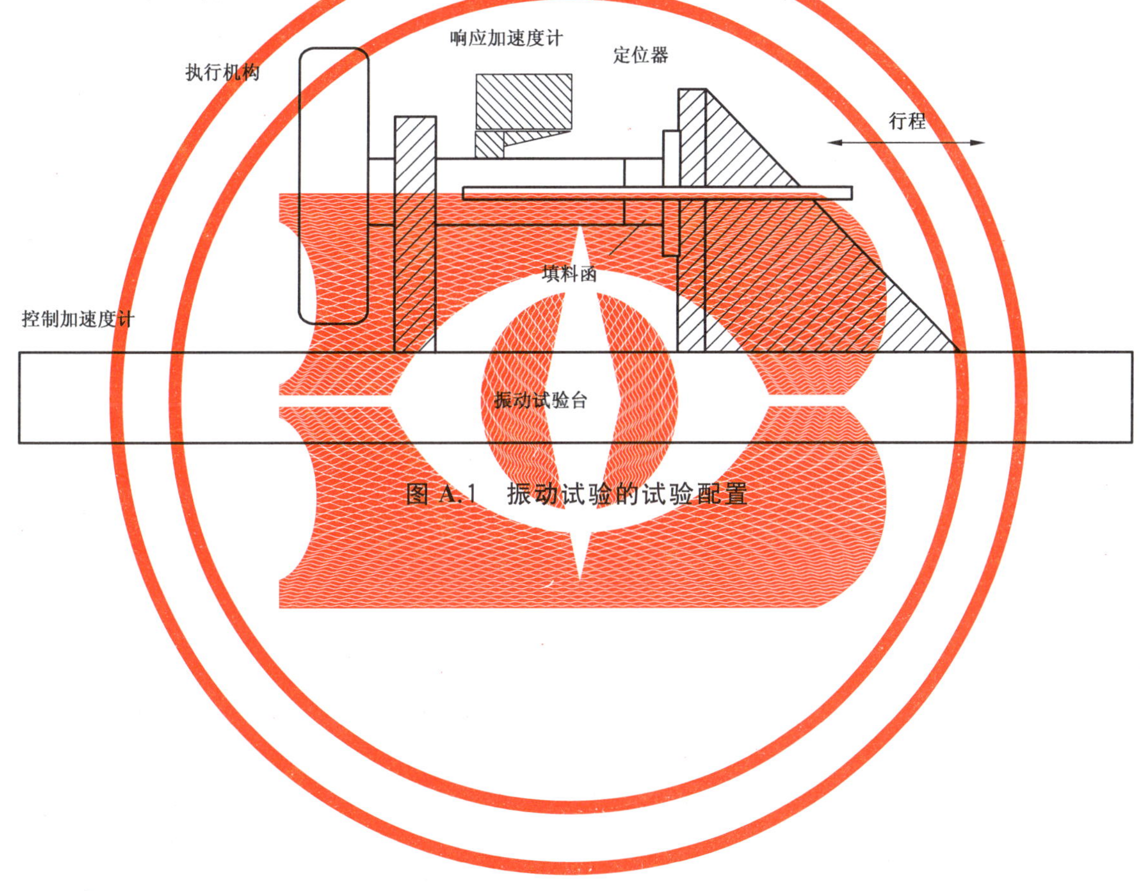

图 A.1 振动试验的试验配置

附 录 B
（资料性附录）
与本部分中规范性引用的国际文件有一致性对应关系的我国文件

与本部分中规范性引用的国际文件有一致性对应关系的我国文件如下：

GB 3836.1—2010 爆炸性环境 第1部分：设备 通用要求（IEC 60079-0：2007，MOD）

GB 3836.2—2010 爆炸性环境 第2部分：由隔爆外壳“d”保护的设备（IEC 60079-1：2007，MOD）

GB 3836.3—2010 爆炸性环境 第3部分：由增安型“e”保护的设备（IEC 60079-7：2006，IDT）

GB 3836.4—2010 爆炸性环境 第4部分：由本质安全型“i”保护的设备（IEC 60079-11：2006，MOD）

GB/T 3836.5—2017 爆炸性环境 第5部分：由正压外壳型“p”保护的设备（IEC 60079-2：2007，MOD）

GB/T 3836.6—2017 爆炸性环境 第6部分：由液浸型“o”保护的设备（IEC 60079-6：2015，MOD）

GB/T 3836.7—2017 爆炸性环境 第7部分：由充砂型“q”保护的设备（IEC 60079-5：2015，MOD）

GB 3836.8—2014 爆炸性环境 第8部分：由“n”型保护的设备（IEC 60079-15：2010，MOD）

GB 3836.9—2014 爆炸性环境 第9部分：由浇封型“m”保护的设备（IEC 60079-18：2009，MOD）

GB/T 3836.11—2017 爆炸性环境 第11部分：气体和蒸气物质特性分类 试验方法和数据（IEC 60079-20-1：2010，IDT）

GB/T 3836.12—2008 爆炸性环境 第12部分：气体或蒸气混合物按照其最大试验安全间隙和最小点燃电流的分级（IEC 60079-12：1978，IDT）

GB 3836.13—2013 爆炸性环境 第13部分：设备的修理、检修、修复和改造（IEC 60079-19：2010，MOD）

GB 3836.14—2014 爆炸性环境 第14部分：场所分类 爆炸性气体环境（IEC 60079-10-1：2008，IDT）

GB/T 3836.15—2017 爆炸性环境 第15部分：电气装置的设计、选型和安装（IEC 60079-14：2007，MOD）

GB/T 3836.16—2017 爆炸性环境 第16部分：电气装置的检查与维护（IEC 60079-17：2007，IDT）

GB 3836.17—2007 爆炸性气体环境用电气设备 第17部分：正压房间或建筑物的结构和使用（IEC 60079-13：1982，IDT）

GB/T 3836.18—2017 爆炸性环境 第18部分：本质安全系统（IEC 60079-25：2010，MOD）

GB 3836.19—2010 爆炸性环境 第19部分：现场总线本质安全概念（FISCO）（IEC 60079-27：2008，IDT）

GB 3836.20—2010 爆炸性环境 第20部分：设备保护级别（EPL）为Ga级的设备（IEC 60079-26：2006，IDT）

GB/T 4798.1—2005 电工电子产品应用环境条件 第一部分 贮存（IEC 60721-3-1：1997，MOD）

GB/T 4798.2—2008 电工电子产品应用环境条件 第2部分：运输（IEC 60721-3-2：1997，MOD）

GB/T 4798.3—2007　电工电子产品应用环境条件　第3部分：有气候防护场所固定使用(IEC 60721-3-3：2002，MOD)

GB/T 4798.4—2007　电工电子产品应用环境条件　第4部分：无气候防护场所固定使用(IEC 60721-3-4：1995，MOD)

GB/T 4798.5—2007　电工电子产品应用环境条件　第5部分：地面车辆使用(IEC 60721-3-5：1997，MOD)

GB/T 4798.6—2012　环境条件分类　环境参数组分类及其严酷程度分级　船用(IEC 60721-3-6：1987，IDT)

GB/T 4798.7—2007　电工电子产品应用环境条件　第7部分：携带和非固定使用(IEC 60721-3-7：2002，MOD)

GB/T 4798.9—2012　环境条件分类　环境参数组分类及其严酷程度分级　产品内部的微气候(IEC 60721-3-9：1993，IDT)

GB/T 4798.10—2006　电工电子产品应用环境条件　导言(IEC 60721-3-0：2002，IDT)

GB 4824—2013　工业、科学和医疗(ISM)射频设备　骚扰特性　限值和测量方法(IEC/CISPR 11：2010，IDT)

GB/T 17213.1—2015　工业过程控制阀　第1部分：控制阀术语和总则(IEC 60534-1，IDT)

GB/T 17214.1—1998　工业过程测量和控制装置工作条件　第1部分：气候条件(IEC 60654-1：1993，IDT)

GB/T 17214.2—2005　工业过程测量和控制装置的工作条件　第2部分：动力(IEC 60654-2：1979，IDT)

GB/T 17214.3—2000　工业过程测量和控制装置的工作条件　第3部分：机械影响(IEC 60654-3：1983，IDT)

GB/T 17214.4—2005　工业过程测量和控制装置的工作条件　第4部分：腐蚀和侵蚀影响(IEC 60654-4：1987，IDT)

GB/T 17626.11—2008　电磁兼容　试验和测量技术　电压暂降、短时中断和电压变化的抗扰度试验(IEC 61000-4-11：2004，IDT)

GB/T 19769.1—2015　功能块　第1部分：结构(IEC 61499-1：2005，IDT)

GB/T 19769.2—2015　功能块　第2部分：软件工具要求(IEC 61499-2：2005，IDT)

GB/T 19769.3—2012　工业过程测量和控制系统用功能块　第3部分：指导信息(IEC 61499-3：2004，IDT)

GB/T 19769.4—2015　功能块　第4部分：一致性行规指南(IEC 61499-4：2005，IDT)

GB/T 20438.1—2017　电气/电子/可编程电子安全相关系统的功能安全　第1部分：一般要求(IEC 61508-1：2010，IDT)

GB/T 20438.2—2017　电气/电子/可编程电子安全相关系统的功能安全　第2部分：电气/电子/可编程电子安全相关系统的要求(IEC 61508-2：2010，IDT)

GB/T 20438.3—2017　电气/电子/可编程电子安全相关系统的功能安全　第3部分：软件要求(IEC 61508-3：2010，IDT)

GB/T 20438.4—2017　电气/电子/可编程电子安全相关系统的功能安全　第4部分：定义和缩略语(IEC 61508-4：2010，IDT)

GB/T 20438.5—2017　电气/电子/可编程电子安全相关系统的功能安全　第5部分：确定安全完整性等级的方法示例(IEC 61508-5：2010，IDT)

GB/T 20438.6—2017　电气/电子/可编程电子安全相关系统的功能安全　第6部分：GB/T 20438.2和GB/T 20438.3的应用指南(IEC 61508-6：2010，IDT)

GB/T 20438.7—2017　电气/电子/可编程电子安全相关系统的功能安全　第7部分:技术和措施概述(IEC 61508-7：2010,IDT)

GB/T 21109.1—2007　过程工业领域安全仪表系统的功能安全　第1部分:框架、定义、系统、硬件和软件要求(IEC 61511-1:2003,IDT)

GB/T 21109.2—2007　过程工业领域安全仪表系统的功能安全　第2部分:GB/T 21109.1的应用指南(IEC 61511-2:2003,IDT)

GB/T 21109.3—2007　过程工业领域安全仪表系统的功能安全　第3部分:确定要求的安全完整性等级的指南(IEC 61511-3:2003,IDT)

GB/Z 29638—2013　电气/电子/可编程电子安全相关系统的功能安全　功能安全概念及GB/T 20438系列概况(IEC/TR 61508-0:2005,IDT)

参 考 文 献

[1] MIL-HDBK-217F,*Reliability prediction of electronic equipment*

ICS 29.160.40
K 55

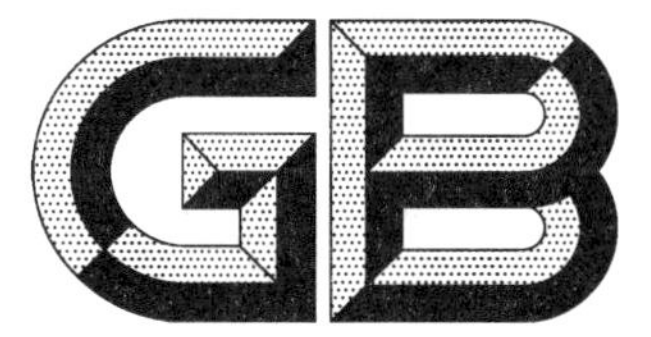

中华人民共和国国家标准

GB/T 22140—2018/IEC 62006:2010
代替 GB/T 22140—2008

小型水轮机现场验收试验规程

Code for field acceptance test of small hydro turbines

(IEC 62006:2010, Hydraulic machines—Acceptance tests of small hydroelectric installations, IDT)

2018-05-14 发布　　2018-12-01 实施

国家市场监督管理总局
中国国家标准化管理委员会　发布

前　言

本标准按照 GB/T 1.1—2009 给出的规则起草。

本标准代替 GB/T 22140—2008《小型水轮机现场验收试验规程》，与 GB/T 22140—2008 相比，除编辑性修改外主要技术内容变化如下：

——调整原标准第 3 章“术语、定义、符号及单位”的内容至附录 A“术语、定义、符号和单位”(见 A.1～A.4)；

——调整原标准第 4 章中“电站条件”和“试验仪器设备的技术要求”至附录 F“水电站条件”(见 F.1～F.3)；

——原标准第 8 章中“误差分析”独立成为第 9 章(见 9.1～9.4)；

——原标准第 9 章中“试验结果与保证值的比较”整合调整为第 8 章的部分内容(见 8.4.3)；

——删除了原标准第 10 章中“磨损”的内容(2008 年版的 10.1)；

——删除了原标准第 11 章中“试验的组织”的内容(2008 年版的 11.1～11.4)；

——删除了原标准第 12 章中“数据采集”的内容(2008 年版的 12.1～12.3)；

——删减了原标准附录 E 中“流量测量方法”的部分内容，“绝对流量测量方法”仅保留“声学法”和“压力-时间法”两种方法(2008 年版的 E.2.1、E.2.2、E.4～E.6 和 E.8)；

——增加了附录 G“调试”、附录 H“性能测试效率计算”和附录 I“协联关系试验”(见 G.1、G.2、H.1～H.7、I.1 和 I.2)。

本标准采用翻译法等同采用 IEC 62006:2010《水力机械　小型水轮机现场验收试验》。

本标准与 IEC 62006:2010 相比技术内容和文本结构相同，仅存在最小限度的编辑性修改：

——修改了标准名称。

本标准由中华人民共和国水利部提出并归口。

本标准起草单位：中国水利水电科学研究院。

本标准主要起草人：张海平、孟晓超、张建光、朱雷、陈莹、马素萍、马兵全、周秋景。

本标准所代替标准的历次版本发布情况为：

——GB/T 22140—2008。

小型水轮机现场验收试验规程

1 范围

本标准规定了小型水轮发电机组现场验收试验的内容、测量方法,以及合同保证条件的评价方法。

本标准适用于单机输出功率不大于15 MW和转轮直径不大于3.0 m的冲击式和反击式水轮发电机组(含同步或异步发电机)的现场验收试验。

本标准给出了以下内容:

a) 小型水轮机验收试验的内容,如安全验收试验、试运行试验、性能保证试验等,及可选的空化、噪声和振动试验等试验。

b) 小型水轮发电机组中的典型试验方法,并分成以下三个等级(详见表1):

——试验等级A: 常规试验项目(仪表测量) 必选
确定水轮发电机组的最大输出功率

——试验等级B: 扩展试验项目 推荐
确定水轮发电机组运行特性

——试验等级C: 综合试验项目 可选
确定水轮发电机组的绝对效率

注:所有等级包括安全试验、试运行试验和可靠性试验。

c) 合同中应包含的水轮发电机性能指标,以便在各试验等级下对试验结果进行评估、计算和比较。

供方或监理负责所进行的各项试验符合标准。

本标准不涉及水轮机和各种部件的的具体结构。

2 规范性引用文件

下列文件对于本文件的应用是必不可少的。凡是注日期的引用文件,仅注日期的版本适用于本文件。凡是不注日期的引用文件,其最新版本(包括所有的修改单)适用于本文件。

GB/T 9239.1—2006 机械振动 恒态(刚性)转子平衡品质要求 第1部分:规范与平衡允差的检验(ISO 1940-1:2003,IDT)

ISO 1680 声学 测量旋转式电动机械发出的空中传播的噪音试验规程(Acoustics—Test code for the measurement of airborne noise emitted by rotating electrical machinery)

ISO 3746 声学 声压法测定噪声源声功率级和声能级 反射面上方采用包络测量表面的简易方法(Acoustics—Determination of sound power levels of noise sources using sound pressure—Survey method using an enveloping measurement surface over a reflecting plane)

ISO 4373 明渠水流测量 水位的测量设备(Hydrometry—Water level measuring devices)

ISO 4412(所有部分) 水力液压传动 空气噪声级检测规程(Hydraulic fluid power—Test code for determination of airborne noise levels)

ISO 5168 流体流量测量 不确定性的评估程序(Measurement of fluid flow—Procedures for the evaluation of uncertainties)

ISO 7919-5 机械振动 转动轴的机械振动评估 第5部分:在水电站和泵站的机械设置(Mechanical vibration—Evaluation of machine vibration by measurements on rotating shafts—Part 5: Machine sets in hydraulic power generating and pumping plants)

ISO 10816-3 机械振动 非转动部分的机械振动评估 第3部分:现场测试额定功率在15 kW以上额定转速在120 r/min和15 000 r/min之间的机械(Mechanical vibration—Evaluation of machine vibration by measurements on non-rotating parts—Part 3: Industrial machines with nominal power above 15 kW and nominal speeds between 120 r/min and 15 000 r/min when measured in situ)

IEC 60041:1991 水轮机、蓄能泵和水泵水轮机水力性能现场验收试验(Field acceptance tests to determine the hydraulic performance of hydraulic turbines, storage pumps and pump turbines)

IEC 60193 水轮机、蓄能泵和水泵水轮机 模型验收试验(Hydraulic turbines, storage pumps and pump-turbines—Model acceptance tests)

IEC 60308 水轮机 调速系统试验国际规程(Hydraulic turbines—Testing of control systems)

IEC 60609 水轮机、蓄能泵和水泵水轮机 空蚀评定(Hydraulic turbines, storage pumps and pump-turbines—Cavitation pitting evaluation)

IEC 60651 声级计规范(Specification for sound level meters)

IEC 61362 水轮机调节系统规范指南(Guide to specification of hydraulic turbine control systems)

ANSI/IEEE 810 水轮机和发电机整锻轴法兰和轴摆度允许公差(Hydraulic turbine and generator integrally forged shaft couplings and shaft runout tolerances)

3 术语、定义及示意图

3.1 术语和定义

完整的术语和定义列表见附录A。

3.2 水轮发电机组示意图

水电站的流道由三个不同的部分组成(见图1):

——上游流道;

——水轮机段(在高压基准断面1与低压基准断面2之间);

——下游流道。

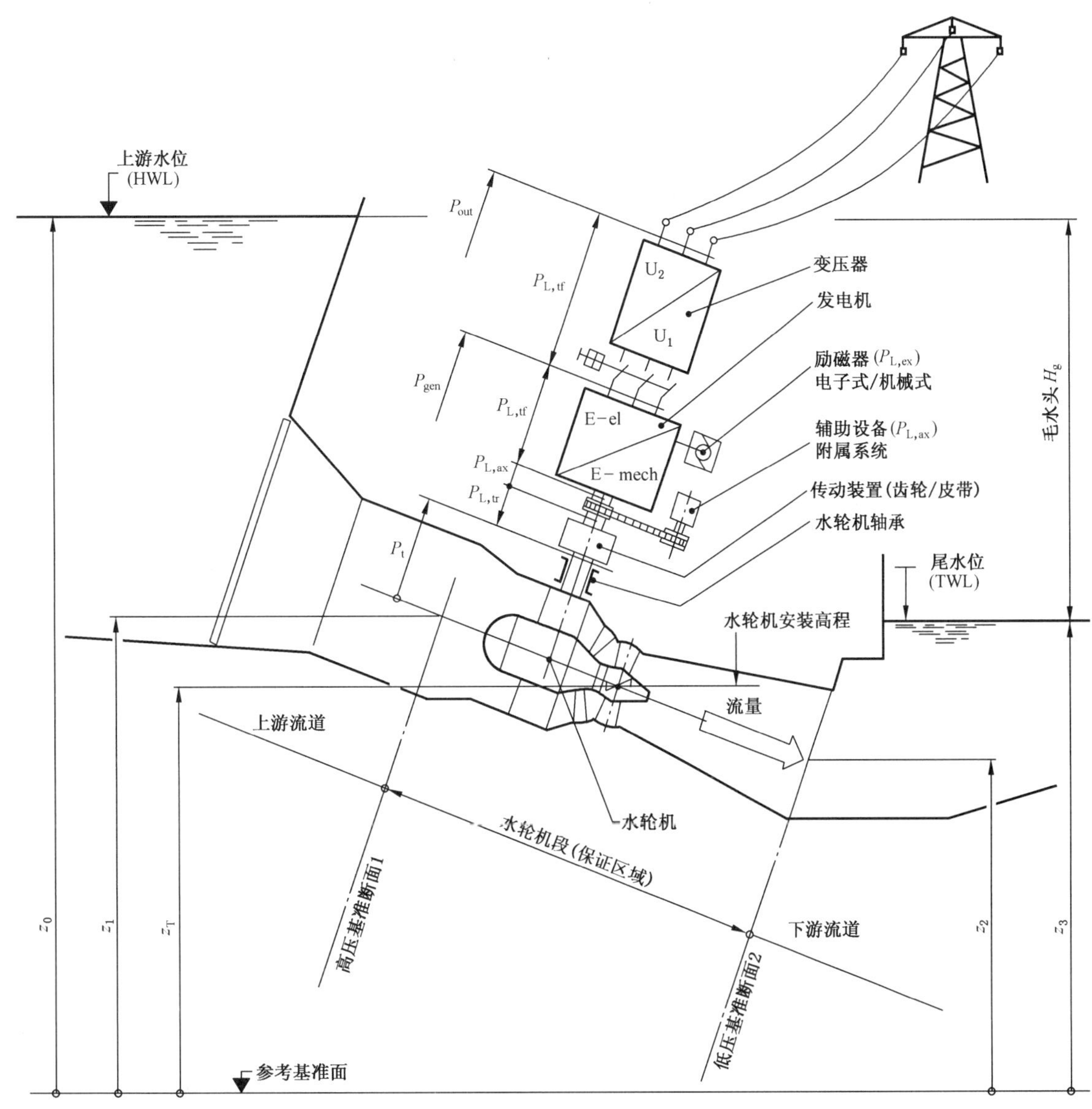

注 1：在上游流道和下游流道内的水力损失不应归于水轮机，但有可能影响水轮机段的水力条件和降低水轮机的效率。当测量水轮机效率时，仅需考虑水轮机段内的能量损失。如果无法在高压基准断面 1 和低压基准断面 2 处测量水轮机的能量，供需双方可以协议改变测量断面的位置。

注 2：最常小型水轮机的高压基准断面 1 和低压基准断面 2 以及净水头和比能的定义见附录 B。

图 1 水轮发电机组示意图

4 试验的等级和范围

4.1 保证的试验等级

4.1.1 一般要求

水轮发电机组试验等级范围如表 1 所示。

表1 试验范围

A等级 常规试验(仪表测量)				
B等级 扩展试验				
C等级 综合试验				
测量等级	C	B	A	参考章条
试运行前安全验收试验				5
启动前试验 (无水试验)	是	是	是	5.1
水流关闭装置 (无水和充水试验)	是	是	是	5.2
首次开机运行 (过水试验)	是	是	是	5.3
额定转速下的轴承运行	是	是	是	5.4
空载条件下的紧急停机	是	是	是	5.5
电气保护	是	是	是	5.6
过速试验	是	是	是	5.7
飞逸试验	不/选择	不/选择	不/选择	5.8
过压、紧急关闭和甩负荷试验	是	是	是	5.9
运行和可靠性试验(试运行)				6
转动部件的温度稳定性	是	是	是	6.2
转速控制系统	是/选择	是/选择	是/选择	6.3
协联关系试验(双调节水轮机)	是	是	是	6.4
性能保证试验				7
a) 发电机(变压器)的最大输出功率	*	*	是	7.2
b) 指数试验				7.3
——特性曲线形状控制	*	是	—	7.3.3
——电站相对效率	*	是	—	7.3.4
——优化协联关系	*	*	*	7.3.5
d) 效率试验				7.4
——采用绝对流量测量	是	—	—	7.4.1
——采用热力学法	是	—	—	7.4.2
结果计算与比较	是	是	是	8
误差分析	是	是	是	9
其他保证				10
空蚀	是/选择	是/选择	是/选择	10.1
噪声	不/选择	不/选择	不/选择	10.2
振动	不/选择	不/选择	不/选择	10.3

注:是:合同要求;
是/选择:通常为是,但取决于水轮机型式和现场条件;
不/选择:通常为不,但取决于水轮机型式和现场条件;
—:不需要。
*:包含在其他试验中。

4.1.2 合同条件

合同中应规定水轮机的保证值,并包括测试范围和测量仪器设备的等级,安全性测试也应始终包含在内,电站条件、水质和安装高程等条件也应详细说明(参见附录F)。

4.2 性能保证范围

4.2.1 一般要求

所有保证值都涉及基准面1和2之间的水力流道(水轮机段)和相应的净水头。各个等级要求保证其对应的数据。

4.2.2 等级A:最大输出功率

a) 发电机最大输出功率,包括4.2.5中a)到d)的损失 $P_{gen,max}=f(H)$

b) 变压器最大输出功率,包括4.2.5中a)到e)的损失 $P_{out,max}=f(H)$

1) 输出功率-净水头曲线,见图15;

2) 流量-水轮机开度曲线,见图B.18;

3) 电气连接线图,见附录D。

4.2.3 等级B:指数试验

确定新投产水轮机的特性曲线,或比较电站改造前后水轮机的效率变化而进行的测试。

a) 特性曲线形状控制 $\eta_{ix}=f(P_t)$

1) 电站预期效率曲线形状,见图16;

2) 曲线的可能偏差,见图16;

3) 测量水头和保证水头的变化大于3%时,水轮机运行特性曲线,见图19。

注:特性曲线形状控制(shape control)指的是确定特性曲线和水轮机相对效率。

b) 电站相对效率 $\eta_{plant,ix}=f(P_{out})$

1) 运行特性曲线,见图19;

2) 发电机损失,见附录D;

3) 电气连接线图,见附录D。

c) 双调节水轮机协联关系优化

在静水头条件下预调节导叶开度和桨叶角度的关系,参见附录I。

4.2.4 等级C:水轮机效率

a) 绝对流量测量 $\eta_t=f(P_t)$

b) 热力学方法 $\eta_t=f(P_t)$

1) 运行特性曲线,见图19;

2) 发电机损失,见附录D;

3) 电气连接线图,见附录D。

4.2.5 损失的解释

各方应就以下机械和电气设备所致损失的解释达成一致:

a） 水轮机轴承和附属设备；

b） 机械能传输设备，如齿轮和传送带；

c） 发电机，包括轴承、励磁系统、机械传动或电气连接附属设备；

d） 机械或电气驱动附属设备；

e） 变压器。

下列子系统和设备不在考虑范围之内：

a） 除水设备(泥浆泵)；

b） 临时的加热或冷却系统；

c） 照明设备。

4.3 试验范围

4.3.1 安全验收试验

若测试结果表明机组运行不安全，则不能进行下一步的运行，直至找出存在的故障，并予以评估和修复。

4.3.2 试运行和可靠性试验

在所有的安全试验完成后，且执行的全部试验都在允许的限制范围内，可开始限时的试运行。试运行应不小于 72 h。

4.3.3 性能试验

a） 一般试验条件要求如下：
   1） 测试方法：流量、功率、水头、效率、转速和损失等参数的测量和计算方法应在一般程序中阐明；
   2） 数据点、运行周期和读数：如图 15(A 级)、图 16(B 级)、图 18(C 级)中曲线需要的数据点最少 6 个，最好为 8 个～10 个。每个数据点从 1 个或多个运行周期中获得(见图 25 和表 H.4)。在一个运行中的测量次数取决于使用的测量方法。为了消除异常值，无论是规定时间的测量或任何基于时间的测量，都应不小于 3 个运行周期；
   3） 测量仪器记录数据的时间间隔对任何变量应一致；
   4） 小型水轮机通常由标准部件组成，应避免超出力运行。

b） 需要满足的试验条件如下：
   1） 在一个运行周期中的脉动和波动(见图 22、图 23、图 24)。脉动指的是功率、水头、流量和转速等参量相对于平均值大于 1 Hz 的高频变化，通常由河道、管道、水库、压力水管和泄水管道等外围区域的水头和压力变化引起；波动是较长时间的变化或趋势；
   2） 功率的波动最大值应不超出其平均值的 1.5%；
   3） 水头(压力)的波动最大值应不超出其平均值的 0.5%；
   4） 转速的波动最大值应不超出其平均值的 0.5%。

c） 试验后的检查要求如下：
   1） 对试验结果的初步计算应在电站现场完成，如果发现测试结果没有满足合同保证值，则在拆除仪器设备之前，按照以下步骤进行检查：

——所有的数据有无计算错误,如果发现有误,应重新计算;

——所有仪器是否正确连接和标定,测量管路中是否有空气,以及是否存在不规则的脉动等;

——随机误差和异常值;

——在流道中的水力隐患,例如进口水流条件;

——在水轮机流道中的悬浮物,例如水草、水藻和工业垃圾等(关闭水轮机,清理水轮机和流道);

——基准水位;

——机组存在不正常的水力和(或)电气现象;

——在尾水管出口的气体排放;

——意外的振动和(或)噪声;

——设备的安装和流道几何尺寸:

- 在关闭和全开位置水轮机导叶开度,检查信号偏移;
- 双调节式水轮机的协联关系;
- 折向器和喷针开度的协联关系;
- 转轮几何尺寸。

2) 完成以上全部检查后,试验方负责人应提供简要的报告说明未满足保证值的原因。此时,供方有权检查排完水后的水轮机,以及上下游流道。

4.3.4 试验人员能力要求

当执行极端工况试验时,所有试验人员的能力应能够胜任相应的岗位。A 级试验可由调试工程师执行,B 级和 C 级试验应由测试专家执行。

4.3.5 质保

水轮发电机组安装、验收和质保流程的示例如图 2 所示。

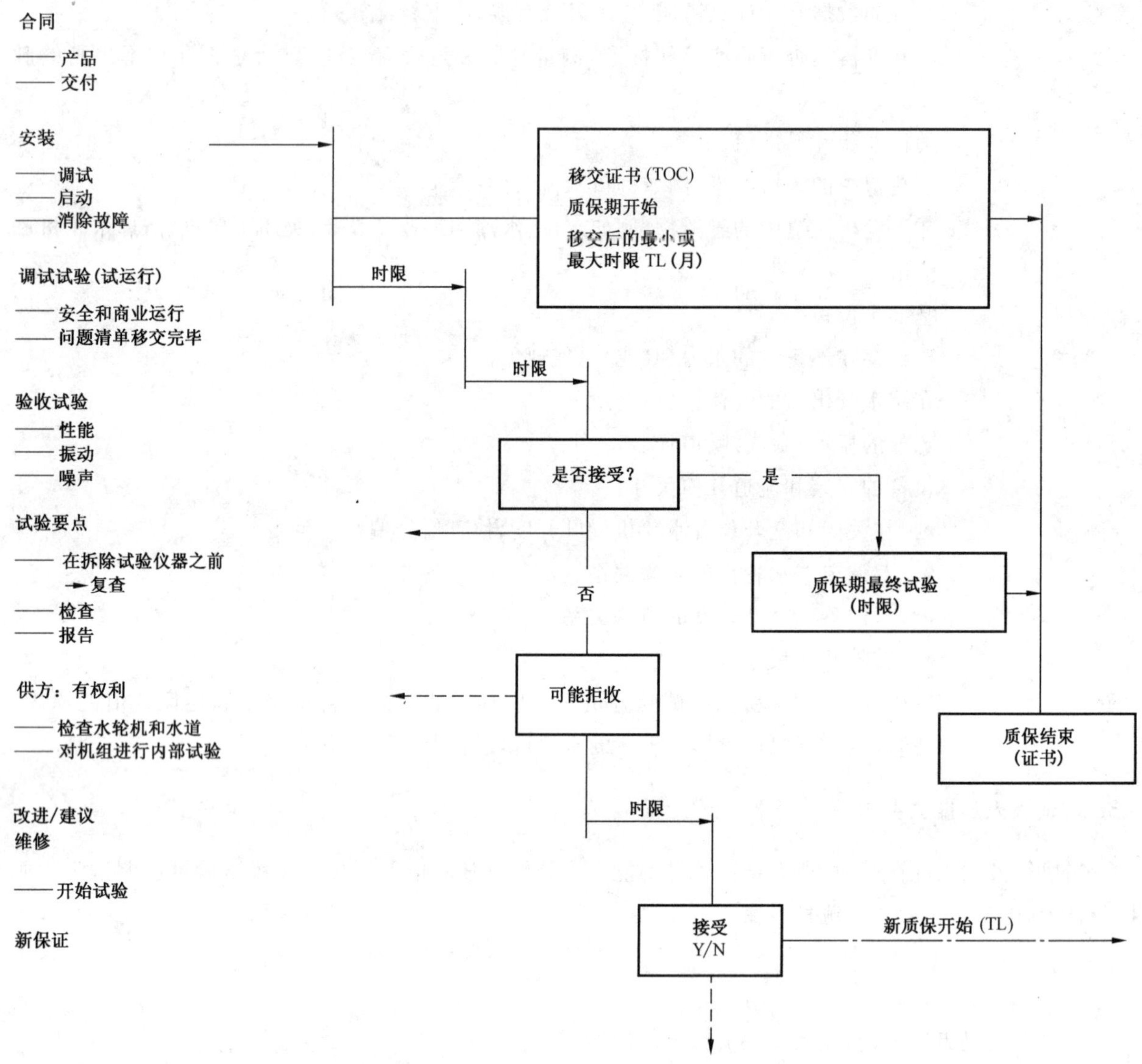

注：TL是合同双方约定的时限(一般为6个月)。

图2 质保期

5 试运行前的安全验收试验

5.1 启动前试验

小型水轮机形态各异、差别较大，调试试验的一般性准则参见附录G。

5.2 水流关闭装置

5.2.1 一般性要求

要求水流关闭装置在任何情况下都能安全地关闭和切断水流，对以下控制装置宜进行仔细检查。

5.2.2 进水口闸门或阀门

进水口闸门或阀门应设计成可在任何条件下关闭，包括漏水或压力水管破裂等情况。设置的关闭时间应避免在电站上游渠道或压力前池产生危险的浪涌或水力波动。

5.2.3 进水主阀

进水主阀的设计应保证在水轮机飞逸状态下最大流量时能够可靠关闭。关闭特性和关闭时间的选取应能够保证浪涌或水锤的效应满足调节保证计算要求。

5.2.4 活动导叶(混流式和轴流转桨式水轮机)

满流状态下,主调节装置活动导叶应能在正常和紧急事故时安全关闭。在所有可能的运行条件下应进行活动导叶的操作试验。摩擦力和水力矩宜与无水和有水开启/关闭压力的设计值相比较,载荷从空载加到满负荷再降到空载(见图 3 和图 4)。

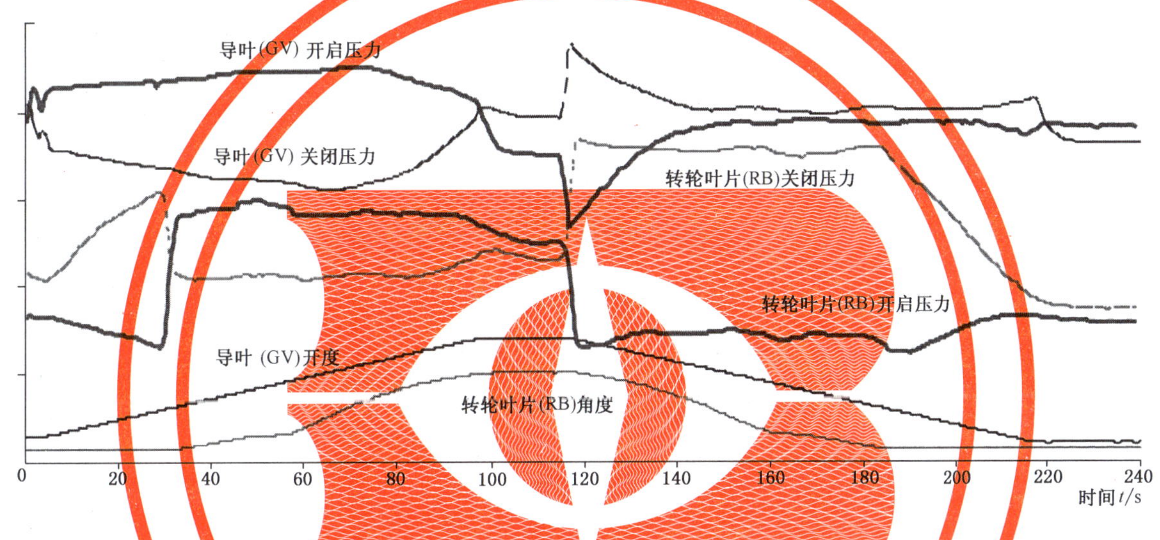

图 3 导叶和转轮叶片接力器操作力测量(轴流式水轮机)

导叶的关闭特性和关闭时间宜由减少过压(水击)和过速的不利影响来确定。最不利的情况在紧急停车或者甩负荷期间发生。

对双调节轴流转桨式或灯泡式水轮机运行中产生的过速,可通过增大转轮叶片角度来调控(见图 3)。在这种情况下应记录转轮叶片接力器的开启和关闭压力,以便计算摩擦力和水力矩,并与设计值比较。

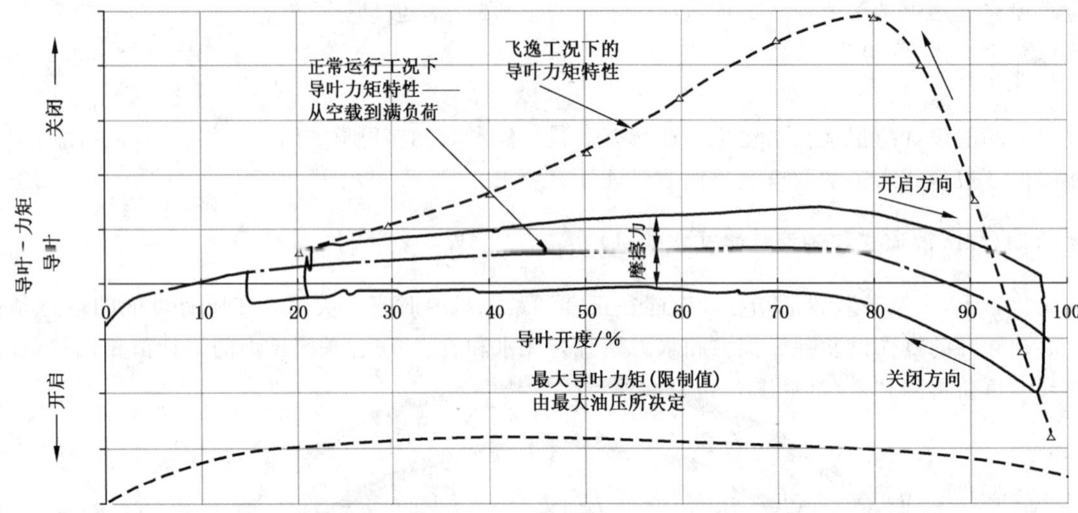

注：本图中的导叶力矩特性代表的是一类典型的设计，不同导叶的特性曲线(开启或关闭)由导叶的形状和型线所确定。

图4 导叶关闭特性评估

5.2.5 针形阀和折向器(水斗式和斜击式水轮机)

满流状态下，主调节装置喷针应能在正常和在紧急事故时关闭。折向器(如果安装)也应设计能拦截满流，在某些系统中折向器也可用做调节装置。摩擦力和水力矩宜与无水和有水开启/关闭压力的设计值相比较，载荷从空载加到满负荷再降到空载(见图5)。

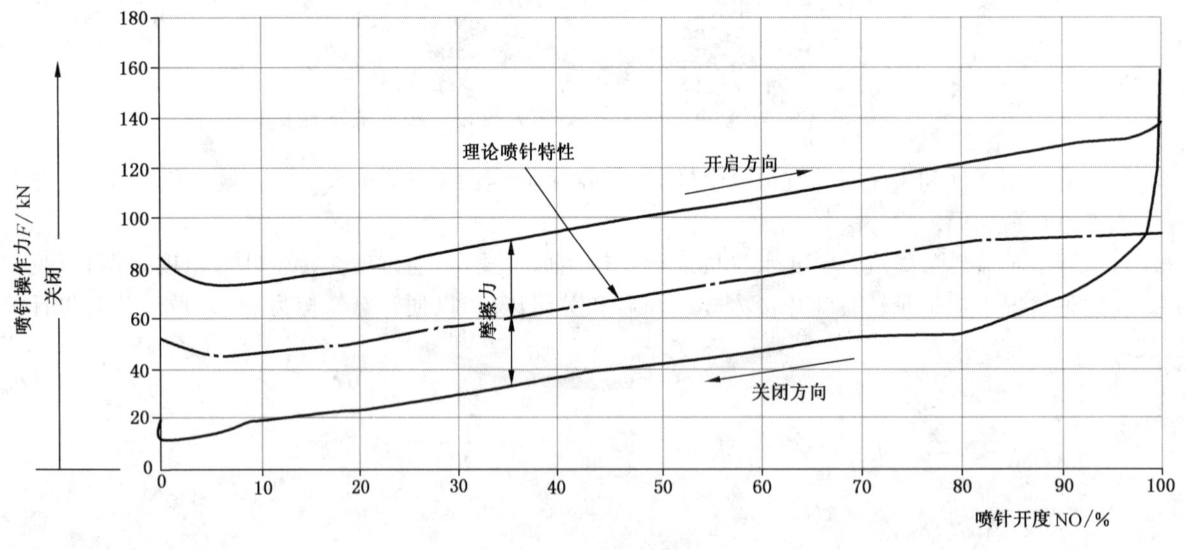

图5 喷针接力器操作力

喷针的关闭特性和关闭时间一般由减少过压(水击)来确定，而折向器用于控制过速(见5.5和5.7)。

如装设凸轮来控制喷针和折向器的相互协联关系，应对该关系在没有任何折向器-射流干扰情况下进行验证，以得到机组安全过速值。

注：为了确定正确的喷针行程/调速器行程/折向器位置关系，对每个协联关系都进行验证。

5.3 首次开机的操作和控制

如果全部启动前的试验满足要求，调试工程师决定机组可起动。在首次开机时，如果观察或听到任何非正常现象应当立即停机，尤其应注意非正常的噪声、刮蹭等现象。见图6。

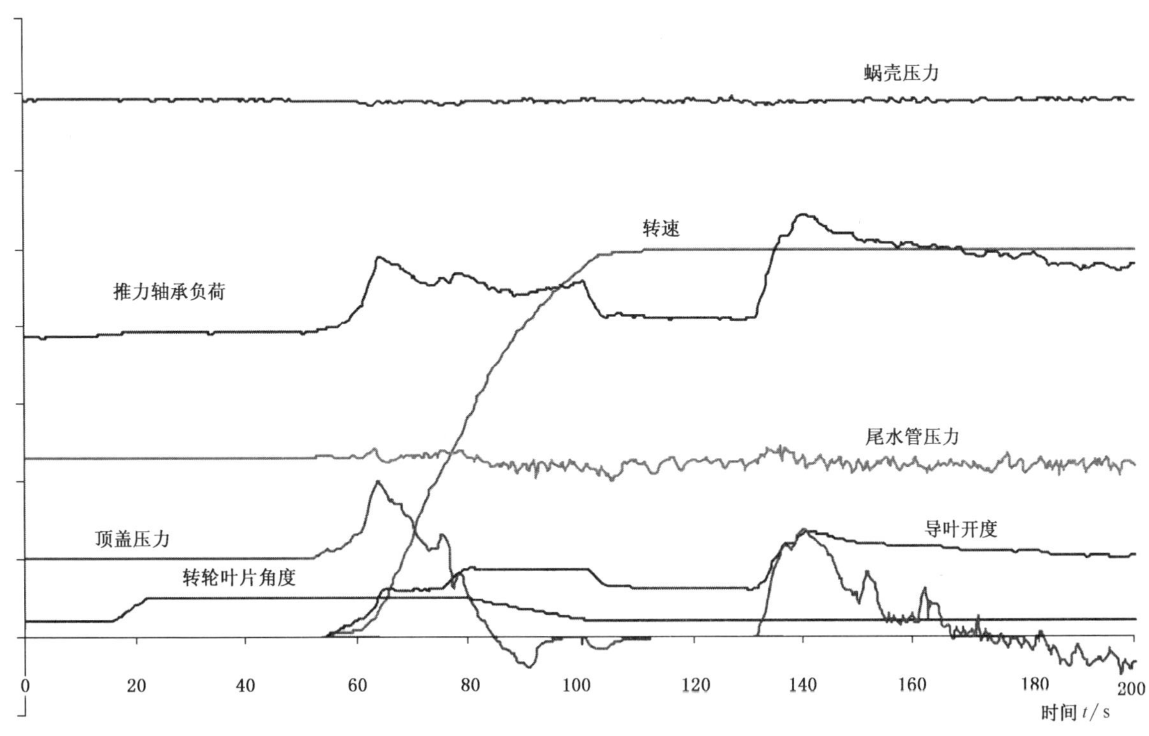

图6 自动启动-同步-空载试验(轴流式水轮机)

5.4 额定转速下的滑动轴承运行

转速应逐级增加到额定值，各级所需的步长和持续时间宜事先由各方商定。长时间在低速条件下运行会造成水轮机滑动轴承损坏，最低转速应由供方确定。

在各个转速下验收水轮机的指标应由供方代表和试车工程师决定，该指标可能是所有轴承维持足够时间后达到稳定条件的最终温度值，或是仅仅判断是否存在内部摩擦。

如果任何部位的温度过高或增加过快，机组应立即停机，及时研究并消除造成此现象的原因。应实时监控润滑系统的状况，如果在油中观察到水或泡沫，应找出并消除其引起的原因。在滑动轴承运行期间也可测试其他控制设备。此时可检查调速系统的运行状况是否正常，当其运行正常时可用来操作机组。

除非供方有具体要求，上述检查不需特定仪器，只需电站正常安装或安装期间使用的仪器即可(如千分尺比较器检测轴承同心度)。振动测试只需要在合同有要求的情况下才进行。

5.5 空载条件下的紧急停机

水轮机组不宜在空载额定转速条件下长时间运行。紧急停机试验应测量导叶(或喷针)的关闭时间、操作水压或电流等，测量值宜与设计值进行比较。

应测量停机所需时间和流道中的压力。已安装制动器的，应检验制动器是否能够正常操作，见图7。

5.6 电气保护

对于并网的小型水轮发电机组,应设置电气保护,防止事故跳闸对发电机安全性的影响。电气事故可能发生在发电机上,也可能发生在电网中。当电网进行检修时,保护装置应保证发电机可脱离电网。

电气保护系统的通用元件是继电器,用来监测低电压及过电压,监测低频或超频,以及监测频率的变化率。当地电网调度人员应详细规定继电保护器的要求和验收试验的性质。

在机械试验得到满意结果后,电气保护试验应根据合同条件进行。在试验中应严格遵守制造商的要求。

注:电气保护试验通常在所有电气设备与电网连接及并网送电之前完成。

验收试验通常应包括事故时(在试验期间进行模拟),电流断路器动作时间与动作顺序的试验。一旦检测到故障,应记录电气保护试验的结果。

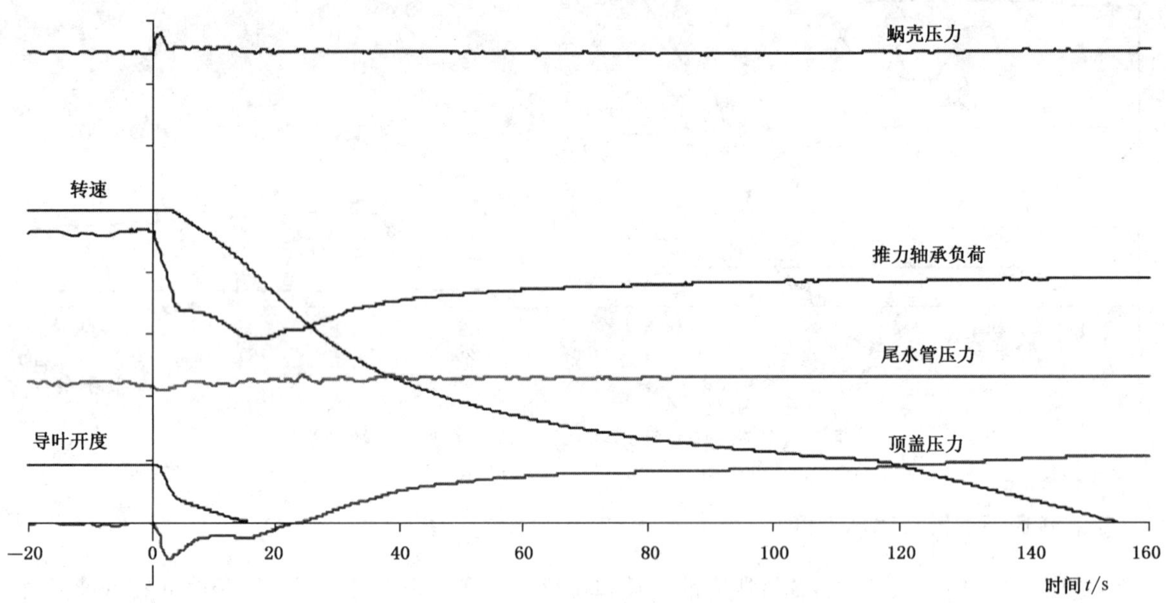

图 7 空载紧急停机试验(轴流式水轮机)

5.7 过速试验

过速试验应在手动控制下缓慢增加水轮机的转速,应对每一个设定的转速点都进行检测。对于轴流转桨式或灯泡式水轮机,还应检查转轮叶片接力器的工作情况。

5.8 飞逸试验

水轮机可进行全部的飞逸转速试验,特别是在有稳态飞逸保证要求的情况下。稳态飞逸试验应仅在合同中有明确规定时才进行。如果进行此项试验,各方应进行深入的分析和评估,并考虑可能出现的各种危险。

所有的飞逸试验应有时间的限制。对于各种型式的水轮机,飞逸试验应涉及最坏的情况,即所有关闭调节装置在全开位置失灵。不同型式水轮机的预期最大飞逸转速见表 2。若飞逸试验后振动水平上升,应调查原因并进行处理。

表 2 最大飞逸转速(n_{run})

水轮机型式	n_{run}/n_R %
混流式水轮机	160～210
水斗式和斜击式水轮机	200
双击式水轮机	190～230
轴流定桨(包含调桨)式水轮机	200
轴流转桨式水轮机	300～360
灯泡贯流式水轮机	300～360

注 1：对于轴流转桨式水轮机，此转速是在活动导叶固定在全开位置且转轮未按照协联而关闭时获得的。

注 2：n_R 表示额定转速。

飞逸试验应按图 8 所示进行，稳定飞逸转速的时间应限制在一个双方同意的值之内。飞逸保证值是对最大保证水头条件而言，实际的飞逸试验应在试验允许的合适水头下进行。

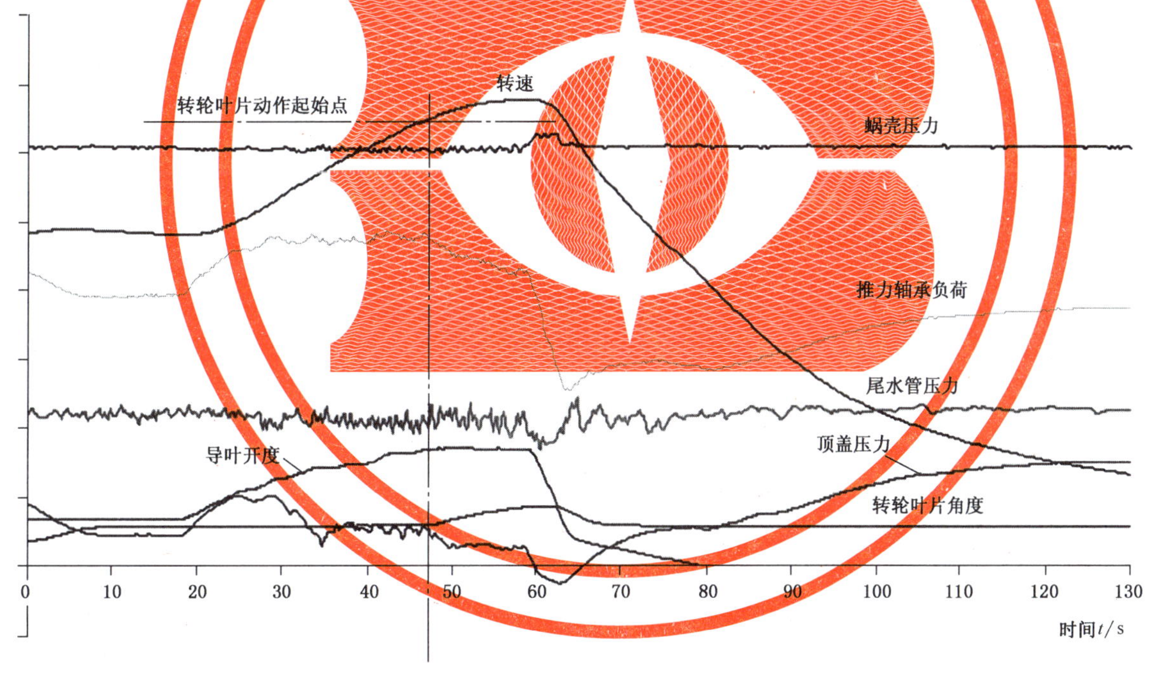

图 8 飞逸试验(轴流式水轮机)

5.9 过压、紧急关闭和甩负荷试验

5.9.1 一般条件

负荷应分级逐步增加到最大值。在增大负荷过程中，对每级负荷在稳定状况下应反复进行观察和测量，并检验水轮机的运行稳定性。在允许带的负荷条件下，应对水轮发电机组每一级负荷进行甩负荷试验(通常为 1/4、1/2、3/4 和 4/4 的额定负荷)。若重新调整了调速器参数，所有受调整影响的试验都应重做。

水轮发电机组可能会经受不同形式的甩负荷运行，包括紧急关闭(电气或机械事故)、正常停机和正常关闭返回(或不返回)到空载的运行。应首先进行紧急关闭试验,确保安全。

试验顺序应包括在保证运行范围内的最不利条件,即从导叶全开、部分开度(带有减压阀)或低负荷状态甩负荷。如果电站的几台机组共用一个引水系统,最不利情况可能出现在所有机组同时关闭断流装置瞬间,而不是同时甩负荷。

图 9、图 10、图 11 和图 12 给出了紧急关闭的示例。

5.9.2 导叶或喷针

应测量导叶或喷针的关闭时间、操作水压或电流,并将其与设计值比较。

5.9.3 水轮机进水阀门

若水轮机进水阀门是唯一将水轮机和水路分开的设备,试验应在水轮机满流量状态下测试阀门的操作。

注:这是一个有潜在危险性的试验,应在满流量的¼,½,¾逐步进行测试。

5.9.4 减压阀

若水轮机安装有减压阀,应测试调压阀不能打开时,水轮机在所有情况下都能以正确的方式关闭。

5.9.5 压力升高

图 11 中曲线表明在实际的现场试验中,因导叶关闭而导致的压力升高的结果。这种叠加的脉动来源于转轮转动和其他水动力学现象,如空化或水力共振等。正常情况下,小型水轮发电机组的平均压力值应与保证值相比较。

当脉动很大时,如图 11 和图 12 中列出的步骤可用于找到由于水力瞬变引起的最大压力。绘制高频信号包络的方法应得到委托方的同意,并在试验报告中详细说明,避免产生歧义。本例中在计算最大压力之前采用了低通滤波(可滤除高频信号),去除了一半的噪声带。

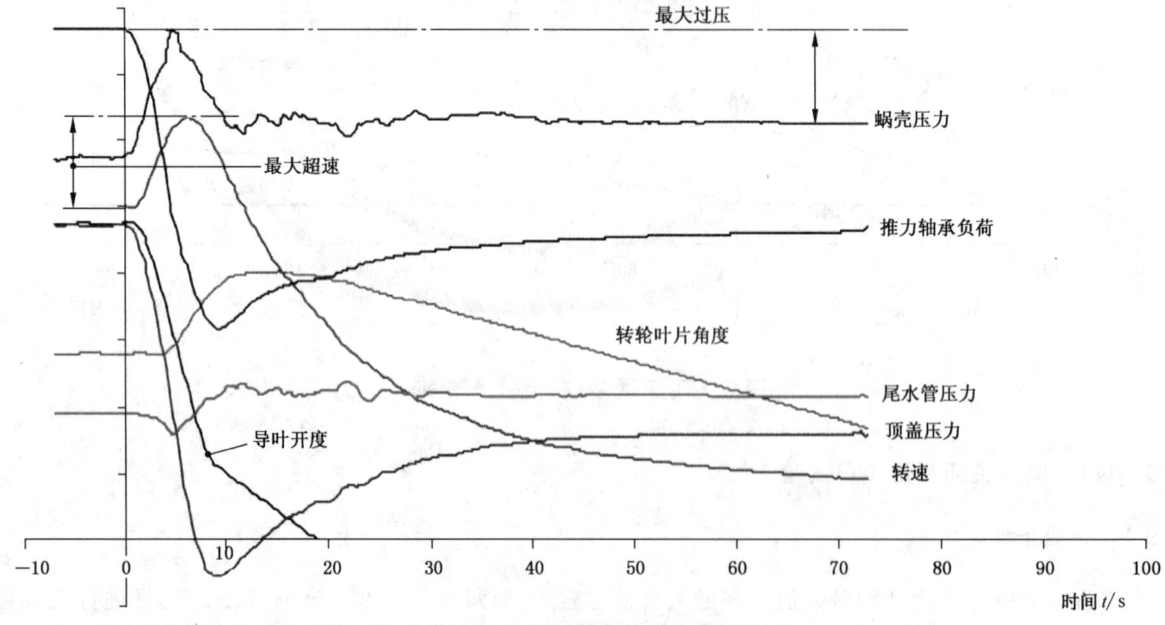

注:水轮机关闭并立刻从电网分离,此过程由调速器控制(轴流式水轮机)。

图 9 电气故障导致的紧急关闭

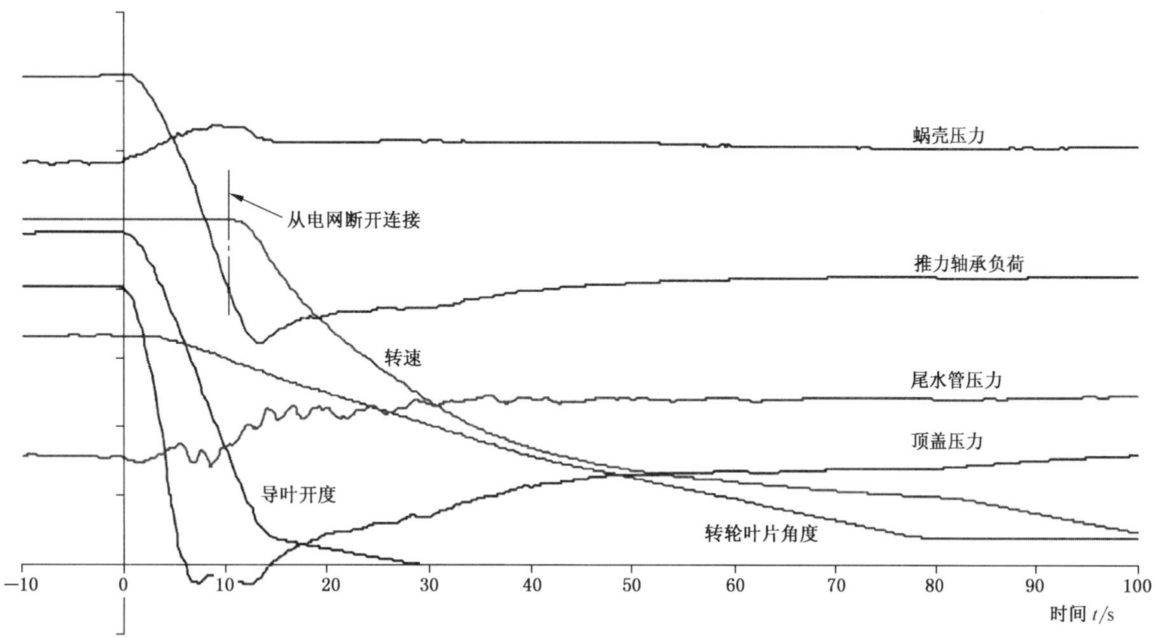

注：水轮机关闭并在空载时从电网分离，此过程由调速器控制。

图 10 机械故障导致的紧急关闭

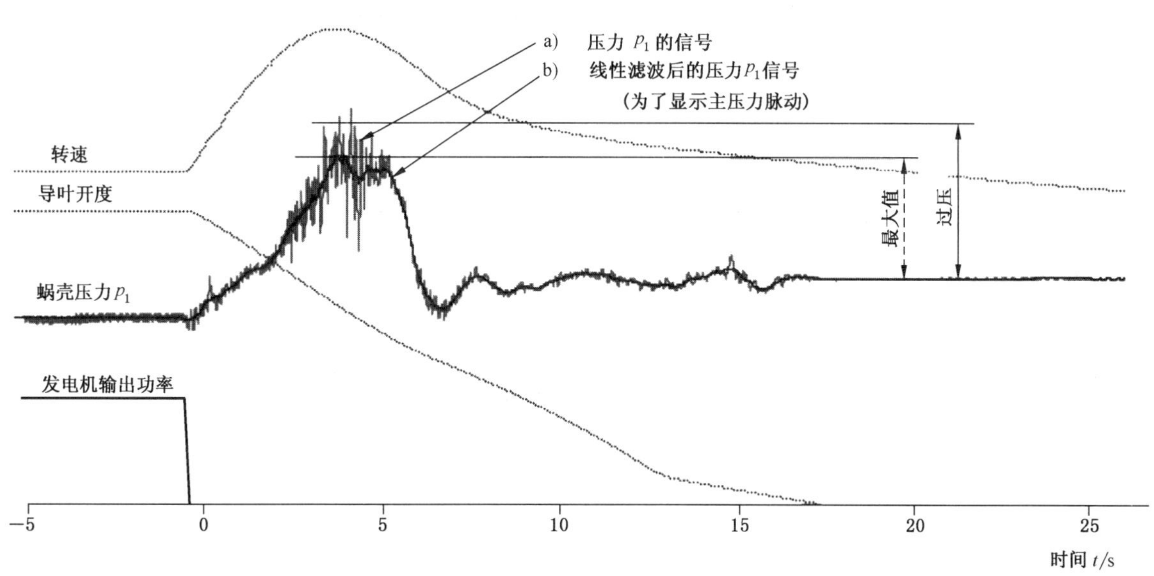

注：水轮机关闭并立刻从电网分离，关闭时间与特性由孔口控制。本例为混流式水轮机压力脉动实例。

图 11 调速器故障导致的紧急关闭

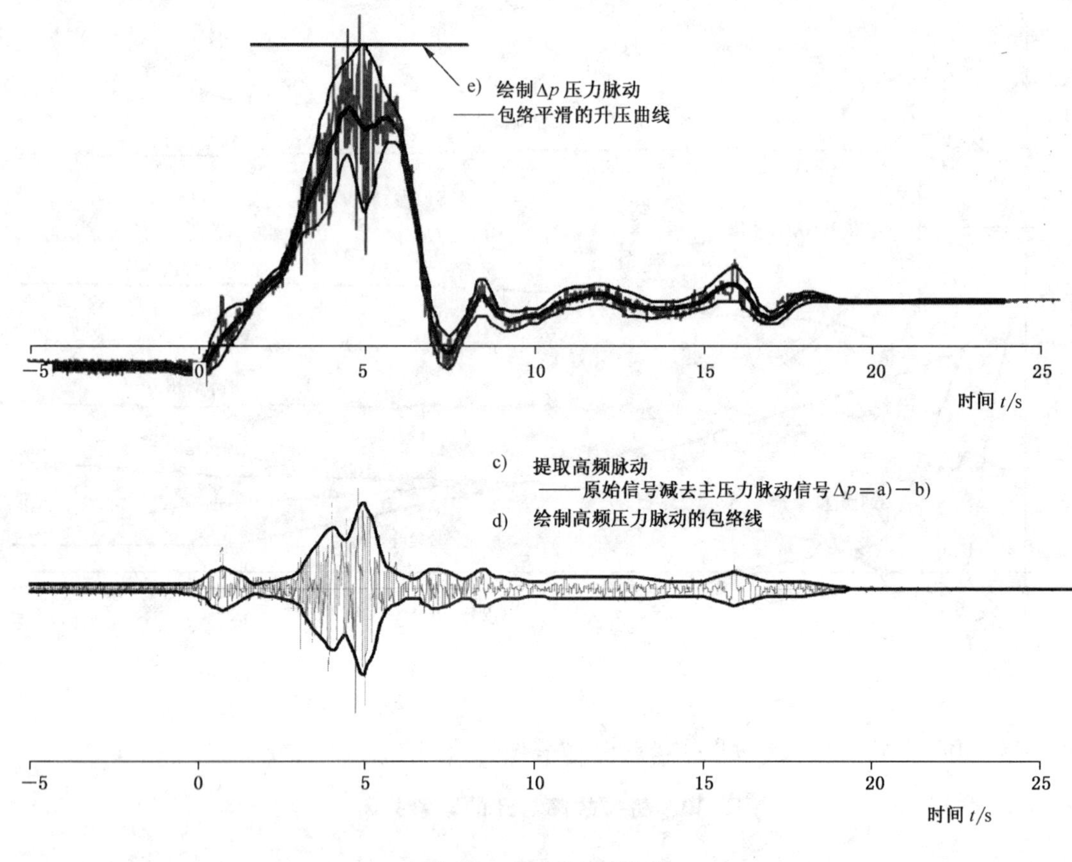

图 12 最大过压估计

5.10 测试参数

5.10.1 压力

压力测量应利用安放于水轮机进出口并靠近上下游压力基准断面(见附录 B)的测压孔进行测量。

如果上游管道的最大压力很重要,宜在进水阀门上游同一横截面上互成 90°布置 4 个测压孔,测压孔宜采用钢管连接到环形多支管上,压力传感器直接和多支管相连。测压孔、多支管等尺寸应符合 B.4.1 的要求。

推荐使用压力传感器进行压力测量,这样瞬时压力(包括过压和欠压)可以得到良好的记录。所用的仪器的响应时间应与所测量的压力脉动频率相适应,且传感器应布置在靠近测压孔处。

5.10.2 转速

转速应采用测速仪或调速器信号测量。

5.10.3 控制部件

控制部件(导叶、叶片或喷针和折向器)的运动量应采用调速器信号或位移传感器记录。

6 运行和可靠性试验(试运行)

6.1 一般规定

水轮发电机组应进行试运行,以便在整个运行负荷范围内进行必要的调整。

全套设备的连续试运行应设有限制时间，供需双方协商确定机组的试运行事件。

试运行试验的每一个项目都运行成功后，应该接受试运行试验结果。

6.2 转动部件的温度稳定性

6.2.1 一般要求

小型水轮发电机组应运行在极端条件下以检验轴承和发电机定子铁芯的温度值及稳定性。径向轴承、推力轴承、发电机铁芯的温度以及其他所有可能存在温升的环路或机械部件均应检验。

6.2.2 温度保证

温度上升和绝对温度值应与合同规定或双方约定的最大允许值相比较，图13给出了不同温度稳定值的典型记录。

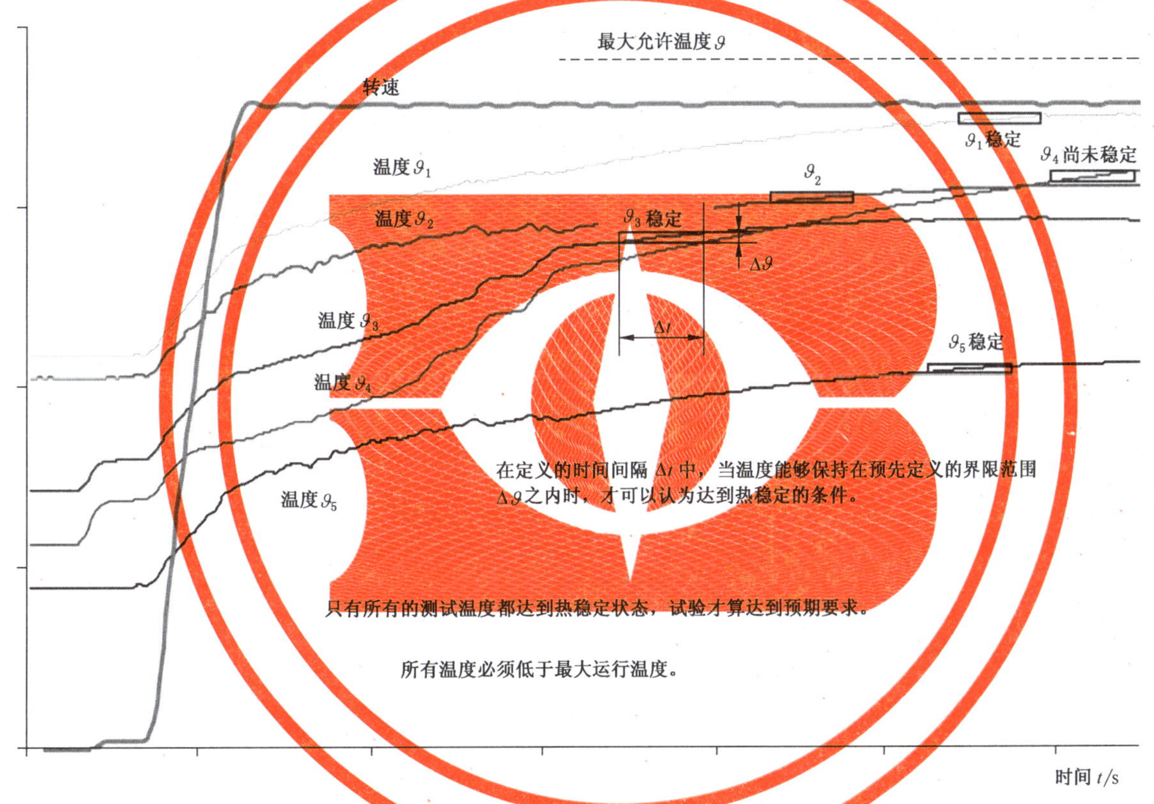

注：在试验期间，环境空气和冷却水的温度不得高于合同规定值。如果高过规定值，所有责任方应决定怎样调整。在各方都同意的安全界限范围内，可提出更高的最大温度界限。

图13 从空载到稳定状况的温度稳定性记录

6.3 转速控制系统

6.3.1 说明

转速控制系统可能是下述不同控制方式的组合：

a) 转速依靠电网频率确定而不能调整；

b) 调速器；

c) 电压调节器，调节交流发电机的励磁；

d) 水位控制器,维持进口和出口的水位;

e) 负荷管理控制器,维持设定的输出功率;

f) 电力负荷调节器,消耗发电机多余输出功率。

6.3.2 不带调速器的机组运行

当转速高于同步转速的1%～2%范围之内时,异步发电机可直接连接到电网上,控制系统应能承受并网时出现的冲击电流。

当同步的频率和电压都保持在电网限制范围之内时,小型同步发电机可不用调速器直接连接到固定电网中。

6.3.3 带有调速器的机组运行

a) 一般说明如下:

1) 试验的性质将根据调速器的作用和所需要的精度而变化;

2) 如果希望调速器提供稳定运行,在合同中应说明可接受的频率变化范围;

3) 用不带外部负荷的变速试验来调整调速器,以达稳定运行。试验应证明当控制装置迅速开启或关闭时,转速在一个转速变化周期范围内返回到设定点;

4) 图 14 给出了一个响应良好的范例。如果需要对调速器进行更完整的研究,可参考 IEC 61362 中的规定,以及参考 IEC 60308 进行试验。

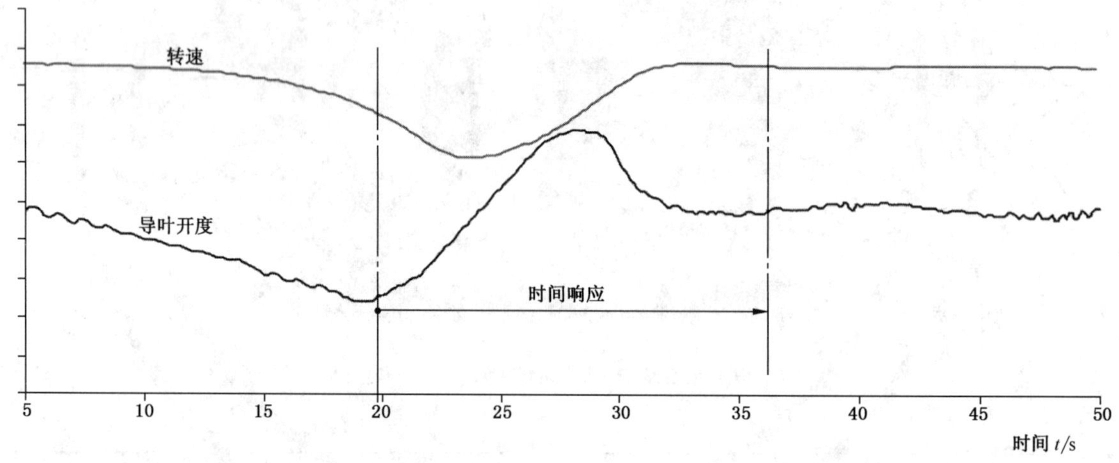

图 14 空载时调速器的检查

b) 小型水轮机配置调速器可能由于下述一个或几个原因:

1) 同步的需要

当小型水轮机需要连接到大电网时采用此模式。调速器可借助于功率或开度给定装置通过永态转差回路增加水轮机负载或转换到其他控制系统,例如水位控制。

调速器应在合适的时间内控制水轮机转速完成同步,或按合同要求。

同步完成后,调速器应自动转换到合适的运行模式。如果延迟可能引发电网频率控制和水轮机调速器冲突,那么转换的时间非常重要。

2) 独立系统频率控制

小型水轮机在一个独立电网中改变负荷而不引起大的频率波动可能是有困难的。合同中应说明所预期的负荷大小和类型,以及可接受的频率偏差。

由单一水轮发电机组供电所构成的电网，在合同中应约定将负荷分级以便增加负荷和起动机组。

3） 在与柴油发电机并联时频率稳定性

一个小型地方电网可能包含水轮机和其他原动机，例如柴油发电机。合同中应说明对所提供的小型水轮发电机组所期望的作用。水轮机提供稳定频率的能力取决于与其他发电机容量的相对大小，以及它的响应速度。调速器应通过试验来证明在合同规定的频率偏差内能够满足所预期的负荷变化。

6.3.4 带有电压调节器的机组运行

当发电机参与控制电网中的无功功率时，需要使用电压调节器。通过调整同步发电机的励磁来维持电压或功率因数在给定范围内。在带负荷试验和甩负荷试验中应测量并记录电压或功率因数。电压调节器保持电压稳定的能力取决于供给电网的其他发电机，合同中应规定验收范围。

异步发电机可能有一个调整机组功率因数的控制装置，通常采用额外电容的形式。

6.3.5 带有其他控制器的机组运行

6.3.5.1 水位控制器

通过控制水轮机的流量保持水头或尾水水位。应在整个运行范围内调节流量以确定控制器能否稳定运行。如果有两台或更多的水轮发电机组，或具有多喷嘴的单机连接到相同的供水管路上，应设有总水流管理系统来控制水轮机的开启和关闭，以维持上游水位。如果在合同中规定了运行保证值，应进行水位变化的测量。

6.3.5.2 带有功率管理控制器的机组运行

功率管理控制器维持发电机的功率输出稳定。控制器应在整个允许的运行范围内以稳定的方式运行。电压和水头的变化将影响其控制，应在合同中规定发电机允许的功率输出变化范围。如果在合同中规定了运行保证值，应从设置点开始测量负荷的变化。

6.3.5.3 带有电力负荷调节器的机组运行

电力负荷调节器用于独立系统中，用来保证发电机的输出功率维持在恒定值，多余的电能通过电阻器消耗来适应系统负载的变化。电阻利用发热消耗多余的功率，应保证电阻工作在供方规定的温度范围内。在带负荷试验和甩负荷试验期间应监测调节器的运行温度。当切换负荷时，负荷调节器可能发射无线电频率干扰，如果在合同中规定了运行条件，应测量发射能级。

6.3.6 在试验控制系统时的测量

水轮发电机组的稳定性应在整个运行范围内进行试验，如果观察到频率、电压或功率有不稳定现象，应进行下述项目的测量：

a） 接力器的所有位置；
b） 电网频率或水轮机转速；
c） 发电机母线电压；
d） 有功与无功功率或定子电流；
e） 上下游水位；
f） 水轮机进出口压力。

如果在合同中规定了运行条件，那么应规定允许的变化量和电网频率或电压的允许变化范围。

6.4 协联关系试验

协联关系试验的目的如下：

a) 取得双调节轴流转桨式或灯泡式水轮机最高效率，见 7.3.5；

b) 关联水斗式或斜击式水轮机的喷针和折向器的运动关系。

应在水轮机整个运行范围内测试协联关系。

7 性能保证试验

7.1 概述

性能试验的目的是验证在 4.2 所列出的主要性能保证的合同保证值，验证试验应在合同规定的电站现场条件下进行。水轮机和水轮发电机组性能(效率)按照表 3 中的参数评估。

表 3 性能试验参数

等级		测量参数
A、B、C	H	水轮机保证范围内高低压基准断面 1 和 2 之间的净水头，测量评估其绝对值
A、B、C	$P_{gen}(P_t)$ P_{out}	发电机输出功率(变压器输入)和变压器输出功率，直接测量绝对值
B、C	Q_{ix}	1、2 断面间的流量，测量其指数相对值
C	Q，η	流量或效率，用初级方法测量绝对值
注：强烈建议进行 A 等级的初步试验，如果在分析试验结果之后对水轮机性能仍有怀疑，可使用更精确的仪器进行进一步试验。		

试验开始前，水电机组应处在商业运行的状态下。

试验需要取得以下数据或图表：

a) 运行特性曲线，需标注运行和空化限制线，并列出不同水头的额定数据；

b) 最大输出功率(P_t、P_{gen}和 P_{out})-净水头的关系图，见图 15；

c) 物理、几何和地理数据，见 8.1.2 和表 5；

d) 流道中的水头损失与流量或输出功率的函数关系；

e) 发电机、变压器和辅助设备(机械或电气)中的损失；

f) 流量图表，表示流量(Q)与开度(导叶或针阀)、静水头的函数关系，用于计算速度水头，见图 B.18。

7.2 在不同净水头下发电机(变压器)的最大输出功率

7.2.1 保证值

发电机(变压器)最大输出功率的保证值应等于或大于考虑了系统和随机误差的测量值和评估值。对此保证值，参考水头是水轮机保证范围断面 1 和断面 2 之间的净水头。

7.2.2 测试仪器要求

试验宜使用仪表设备，测试仪表的精度等级应满足要求。应谨慎地确定水头测量断面，参考附录

B。若合同约定了罚款或奖励条款，应使用具有检定证书的精密仪器。

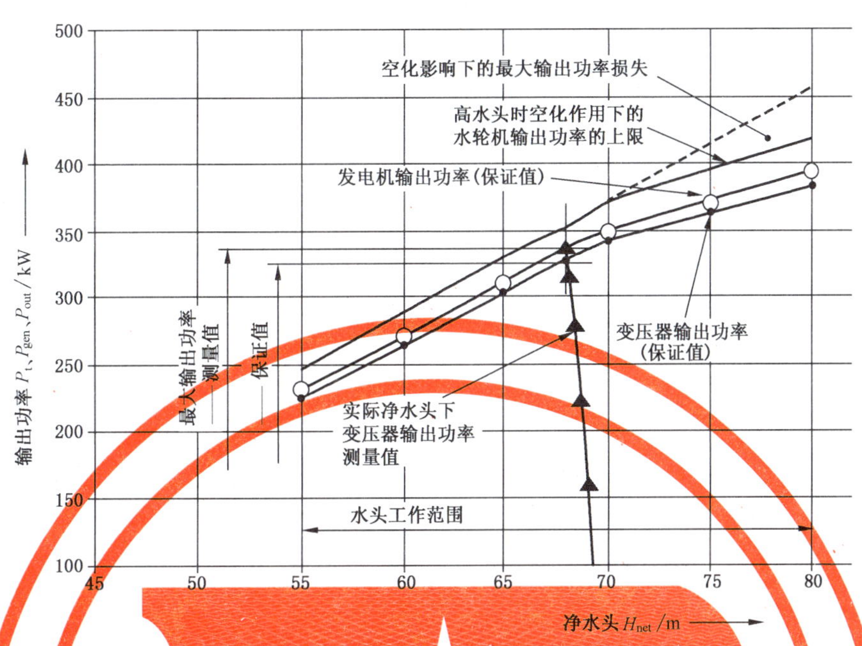

图 15　最大输出功率(实际净水头下的输出功率测量值与保证值的比较流程)

7.3　指数试验

7.3.1　一般要求

指数试验可用于下述任何目的：

a)　单独确定运行特性曲线形态和水轮机相对效率(形状控制)，或同时确定电站的上述参数；

b)　在水轮机改造时评估机组性能的变化。此时应注意改型可能会影响测量断面的流态；

c)　评估由于尾水位和/或净水头改变引起的空化状况变化而造成的机组性能的变化；

d)　优化单台或多台机组的年发电量；

e)　监测整个保证范围内的流量(在运行的流量和净水头范围内)；

f)　确定转轮桨叶角度与活动导叶开度之间协联关系，优化双调节机组的运行；

g)　作为性能试验的一部分，用来完善流量测量的初级方法，可基于以下目的：

1)　在现场验收试验期间提供补充试验数据，插值计算由初级方法得到的数据；

2)　用于指数流量试验和初级试验方法测得的数据的互校；

3)　通过测量在某些运行点的水轮机绝对效率，得到(永久性厂房)流量测量设备的标定数据。

7.3.2　相对流量测量

指数试验是基于流量的相对测量方法，可能会用到表 4 中的某个方法。通常假设流量与压差的平方根近似成比例。

表 4 指数流量试验方法

装置		在最大负载下的一般压差范围 Δp kPa
压差试验方法		
全蜗壳	(Winter-Kennedy)	10～40
贯流式水轮机	(灯泡贯流式,竖井贯流式)	10～30
收缩管道	(锥形管道)	10～40
滞止压力探针		15～60
流量指示仪表		
简易流量测量方法		
水斗式水轮机和斜击式水轮机上的指针行程		

7.3.3 特性曲线形状控制

图 16 中表示的在允许偏差范围(系统误差)内水轮机运行特性的形状是如何变化,该偏差可表述为水轮机输出功率或流量的函数。

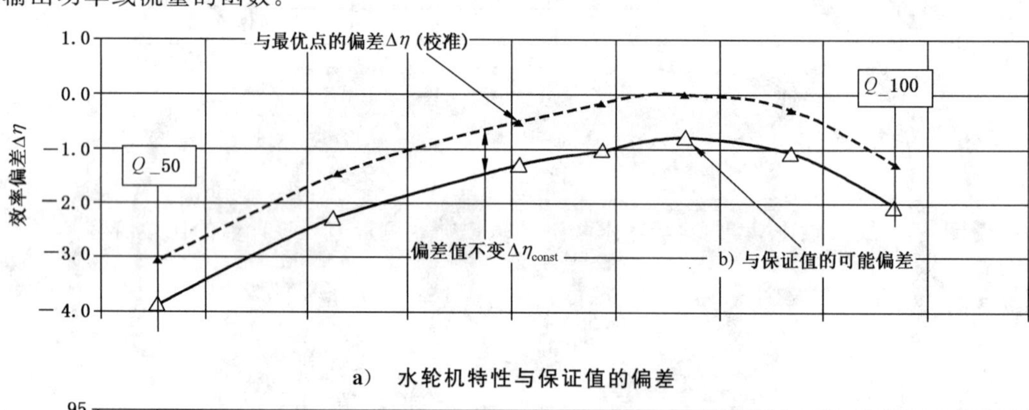

a) 水轮机特性与保证值的偏差

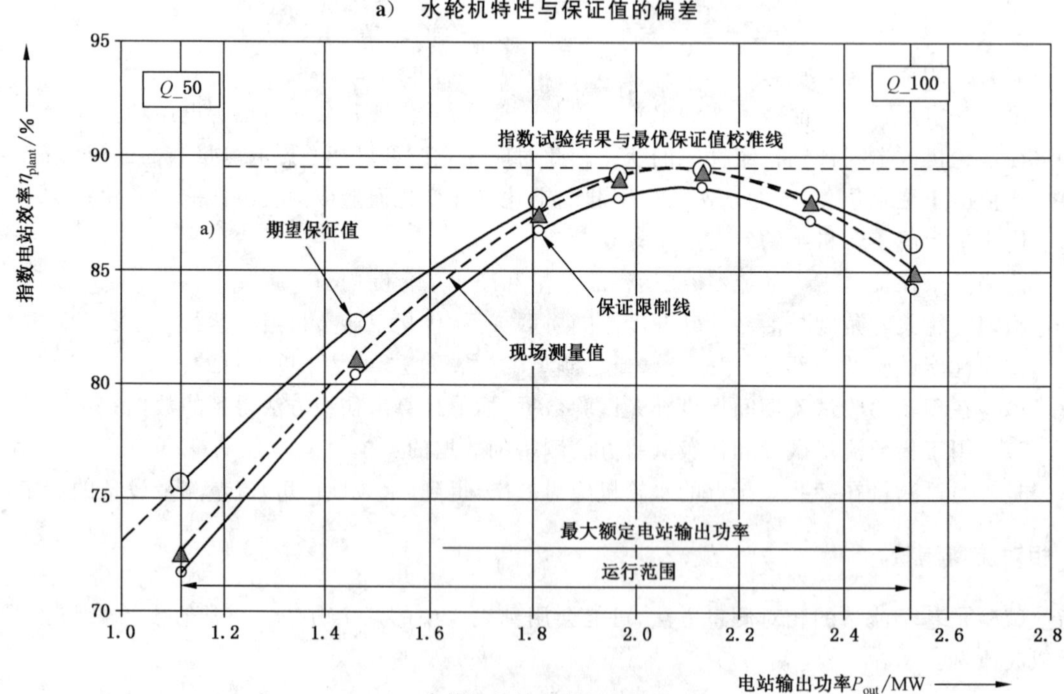

b) 水轮机特性与保证值的校准

注:图中 Q_100 表示满流量,Q_50 表示 50%的满流量。

图 16 水轮机特性曲线和保证值的对比

7.3.4 电站相对效率

指数试验可确定水轮机或水电站的相对效率，试验结果给出实际条件下的电站效率曲线。电站效率曲线可用来优化所有机组的联调控制以获得最大年发电量。图17表示的是为了优化运行而获得最大年发电量，第2台水轮发电机组开启或停机的组合运行切换区。

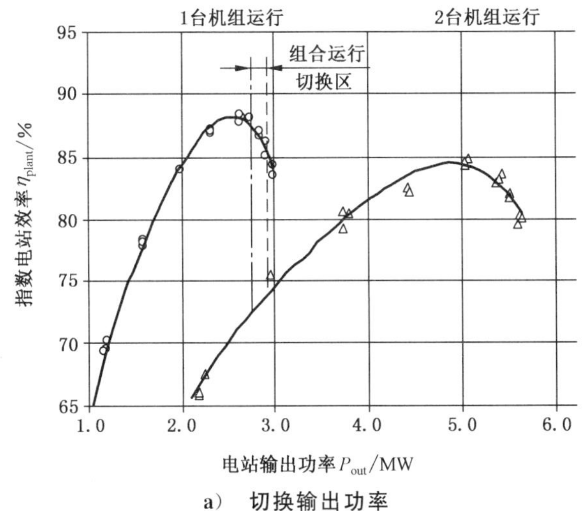

a） 切换输出功率

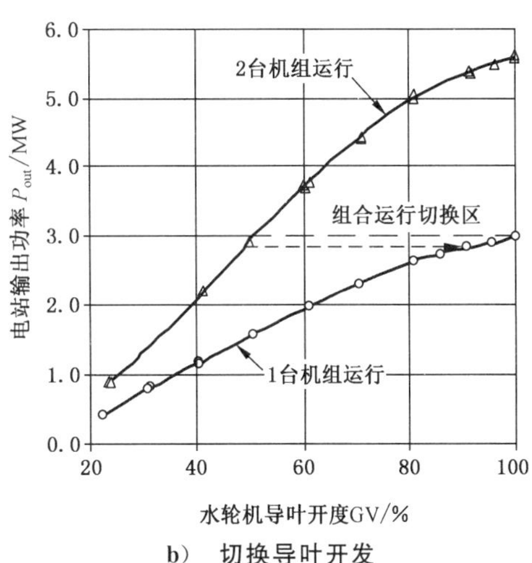

b） 切换导叶开发

图17 2台水轮机最优组合运行切换区示例

7.3.5 优化协联关系

水轮机模型试验所确定的协联关系与原型机组测试值相比可能会有高达6%的最优导叶开度偏差。如果模型试验的结果与现场测试得到的经验值相符，在整个运行范围内相对于最优运行条件下的不确定度为0～2%。另外还有运动学误差（调速器信号显示的叶片角度）。

该偏差主要来源于：

a） 原型和模型之间的比尺效应；

b） 原型和模型之间不同的入流条件；

c） 采用最优电站效率代替了最优水轮机效率。

与指数试验类似，采用合适的程序来验证双调节水轮发电机组（轴流转桨式或灯泡式）的协联关系，试验的目的是为了关联导叶开度和桨叶角度之间的关系以得到机组的最优特性。通常，最优关联随着水头变化，如果电站是设计在非常宽广的水头范围内运行（如水头变化超过总水头的5%），还应确定桨叶、导叶和水头之间的3维协联关系。试验应在额定水头范围内进行，其他不同水头的数据可参考模型试验结果，更多的细节见附录I。

7.4 水轮机效率

7.4.1 采用绝对流量测量的水轮机效率试验

选用满足规定要求的测量方法，确保按期望的精度完成水电站流量测量。所有相关的各方应在电站早期设计阶段选择流量测量方法，否则可能会增加试验成本，甚至不可能实现。宜同时确定指数试验的方法。

采用绝对流量测量的保证效率试验可用于以下目的：

a） 在电站装置条件下测量整个保证范围内运行的水轮机或机组的绝对效率，并与保证值比较；

b） 确定水轮机或机组的最大输出功率；

c) 验证或标定(灌溉或饮用供水系统中)能量回收水轮机(泵做水轮机运行)的流量,此时水轮机作为流量计使用。

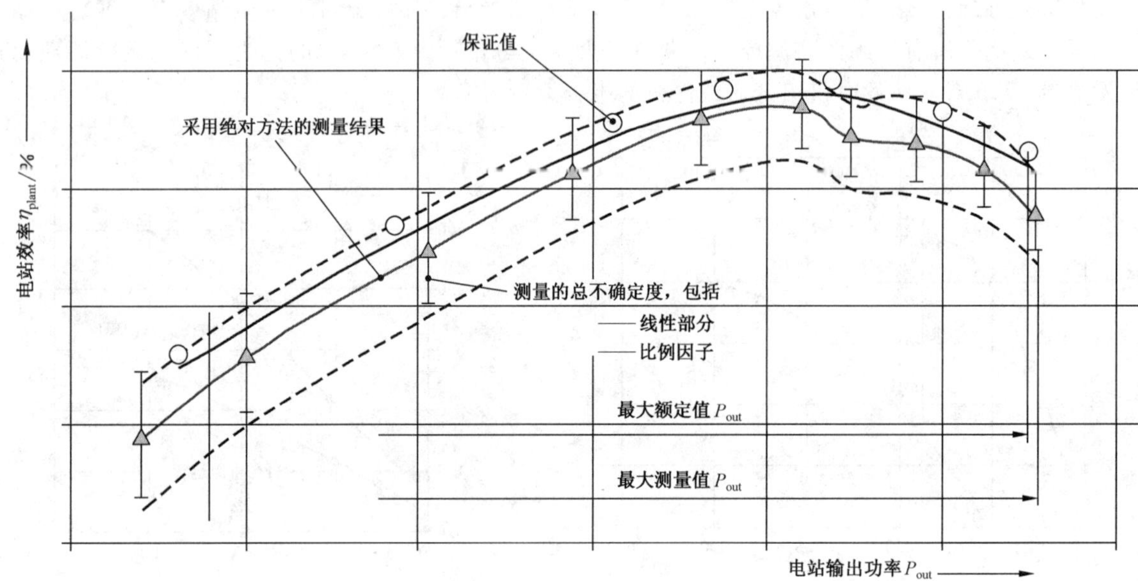

注:在图 18 中,误差带以一条垂直而不是椭圆的形式的线表示,这样的简化宜用在小型水电设备上。采用椭圆表示的更精确的误差带请参考 IEC 60041。

图 18 效率试验(水轮机效率保证值与原型试验结果的比较,包含了总不确定度)

7.4.2 采用热力学法的效率试验

在水轮机中,所有没有转换成机械能的水力能量变换成热量,意味着在水轮机出口的水温稍高于进口。在水轮机进口和出口间增加的温度 ΔT 可根据式(1)进行估算:

$$\Delta T = H(1-\eta)/426 \quad \cdots\cdots(1)$$

式中:

ΔT ——水温升高值,单位为开尔文(K);

H ——水头,单位为米(m);

η ——水轮机效率,无量纲数值。

采用这种方法计算水轮机的效率时并不需要测量流量。温度测量仪的精度和灵敏度应在 0.001 K 以内。流量可根据水头、功率和效率通过间接计算得到。此方法的详细说明见 IEC 60041。

7.5 效率修正

如果测得的净水头与保证水头略有偏差时,水轮机的输出功率和流量可用 8.2.3 和 8.4.2 中的公式修正,允许误差范围也已给出。

当测得净水头和保证水头有很大误差时,可利用模型曲线进行调整,调整只可以在双方都同意的条件下才能进行。

图 19 表示的是在定水头下给出保证值,因水头损失造成测量水头变化的的典型示例,效率可用下述方法修正:

a) 在模型曲线上绘出测量点;

b) 找出测量点和保证点的效率偏差;

c) 在测量效率加减偏差值。

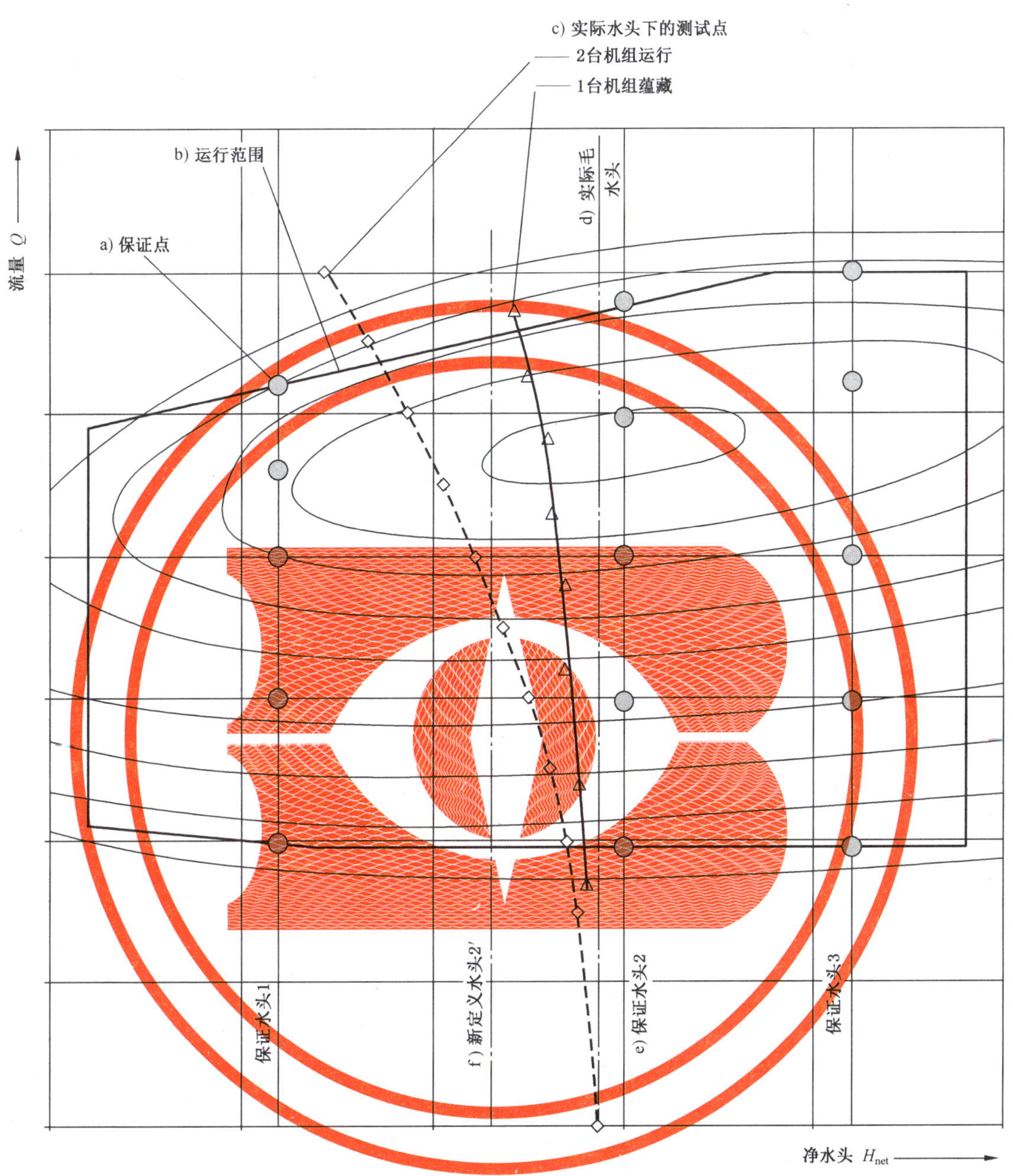

说明：

a) 不同水头和流量下的保证点；

b) 水轮机运行范围；

c) 测试点，水头的偏差是流量和同一压力水管中机组数量的函数；

d) 试验开始无流动时的实际毛水头；

e) 保证水头；

f) 新定义水头。

图 19 运行特性曲线(同一压力水管下一到两台机组运行的水头损失的例子)

8 结果计算与比较

8.1 概述

8.1.1 现场数据

试验丌始前，需要准备以下数据。

表5 现场数据

	物理特性	示例			
a	水温	θ_w	=	3.0	℃
b	水轮机层和尾水渠道混凝土墙周围空气温	θ_A	=	18.0	℃
	度(热力学法)	θ_C	=	——.—	℃
c	重力加速度				
	纬度	φ	=	48	degree
	海平面以上高度 $z=(z_0+z_T)/2$	z	=	102	m
	计算值，见 A.4.1	g	=	9.806	m/s^2
d	水密度，见 A.4.2	ρ	=	1 000.4	kg/m^3
	绝对压力 p_1	p_1	=	10.0	bar
e	高压基准断面的面积，见附录 B	A_1	=	0.503	m^2
	低压基准断面的面积	A_2	=	1.431	m^2
f	地理高程：				
	水轮机安装高程	z_T	=	45.70	m
	高压测量断面的参考水位	z'_1	=	44.37	m
	低压测量断面的参考水位	z'_2	=	46.02	m
	对于有空化要求的反击式水轮机：				
	尾水管出口高程	$z'_{2,3}$	=	42.35	m
	最低允许尾水高程				
	——最小流量时	$z'_{2,2}$	=	42.70	m
	——最大流量时	$z'_{2,1}$	=	43.20	m
	对于有补气要求的冲击式水轮机：				
	最大流量时的最小尾水位	$z'_{2,1}$	=	——.——	m
	最大预期渠道/河流水位	$z'_{2,2}$	=	——.——	m
	其他资料				
	上游水库无排泄时的最高水位	$z_{0,max}$	=	160.80	m
	上游水库无排泄时的最低水位	$z_{0,min}$	=	152.20	m
注：对所有测量等级，比较(零流量时)仪表的读数和(根据上游水位和尾水位计算出的)静水头。					

8.1.2 测量值(读数)

作为试验的成果，试验结果应绘制成以导叶开度或喷针开度为横坐标的曲线图。试验出现任何错误的读数可能意味着水轮机需要调整、或者测试设备出现故障。在做出变动前剔除的任何数据都应保存以备参考。

拆除任何仪器仪表前应完成所有试验记录，并仔细进行错误检查。任何值得怀疑的读数误差应根据标准离散准则进行检验，见 IEC 60041。结果还应确定试验是否在允许的运行范围以内。应采用每台仪器利用试验前后率定曲线的平均值，加上零点漂移，来修正所有数据的平均值。

推荐：在水轮机输出功率 70%～90%之间进行预试验以检验仪器设备及信号稳定性。

8.1.3 水温的比尺效应

如果现场水温与模型试验水温不同且温差超过 5 ℃时，可依据 IEC 60193 进行比尺效应修正。

8.1.4 电站特性的平移变换

水轮发电机组可能具有超出供方所保证最大功率的运行能力，如果买方同意，供方可重新设定新的输出功率。新特性曲线的建立，可参考图 20 将原始特性曲线转换为新的最大试验功率，特性曲线上的每个点都增大相同的百分比，但是功率变换的最大限不能超过额定功率的 10%。新确定的输出功率应作为其他保证值的参考，如最大瞬时过速、最大/最小瞬态压力、飞逸转速和空蚀等。

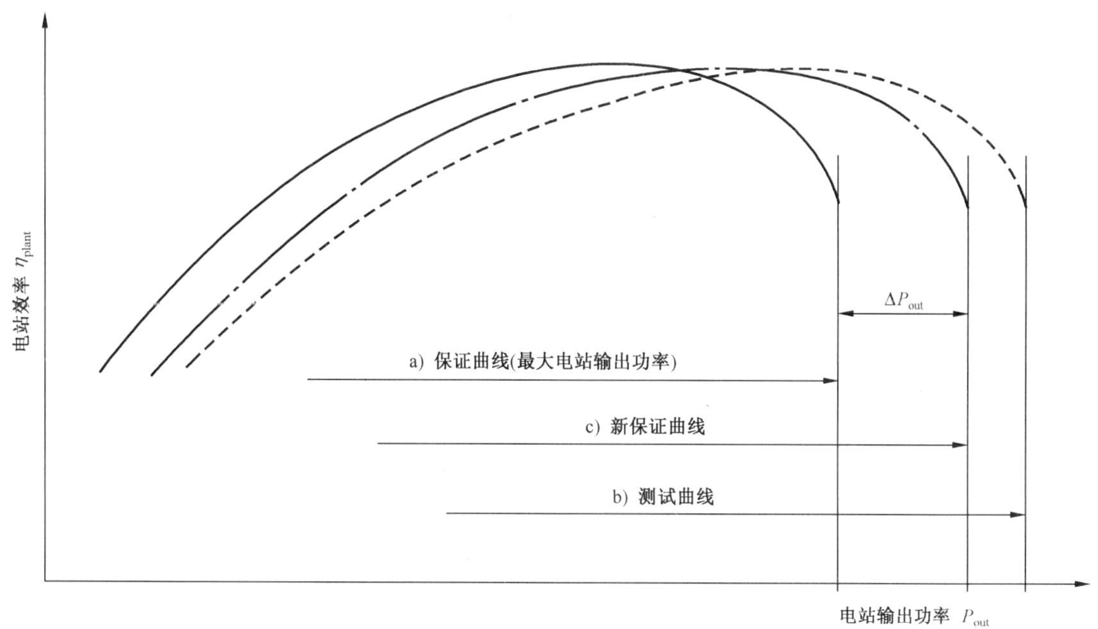

图 20 性能曲线的平移变换

8.2 输出功率

8.2.1 电站输出功率测量

a) 直接通过变压器的电压互感器(PT)和电流互感器(CT)测量：$P_{out,M} \times (1+f_{P,out}) \geqslant P_{out,sp}$

b) 间接通过发电机的电压互感器和电流互感器测量：

$$(P_{gen,M} - P_{L,tf} - P_{L,ax}) \times (1 + f_{(P)}) \geqslant P_{out,sp} \qquad \cdots\cdots(2)$$

式中：

$f_{(P)}$——输出功率总不确定度，是误差 $e_{(Pgen,M)}$、$e_{(L,tf)}$ 和 $e_{(L,ax)}$ 的函数，见 9.4.3.1。

8.2.2 发电机输出功率测量

a) 直接通过发电机的电压互感器和电流互感器测量：

$$P_{gen,M} \times (1 + f_{P,gen}) \geqslant P_{gen,sp} \qquad \cdots\cdots(3)$$

b) 间接通过变压器的电压互感器和电流互感器测量：

$$(P_{out,M}+P_{L,tf}+P_{L,ax})\times(1+f_{(P)})\geqslant P_{gen,sp} \quad\cdots\cdots(4)$$

式中：

$f_{(P)}$——输出功率总不确定度，是误差 $e_{(Pout,M)}$、$e_{(L,tf)}$ 和 $e_{(L,ax)}$ 的函数，见 9.4.3.2。

8.2.3 水轮机输出功率测量

水轮机输出功率通常通过间接测量发电机输出功率加上发电机损失来确定，

$$(P_{gen,M}+P_{L,gen})\times(1+f_{(P)})\geqslant P_{gen,sp} \quad\cdots\cdots(5)$$

式中：

$f_{(P)}$——输出功率总不确定度，是误差 $e_{(Pgen,M)}$ 和 $e_{(L,gen)}$ 的函数，见 9.4.3.3。

必要时，用下列公式将水轮机输出功率测量值 P_t 转换到额定的保证水头下：

$$\text{若 } 1.03\geqslant\left(\frac{H_R}{H}\right)^{0.5}\geqslant 0.97\text{，则 } P_{t,r}=P_t\left(\frac{H_R}{H}\right)^{1.5} \quad\cdots\cdots(5a)$$

8.3 水轮机相对效率

8.3.1 一般规定

用式(5)计算水轮机相对效率 $\eta_{t,ix}$：

$$\eta_{t,ix}=\frac{P_t}{H\cdot g\cdot\rho\cdot Q_{ix}}\times 100\% \quad\cdots\cdots(6)$$

式中：

P_t ——水轮机输出功率，见 8.2.3；

Q_{ix} ——相对流量，见 8.3.2；

H ——净水头，见 B.5。

8.3.2 相对流量

相对流量可采用温特-肯尼迪法(Winter-Kennedy method)或其他指数方法进行测量。如果流量不能使用绝对方法进行率定，可利用运行特性曲线图进行调整。系数 k 和指数幂 x 按下述方法确定：

a) 水轮机在最优工况点的最优相对测量效率与最优预期效率对应一致。采用压差法的相对流量测量用式(7)计算：

$$Q_{ix}=k\times\sqrt{\Delta p} \quad\text{或}\quad Q_{ix}=k\times\Delta p^x \quad\cdots\cdots(7)$$

b) 如果相对流量 Q_{ix} 与压力差 Δp 的平方根关系不准确，可采用指数 x 调节曲线的形状，x 应在 0.48～0.52 的范围内，即相对于最优点 60% 流量时，效率的变化存在大约±2%的差异。

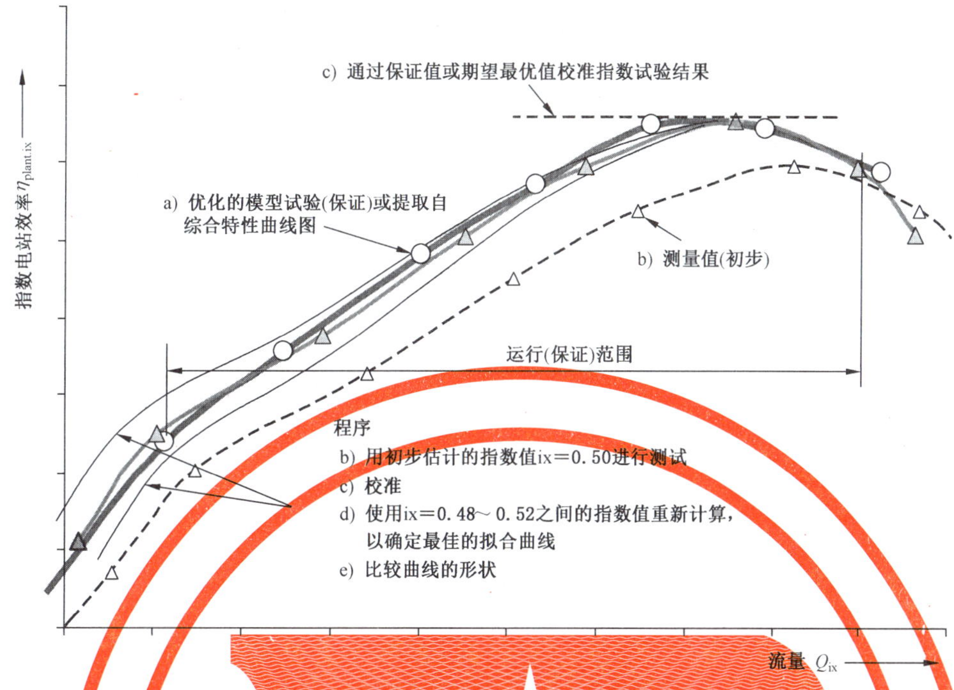

图 21 系数 k 和指数 x 的变换对水轮机相对效率的影响

8.3.3 电站特性曲线的保证

采用下述步骤比较保证效率曲线和指数试验结果,见图21。

a) 根据测试结果绘制水轮机相对效率与相对流量 $Q_{ix,sp}$ 的关系曲线,如果有必要,用式(8)将测量的相对流量转换到保证水头条件下:

$$Q_{ix,sp}=Q_{ix}\left(\frac{H_{sp}}{H}\right)^{0.5} \qquad \cdots\cdots(8)$$

b) 根据合同保证值绘制保证效率曲线(或从运行特性曲线上提取);

c) 依据9.4.4评估不确定度;

d) 向效率曲线增加总不确定度,确立总不确定度带宽;

e) 分析保证效率曲线的位置,如果整个保证范围内曲线都在不确定度带宽之内,则满足保证要求。

如果没有达到保证值,供需双方应协商确定其他的控制水轮机特性曲线的方法,宜提前在合同中规定备用的方法,如绝对效率测试法等。

注:由于缺少效率数据,指数试验一般不用于计算罚款。温特-肯尼迪试验受到进口流动条件的影响较大,尤其是用于不完全蜗壳的情况时,例如多机组的不同负载分布的情况。

8.3.4 电站相对效率

该结果给出了电站的效率曲线,包含了电站内的所有损失。结果也可用来优化电站内水轮机功率分配,且对于改造的电站可分析改造后电厂的年发电量。

$$\eta_{plant}=\frac{P_{out}}{H_g\times g\times\rho\times Q_{ix}}\times 100\% \qquad \cdots\cdots(9)$$

8.4 水轮机绝对效率

8.4.1 一般说明

在水轮机绝对流量测量的基础上,采用式(10)估算水轮机的绝对效率:

$$\eta_t = \frac{P_t}{H \times g \times \rho \times Q} \times 100\% \qquad (10)$$

如果采用热力学方法测量，请参考7.4.2。

8.4.2 绝对流量

通过绘制开度下的绝对流量曲线来检查错误。可同时进行指数试验，对测量的数据进行插值来减少绝对流量测量点。可根据 Q 与 Q_{ix} 或 Q 与 $\log(\Delta p)$ 曲线图辨别结果中的谬误。

通常情况下，随着水轮机输出功率的增加水头呈现下降的趋势，测量水头与额定保证水头下的流量，在 $1.03 \geqslant (H_{sp}/H)^{0.5} \geqslant 0.97$ 的条件下可按式(11)进行换算：

$$Q_{sp} = Q \times (H_{sp}/H)^{0.5} \qquad (11)$$

如果水头超出了上述限制范围，可在双方协商一致的前提下通过模型综合特性曲线得到修正系数，见7.5。

8.4.3 电站效率的保证值与比较

以测量的效率 η 作为纵坐标，以对应的换算到额定水头（和转速）下的水轮机输出功率 P_t 或流量 Q 横坐标，绘制带有误差带的效率曲线。若保证值是以一个或多个单独工况点、或一条曲线给出的，如果在指定水头下，保证值在规定的范围内位于总不确定度带宽的上限之下，则满足保证值。

若保证值是以加权效率给出的，在指定水头下，利用总不确定度带宽上限，在同一点处的平均效率计算值超出平均效率保证值，则满足保证值。

9 误差分析

9.1 概述

当比较试验结果与保证值时，应以适当的方式考虑其不确定度。不确定度仅涉及测量本身，而不涉及被测试设备的性能或质量。

在本标准中，"误差"定义为两倍的估计标准偏差值，如实际误差的评估值不超过两倍标准偏差值，则其具有95%的置信度（参考ISO 5168）。

注：e_x 是数值 x 绝对不确定度（误差），二者具有相同的单位；$f_x = e_x/x$ 是对应的相对不确定度，没有单位，一般以百分数的形式表示。

9.2 系统不确定度

9.2.1 一般规定

试验的不确定度受到试验仪器设备和试验方法的影响。部分负荷下的系统不确定度要高于满负荷工况，特别是流量和功率等参数。

9.2.2 典型的系统不确定度

在95%置信度下，满负荷工况典型的不确定度见表6。

表6 满负荷工况不确定度

方法	常规工况下的典型不确定度
速度-面积 方法	
• 流速仪法	
——明渠	$f_Q=\pm1.5\%$
——直径大于或等于1 m封闭管路	$f_Q=\pm1.3\%$
• 毕托管[a]	$f_Q=\pm2.0\%$
压力-时间 方法	
• 均匀横断面	$f_Q=\pm1.2\%$
• 非均匀横断面	$f_Q=\pm1.7\%$
超声波（声学）方法(条件允许)	
• 便携式仪器	$f_Q=\pm2.5\%$
• 两交叉平面,四通道	$f_Q=\pm1.5\%$
• 四交叉平面,四通道	$f_Q=\pm1.0\%$
容积计量法	$f_Q=\pm1.5\%$
电磁流量计	$f_Q=\pm1.5\%$
压力测量（f_p）（见图27）	
• 弹簧压力计（现场校准）	$f_p=\pm0.5\%$
• 传感器	$f_p=\pm0.2\%$
• 活塞压力计	$f_p=\pm0.1\%$
• 自由水位（见图26）	见B.4.2.4
发电机输出功率（f_{gen}）[b]	
• 仪表测量（CT和PT的等级为1.0%）	
——同步发电机	$f_{gen}=\pm1.5\%$
——异步发电机	$f_{gen}=\pm1.8\%$
• 功率分析仪	$f_{gen}=\pm0.5\%$
转速	$f_n=\pm0.05\%$
机械传动效率	$f_{\eta,tr}=\pm0.20\%$
变压器效率	$f_{\eta,tf}=\pm0.10\%$

注：其他测量方法的系统不确定度可参考IEC 60041。

[a] 精度取决于毕托管和安装断面的数量,以及管路直径和预期的流速分布。

[b] 取决于确定发电机损失所采用的方法:假如采用大直流电的分流器,f_{gen}可能会增加;反之,采用精确的现代电子设备,f_{gen}可能会很小。

9.2.3 水轮机用作流量计的系统不确定度

水轮机用于供水或灌溉系统中能量回收时(水泵作水轮机运行),可作为流量计使用。预期的系统不确定度如表7所示。

表 7 不同开度下流量的系统不确定度

条　　件	Q_50	Q_100
不校准	$f_Q = \pm 7.0\%$	$f_Q = \pm 5.0\%$
用基于保证特性曲线图表的指数试验校准	$f_Q = \pm 3.5\%$	$f_Q = \pm 2.5\%$
用绝对试验方法校准	$f_Q = \pm 2.1\%$	$f_Q - \pm 1.5\%$

9.3 随机不确定度

9.3.1 单一运行工况点下的测量

9.3.1.1 随机现象

仅适用于其运行条件能够在试验期间维持不变的情况。测量的不确定度受测量系统的性能和测试量的变化等因素的共同影响，并直接表现为离散的测试结果。

与系统不确定度不同，试验中可通过增加被测量在相同运行条件下的测量次数来减少随机不确定度，最低应不少于 2 次。如果采用流速仪测量流量，每一工况点的运行时间至少应能分割成三个均等独立的读数时间段。

9.3.1.2 周期性现象

仅适用于测量值表现为连续地波动或脉动现象。典型的周期现象见图 22。典型值如水击导致的蜗壳的输入压力脉动，脉动的能量对于水轮机效率会产生影响。

9.3.1.3 标准偏差和趋势计算

标准偏差 $s(y)$ 是测量值与平均值离差平方的均方根，很难准确地知道其精确值，需要利用测量数据进行评估。对于 y 进行 n 次独立的测量，y 的标准偏差估计值表示为：

$$s(y) = \sqrt{\frac{1}{n-1}\sum_{i=1}^{n}(y_i - \overline{y})^2} \qquad (12)$$

趋势 $b(t)$ 通常并不直接影响水轮机效率，它可显示具有较好的稳定条件，可用式(13)计算：

$$b(t) = \frac{n\sum ty - \left(\sum t\right)\left(\sum y\right)}{n\sum y^2 - \left(\sum y\right)^2} \qquad (13)$$

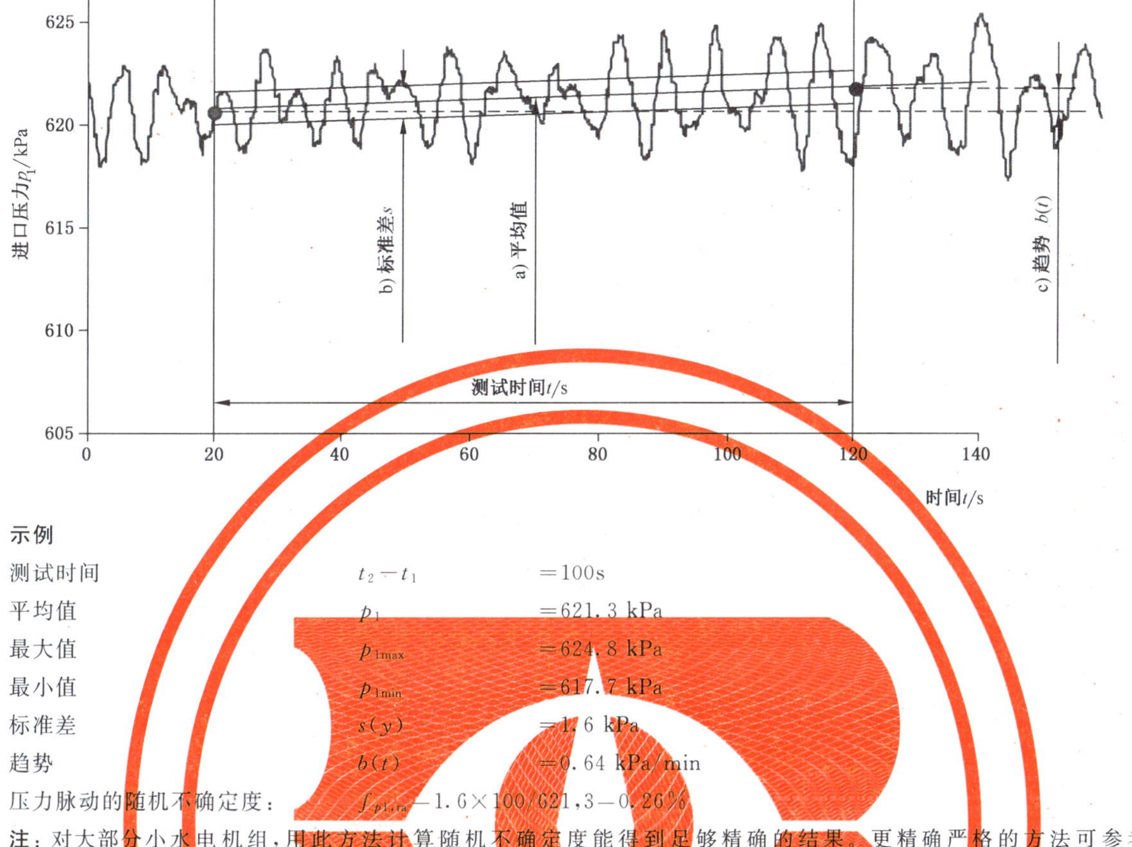

示例

测试时间	t_2-t_1	=100s
平均值	p_1	=621.3 kPa
最大值	p_{1max}	=624.8 kPa
最小值	p_{1min}	=617.7 kPa
标准差	$s(y)$	=1.6 kPa
趋势	$b(t)$	=0.64 kPa/min
压力脉动的随机不确定度：	$f_{p1,ra}=1.6\times100/621.3=0.26\%$	

注：对大部分小水电机组，用此方法计算随机不确定度能得到足够精确的结果。更精确严格的方法可参考 IEC 60041。

图22 单一运行工况点的随机不确定度计算(压力钢管压力波动实例)

9.3.2 对整个运行范围的测量

9.3.2.1 异常值

选择和定义离群点的实用方法是以线性和/或对数坐标方式绘制有波动的数据(流量、压力、功率及压差)与稳定值(活动导叶开度、喷针行程)的关系图，见图23。

9.3.2.2 曲线拟合

测量的参数，例如全部运行范围内的水头、流量以及输出功率等，通常希望通过变换获得变量与相关工况参数之间的函数关系，通过光滑的曲线来拟合试验数据点即可以得到与这些参数相关的估算公式。对于采集得到的 x 和 y 数据，通过假设和拟合可能形成许多不同的光滑曲线，宜限于选择一阶、二阶或三阶多项式，并且这种选择取决于数据之间的相关关系，例如，水力损失通常采用二阶多项式。拟合曲线不必通过所有测量数据点，拟合光滑的曲线的优劣取决于采集数据的数量和试验方法，见图24。

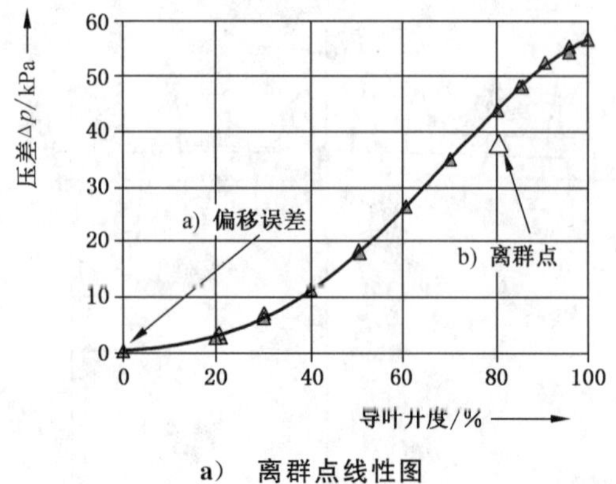

a) 离群点线性图

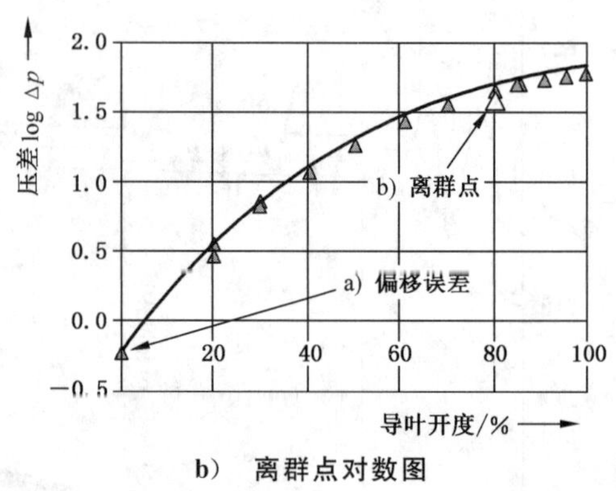

b) 离群点对数图

图 23 离群点的确定:通过将相同数据分别标绘在线性和对数坐标图上找出偏移误差和读数误差

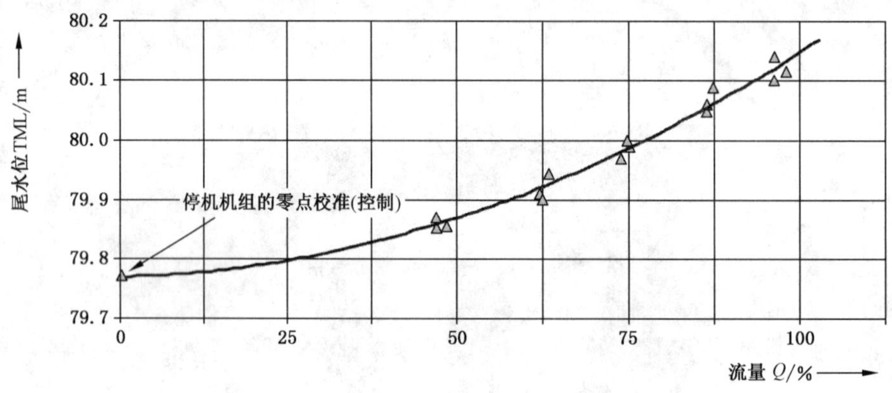

图 24 二阶函数拟合散点实例

9.3.2.3 不连续性

应参考如图 25 所示的方法来处理数据点:不连续位置两侧的数据点应分别处理,并且将各个拟合曲线段光滑地连接起来。

注:试验数据组经常表现出不连续性,这种现象不容易通过数学的方法来解释,也不用解析的方法来拟合。

9.4 综合不确定度

9.4.1 一般规定

测试量 x 的总测量不确定度采用系统误差($f_{x,\mathrm{sy}}$)和随机误差($f_{x,\mathrm{ra}}$)的均方根来计算:

$$f_x=\sqrt{f_{x,\mathrm{sy}}^2+f_{x,\mathrm{ra}}^2} \qquad (14)$$

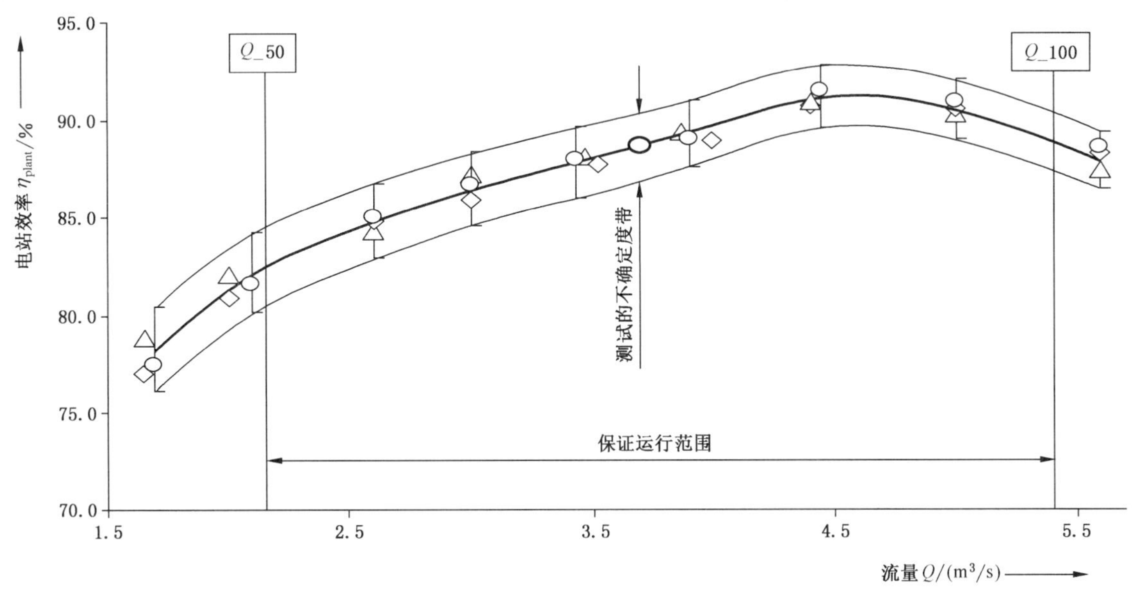

图 25 相邻段分别光滑拟合散点

9.4.2 水头

9.4.2.1 自由水位的水头测量

水头的测量不确定度是水轮机进口、出口处测量结果的系统和随机不确定度的合成,可能由于进口处风力和波浪的扰动、出口的流量所引起。若有异常的水头脉动,个体误差需要记录下来并作评估。

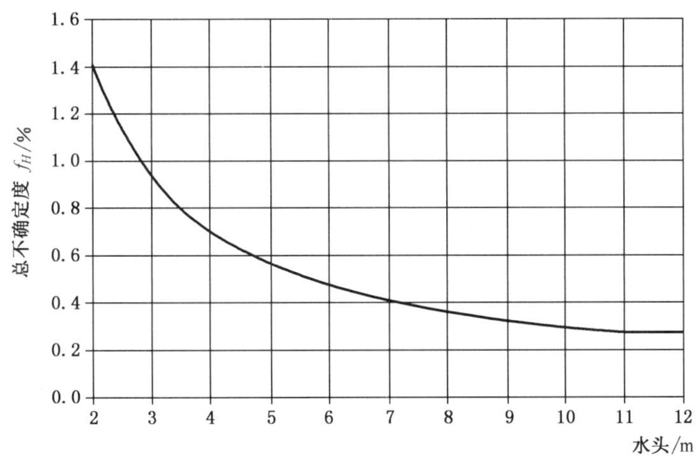

图 26 低水头水轮机自由水位下的水头总不确定度

7 m 毛水头水头测量总不确定度计算实例:

高压侧压力传感器读数是 4.00 m,安装基准面是 3.45 m,得出水位 7.45 m。尾水管仪表读数 0.45 m,直接得出尾水位 0.45 m。

1) 高压侧水位测量的系统不确定度:

——传感器制造不确定度 ±0.15%

——传感器读数误差 4.00×0.001 5=±0.006 m

——安装基准面误差 ±0.010 m

2) 尾水侧水位测量的系统不确定度:

——安装基准面误差　　　　±0.010 m

3）　合成系统不确定度

$$f_{Hg,sys}=\frac{\sqrt{0.006^2+0.010^2+0.010^2}}{4.00+3.45-0.45}\times 100\%=\pm 0.22\% \quad (15)$$

4）　水位测量的随机不确定度：

——高压侧测量误差　　　　±0.10 m

——低压侧测量误差　　　　±0.20 m

5）　合成随机不确定度

$$f_{Hg,ra}=\frac{\sqrt{0.010^2+0.020^2}}{4.00+3.45-0.45}\times 100\%=\pm 0.32\% \quad (16)$$

6）　毛水头的总不确定度

$$f_{Hg,ra}=\sqrt{f_{Hg,sys}^2+f_{Hg,ra}^2}=\sqrt{0.22\%^2+0.32\%^2}=\pm 0.39\% \quad (17)$$

注：合成不确定度的公式参见 H.6。

9.4.2.2　在封闭管道中的水头测量

在封闭管道中通常采用压力传感器测量水头，系统不确定度从数据表单中得到且应不超过 0.15%。其他的不确定度来源有管路直径、流动分布和流速等，其中影响最大的是流速。封闭管道中流速对总不确定度的影响见图 27。

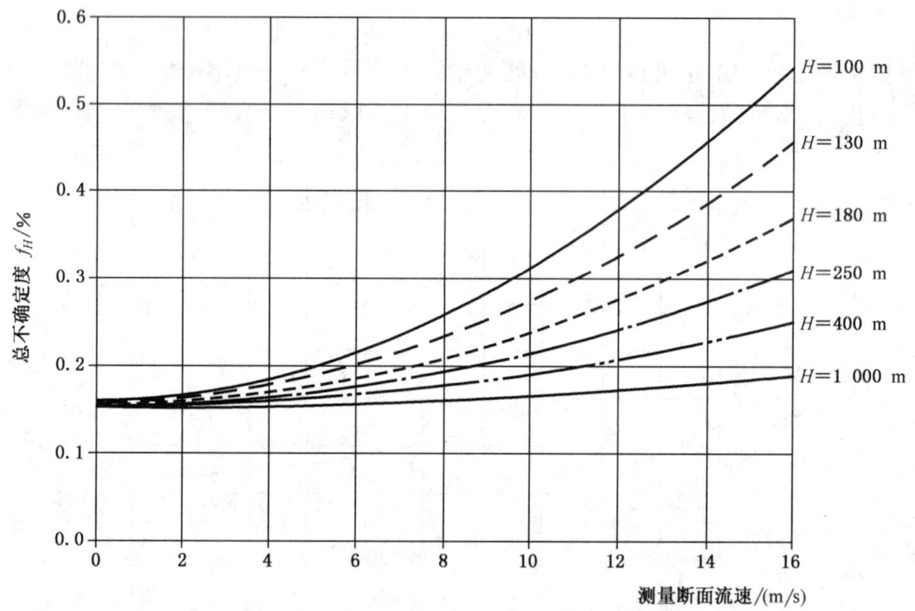

图 27　封闭管道中的水头总不确定度

9.4.3　输出功率

9.4.3.1　电站输出功率的不确定度

电站输出功率的总不确定度通过变压器或发电机的测量进行评估，方法如下：

1）　直接通过变压器测量

电站总输出功率是变压器输出功率和辅助设备的功率之和：

——变压器输出功率的系统不确定度

$$f_{P,\mathrm{out,sys}}=\sqrt{f_{\mathrm{WH}}^2+f_{\mathrm{PT}}^2+f_{\mathrm{CT}}^2} \quad\cdots\cdots(18)$$

——电站输出功率的总不确定度

$$f_{(P)}=\sqrt{f_{P,\mathrm{out,sys}}^2+f_{P,\mathrm{out,ra}}^2} \quad\cdots\cdots(19)$$

2） 间接通过发电机端口测量

——发电机输出功率的系统不确定度

$$f_{P,\mathrm{gen,sys}}=\sqrt{f_{\mathrm{WH}}^2+f_{\mathrm{PT}}^2+f_{\mathrm{CT}}^2} \quad\cdots\cdots(20)$$

——发电机输出功率的总不确定度

$$f_{P,\mathrm{gen}}=\sqrt{f_{P,\mathrm{gen,sys}}^2+f_{P,\mathrm{gen,ra}}^2} \quad\cdots\cdots(21)$$

——发电机输出功率的测量误差

$$e_{P,\mathrm{gen}}=P_{\mathrm{gen}}\times f_{P,\mathrm{gen}} \quad\cdots\cdots(22)$$

——变压器损失测量的测量误差

$$e_{\mathrm{L,tf}}=P_{\mathrm{L,tf}}\times f_{\mathrm{L,tf}} \quad\cdots\cdots(23)$$

——辅助设备损失测量的误差

$$e_{\mathrm{L,ax}}=P_{\mathrm{L,ax}}\times f_{\mathrm{L,ax}} \quad\cdots\cdots(24)$$

——电站输出功率的总不确定度

$$f_{(P)}=\frac{\sqrt{e_{P,\mathrm{gen}}^2+e_{\mathrm{L,tf}}^2+e_{\mathrm{L,ax}}^2}}{P_{\mathrm{gen}}-P_{\mathrm{L,tf}}-P_{\mathrm{L,ax}}} \quad\cdots\cdots(25)$$

注：合成不确定度的公式参见H.6。

9.4.3.2 发电机输出功率的不确定度

发电机输出功率的总不确定度通过变压器或发电机的测量进行评估，方法如下：

1） 直接通过变压器端口测量

——变压器输出功率的系统不确定度

$$f_{P,\mathrm{out,sys}}=\sqrt{f_{\mathrm{WH}}^2+f_{\mathrm{PT}}^2+f_{\mathrm{CT}}^2} \quad\cdots\cdots(26)$$

——电站输出功率的总不确定度

$$f_{P,\mathrm{out}}=\sqrt{f_{P,\mathrm{out,sys}}^2+f_{P,\mathrm{out,ra}}^2} \quad\cdots\cdots(27)$$

——变压器输出功率的测量误差

$$e_{P,\mathrm{out}}=P_{\mathrm{out}}\times f_{P,\mathrm{out}} \quad\cdots\cdots(28)$$

——变压器损失测量的测量误差

$$e_{\mathrm{L,tf}}=P_{\mathrm{L,tf}}\times f_{\mathrm{L,tf}} \quad\cdots\cdots(29)$$

——辅助设备损失测量的误差

$$e_{\mathrm{L,ax}}=P_{\mathrm{L,ax}}\times f_{\mathrm{L,ax}} \quad\cdots\cdots(30)$$

——发电机输出功率的总不确定度

$$f_{(P)}=\frac{\sqrt{e_{P,\mathrm{out}}^2+e_{\mathrm{L,tf}}^2+e_{\mathrm{L,ax}}^2}}{P_{\mathrm{out}}+P_{\mathrm{L,tf}}+P_{\mathrm{L,ax}}} \quad\cdots\cdots(31)$$

2） 通过发电机端口直接测量

——发电机输出功率的不确定度

$$f_{P,\mathrm{gen,sys}}=\sqrt{f_{\mathrm{WH}}^2+f_{\mathrm{PT}}^2+f_{\mathrm{CT}}^2} \quad\cdots\cdots(32)$$

——发电机输出功率的总不确定度

$$f_{(P)}=\sqrt{f_{P,\mathrm{gen,sys}}^2+f_{P,\mathrm{gen,ra}}^2} \quad\cdots\cdots(33)$$

9.4.3.3 水轮机输出功率的不确定度

水轮机输出功率一般通过测试发电机输出功率加上发电机损失间接得到，其总不确定度的评估方法如下：

1) 通过发电机端口直接测量

——发电机输出功率的系统不确定度

$$f_{P,\mathrm{gen,sys}}=\sqrt{f_{\mathrm{WH}}^{2}+f_{\mathrm{PT}}^{2}+f_{\mathrm{CT}}^{2}} \qquad \cdots\cdots(34)$$

——发电机输出功率的总不确定度

$$f_{P,\mathrm{gen}}=\sqrt{f_{P,\mathrm{gen,sys}}^{2}+f_{P,\mathrm{gen,ra}}^{2}} \qquad \cdots\cdots(35)$$

——发电机输出功率的测量误差

$$e_{P,\mathrm{gen}}=P_{\mathrm{gen}}\times f_{P,\mathrm{gen}} \qquad \cdots\cdots(36)$$

——发电机损失的测量误差

$$e_{\mathrm{L,gen}}=P_{\mathrm{L,gen}}\times f_{\mathrm{L,gen}} \qquad \cdots\cdots(37)$$

——水轮机输出功率的总不确定度

$$f_{(P)}=\frac{\sqrt{e_{P,\mathrm{gen}}^{2}+e_{\mathrm{L,gen}}^{2}}}{P_{\mathrm{gen}}+P_{\mathrm{L,gen}}} \qquad \cdots\cdots(38)$$

2) 水轮机输出功率总不确定度计算示例

假设在发电机机端测量输出功率。

发电机输出功率系统不确定度：

——能量计(2 或 3 瓦特表法) $f_{\mathrm{WH}}=\pm0.20\%$

——电压互感器(PT) $f_{\mathrm{PT}}=\pm0.30\%$

——电流互感器(CT) $f_{\mathrm{CT}}=\pm0.30\%$

系统不确定度： $f_{P,\mathrm{gen,sys}}=\pm\sqrt{0.20\%^{2}+0.30\%^{2}+0.30\%^{2}}=\pm0.47\%$

功率测量的随机不确定度： $f_{P,\mathrm{gen,ra}}=\pm0.40\%$

发电机输出功率的总不确定度：$f_{P,\mathrm{gen}}=\pm\sqrt{0.47\%^{2}+0.40\%^{2}}=\pm0.62\%$

发电机输出功率测量值： $P_{\mathrm{gen,M}}=3\ 011\ \mathrm{kW}$

发电机输出功率测量误差： $e_{P,\mathrm{gen}}=3\ 011\times0.006\ 2=18.7\ \mathrm{kW}$

发电机输出损失测量值(出厂试验)： $P_{\mathrm{L,gen}}=120\ \mathrm{kW}$

发电机损失测量不确定度： $f_{\mathrm{L,gen}}=\pm10\%$

发电机损失测量误差： $e_{\mathrm{L,gen}}=120\times0.1=12\ \mathrm{kW}$

水轮机输出功率总不确定度：$f_{(P)}=\pm\dfrac{\sqrt{18.7^{2}+12^{2}}}{3\ 011+120}\times100\%=\pm0.71\%$

9.4.4 指数试验不确定度

9.4.4.1 特性曲线(形状控制)的不确定度

通过移动预期水轮机最优效率点得到的相对评估值，确定水轮机流量。原型测量值换算为保证值应参考下列数值：

——水头 f_H：净水头不确定度。

——功率 $f_{P,\mathrm{t}}$：水轮机轴功率不确定度。

——流量 $f_{Q,\mathrm{ix}}$：流量通过变换模型试验特性曲线图得到，并调整至水轮机预期最优效率点的校准线。

——效率 $f_{\eta,\mathrm{ix}}$：测量值和保证值的偏差包括了总不确定度 $\Delta\eta$。

表8中所示不确定度值可以在50%最大流量处取得。

表8 有关保证效率的水轮机特性曲线的整体不确定度

类型/位置	水轮机类型	方法	压差 Δp/kPa	Q_50 $\Delta\eta$/%	Const. $\Delta\eta_{const}$/%
不完全蜗壳	轴流式水轮机	温特-肯尼迪法	3~8	−3.5	−0.7
完全蜗壳	轴流式水轮机	温特-肯尼迪法	15~25	−3.0	−0.7
灯泡/竖井/贯流混流式	轴流式水轮机	指数方法	15~30	−2.5	−0.7
蜗壳	混流式水轮机	温特-肯尼迪法	20~30	−2.5	−0.5
配水环	水斗式水轮机	指数方法	>25	−2.0	−0.5
锥管	所有类型水轮机	指数方法	>20	−2.0	−0.5
注：在保证范围内需要确定一个常数不确定度带。 $\Delta f_\eta = -0.5\% \sim -0.7\%$。					

9.4.4.2 测量前后的不确定度

如果指数试验用来比较水轮机改造前后的特性和/或最大输出功率，应考虑系统和随机不确定度。

——水头 f_H 试验前后用相同的基准；

——功率 $f_{P,t}$ 发电机功率测量用相同的电流互感器和电压互感器；

——流量 $f_{Q,ix}$ 系数 k 和 x 应在测试前确定，测试后也采用相同系数；

——效率 $f_{\eta,ix}$ 应比较改造后水轮机 $\Delta\eta$ 的差异。

9.4.4.3 指数流量测量的总预期不确定度评估

1） 系统不确定度的来源如下：

——信号偏移，由设备零点误差(电气和机械滞后)和管道中空气引起；

——压差 Δp 的比例信号误差，由线性仪表误差引起；

——流量的比例误差，由测量断面局部流速改变引起；

——对应于流速的动水头。

当在电站改造中采用指数试验时，应维护好改造前后的测量条件，位置、表面、孔口半径和测压孔管接头长度应保持一致，避免产生系统不确定度。

指数方法的流量测量与压差的测量范围、可能出现的零流量的偏移等因素有关，应在试验前评估系统不确定度。

注：系统不确定度会随着压差的降低而增大。

2） 随机不确定度的来源如下：

——压差的脉动。

——水轮机开度的稳定性。

指数方法的流量测量与压差的测量范围、可能出现的零流量的偏移等因素有关。

注：在多数情况下，随机不确定度随着压差的减小而增大。

3） 总不确定度要求如下：

图28给出了指数法流量测量总不确定度随压差变化的规律，图中的总不确定度包含了系统不确定度和随机不确定度，通过下列公式计算：

$$f_{Q,ix} = \sqrt{f_{Q,ix,sys}^2 + f_{Q,ix,ra}^2} \qquad (39)$$

表 9 列出了绘制图 28 的数据，不确定度曲线 $f_{Q,ix}$ 与单次指数流量测量值。在比较电站改造前后的测试结果时，可能会出现更高的总不确定度。

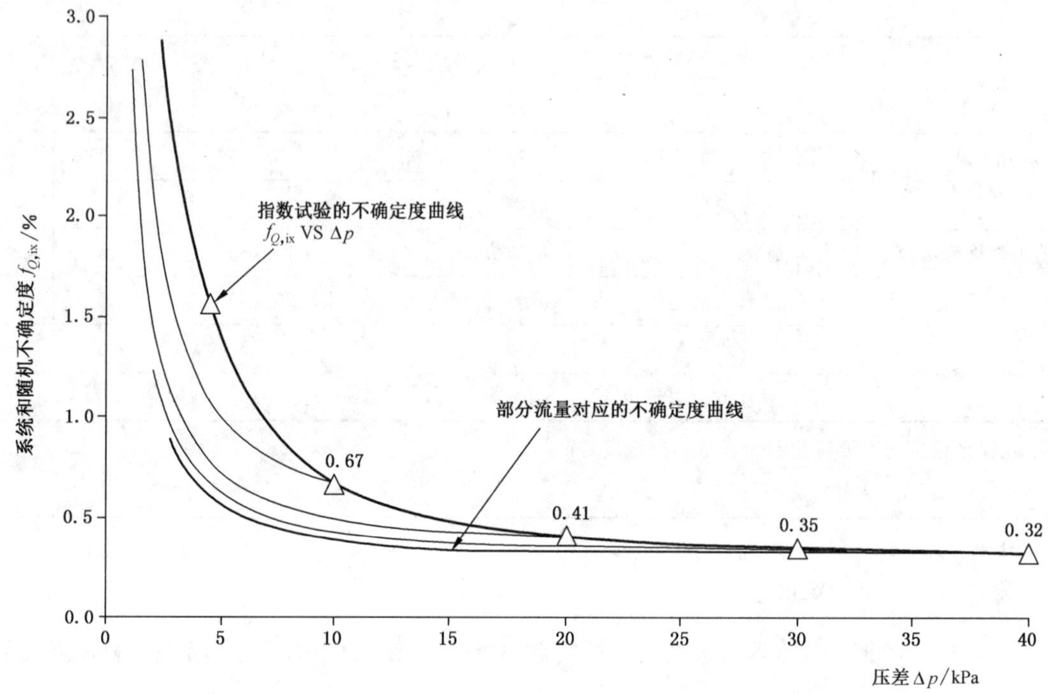

图 28　压差范围内指数法流量测量总不确定度评估

表 9　图 28 中用到的数据

			Q_100 single	Q_100 pre+post
Δp kPa	$f_{Q,ix,sy}$ %	$f_{Q,ix,ra}$ %	$f_{Q,ix}$ %	$f_{Q,ix}$ %
5.00	0.95	1.24	1.56	2.21
10.00	0.45	0.50	0.67	0.95
20.00	0.27	0.31	0.41	0.58
30.00	0.21	0.28	0.35	0.49
40.00	0.17	0.27	0.32	0.45

9.4.5　采用绝对流量测量的效率试验

水轮机效率依赖于评估各个分量（水头 f_H、流量 f_Q、功率 $f_{P,t}$），并且按下述公式通过计算来确定水轮机效率的不确定度：

$$f_{\eta,t}=\sqrt{f_{P,t}^2+f_Q^2+f_{H,net}^2} \quad \cdots\cdots(40)$$

9.4.6　采用热力学法的效率试验

该方法是一种直接测量水轮机效率的方法，评估的不确定度反向依赖于水头（如低水头条件下 $f_{\eta,th}=\pm1.0\%$）。详情请参见 IEC 60041:1991 中的 A.2 和 A.3。

10 其他保证

10.1 空蚀

10.1.1 一般规定

合同中应规定出持续运行和短时运行的水头和净正吸出水头(NPSH)的范围,图 29 给出了一个典型的反击式水轮机的例子。在保证期结束前应评估空蚀破坏的情况,供方有权在一个合理的运行期后对机组进行检查,判断是否需要采取改进措施。应记录在保证期内的运行参数(运行时间、功率、水头、尾水位等),以便确定机组是否正常运行。

空蚀保证通常仅包括纯粹由清水中的空化点所造成的空蚀坑破坏,不包括以下原因造成的破坏:

——水中悬浮物导致的磨损或侵蚀;

——水中化学特性导致的腐蚀;

——磨损或腐蚀引起的空蚀坑。

如果材料是特选的、或者是具有抗磨蚀或抗化学腐蚀涂层的,空蚀保证应包括这种类型的破坏,详情请参考 IEC 60609。

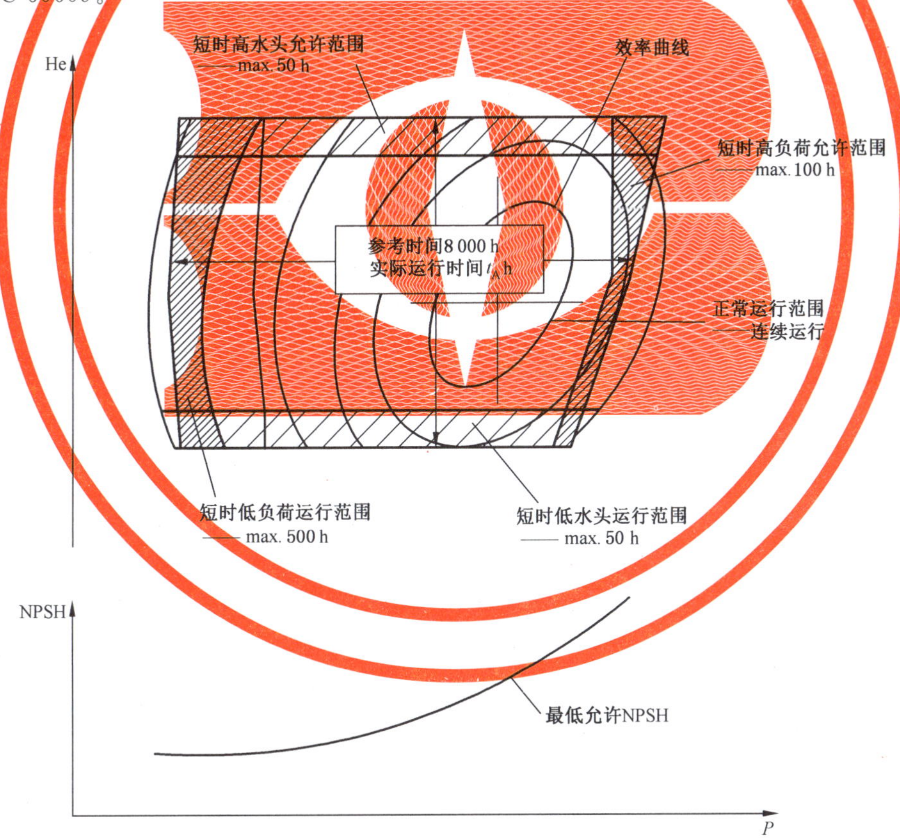

说明:评估空蚀破坏时,短时运行的允许运行时间由 t_A/8 000 h 划定,t_A是实际运行时间。如果水头范围波动超过±5%,可选用不同的 NPSH 曲线。

图 29 运行范围和空蚀控制

10.1.2 测量方法

在保证期结束前,供需双方应共同确定空蚀坑深度大于 0.5 mm 的所有区域。在不确定度不超过

10%的情况下应进行下列测量：

a) 每个空蚀坑区域的面积 $a(cm^2)$：这些区域可用合适的颜色绘出，并在计算前描绘到不易被损坏的纸上。

b) 每个空蚀坑区域的最大深度 s(mm)：可将深度计配合安装未破坏区域上的初始模板进行测量。

除合同中另有规定，机组空蚀的最大总体深度 S(mm)是单个最大深度 s 的最大值。

可计算总空蚀体积：$V=\sum\{0.5\times(0.1\times s)\times a\}$

10.1.3 与规定的保证值比较

除非合同中另有规定，不锈钢旋转部件的空蚀坑不能超出表 10 中给出的数值。

表 10 空蚀破坏限制

水轮机类型	水斗式水轮机 斜击式水轮机	混流式水轮机 轴流式水轮机	双击式水轮机
深度/mm	$S\leqslant 2\times t_A/8\ 000\times B^{0.5}$	$S\leqslant 4\times t_A/8\ 000\times D^{0.4}$	$S\leqslant 4\times t_A/8\ 000\times D^{0.4}$
体积/cm³	$V\leqslant 60\times t_A/8\ 000\times B^2$	$V\leqslant 20\times t_A/8\ 000\times D^2$	$V\leqslant 20\times t_A/8\ 000\times D\times L$
D(m) 指混流式、轴流式、双击式水轮机的转轮出口直径。 B(m) 指水斗式、斜击式水轮机等的水斗宽度。 L(m) 指双击式水轮机的转轮长度。 t_A 指保证期内的实际运行时间。			

转轮/叶轮叶片空蚀体积应不超过 k/Z 倍的整个转轮的保证值，其中 Z 是转轮叶片数(不计分流叶片或水斗数)，$k=2.0$。

对所有非转动部件，空蚀坑深度应不超过转动部件给定值。轴流式水轮机的空蚀体积应不超过转动部件给定值；其他所有反击式水轮机和冲击式水轮机，空蚀体积不应超过转动部件给定值的 0.5 倍。

10.2 噪声

10.2.1 一般规定

水电机组的噪声来源于以下几种不同方式：

a) 发电机噪声：主要来自风机叶片和空冷系统，强烈的噪声也可能来自于定子铁芯、外壳等的共振。

b) 水轮机噪声：主要来源于转轮中的能量转换过程。噪声可能由于水轮机中效率过低产生的，高水头混流式水轮机是个例外，噪声主要是由于固定导叶、活动导叶和转轮进口处的流动干涉产生的。噪声也可能在尾水管中，由转轮出口的空化涡带所产生，涡带有时会引起更大的噪声水平和压力脉动。

c) 齿轮传动(如果有的话)，液压油泵和其他小型设备。

噪声主要在水电站厂房内部产生，对于水斗式和斜击式水轮机，由于开放式出口管路下的气流，有时噪声也在水电站厂房外部产生。甩负荷期间噪声也会显著增加。

供方应详细说明水电机组产生的预期噪声，电站工程设计时还应考虑外部噪声，确保满足当地法规的要求。

10.2.2 测量方法

噪声应采用已标定的声级计进行测量，声级计采用 A 加权的平均模式滤波。声级计的标定精度应达到±1 dB(A)以内，且应根据 IEC 60651(类型 1)或其他相关标准(如 ISO 1680、ISO 3746、ISO 4412)选择标准化设备进行标定。

测量水轮发电机组噪声的参考表面是包围声源(机器)的最小假想表面(六面体、圆柱体等)或是双方同意的其他平面，且终止于反射平面(楼板、墙等)。测量点应布置在离参考表面 1 m 对应的 1 m×1 m 网格的节点上。

测量自由场内的声源发射，应从测量值中减去任何环境、背景噪声和墙壁反射的影响。

10.2.3 与保证值的比较

水轮发电机组产生的声压噪声不应超过合同或当地法规规定的水平，正常运行中噪声应低于 93 dB(A)。

10.3 振动

10.3.1 一般规定

水轮发电机组的振动一般有以下三种情况：

a) 流道中的压力脉动或振动，通常由水力不平衡、共振现象或尾水管补气不当所引起；
b) 轴系振动，通常由机械或水力不平衡所引起；
c) 非旋转部件振动(如轴承室)，通常旋转部件振动所引起的共振所产生。

为减小过度振动的风险和本着负责任的态度，除合同中另有要求，应采取以下措施：

a) 供方应提出对于水电机组安装基础的要求；
b) 供方有权查看水电机组上下游的水道的相关图纸和参数，确保稳定或瞬态运行条件下在机组和其他部件间不会产生共振或相互作用；
c) 所有转动部件在最高转速时应满足 GB/T 9239.1—2006 中的平衡等级 G 6.3，包括在最大设计水头的协联飞逸转速；
d) 装配的旋转轴和法兰应有跳动公差，不超过 ANSI/IEEE 810 的规定范围；
e) 在所有恒定负荷条件下，轴和转动部件应正安装于推力轴承正方向上，在任何工况条件下，除轴承面之外应避免固定部分和转动部分的机械接触。

10.3.2 测试及其方法

作为常规验收工作的一部分，流道中压力脉动产生的振动应在验收试验期间采用压力记录器或数据记录器进行测量。

除非合同中有规定或者任何一方提出，旋转部件和非旋转部件的振动一般不进行验收。如果需要测量，应按照以下规定实施：

a) 转轴的振动，由两个安装在靠近轴承位置成 90°角的非接触式位移传感器测量，测试轴的相对或/和绝对位移；
b) 非转动部件振动，由一组布置在轴承座、机架或其他待测试部位的加速度传感器或振动速度传感器测量，测试在三个主要方向上进行。

10.3.3 与保证值的比较

10.3.3.1 一般要求

图 29 中给出的常规连续运行区域，振动水平应不超过以下给出的数值，合同中另有规定的除外。

在短时运行区域,包括开机和关机,振动的允许值可增大。除此以外的区域,包括非协联运行、甩负荷和飞逸转速,振动应不危及机组包括基础和引水管的安全或机械稳定性。

10.3.3.2 压力脉动

通常在恒定负荷条件下,蜗壳或压力管道中压力脉动的测量结果以均方根值(RMS)表示。对于蜗壳和压力管道中的压力脉动,单调节水轮机通常比在双调节水轮机要高,这是运行在部分载荷区(<50%额定负荷)的低水头水轮机需要面临的特殊问题。

任何情况下,压力脉动值应不超过合同规定的限定值,作为指导,压力脉动值应尽可能在以下限定范围内:

——常规运行区域为净水头的0.5%;

——临时运行区域为净水头的1.5%;

——运行在部分载荷区(<50%载荷)的低水头水轮机为净水头的5%。

如果需要,可进行峰-峰值脉动测试,以便进一步进行疲劳分析。

注1:反击式水轮机尾水管中的压力脉动可能会高于压力管,只有在尾水管承受结构损伤或有证据显示功率或振动改变时尾水管中的压力脉动才具有重要性。

注2:国内一般采用97%置信概率的峰-峰值。

10.3.3.3 转轴的振动

在正常运行区域内,机组应遵照ISO 7919-5的B级规定。轴的径向移动从0到峰值进行测量,且在任意恒定载荷条件下不应超过轴承径向间隙的60%。

10.3.3.4 非旋转部件的振动

考虑到相关机组群,1 MW以上的油或油脂润滑的动压轴承机组在正常稳定运行区域内应遵照ISO 10816-5 B级的规定;1 MW以下的水润滑轴承的机组在正常稳定运行区域内应遵照B级的规定;采用滚珠轴承的机组在正常稳定运行区域内应遵照ISO 10816-3 B级的规定。

较小的非转动部件,如吊物孔盖板,共振现象不应产生噪声。

附 录 A
（规范性附录）
术语、定义、符号和单位

A.1 术语和定义

A.1.1 说明

下列术语、定义、符号和单位应用于本文件。

本标准采用国际单位制(SI)。

A.1.2 下标

序号	术语	定义/描述	符号
A.1.2.1	上游过水流道 Upstream water passage	拦污栅前的进口断面，通常没有一个确定的截面面积	0
A.1.2.2	高压基准断面 High pressure reference section	确定高压侧的起始断面(或高程)，见图 1 如果合同规定，也可选在机组进水阀门的上游，见图 B.1	1
A.1.2.3	高压测量断面 High pressure measuring section	测压管所在断面应尽可能与高压基准断面 1 一致，否则其测量值应换算到高压基准断面 1	1′，1″
A.1.2.4	低压基准断面 Low pressure reference section	确定低压侧的起始断面(或高程)	2
A.1.2.5	低压测量断面 Low pressure measuring section	测压管所在断面应尽可能与低压基准断面 2 一致，否则其测量值应换算到低压基准断面 2	2′，2″
A.1.2.6	下游过水流道 Downstream water passage	尾水管后的出口断面，通常没有一个确定的截面面积	3
A.1.2.7	规定值符号 Specified symbol	符号表示的量值，如转速、流量等，亦代表其他保证的量值	sp
A.1.2.8	测量值符号 Measurement symbol	符号表示试验中参量的测量值	M
A.1.2.9	变换(额定)符号 Transposed(Rated) symbol	符号表示换算到保证条件下(额定)通过计算得到的量值	R
A.1.2.10	加权符号 Weighted symbol	按照规定的权值得出的计算值	w
A.1.2.11	指数 Index	与指数试验相关	ix

A.1.3 几何术语和定义

序号	术语	定义/描述	符号	单位
A.1.3.1	面积 Area	垂直于来流方向的过流净面积	A	m^2

序号	术语	定义/描述	符号	单位
A.1.3.2	导叶开度 Opening of guide vane	导叶转动角度； 导叶背面出水边上给定点至相邻导叶体之间的最短距离； 接力器行程百分数	α a_0 GV	° mm %
A.1.3.3	喷针开度 Opening of nozzle	从关闭位置开始测得的喷针平均行程	s NO	mm %
A.1.3.4	转轮叶片角度 Opening of runner blade	从给定位置测得的转轮叶片平均角度	β RB	° %
A.1.3.5	高程 Elevation	系统中某一点位于规定的参考基准面(通常指平均海平面)以上的高程	z	m
A.1.3.6	水轮机基准高程 Turbine reference elevation	在水轮机中所规定的某一点到参考基准面的高程	z_T	m

A.1.4 主要物理量

序号	术语	定义/描述	符号	单位
A.1.4.1	质量 Mass	$m=\rho V$	m	kg
A.1.4.2	重力加速度 Gravity acceleration	试验当地 g 的值，是纬度和海拔高度的函数	g	m/s^2
A.1.4.3	温度 Temperature	热力学温度 摄氏温度 $\theta=\Theta-273.15$	Θ θ	K ℃
A.1.4.4	密度 Density	单位体积的质量	ρ	kg/m^3
A.1.4.5	运动粘度 Kinematic viscosity	动力粘度与密度的比值	ν	m^2/s
A.1.4.6	平均速度 Mean velocity	流量除以面积	v	m/s
A.1.4.7	转速 Rotation speed	单位时间旋转的圈数	n	1/min
A.1.4.8	瞬时过速 Momentary overspeed	机组在规定的突然甩负荷中由调速器设定产生的最高转速	n_m	1/min
A.1.4.9	最大瞬时过速 Maximum momentary overspeed	在最不利的瞬时工况下产生的瞬时过速(在某些情况下最大瞬时转速超过最大稳态飞逸转速)	$n_{m,max}$	1/min
A.1.4.10	最大稳态飞逸转速 Maximum runaway speed at steady state	在最大水头下，发电机甩负荷或与电网解列发生的暂态过程波动消失后，喷针或导叶或转轮叶片所处的位置恰使转速达到最大值的转速	n_{run}	1/min
A.1.4.11	最终转速 Final speed	水轮机在所有暂态过程波动消失后的稳态转速	n_f	1/min
A.1.4.12	绝对压力 Absolute pressure	以完全真空为参考测量的流体静压力	p_{abs}	Pa
A.1.4.13	环境压力 Ambient pressure	周围空气的绝对压力	p_{amb}	Pa
A.1.4.14	表计压力 Gauge pressure	流体的绝对静压力与测量地当点当时的环境压力之差：$p=p_{abs}-p_{amb}$	p	Pa

A.1.5 水头的术语和定义

序号	术语	定义/描述	符号	单位
A.1.5.1	水的比能 Specific hydraulic energy of water	单位质量水所具有的机械能	E e	J/kg
A.1.5.2	总水头 Total head	$h_{tot}=e/g$	h_{tot}	m
A.1.5.3	动水头 Kinetic head	$h_{dyn}=v^2/2g$	h_{dyn}	m
A.1.5.4	静水头 Static head	在某测量/基准断面上：$h_{stat}=h_{tot}-h_{dyn}$； 两断面之间：$H_{stat}=h_{stat,1}-h_{stat,2}$	h_{stat} H_{stat}	m
A.1.5.5	毛水头 Gross head	水电站上游水位与尾水位之差。 $H_g=\mathrm{HWL}-\mathrm{TWL}$，$H_g=(e_0-e_3)/g$	H_g	m
A.1.5.6	净水头 Net head	$H=(e_1-e_2)/g$	H	m
A.1.5.7	额定水头[a] Rated head	设计工况下的净水头	H_R	m
A.1.5.8	水头差 Head difference	以水面为基准的测量水头	h'	m
A.1.5.9	流道损失 Water passage losses	水轮机上游的流道损失	h_{Li}	m
A.1.5.10	净正吸出比能 Net positive suction specific energy	断面 2 的绝对比能减去水轮机基准面处的汽化压力比能，公式见 IEC 60193	NPSE	J/kg
A.1.5.11	净正吸出水头 Net positive suction head	NPSH=NPSE/g	NPSH	m
[a] 国内的定义为：水轮机在额定转速下，输出额定功率时的最小净水头。				

A.1.6 流量的术语和定义

序号	术语	定义/描述	符号	单位
A.1.6.1	流量 Discharge	单位时间流过系统任何一断面水的体积	Q	m³/s
A.1.6.2	额定流量[a] Rated discharge	设计工况下的流量	Q_{sp}	m³/s
A.1.6.3	指数流量 Index discharge	指数试验中的流量 $Q_{ix}=k\Delta p^x$，k→系数，x→指数	Q_{ix}	m³/s
[a] 国内的定义为：水轮机在额定水头、额定转速下，输出额定功率时的流量。				

A.1.7 功率的术语和定义

序号	术语	定义/描述	符号	单位
A.1.7.1	水轮机输入功率 Hydraulic power	水轮机进口水流可产生电能的水力功率。 $P_h=gH(\rho Q)$	P_h	W
A.1.7.2	水轮机输出功率 Mechanical power output	水轮机主轴输出的功率	P_t	W
A.1.7.3	额定功率[a] Rated power	设计工况下的输出功率	P_R	W

序号	术语	定义/描述	符号	单位
A.1.7.4	发电机输出功率 Generator power output	发电机母线出口处测得的输出功率(直接测量)	P_{gen}	W
A.1.7.5	电站输出功率 Plant power output	水电站的电能输出(通过 P_{gen} 间接测量或通过 P_{out} 直接测量)	P_{out}	W
A.1.7.6	传动装置功率损失 Losses of transmission	传动装置上的机械损失(齿轮/皮带)	$P_{L,tr}$	W
A.1.7.7	辅助设备功率损失 Losses of auxiliary devices	子系统中的损失(辅助设备的损失和由于轴向力产生的推力轴承的部分损失)	$P_{L,ax}$	W
A.1.7.8	发电机功率损失 Losses of generator	发电机的内部损失,包括轴承损失	$P_{L,gen}$	W
A.1.7.9	变压器功率损失 Losses of transformer	变压器输入端与输出端的功率差	$P_{L,tf}$	W
A.1.7.10	励磁机功率损失 Losses of exciter	有外部电气连接或机械驱动下的励磁损失	$P_{L,ex}$	W
[a] 国内的定义为:在额定水头和额定转速下,水轮机能够连续发出的功率。				

A.1.8 效率的术语和定义

序号	术语	定义/描述	符号	单位
A.1.8.1	水轮机效率 Turbine efficiency	指数 $\eta_{t,ix}=P_t/(H\cdot g\cdot\rho\cdot Q_{ix})$ 绝对 $\eta_t=P_t/(H\cdot g\cdot\rho\cdot Q)$	$\eta_{t,ix}$ η_t	—
A.1.8.2	发电机效率 Generator efficiency	$\eta_{gen}=P_{gen}/(P_{gen}+P_{L,gen})$	η_{gen}	—
A.1.8.3	电站效率 Plant efficiency	指数 $\eta_{plant,ix}=P_{out}/(H_g\cdot g\cdot\rho\cdot Q_{ix})$ 绝对 $\eta_{plant}=P_{out}/(H_g\cdot g\cdot\rho\cdot Q)$	$\eta_{plant,ix}$ η_{plant}	—
A.1.8.4	变压器效率 Transformer efficiency		η_{tf}	—
A.1.8.5	传输(齿轮)效率 Transmission (gear) efficiency	$\eta_{tr}=(P_{gen}+P_{L,gen})/P_t$	η_{tr}	—

A.1.9 不确定度的术语和定义

序号	术语	定义/描述	符号
A.1.9.1	被测量数值的绝对误差(不确定度) Absolute error (uncertainty) in the value x of a measured quantity		e_x
A.1.9.2	被测量的数值 Value of measured quantity		x
A.1.9.3	相对误差(不确定度) Relative error (uncertainty)		$f_x=e_x/x$
A.1.9.4	系统不确定度 system uncertainty		$f_{x,sy}$
A.1.9.5	随机不确定度 Random uncertainty		$f_{x,ra}$

序号	术语	定义/描述	符号
A.1.9.6	输出功率的总不确定度,包括功率和水头的系统和随机误差 Overall uncertainty in power output including system and random errors of power and head	水轮机输出功率(轴功率)	$f_{P,t}$
A.1.9.7		发电机输出功率(母线)	$f_{P,gen}$
A.1.9.8		水轮发电机组输出功率(输电线路)	$f_{P,out}$
A.1.9.9		计算功率中的相对不确定度	$f_{(P)}$
A.1.9.10	效率的总不确定度,包括系统和随机误差 Overall uncertainty in the value of efficiency including system and random errors	水轮机效率, 绝对	$f_{\eta,t}$
A.1.9.11		水轮机效率, 热力学方法	$f_{\eta,th}$
A.1.9.12		水轮机效率, 指数试验	$f_{\eta,t,ix}$
A.1.9.13		电站效率, 指数试验	$f_{\eta,out}$
A.1.9.14	水头的不确定度 Uncertainty of head value	压力测量	f_p
A.1.9.15		净水头	f_H
A.1.9.16	流量的不确定度 Uncertainty of discharge	绝对流量	f_Q
A.1.9.17		指数流量	$f_{Q,ix}$
A.1.9.18	由于直接驱动或连接部件产生的不确定度 Uncertainty caused by direct driven or connected components	发电机损失	$f_{L,gen}$
A.1.9.19		机械传动装置损失	$f_{L,tr}$
A.1.9.20		变压器损失	$f_{L,tf}$
A.1.9.21	功率测量仪器产生的系统不确定度 System uncertainty caused by power measurement instrument	电能表(瓦特时计)	f_{WH}
A.1.9.22		电压互感器	f_{PT}
A.1.9.23		电流互感器	f_{CT}
A.1.9.24		计时器	f_T

A.1.10 其他术语和定义

序号	定义/描述	符号
A.1.10.1	电压互感器 Potential voltage transformer	PT
A.1.10.2	电流互感器 Current transformer	CT
A.1.10.3	功率因数 Power factor	$\cos\phi$
A.1.10.4	上游水位 Head water level	HWL
A.1.10.5	尾水位 Tail water level	TWL

A.2 水的比能的定义

根据伯努利方程，沿流管的水能守恒可写成以下三种形式：

1	E	= 单位质量的能量	$= v^2/2+p/\rho+gz$	量纲：Nm/kg = m²/s² =J/kg
2	H	= 单位重量的能量	$= v^2/(2g)+p/(\rho g)+z$	量纲：Nm/N = m
3	p_{tot}	= 单位体积的能量	$=\rho v^2/2+p+\rho gz$	量纲：Nm/m³ =N/m²

这三种形式是等价的，可无任何精度损失地用于任何计算。这三种形式都可以采用术语“比水能”来表达。

第一个方程对应于 IEC 60041 中的定义，在这种形式中术语 E 指的是总比水能。根据 IEC 60041，式中各单项指的是：

- $v^2/2$　　运动比能(specific kinetic energy)；
- p/ρ　　压力比能(specific pressure energy)；
- gz　　位置比能(specific potential energy)。

第二个方程主要用于小水电机组，目的是为了简化程序并避免错误。这种形式中，“水的比能”的各单项分别为：

- $v^2/(2g)$　　运动水头或速度水头(kinetic energy head or velocity head)；
- $p/(\rho g)$　　压力水头(pressure head)；
- z　　位置水头(geodetic head or height)。

根据 IEC 60041，总比水能的计算公式为 $E=gH$。

A.3 瞬态压力变化

最大最小压力是指在最不利的瞬时工况下的瞬态压力，一般出现在最大水头和/或最大流量工况，图 A.1 中表示出来最大压力 p_{+m}，图 A.2 中表示出了最小压力 p_{-m}。

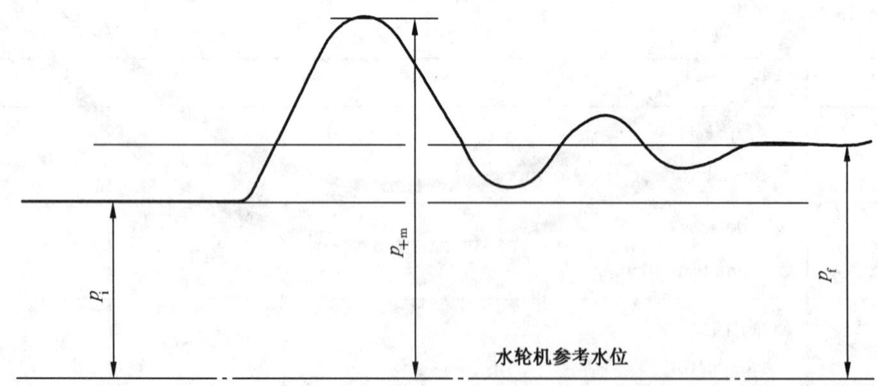

图 A.1 突然甩负荷时水轮机高压基准断面上的瞬时压力脉动

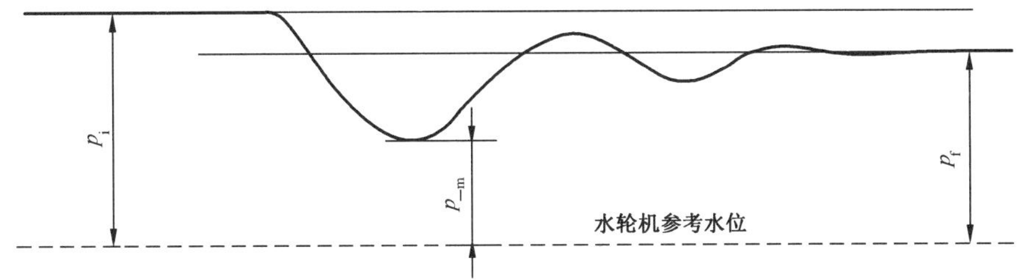

图 A.2　突然接受负载时水轮机高压基准断面上的瞬时压力脉动

注：曲线表示的不是高频压力脉动(主要由转轮旋转和其他力学现象引起的)。如何处理这种由更高高频脉动引起的压力脉动请见 5.9 和图 11、图 12。

A.4　物理数据

A.4.1　重力加速度和纬度、海拔高度的关系

重力加速度 g 的国际标准值是 9.806 m/s^2。

重力加速度可采用式(A.1)计算：

$$g = 9.780\,3 \times (1 + 0.005\,4 \sin^2\varphi) - 3 \times 10^{-6} z \qquad \text{(A.1)}$$

式中：

φ——纬度，单位为度(°)；

z——海拔高度，单位为米(m)。

A.4.2　纯水的密度

需要使用 Herbst 和 Rögener 的公式(见 IEC 60041)计算纯水的密度值，将这些值制成表 A.1，中间值由线性插值得到。对数值计算，可使用足够精度的简单公式，如 Weber 公式。

表 A.1　水的密度

温度 ℃	绝对压力 10^5 Pa					
	1	10	20	50	100	150
0	999.8	1 000.3	1 000.8	1 002.3	1 004.8	1 007.3
5	999.9	1 000.4	1 000.9	1 002.4	1 004.8	1 007.2
10	999.7	1 000.1	1 000.6	1 002.0	1 004.4	1 006.7
15	999.1	999.5	1 000.0	1 001.4	1 003.7	1 005.9
20	998.2	998.6	999.1	1 000.4	1 002.7	1 004.9
25	997.0	997.4	997.9	999.2	1 001.5	1 003.7
30	995.7	996.1	996.5	997.8	1 000.0	1 002.2
35	994.0	994.4	994.9	996.2	998.4	1 000.5
40	992.2	992.6	993.1	994.4	996.5	998.7

A.4.3　空气的密度

空气密度采用式(A.2)计算：

$$\rho_a = \frac{p_{abs}}{\Theta} \times 3.4837 \times 10^{-3} \qquad \text{(A.2)}$$

式中：

p_{abs}——绝对压力,单位为帕(Pa)；

Θ ——绝对温度,单位为开尔文(K)。

附 录 B
（规范性附录）
水头的测量

B.1 概述

本标准中，术语净水头 H、毛水头 H_g、总水头 H_{tot} 和静水头 H_{stat} 主要用于表示能量和压力。

如果有必要，比水能 e 根据 $e=gH$ 计算。

水轮机净水头 H 按式(B.1)计算：

$$H_{net}=\frac{(p_{abs1}-p_{abs2})}{\overline{\rho}\,\overline{g}}+\frac{(v_1^2-v_2^2)}{2\overline{g}}+(z_1-z_2) \qquad \cdots\cdots(\text{B.1})$$

环境压力 p_{amb} 在断面 1 和断面 2 之间变化很小，对小型水轮机的影响可忽略。与之相同，g 或 ρ 的平均值变化也可忽略。参考海拔高度采用水轮机安装高程 z_T，代入 $p=p_{abs}-p_{amb}$ 后净水头的式(B.2)可简化为：

$$H_{net}=\frac{(p_1-p_2)}{\rho g}+\frac{(v_1^2-v_2^2)}{2g}+(z_1-z_2) \qquad \cdots\cdots(\text{B.2})$$

B.2 压力测量断面的选取

B.2.1 一般规定

净水头是水轮机的主要参数，在任何水轮机的项目测试中都应测量。若计算水轮机的净水头，应确定高低压参考断面的水头或它们的差值。

测量断面应仔细选择，并经过双方协商同意，以获得光滑一致的流态。不应将测量断面选择在肘管、阀门或其他外部流动干扰部件附近，以避免速度紊乱。测量断面所在的平面应垂直于流动的主流方向，断面的面积需要用于平均流速的计算，应便于测量。

条件允许，测量断面 1′和 1″应与参考基准断面重合，见图 B.1。如果无法实现，应经过双方协商确定合适的方法以将数据修正到基准面。水头差的估算可基于理论知识和实践经验。

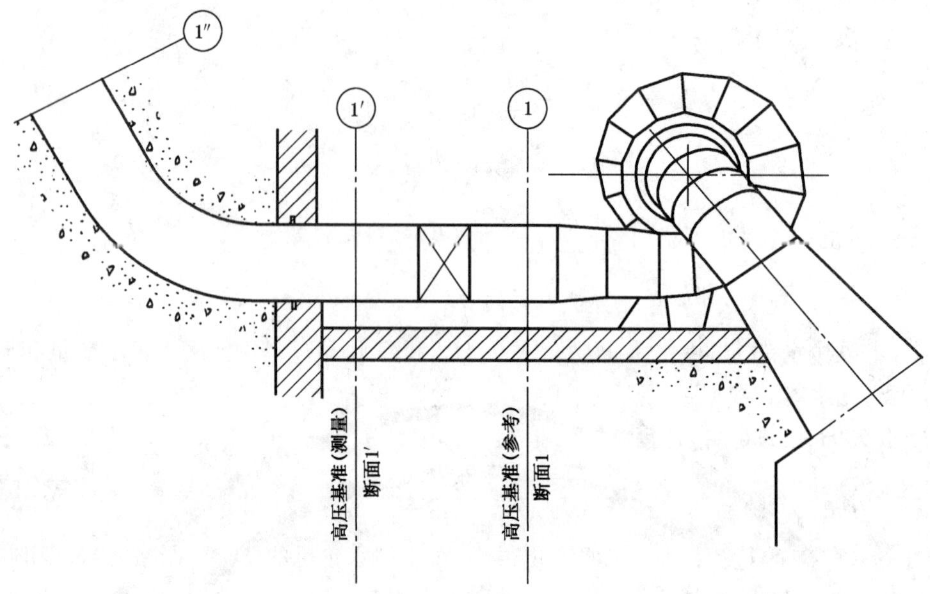

图 B.1 高压基准断面和测量断面

B.2.2 上游基准断面

理想的上游参考基准断面应位于水轮机进口(蜗壳或喷嘴)上游 2 倍进口直径处的直管段截面上，管路可略有收敛或发散。如果各方同意,考虑到关闭装置的损失,保证基准断面可从水轮机进口的断面 1 移动到为 1′。

B.2.3 下游基准断面

a) 冲击式水轮机

冲击式水轮机下游基准断面应是射流和转轮间理论接触点高度的平均位置。假设水轮机机壳内的压力与大气压力相等。如果水轮机有加压或减压的情况,应进行修正。

b) 反击式水轮机

图 B.2 给出的是尾水测量基准断面的例子,图 B.5 给出的是考虑尾水竖井中速度的例子。此外,如果具备合适的测量条件,还可将测量断面选择在尾水管上,见图 B.3。不管是哪种情况,速度水头应采用尾水管出口断面上的平均速度计算。如果各方同意,考虑到尾水管出口损失,保证的基准断面可从尾水管出口断面移动到尾水位平面上。

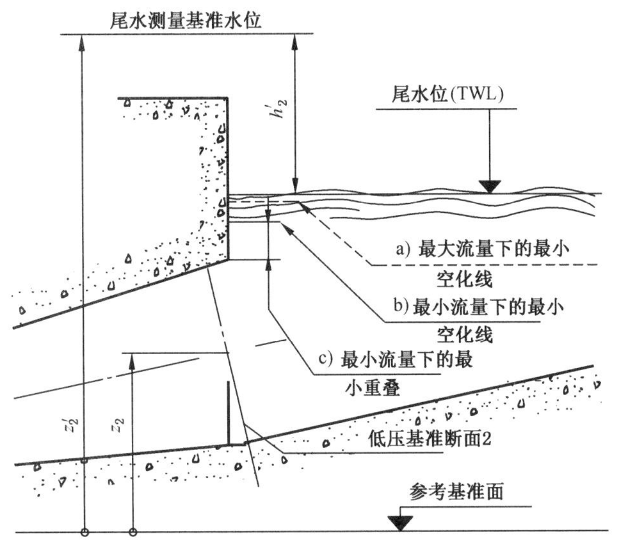

图 B.2 尾水处测量断面

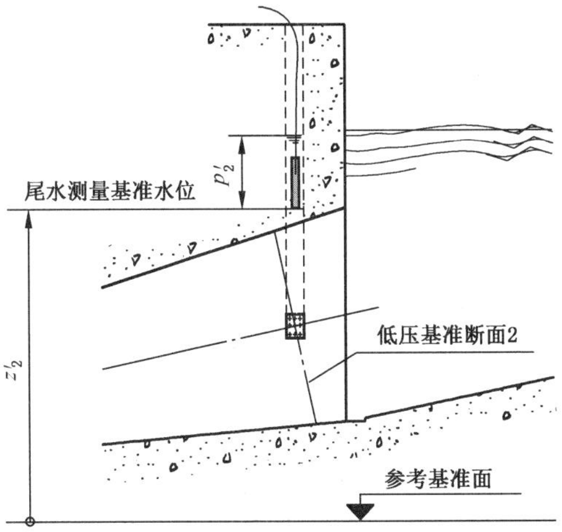

图 B.3 尾水管测量断面

B.3 测量断面的定义

B.3.1 一般规定

推荐的计算 H 的方法是分别绘制 $h_{1,tot}$、$h_{2,tot}$ 和流量的曲线，如图 B.4 所示。$h_{1,tot}$、$h_{2,tot}$ 的异常值的控制和误差估计应分开进行。采用这种方法可允许检查任何 HWL 和 TWL 限制条件。

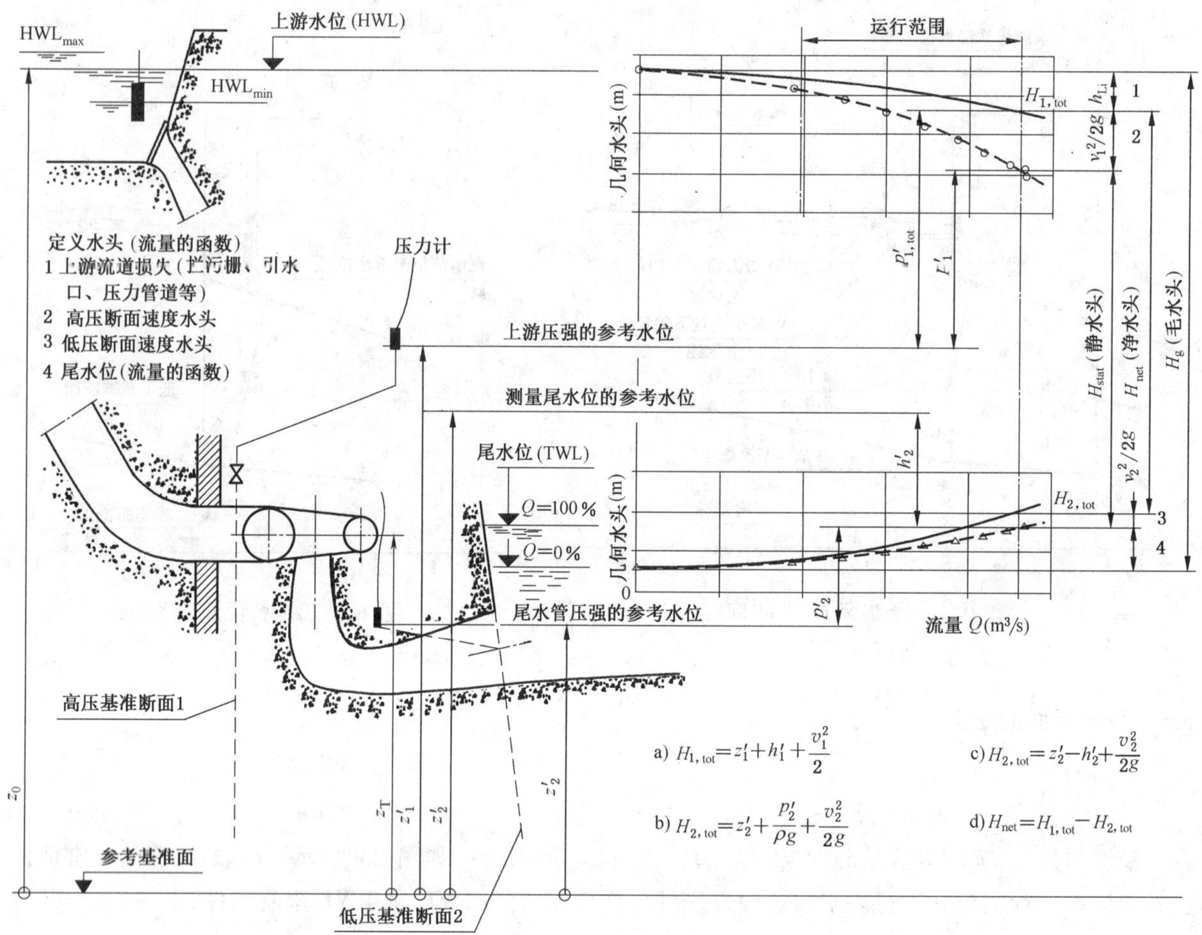

图 B.4 测量断面的定义

B.3.2 轴流式水轮机(Kaplan turbine)水头定义

轴流式水轮机水头定义见图 B.5 和图 B.6。

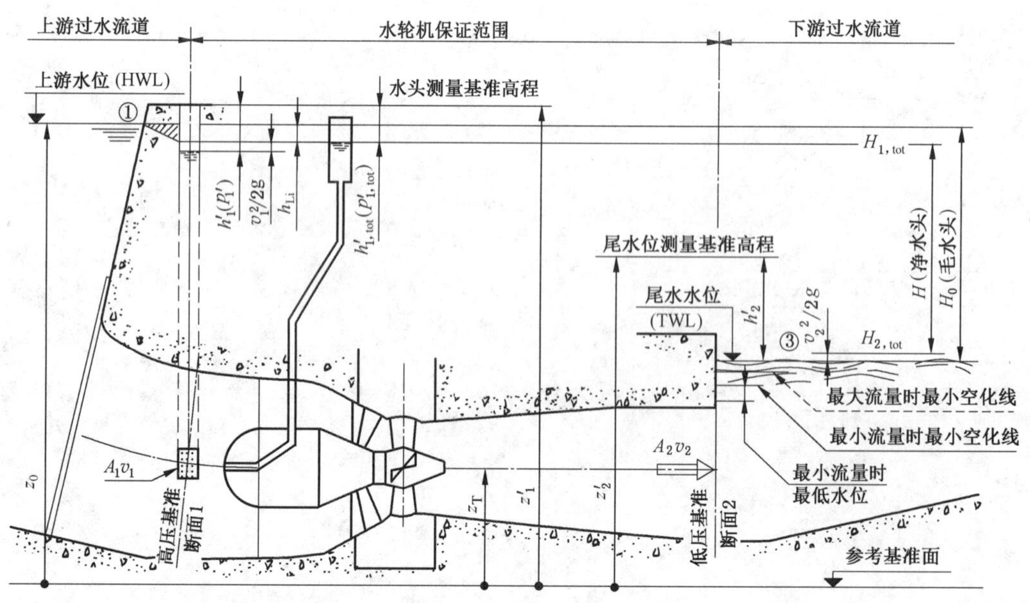

图 B.5 贯流转桨式水轮机水头定义

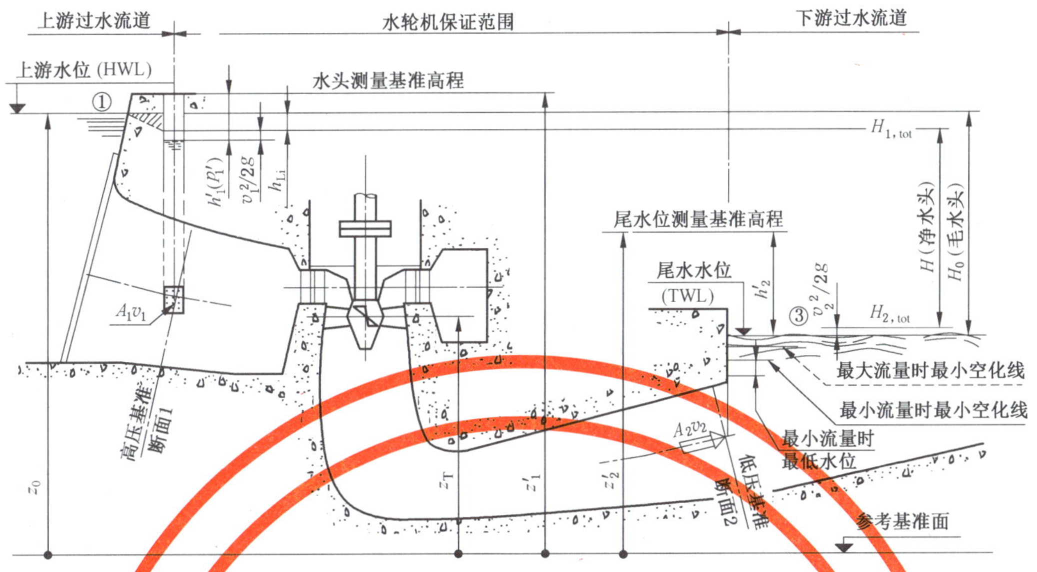

图 B.6 立式轴流式水轮机水头定义

B.3.3 混流式水轮机(Francis turbine)水头定义

混流式水轮机水头定义见图 B.7、图 B.8、图 B.9、图 B.10。

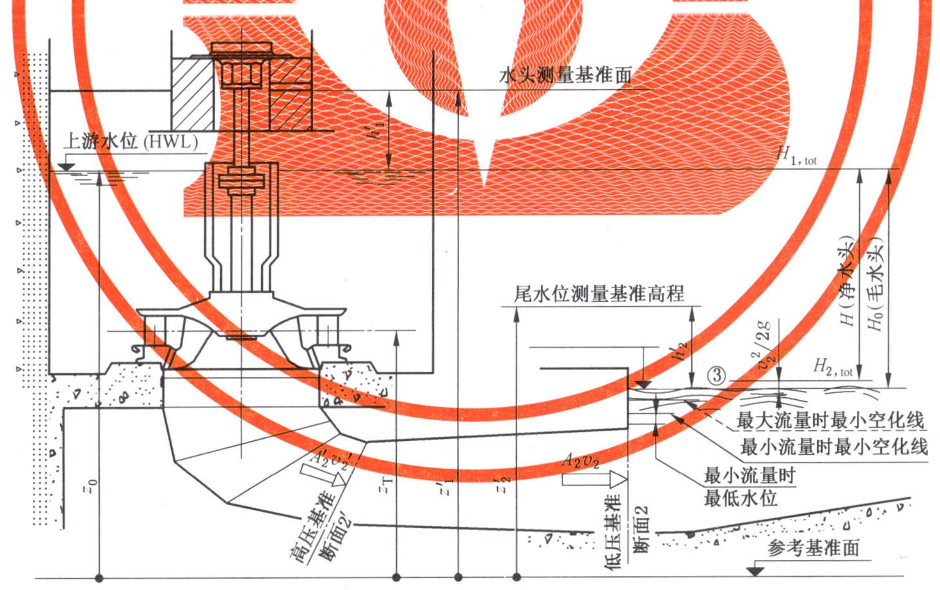

图 B.7 立式开敞式混流水轮机水头定义

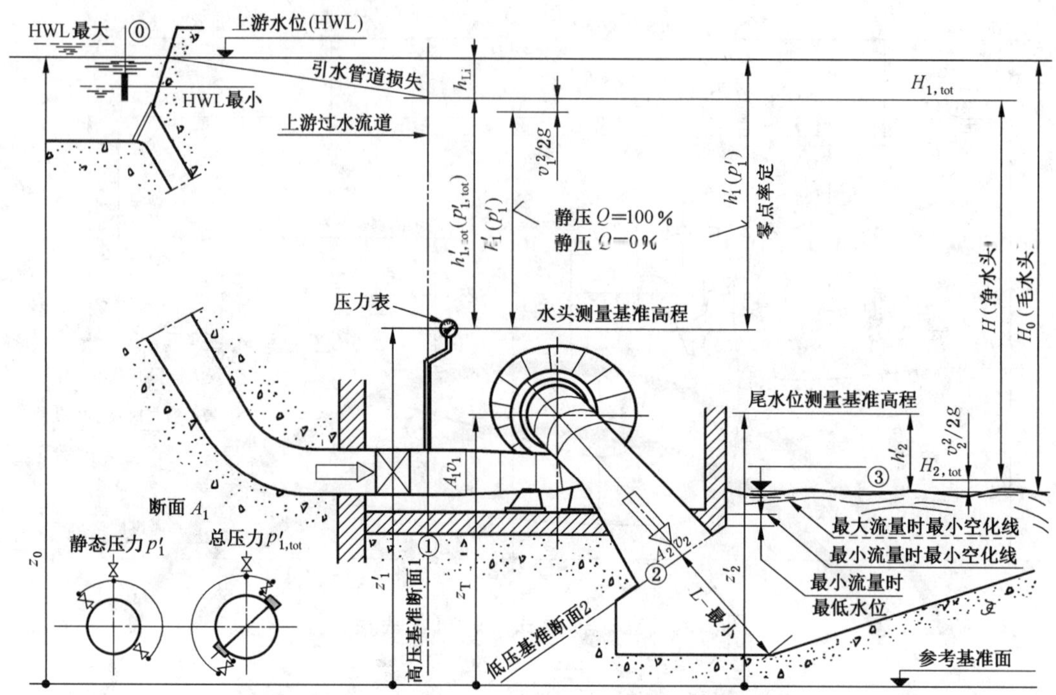

图 B.8 卧式混流式水轮机水头定义

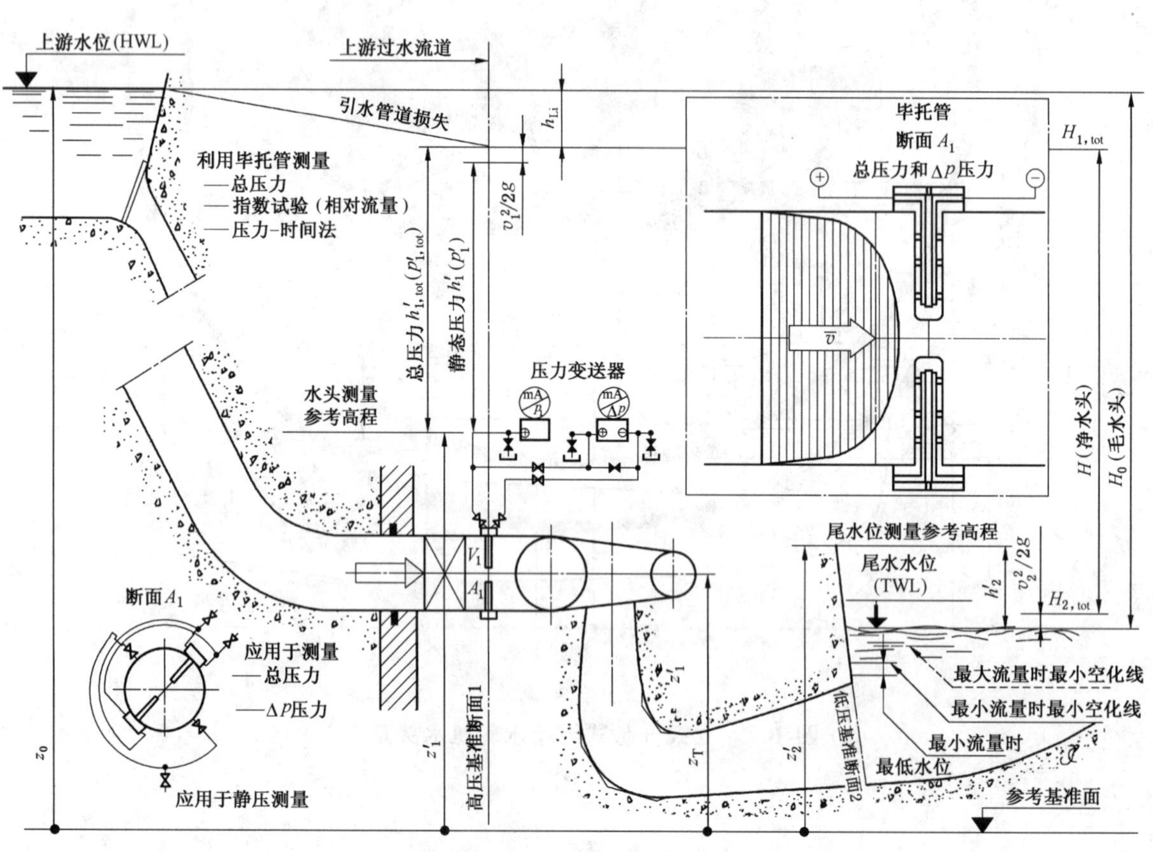

图 B.9 立式混流式水轮机水头定义(用毕托管)

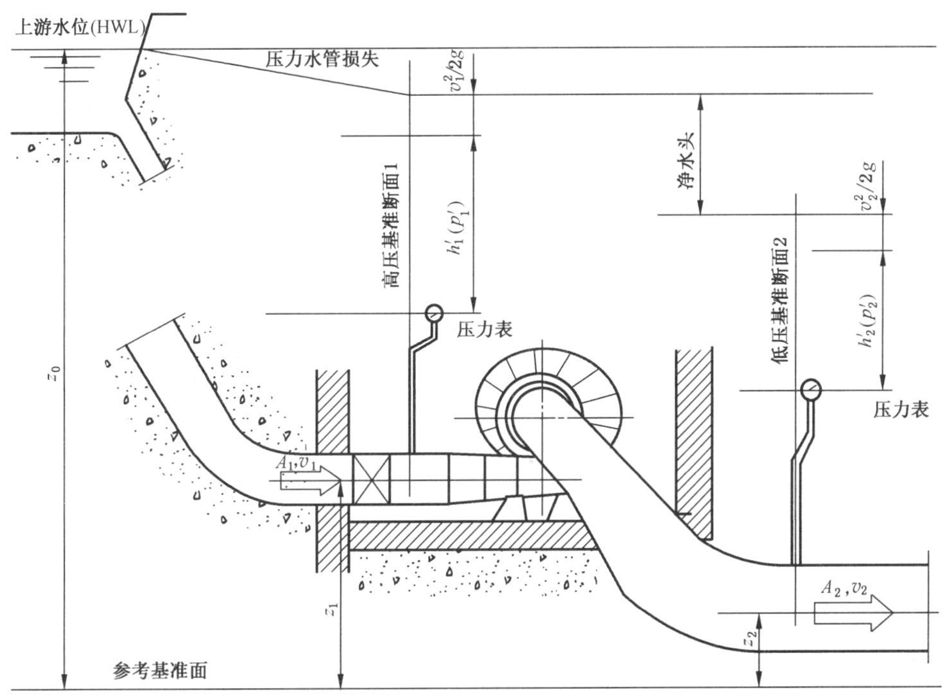

图 B.10 卧式混流式水轮机水头定义(低压侧测压力)

B.3.4 水斗式水轮机(Pelton turbine)水头定义

水斗式水轮机的水头定义见图 B.11 和图 B.12。

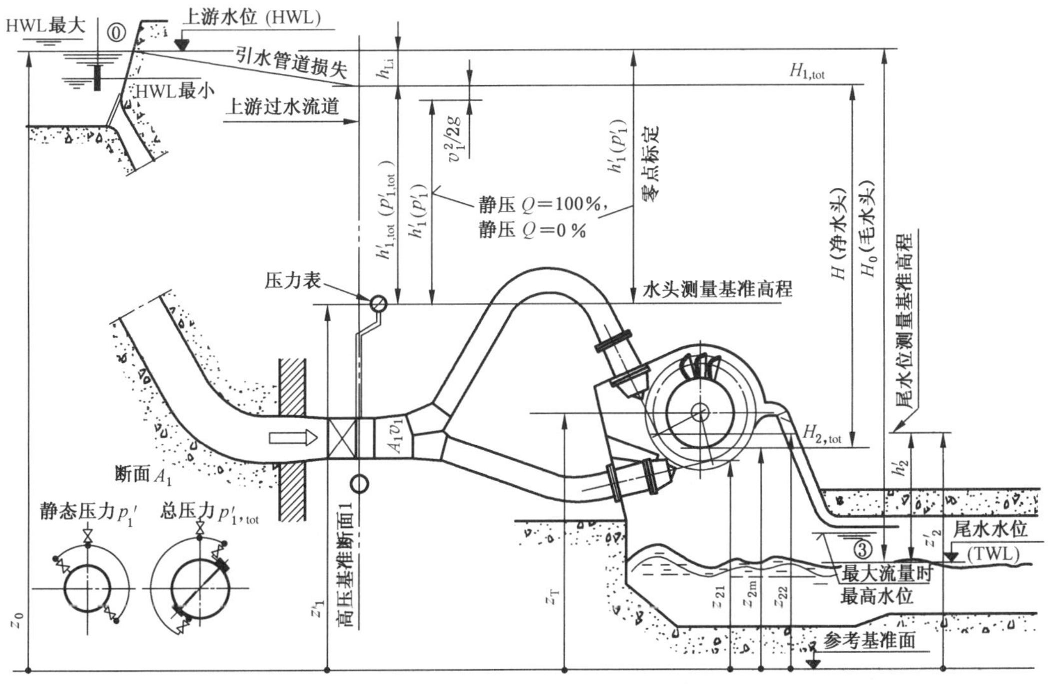

图 B.11 卧式水斗式水轮机水头定义

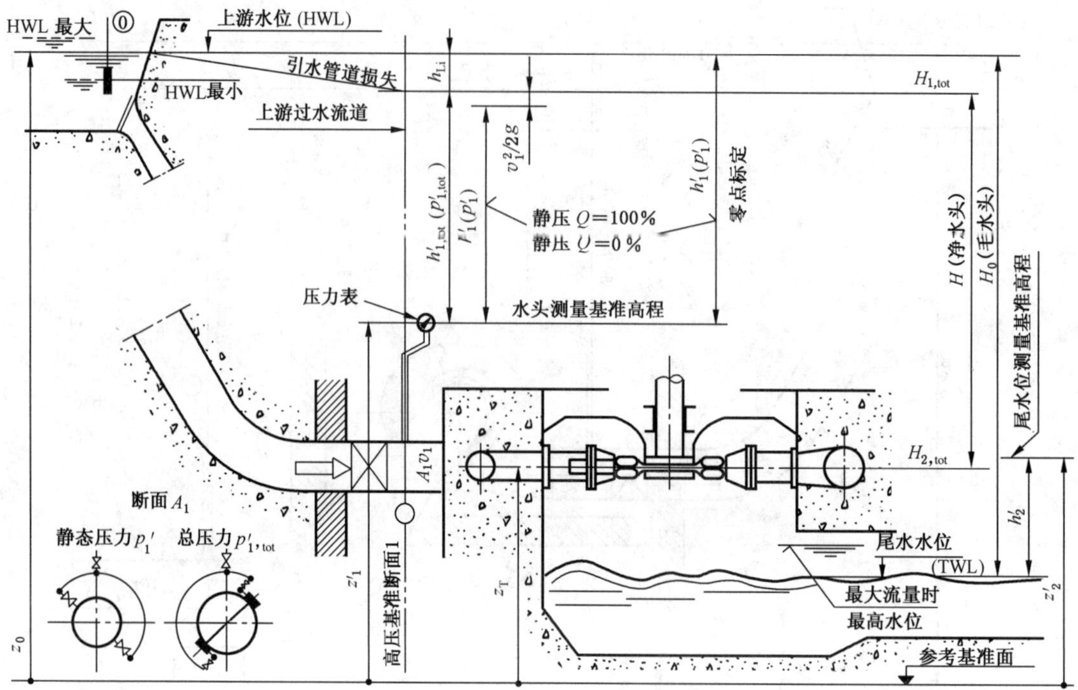

图 B.12 立式水斗式水轮机水头定义

B.3.5 斜击式水轮机(Turgo turbine)水头定义

斜击式水轮机水头定义见图 B.13 和图 B.14。

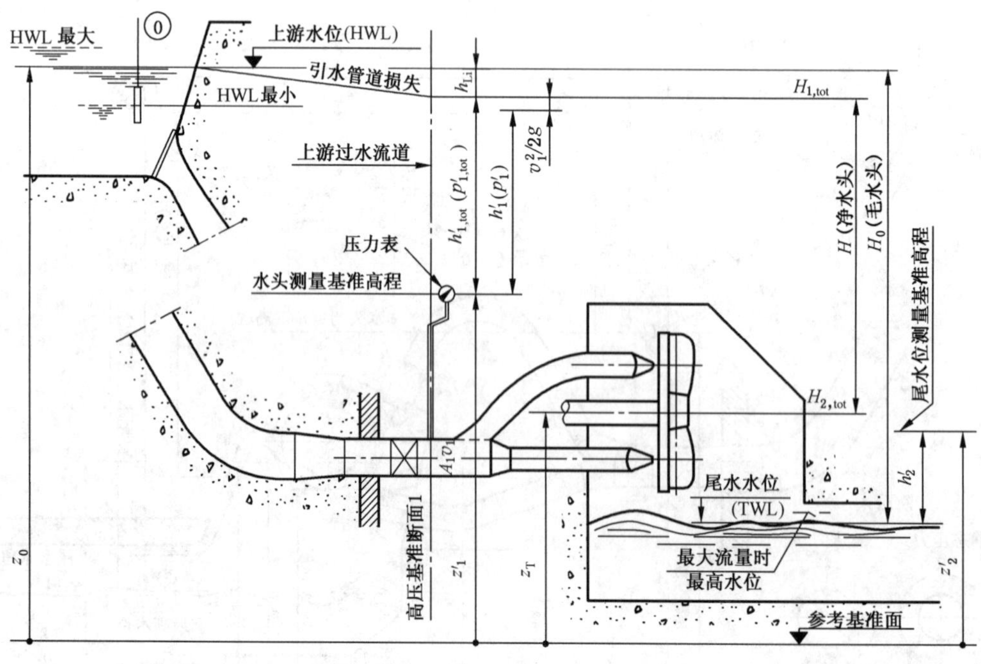

图 B.13 卧式斜击式水轮机水头定义

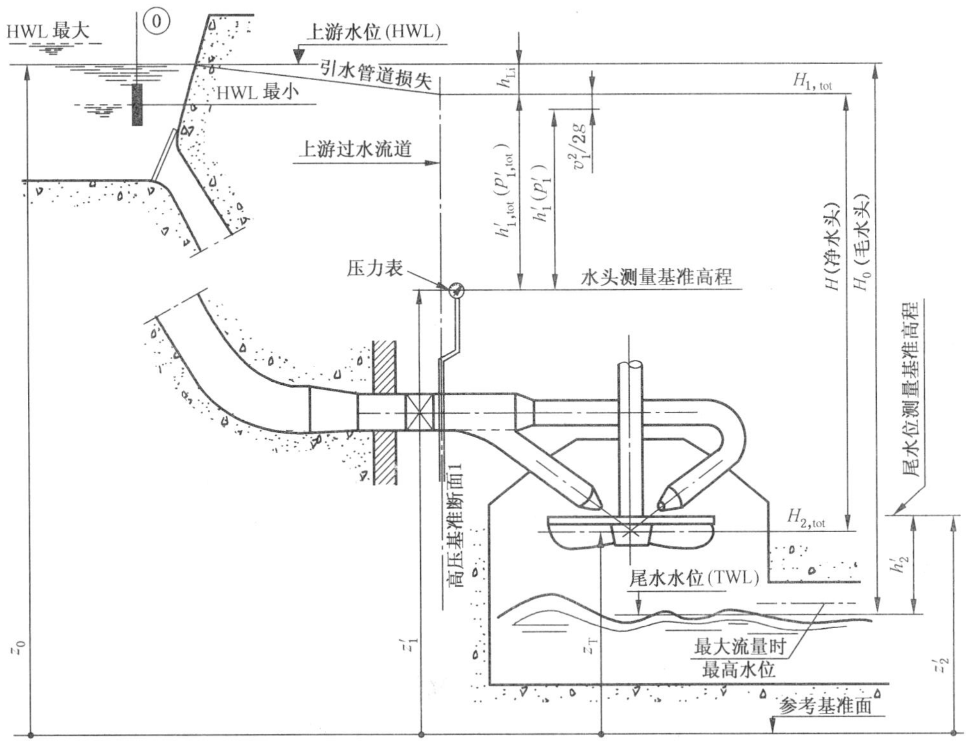

图 B.14　立式斜击式水轮机水头定义

B.3.6　双击式水轮机(Crossflow turbine)水头定义

双击式水轮机水头定义见图 B.15 和图 B.16。

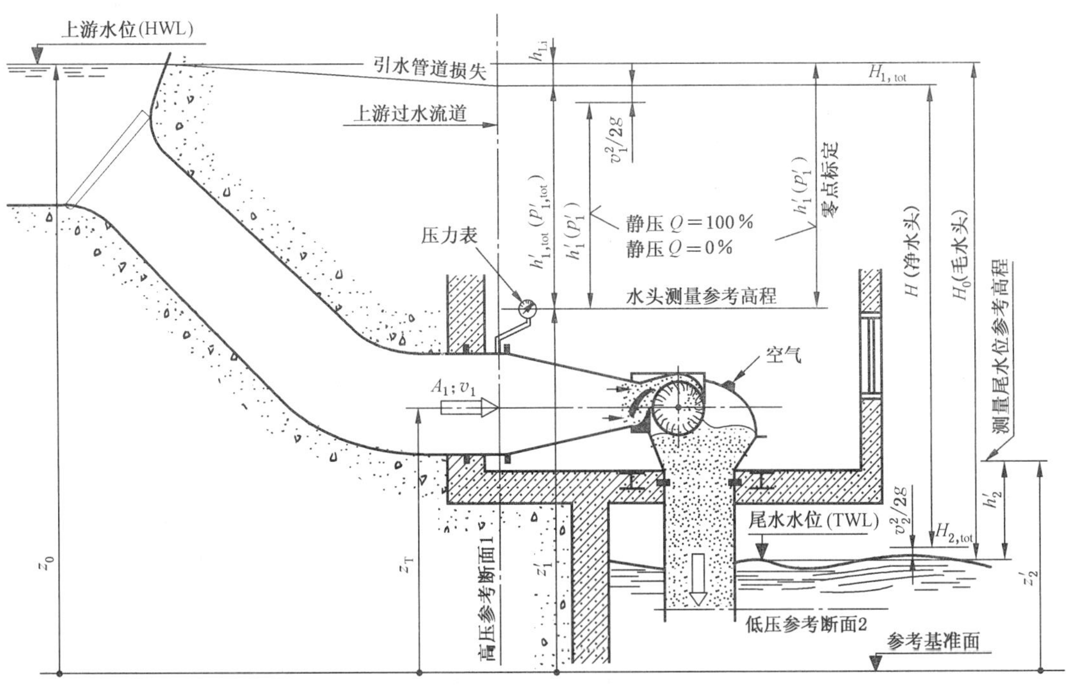

图 B.15　卧式双击式水轮机水头定义(A 型带尾水管)

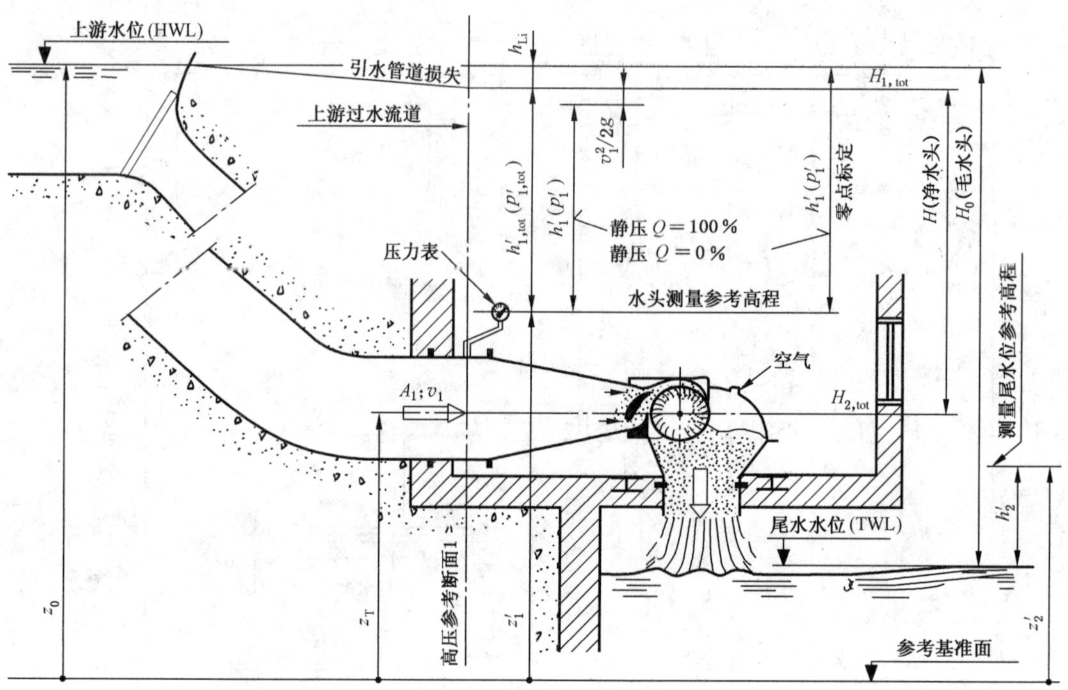

图 B.16 卧式双击式水轮机水头定义(B 型不带尾水管)

B.4 水头测量方法

B.4.1 一般规定

在理想的条件下,一个测量断面应布置 4 个不锈钢静压测压孔,测压孔中心线应与测量管路中心线垂直,安装时应注意图 B.17 中的一般规定。测压孔的圆柱形孔径应为 3 mm～6 mm,边缘应有半径 $r\leqslant d/4$的圆角与流道光滑连接。其深度 l 至少为其直径的两倍。如果测量断面管壁较薄,则应在管壁背面上装一凸台,以保证测压孔深度。

测压孔应与内管壁齐平,并去掉所有毛刺和凹凸不平处。测压孔不应涂任何油漆,并清除每一个测压孔底部的污垢。

每个测压孔通过独立的阀门连接到集流管或环形集流管,连接管的断面直径应至少是测压孔直径的两倍。在正常试验条件下,开始进行测量前,依次打开阀门单独测量每个测压孔的压力。测得的压力数据需要满足以下条件才可以被接受:

a) 每个测压孔的压力与该测量断面 4 个测压孔的压力的算术平均值的偏差不大于水轮机净水头的 0.5% 或不大于该测量断面流速水头的 20%;

b) 如果超出上述限制范围且故障无法排除,双方应达成协议,包括去除故障的测压孔,或另选测量断面,或接受该误差。

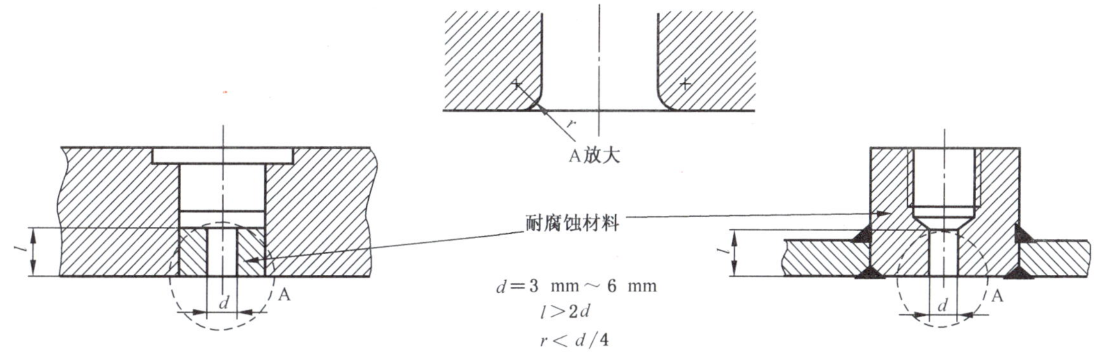

图 B.17 静压测压孔的规定

B.4.2 压力测量仪器

B.4.2.1 原级测量仪器

液柱压力计和重力压力计可作为原级测量仪器，重力压力计可作为压力标定装置。

B.4.2.2 压力传感器

压力传感器是一种把压力信号转变为电信号的机电装置。应根据待测压力的范围选择相应量程的压力传感器。

使用压力传感器的优点是：

a) 容易与计算机数据采集系统连接；

b) 测压孔内流体静止，因而提供压力迅速而准确的响应；

c) 容易取得压力或压差脉动的平均值；

d) 使用普通的电子设备就可记录瞬时压力。

压力传感器应具有下列特性：

a) 足够的标定稳定性；

b) 高重复性，滞后可忽略不计；

c) 零点漂移小和热灵敏度低；

d) 传感器应有效地标定。

差压传感器有很多种类，可通过其测量的信号直接得到下式的值：$(p_1-p_2)/\rho g+(z_1-z_2)$。需要注意以下问题：

a) 仪表测量：若两个测量断面面积不同用压差传感器会产生误差；

b) 验收试验：不能确定可能的压力变化来源。

B.4.2.3 弹簧压力计

根据待测压力的大小选择相应量程的弹簧压力计。如果压力计具有足够的精度，且在最优测量范围内(通常为满量程的 60%～100%)使用，并进行有效的标定，则经双方协商后可采用这种压力计。

注：弹簧压力计是利用普通或螺旋形的环行管或膜片的机械变形来指示压力。

B.4.2.4 自由水位测量仪器

为确定自由水位而选择的测量断面应满足下列条件：

a) 水面应平稳且无干扰。应避免使断面处的流速受弯段和其他特殊地形的影响；

b） 用于确定平均流速的断面面积应能精确确定，并易于测量。

自由水位通常由仪器测量参考水位 z_M 测得，测量方法包括：

a） 板式水位计；

b） 针形或钩形水位计；

c） 浮子水位计；

d） 水位尺；

e） 超声波传感器。

以上方法只适用于容易接近的自由水位的测量，如果测量断面不易接近则可选用下列测量方法：

a） 液柱压力计；

b） 浸入式压力传感器；

c） 用压缩空气测量(气泡装置)。

注：有关设计和使用水位测量装置的要求，参考标准 ISO 4373。

B.5 等级 A 测试中动水头评估

水轮机理论流量可根据导叶或喷针开度用图 B.18 所示的模型数据得到。流量可从曲线中估算出，并用于计算参考断面上的速度。

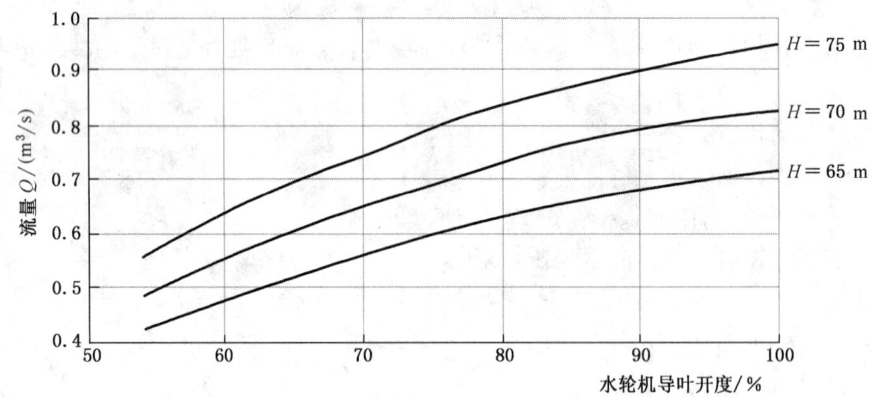

图 B.18 示例：与导叶开度对应的流量

附　录　C
（规范性附录）
转速测量方法

C.1　旋转速度

C.1.1　直接测量功率时转速的测量

当功率用直接法来测量时，转速的测量应采用经过标定的转速计或电子计数器、且在与水轮机主轴没有任何滑移的情况下进行。

C.1.2　间接测量功率时转速的测量

同步电机的转速可用配电盘上的频率表在下列条件下允许测量：

a)　系统负荷应稳定；

b)　频率表应采用适当的精密仪表进行校验。

异步电机的转速测量可按 IEC 60041:1991 中 13.3 有关条款进行。

C.2　过速和飞逸转速的定义

C.2.1　过速：机组在调速器设定规定的突然甩负荷中产生的最高瞬态转速，见图 C.1 中的 n_m。

C.2.2　飞逸转速：在给定的水头和开度（导叶/喷针）和/或转轮叶片角度下，发电机从负载或电网中脱离且无励磁情况下，机组达到的最高稳态转速，见图 C.1 中的 n_{run}。

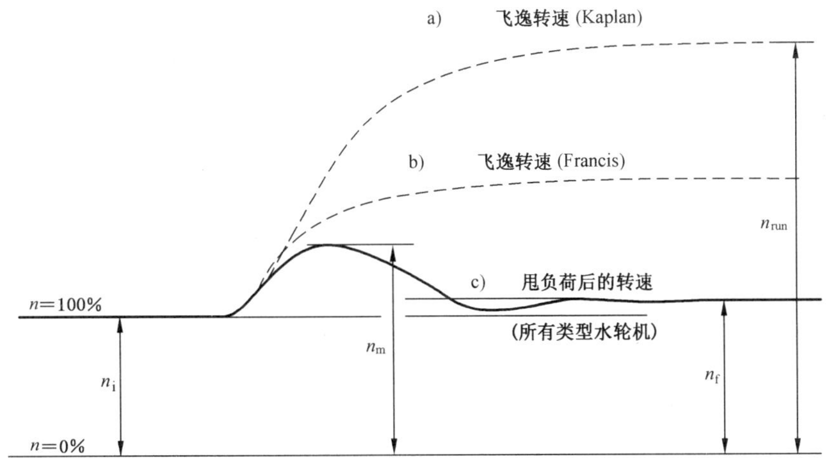

说明：

a)，b)——关闭装置不动作时的飞逸转速；

c)　　——突然甩负荷期间的水轮机转速变化曲线。

图 C.1　水轮机过速和飞逸转速

附　录　D
（规范性附录）
输出功率测量

D.1　概述

电能输出功率通常在发电机端口或在变压器上测量。

水轮机的输出功率用发电机和齿轮增速箱(如果安装)效率的试验数据计算得到。水轮机输出功率也可以采用扭矩仪直接测量,但是这种方法用的较少。

发电机的功率损失可通过发电机的功率来确定。发电机的功率损失包含几种组成部分,包括常数部分,和负荷成二阶多项式函数的部分,可通过高精度的差值计算得到。图 D.1 给出了这些功率损失的示例。

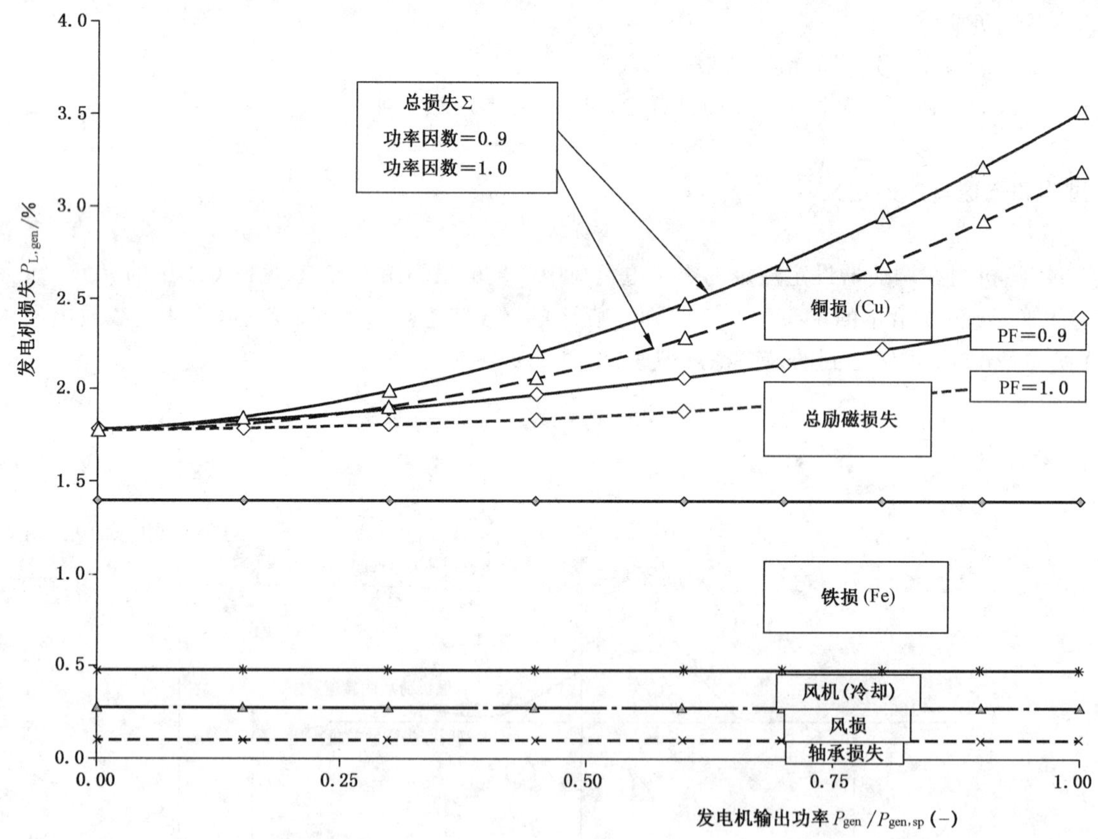

图 D.1　同步发电机的典型功率损失

D.2　输出功率的测量

D.2.1　同步发电机

如果现场条件允许,发电机应在规定电压和 PF=1.0 的功率因数下运行。假如发电机不在规定电压或功率因数下运行,则在计算发电机输出功率和损失时应考虑适当修正。

功率应采用功率表或者功率分析仪进行测量。图 D.3 和图 D.4 给出了双瓦特表法和三瓦特表法的功率分析仪的安装方法。试验读数的数量取决于试验的持续时间和负荷的波动。应记录足够的读数，确保在试验过程中给出正确的输出功率平均值。

用于试验的仪器和仪用互感器应在安装前遵照试验各方均能接受的标准进行标定。在验收试验中使用的仪用互感器应按实际试验条件下所施加负载量进行试验，以确定其变比和相位角偏离，在验收试验前应确定有效的修正值。

如果损失应计算的话，可用下式计算：

$$P_{\text{Los}} = P_{\text{a}} \frac{1 - \eta_{\text{gen}}}{\eta_{\text{gen}}} \qquad \text{(D.1)}$$

D.2.2 异步发电机输出功率测量的间接法

测量、连接和评估方法与同步发电机相同，应注意以下几点：

a） 在整个保证值范围内测量功率因数（见图 D.2），并与保证值比较；

b） 测量转速，因为它随着输出功率变化。

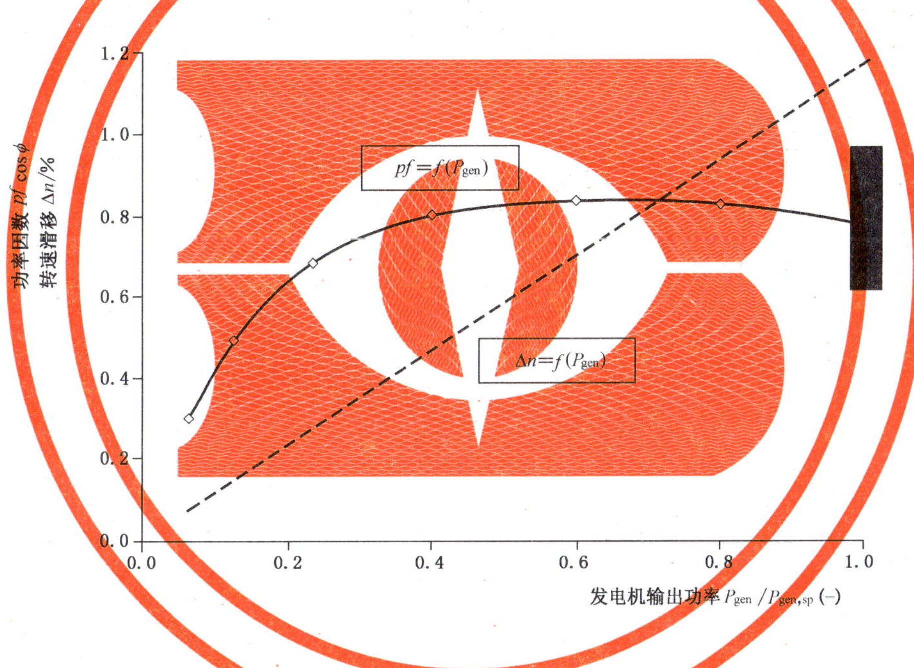

图 D.2 异步发电机典型功率因数和转差与发电机输出功率的关系

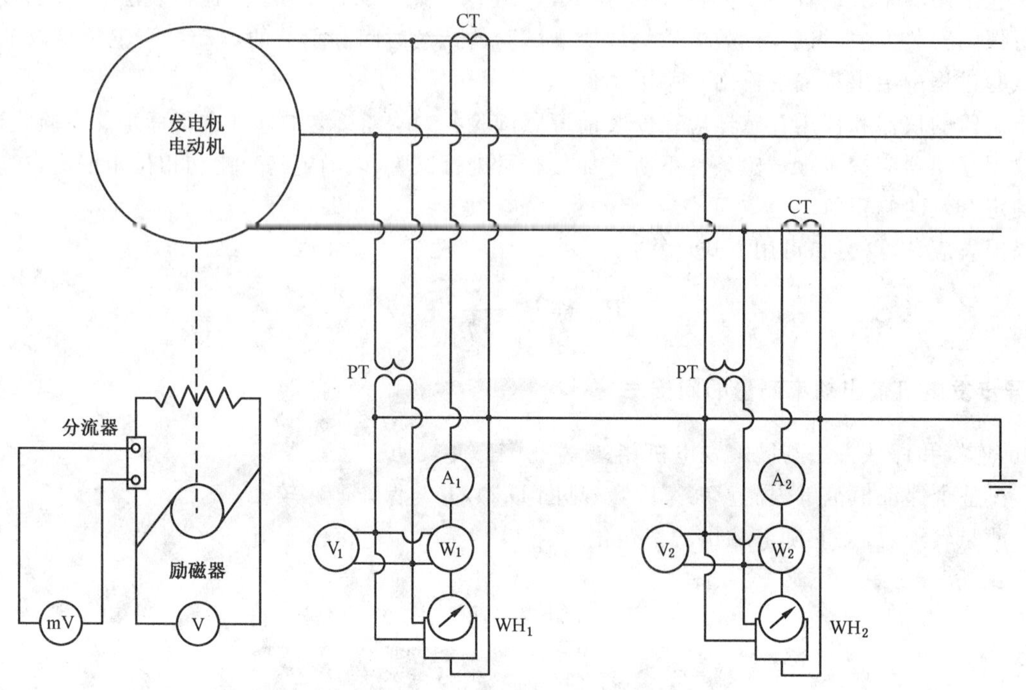

图 D.3 双瓦特表法接线图

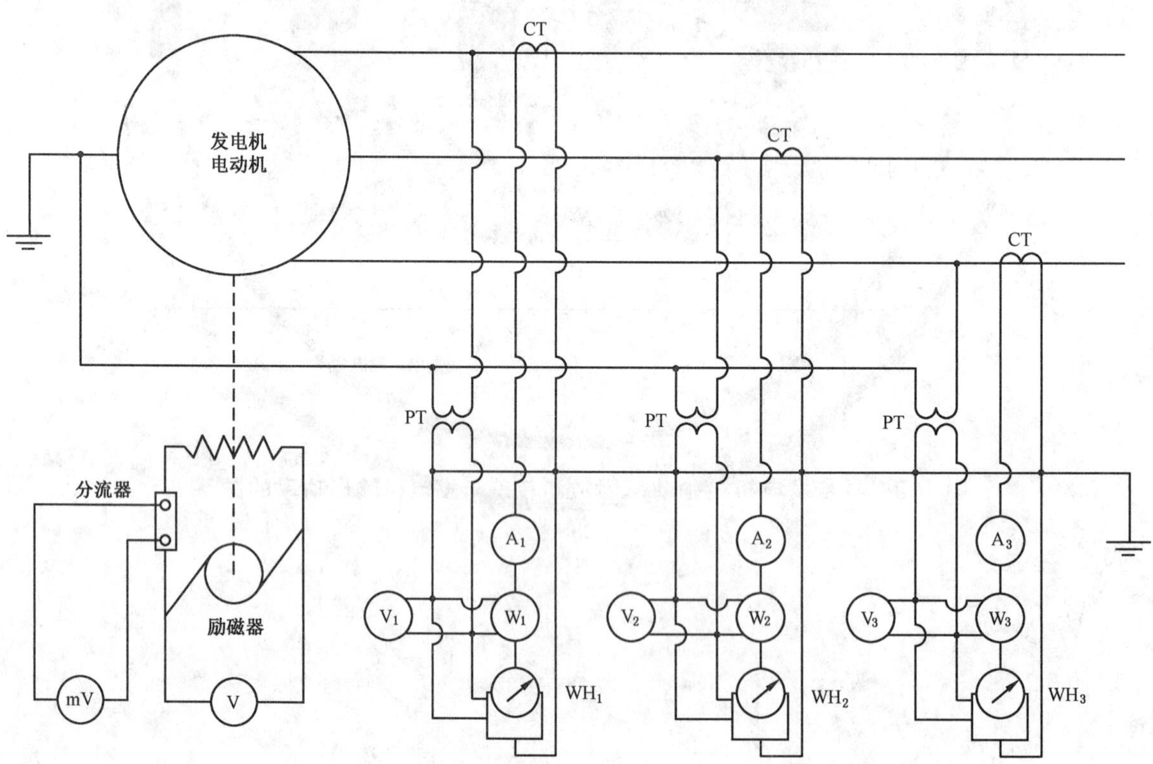

图 D.4 三瓦特表法接线图

附 录 E
（规范性附录）
流量测量方法

E.1 概述

E.1.1 一般条件

如果所选流量测量方法的要求能够得到满足，则水电站流量的测量应在规定的精度下完成。应考虑各方利益，在电站设计时应考虑流量测量方法的选择，并促使在设计和建设中满足试验条件的要求。

E.1.2 流量测量方法的选取

表 E.1 中给出了不同流量测量方法的要求和限制条件。条件的偏离将会影响测量的精度。

表 E.1 流量测量方法的选择

方法	管路条件	试验准备
速度面积法	封闭管道 $v>0.4$ m/s 流速仪 $v>1.0$ m/s 皮托管 $D>1.4$ m 和 $D/d>14$ 直管 $L/D>25$ 明渠 $v>0.4$ m/s 只限流速仪 $H>0.8$ m 和 $H/d>8$ 直管 $L>3.5$ m	流速仪安装台
压力时间法	$\rho.Q.(\int dL/A)>50$ kPa/s 测量断面间的封闭管道 上游 $L/D>10$ $\Delta L\cdot v>50$ m^2/s $\Delta L>10$ m	测压孔
声学法(单通道)	$v>1.5$ m/s，$D>0.8$ m 直管： 上游 $L/D>10$ 下游 $L/D>3$	传感器的安装面
声学法(四通道)		传感器的安装孔
电磁法	直管：上游 $L/D>10$	法兰接头
容积表法	无条件	定容容器 导流板
热力学法 (间接流量测量)	水头>100 m	探针的安装孔 测温度分布的设备

表 E.1（续）

方法	管路条件	试验准备
A：压力水管面积　d：转轮直径　D：压力水管直径 H：明渠深度　L：管路长度　Q：流量 v：平均速度　ΔL：测量断面间距离		
注 1：7.4.2 中测量效率所用的热力学法可用于计算流量。 注 2：电磁流量计在安装到管路之前应在实验室中进行标定。 注 3：可采用一种简单的单通道超声速法，见 E.2.2。		

E.1.3 流动稳定性

每一个测程中，只有在流动稳定时流量测量才是有效的。如果发电机功率、净水头和机组转速是缓慢变化的，即可认为水流是稳定的，此时需要绘制流量值与时间的关系曲线，以评估可能存在的脉动特性和程度。

E.1.4 泄漏、渗透和分流

测量断面与相应的基准断面之间应避免存在水流的泄漏、渗透或分流。否则，应对渗入或漏出的流量以适当的精确度进行单独测量。

如果在测量断面和相应基准断面之间有自由水面（比如：调压井），应考虑由于水面波动而引起的测量断面和相应基准断面之间的流量差。

E.2 绝对流量测量方法

E.2.1 一般规定

国际电工委员会标准 IEC 60041 及 ISO 标准等对多种绝对流量测量方法进行了详细的描述，给出最适合于小水轮机流量测量的方法。

E.2.2 适合小水轮机的声学方法

适用于小水轮机的更简易的声学测量方法如图 E.1 所示。单通道的布置不应用于 C 级验收试验。简化的超声测量技术应经双方同意后才能在验收试验中使用。

采用简化方法的测量精度低于四通道双平面的流量计测量。便携式（Strap-on types）方法可用于 B 级试验，应严格遵守操作规范。若想获得精确的试验结果，需在管路上安装传感器。

超声波流量计在使用前最好按标准 IEC 60193 中描述的原级测量方法进行标定，标定用的管路系统条件应与流量计工作条件相同。如果超声波流量计永久安装在试验装备上，应尽可能定期对它进行标定。

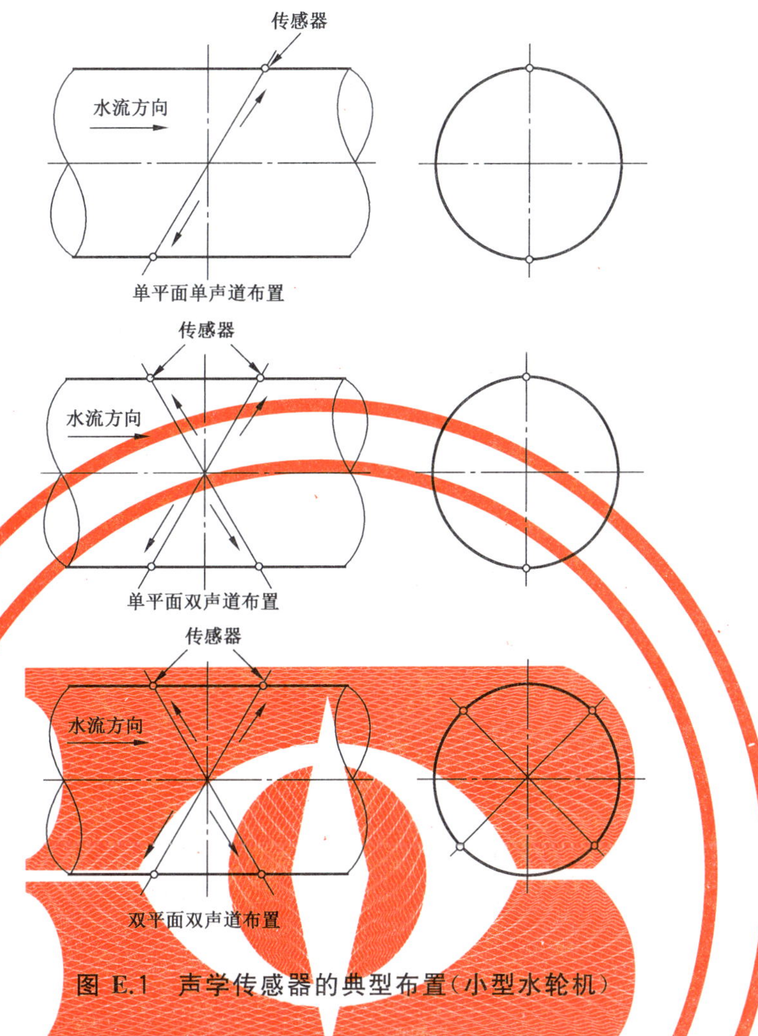

图 E.1　声学传感器的典型布置(小型水轮机)

E.2.3　压力-时间法(Gibson 法)

E.2.3.1　一般要求

压力-时间法是一种经济的、间接测量封闭管道中流量的方法，一般布置如图 E.2。在管道上仔细选择两个断面并设置测压孔，当导叶(或针阀)关闭时测量两个断面之间的压力差，则初始的流量可以通过压力时间图计算得到，见图 E.3 和图 E.5。在试验前，应按照如下的方法评估试验条件的有效性：

a）在试验之前应排干水轮机和压力管道中的水，冲刷并对所有仪表的管道进行加压试验，以检查所有仪器设备均正常工作且没有发生泄漏。应测量压力管路的几何尺寸。除了表 E.1 中的要求以外，关闭的水轮机内的泄漏量应小于额定流量的 5%；

b）在肘管或者不均匀管路下游，在运行过程中每一个测量断面的压力测点都应与独立的传感器进行比对。管道可以有均匀的断面或不均匀的断面，由于均匀断面的系统和随机误差小于非均匀断面的情况，因此在均匀断面情况下压力时间法可以用于相对较短的直管条件。在不容易获得均匀测量断面的情况下，若想获得精确的结果，需加长非均匀管路。

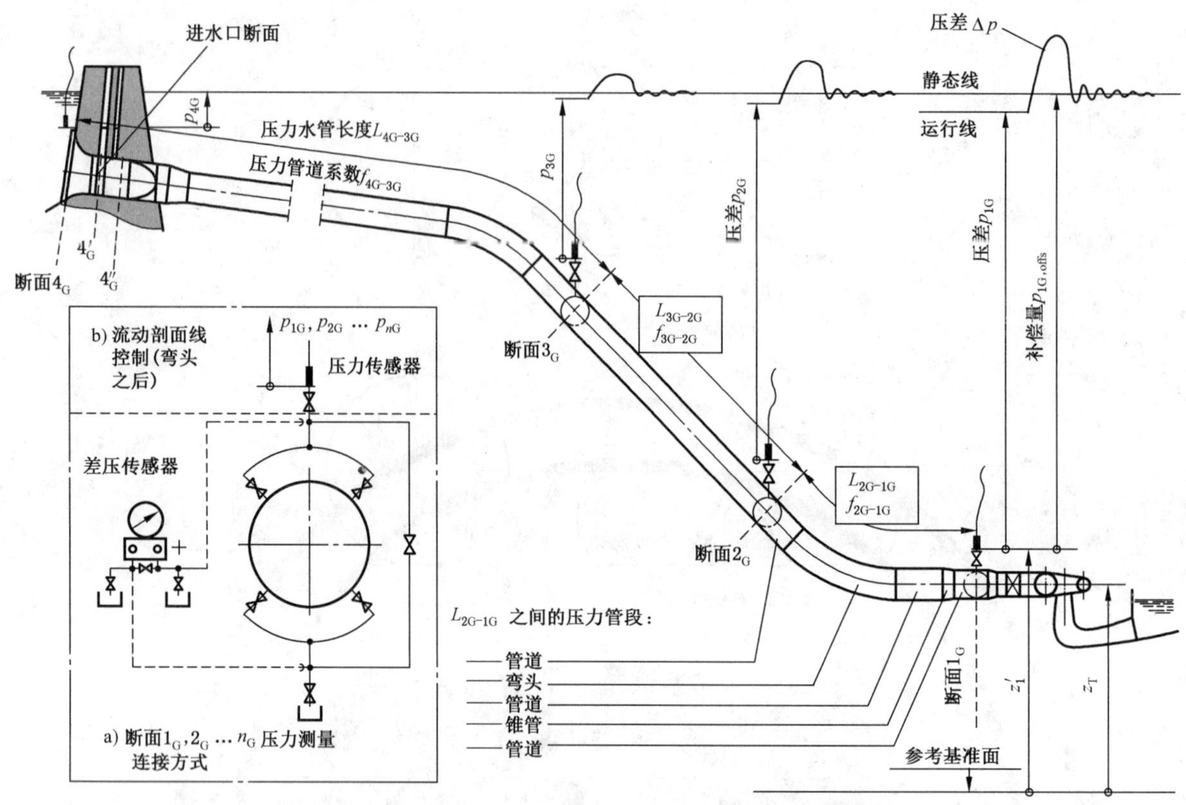

图 E.2 压力时间法的布置

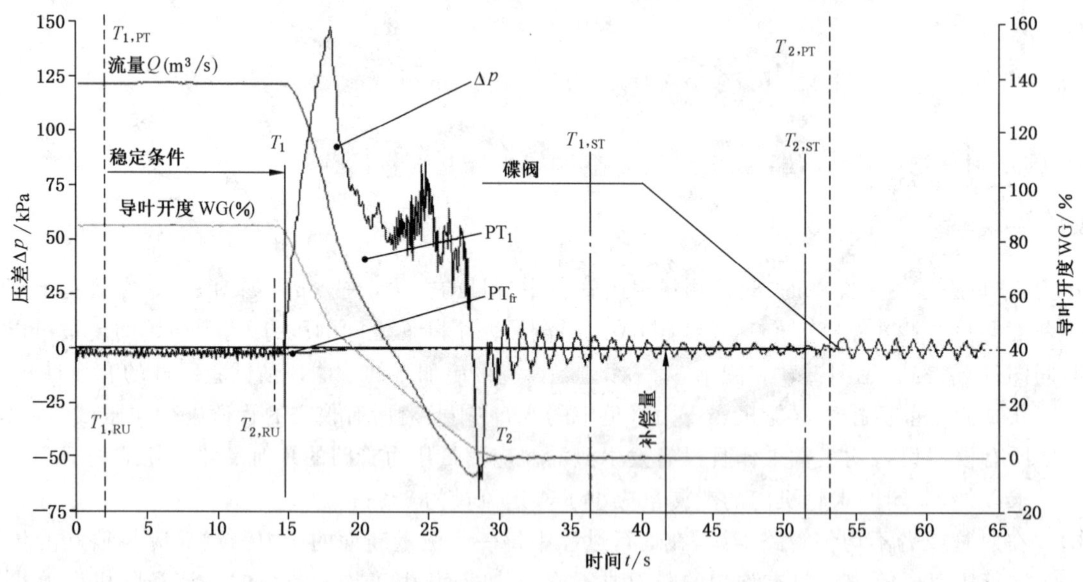

图 E.3 均匀管道采用压力时间法测量示例

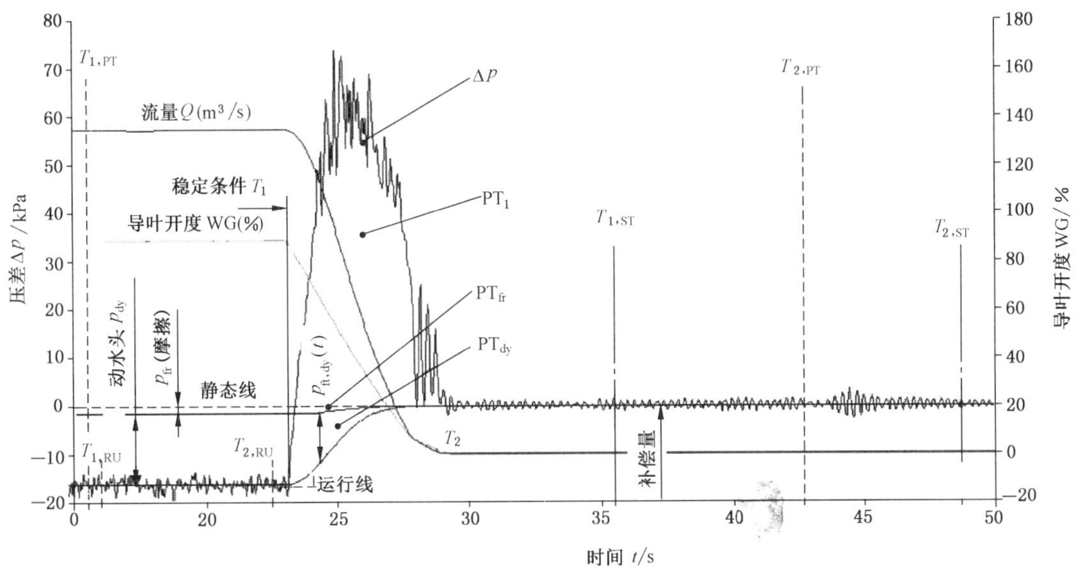

图 E.4 非均匀管道采用压力时间法测量示例

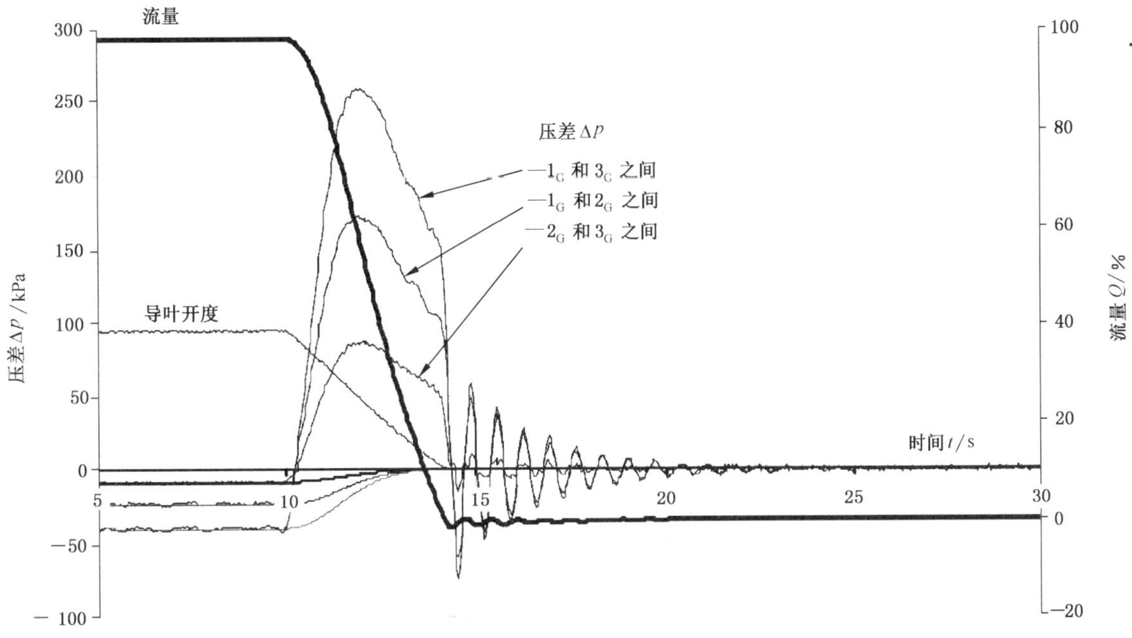

图 E.5 同时具有均匀和非均匀管道截面的利用压力时间法测量示例

E.2.3.2 理论基础

压力-时间法由诺曼.R.吉布森(Norman R.Gibson)于1920年基于伯努利方程(Bernoulli equation)而提出。假设忽略摩擦力且流动不可压缩,可以写出管道中两个断面之间的关系方程:

$$\frac{p_1}{\rho}+\frac{v_1^2}{2}=\frac{p_2}{\rho}+\frac{v_2^2}{2}+\int_1^2\frac{\partial v}{\partial t}\times \mathrm{d}s$$

对于均匀断面的管路,方程可以变形为:$\frac{p_2-p_1}{\rho}=\frac{\Delta p}{\rho}=-\int_1^2\frac{\partial v}{\partial t}\times \mathrm{d}s=-L_{2G-1G}\times\frac{\partial v}{\partial t}$

积分得到：$\int_{t=T_1}^{T_2}\left(\frac{\Delta p}{\rho}\right)\mathrm{d}t=-L_{2G-1G}\times\int_{v=V_1}^{V_2}\mathrm{d}v$

或者：$\int_{t=T_1}^{T_2}\left(\frac{\Delta p}{\rho}\right)\mathrm{d}t=-L_{2G-1G}\times(v_{T1}-v_{T2})$

式中：

v_{T1}，v_{T2}——在时间 T_1 和 T_2 任意测量断面上的速度；

L_{2G-1G} ——断面 1_G 和 2_G 间的长度。

测量断面 1_G 和 2_G 间的压差随时间的变化。如果假设在导叶关闭前水轮机做稳定运行，且在完全关闭以后水流速度 v_{T2} 为 0，那么在关闭前 T_1 时刻的初始流量为：

$$Q_{T1}=v_{T1}\times A=\frac{A}{L_{2G-1G}\times\rho}\times\int\Delta p\times\mathrm{d}t \qquad \text{(E.1)}$$

实际测量时，上式应修正后使用。

在 T_2 时刻之后可能有泄漏流量 Q_{T2} 通过关闭设备，这部分流量应加到评估的流量值 Q_{T1} 中。

在测量断面之间有摩擦力损失系数：

$$\frac{p_f}{\rho}=\zeta\times\frac{v\ (t)^2}{2} \qquad \text{(E.2)}$$

式中：

——$v(t)$ 是 t 时间的速度；

——ζ 是损失系数。

将以上的修正代入式(E.1)后，得到均匀断面管路中压力时间的方程如下：

$$Q_{T1}=\frac{\bar{A}}{L_{2G-1G}\times\rho}\times\int(\Delta p+p_f)\times\mathrm{d}t+Q_{T2} \qquad \text{(E.3)}$$

式中：

——$\bar{A}$ 是断面 1_G 和 2_G 之间的平均面积。

压力管道因数 f_{2G-1G} 是压力管路的几何关系，对于均匀断面管路可以根据下式计算：

$$f_{2G-1G}=\frac{L_{2G-1G}}{A}$$

将压力管道因数代入式(E.3)，得到均匀断面管路的方程：

$$Q_{T1}=\frac{1}{f_{2G-1G}\times\rho}\times\int(\Delta p+p_f)\times\mathrm{d}t+Q_{T2}$$

考虑到关闭前的状态是稳定的，积分应从时刻 $T_{1,\mathrm{PT}}$ 开始至 $T_{2,\mathrm{PT}}$ 以，积分形式的压力时间关系为：

$$\mathrm{PT}=\int_{T1,\mathrm{PT}}^{T2,\mathrm{PT}}(\Delta p+p_f)\times\mathrm{d}t$$

流量通过以下公式计算：$Q=\frac{\mathrm{PT}}{f_{2G-1G}\times\rho}+Q_{T2}$

对于非均匀管道可以采用类似的表达式计算管道因数：

$$f_{2G-1G}=\int\frac{\mathrm{d}L}{A} \quad \text{或者} \quad f_{2G-1G}=\sum\left(\frac{L_i}{A_i}\right)$$

式中：

——A_i 是子断面面积；

——L_i 是子断面的中心线长度。

计算非均匀压力管的管道系数的例子见表 E.2。

对于非均匀断面，断面之间的动水头差(dynamic head difference)应包含在 p_f 项中，因此式(E.2)可化为：

$$\frac{p_f}{\rho}=\zeta\times\frac{v\,(t)^2}{2}+\frac{v_2^2(t)-v_1^2(t)}{2}$$

$v_1(t)$和$v_2(t)$是t时刻断面1_G和2_G的速度，由下式给出：

$$v_1(t)=\frac{Q(t)+Q_{T2}}{A_{G1}}$$

$$v_2(t)=\frac{Q(t)+Q_{T2}}{A_{G2}}$$

E.2.3.3 泄漏流量的计算

若关闭设备(导叶或喷针)密封不严，需测量泄漏流量。一旦水轮机阀门关闭就可按如下方法测量：

- 关闭进水总闸，测量水头随时间的变化；
- 关闭水轮机进水阀门，根据吉布森积分计算流量。

若水轮机需要在闸门关闭后保持同步转速运行，则泄漏流量可由模型试验结果评估得到。

注：导叶泄漏可以通过测量导叶间隙确定总泄漏面积，并以此计算泄漏流量。泄漏流动的速度为：

$Q_{T2}=0.5\times\text{area}\times\sqrt{2gH}$，式中$H$是通过导叶的水头。

E.2.3.4 系统不确定度的评定

流量测量的系统不确定度可用以下列出的方法进行评定。如果评定在试验前进行，试验各方可选择接受或拒绝此方法。

系统不确定度评定需要以下参数：

- 压力管道因数评估(见表E.2)；
- PT预期计算：$PT=Q\times f_{2G-1G}\times\rho$；
- 测量断面间摩擦损失和动水头，从压力水管设计计算中得到的；
- 在关闭过程中，最大压力上升的第一近似值可估算为$\Delta p_{max}=PT/t_{close}\times2.3$。

测量断面位置可以在这个过程中确定。要求如下：

a) 几何尺寸

压力管道的几何尺寸从合格的设计图纸中得到。长度在中心线上测量得到，如果断面不均匀则管径取平均直径。L/A的系统不确定度是测量断面间长度之和。

对于不同的子断面，推荐管道因数如下：

- 喇叭口：　$f_{L/A}=\pm5\%$到20%
- 管道由矩形变圆形：　$f_{L/A}=\pm1.0\%$
- 弯头：　$f_{L/A}=\pm1.0\%$
- 圆锥管：　$f_{L/A}=\pm0.5\%$
- 直管：　$f_{L/A}=\pm0.3\%$

每个子段的相对不确定度用下式计算：

$$\Delta f_{penst}=\frac{\Delta L/A}{\sum(L/A)}f_{\Delta L/A}$$

表E.2给出了系统不确定度的计算过程。

$$f_{penst}=\pm0.65\%$$

这种评估在所有测量断面间做出。

b) 稳态条件的L/A

- 静态线(零点校准)；
- 在试验前后都应通过补偿进行零点校准，每次试验之后应比较补偿量；
- 零压力处得系统不确定度　$f_{sta}=0.15\%$；

- 以压力变化表达瞬变线 $f_{run}=0.35\%$。

c) 瞬态条件的(关闭过程)

- 流动分布(flow profile)的改变；
- 从 $T_{1,PT}$ 到 $T_{2,PT}$ 积分得到压力时间图；
- 压力噪声、滤波、设置积分边界 $f_{PT}=0.8\%$。

d) 动水头的不确定度

动水头 p_{dyn} 对压差 Δp_{max} 的比率。这主要是由阀门关闭时流动分布的变化所引起，对结果会有很大影响。

假设 p_{dyn} 占到压差 Δp_{max} 的 20%，那么 $\qquad f_{dyn}=1.0\%$

$\Delta p_{max}=72$ kPa 且 $p_{dyn}=14$ kPa $\qquad f_{dyn}=\pm 0.97\%$

e) 摩擦水头的不确定度

摩擦水头 p_{fr} 对压差 Δp_{max} 的比率。

假设 p_{dyn} 占到压差 Δp_{max} 的 20%，那么 $\qquad f_{dyn}=1.0\%$

$\Delta p_{max}=72$ kPa 且 $p_{dyn}=4$ kPa $\qquad f_{fr}=\pm 0.28\%$

f) 压力传感器和数采系统(分辨率≥16 bit)

线性度、磁滞、低热漂移和动态特性 $\qquad f_{inst}=\pm 0.10\%$

g) 关闭后的导叶泄漏 $\qquad f_{leak}=\pm 0.20\%$

采用压力时间法测量流量的期望不确定度为：

$$f_Q=\sqrt{0.65^2+0.15^2+0.35^2+0.8^2+0.97^2+0.28^2+0.1^2+0.2^2}=1.51\%$$

在测量以后可以用真实数据重复这个过程。

表 E.2 估算压力管道系数并评估系统不确定度

测量断面	子段	ΔL	L_{pst}	A	压力管道因数		不确定度	
							绝对值	相对值
					$\Delta L/A$	$\Sigma L/A$	L/A	
		m	m	m^2	1/m	1/m	%	%
1_G		0.00	0.00			0.00		
	管道	1.50	1.50	2.54	0.59	0.59	0.3	0.03
	锥管	0.80	2.30	2.84	0.28	0.87	0.5	0.03
	管道	3.19	5.49	3.14	1.01	1.88	0.3	0.06
	肘管	7.85	13.34	3.14	2.50	4.38	1.0	0.48
	管路	2.55	15.89	3.14	0.81	5.20	0.3	0.05
2_G			从 1_G 断面到 2_G 断面		$f_{pst}=5.195$	$f_{f,pst}=0.65$		
	管路	18.49	18.49	3.14	5.88	5.88	0.3	0.30
3_G			从 1_G 断面到 2_G 断面		$f_{pst}=5.884$	$f_{f,pst}=0.30$		
	管路	4.14	4.14	3.14	1.32	1.32	0.3	0.01
	肘管	6.65	10.80	3.14	2.12	3.44	1.0	0.06
	管路	90.00	100.80	3.14	28.65	32.08	0.3	0.26
	锥管	1.40	102.20	4.03	0.35	32.43	0.5	0.01
	管路	1.46	103.66	4.91	0.30	32.73	0.3	0.00
	管路/方管	1.75	105.41	4.91	0.36	33.09	2.0	0.02
	方管	2.10	107.51	6.25	0.34	33.42	1.0	0.01
	喇叭口	1.70	109.21	8.04	0.21	33.63	20.0	0.13
4_G			从 1_G 断面到 2_G 断面		$f_{pst}=33.633$	$f_{f,pst}=0.49$		

E.2.3.5 测量步骤

测量断面 1_G 的压力传感器应安装在关闭装置上游。传感器安装高度应参考水轮机中心线进行测量。

注：关闭装置通常是导叶或喷针。若可能，应延长关闭时间以减小压力脉动(水锤)。

连好测量设备以后，测量步骤如下：

a) 设定数据的采样率为 50～100 数据点/秒，在整个关闭过程中应采集 250 个～1 000 个数据。应当在导叶(或喷针)关闭前至少 20 s 开始采集数据，并持续到完全关闭 20 s 之后；
b) 在每个测量断面，应分别仔细冲洗管连接以检查其功能，并排出空气；
c) 机组停机后，应检查导叶或接力器的关闭位置；
d) 从所有测压孔处(p_{1G}，p_{2G}，p_{3G}…)获取读数，以保证管道中没有大的压力波动；
e) 每个测量断面都应基于 p_{G1} 确定静态线，做出每个测压孔的理论位准点(补偿)；
f) 如果吉布森方法用于指数标定，需要至少两个流量值。每个流量点都应从两到三次关机中产生。由于压力脉动在最优输出功率处通常较低，所以在此工况会得到较好结果。部分载荷处的标定点应避免涡带区；
g) 缓慢开启水轮机，持续增加载荷到要求值；
h) 调速器应设定到开度限位(不是在负载或转速控制条件下)；
i) 在压力水管道中的条件稳定后关闭水轮机；
j) 水轮机可保持与电网连接，控制导叶在正常速度下关闭，而不是甩负荷。若采取这种方法，反向功率继电器将暂时停止工作，发电机作为发动机短时运行；
k) 测量结束后进行传感器标定，见 d)。

E.2.3.6 流量计算

在计算机中记录并处理传感器测得的压差。可用电脑的计算程序确定运行线(动水头和摩擦水头)、静态线和压力按时间的积分图。

可对结果进行滤波，减小噪声或高频成分。采用平均滤波器的方法，应谨慎使用低通滤波器(实际很少使用)。

如果同时进行不同断面测量，可通过计算不同组合的结果进行交叉检查，见图 E.5。

可采用专门的程序处理最后的积分结果。计算方法、以及所用公式的详细描述应随压力时间图一起给出。报告还应包括包含了所有测量断面和子段图纸的压力管道因数评估，见表 E.2。

E.3 相对流量测量

E.3.1 一般规定

测试中使用绝对流量测量技术并不绝对必要的，相对流量测量足以满足 B 级测试的要求。指数流量是通过压差测量或者二次流量测量方法计算得到。

E.3.2 差压方法

有速度变化的管道中，相对流量可通过测量两个断面间的压差计算得出。最简单情况是采用收缩管道，比如水轮机进水阀上游，如图 E.6 所示。

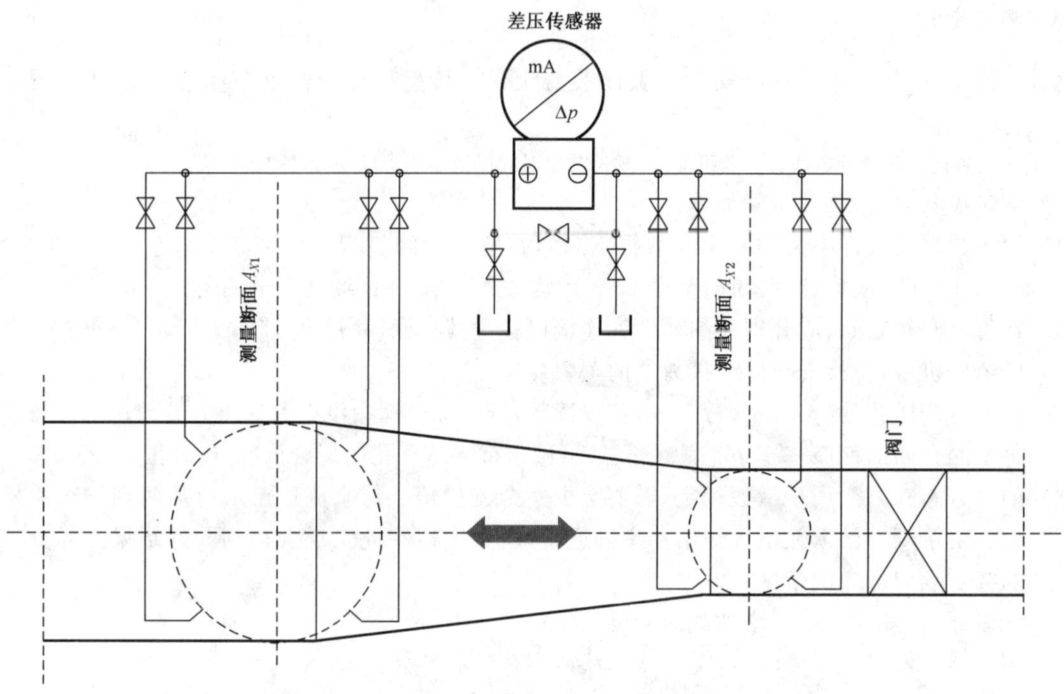

图 E.6 差压法测流量测压孔的布置

灯泡贯流式水轮机的指数流量可用压差法测量，测压孔布置如图 E.7 所示。

高压测压孔布置在灯泡体的流动停滞点；低压测压孔直接布置在导叶上游壁面上，且使导叶达到最大开度时预留足够空间，测压孔应距离导叶进水边有足够距离。

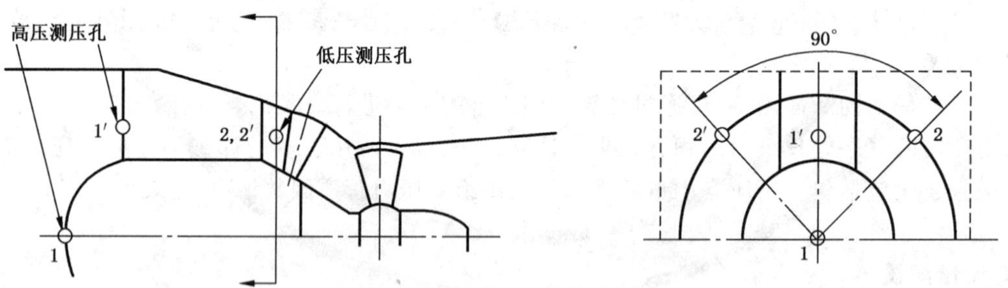

图 E.7 灯泡贯流式机组中差压法测流量测压孔的布置

水轮机蜗壳中的指数流量可用温特-肯尼迪法测量，测压孔布置如图 E.8 所示。

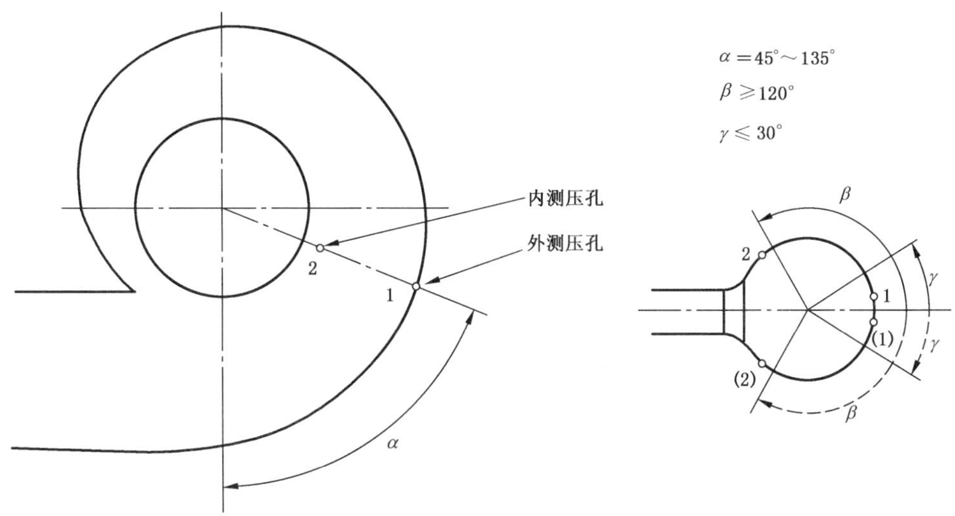

图 E.8 温特-肯尼迪法测金属蜗壳水轮机流量测压孔的布置

E.3.3 流量测量的二次方法

喷针行程和流量间的关系可用于水斗式和斜击式水轮机。假如流量/行程特性曲线已在相应的水轮机模型测试中得到，即可用于指数流量测量。在测试中应保证喷针、喷嘴、支撑导叶是清洁且完好无损的。

附 录 F
（资料性附录）
水电站条件

F.1 水电站条件列单

F.1.1 一般规定

为了电站设计和投标的目的,需方应提供作为保证基础的各种数据和参数。上下游过水流道通常由需方负责,且应与供方达成一致,并应需要数据列单。

F.1.2 需方提供的数据

a) 最高/最低/额定上游水库水位;
b) 最高/最低/额定下游水位;
c) 可利用的水能:
——额定水头和额定流量;
——水头流量线(年平均流量历时曲线)。

F.1.3 合同规定水位

a) 水轮机安装高程;
b) 防止空化产生的最小允许尾水位;
c) 尾水管出口的淹没深度;
d) 尾水管出口至尾水明渠的最小距离;
e) 允许通风的最高自由尾水位。

F.1.4 水质

a) 每立方米水中含泥沙/悬浮颗粒的重量(磨损),单位:kg/m^3;
b) 悬浮物(草、水藻、工业垃圾等);
c) 化学成分;
d) 水温。

F.1.5 整个过水流道可预计的水力损失

a) 引水系统;
b) 进水口;
c) 拦污栅;
d) 压力管道,进水主阀;
e) 下游过水流道。

F.1.6 来流条件

在上下游流道中任何有干扰的流速分布都会对水轮机的效率和装置性能产生明显的影响。因此,在设计流道时,水轮机高压基准断面1和低压基准断面2之间的流速分布应符合水轮机供方的要求,特别是对于低水头水电站的水轮机。

F.2 确定基准高程

由需方确定基准高程，且需要提供以下参数：

a) 水轮机安装高程 z_T；

b) 压力水管进口参考高程 z'_0；

c) 水轮机进口高压测量参考高程 z'_1；

d) 水轮机出口低压测量参考高程 z'_2；

e) 防止空化产生的最小控制尾水位 $z'_{2.1}$；

f) 允许通风的最大控制尾水位(水斗式和斜击式) $z'_{2.2}$。

F.3 试验仪器设备的技术要求

仪器设备应正确地选择，并适用于下列试验：

a) 试运行期间试验：对于测量压力、温度和转速所使用仪表盘和外接商业仪器仪表的精度应小于±1%；

b) 验收试验：对于罚款性测量，参与验收试验的各方应对最大允许测量的不确定度取得一致意见。测量的系统不确定度通过不确定度分析确定，见9.2。

附 录 G
（资料性附录）
调 试

G.1 检查清单

下列清单列出的项目应包含在调试试验中：

a) 检查所有水力管路并清除任何无关物体，检验所有的测量断面是否处于合适的状态、测压孔是否可用于将来的测量；

b) 检查备用电源(AC/DC)和电池；

c) 对所有润滑循环进行压力测试，检查油和油脂的油位、滤油器和过滤系统的情况，检查所有油脂和油路循环是否操作正常；

d) 检查压力油装置、水力关闭阀、泄压阀和流量控制装置是否运行正常；

e) 对调速器系统进行压力测试，检查油位、滤油器和过滤系统的情况；

f) 检查保护装置，如油位、温度报警、调节延时(需要时)；

g) 测量若干位置的轴承和密封之间的间隙；检查注油系统(如果有)；标定导叶(和/或针阀，转轮叶片，折向器)，包括它们的协联关系；检查相对间隙；

h) 调整控制单元的无水开关时间(如导叶、针阀、转轮叶片、折向器、泄压阀等)，以及无水运行时的命令信号死区；

i) 调整主阀或闸的无水开关时间(当不需要水运行时)；

j) 检查冷却、排水和泵循环，应检查主厂房排水系统；

k) 检查检修孔是否正确锁上；

l) 检查启动和关闭时序，人工和自动状态；

m) 测试电控制和保护回路；

n) 检查机组刹车系统的操作是否正常。

注：以上检查清单不是详尽清单，可能会有额外的检查或核实项目。

G.2 调试报告

在调试结束之后(见第5章、第6章)，调试工程师应提供包括以下要点的报告：

a) 进行的所有的几何尺寸测量；

b) 机组跳闸报警、锁定时间的所有设定值；

c) 关闭(冷却)设备孔口的所有设定值；

d) 所有的测试结果，包括：

——瞬态压力变化；

——过载；

——轴承温度；

——切断装置的关闭时间；

e) 所有改进机组操作所需要的图表。

附 录 H
（资料性附录）
性能测试效率计算

H.1 一般试验条件

下面的计算示例给出了了配备同步发电机的卧式混流式水轮机等级 A 和等级 B 测试的典型流程。

等级 A　　最大输出功率试验

等级 B　　温特-肯尼迪法指数试验

H.2 需要满足的保证值

H.2.1 等级 A

在额定净水头 115 m 下、100%导叶开度时，在功率因数（cosϕ）为 1.0 时的最大电站输出功率应不小于 2 870 kW。

H.2.2 等级 B

指数试验结果应表明，在 115 m 额定净水头下机组性能特征的测试值与保证特性曲线一致，相对于保证值的允许偏差（包含了系统和随机不确定度）的特性曲线数据的如表 H.1 所示。

表 H.1 电站相对效率保证

功率	额定净水头下的装置性能		允许偏差
%	P_{out} kW	$\eta_{plant,g}$ %	$\Delta\eta$ %
25	718	64.7	−4.0
50	1 435	77.7	−1.5
75	2 153	85.9	−1.0
87.5	2 511	87.5	−0.8
95	2 727	86.0	−1.5
100	2 870	81.3	−2.0

H.2.3 变压器效率

建议的变压器效率如表 H.2，与变压器损失有关的总不确定度是 10%。

表 H.2 变压器数据

功率 %	P_{out} kW	η_{tf} %
25	775	97.7
50	1 550	98.60
75	2 325	98.90

表 H.2（续）

功率 %	P_{out} kW	η_{tf} %
87.5	2 713	98.95
95	2 945	99.00
100	3 100	99.00

H.3 物理常数

常用的物理常数(现场数据)见表 5。

H.4 测量条件

以下测量条件应得到满足：

a) 水轮机类型和仪器安装参考图 B.8；

b) 在测试之前试验电控信号标定导叶开度，包括闭合和打开的状态；

c) 停机时进行零点标定；

d) 1 号机组和 2 号机组单独进行测试；

e) 试验 8 个导叶开度，每个开度进行 3 次独立测量；

f) 输出功率在发电机出线端采用三瓦特表法测量，参考图 D.4；

g) 功率因数 $\cos\phi$ 自动设为 1.0；

h) 没有辅助设备损失，$P_{L,ax}=0$；

i) 使用毕托管标定数据表，公式 $Q_{ix}=k\times\Delta p^{ix}$ 中指数 ix 在 $0.49<ix<0.51$ 的范围变化。指数取为 0.51，对应的系数 k 设为 0.13。

H.5 数据测量与计算

H.5.1 数据测量

以下数据需要测量，表 H.3 给出了数据测量的示例。

GV ——导叶开度的电信号；

P_{gen} ——发电机出线端的输出功率；

Δp ——毕托管测得的压力差，见图 B.9；

$p'_{1,tot}$ ——直接从毕托管测得的总压；

h'_2 ——通过安装在尾水上的仪表盘测量测得。

表 H.3 数据测量(不包括所有试验)

序号		1	2	3	4	5
试验	时间	GV %	P_{gen} MW	Δp mbar	$p'_{1,tot}$ kPa	h'_2 m
zero	10:17	0.0	0.000	0.0	1 134.4	3.30
1a	10:44	22.3	0.428	51.0	1 132.4	3.24
1b	10:47	22.3	0.428	54.2	1 132.4	3.23
1c	10:49	22.3	0.427	54.2	1 132.3	3.24
2a	10:53	31.0	0.840	93.5	1 130.7	3.24
		试验 2b 至 7c 的数据略				
8a	11:54	100.0	2.966	615.1	1 112.9	3.06
8b	11:58	100.0	2.988	616.8	1 112.2	3.07
8c	11:59	100.0	2.900	612.3	1 112.6	3.09

H.5.2 数据计算

表 H.4 的例子给出了根据表 H.3 的测量数据计算得到的结果。

计算得到的测试流量应根据保证流量进行标定,以便指数试验曲线和保证效率曲线在最优效率点对应,因此指数试验的比例系数调整为 $k=0.121\,6$。

以试验 8(b)为例,计算如下:

6	Q_{ix}		$=0.121\,6\times616.8^{0.51}$	$=3.220\ m^3/s$
7	v_1	$=Q_{ix}/A_1$	$=3.220/0.503$	$=6.40\ m/s$
8	v_2	$=Q_{ix}/A_2$	$=3.220/1.431$	$=2.25\ m/s$
9	$h_{1,tot}$	$=z'_1+p'_{1,tot}/g$	$=44.37+1\,112.2/9.808\,6$	$=157.76\ m$
10	$h'_{2,tot}$	$=z'_2-H'_2+v_2^2/2g$	$=46.02-3.07+2.25^2/(2\times9.808\,6)$	$=43.21\ m$
11	H	$=h_{1,tot}-h_{2,tot}$	$=157.76-43.21$	$=114.55\ m$

根据表 H.2,在试验输出功率下变压器效率为 99.0%。

12	$P_{L,tf}$		$=2.988\times0.01$	$=0.030\ MW$
13	P_{out}	$=P_{gen}-P_{L,tf}-P_{L,ax}$	$=2.988-0.030-0$	$=2.958\ MW$
14	η_{plant}	$=P_{out}\times10^8/(H\times g\times\rho\times Q_{ix})$	$=2.958\times10^8/(114.55\times9.808\,6\times1\,000.4\times3.220)$	$=81.72\%$

表 H.4 计算结果

序号		6	7	8	9	10	11	12	13	14
试验	时间	Q_{ix} m^3/s	v_1 m/s	v_2 m/s	$h_{1,tot}$ m	$h_{2,tot}$ m	H m	$P_{L,tf}$ MW	P_{out} MW	η_{plant} %
zero	10:17	0.000	0.00	0.00	160.02	42.72	117.30	0.000	0.000	
1a	10:44	0.903	1.80	0.63	159.82	42.80	117.02	0.013	0.415	40.03
1b	10:47	0.932	1.85	0.65	159.82	42.81	117.01	0.013	0.415	38.81
1c	10:49	0.932	1.85	0.65	159.81	42.80	117.01	0.013	0.414	38.72

表 H.4（续）

序号		6	7	8	9	10	11	12	13	14
试验	时间	Q_{ix} m^3/s	v_1 m/s	v_2 m/s	$h_{1,tot}$ m	$h_{2,tot}$ m	H m	$P_{L,tf}$ MW	P_{out} MW	η_{plant} %
2a	10:53	1.230	2.45	0.86	159.65	42.82	116.83	0.019	0.821	58.21
8a	11:54	3.216	6.39	2.25	157.83	43.22	114.61	0.030	2.936	81.19
8b	11:58	3.220	6.40	2.25	157.76	43.21	114.55	0.030	2.958	81.72
8c	11:59	3.208	6.38	2.24	157.80	43.19	114.61	0.030	2.960	82.04

H.6 不确定度

H.6.1 合成不确定度

以下规则用于确定合成不确定度：

a） $\eta=\dfrac{P}{\rho g H Q}$　　确立： $f_\eta=\sqrt{f_P^2+f_H^2+f_Q^2}$；

b） $H=\dfrac{p}{\rho}-z+\dfrac{v^2}{2g}$　　确立： $f_H=\dfrac{e_H}{H}=\dfrac{\sqrt{e_{p/\rho}^2+e_z^2+e_{v^2/2g}^2}}{H}$，其中 $e_{v^2/2g}=\dfrac{v^2}{g}f_v$；

c） $P_R=P_t\left(\dfrac{H_R}{H}\right)^{1.5}$　　确立： $f_{P,R}=\sqrt{f_{P,t}^2+(1.5f_H)^2}$。

H.6.2 随机不确定度

每次试验运行时采集的数据用于计算随机不确定度和绘制趋势图(见 9.3.1)。如果随机不确定度大于 0.1%，试验应重做。水头和功率的随机不确定度假定为 0.1%。

H.6.3 随机和总不确定度

H.6.3.1 水头

从图 27 中得到的计算传感器测量上游压力的总不确定度如下(包括了速度分量的不确定度)：

上游压力读数　　$H'_{1,tot}=1\ 112.2/9.808\ 6=113.4$ m

对于 $v=6.4$ m/s 且 $H=113.4$ m　　$f_{H'_1,tot}=\pm 0.22\%$

上游压力读数误差　　$e_{H'_1,tot}=113.4\times 0.22\%=0.249$ m

计算用压力表测量下游压力的总不确定度与 9.4.2.1 中的不确定度类似：

安装基准高程的误差　　$e_{z'_2}=\pm 0.010$ m

压力表的误差　　$e_{H'_2}=\pm 0.012$ m

已经计入下游速度水头的误差。

注：在本例中，由于使用毕托管进行压力测量，因此不需要考虑上游的速度水头，因为在测压点的流速为 0。

指数流量的总不确定度(见图 28)　　$f_{Q,ix}=\pm 0.32\%$

速度水头分量的误差　　$e_{v^2/2g}=\dfrac{v^2}{g}f_Q$

速度水头的误差　　$e_{v^2/2g}=\dfrac{2.25^2}{9.808\ 6}\times 0.003\ 2=\pm 0.001\ 6$ m

水头测量的总不确定度

$$f_H=\frac{\sqrt{0.249^2+0.010^2+0.020^2+0.001\ 6^2}}{157.76-43.21}=\pm 0.22\%$$

H.6.3.2 输出功率

水电站的输出功率通过测量发电机输出线端的功率间接计算得到，从发电机输出功率中减去变压器的损失就是输出功率，不包含辅助设备的损失。

测量发电机输出功率的系统不确定度

——数字功率表(功率分析仪) $f_{PM}=\pm 0.20\%$

——电压互感器 $f_{PT}=\pm 0.30\%$

——电流互感器 $f_{CT}=\pm 0.30\%$

发电机输出功率的系统不确定度 $f_{P,gen,sys}=\pm\sqrt{0.002\ 0^2+0.003\ 0^2+0.003\ 0^2}=\pm 0.47\%$

发电机输出功率的随机不确定度 $f_{P,gen,ra}=\pm 0.10\%$

发电机输出功率的总不确定度 $f_{P,gen}=\pm\sqrt{0.004\ 7^2+0.001\ 0^2}=\pm 0.48\%$

发电机输出功率的测量值 $P_{gen}=2\ 988\ \text{kW}$

发电机输出功率的测量误差 $e_{P,gen}=2\ 988\times 0.004\ 8=14.3\ \text{kW}$

变压器损失 $P_{L,gen}=30\ \text{kW}$

变压器损失计算的总不确定度 $f_{L,tf}=\pm 10\%$

变压器损失的计算误差 $e_{L,tf}=30\times 0.1=3.0\ \text{kW}$

电站输出功率的总不确定度

$$f_{(P)}=\pm\frac{\sqrt{e_{P,gen}^2+e_{L,tf}^2+e_{L,ax}^2}}{P_{gen}-P_{L,tf}-P_{L,ax}}=\pm\frac{\sqrt{14.3^2+3.0^2}}{2\ 988-30}=\pm 0.49\%$$

输出功率应换算到额定水头，参考8.2.3，以确保值对比。因此电站输出功率的总不确定度还应包括水头的测量不确定度。

电站输出功率的总不确定度

$$f_{P,out,R}=\pm\sqrt{f_P^2+(1.5\times f_H)^2}=\pm\sqrt{0.004\ 9^2+(1.5\times 0.002\ 2)^2}=\pm 0.59\%$$

H.7 试验结果和保证值的比较

H.7.1 等级A：发电机最大输出功率

试验8a到8c测得的平均电站输出功率和平均净水头为：	$H=114.59$ m	$P_{out,M}=2.952$ MW
将测量结果换算到额定水头下：	$H=115.00$ m	$P_{out,R}=2.967$ MW
额定水头下电站保证输出功率：	$H=115.00$ m	$P_{out,R}=2.870$ MW

结论：

- 测量得到的输出功率比规定的保证值高+3.4%；

- 电厂装置输出功率的测量不确定度是±0.59%；
- 最大发电机输出功率满足保证要求。

H.7.2 等级 B:水轮机特性曲线形状控制

从 1a 到 8c 的测试结果和保证值数据对比绘制成图(见图 H.1),保证值数据来自实际测量水头下水轮机特性曲线(见图 19)。

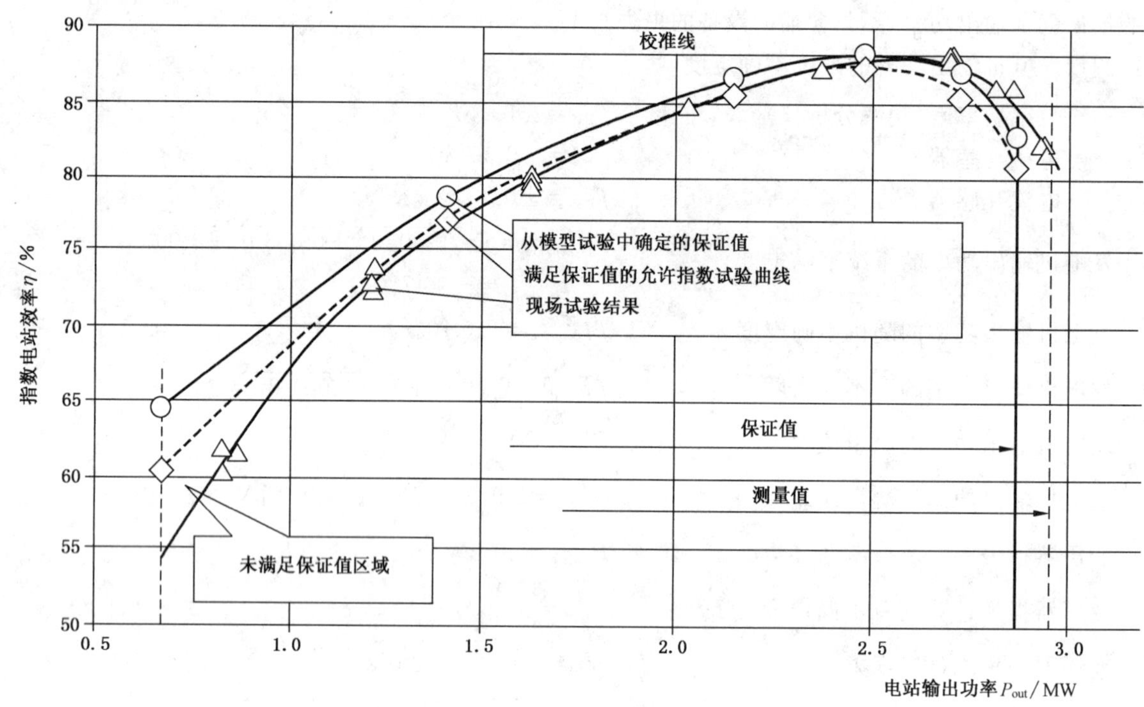

图 H.1 相对效率测量值和保证值的比较

满负荷工况的曲线形状说明水轮机的性能比预期的要好,在部分负荷工况测量值小于保证值。

将保证值变化+3%(见 8.1.4 和图 20),曲线的大部分可到达保证值。如果满负荷时的增益能够弥补部分负荷的损失,则可认为满足了保证,这需要得到双方的一致同意。

附 录 I
（资料性附录）
协联关系试验

I.1 概述

对于双调节水轮机，需要采用一套合适的程序（类似于指数试验）来验证其协联关系。本试验的目的是关联导叶开度和转轮叶片角度之间的关系，以获得机组的最佳性能。

一般情况下，最优的协联关系随着水头而变化。如果电站是设计在较宽的运行水头范围之内，那么需要三维协联关系（转轮叶片角度、导叶开度和水头）。

协联关系由模型试验的结果确立，应在现场试验中检验，因为模型试验往往不具备现场的入流条件。

I.2 试验程序

试验应依照以下程序进行：

a） 机组应开机运行直到所有温度记录仪器显示温度达到稳定时才能开始测量；

b） 主要的程序是：设定转轮叶片角度，并逐步调整导叶角度，可得到单个桨叶角的相对效率曲线，如图 I.1；

c） 在开始试验之前，应按照下列步骤调节测量指数流量的差压传感器：
——设定水轮机至 75% P_{gen} 出力工况点，测量 P_{gen} 和 H 的绝对值；
——根据输出功率和水头的运行特性曲线确定指数流量 Q_{ix}，确定系数和指数；

d） 试验应在固定的时间间隔内进行，方法如下：
——设定水轮机第一个转轮叶片角度，如 RB=20% 且 GV=37%，协联工况；
——调整调速器至辅助控制，人工分别调整导叶和桨叶角的位置；
——减少导叶开度 6% 至 GV=31%，非协联工况；
——重复上述过程 5 次～7 次，直至桨叶曲线达到最优；
——达到水力稳定状态；
——进行需要的测量并记录；
——增大导叶开度至下一个位置，即增加 2% 至 GV=33%；

e） 重复步骤 d）测量 6 个～8 个转轮叶片角度，方法如下：
——调整调速器至自动控制，协联；
——设定转轮叶片至下一个角度，如 30%。

在试验完成后，调速器应返回至自动控制状态。

转轮桨叶角度和导叶开度的最佳协联应是效率线峰值的包络线，见图 I.1。

对于桨叶开度 RB=55%，对应于导叶开度 GV_{opt}=62%。

利用现场测试结果调整其他试验水头的模型预期值，可建立新的三维协联关系 GV=f(RB,H)，见图 I.2。

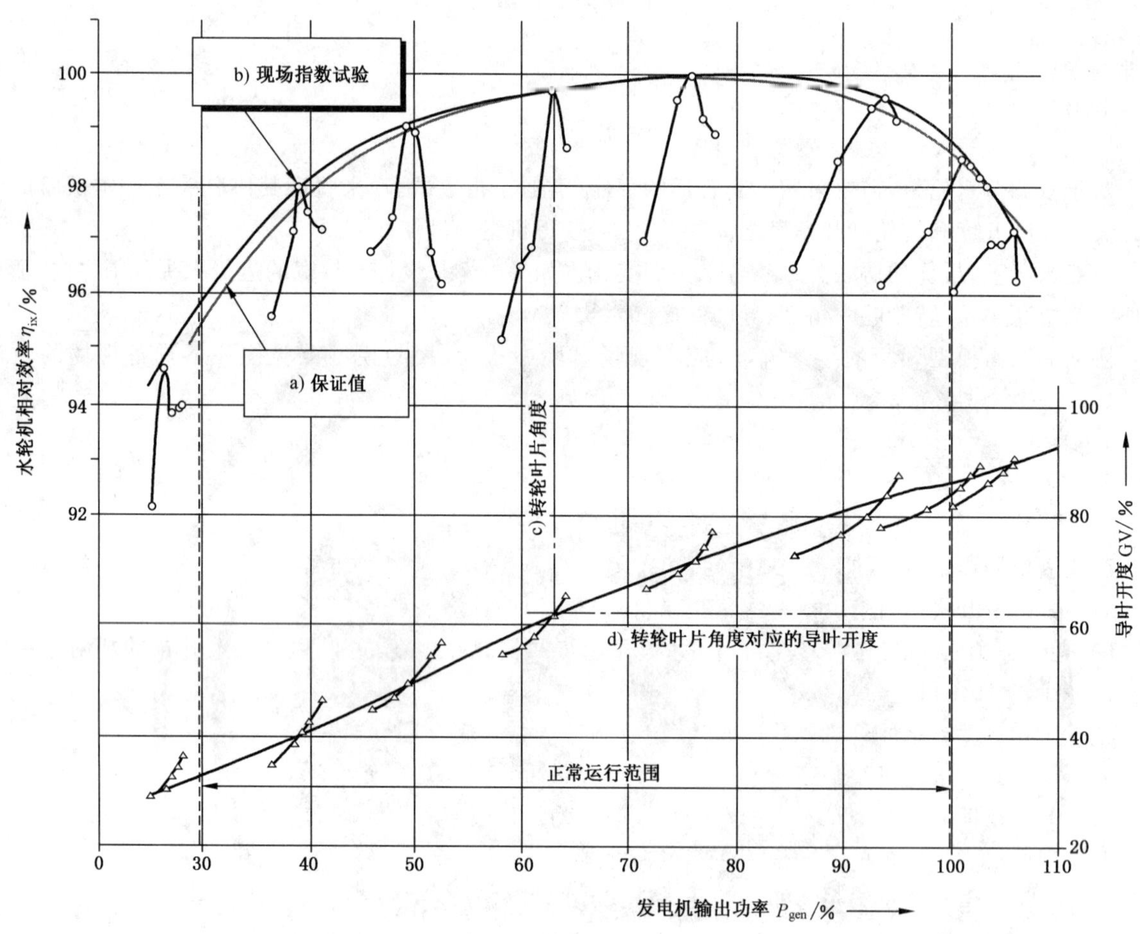

图 I.1 优化效率的指数测量

导叶开度 GV/%
转轮叶片角度 RB/%
a) H_{stat}=3 m
H_{stat}=4 m
a) H_{stat}=5 m
H_{stat}=6 m
c) 空化导致的导叶开度限制线
b) H_{stat}=5.1 m 时由指数试验确定的协联线

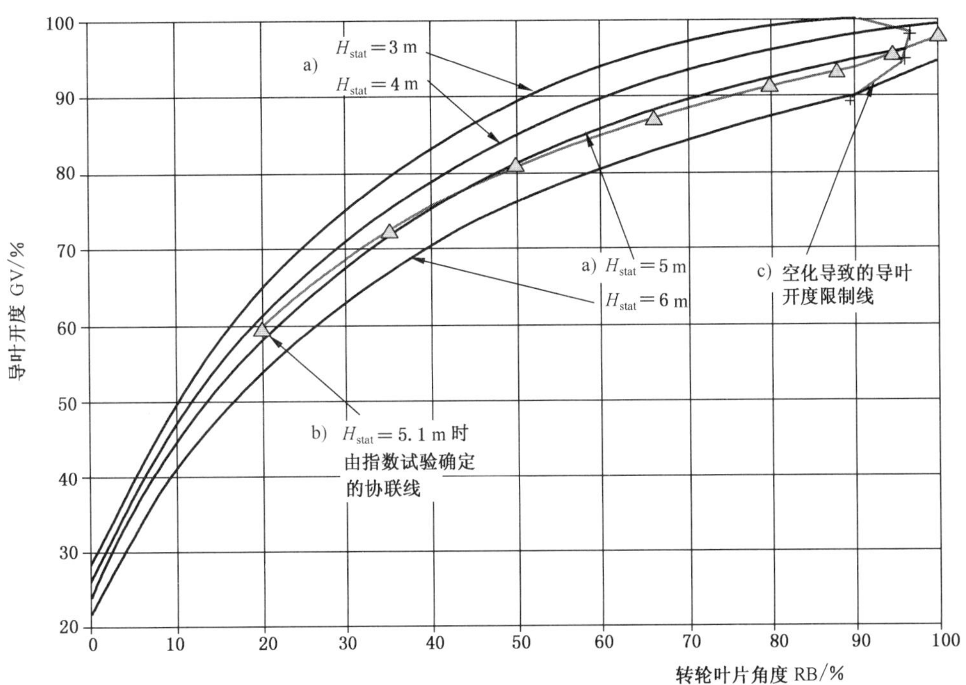

图 I.2 三维协联关系